城市水生态系统健康评价与修复对策研究

相华　殷旭旺　商书芹　王汨 等　著

中国水利水电出版社
www.waterpub.com.cn
·北京·

内 容 提 要

本书以济南市为例开展研究，全书共分6篇：第1篇主要介绍水生态环境概况，通过济南市水生态环境分析，全面了解济南市水生态状况。第2篇主要介绍水生态系统特征，通过了解济南市水生态系统中水生生物群落全年分布及水环境状况变化，透析济南市水生态系统特征。第3篇主要介绍水生态环境驱动要素，根据济南代表河流水生态驱动要素，分析代表河流驱动要素阈值，为水生态治理提供科学依据。第4篇主要介绍水生态功能区，通过济南各个水生态功能区化，可以更好了解不同区域特征，为具体治理提供更具针对性方案。第5篇主要介绍水生态系统健康评价，了解济南水生态系统健康状况。第6篇主要介绍水生态环境保护与修复，为济南相关水利部门提供水生态治理对策及建议。

本书可供从事流域水生态保护和管理、城市水生态监测与评价等相关领域的研究人员参考阅读。

图书在版编目（ＣＩＰ）数据

城市水生态系统健康评价与修复对策研究 ／ 相华等著. -- 北京 ： 中国水利水电出版社，2021.7
ISBN 978-7-5170-9674-0

Ⅰ．①城… Ⅱ．①相… Ⅲ．①城市环境－水环境－生态环境建设－研究－济南 Ⅳ．①X321.252.1

中国版本图书馆CIP数据核字(2021)第126409号

审图号：济南 S （2021） 006 号

书　　名	城市水生态系统健康评价与修复对策研究 CHENGSHI SHUISHENGTAI XITONG JIANKANG PINGJIA YU XIUFU DUICE YANJIU
作　　者	相华　殷旭旺　商书芹　王汨　等著
出版发行	中国水利水电出版社 （北京市海淀区玉渊潭南路 1 号 D 座　100038） 网址：www. waterpub. com. cn E－mail：sales@ waterpub. com. cn 电话：（010）68367658（营销中心）
经　　售	北京科水图书销售中心（零售） 电话：（010）88383994、63202643、68545874 全国各地新华书店和相关出版物销售网点
排　　版	中国水利水电出版社微机排版中心
印　　刷	北京印匠彩色印刷有限公司
规　　格	184mm×260mm　16 开本　34.5 印张　852 千字　8 插页
版　　次	2021 年 7 月第 1 版　2021 年 7 月第 1 次印刷
印　　数	0001—1000 册
定　　价	**258.00 元**

编　委　会

随着我国城市化进程加快和对水资源开发、利用程度不断提高，出现了城市河道断流、湖泊富营养化、湿地水量枯竭、流域生境恶化、水生生物多样性减少以及水环境污染等问题，城市水生态系统应有的服务功能和生态系统健康遭到严重破坏。济南市以"泉城"著称，作为全国首个水生态文明城市，近些年来，开展建设以"水资源可持续利用、水生态体系完整、水生态环境优美"为主题的一系列工程，水生态状况得以明显改善。然而，水生态改造项目实施的同时，也面临着诸多挑战和问题。济南市水生态到底具体状态如何？水生态现状改变是否具有长效性？如何在水资源管理的基础上，进一步完善水生态系统保护？对于不同水体形态，保护对策如何做到切实有效？这些是济南市未来水生态环境管理面临的新问题。

为了响应国家"绿水青山就是金山银山"的生态文明发展理念，济南市水文中心近十年来与大连海洋大学合作，针对济南市水生态现状和突出问题，在小清河、大明湖、济西湿地等典型区域开展水生生物群落、物理生境、水环境质量等调查研究，积累了大量实测数据，完成了全市水生态功能分区、水生态关键要素识别、水生态系统健康评价等科研实践工作，并有针对性地提出了济南市水生态保护对策。本书的出版是对十年来济南市水生态监测与保护工作相关成果的整理和推广，并将对推动济南市水生态的生物多样性保护、断面水质达标、生态用水需求等城市水生态文明建设提供可持续发展的建议和技术方案。

2021 年 3 月

前言

水是生命生存的重要因子，在生物圈物质循环中起着十分重要的作用，在地球表面水循环、碳循环、营养物循环和泥沙循环中，充当着重要的载体作用。济南市水网密集，以趵突泉为代表的游览胜地闻名于世。然而近年来，由于城市地表硬化面积增加导致的降水补给量减少，以及泉水区域地下水的过度开采，导致地下水出现采补失衡，地下水位不断下降，泉群喷涌量受到影响，城区流域水生态中的生物多样性也随之降低。加之城市周边水污染相对严重，湖泊等水体自然景观功能下降，影响了泉城历史文化的继承。因为缺少城市水生态状况长期监测数据及演变过程的监控调查，尚难以有效掌握全市河、湖、湿地等水生态变化规律。科学回答河流生态保护与治理的关键问题，了解济南水生态中水生生物的实时动态，制订系统的河、湖、湿地健康保障规划方案，已经成为泉城济南水生态保护与修复的核心问题。

本书由济南市水文中心、大连海洋大学等单位的科研人员共同编写，全书共分为6篇20章。第1篇由孔维静、相华、夏会娟等执笔，第2篇由殷旭旺、商书芹、李庆南等执笔，第3篇由武玮、王林霞、殷旭旺执笔，第4篇由孔维静、王帅帅、夏会娟等执笔，第5篇由王汨、朱中竹、殷旭旺等执笔，第6篇由李庆南、殷旭旺、相华等执笔。全书由殷旭旺和隋彩虹完成校正和定稿。本书的编写和出版得到了国家自然科学基金项目（项目号41977193）的支撑和资助，在此致以衷心的感谢！

由于编者水平有限，书中仍有许多不足之处，敬请读者批评指正。

作　者
2021 年 5 月

目录

第3篇 水生态环境驱动要素

第 1 篇

水生态环境概况

第 1 章

概　　述

1.1　研究背景

　　我国的水环境管理工作开始于 20 世纪 70 年代，随着社会经济的发展，水环境管理问题也随之出现。为解决水环境问题，我国在水环境容量、水功能区划、流域水污染防治综合规划、排污许可证管理等制度研究的基础上，先后提出了浓度消减、目标总量控制、容量总量控制等不同的管理要求，经历了不同的管理阶段。实践证明，这些措施的实施对我国水污染物排放控制和缓解水质急剧恶化的趋势发挥了积极有效的作用。总体上，经过 20 多年的水环境管理，我国的水环境质量得到了一定程度的改善，但在局部区域藻华频繁暴发、水体黑臭、水生态退化、水环境质量仍然较差等水环境问题依然存在。

　　为进一步提升水环境质量，近十年来，国家实施了《水污染防治行动计划》、污染防治攻坚战等一系列措施。2015 年，国务院发布实施《水污染防治行动计划》（简称"水十条"），对我国 21 世纪中叶前的水环境管理提出了具体目标："到 2020 年，全国水环境质量得到阶段性改善，污染严重水体较大幅度减少，饮用水安全保障水平持续提升，地下水超采得到严格控制，地下水污染加剧趋势得到初步遏制，近岸海域环境质量稳中趋好，京津冀、长三角、珠三角等区域水生态环境状况有所好转。到 2030 年，力争全国水环境质量总体改善，水生态系统功能初步恢复。到 21 世纪中叶，生态环境质量全面改善，生态系统实现良性循环。"水生态功能的恢复成为近期和中期我国水环境管理的目标。"十三五"期间，尤其是 2018 年以来，我国通过黑臭水体治理、农业农村污染治理、渤海综合治理、水源地保护、长江保护修复等污染防治攻坚战标志性战役，到 2020 年，已基本消除城市黑臭水体，减少了污染严重水体和不达标水体，饮用水安全保障能力进一步加强，水环境质量进一步改善。

　　环境质量的改善，以及河湖长制、生态文明制度建设等政府管理工作和国家政策的实施，对我国水环境管理由水环境质量管理转向水生态系统管理提出了新的要求。因此，需要建立水生态管理相关的框架体系，才能满足国家未来的水生态环境管理需求。

　　随着我国生态文明建设的深入推进，在水环境质量改善的基础上，水生态系统管理将成为进一步落实推进水环境管理的新目标。"十四五"期间，我国水环境管理将进入水生态环境管理的过渡阶段，水环境管理将由水环境管理为主转向水质、水量和水生态"三水"统筹的综合管理。重点流域水生态环境保护"十四五"规划中提出的"有河有水、有鱼有草、人水和谐"的要求，将成为"十四五"和未来我国水环境管理的目标。

1.2 水生态环境内涵

水生态系统的管理不同于水污染控制，其主要针对水生生物、水生生境进行保护或修复，实现水生态系统的健康可持续发展。水生态系统管理需要基于水生态系统的自然本底，识别水生态系统空间差异，评估不同区域水生态健康状况，制定不同区域位置的水环境、水生生境、水生生物等水生态保护的目标，并由此统筹水生态环境的综合管理。

1.3 水生态环境保护的必要性

我国重点流域水生态环境"十四五"规划中，提出了水生态的考核指标，将生物完整性指数、修复河湖岸带的长度、恢复湿地的面积、本土特有鱼类和水生植物列入了常规指标和亲民指标进行考核。对于水环境质量较好的城市，水生态质量的提升将成为这些地区未来水生态环境管理的方向。

本书以济南市作为研究区域。济南市是我国首个水生态文明城市，通过建设以"水资源可持续利用、水生态体系完整、水生态环境优美"为主要内容的系列工程，完善了水系连通，打造了骨干水网体系，实现"泉涌、河畅、水清、景美"和"河湖连通惠民生、五水统筹润泉城"的奋斗目标，凸显了"泉城"特色和省会城市的战略地位。如何在水资源管理的基础上进一步完善水生态系统保护，是济南市未来水生态环境管理面临的新问题。

对济南水生态综合健康的评价结果表明，全区域水生态健康呈现明显的空间区域特征：①济南市东部和南部山区森林水源水生态区，生态环境保护较好，水生生物多样性较高，水生态健康状况优良；②济南市北部、东部和南部农业平原区，由于农业生产和人类活动，对生态环境的影响较大，水生态健康状况一般；③济南市主城区，人口相对比较集中，工业和服务业发展水平较高，对环境的破坏程度较大，人为干扰程度较大，土地利用类型多为城市建设用地，对水生态健康影响较大，生态环境破坏严重，生物多样性丧失；④城区的济南中心泉区，水生态状况优良；⑤东部平原农业生态亚区和南部丘陵-平原农业水生态亚区，主要受农业面源污染影响，水生态状况较差。总体上，在人类活动集中的地区，水生态健康程度一般或较差，如何提升全区域的水生态健康状况，成为济南市在水生态环境保护中面临的主要问题。

作为我国首个水生态文明城市，济南市不断探索水生态系统管理模式所积累的宝贵经验，可为我国水生态系统健康管理模式的构建提供重要借鉴，对区域甚至全国生态文明建设具有重要的意义。

第 2 章

研究区自然地理概况

2.1 气候

济南地处中纬度地带，受太阳辐射、大气环流和地理环境的影响，属于暖温带气候区，形成了夏热冬冷、四季分明的大陆性季风气候。冬季受极地或极地变形大陆气团控制，不断被西伯利亚干冷气团侵袭，盛行西北风、北风和东北风，因此天气干冷、晴朗、降水少，夏季受热带、副热带海洋气团影响，盛行西南风、南风和东南风，形成了湿热、雨量集中、多雷暴的天气。春、秋两季是冬季风和夏季风的过渡季节，风向多变。由于风随季节变化显著，形成了冬冷夏热明显、四季雨量不均的气候特点。

济南四季气候的特点是：春季风多干燥，夏季炎热多雨，秋季天高气爽，冬季干冷期长。

春季（3—5 月）：气温回升快，日较差大，天气干燥、风多且大、降水少、蒸发量大，土壤失墒快，春旱严重。春季日较差平均在 10～14℃，为全年最大。春季风多且大，尤以 4 月最大，平均风速为 4m/s，为全年平均风速最大月。春季大风约占全年 8 级以上大风日数的 56%。春季降水量一般在 90mm 左右，约占全年降水量的 14%。

夏季（6—8 月）：天气炎热，平均气温 26.7℃。不仅炎热且多雨，具有雨热同季的特点。降水量平均在 450mm 左右，占全年降水量的 65% 以上，仅 7 月降水天数平均在 15 天左右，日降水量不小于 50mm 的暴雨日数集中在 7—8 月，约占全年暴雨日数的 65%。在初夏常因高温、风大、湿度小出现干旱。

秋季（9—11 月）：雨季基本结束，高空西风带日渐加强南下，东南季风逐渐向西北季风过渡，形成短促的风速微弱、云量很少、能见度极佳、稳定晴好的"秋高气爽"天气。平均气温为 15.5℃，平均降水量为 105.1mm。但过少的雨量会造成秋旱。

冬季（12 月至次年 2 月）：受蒙古冷高压控制，盛吹寒冷的偏北风。冷空气不断侵入，使气温不断降低。平均气温在 1℃ 左右，最大冻土深度 42cm，最大积雪深度 22cm，冬季降水量 20mm 左右，仅占全年降水量的 3%。整个冬季雨雪稀少、北风频吹、干燥寒冷。

根据 1971—2000 年气象统计资料，济南市年平均气温 14.7℃，年平均降水量 671.1mm，年日照时数 2616.8h。最冷月为 1 月，月平均气温为 −0.4℃；最热月为 7 月，月平均气温为 27.5℃。极端最低气温为 −14.9℃，出现在 1972 年 2 月 7 日；极端最高气温为 40.5℃，出现在 1997 年 6 月 23 日。霜冻一般开始于 11 月中旬前后，结束于次年 3

月下旬至 4 月上旬，年无霜期 235 天。主导风向西南和东北，其次是偏东、偏北和偏南，最少的是西北风。主要气象灾害有大风、霜冻、冰雹、暴雨洪涝、干旱、雾、雷电等。

济南市降水空间分布不均匀，降水量差异最多可达 300mm，降水较多的区域在章丘西南部，可达 1050mm，降水较低的区域主要分布在商河县、平阴县和济南市市区西部。降水的空间差异影响进入水体的水量，最终影响到水环境质量和水生态系统的结构组成。

2.2　地形地貌

济南市坐落于鲁中低山丘陵和鲁西北冲积平原的接触地带，南部为泰山山系，北部为黄河下游平原，地势南部高、北部低，平原缓倾向东北，黄河沿西南—东北方向穿过市域。最高峰为南部西营镇梯子山，地面标高 975.80m。

济南市域内一般分为三个不同地形分带：丘陵山区分布于泰山隆起北侧；从小清河白云湖以南到南部山区之间为山前倾斜平原带；小清河以北为山前冲积～黄河冲积平原。

济南市地貌按照分布及其区域特征可以分为三个不同区：南部为泰山群变质岩组成的中低山区，海拔 500.00～900.00m；中部为寒武系、奥陶系组成的低山丘陵区，海拔 50.00～500.00m；北部为山前冲积、洪积形成的倾斜平原和黄河冲积形成的平原，同时分布有辉长岩体形成的一些规模不大的零星山体，如华山等。

济南市的地质构造北部为济阳坳陷、淄博—茌平坳陷，南部为鲁中隆起。地层南老北新，南部以古生界灰岩为主，北部以新生界黄土及砂砾沉积岩为主。其中古老基底以褶皱为主，构造复杂，而盖层构造较为简单，以单斜为主。济南市处于鲁中山地与鲁北平原的过渡地带，境内山地呈扇形环绕在泰岱的西北部，北低南高。岩层呈向北倾斜的单斜构造，三组断裂切成块状，奠定了济南的构造基础，两个构造单元之间，为齐河—广饶断裂带。地质构造比较复杂。此外区内断裂构造发育，并且控制了中生代和新生代断陷盆地。

济南市地层属于华北地层区中的鲁西分区。地层按新老顺序依次出露有太古界泰山群变质岩系、下古生界寒武系、奥陶系碳酸盐岩、上古生界石炭-二叠系煤系地层，松散沉积物为新生界新近系和第四系。

2.3　植被

济南市植被按其起源和发生方式划分，可分为自然植被和栽培植被两大类。按其分布区域和植物组成划分，可分为森林植被、灌草丛植被、草甸植被和农业植被四个类型。但是，由于人为活动的参与，这四个植被类型尤其是农业植被和森林植被并没有一个严格的区域界限，常常是交互穿插存在，而又彼此相互影响相互促进。济南市农业植被约占全市总面积的 38%，森林植被约占 17%，灌木草丛及草甸植被占 18%。各类植被计有区系植物 1100 余种，其中自然野生植物 380 余种，栽培植物 790 余种。

济南市现有的成片森林群落皆为人工栽培次生林。森林植被分为针叶林、落叶阔叶林、竹林三大类。灌草丛植被和草甸植被皆属野生自然植被，其分布区多为待开发的荒山荒滩区，总面积为 930 多 km²，其中灌草丛面积占 85% 以上。济南的农业生产历史悠久，早在四五千年以前，济南一带的平原区即被垦为农田。以后随着人口的不断增加，垦殖范围不断由平原区向低山区扩展，低山坡上逐渐出现了零散的小块农田，近代发展为较整齐的山坡梯田。人们在开垦的农田上种植粮食、蔬菜，并有计划地种植果木，近代发展为农田林网、林（果）粮间作，农业植被中融进了人工栽培森林植被，使单纯、粗放的农业植被逐渐发展为良好的农林复合植被。济南市的农业植被主要分布在沿黄平原区和山前平原区。全市耕地面积 2684km²，占全市总面积的 48%。农业植被区中的栽培植物分为农作物、蔬菜、栽培果木三大类，其中农作物和蔬菜栽培面积占 90% 以上。

2.4　土壤

济南市土壤类型复杂多样，主要分为水稻土、砂姜黑土、风砂土、棕壤、潮土和褐土，其中以棕壤、褐土两大土类为主。受地形、水文、气候、植被、母岩、母质等自然条件的差异及人为生产活动的影响，土壤呈一定的规律分布。从北向南、从低到高依次分布着显域性土壤棕壤、褐土，隐域性土壤潮土、砂姜黑土、水稻土、风砂土 6 个土类，13 个亚类，27 个土属，72 个土种。

棕壤集中分布于长清、历城、章丘三县南部砂石低山丘陵区，海拔一般为200.00~988.80m。

褐土是在暖温带、半干旱及高温高湿同时发生的生物气候条件下，发育在石灰岩（青石山）山地和丘陵地区的地带性土壤。济南市是山东省典型的褐土集中的分布区，褐土占全市土壤总面积的 74.1%，是全市面积最大的土壤类型。在宽广的褐土带中，从上而下，从南到北，分布着褐土性土、普通褐土、石灰性褐土、淋溶褐土、潮褐土五个亚类。

潮土广泛分布于沿黄地区黄泛平原和洼地上，为黄河冲积母质所形成的潮土。此类土壤是受地下水潮化作用影响，经过耕作熟化而形成的土壤类型。土体深厚，沉积层理明显，中下层有锈纹锈斑，表层质地则因沉积过程水流快慢影响而有砂和轻壤、中壤、重壤之别。

砂姜黑土是一种具有"黑土层"和"砂姜层"的暗色土壤。济南市仅有石灰性砂姜黑土一个亚类，主要分布于章丘、历城两区白云湖周围，在平阴县东部孝直镇和店子乡亦有少量分布。此类土壤所处地形平坦低洼，地下水排泄不畅，地表常有积水现象。成土母质为湖积物，分为"黑土裸露"和"黄土覆盖"两个土属。土体下部有灰白色的土层或黑土层及砂姜，通体石灰反应强烈。济南市砂姜黑土多为黄土覆盖类型，表层质地适中，宜于耕作。通常在 100cm 左右出现砂姜，下部有黑土层；砂姜多为面砂姜，不成层，一般不影响耕作。因受人为耕作影响，部分土壤较肥沃，产量较高。局部土壤质地黏重并有内涝危害。

水稻土主要分布在济南市郊区北园、东郊和章丘区明水镇，是经过泉水灌溉、人为生产活动而形成的土壤，是我国北方典型的水稻土，面积较小，约 8.9km²。

风砂土零星分布在长清沿黄的河水决口处及郊区、章丘区的河滩地中。土壤面积92.4km²。此土壤是黄河泛滥决口处，由砂粒沉积而形成的，全市只有半固定风砂土一个亚类，土壤通体为松砂土，除表层土壤有极少数作物根系外，剖面中全为均质砂土。易随风飞扬，故名风砂土，是一种肥力极低、不适宜农用的低产土壤。

2.5　河流概况

济南市域共有河流 50 余条，分属黄河、小清河、海河三大流域。其中平阴县和长清区为黄河流域，济南市区和章丘区为小清河流域，济阳区和商河县为海河流域（徒骇河水系、德惠河水系）。

1. 黄河流域

黄河自西南向东北穿越本区，起于平阴县东阿镇后姜沟，从济阳区仁风镇德老桑家渡流入滨州市；市域干流河长 185.1km，多年平均径流量 425 亿 m^3，含沙量 24.22kg/m^3，河面宽度随来水情况变化很大，河道在一定范围内常有改动，非常不稳定；由于河水含沙量大，常年淤积使许多河段成为地上悬河，洛口大坝顶由新中国成立初期海拔 31.83m，已提高至 37.63m，较城区（工人新村）地面高出 14.1m。市区段坝内黄河河床一般高出地面 4～11m，沿黄两岸形成带状洼地。

黄河水质较好，矿化度低，硬度不高。黄河在给济南市带来水沙之利，用于给水、灌溉、通航淤地改土等的同时，亦给城市和滩区度汛构成很大威胁，并为引黄河水带来了相当棘手的泥沙问题。

市域入黄诸河总流域面积为 2778km²。平阴县境内有浪溪河、玉带河、龙柳河、安滦河和汇河（过境河流）等支流；长清区境内有孝里铺河、南大沙河、北大沙河等支流；玉符河为历城区黄河支流，有锦阳川、锦绣川、锦云川、泉泸河等支流汇入，流经市区西部。由于黄河济南段多数河段为地上悬河，能进入黄河的支流主要有浪溪河和北大沙河，目前均为季节性河流。

2. 小清河流域

小清河源于济南市区诸泉，并向西延伸至玉符河东岸大堤。该河干流流经槐荫区、天桥区和历城区，于章丘区水寨镇小贾庄出市境，流经邹平、高青、桓台、博兴、广饶，在寿光市的羊角沟注入渤海，为济南发源的唯一干流河流，全长 237km，总流域面积 10572km²，是省内唯一河海通航、水陆联运的河道。

小清河在济南段汇入的主要支流多在右（南）岸，呈单侧羽毛状分布，基本上属雨源型山溪河流，为山洪及泉水河道；北岸支流很少，且较小，均为平原坡水排涝河道。小清河水系在济南市的汇流面积为 2824.1km²，其中山地丘陵汇流面积占该河流域面积的 54.7%。主要河道在市境内长 76km，多年平均流量 6.41m³/s。支流流域面积在 30km²以上的有 18 条。右岸支流主要有腊山河、大柳行河、张马河、全福河、韩仓河、工商河、东泺河、西泺河、赵王河、巨野河、兴济河、大辛河；左岸支流包括南太平河、北太平河、曹家圈河；章丘入清河支流有绣江河、漯河、西巴漏河、东巴漏河。水量补给少，兴济河、大辛河、绣江河、漯河等上游河段都常年干涸，只有大雨过后河床才短暂有水。

3. 海河流域

海河流域由徒骇河、德惠新河两大水系组成。徒骇河从济阳区和商河县过境，是济阳区主要的排水河道，长 54.6km，流域面积 1488km²以上，有六六河、济齐河、牧马河等十多条支流汇入。土马河、临商河、商中河等则属于德惠新河水系。德惠新河位于徒骇、马颊河之间，过境长度 21km，流域面积 961km²。

2.6　湖泊概况

济南市地形南高北低，上陡下缓，汛期降水集中，易致山洪暴发；山溪河道，源短流急，至平原洼地，洪水宣泄不及，于是水潴为湖沼。现存的湖泊有白云湖、芽庄湖、大明湖、东平湖等，均为浅水富营养型淡水湖沼。济南市域沿黄的山前一带，由于黄河溃决和挖泥筑堤，历史上曾分布着众多湖泊，今多已为浅平洼地。市域现存湖泊主要有大明湖、白云湖等，市域周边的芽庄湖、东平湖对济南的地表水环境也有较多的影响。

白云湖位于小清河南岸的章（丘）历（城）边界，处于山前平原与黄泛平原两水文地质区的交接带。北距小清河 4km，东到绣江河 3.5km。湖呈东西向，为长方形，长约 7.5km，宽约 2.5km，全湖面积 17.4km²。环湖地势稍高，地面高程 19.00m，唯东北部较低，约 18m；湖内一般地面高程 17.4m 左右，湖心最低处 16.2m。大湖围堤长 18.6km。一般湖水面 7.5km²，水深 1m 左右。

芽庄湖位于章（丘）邹（平）交界处，有漯河汇入，西距刁镇 4km。成因与白云湖基本相同。1953—1954 年建成芽庄湖滞洪区，围堤长 10.6km，其中章丘区境内 4.9km，堤顶高程 20.30m，堤顶宽 3m，滞洪区面积 5.4km²。湖区一般水深 1.9m 左右；蓄水位 19.73m 时，相应蓄水量 1500 万 m³。在芽庄湖东面出浒山闸，于邹平市境内又建一浒山泺滞洪区，与芽庄湖联合运用。

东平湖位于东平县与平阴县接壤处，这里又是东西地表水和地下水的汇集地带。汶水和古济水均流经这一低洼地带，民国年间就有"东平湖"之称，是近代所谓"北五湖"中目前仅存的唯一天然湖泊。1958—1962 年，该湖扩建为能控制蓄泄的平原水库，总蓄水面积 632km²，总蓄水量近 40 亿 m³。

大明湖位于济南旧城西北，现有湖面 46.5hm²，由珍珠泉、孝感泉、芙蓉泉、王府池等 20 多处泉水汇集而成。湖水于东北出水门经泺水河注入小清河。该湖水位可由水门调节，一般水深 2～3m，平槽蓄水容量为 83 万 m³，一般调蓄水量仅 32 万 m³。据 1967 年 5—7 月实测，入湖泉水为 35.4 万 m³，入湖污水仅 0.1 万 m³。20 世纪 70 年代以来，由于城区超采地下水，地下水位一降再降，泉涌量逐年减少，甚至干涸。而入湖污水量却与日俱增，湖水污染相当严重。

2.7　低洼地概况

济南市南依泰岱、北枕黄河的特殊地理环境，及历史上黄河下游段的多处溃决，使沿黄一带分布着众多的浅平洼地。加之黄河河床的逐年淀积抬升，抬高了原汇入黄河的支脉河流的尾间水位。因而汛期河道下游洼地潴水，汪洋一片。历史上济南北郊有美里湖、洋涓湖、华山湖、张马湖等；在平阴、长清山前沿黄一带，也形成了许多沼泽洼地。市区北郊沿黄洼地大多已被近年来的引黄泥沙淤高填平，仅存的历史湖泊——美里湖、洋涓湖、华山湖等湖心一带，亦逐年缩小或被开发成水产种植、养殖基地，已不足 600hm² ；张马湖虽无引黄泥沙淤填，但因作为水源地开采，地下水位一降再降，昔日的稻田、荷塘、水田早已不复存在，而代之以旱作粮田。

2.8　泉水概况

在老城区范围内共有泉水 108 处，其中，列入七十二名泉的有 41 处。这些泉水主要分布在东起青龙桥，西至筐市街，南至泺源大街，北至大明湖 2.6km² 范围内。泉水沿护城河流入大明湖再汇入小清河。济南泉水正常年份年平均流量 30 万～40 万 m³/d，有观测记录以来，最大年平均流量达 50.2 万 m³/d（1962 年）。2011 年的实地普查，查明全市共有泉水 808 处，其中，中心城区有泉水 151 处，中心城区外围及历城区有泉水 320 处，长清区有泉水 113 处，章丘区有泉水 180 处，平阴县有泉水 44 处。

根据济南市泉水的分布位置及汇流情况，可将其分为四大泉群，即趵突泉群、黑虎泉群、珍珠泉群、五龙潭泉群。

第 3 章

研究区社会经济状况

3.1 行政区划

济南市辖历下区、市中区、槐荫区、天桥区、历城区、长清区、章丘区、济阳区、平阴县、商河县、莱芜区和钢城区，共设 10 个区、2 个县。

历下区辖 14 个街道，分别是：大明湖街道、千佛山街道、燕山街道、泉城路街道、趵突泉街道、东关街道、解放路街道、建筑新村街道、文化东路街道、甸柳新村街道、姚家街道、智远街道、龙洞街道、舜华路街道。

市中区辖 17 个街道，分别是：泺源街道、杆石桥街道、魏家庄街道、大观园街道、四里村街道、六里山街道、七里山街道、二七新村街道、舜玉路街道、舜耕街道、王官庄街道、七贤街道、白马山街道、十六里河街道、兴隆街道、党家街道、陡沟街道。

槐荫区辖 16 个街道，分别是：西市场街道、五里沟街道、道德街道、营市街街道、青年公园街道、中大槐树街道、振兴街街道、南辛庄街道、段店北路街道、匡山街道、张庄路街道、美里湖街道、兴福街道、玉清湖街道、腊山街道、吴家堡街道。

天桥区辖 15 个街道，分别是：无影山街道、堤口路街道、宝华街街道、工人新村南村街道、工人新村北村街道、官扎营街道、北坦街道、天桥东街街道、制锦市街道、纬北路街道、北园街道、泺口街道、药山街道、大桥街道、桑梓店街道。

历城区辖 19 个街道、2 个镇，分别是：洪家楼街道、山大路街道、东风街道、全福街道、孙村街道、巨野河街道、华山街道、荷花路街道、王舍人街道、鲍山街道、郭店街道、唐冶街道、港沟街道、遥墙街道、临港街道、董家街道、仲宫街道、彩石街道、柳埠街道、唐王镇、西营镇。

长清区辖 7 个街道、3 个镇，分别是：文昌街道、平安街道、崮云湖街道、五峰山街道、归德街道、张夏街道、万德街道、孝里镇、马山镇、双泉镇。

章丘区辖 15 个街道、3 个镇，分别是：明水街道、双山街道、龙山街道、枣园街道、埠村街道、圣井街道、绣惠街道、相公庄街道、文祖街道、普集街道、官庄街道、高官寨街道、白云湖街道、宁家埠街道、曹范街道、刁镇、垛庄镇、黄河镇。

济阳区辖 6 个街道、4 个镇，分别是：济阳街道、济北街道、回河街道、孙耿街道、太平街道、崔寨街道、曲堤镇、仁风镇、垛石镇、新市镇。

平阴县辖 2 个街道、6 个镇，分别是：榆山街道、锦水街道、洪范池镇、东阿镇、孔村镇、孝直镇、玫瑰镇、安城镇。

商河县辖 1 个街道、11 个镇，分别是：许商街道、玉皇庙镇、龙桑寺镇、贾庄镇、殷巷镇、郑路镇、怀仁镇、白桥镇、孙集镇、韩庙镇、张坊镇、沙河镇。

2018 年 12 月 26 日，国务院批复同意山东省调整济南市莱芜市行政区划，撤销莱芜市，将其所辖区域划归济南市管辖；设立济南市莱芜区，以原莱芜市莱城区的行政区域为莱芜区的行政区域；设立济南市钢城区，以原莱芜市钢城区的行政区域为钢城区的行政区域。

莱芜区辖 8 个街道、7 个镇，分别是：凤城街道、鹏泉街道、张家洼街道、高庄街道、口镇街道、羊里街道、方下街道、雪野街道、牛泉镇、苗山镇、和庄镇、茶业口镇、大王庄镇、寨里镇、杨庄镇。

钢城区辖 5 个街道，分别是：艾山街道、汶源街道、里辛街道、颜庄街道、辛庄街道。

3.2　人口

2018 年年末常住人口 746.04 万人，比上年末增长 1.90%。户籍人口 655.90 万人，增长 1.91%。申报出生率 14.57‰，申报死亡率 6.98‰，人口自然增长率 7.59‰。济南市汉族人口占大多数，其他民族人数较少。

3.3　经济

根据《济南市国民经济和社会发展统计公报》，2018 年，全年全市地区生产总值 7856.56 亿元，比上年增长 7.4%。其中第一产业增加值 272.42 亿元，增长 2.5%；第二产业增加值 2829.31 亿元，增长 7.8%；第三产业增加值 4754.83 亿元，增长 7.5%。三大产业构成为 3.5：36.0：60.5。人均地区生产总值 106302 元，增长 5.7%，按年均汇率折算为 16064 美元。

就业保持良好态势。全年新增城镇就业 18.95 万人，年末城镇登记失业率 2.06%。

物价水平温和上涨。全年居民消费价格上涨 2.6%，其中食品烟酒类价格上涨 3.2%，工业生产者出厂价格上涨 4.8%，工业生产者购进价格上涨 8.3%。新建住宅销售价格指数环比涨幅基本保持稳定。

1. 农业

农业综合生产能力保持稳定。全年农林牧渔业增加值 286.4 亿元，比上年增长 2.8%。粮食总产量 251.4 万 t，减少 1.6%；油料产量 4.2 万 t，增长 15.6%；蔬菜产量 527.2 万 t，减少 10.9%；水果产量 42.2 万 t，减少 2.2%。

林牧渔"一升两降"，畜牧业产能有所下降。全年新增造林面积 4902hm²，经济林种植面积 65033hm²，植树造林 1306 万株。肉类总产量 29.8 万 t，减少 8.3%；禽蛋产量 33.2 万 t，减少 15.7%；奶类产量 32.8 万 t，增长 24.6%；水产品产量 3.2 万 t，减少 22.7%。

农业产业化水平持续提高。市级农业龙头企业 402 家，新认定 31 家；农民专业合作社 6632 家，新登记 216 家。新创建国家级畜禽养殖标准化示范场 1 处。农机总动力达到 454.6 万 kW，主要农作物综合机械化率达到 90%。

2. 工业

工业生产平稳增长。全年全部工业增加值比上年增长 7.0%。规模以上工业增加值增长 7.1%。分经济类型看，公有制经济增长 9.2%，非公有制经济增长 5.3%；分轻重工业看，轻工业增长 5.6%，重工业增长 7.6%。全部行业增长面保持稳定。规模以上工业 41 个大类行业中，有 24 个行业增加值实现增长，增长面为 58.5%。

工业经济效益持续改善。全年规模以上工业主营业务收入 5171.0 亿元，增长 6.5%。重点行业中，石油、煤炭及其他燃料加工业增长 36.1%，汽车制造业增长 22.8%，计算机通信和其他电子设备制造业、化学原料和化学制品业、医药制造业分别增长 18.4%、14.8%、11.9%。

3. 建筑业

建筑业发展较快。全年建筑业增加值 688.3 亿元，增长 11.1%，占 GDP 比重为 8.8%。在建工程总施工面积达到 12984.0 万 m²。具有资质等级的建筑业企业 507 家，增加 3 家。实现建筑业总产值 2823.5 亿元，增长 27.2%，其中国有及国有控股企业产值 2205.9 亿元，增长 31.7%。签订合同额 6820.6 亿元，增长 17.3%，其中新签合同额 3640.2 亿元，增长 36.1%。

4. 交通

2018 年年末公路通车里程 12637.7km，其中境内高速公路 488.5km。公路客运量完成 3149.0 万人，下降 1.3%；旅客周转量完成 52.9 亿人·km，增长 0.5%。公路货运量完成 2.6 亿 t，增长 6.3%；货运周转量完成 474.0 亿 t·km，增长 3.1%。年末拥有民用机动车 230.4 万辆，其中民用汽车 216.1 万辆。年末公交线路 386 条，增加 54 条；线路总长度 7388.1km，增加 1066.9km；旅客运输量 7.7 亿人次，与上年持平。济南机场累计保障起降 12.7 万架次，增长 9.8%；完成旅客吞吐量 1661.2 万人次，增长 16.0%；完成货邮吞吐量 11.4 万 t，增长 19.4%。

5. 旅游

2018 年全年接待国内外游客 8007.7 万人次，增长 9.9%，其中接待国内游客 7967.8 万人次，增长 9.9%；接待入境游客 39.9 万人次，增长 6.2%。实现旅游消费总额 1129.6 亿元，其中国内游客消费额 1054.7 亿元，入境游客消费额 22285.1 万美元。共有 A 级旅游景区 62 家，其中 5A 级景区 1 家，4A 级景区 13 家。省级旅游强乡镇 30 个，省级旅游特色村 82 个，省级以上旅游度假区 1 家。

6. 投资

投资结构继续优化。2018 年全年固定资产投资比上年增长 9.6%。分产业看，第一产业投资增长 9.8%；第二产业投资下降 10.1%；第三产业投资增长 14.3%。年末亿元以上固定资产投资项目 872 个，增加 128 个。分项目规模看，50 亿元以上项目 19 个，增加 3 个，完成投资增长 21.0%；10 亿～50 亿元项目 147 个，增加 41 个，完成投资下降 0.9%；1 亿～10 亿元投资项目 706 个，增加 84 个，完成投资增长 34.0%。民间投资增长 8.5%，基础设施投资增长 10.2%，实体经济投资增长 8.4%。服务业投资较快增长。全年服务业投资增长 14.4%。其中高技术服务投资增长 7.8%，物流业投资增长 2.8%。

房地产投资平稳发展。全年房地产开发完成投资 1369.3 亿元，增长 11.1%，其中住宅完成投资 928.5 亿元，增长 12.9%。

第 4 章

研究区水资源现状及开发利用

    济南属于资源型缺水城市，水资源分布不均匀，人均占有水资源量较低。受地形和气候的影响，年内降水主要集中在 6—9 月，而且一般坡陡流急，拦蓄困难的山前迎风区是降雨中心。同时济南降雨丰枯年际变化较大，2013 年和 2014 年降雨量差了近 1 倍。降雨量的持续偏少和黄河（客水资源）来水量的逐步缩减导致济南水资源愈发短缺。2013 年以来济南市降雨量平均值 400~800mm。

    2017 年全市平均降水量 526.4mm，比上年 710.8mm 偏少 25.94%，比多年平均 647.9mm 偏少 18.75%。与多年平均值相比，2017 年除商河县外各县区降水量均偏少，市区四区（历下区、市中区、槐荫区、天桥区）、历城区、长清区、章丘区、济阳区、平阴县偏少值分别为 26.67%、27.14%、21.01%、34.24%、18.58%、0.89%，商河县 2017 年降水量比多年平均值偏多 17.21%（表 4.1）。降水量的空间分布情况：最大点雨量在平阴县的李沟，为 735.8mm；最小点雨量在章丘区的大站，为 383.7mm。

表 4.1   2017 年济南市行政分区降水量与上年及多年平均比较

行政分区	当年降水量/mm	与上年比较/%	与多年平均比较/%
市区四区	501.6	−33.51	−26.67
历城区	521.6	−36.82	−27.14
长清区	529.6	−34.51	−21.01
章丘区	440.7	−35.10	−34.24
济阳区	472.5	−20.46	−18.58
平阴县	623.4	−8.63	−0.89
商河县	663.1	4.73	17.21
全市	526.4	−25.94	−18.75

注   数据来源于 2017 年济南市水资源状况公报。

    2017 年全市地表水资源量为 34778.09 万 m^3，折合年径流深 42.5mm，比上年偏少 61.05%，比多年平均偏少 62.55%。从行政分区来看，市区四区年径流深最大，为 90.1mm，比上年偏少 44.01%，比多年平均偏少 54.52%；济阳区年径流深最小，为 3.6mm，比上年偏少 87.17%，比多年平均偏少 93.22%，见表 4.2。

表 4.2   2017 年济南市行政分区年水资源总量   单位：万 m^3

行政分区	年降水总量	地表水资源量	地下水资源与地表水资源不重复量	水资源总量
市区四区	39173.37	7039.84	6650.70	13690.54
历城区	67697.24	6076.03	7705.24	13781.27
长清区	62391.63	6167.86	3691.27	9859.13

续表

行政分区	年降水总量	地表水资源量	地下水资源与地表水资源不重复量	水资源总量
章丘区	81754.72	3764.19	18589.93	22354.12
济阳区	50840.64	388.74	7596.92	7985.66
平阴县	51556.95	7281.66	4009.34	11291
商河县	77046.63	4059.77	16076.01	20135.78
全市	430461.18	34778.09	64319.41	99097.50

注　数据来源于 2017 年济南市水资源状况公报。

2017 年全市淡水区地下水资源量为 97756.38 万 m^3，比上年地下水资源量偏少 28.98%，比多年平均地下水资源量偏少 20.40%。其中平原淡水区地下水总补给量为 64545.33 万 m^3，地下水资源量为 63099.17 万 m^3，降水入渗补给量为 39462.07m^3，占平原区地下水资源量的 62.54%；全市山丘区地下水资源量为 42557.22 万 m^3，河川基流量为 17199.88 万 m^3，占山丘区地下水资源量的 40.42%，扣除平原区与山丘区之间重复计算量 7900.01 万 m^3。从行政分区看，章丘区地下水资源量最大，为 23809.83 万 m^3，比上年偏少 30.39%，比多年平均偏少 26.69%；平阴县地下水资源量最小，为 8390.55 万 m^3，比上年偏少 38.98%，比多年平均偏少 20.49%。

2017 年全市水资源总量为 99097.50 万 m^3，其中地表水资源量为 34778.09 万 m^3，地下水资源与地表水资源不重复量为 64319.41 万 m^3，比上年水资源总量偏少 40.82%，比多年平均水资源总量偏少 43.30%。从行政分区看，各县区水资源量均比上年偏少，其中，长清区偏少值最大，为 57.78%，商河县偏少值最小，为 12.78%。与多年平均值相比，商河县水资源量偏多，偏多值为 18.06%；其他各县（市）区均比多年平均值偏少，其中历城区偏少值最大，为 60.48%，平阴县偏少值最小，为 29.27%。

2017 年，全市总用水量为 154280 万 m^3，其中农村用水量为 86652 万 m^3，工业用水量为 19861 万 m^3，城镇公共及生活用水量为 28472 万 m^3，城镇环境用水量为 19295 万 m^3，见表 4.3。在农村用水量中，农田灌溉用水量 65438 万 m^3，林牧渔畜用水量 12791 万 m^3，农村生活用水量 5583 万 m^3，农村生态环境用水量为 2840 万 m^3。在城镇公共及生活用水量中，城镇公共用水量 10422 万 m^3，城镇生活用水量 18050 万 m^3。从行政分区来看，市区四区用水量最大，为 55279 万 m^3；历城区用水量最小，为 8512 万 m^3。从流域分区来看，小清河流域用水量最大，为 89119 万 m^3；大汶河流域用水量最小，为 20928 万 m^3。

表 4.3　　　　　　　　　**2017 年济南市行政分区年用水量**　　　　　　单位：万 m^3

行政分区	农村用水量	工业用水量	城镇公共及生活用水量	城镇环境用水量	合计
市区四区	6391	11545	20503	16300	55279
历城区	5420	1413	1630	49	8512
长清区	8004	632	1529	332	10497
章丘区	17450	3620	3058	1200	25328

续表

行政分区	农村用水量	工业用水量	城镇公共及生活用水量	城镇环境用水量	合计
济阳区	24450	1221	610	300	26581
平阴县	8042	1062	587	750	10441
商河县	16355	368	555	364	17642
全市	86652	19861	28472	19295	154280

注　数据来源于 2017 年济南市水资源状况公报。

第 5 章

研究区水生态压力

水是水生生物生存的介质，人类活动向水体中排入点源和面源污染物，影响到水环境质量时，水生生物会受到影响，进而会影响水生态系统结构和功能。同时，挖沙、捕捞、过度取水等人类活动也会影响水生生物的生境，并影响水生态系统结构和功能的发挥。因此，人类活动往往是影响水生态系统的重要压力源。

5.1 土地利用

根据济南市土地利用图，济南市土地包括耕地、林地、草地、水域、城乡居民点及工矿用地和未利用土地六种类型。2017 年济南市土地总面积为 799486hm²，其中耕地 392306hm²，占总面积的 49.1%；林地 196985hm²，占 24.5%；草地 3087hm²，占 0.4%；水域 36564hm²，占 4.6%；城乡居民点及工矿用地 170027hm²，占 21.3%；未利用土地 516hm²，占 0.1%。

各土地类型中，耕地约占土地总量的一半，是济南市主要土地利用类型。2014—2017 年土地利用变化表明，近年来耕地面积有所下降，而林地面积有所增加，如图 5.1 所示。

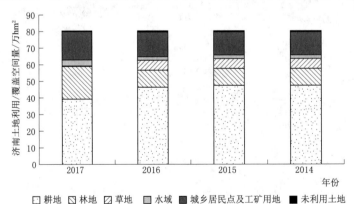

图 5.1　2014—2017 年济南土地利用/覆盖空间分布
（数据来源 2015—2018 年济南市环境质量简报）

虽然近年来耕地面积占济南市土地面积的比例在减少，但耕地和城乡居民用地等人类活动相关的用地仍是济南市主要用地类型。这些人类活动区域有大量的污染物排入水体，导致水体营养盐浓度提高，甚至引起富营养化，导致水生生物数量减少，影响水生态系统结构组成，并影响水生态功能的发挥，是影响济南市水生态系统的重要环境要素。

5.2　水环境质量

水环境质量是直接影响水生生物的因素，对水生态系统结构完整和功能的发挥具有重要的影响。根据 2010—2018 年济南市水环境质量简报，河流、湖泊、水库、地下水水环境质量状况如下。

济南市主要河流断面水质总体达标。黄河（济南段）每月监测 31 项指标，水质达到《地表水环境质量标准》（GB 3838—2002）Ⅲ类标准。小清河干流每月监测 26 项指标，源头断面睦里庄化学需氧量、氨氮总体保持稳定，均达到国家地表水环境质量Ⅲ类标准。出境断面辛丰庄化学需氧量达到国家地表水环境质量Ⅴ类标准，化学需氧量、氨氮总体保持稳定。徒骇河每月监测 26 项指标，入境断面夏口化学需氧量、氨氮总体保持稳定，均达到国家地表水环境质量Ⅳ类标准；出境断面申桥化学需氧量、氨氮总体保持稳定，均达到国家地表水环境质量Ⅳ类标准。

济南市湖泊、水库、泉水水质总体稳定，湖泊水库呈轻度富营养化和中营养状态水平。大明湖达到国家地表水环境质量Ⅳ类标准，满足景观娱乐用水水质要求，水体呈轻度富营养化状态，水质多年基本持平。各水库均呈中营养状态，水质保持稳定。趵突泉、黑虎泉、五龙潭、珍珠泉四大泉群监测 24 项指标，大体指标达到《地下水质量标准》（GB/T 14848—2017）Ⅲ类标准，水质保持稳定。

多年监测数据表明，饮用水源地水质较好。地下饮用水源地 93 项指标均达到《地下水质量标准》（GB/T 14848—2017）Ⅲ类标准；地表饮用水源地 109 项监测指标中，卧虎山、鹊山、玉清湖、锦绣川水库出口大部分指标均稳定在Ⅱ类标准。

虽然当前国控省控断面的水环境质量基本可以达标，但局部区域河湖水库水体水环境质量仍然较差，尤其是在农业集中分布区域、城市建设用地区域以及其他人类活动比较集中的区域。农田经营、点源排放等活动导致大量污染物进入水体，引起水体悬浮物增加、营养盐浓度上升，并富集在底泥中，持续影响水体水环境质量，成为影响水生态系统结构和功能的重要因素。

5.3　水生生境破坏

闸坝修建、河道渠道化、挖沙、过度捕捞、过度用水等人类活动破坏了河湖水体生境，是影响济南市水生态系统结构、功能和健康的主要因素。

（1）由于闸坝修建、大量用水等人类活动，济南市部分河流存在干涸的情况，如石河、大沙河、玉符河等河流存在断流的现象。断流导致水生生物生存的生境丧失，水生生物也因此丧失，对水生态的破坏巨大。

（2）渠道化影响水生生境。济南市在以往的河流整治中，大部分是以防洪为主，主要通过修建混凝土或块石等工程来建造人工堤岸，导致河流被硬化、渠化，对河流所处的自然生态链造成破坏，水体与岸带之间的纵向连通被破坏，降低了水体的自净能力，破坏了鱼类原有的产卵场所；同时影响了随着洪水进入岸带进行取食生长的鱼类，降低了水生生物的多样性。

（3）河道内的人类活动影响水生生境。由于经济利益驱动，挖沙、水产捕捞等人类活动存在，挖沙导致水化学、基质等水生生境变化，影响生物产卵、捕食等生活史过程；过度捕捞导致鱼类资源小型化、资源量减少，影响水生生物群落的物种组成结构，影响水生态系统功能的发挥。

随着河湖长制的实施，对水生生境的直接破坏正在减少。由于水生生境对水生态系统结构和功能的影响最直接，也最大，因此在济南市水生态系统的管理中，应将对水生生境破坏的行为作为重点进行整治，实现以最小的投入获取水生态环境保护的最大收益。

第 2 篇

水 生 态 系 统 特 征

第 6 章

水生态调查方法和技术手段

6.1　水生态调查采样点选取及布设

　　本次调查为 2014—2019 年主要在每年 5—6 月进行样品采集工作，采集地区分别设在小清河、玉符河、大沙河、黄河、徒骇河以及汇河 6 条河流。涉及湖库 14 个，分别为八达岭水库、卧虎山水库、锦绣川水库、垛庄水库、东阿水库、汇泉水库、崮头水库、钓鱼台水库、崮云湖水库、杏林水库、杜张水库、朱各务水库、白云湖以及大明湖（表 6.1）。涉及湿地分别为济西湿地、华山湖湿地以及珍珠湖湿地。采集的泉水地区在珍珠泉、洪范池、百脉泉-明眼泉、书院泉以及趵突泉。

表 6.1　　　　　　　　　　　　　济南市湖库概况

湖库	所在河流	汇流面积/km²	湖库	所在河流	汇流面积/km²
八达岭水库	玉符河	40	钓鱼台水库	南大沙河	39
卧虎山水库	玉符河	557	崮云湖水库	北大沙河	95
锦绣川水库	玉符河	166	杏林水库	漯河	180.2
垛庄水库	绣江河	56	杜张水库	巨野河	226
东阿水库	浪溪河	96	朱各务水库	绣江河	465
汇泉水库	浪溪河	33.6	白云湖	小清河	16.5
崮头水库	南大沙河	100	大明湖	小清河	0.47

　　河流取样原则（表 6.2）：在对调查研究结果和有关资料进行综合分析的基础上，监测断面的布设应当具有代表性，即可以真实全面地反映水质及污染物的空间分布和变化规律；根据监测目的和检测项目并考虑人力、物力等因素确定监测断面和采样点。如有大量废水排入河流的主要居民区、工业区上游和下游，较大支流汇合口上游和汇合后与干流充分混合处，入海河流的河口处，受潮汐影响的河段和严重的水土流失区域；湖泊、水库的主要出入口；饮用水源区、水资源集中的水域、主要风景区等功能区；断面位置应避开死水区及回水区，尽量选择河段顺直、河床稳定、水流平衡、无激流浅滩处；尽可能有水文测量断面重合，交通方便，有明显岸边标志。

　　湖泊、水库取样原则（表 6.3）：首先判断湖库是单一水体还是复杂水体，考虑汇入湖库的河流水量、水体径流量、季节变化及动态变化，沿岸污染源分布及污染物扩散与自净规律、生态环境特点等。按照湖库设置原则确定监测断面位置。进出湖库的河流汇合处设置监测断面；以各功能区（排污口、饮用水源、风景区等）为中心，在其辐射线上设置

表 6.2 取样断面和垂线设置原则

水域类型	取样断面布置	取 样 垂 线 布 设				
		河流类型	河宽/m	布设位置	水深/m	设置位置
河流	调查范围内不同水质功能区、重点保护水域、敏感用水对象附近水域、水质特征突然变化处（如支流汇入处上下游）、涉水构筑物（如闸坝、桥梁等）附近。调查范围的下游边界处、水质例行监测断面处以及其他需要进行水质预测的地方等	小型	在取样断面的主流（中泓）线上设一条水质取样垂线		≤1.0或小型河流	水质取样点设置在取样垂线的1/2水深处（1个）
		大、中型	≤50	在水质取样断面上各距岸边1/3的水面宽度处，分别设置一条水质取样垂线，共设置两条	1.0～5.0	在水面下0.5m处设置水质取样点（1个）
			50～200	在水质取样断面的主流（中泓）线上及两岸不小于0.5m且有明显水流的地方，各设置一条水质取样垂线，共设三条	5.0～10.0	在水面下0.5m处和距河底0.5m处各设置一个水质取样点（2个）
			>200	可只在主流（上泓）线上靠拟设置排污口一侧水域设置水质取样垂线	>10.0	在水面下0.5m、1/2的水深处和距河底0.5m处各设置一个水质取样点（3个）

水域类型	取样断面布置	湖库类型	污水排放量/(m³/d)	取样垂线间隔/km²			水深/m	设置位置
				一级	二级	三级		
湖泊、水库	（1）水质取样位置的布设：在湖泊、水库中布设的取样位置应覆盖整个调查水域，并且可以真实地反映湖泊、水库的水质和水文分布特征。（2）水质取样垂线的布设：在不同水质类别区、环境敏感区、排污口和需要进行水质预测的水域应布设取样垂线。水质取样垂线的设置可采用以排污口为中心，沿放射线布设或网格布设的方法，根据调查评价的湖泊、水库规模，按一定的原则及方法布置	大、中型	<50000	1～2.5	1.5～3.5	2～4	<1.0	水质取样点设在水面下1/2水深处（1个）
			>50000	3～6	4～7		≤5.0	水质取样点设置在水面下0.5m处（1个）
		小型	<50000	3～6	4～7		5.0～10.0	在水面下0.5m处、距湖底0.5m处（2个）
			>50000	0.5～1.5	1～2		>10.0	水面下0.5m处、1/2水深处，距湖底0.5m处（3个）

弧形监测断面；在湖库中心、深浅水区、滞留区、鱼类洄游产卵区、水生生物经济区等设置监测断面；无特殊明显功能区可采用网格法设置监测垂线。

2014—2019年在济南市全境水域进行采样分析，选取济南市小清河、玉符河、大沙河、黄河、徒骇河、牟汶河、瀛汶河、汇河共50个点位，对济南市河流的水质状况和水生生物状况进行调查研究。具体点位如图6.1（见文后彩插）和表6.3所示。

表 6.3　　　　　　　　济南市水域采样点位设置　　　　　　　　单位：（°）

河流	点位	经度	纬度	河流	点位	经度	纬度
小清河	吴家铺	116.9019	36.6924	泉水	书院泉	116.2911	36.1000
	大明湖中	117.0250	36.6694		趵突泉出水口	117.0092	36.6606
	大明湖西	117.0194	36.6542	玉符河	并渡口	117.0194	36.4753
	大明湖东	117.0269	36.6742		黄巢水库下游	117.1572	36.3758
	北全福庄	117.0632	36.7042		宅科	116.9372	36.5172
	五柳闸	117.0281	36.6963		睦里庄	116.8291	36.6570
	梁府庄	117.0153	36.6975	大沙河	北大沙河入黄河口	116.7172	36.6112
	板桥	117.0372	36.6961		崮山	116.5739	36.4186
	菜市新村	117.0278	36.6806		顾小庄浮桥	116.6149	36.4452
	黄台桥	117.0575	36.7075	黄河	泺口	117.0261	36.7531
	相公庄	117.5364	36.7642		葛店引黄闸	117.2410	37.0428
	浒山闸	117.6212	36.8995		付家桥	117.8103	36.0436
	张家林	117.3976	36.9257	牟汶河	站里	117.6933	36.1883
	白云湖下游	117.4125	36.8653		莱芜	117.6728	36.1856
	龙脊河	117.1457	36.7677	瀛汶河	王家洼	117.4258	36.2785
	石河	117.1785	36.7676		西下游	117.5847	36.4542
	巨野河	117.2369	36.8153	汇河	陈屯桥	116.5088	36.1554
	大辛村	117.1080	36.7223	湖库	八达岭水库	117.0291	36.4062
	章灵丘	117.2092	36.6948		卧虎山水库	116.9692	36.4914
	鸭旺口	117.2409	36.8197		锦绣川水库	117.1463	36.5068
	西门桥	117.0100	36.6633		垛庄水库	117.4135	36.4859
	五龙堂	117.4083	36.9589		东阿水库	116.2688	36.1627
徒骇河	北田家	117.1622	37.0191		汇泉水库	116.2861	36.1027
	垛石街	117.0815	37.0576		崮头水库	116.7335	36.4046
	新市董家	117.0390	37.0928		钓鱼台水库	116.8307	36.4202
	大贺家铺	117.1893	37.0691		崮云湖水库	116.8587	36.4978
	营子闸	117.1884	37.1337		杏林水库	117.6114	36.7136
	张公南临	117.1623	37.2195		杜张水库	117.3475	36.7467
	刘家堡桥	117.3709	37.4218		朱各务水库	117.4797	36.7747
	周永闸	117.2725	37.4182		白云湖	117.4183	36.8978
	杆子行闸	117.2062	37.4778		大明湖	117.0225	36.6750
	明辉路桥	117.1385	37.3074	湿地	济西湿地主码头	116.8361	36.6753
	潘庙闸	117.0319	37.3282		济西湿地映虹桥	116.7731	36.6231
	刘成桥	117.4437	37.2869		济西湿地烟波桥	116.7822	36.6450
	太平镇	116.9610	36.9802		济西湿地骆屯桥	116.7975	36.6667
泉水	珍珠泉	117.0313	36.6739		济西湿地澄波桥	116.7889	36.6456
	洪范池	116.3015	36.1087		华山湖湿地	117.0572	36.7172
	百脉泉—明眼泉	117.5450	36.7285		玫瑰湖湿地	116.4206	36.2914

6.2　水环境调查方法和技术手段

水环境物理指标包含水温、透明度、浊度（Turb）、酸碱度（pH 值）、电导率（Ec）、氯化物（Cl$^-$）、硫酸盐（SO$_4^{2-}$）、碳酸盐（CO$_3^{2-}$）、重碳酸盐（HCO$_3^-$）、总碱度（Alk）、总硬度（TH）、溶解氧（DO）、氨氮（NH$_3$-N）、总氮（TN）、总磷（TP）、亚硝酸盐（NO$_2^-$-N）、硝酸盐氮（NO$_3^-$-N）、高锰酸盐指数（COD$_{Mn}$）、生化需氧量（BOD）、化学需氧量（COD）、挥发酚、硫化物（S^{2-}）、氟化物含量（F$^-$）以及阴离子表面活性等 24 项（表 6.4）。其中水温、透明度、浊度、pH 值、电导率等数据均采用水质分析仪（YSIPro2000）现场获取数据（图 6.2），水环境化学指标包括氯离子（Cl$^-$）、氨氮（NH$_3$-N）、总氮（TN）、总磷（TP）、活性磷（PO$_4^{3-}$）、硬度（Hard）、高锰酸盐指数（COD$_{Mn}$）、亚硝酸态氮（NO$_2^-$-N）、硝酸态氮（NO$_3^-$-N）、总有机碳（TOC）、总无机碳（TIC）及总溶解碳（TDC）12 项；水环境物理指标及 12 项化学指标数据的获取方法是：在每个采样点位采集两个平行水样（各 2L）（表 6.5 和图 6.3），对水样固定保存（图 6.4），并于 48h 内带回实验室，根据《地表水环境质量标准》（GB 3838—2002）于实验室内测定。

表 6.4　　　　　　　　　　　　　　水 质 监 测 项 目

编号	指标	监测仪器或方法	监 测 意 义
1	水温	水质分析仪（YSIPro2000）	氧气在水中的溶解度随水温升高而减小，水温升高加速耗氧反应，导致水体缺氧或水质恶化
2	透明度	水质分析仪（YSIPro2000）	从理论上讲，水体透明度较高则悬浮物的含量不会高
3	浊度（Turb）	浊度计	通常浊度越高，溶液越浑浊。浊度的高低一般不能直接说明水质的污染程度，但由于人类生活和工业生活污水造成的浊度增高，表明水质变坏
4	酸碱度（pH 值）	pH 计	pH＝7 是标准意义上的中性水。pH＞7 为碱性，pH＜7 为酸性。清洁天然水的 pH 值为 6.5～8.5，pH 值异常，表示水体受到污染。多数的水污染会改变水的 pH 值，但不是全部
5	电导率（Ec）	水质分析仪（YSIPro2000）	电导率表示水中电离性物质的总量。电导率的大小同溶于水中物质的浓度、活度和温度有关
6	氯化物（Cl$^-$）	硝酸根容量法	氯化物几乎存在于所有的水中，主要以钠、钙、镁等盐类形式存在。当水中的氯化物含量超过 250mg/L 时，水被污染，水质有明显的咸味。氯化物含量高对金属管道、构筑物有腐蚀作用
7	硫酸盐（SO$_4^{2-}$）	铬酸钡分光光度法	硫酸盐经常存在于饮用水中，国标要求生活饮用水硫酸盐的含量应小于 250mg/L。水质中硫酸盐超过 750mg/L 时，饮用后可致轻度腹泻
8	碳酸盐（CO$_3^{2-}$）	酸碱指示剂滴定法	碳酸化合物是决定水体 pH 值的重要因素，并且对外加酸和碱有一定的缓冲能力，对水质有多方面的作用
9	重碳酸盐（HCO$_3^-$）		
10	总碱度（Alk）		碱度指标常用于评价水体的缓冲能力及金属在其中的溶解性和毒性，是对水和废水处理过程控制的判断性指标。若碱度是由于过量金属盐类所形成，则碱度是确定这种水是否适宜于灌溉的重要依据

编号	指标	监测仪器或方法	监 测 意 义
11	总硬度 (TH)	EDTA 配位 滴定法	水的总硬度指水中钙、镁离子的总浓度，分为碳酸盐硬度（暂时硬度）和非碳酸盐硬度（永久硬度）两种。通过监测可以知道其是否可以用于工业生产及日常生活
12	溶解氧 (DO)	溶解氧仪	溶解氧是评价水体自净能力的指标。溶解氧含量较高，表示水体自净能力较强；溶解氧含量较低，表示水体中污染物不易被氧化分解，鱼类也因得不到足够氧气窒息而死
13	总氮 (TN)	碱性过硫酸钾紫外分光光度法	有助于评价水体被污染和自净状况。地表水中氮、磷物质超标时，微生物大量繁殖，浮游生物生长旺盛，出现富营养化状态
14	氨氮 (NH_3-N)	纳氏比色法	氨、氮是目前造成国内河流湖泊富营养化的直接因素。通过检测水中氨氮含量可以大致判断水质的情况
15	亚硝酸盐氮 (NO_2^--N)	重氮-偶联反应	在水环境不同的条件下，可氧化成硝酸盐氮，也可被还原成氨。水中存在亚硝酸盐时表明有机物的分解过程还在继续进行，亚硝酸盐的含量如太高，即说明水中有机物的无机化过程进行得相当强烈，表示污染的危险性仍然存在
16	硝酸盐氮 (NO_3^--N)	酚二磺酸分光光度法	硝酸盐氮是含氮有机物氧化分解的最终产物。水体中仅有硝酸盐含量增高，氨氮、亚硝酸盐氮含量均低甚至没有，说明污染时间已久，现已趋向自净
17	化学需氧量 (COD)	重铬酸盐法	化学需氧量往往作为衡量水中有机物质含量多少的指标。化学需氧量越大，说明水体有机物的污染越严重
18	高锰酸盐指数 (COD_{Mn})	酸性高锰酸钾法	高锰酸盐指数是反映水体中有机及无机可氧化物质污染的常用指标
19	生化需氧量 (BOD)	五日生化需氧量	地表水水体中微生物分解有机物的过程中消耗水中的溶解氧的量，是水体中有机物污染的最主要指标之一
20	挥发酚	4-氨基安替比林光度法	挥发酚是指沸点在 230℃ 以下的有毒物质，主要污染源为工业废水
21	总磷 (TP)	钼酸铵分光光度法	水中磷主要来源为生活染。水体中的磷是藻类生长需要的一种关键元素，过量磷是造成水体水秽异臭，湖泊发生富营养化和海湾出现赤潮的主要原因
22	硫化物 (S^{2-})	二乙氨基苯胺分光光度法	污水中的硫化物易从水中逸散于空气，且气味恶臭，严重污染大气，危害人体健康。浓度过高会引起丝状硫磺细菌的过量繁殖，导致丝硫菌污泥膨胀，甚至污泥中毒，对污水处理造成严重的影响
23	氟化物（F^-）	氟试剂比色法	我国规定饮用水中氟浓度小于 1.0mg/L，适宜浓度为 2.4～5mg/L
24	阴离子表面活性	亚甲蓝分光光度法	阴离子表面活性剂是普通合成洗涤剂的主要活性成分，进入水体后产生泡沫或乳化现象，阻断水中氧气交换，导致水体恶化，对水生生物造成危害

表 6.5　　　　　　　　　水 样 采 集 方 法

采集对象	采集容器	采 集 方 法
表层水	瓶或桶等容器	在水面下 0.3～0.5m 处进行采集
深层水	带重锤的采样器	将容器沉入水体 0.5m 或 1/2 深度处或距底 0.5m 处（可在绳上进行刻度标识）采取

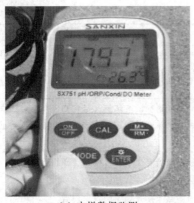 

(a) 水样数据监测　　　　　　　　　　(b) 水样监测现场记录

图 6.2　济南市水环境指标采样图

(a) 采水器　　　　　　　　　　(b) 用采水器进行水样采集

图 6.3　采集水样

　　水样的保存与运输：水样保存过程应不发生物理、生物、化学反应变化；容器应选择性能稳定、不易吸附预测成分、杂质含量低的容器，如聚乙烯和硼硅玻璃材质的容器；保存时间即最长储藏时间，清洁水样为 72h，轻度污染水样为 48h，严重污染水样为 24h。水样运输时间控制在 24h 以内。采样容器应进行封口，避免震动、碰撞而造成样品损失或玷污，最好采用样瓶装箱，用泡沫或纸条压紧。水样在运输过程中如有需要冷藏的样品，应注意冷藏，放入制冷剂，保持 4℃，冬季应注意样品保温，以防样瓶冻裂。水样保存如图 6.4 所示，水样保存方法见表 6.6。

　　水质监测主要原则：①灵敏度、准确度能满足定量需求；②方法成熟，可操作性高，易于普及及验证；③抗干扰能力好。

　　水环境质量标准，也称水质量标准，是指为保护人体健康和水的正常使用而对水体中污染物或其他物质的最高容许浓度所作的规定。水环境质量直接关系着人类生存和发展的基本条件，水环境质量标准是制定污染物排放标准的根据，同时也是确定排污行为是否造成水体污染及是否应当承担法律责任的根据。水环境指标选取原则如下：

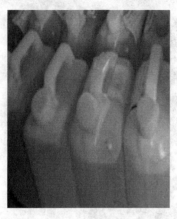

图 6.4　水样保存

表 6.6　水样保存方法

保存方法	方法要点
冷藏冷冻法	在样品中放入生物冰袋或放进冰箱进行保存
化学试剂保存法	加入生物抑制剂
	调节 pH 值
	加入氧化剂或还原剂

（1）主导性原则。在地下水功能评价中，由于影响资源、生态和地质环境功能的因素较多，表征因子繁杂，很难选用一个或几个指标来评价。因此建立指标体系时有目的、有侧重地选取一些表现力强、资源、地质环境和生态功能关系密切的因子，这些因子的变化直接或间接影响导致资源、地质环境和生态功能的数量和质量的改变，也就是选取主要影响因子。

（2）可度量原则。量化问题也是指标选取的原则之一。如果只是定性分析，很难给人明确的概念，而从量化的角度可以更加直观反映研究区的地下水功能现状，从而预警目前的不利现状，有助于人们采取有效的措施对其进行改观。因此指标选取时要注意指标的可度量性。

（3）可操作性原则。主要因子选取时还要兼顾指标的可操作性（即指标的易获取性）。选取的指标应易于获得且具有选择、比较性。随着时间的变化，通过更新数据就可以调整新的监测指标。

（4）灵活性原则。单一因子不能说明或反映指标的变化情况时，用两种变量之间的"比率""关联度"来表示、反映不同变量之间的关系。

6.3　水生生物调查方法和技术手段

6.3.1　浮游植物调查方法

浮游植物（*phytoplankton*）是指在水中浮游生活的微小植物，通常浮游植物就是指浮游藻类，包括蓝藻门、绿藻门、硅藻门、金藻门、黄藻门、甲藻门、隐藻门和裸藻门 8个门类的浮游种类。浮游植物不仅是水生生态系统中最重要的初级生产者，而且是水中溶解氧的主要供应者，它启动了水生生态系统中的食物网，在水生生态系统的能量流动、物质循环和信息传递中起着至关重要的作用。浮游植物的种类组成、群落结构和丰度变化，直接影响水体水质、系统内能量流、物质流和生物资源变动。

1．浮游藻类的采集

选用 1L 的瓶子，在采样点位上下游 100m 范围内采水后进行固定，固定剂可根据需要选择甲醛溶液或鲁哥氏液；记录采样点信息和标本瓶标签，具体包括：水体名称、地点、采样站点编号、采样时间、采集者的姓名和防腐剂的类型，并记于记录本上。同时可在样品容器内增加一个标签以避免样品在转移过程中标签丢失（注意：鲁哥氏液和其他以碘酒为溶剂的防腐剂容易把纸标签变黑），如图6.5所示。

（a）浮游生物网　　　　　　　　　　（b）用浮游生物网采集浮游藻类

图6.5　浮游藻类的采集

2. 浮游藻类的定容

将采集到的样本当天拿回实验室进行沉淀，并在48h之后用胶头滴管和橡胶管进行虹吸。吸出上清液，保留底部100mL的沉淀样品，将样品转移到100mL的容量瓶中，并贴好标签，进行记录，如图6.6所示。

（a）浮游藻类定容　　　　　　　　　（b）浮游藻类定容后样品

图6.6　浮游藻类定容

3. 浮游藻类的鉴定

带有40倍和100倍物镜的显微镜，利用载玻片和盖玻片，将样品0.1mL滴入计数框内，鉴定不少于300个视野的着生藻类。在400倍显微镜下计数300个视野，并鉴定到最低的分类水平（属或种）。鉴定过程中需要注意的是，对于多核藻类和蓝绿藻类丝状体等多细胞藻类，可认为 $10\mu m$ 长度为一个细胞。硅藻样品按照实验室操作规程进行酸化处理后，制作永久载片。永久载片置于 100 倍物镜下，进行不少于 300 个视野的鉴定，并鉴定到最低分类单元，如图 6.7 所示。

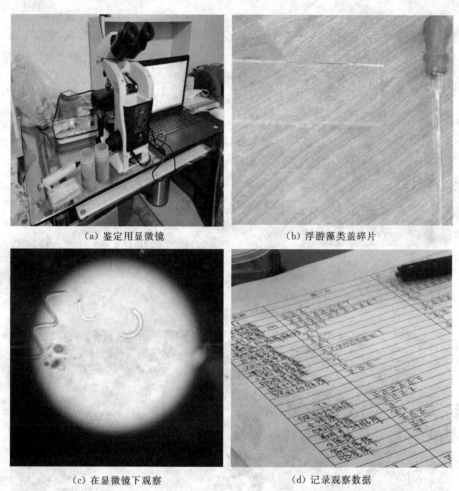

（a）鉴定用显微镜　　　　　　　　（b）浮游藻类盖碎片

（c）在显微镜下观察　　　　　　　　（d）记录观察数据

图 6.7　浮游藻类鉴定

6.3.2　浮游动物调查方法

浮游动物（*zooplankton*）是指漂浮的或游泳能力很弱的小型动物。随水流而漂动，与浮游植物（*phytoplankton*）一起构成浮游生物（*plankton*），几乎是所有水中动物的主要食物来源。它们或者完全没有游泳能力，或者游泳能力微弱，不能作远距离的移动，也不足以抵拒水的流动力。浮游动物是经济水产动物，是中上层水域中鱼类和其他经济动物的重要饵料，对渔业的发展具有重要意义。

1. 浮游动物的采集

浮游动物的采集过程跟浮游植物类似，由水体的深度决定。选用分层采集的方法，每隔 0.5m 或 1m，甚至 2m 取一个水样加以混合，然后取一部分作为浮游动物定量之用。由于浮游动物不但种类组成复杂，而且个体大小相差也极为悬殊。因此要根据它们在水体中的不同密度而采集不同的水量。原生动物、轮虫的水样量以 1L 为宜，枝角类、桡足类则以 10～50L 较好，采集到的水样通过浮游生物网进行过滤。

2. 浮游动物的定容

浮游动物样品的固定，原生动物和轮虫可用碘液或福尔马林，加量同浮游植物（一般

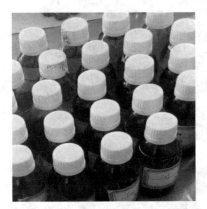

图 6.8　浮游动物定容

可与浮游植物合用同一样品）。枝角类和桡足类一般用 5％体积的甲醛固定。原生动物、轮虫的种类鉴定需活体观察，为方便起见，可加适当的麻醉试剂，如普鲁卡因、乌来糖（乌烷），也可用苏打水等。在筒形分液漏斗中沉淀 48h 后，吸取上层清液，把沉淀浓缩样品放入试瓶中，最后定量 30mL 或 50mL。一般原生动物和轮虫的计数可与浮游植物的计数合用一个样品，如图 6.8 所示。

3. 浮游动物的鉴定

（1）浮游动物、轮虫计数时，成点样品应充分摇匀，然后用定量吸管吸 0.1mL 注入 0.1mL 计数框中，在 10×20 的放大倍数下计数原生动物。在 10×10 放大倍数下计数轮虫。计数两遍取平均值（图 6.9）。

（a）浮游动物盖玻片

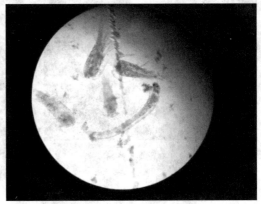

（b）在显微镜下观察浮游动物

图 6.9　浮游动物的鉴定

（2）甲壳动物的计数按上述方法取 10～50L 水样，用 25 号浮游生物网过滤，把过滤物放入标本瓶中，并洗 3 次。如果样品中有过多的藻类则可加伊红染色。

把计数获得的结果用下列公式换算为单位体积中浮游动物个数：

$$N = \frac{nV_s}{V \cdot V_a}$$

式中：N 为 1L 水中浮游动物个体数；V 为采样体积；V_s、V_a 分别为沉淀体积和计数体

积，mL；n 为计数所取得的个体数。

6.3.3　底栖动物调查方法

底栖动物（*benthicanimal*）是指生活史的全部或大部分时间生活于水体底部的水生动物群。多数底栖动物长期生活在底泥中，具有区域性强、迁移能力弱等特点，对于环境污染及变化通常少有回避能力，其群落的破坏和重建需要相对较长的时间；且多数种类个体较大，易于辨认。不同种类底栖动物对环境条件的适应性及对污染等不利因素的耐受力和敏感程度不同。利用底栖动物的种群结构、优势种类、数量等参量可以确切反映水体的质量状况。

要选用定量采样工具采集大型底栖动物样品，定量采用工具选择索伯网。索伯网是进行河流底栖动物采样的常用工具，根据采样需求选用 60 目、采样框尺寸 0.3m×0.3m，主要适用于水深小于 40cm 的山溪型河流或河流的浅水区。

1. 底栖动物采集

选择采样点后，将采样框的底部紧贴河道底质。先将采样框内较大的石块在索伯网的网兜内仔细清洗干净，其上附着的大型底栖动物全部洗入网兜内。然后用小型铁铲或铁耙搅动采样框内的底质，所有底质与底栖动物均应采入采样网兜内，搅动深度一般为 15～30cm，具体根据底质特征决定。在岸边将网兜内的所有底质和大型底栖动物标本倒入水桶内，并加入一定量的水，便于搅动。仔细清理水桶中枯枝落叶等掉落物，确保捡出的枯枝落叶中无底栖动物附着。戴好橡胶手套，轻轻地搅动桶内所有底质。由于底栖动物的质量相对较轻，故大多数底栖动物会随着搅动漂浮于水桶中，立即用 60 目筛网过滤。将所有底质倒入白瓷盘中继续进行挑拣。螺类的体重较大，毛翅目幼虫通常会利用细沙营巢，因此在桶内搅动时不容易悬浮，需要对底质进行仔细挑拣直至目测无大型底栖动物为止。将 60 目筛网内所有底栖动物与其他杂质，装入 1L 的广口瓶内，尽量将瓶中的水沥出，加入浓度为 70% 的酒精。为防止由环境突变而引起动物标本身体的变形或卷曲，开始时可加入少量酒精，几分钟后再加酒精至瓶口，加盖密封。样品瓶加贴标签，注明采样样点名称与时间，并用透明胶带封好，防止标签打湿。其后的分拣与分类工作在实验室中进行。将底栖动物全部捡出后，剩余杂质全部放入塑料桶中，待进一步进行底质组分分析（图 6.10）。

2. 底栖动物分拣

在实验室内，填写样品登记表，核实所有样品均运送至实验室，并以正确的条件处理。在 500μm 孔径网筛中彻底冲洗样品，清除防腐剂和细小沉积物，冲洗野外没有去除的大型有机物质（整片叶子、细枝、藻或大型水生植物根茎等），肉眼检查，并扔掉。如果样品已经保存在乙醇里，则有必要将样品浸在水中 15min 左右，使大型底栖动物吸水，防止拣选过程中漂浮于水表面。如果样品使用的样品瓶超过一个，要将所有样品瓶合并。清洗时，用手轻轻搅动样品，使其混合均匀。冲洗后，将样品放在大约 6cm×6cm 网格标记的托盘里均匀摊开，将所有目视可见的个体全部挑拣进标本瓶中，并加入 70% 的酒精保存（图 6.10）。

（a）用采泥器对底栖动物进行打捞　　　　　（b）清洗淤泥过滤底栖动物

（c）对底栖动物进行挑选并保存

图 6.10　底栖动物采集及分拣

6.3.4　鱼类调查方法

　　鱼类是水生态系统中的顶极群落，是大多数情况下的渔获对象。鱼类的类群多种多样，相互之间关系复杂。在环境因子的影响下，鱼类会产生各种适应性变化。同时，作为顶极群落的鱼类对其他类群的存在和丰度有着重要的作用。

　　在各采样点上下游共 400m 的河长范围内，设定为鱼类采样区域，采样区域一般位于其他生物采样的上游区域，防止由于其他生物采样人员的扰动，降低鱼类生物采样的代表性。采样人员由两人组成，其中一人负责使用电鱼器进行电鱼，另一人手持抄网和水桶，负责将被电晕的鱼用抄网抄起后放入水桶中，采样时间设定为 30min。标本采集后，对易于辨认和鉴定的种类进行现场鉴定和计数，使用台秤进行称量，分别记录不同物种的数量与重量，选择部分鱼类个体进行标本的保存，可将其余个体放回河流中。对于不易辨认的物种和未知种类，与上面留下的个体一并用 1%～2% 的甲醛进行处理，使用较低浓度的甲醛溶液，鱼类在死亡的过程中身体的扭曲和变形较小，等待全部死亡后，将个体分别排列于纱布之上，用纱布包好后置于塑料袋中，并加入10％的甲醛溶液进行保存，对各样品袋进行标记，分别用记号笔在样品袋和用铅笔在防水纸上进行样点的标号后，将样品袋放入整理箱中保存。鱼类样品全部鉴定到种。对于水深超过2m的河段，除采用电鱼法采样外，还使用挂网法进行鱼类标本的收集。在水深超过2m的区域，利用划艇将挂（粘）网分别挂在河道的不同区域，30min后进行挂网的收取，在挂网的时间段内可以使用人为扰动和声音扰动等方法，让更多的鱼类个体通过挂网区域，以增加鱼类个体的收集量。挂网收取后将其与电鱼法采集的标本一并处理（图6.11）。

（a）在河流中进行鱼类采样

（b）将打捞鱼类汇总　　　　　　　（c）对鱼类进行现场称重计数

图6.11　鱼类采集及鉴定

6.3.5　大型水生植物

1. 水生维管束植物调查

采用样线法和踏查法结合调查水生植物维管束植物群落组成（图6.12）。具体方法为：平行于河流流向布置一条长50m的样线，沿线调查距水边约1m范围内的水面上出现的水生植物，记录物种名称和高度，并估算盖度。对不能确定的物种，拍照并采集样品后带回实验室，请专家鉴定。

2. 河岸带植被调查

采用样方法调查河岸带植被物种组成（图6.13）。具体方法为：在河岸带随机布设三个1m×1m的样方，调查记录样方内的物种名称和高度，并估算盖度。对不能确定的物种，拍照并采集标本后带回实验室，请专家鉴定。

图6.12　水生维管束植物调查样线　　　　图6.13　河岸带植被调查样方

3. 高度测量和盖度估算

（1）高度测量。用钢卷尺测量某物种的自然高度，包括最低高度、一般高度和最高高度，其平均值即为该物种的高度。

（2）盖度估算。结合某物种在地面的垂直投影面积占样方或样线面积的百分比估算该物种的盖度。

第 7 章

水 生 态 环 境 质 量

生态系统是维持人类环境的最基本单元，生态系统具有生态系统服务功能和价值功能。健康的生态系统具有维持其组织结构的完整性和功能的稳定性、自我调节和对胁迫的恢复等能力，并且能为人类的生存发展提供所需的自然资源和生存环境。湖泊、河流生态系统作为一种重要的水生态系统，不仅具有洪涝调蓄、净化水质、改善生态环境、为水生生物提供优良栖息环境等自然功能，还具有渔业养殖、城镇供水、休闲娱乐等经济功能，因此保持湖泊、河流生态系统的健康稳定对人类生存和社会经济可持续发展具有重要意义。随着我国社会经济的飞速发展，人们对湖泊、河流的过度开发，导致了湖泊、河流水环境质量恶化、水生态系统结构和功能稳定性退化、水体服务功能降低、水资源开发失衡。湖泊、河流水体富营养化及大面积蓝藻水华已成为目前我国湖泊、河流的普遍性环境问题，严重威胁到社会经济的可持续发展和人们的身体健康。目前，湖泊、河流环境问题虽已受到政府职能部门和有关专家的高度重视，并对环境问题较为严重的滇池、太湖、巢湖进行了大力度的治理，但治理效果与预期目标差距很大。主要原因是对湖泊、河流生态系统功能、结构、生态系统健康演变规律认识不足，无法科学制定湖泊、河流环境管理依据和整治措施。因此，开展湖泊、河流生态系统健康评估研究对我国湖泊、河流实施生态建设和有效的管理具有重要意义。

济南市区多年平均水资源量为 5.87 亿 m^3，其中地表水资源量为 2.67 亿 m^3，地下水资源量为 3.20 亿 m^3。年径流量的分布受气候、降水、地形、地质等条件综合影响，既具有水平地带性变化和垂直变化，也有局部地区的特殊性。

南部山区年径流系数为 0.2～0.3，而北部平原区年径流系数在 0.1 左右。济南市年径流的非地带性变化，主要表现在下垫面的地形、地质、岩性等对径流的影响特别显著。由于济南市地处鲁中台背斜，高大的泰山山体构成水汽输送的屏障，迎风坡易凝云致雨，而济南位于背风坡和平原地区交界，于是形成了相对低值区。济南市径流量年际变化幅度大，且丰水、枯水期交替出现，并往往发生连续枯水、丰水情况。济南市河川径流量主要受降水补给，故河川径流的季节变化亦十分明显。

济南市现阶段主要供水水源为黄河水、地表水和少量地下水，由于地下水的开采会给市区泉群的喷涌带来威胁，目前大部分地下水已禁止开采。全市年供水能力 24.44 亿 m^3，水源地日供水总量 84 万 m^3，其中蓄水工程供水、引水工程年供水、取水泵站工程和配套机电井年供水能力如图 7.1 所示。

根据环保统计资料分析得出，济南市污水排放约 50% 来自城镇居民生活用水，约

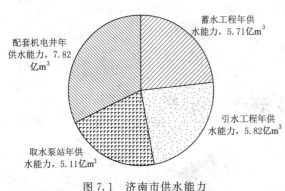

配套机电井年
供水能力，7.82
亿m³

蓄水工程年供
水能力，5.71亿m³

引水工程年供
水能力，5.82亿m³

取水泵站年供
水能力，5.11
亿m³

图 7.1　济南市供水能力

30%～45%来自工业废水排放，火电厂直流式冷却水均为无污染排放。济南市水污染状况特征是地表水体普遍受到污染，并且存在进一步恶化的趋势，地下水整体水质环境良好，但仍存在污染的可能性。济南市地表水的污染主要来自工业废水和生活废水，生活废水的排放量随着人民生活水平的提高和第三产业的发展呈现上升趋势。根据以往对济南市水体水质的研究得知，济南市的河流呈现出有机污染，并且污染状况严重，湖库也呈现出富营养化水平。河流水质的下降主要原因是因为大量废水未经过充分处理及达标处理就直接排进河道，污水收集管网不配套，污水收集量不足。湖库的水质营养化来自淤泥堆积，有机质含量超标和上游乡镇工业、旅游开发等污染进入水体。济南南部山区是济南市地下水的补给区。生态环境脆弱敏感，近年来大规模的开发建设和生态环境保护的矛盾也日益突出。根据实际情况，在济南市调查了各湖库泉水湿地的水温、浊度、透明度、pH 值、Ec、Cl^-、SO_4^{2-}、CO_3^{2-}、HCO_3^-、Alk、TH、DO、TN、NH_3-N、$NO_2^- $-N、$NO_3^- $-N、COD、BOD、$COD_{Mn}$、挥发酚、TP、$S^{2-}$、$F^-$ 以及阴离子表面活性等 24 类水化指标。根据《地表水环境质量标准基本项目标准限值》（GB 3838—2002）中对于地表水项目含量的分类（表 7.1 和表 7.2）和济南市近五年的调查数据，水生态环境质量分析主要从水体有机物污染综合指数和水体环境质量与主要污染物方面进行。

表 7.1　　　　　　　　　　地表水环境质量标准基本项目标准限值

项　　目		Ⅰ类	Ⅱ类	Ⅲ类	Ⅳ类	Ⅴ类
pH 值		6～9				
DO/(mg/L)，	≥	7.5	6	5	3	3
COD_{Mn}	≤	2	4	6	10	15
COD/(mg/L)，	≤	15	15	20	30	40
BOD_5/(mg/L)，	≤	3	3	4	6	10
NH_3-N /(mg/L)，	≤	0.15	0.5	1	1.5	2
TP/(mg/L)，	≤	0.02（湖库 0.01）	0.1（湖库 0.025）	0.2（湖库 0.05）	0.3（湖库 0.1）	0.4（湖库 0.2）
TN/(mg/L)，	≤	0.2	0.5	1	1.5	2
F^-/(mg/L)，	≤	1	1	1	1.5	1.5
CN^-/(mg/L)，	≤	0.005	0.05	0.2	0.2	0.2
挥发酚/(mg/L)，	≤	0.002	0.002	0.005	0.5	1
阴离子表面活性剂/(mg/L)，	≤	0.2	0.2	0.2	0.3	0.3
S^{2-}/(mg/L)，	≤	0.05	0.1	0.2	0.5	1

表 7.2　　　　　　　　　　集中式生活饮用水地表水源地补充项目标准限值

项　　目	标　准　值	项　　目	标　准　值
SO_4^{2-}	250	NO_3^-	10
Cl^-	250		

1. 水体有机污染物综合指数

水体中含有大量的有机污染物，它们以毒性和使水中溶解氧减少的形式对生态系统产生影响，危害人体健康。主要选用化学需氧量、无机氮、活性磷、溶解氧含量等污染指数进行分析，公式为

$$Q = \frac{COD_i}{COD_o} + \frac{DIN_i}{DIN_o} + \frac{DIP_i}{DIP_o} - \frac{DO_i}{DO_o}$$

式中：Q 为有机污染指数；COD_i、DIN_i、DIP_i、DO_i 分别为 COD、无机氮、活性磷酸盐、DO 的实测浓度；COD_o、DIN_o、DIP_o、DO_o 为各指标的评价标准，有机污染综合指数越大说明有机污染程度越严重，评价参考标准为：0～1 为较好，1～2 为一般，2～3 为轻微污染，3～4 为中度污染，≥4 为严重污染。

2. 水体环境质量与主要污染物

评价污染状况的污染指标包括污染指数（P_i）和综合污染指数（P_j）。运用单因子指标评价对水域环境质量进行分析，公式为

$$P_i = C_i / C_{si}$$

式中：P_i 为第 i 种因子的污染指数；C_i 为第 i 种因子的实测浓度；C_{si} 为第 i 种因子的评价标准，综合污染指数（P_j）基于公式：

$$P_j = \sum P_i$$

平均污染指数（P）的数值为综合污染指数除以参与评价污染因子的项数。当 $P < 0.2$ 时则为水体清洁，$0.2 \leqslant P < 0.5$ 时则为轻度污染，$0.5 \leqslant P < 2$ 时则为中度污染，$2 \leqslant P < 4$ 时则为重度污染，$P \geqslant 4$ 时则为严重污染。

污染分担率（K_i）为第 i 项污染因子在所有污染因子项目中所占的比率，公式为

$$K_i = P_i / P_j \times 100\%$$

7.1　湖库水生态环境质量

根据实际采样情况结合评价标准得到八达岭水库、卧虎山水库、锦绣川水库、垛庄水库、东阿水库、汇泉水库、崮头水库、钓鱼台水库、崮云湖水库、杏林水库、杜张水库、朱各务水库等 12 座水库以及大明湖和白云湖的有机物污染指数，见表 7.3。

由表 7.3 可以看出，济南市湖库的整体水平为有机物中度污染水平，其中崮云湖水库的有机物污染水平最低，处于较好水平，较为严重的地域为卧龙山水库、垛庄水库、汇泉水库、东阿水库，大明湖有机物污染也较为严重。

表 7.3　　　　　　　　　　　　济南市水库有机物污染指数

点位	有机物污染指数	评判标准	点位	有机物污染指数	评判标准
八达岭水库	3.6069	中度污染	崮云湖水库	0.9371	污染较轻
卧虎山水库	4.1832	严重污染	杏林水库	2.5093	轻微污染
锦绣川水库	2.4672	轻微污染	杜张水库	3.1631	中度污染
垛庄水库	4.9027	严重污染	朱各务水库	3.2961	中度污染
东阿水库	9.2491	严重污染	钓鱼台水库	2.7760	轻微污染
汇泉水库	10.6488	严重污染	大明湖	5.0987	严重污染
崮头水库	3.9771	中度污染	白云湖	14.0508	严重污染

　　根据地表水环境质量标准基本项目标准限值与实际采样数据相结合，一共监测了氯化物（Cl^-）、硫酸盐（SO_4^{2-}）、总氮（TN）、氨氮（NH_3-N）、硝酸盐氮（NO_3^--N）、高锰酸盐指数（COD_{Mn}）、挥发酚、总磷（TP）、氟化物（F^-）和阴离子表面活性等 10 项。

　　各水库污染程度及主要污染物见表 7.4。

表 7.4　　　　　　　　　　济南市水库污染程度及主要污染物

点位	污染程度	主要污染物
八达岭水库	中度污染	TN（41.85%）
卧虎山水库	中度污染	TN（46.86%）
锦绣川水库	中度污染	TN（50.24%）
垛庄水库	中度污染	TN（25.45%）
东阿水库	中度污染	TP（28.46%）、TN（13.50%）
汇泉水库	中度污染	TN（35.14%）
崮头水库	中度污染	TN（22.4%）
钓鱼台水库	中度污染	TN（20.43%）
崮云湖水库	中度污染	TP（20.59%）、TN（31.49%）
杏林水库	中度污染	TP（22.33%）、TN（17.41%）
杜张水库	中度污染	TP（14%）、TN（29.87%）
朱各务水库	中度污染	TN（26.69%）
大明湖	中度污染	TN（38.5%）
白云湖	中度污染	TP（25%）

　　由表 7.4 可知，济南市湖库的水环境质量均为中度污染，其中东阿水库、汇泉水库、杜张水库和白云湖污染较为严重。济南市湖库的主要污染物为 TN 和 TP。TN 为 NO_3^--N、NO_2^--N、NH_3-N 与有机氮的总称，是反映水体富营养化的主要指标。水中的 TN 是衡量水质的重要指标之一，常被用来表示水体受营养物质污染的程度，其测定有助于评价水体被污染和自净状况。地表水中氮、磷物质超标时，微生物大量繁殖，浮游生物生长旺盛，出现富营养化状态。水中磷可以以元素磷、正磷酸盐、缩合磷酸盐、焦磷酸

盐、偏磷酸盐和有机团结合的磷酸盐等形式存在，其主要来源为生活污水、化肥、有机磷农药及近代洗涤剂所用的磷酸盐增洁剂等。磷酸盐会干扰水厂中的混凝过程。水体中的磷是藻类生长需要的一种关键元素。过量磷是造成水体污秽异臭，使湖泊发生富营养化和海湾出现赤潮的主要原因。济南市湖库的污染大多来自生产生活的污染。各水库历年水质监测总体情况见表 7.5。

表 7.5　　　　　　　　　　　　各水库历年水质监测总体情况

水库	年份	监测项目数	达标项目数						主要污染物
			Ⅰ类	Ⅱ类	Ⅲ类	Ⅳ类	Ⅴ类	劣Ⅴ类	
卧虎山水库	2014	9	3	2	1	2		1	TN
	2015	11	5	2	2			1	TN
	2016	12	6	1	3			1	TN
	2019	8	5	2	1			1	TN
锦绣川水库	2014	9	6	2				1	
	2015	10	6		3			1	TN
	2016	12	6	3	2			1	TN
	2019	10	7	1	1			1	TN
东阿水库	2014	9	4	1		1	1	2	TP
	2015	11	5	1	1	3			
	2016	12	6		5				
	2017	11	4	2	2	2		1	TP
	2018	10	5	2		1	1		
	2019	10	5		3	1			
崮云湖水库	2014	9	3	1	3		1	1	TP
	2015	10	6	2		2			
	2016	11	7			2		1	TN
	2019	8	4	3				1	
杏林水库	2014	9	3			4	1	1	TN
	2015	11	5	2	2	1		1	TN
	2016	10	5			3		1	TN
	2019	9	5			3		1	
杜张水库	2014	9	4	1	1	2		1	TN
	2015	11	7	2		1		1	TN
	2016	12	7		3	1		1	TN
	2019	9	5		3	1			
朱各务水库	2014	9	5	1	1	1	1		
	2015	11	6	2	2			1	
	2016	12	6	1	3	1		1	TN
	2019	9	5		3			1	TN

通过统计历年的水环境质量监测数据对应地表水环境质量标准基本项目标准限值的标准（表7.5），可以得出卧虎山水库的主要污染物是TN，自2014—2019年监测项目中Ⅰ类水的项目增加，Ⅲ类水和Ⅳ类水逐渐减少，锦绣川水库的主要污染物为TN，2014—2019年的监测数据显示，Ⅲ类水的指标增加，COD_{Mn}由Ⅱ类水变为Ⅲ类水，推测是浅层地下水受地面农业灌溉（施氮肥等）或生活污染影响的可能性较大。东阿水库2014—2019年的主要污染物是总量污染，近几年的监测指标都有所好转，劣Ⅴ类水项目TP、TN含量转为Ⅴ类水。崮云湖水库的水质近几年没有明显变化，可能是由于调查数据缺失，无法看出明显变化。杏林水库和杜张水库的监测结果显示，劣Ⅴ类水项目减少，Ⅰ类水项目稳定增长。朱各务水库的监测结果显示，该水库的主要污染物主要以TN为主，但其他监测项目由Ⅵ类水和Ⅴ类水转为Ⅲ类水，推测该处污染可能是由于生活污水增多。

杏林水库始建于1970年，内有相公庄、绣惠、刁镇三个工业重镇，是一个以防洪为主，兼灌溉养殖等多功能的中型水库。杏林水库建筑时间较长，周边人口较多，生活污水、工业废水排放量大。如图7.2所示，TP含量在前几年为主要污染物，随着水库大坝加强管理和修护工作的展开，近几年取得显著成效，排入的生产生活废水含量显著下降。COD_{Mn}和SO_4^{2-}比重虽然上升，但仍处于最低排放量，杏林水库的有机污染由2014年测定的重度污染2019年降至中度污染。

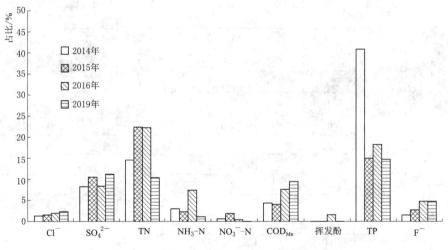

图7.2　杏林水库不同年份污染物所占百分比

卧虎山水库是济南市唯一的大型水库，从最初的防汛抗旱发展到现在集防汛、生态补给、农业灌溉、城市供水等多功能为一体的综合性水利枢纽，卧虎山水库水源主要来自区域内降水和地表径流补给。如图7.3所示，卧虎山水库的水质处于中度污染水平，自然原因是5—6月降水量减少，水库入水量减少，水体自身的自净能力减弱，人为原因是随着水库周围人口的增加和生态旅游的发展，生活垃圾堆积，导致水体中的污染物持续增加。近两年随着截污减排工作的开展、在上游典型河道或入河排污口处建立了完善地表水质监测系统、人类保护环境意识增加、周边产业结构的调整，水中污染物大幅减少，水质得到改善。

如图7.4所示，2014年东阿水库的主要污染源是TP，占据总污染物的37.09%，

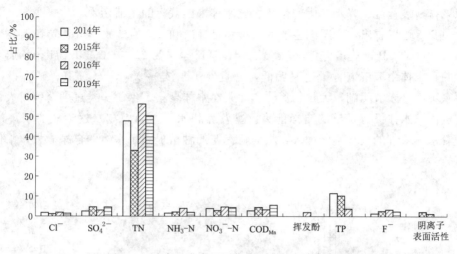

图 7.3　卧虎山水库不同年份污染物所占百分比

2015 年 TP 含量和 TN 含量相对其他监测项目所占比例较高，2016 年 TN 为主要污染物，占总污染物的 39.18%，而在 2017 年 TP 迅猛增加，高达 90.34%，2018 年 TP 下降到 37.09%，2019 年 TP 下降到 12.58%，TN 含量占 11.58%。东阿水库在 2017 年污染尤其严重，TP 高达 3.48mg/L，生活污水、不合理使用化肥农药等因素，使得水体成为劣 V 类水体，TN 含量也达到了 IV 类水体，NH_3-N 上升，水体富营养化现象严重。但水体内 DO 较高，水体自净能力相对较强。通过治理，2018 年和 2019 年水体 TP 下降为 0.05mg/L，虽然较其他水库污染较为严重，但情况已经好转。

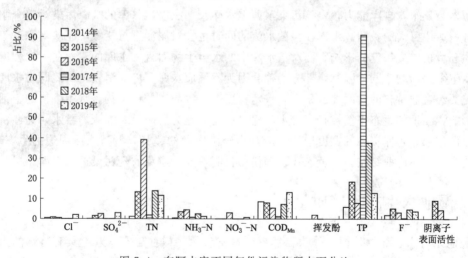

图 7.4　东阿水库不同年份污染物所占百分比

垛庄水库、东阿水库、崮头水库、钓鱼台水库、杜张水库近几年有机物污染较为严重，每年的有机物污染均属于中度及重度污染水平。

大明湖是济南主要的旅游景点之一，是由众多泉水汇流而形成的一处天然湖泊，湖区内水源充足，排水便利，故有"恒雨不涨，久旱不涸"的特点。位于城市中心的湖泊主要污染源来自地表径流、降水、生产生活、旅游等未能截污的生活污水。

由图 7.5 可以看出，大明湖主要的污染物是 TN 和 TP 的排放，主要受到人类生活的影响，大明湖的 TP 排放量为 0.6~2.0mg/L，TN 含量为 2.71~6.57mg/L，均属于 V 类水体，并且水体中溶解氧含量普遍偏低，一直处于 1.25~2.5mg/L。氮、磷含量极高的生活污水不断进入大明湖，大量的氮、磷元素在水体聚集，浮游藻类过度繁殖，大量消耗水中的氧气，水体没有足够的自净能力。富营养化水平严重，湖水逐渐变成了浑浊的绿色。随着水体治理的投入不断加大，大面积荷花的种植提高了水体的自净能力，水体整体趋势好转。

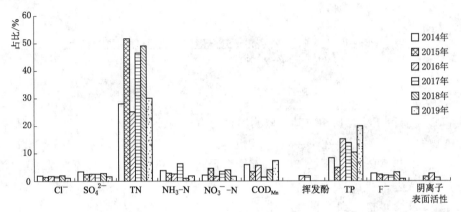

图 7.5　大明湖不同年份污染物所占百分比

济南市随着经济社会的不断发展，水资源供需矛盾日益突出，由于水库的长期蓄水，内部水源多为死水，自净能力较差，污染水源在水库长期积攒，水库的水源污染对整个水库的生态环境造成巨大的威胁。水库在拦截水流的同时也会对泥沙进行拦截，泥沙堆积对于水库的水质环境也造成一定的影响。而对于水库中的水生生物而言，水库的建立在一定程度上造成了水生生物活动范围的限制，部分物种会因为不适应水库环境而消失，与此同时水库周边的环境要经过非常长的时间才能稳定，一定程度上导致周边的动植物、水生生物的生活环境受到影响，当地的生态平衡被打破。水库建设的初衷是为了防洪、灌溉、蓄水，为经济发展保障水源需求。水库资源的调度应该适应社会经济发展的趋势，调整水库周边的生态环境，因地制宜，调整产业结构，附近农业合理使用化肥农药，避免农药污染进入水库。

7.2　湿地水生态环境质量

湿地兼有水、陆的特征，作为自然界中最富生物多样性生态景观，具有特殊的生态动能和宝贵的自然资源，能抵御洪水、调节径流、控制污染，调节气候、美化环境等功能。早在 20 世纪初，济南便有了"湿地之城"的美称。近几年，随着城市化进程的推进，人工湿地面积不断增加，自然湿地面积不断减少，并且自然湿地面临污染、围垦、过度使用开发等严重问题，湿地问题已经得到人们的普遍关注。对济西湿地、华山湖湿地、玫瑰湖湿地进行采样调查。

济西湿地：位于山东省济南市西部城区，横跨长清区和槐荫区，面积约为 33hm²，东接南水北调东线引水渠，西邻黄河，南至冯庄村与老李村间道路，北起沉沙池北部大坝，园内有玉清湖水库、沉沙池、玉符河和小清河，具有丰富的野生动植物资源，生态系统结构完整。

玫瑰湖湿地：位于山东平阴县西郊，主要有湖泊湿地、河流湿地、沼泽湿地和人工湿地组成，总面积 685hm²。仅有一个游客游览区，其他地域为保育区、保护区和恢复重建区，均绝对封闭。

华山湖湿地：在小清河沿线涝洼地滞洪区，华山湖蓄滞洪区是济南市防洪体系的重要组成部分，华山湖紧邻市区且紧邻小清河，分洪道距离短，分洪速度快，使其具有独特的滞蓄优势。

由表 7.6 可以看出，济南市湿地的整体水平为有机物轻度污染，玫瑰湖公园的水源来自黄河水和处理后的城市污水，有机物污染最低。济西湿地和华山湖湿地有机物轻度污染，其中济西湿地在 2017 年处于有机物严重污染，而在其他年份均为有机物一般污染。华山湖地势低洼，容易形成内涝，又紧邻市区，附近分布农田村庄及厂矿企业，因此污染水平相对较高。

表 7.6　　　　　　　　　　　济南市湿地有机物污染指数及评价

点位	有机污染指数	评判标准	点位	有机污染指数	评判标准
济西湿地	2.5566	轻度污染	玫瑰湖湿地	1.1350	一般污染
华山湖湿地	2.4333	轻度污染			

根据地表水环境质量标准基本项目标准限值与实际采样数据相结合，一共监测了 Cl^-、SO_4^{2-}、DO、TN、NH_3-N、COD、COD_{Mn}、BOD、挥发酚、TP、F^- 和阴离子表面活性等 12 项。

由表 7.7 可以看出，其中济西湿地为轻度污染，华山湖湿地和玫瑰湖湿地为一般污染，主要污染物情况见表 7.8。

表 7.7　　　　　　　　　　　济南市湿地平均污染指数及评价

点位	平均污染指数 P	污染程度	点位	平均污染指数 P	污染程度
济西湿地	0.3406	轻度污染	玫瑰湖湿地	0.5427	一般污染
华山湖湿地	0.6431	一般污染			

表 7.8　　　　　　　　　　　济南市湿地主要污染物情况

监测项目	济西湿地	华山湖湿地	玫瑰湿地	监测项目	济西湿地	华山湖湿地	玫瑰湿地
Cl^-	未超标	未超标	未超标	COD_{Mn}	Ⅱ类	Ⅱ类	Ⅲ类
SO_4^{2-}	未超标	未超标	未超标	BOD_5	Ⅰ类	Ⅰ类	Ⅰ类
DO	Ⅰ类	Ⅰ类	Ⅰ类	挥发酚			
TN	Ⅱ类	Ⅴ类	Ⅳ类	TP	Ⅲ类	Ⅲ类	Ⅲ类
NH_3-N	Ⅱ类	Ⅰ类	Ⅰ类	F^-	Ⅰ类	Ⅰ类	Ⅰ类
COD	Ⅰ类	Ⅰ类	Ⅰ类	阴离子表面	Ⅰ类	Ⅰ类	Ⅰ类

根据数据调查显示（表 7.9 和图 7.6），济西湿地的水域环境较好，多种污染物如 $NH_3\text{-}N$、TP 逐年下降，恢复较好。COD_{Mn} 是反映水体内有机和无机可氧化物质污染程度的常用指标，COD_{Mn} 越高，说明水体受污染程度越大。济西湿地因受到陆源污染的影响较大，水污染日益恶化。加上济西湿地改造，地表大量污染物质被人为带入水中，水体内悬浮物增加，使水体浑浊度加大，造成 COD_{Mn} 增加。其他指标都随着济西湿地的改造恢复达到Ⅰ类或Ⅱ类水质水平。尤其是 DO 逐年增高，水体自净能力增加。随着济西湿地改造的完成，COD_{Mn} 也会恢复成到Ⅰ类或Ⅱ类水平。

表 7.9　　　　　　　　　　济西湿地水环境质量监测项目情况历年变化

监测项目	2016 年	2017 年	2018 年	2019 年
Cl^-	未超标	未超标	未超标	未超标
SO_4^{2-}	未超标	未超标	未超标	未超标
pH 值	Ⅰ类	Ⅰ类	Ⅰ类	Ⅰ类
DO	Ⅲ类	Ⅱ类	Ⅱ类	Ⅰ类
TN	Ⅱ类	Ⅲ类	Ⅱ类	Ⅱ类
$NH_3\text{-}N$	Ⅱ类	Ⅱ类	Ⅰ类	Ⅰ类
COD	Ⅰ类	Ⅰ类	Ⅰ类	Ⅰ类
COD_{Mn}	Ⅱ类	Ⅰ类	Ⅱ类	Ⅲ类
BOD	Ⅰ类	Ⅰ类	Ⅰ类	Ⅰ类
挥发酚	Ⅰ类	Ⅰ类		
TP	Ⅱ类	Ⅰ类	Ⅰ类	Ⅰ类
S^{2-}	Ⅰ类	Ⅰ类	Ⅰ类	
F^-	Ⅰ类	Ⅰ类	Ⅰ类	Ⅰ类
阴离子表面活性	Ⅱ类	Ⅰ类		

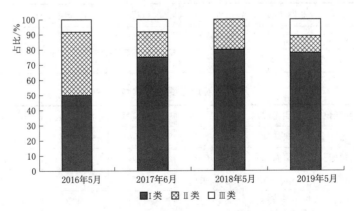

图 7.6　济西湿地历年各类水所占百分比

7.3　河流水生态环境质量

河流水质污染趋势分析研究是水质评价的重要组成部分，山东省地处中国东部沿海，地形复杂，雨量集中，水系发育比较完整，流域面积广阔。全省平均河网密度 0.24km/km^2。全省水系以河流水系为主，主要有黄河、淮河、海河、京杭运河、徒骇河、小清河、大汶河、大沽河、潍河、五龙河等。山东省水系生态建设状况极度不平衡，还存在水土流失、地下水超采等突出问题。本书于 2014—2019 年在小清河、玉符河、大沙河、黄河、徒骇河、牟汶河、瀛汶河和汇河上共设 50 个采样点位进行数据采集。根据地表水环境质量标准基本项目标准限值与实际采样数据相结合，对济南市河流的 Cl^-、SO_4^{2-}、DO、TN、NH_3-N、COD、COD_{Mn}、BOD、挥发酚含量、TP、F^- 和阴离子表面活性 12 项指标进行监测，监测结果显示见表 7.10，济南市河流水质的污染整体上都来自 TN，主要来自生活、生产所用的污水排放。

表 7.10　　济南市各河流水质监测结果

监测项目	小清河	玉符河	大沙河	黄河	徒骇河	牟汶河	瀛汶河	汇河
Cl^-	未超标	未超标	未超标	未超标	超标	未超标	未超标	超标
SO_4^{2-}	未超标	未超标	未超标	未超标	超标	未超标	未超标	超标
DO	Ⅰ类	Ⅰ类	Ⅰ类	Ⅰ类	Ⅰ类	Ⅰ类	Ⅰ类	Ⅲ类
TN	劣Ⅳ类	劣Ⅳ类	劣Ⅳ类	劣Ⅳ类	劣Ⅳ类	劣Ⅳ类	劣Ⅳ类	劣Ⅳ类
NH_3-N	Ⅳ类	Ⅱ类	Ⅳ类	Ⅱ类	Ⅳ类	Ⅳ类	Ⅱ类	Ⅳ类
COD	Ⅴ类	Ⅰ类	Ⅴ类	Ⅰ类	Ⅳ类	Ⅲ类	Ⅰ类	Ⅴ类
COD_{Mn}	Ⅲ类	Ⅱ类	Ⅲ类	Ⅱ类	Ⅴ类	Ⅲ类	Ⅲ类	Ⅴ类
BOD	Ⅴ类	Ⅰ类	Ⅲ类	Ⅲ类	Ⅴ类	Ⅲ类	Ⅲ类	Ⅲ类
挥发酚	Ⅲ类	Ⅰ类	Ⅰ类	Ⅰ类	Ⅴ类	Ⅰ类	Ⅰ类	Ⅲ类
TP	Ⅳ类	Ⅱ类	Ⅳ类	Ⅱ类	Ⅳ类	Ⅱ类	Ⅱ类	劣Ⅳ类
F^-	Ⅰ类	Ⅰ类	Ⅰ类	Ⅰ类	Ⅰ类	Ⅰ类	Ⅰ类	Ⅰ类
阴离子表面活性	Ⅴ类	Ⅰ类	Ⅰ类	Ⅰ类	Ⅲ类	Ⅰ类	Ⅰ类	Ⅰ类

表 7.11 列出了济南市各河流污染指数及污染程度。由表 7.11 可以看出，除汇河以外，其他流域均属于轻度污染，而玉符河和黄河流经地段污染较轻。根据调查结果可知，济南市河流存在着一定的污染问题，主要以 TN 污染为主，其中玉符河的水质较好，小清河、徒骇河和汇河水质较差。大沙河的NH_3-N、TP 含量偏高。玉符河水质偏好，除 TN 污染外，其他指标较好。黄河、瀛汶河、牟汶河水质稍好，但仍存在少许的污染物。小清河和徒骇河除 TN 污染以外，NH_3-N、COD、COD_{Mn}、BOD、挥发酚、TP 含量相较其他河流都偏高。汇河的NH_3-N、COD、COD_{Mn}、TP 含量都偏高，污染比较严重。

　　　　　　　　　　　　济南市口河流污染指数及污染程度

点位	平均污染指数 P	污染程度	点位	平均污染指数 P	污染程度
小清河	1.3033	中度污染	徒骇河	1.4538	中度污染
玉符河	0.5683	中度污染	牟汶河	0.8387	中度污染
大沙河	0.9921	中度污染	瀛汶河	0.9825	中度污染
黄河	0.5675	中度污染	汇河	2.3477	严重污染

根据调查结果（表 7.12、图 7.7），小清河的主要污染来自 TN、NH_3-N 含量。TN 在污染物中所占比重波动上升，NH_3-N 虽有波动，呈现下降趋势；COD 含量稳定下降，虽然在 2019 年呈现突然增长，但仍在可控的范围之内处于Ⅲ类水体水平；BOD 含量波动但一直处于Ⅲ类水体水平，只需稍加控制达到稳定。TP 虽然在污染物中所占较高，但一直波动稳定在Ⅲ类水水平，阴离子表面活性含量波动较大，受到人类的生产生活的影响较大。小清河的氮、磷含量较高，存在一定的富营养化水平。阴离子表面活性的浓度加大，但水体中的 DO 含量提升，水体自净能力提高。根据小清河管理处对小清河历年数据的记录显示，小清河在 1998—2002 年的主要污染物为 COD_{Mn} 和 NH_3-N 含量，2002 年小清河的 DO 水平仅为 24.5%，水体处于严重缺氧的状态，2004 年小清河河口济南水域有机污染属于重度污染，对周边的渔业产生很大危害。自 1994 年山东省政府提出《小清河流域污染综合治理总体规划方案》之后 2003 年又提出《关于进一步加强小清河流域水污染纺织综合工作的意见》等一系列治理方案和治理规划，虽然小清河的水域环境几经治理有了一定的成效，但根据近几年的监测结果显示小清河的水质会出现反复恶化，因此还需要加强治理，控制生产生活用水的排放与净化，避免小清河水质环境的进一步恶化。

　　　　　　　　　　小清河历年水质监测结果及主要污染物

年份	监测项目数	达标项目数						主要污染物
		Ⅰ类	Ⅱ类	Ⅲ类	Ⅳ类	Ⅴ类	劣Ⅴ类	
2014	9	1	1		2	2	3	TN、TP
2015	11	3	1	2	2	1	2	TN、NH_3-N
2016	11	2	1	3	3		2	TN、NH_3-N
2017	11	5		3	1		2	TN、NH_3-N
2018	10	4	1	1	2		2	TN、NH_3-N
2019	11	3	1	1	4	1	1	TN

玉符河水质监测结果见表 7.13 和图 7.8。可以看出，玉符河的水质较好，监测的水环境指标多数达到Ⅰ类水指标要求，Ⅲ类水指标主要为 TP、COD_{Mn} 和 BOD，主要来自生产生活用水的排放，只要控制生产生活排污，就可以有效地控制指标污染。玉符河常年的主要污染物为 TN，但可以看出近年来对河流治理初见成效，TN 含量正在稳定下降。玉符河为季节性山洪河道，断面上大下小，河道蜿蜒曲折，河床、河岸冲刷严重，堤防残缺不全，玉符河下游的黄河入海口河段距离济南市市区较近，河道挖沙以及土地的不合理规划使得玉符河的自然生态环境受损，玉符河受到自然条件以及上游资源开发等多方面的影

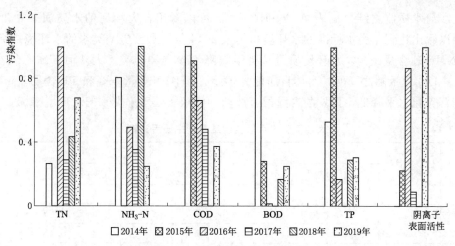

图 7.7　小清河污染物年际变化

响，主要问题体现在河道萎缩，岸滩破坏严重，河流的地貌出现了较大的变化，河道行洪能力降低，河道功能弱化。随着济南市区"东拓西进"战略的整体实施，玉符河的河道治理以及生态修复工作被纳入济南市城市规划。玉符河的修复目标是上游保持现有良好的基础上进一步实施水土保持和水源涵养工程建设，加强保土蓄水的能力，进一步改善水质；中游进行水资源合理调度，对河流形态进行修复改善水文条件；下游则根据城市发展建设的需要进行规划增强景观休闲功能。

表 7.13　　　　　　　　　玉符河历年水质监测结果及主要污染物

年份	监测项目数	达 标 项 目 数						主要污染物
		I 类	II 类	III 类	IV 类	V 类	劣 V 类	
2014	9	3	2	2	1		1	TN
2015	11	6	4				1	TN
2016	12	7	4				1	TN
2017	12	7	4				1	TN
2018	11	6	4				1	TN
2019	9	5		3			1	TN

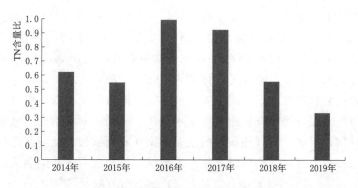

图 7.8　玉符河 TN 含量年际变化

大沙河水质监测结果见表 7.14 和图 7.9。可以看出,大沙河的水质属于中度污染,但是可以看出达到Ⅰ类水标准的水环境指标较 2014 年增加,劣Ⅴ类水的水环境指标减少,TP 和 NH₃-N 含量减少,水环境质量从劣Ⅴ类降为Ⅳ类和Ⅱ类。大沙河 TN 含量在 2019年暴增,DO 含量随之降低,水体自净能力较差。NH₃-N 含量下降和 TP 含量下降,表明水体富营养化水平降低,挥发酚含量虽有波动,但依然处于Ⅰ类水的水环境指标。

表 7.14　　　　　　　　　大沙河历年水质监测结果及主要污染物

年份	监测项目数	达 标 项 目 数						主要污染物
		Ⅰ类	Ⅱ类	Ⅲ类	Ⅳ类	Ⅴ类	劣Ⅴ类	
2014	9	2	1	2	1		3	TN、NH₃-N、TP
2015	12	3	1	3	2		3	TN、NH₃-N、TP
2016	12	5	2		1	1	3	TN、NH₃-N、TP
2017	12	6	2	3			1	TN
2018	11	4	1	4	1		1	TN
2019	9	3	1	1	3		1	TN

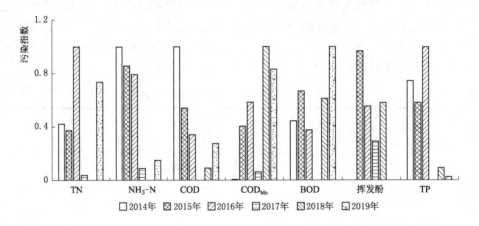

图 7.9　大沙河污染物年际变化

徒骇河水质监测结果见表 7.15 和图 7.10。可以看出,徒骇河整体水质较差,但根据水指标监测结果显示,徒骇河的水质正在好转。劣Ⅴ类水的水环境指标减少,TP 恢复到Ⅲ类和Ⅳ类水的标准,大多数指标恢复到Ⅰ类水平,根据水环境污染的计算结果,除 2015 年外,其他年份 NH₃-N、COD$_{Mn}$、挥发酚含量都在稳定下降,TP 和 TN 虽然提高,但已经保持在Ⅲ类水体水平。随着工业化和城市化的发展,污水大量排入河流,同时农业生产中的农药和化肥也通过地表径流进入水体。徒骇河水资源短缺,季节性特征明显,在枯水期会出现断流情况,使得排进河流的污水无法被稀释,而丰水期的水量对于污水的稀释净化能力也较弱,因此,治理徒骇河的水质污染任重而道远。徒骇河的径流来水主要是上游来水、雨水和引黄河水。治理时应从上游削减污染来源,还要定期清淤避免底质释放污染物造成二次污染,同时加强监管监督力度,确保废水达标排放。

表 7.15　　　　　　　　　　　徒骇河历年水质监测结果及主要污染物

年份	监测项目数	达 标 项 目 数						主要污染物
		Ⅰ类	Ⅱ类	Ⅲ类	Ⅳ类	Ⅴ类	劣Ⅴ类	
2014	9	2	1		1	1	4	TN、NH_3-N、TP
2015	12	4		2			5	TN、NH_3-N、TP
2016	12	5		4	2		1	TN
2017	12	4	2	3	2		1	TN
2018	10	6	1	3			1	TN
2019	9	5		1	2		1	TN

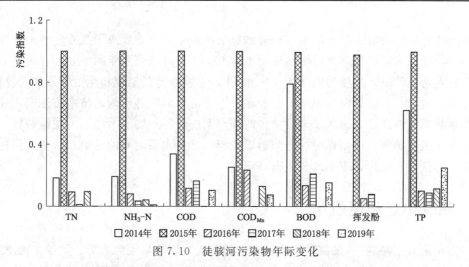

图 7.10　徒骇河污染物年际变化

汇河水质监测结果见表 7.16 和图 7.11。可以看出，汇河虽然污染情况总体比较严重，但是整体水环境监测指标呈现好转，劣Ⅴ类水的水环境指标数量降低，TP 达到Ⅳ类水指标，其他各项监测指标也恢复到Ⅱ类和Ⅲ类水平。汇河的 Cl^-、TN、NH_3-N、TP、COD、COD_{Mn} 均在 2019 年达到较低水平，但是 SO_4^{2-} 上升。SO_4^{2-} 主要通过家庭、家畜和工业的废弃物以及洗涤剂进入水中，然后通过厌氧微生物的作用分解成硫化物和生成沉淀物。可通过反向渗透、离子交换或膜电透析等方法减少 SO_4^{2-}。

表 7.16　　　　　　　　　　　汇河历年水质监测结果及主要污染物

年份	监测项目数	达 标 项 目 数						主要污染物
		Ⅰ类	Ⅱ类	Ⅲ类	Ⅳ类	Ⅴ类	劣Ⅴ类	
2014	9	3			2	1	3	TN、TP
2015	12	3			5		4	TN、TP
2016	12	3			5	1	2	TN、TP
2019	10	3	2	2	2		1	TN

济南市中心城区地势南高北低，西高东低。河流发源于南部山区，但因南部山区森林覆盖率较低，水土流失较为严重。上游河道多为自然冲沟，从上游冲刷下的泥沙多在中下游山前平原或水库内淤积。上游河流周边生活生产污水未得到规范收集和处理，使得大部

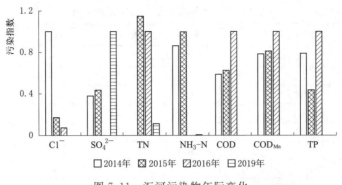

图 7.11　汇河污染物年际变化

分河道周边区域雨污混流汇入河道。随着城镇的扩张，河流就变成了工农业废水、城市污水等污染物质的容器，加上河道淤积使得水质恶化。经过政府多年的规划工程改造，目前河流还存在污染情况，主要污染物为 TN 和 TP，主要原因是工业和生活废水的大量排入。随着经济的发展、城市规模的不断扩大和城市工业的不断完善更新，济南市逐渐加强了雨水、污水基础设施建设，形成了较为完善的排水系统，并开展了大范围的植树造林、湿地保护、水体流失治理、水系环境综合整治等工程，进行水系流域的整治和净化，促进水系生态系统的恢复和重建，逐步改善生态环境。

7.4　泉水生态环境质量

济南市素有"泉城""泉都"之称，泉水的形成主要与泉域的地形、地貌、地质结构、气象等因素有关。济南位于鲁中山地，地势南高北低，从南向北依次有中山、低山、丘陵，这种地势有利于地下水和地表水向城区汇集。济南市南部泰山隆起为单斜构造，北侧断裂横切，形成许多小断块，这些断块是形成泉群的构造基础。地下水由南部山区接收降水的补给，向北径流，沿着岩石的风化裂缝穿过松散的岩层露出地表形成泉。

对济南市泉水检测了水温、透明度、浊度（Turb）、pH 值、电导率（Ec）、钙（Ca^{2+}）、钾（K^+）、钠（Na^+）、氯化物（Cl^-）、硫酸盐（SO_4^{2-}）、总碳酸盐、总碱度（Alk）、总硬度（TH）、溶解氧（DO）、总氮（TN）、总磷（TP）、氨氮（NH_3-N）、亚硝酸盐氮（NO_2^--N）、硝酸盐氮（NO_3^--N）、化学需氧量（COD）、高锰酸盐指数（COD_{Mn}）、生化需氧量（BOD）、挥发酚、硫化物（S^{2-}）、氟化物（F^-）、阴离子表面活性等指标。

根据监测结果可知（表 7.17），济南市泉水的水质状况较好，主要污染物是 TN。TN含量为 NO_3^--N、NO_2^--N、NH_3-N 和蛋白质、氨基酸、尿酸、叠氮化合物、联氮、偶氮、胺类、腈类等有机氮的总称，是反映水体富营养化的主要指标。泉水大多分布在生活区周围，一定程度上受到生活污水的污染，工业污水的污染较少。随着济南市经济的发展，泉水下垫面发生改变，地下水渗入能力减弱，泉水补给量下降，而且南部山区生态破坏，地下水补给量也相应减少，在一定程度上影响了泉群的喷涌。1936 年济南市首次建成趵突泉水厂用于城市供水，随着经济的发展，用水量的剧增，地下水开采量不断增加，在一定程度上造成了泉水的断流。为保持泉水的正常喷涌，保障济南市社会经济健康、持续、高速发展的同时，又要避免过度开采地下水，因此需要尽快实现分质供水，进一步优化用水原则，同时健全地下水监测、检测，实现各政府部门资源共享，维持经济发展与用水矛盾的平衡。

表 7.17　　　　　　　　　济南市泉水水质指标监测结果

项目	珍珠泉		洪范池		百脉泉		明眼泉	书院泉	趵突泉		
监测时间	2015 年 5 月	2016 年 9 月	2015 年 5 月	2016 年 9 月	2016 年 9 月	2019 年 5 月	2019 年 5 月	2019 年 5 月	2014 年 5 月	2015 年 5 月	2016 年 5 月
Cl^-	未超标	未超标	未超标	未超标	未超标	未超标	未超标	未超标	未超标	未超标	未超标
SO_4^{2-}	未超标	未超标	未超标	未超标	未超标	未超标	未超标	未超标	未超标	未超标	未超标
DO	Ⅲ类	Ⅰ类	Ⅰ类	Ⅰ类	Ⅱ类	Ⅰ类	Ⅰ类	Ⅰ类	Ⅰ类	Ⅲ类	Ⅰ类
TN	Ⅴ类	Ⅴ类	Ⅴ类	Ⅴ类	Ⅴ类	Ⅴ类	Ⅴ类	Ⅴ类	Ⅴ类	Ⅴ类	Ⅴ类
NH_3-N	Ⅰ类	Ⅰ类	Ⅰ类	Ⅰ类	Ⅱ类	Ⅱ类	Ⅱ类	Ⅰ类	Ⅰ类	Ⅱ类	Ⅱ类
COD	Ⅰ类	Ⅰ类	Ⅱ类	Ⅰ类	Ⅱ类	Ⅱ类	Ⅱ类	Ⅰ类	Ⅰ类	Ⅰ类	Ⅰ类
COD_{Mn}	Ⅰ类	Ⅰ类	Ⅱ类	Ⅰ类	Ⅱ类	Ⅱ类	Ⅱ类	Ⅰ类	Ⅰ类	Ⅰ类	Ⅱ类
BOD	Ⅰ类	Ⅰ类	Ⅱ类	Ⅰ类	Ⅰ类	Ⅰ类	Ⅰ类	Ⅰ类	Ⅰ类	Ⅰ类	Ⅱ类
挥发酚	Ⅰ类	Ⅰ类	Ⅰ类	Ⅰ类	Ⅰ类	Ⅰ类	Ⅰ类	Ⅰ类	Ⅰ类	Ⅰ类	Ⅰ类
TP	Ⅰ类	Ⅰ类	Ⅰ类	Ⅰ类	Ⅰ类	Ⅰ类	Ⅰ类	Ⅰ类	Ⅰ类	Ⅰ类	Ⅰ类
S^{2-}	Ⅰ类	Ⅰ类	Ⅰ类	Ⅰ类	Ⅰ类	Ⅰ类	Ⅰ类	Ⅰ类	Ⅰ类	Ⅰ类	Ⅰ类
F^-	Ⅰ类	Ⅰ类	Ⅰ类	Ⅰ类	Ⅰ类	Ⅰ类	Ⅰ类	Ⅰ类	Ⅰ类	Ⅰ类	Ⅰ类
阴离子表面	Ⅰ类	Ⅰ类	Ⅰ类	Ⅰ类	Ⅰ类	Ⅰ类	Ⅰ类	Ⅰ类	Ⅰ类	Ⅰ类	Ⅰ类

济南市水资源总量整体相对充足，但是用水结构不合理，部分地下水和地表水受到污染，属于水质性缺水城市。济南市的生活、生态和生产用水矛盾突出。分析主要原因如下。

（1）环保意识差，投入不足。许多生产企业的经营管理者，片面追求经济效益，环境保护意识较差，忽视环境效益，未意识到保护水环境的重要性和紧迫性，不注重可持续发展。此外，在环境保护方面的投入较少，污染治理资金不足，影响污水处理进程，尤其是建设城市污水处理设施方面，经费难以到位。在法律、法规方面，虽然有一定执法依据，但是由于种种原因，执法力度一定程度上仍然不够。

（2）工业污染与生活污染严重。污染排放总量增长速度快，主要污染物排放量远远超过水环境自净能力。沿河周边工厂每年排入河道废水量加上一些企业废水偷排、漏排、排污量更大。不少企业无力治理产生的废水，未经处理就直接排放。随着城镇化发展，城镇污水排放量增加，而污水收集管网建设滞后，沿河乡镇生活污水未经任何处理，直接排入河中。河床成为倾倒建筑垃圾和生活垃圾的场所，白色污染严重，造成堵塞。

（3）生态破坏和农业污染加剧。公路建设造成的水土流失，由于历史原因，至今恢复缓慢，使得河道堵塞，流域水量减少；生态环境的破坏加剧了河道水环境的污染；河流自净能力降低，环境容量不足；农民在农业生产过程中过量使用农药化肥等，造成水环境污染；流域周边的规模化畜禽养殖业日渐发展，废水产生量大且浓度高，仅进行初级处理就直接排入河流中，引起污染。

济南市水环境污染治理亟须解决。济南市水资源优化应遵循"优先生活、保证生态、促进生产发展"的原则，采取"先节水后调水、先治污后供水"的水资源分配原则。控制地下水的过度开采，使地下水位维持在泉水能够常年喷涌的状态；工业生产用地表水应按照先黄河水、长江水，后用本地地表水的原则；南方山区的水库在满足当地农业灌溉的条件下作为生态用水，主要向西部的玉符河进行回灌补源。同时加大宣传力度，严格依法行政；加强水资源宣传，开展多层次、多形式的水资源知识宣传教育，增强全社会的水资源节约保护意识。建立公众参与的管理监督机制，通过听证、召开征求意见会等多种形式，广泛听取社会意见，营造全民参与水环境保护的社会氛围。

遵循环保法，结合地方实际，分门别类制定环保具体措施。积极治理工业污染源和生活污染源。要进行综合治理，制定相关配套政策，达标排放的污水要接入污水处理厂，实施深度治理，依法查处违法违规偷排"黑水"的企业，对实现废水"零排放"的企业，减征污水处理费。采取封堵、切改和强化监管等措施，强化入河排污口门治理，建设污水处理厂网，做到厂网同步投运，确保污水处理厂运行负荷率、进出厂水质达标。对工业企业实行污染物排放总量控制。推进中小企业废水治理设施建设，实现达标排放。加强对企业环保设施的监督管理，提高设施运行率，减少污染物排放。同时对于新建的建设项目，推行清洁生产，提高水的循环利用率，做到节水、降耗、节能、减污。积极与有关部门沟通，治理生活污染。一是积极推进垃圾无害化处理场的建设，实现垃圾无害化。二是对于城区的生活污水进行集中处理，建设污水处理厂，污水达标排放。三是在城镇新建小区实行雨污分流，为污水集中处理做好前期准备，结合城镇道路、工业区改造，建设排污管网。四是促进各医疗单位完成医源性废水治理。五是各部门密切协作，做好禁磷和禁止"白色污染"工作。六是结合新农村建设，综合整治农村水环境。抓好城镇屠宰场的污水处理设施建设，加强村镇污水处理、坑塘整治、面源污染控制。努力改善生态环境，加强农业污染管理。

积极改善生态环境，加强河道绿化和景观建设，中心城区和区县建成区河道两岸，逐步建设沿河生态景观带，其他河道堤防建设林木绿化带；加大河道护岸林、堤岸林管护力度，对已有林木实施专业化管护。提升建设项目的科技含量，做到既增加经济效益又不破坏生态环境和水土保持。制定长远的治理措施，推进畜禽养殖场污染治理，抓好规模化养殖场污水治理设施建设，实现污水达标排放，畜禽粪便资源化和无害化。同时划定规模化畜禽养殖场的饲养区、禁养区，发展生态农业，改变养殖业与种植业脱节现状，以有机肥代替化肥，提高畜禽粪便利用率，减少畜禽粪便污染物对水体的污染。发展有机食品、绿色食品和无公害食品生产，积极推广生态农业技术，打造绿色品牌，降低农业污染。

加强水质预警监测，完善水环境在线监测系统，提高在线监测预警能力。一是建立水质自动监测超级站，定期监测水库和来水水质。科学布局监测网点，采用先进的自动水质监测技术和仪器，采用信息遥控和网络传递方法，改善整体环境监测系统，发挥水质自动监测系统的作用，掌握水情变化，严防水污染事故发生。二是建立水库视频监控及巡检数字化系统建设，在水库关键口门、坝区及河道入口处加装视频监控设备，实现对水库重点地区 24h 监控，加快应急机动监测能力建设，全面提高监控、预警和管理能力。充分发挥区县指挥部的作用，建立健全监督检查和快速反应机制。加强水资源管理能力建设，组织开展区县水资源管理规范化建设，完善装备、设施和人员配备，提高管理素质和管理水平。抓好经验总结、问题分析、情况通报、督促检查等各项工作，确保水环境治理工程顺利实施。加强河道日常巡视检查，创新形式，畅通渠道，主动接受社会监督，深入强化责任意识，切实规范工作流程，建立健全反应机制和管理机制，增强快速反应和监督处置能力，不断加大检查力度，对涉水事件做到快速反应、及时反馈、妥善处置。

第8章

水生生物群落结构特征

　　水生生物是水生态系统的重要组成部分，水生生物群落结构特征与水体水质、营养化状况和污染类型等密不可分。群落结构的特征主要表现在种类组成、群落外貌、垂直结构和水平结构方面。群落的生物种类是群落结构的基础；群落的外貌和结构是群落中生物之间、生物与环境之间相互关系的标志。群落中的各种生物对周围的生态环境都有一定的要求，周围环境起了变化，它们就会产生相应的反应，表现为群落中生物的种类和数量的增减以及群落外貌、垂直结构和水平结构的变化。因此，水体污染必然引起水生生物群落结构的变化。研究这些变化，就可以评价水体的质量状况。

8.1　湖泊水库水生生物群落结构特征

8.1.1　湖库浮游植物水生生物群落结构特征

1. 湖库浮游植物物种组成

　　调查结果显示，2014—2019 年汇泉水库共发现浮游植物 47 种，分属 5 门，如图 8.1 所示。其中硅藻门 19 种，绿藻门 18 种，裸藻门 3 种，隐藻门 2 种，蓝藻门 5 种。物种种类以硅藻门和绿藻门为主。2014 年 5 月发现藻类 15 种，其中硅藻门和绿藻门各有 6 种，裸藻门 1 种，隐藻门 1 种。2015 年 9 月发现藻类 17 种，其中硅藻门 10 种，绿藻门 5 种，蓝藻门 2 种；10 月发现藻类 31 种，其中硅藻门 11 种，绿藻门 13 种，裸藻门 2 种，隐藻

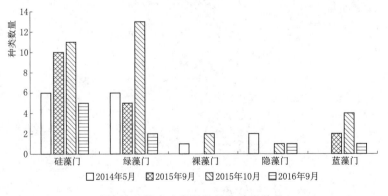

图 8.1　汇泉水库浮游植物种类数量

门 1 种，蓝藻门 4 种。2016 年 9 月发现藻类 9 种，硅藻门 5 种，绿藻门 2 种，隐藻门和蓝藻门各 1 种。

　　崮头水库共发现浮游植物 67 种分属 8 门，如图 8.2 所示。其中硅藻门、绿藻门各 23 种，裸藻门、甲藻门各 2 种，隐藻门 3 种，蓝藻门 12 种，金藻门、黄藻门各 1 种。物种种类以硅藻门和绿藻门为主，2014 年 5 月发现硅藻门 10 种，绿藻门 15 种，隐藻门和金藻门各 1 种，蓝藻门 6 种，甲藻门 2 种；8 月发现硅藻门和绿藻门各 5 种，蓝藻门 9 种，裸藻门 1 种；11 月发现硅藻门 5 种，绿藻门和蓝藻门各 6 种。2015 年 5 月发现硅藻门和绿藻门各 11 种，裸藻门和隐藻门各 2 种，蓝藻门 8 种，甲藻门 1 种。2016 年 9 月发现硅藻门 9 种，绿藻门 8 种，裸藻门和隐藻门各 1 种，蓝藻门 2 种。

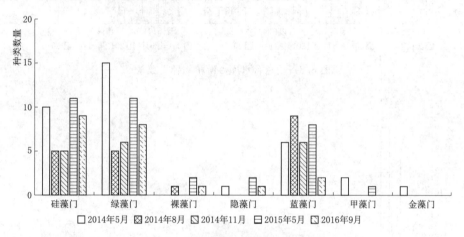

图 8.2　崮头水库浮游植物种类数量

　　钓鱼台水库共发现浮游植物 28 种，分属 7 门，如图 8.3 所示。其中硅藻门 7 种，绿藻门 10 种，裸藻门 3 种，隐藻门、甲藻门、金藻门各 1 种，蓝藻门 5 种。2014 年和 2015 年钓鱼台水库以绿藻门为主，2016 年以裸藻门为主。2014 年 5 月发现硅藻门和绿藻门各 6 种，裸藻门 3 种，隐藻门、蓝藻门、甲藻门和金藻门各 1 种；8 月发现硅藻门 3 种，绿藻门 7 种，裸藻门和隐藻门各 2 种，蓝藻门 3 种，甲藻门 1 种；11 月发现硅藻门 8 种，绿藻门 11 种，裸藻门、隐藻门各 1 种，蓝藻门 3 种。2015 年 5 月发现硅藻门 3 种，绿藻门 4 种，裸藻门、隐藻门各 1 种，蓝藻门 5 种；9 月发现硅藻门 1 种，绿藻门、蓝藻门各 4 种，裸藻门、隐藻门各 1 种；11 月硅藻门和绿藻门各 3 种，裸藻门、隐藻门、蓝藻门各 1 种。2016 年 9 月发现硅藻门 3 种，裸藻门 9 种，蓝藻门 2 种。

　　八达岭水库共发现浮游植物 35 种，分属 4 门，如图 8.4 所示。其中硅藻门 20 种，绿藻门 8 种，裸藻门 4 种，蓝藻门 3 种。八达岭水库物种种类以硅藻门为主。2014 年 5 月发现硅藻门 7 种，绿藻门 3 种，隐藻门 1 种；8 月发现硅藻门 3 种，隐藻门 2 种，蓝藻门 7 种；11 月发现硅藻门 13 种，绿藻门 1 种，隐藻门 2 种，蓝藻门 5 种。2015 年 5 月发现硅藻门 16 种，绿藻门 6 种，裸藻门和隐藻门各 2 种，蓝藻门 3 种；9 月发现硅藻门、绿藻门和蓝藻门各 3 种，隐藻门 2 种；10 月发现硅藻门和裸藻门各 2 种，绿藻门和蓝藻门各 4 种，隐藻门 1 种。

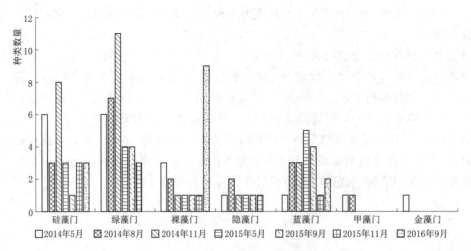

图 8.3　钓鱼台水库浮游植物种类数量

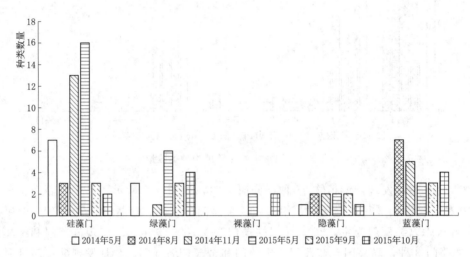

图 8.4　八达岭水库浮游植物种类数量

　　垛庄水库共发现浮游植物 33 种，分属 6 门，如图 8.5 所示。其中硅藻门 16 种，绿藻门 7 种，裸藻门 2 种，蓝藻门 6 种，隐藻门、甲藻门各 1 种。垛庄水库的物种种类以硅藻门为主。2014 年 5 月发现硅藻门种类 7 种，裸藻门、蓝藻门和甲藻门各 1 种；8 月发现硅藻门 5 种，绿藻门 6 种，蓝藻门 2 种；11 月发现硅藻门 6 种，绿藻门 5 种，裸藻门 1 种，隐藻门和蓝藻门各 2 种。2015 年 5 月发现硅藻门 8 种，绿藻门 3 种，裸藻门和蓝藻门各 2 种，隐藻门 1 种；9 月发现硅藻门 11 种，绿藻门 7 种，裸藻门 1 种，蓝藻门 2 种；10 月发现硅藻门 4 种，绿藻门 3 种，裸藻门和隐藻门各 1 种，蓝藻门 2 种。2016 年 6 月发现硅藻门 7 种，绿藻门 4 种，蓝藻门 5 种；9 月发现硅藻门 4 种，绿藻门 1 种；11 月发现硅藻门和绿藻门各 4 种，隐藻门和蓝藻门各 2 种。

　　卧虎山水库共发现浮游植物 28 种，分属 8 门，如图 8.6 所示。其中硅藻门 6 种，绿藻门 8 种，隐藻门、蓝藻门各 3 种，裸藻门、甲藻门、金藻门、黄藻门各 1 种。卧虎山水库的物种种类以硅藻门和绿藻门为主。2014 年 5 月发现硅藻门 3 种，绿藻门 4 种，隐藻

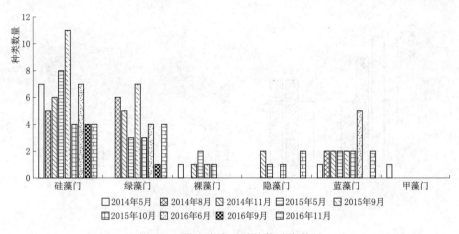

图 8.5　垛庄水库浮游植物种类数量

门、蓝藻门、金藻门各 1 种。2015 年 5 月发现硅藻门 4 种，绿藻门 3 种，隐藻门和蓝藻门各 1 种。2019 年 5 月发现硅藻门和绿藻门各 3 种，裸藻门、甲藻门和金藻门各 1 种，隐藻门和蓝藻门各 2 种。

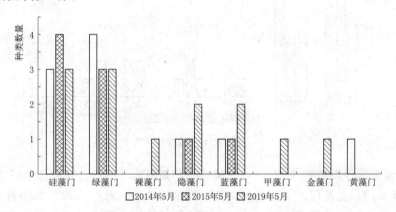

图 8.6　卧虎山水库浮游植物种类数量

锦绣川水库共发现浮游植物 28 种，分属 5 门，如图 8.7 所示。其中裸藻门 12 种，绿藻门 10 门，隐藻门、甲藻门各 3 种，蓝藻门 5 种，黄藻门 1 种。锦绣川水库物种种类以硅藻门为主。2014 年 5 月发现硅藻门物种有 6 种，绿藻门 3 种，金藻门 1 种。2015 年 5 月发现硅藻门 5 种，绿藻门 4 种，隐藻门和蓝藻门各 1 种。2019 年 5 月发现硅藻门 3 种，绿藻门 4 种。

杏林水库发现共有浮游植物 24 种，分属 6 门，如图 8.8 所示。其中硅藻门 10 种，绿藻门 5 种，裸藻门 1 种，隐藻门 2 种，蓝藻门 3 种，甲藻门 3 种。杏林水库的物种种类以硅藻门和绿藻门为主。2014 年 5 月发现硅藻门 4 种，绿藻门 3 种，隐藻门和蓝藻门各 1 种，甲藻门 2 种。2015 年 5 月发现硅藻门 7 种，绿藻门 3 种，裸藻门和甲藻门各 1 种，隐藻门和蓝藻门各 2 种。2019 年 5 月发现硅藻门 5 种，绿藻门 8 种，裸藻门、隐藻门、甲藻门和金藻门各 1 种，蓝藻门 2 种。

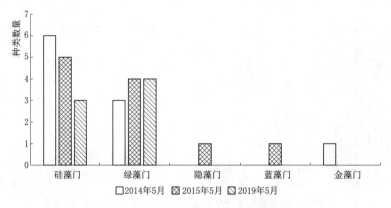

图 8.7　锦绣川水库浮游植物种类数量

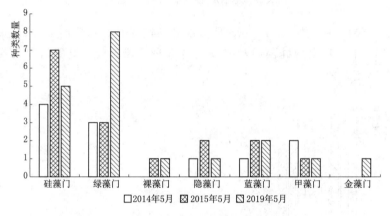

图 8.8　杏林水库浮游植物种类数量

杜张水库发现浮游植物共 36 种，分属 6 门，如图 8.9 所示。其中硅藻门 20 种，绿藻门 10 种，裸藻门、蓝藻门、甲藻门各 1 种，隐藻门 3 种。杜张水库的物种种类以硅藻门为主，其中 2014 年 5 月发现硅藻门 7 种，绿藻门 3 种，隐藻门和蓝藻门各 1 种。2015 年 5 月发现硅藻门 7 种，绿藻门 2 种，隐藻门和甲藻门各 1 种。2019 年 5 月发现硅藻门 4 种，绿藻门 8 种，隐藻门 2 种，裸藻门、蓝藻门、甲藻门各 1 种。

朱各务水库共发现浮游植物 56 种，分属 6 门，如图 8.10 所示。其中硅藻门 26 种，绿藻门 20 种，隐藻门 3 种，蓝藻门 5 种，甲藻门、金藻门各 1 种。朱各务水库的物种种类以硅藻门为主。2014 年 5 月发现硅藻门有 9 种，绿藻门 3 种，隐藻门 1 种。2015 年 5 月发现硅藻门 7 种，绿藻门 9 种，隐藻门和蓝藻门各 3 种。2019 年 5 月发现硅藻门 14 种，绿藻门 10 种，隐藻门和蓝藻门各 3 种，甲藻门和金藻门各 1 种。

东阿水库共发现浮游植物 42 种，分属 7 门，如图 8.11 所示。其中硅藻门 12 种，绿藻门 16 种，裸藻门 3 种，隐藻门 3 种，蓝藻门 5 种，甲藻门 2 种，黄藻门 1 种。东阿水库的物种种类以硅藻门和绿藻门为主。2014 年 5 月发现硅藻门和蓝藻门各 3 种，绿藻门 6 种，隐藻门和甲藻门各 1 种。2015 年 5 月发现硅藻门 9 种，绿藻门，裸藻门和蓝藻门各 2 种，隐藻门 1 种。2017 年 6 月发现硅藻门和绿藻门各 3 种，裸藻门和黄藻门各 1 种。

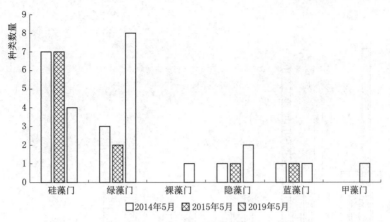

图 8.9　杜张水库浮游植物种类数量

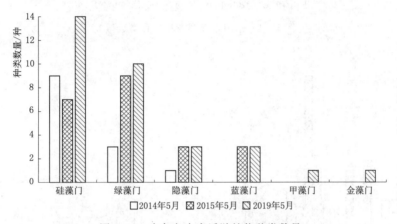

图 8.10　朱各务水库浮游植物种类数量

2019 年 5 月发现硅藻门 3 种，绿藻门 8 种，裸藻门和蓝藻门各 2 种，裸藻门和甲藻门各 1 种。

　　白云湖共发现浮游植物 41 种，分属 6 门，如图 8.12 所示。其中硅藻门 11 种，绿藻门 19 种，裸藻门、蓝藻门各 4 种，隐藻门 1 种，甲藻门 2 种。白云湖浮游植物的物种种类以绿藻门为主。2014 年 5 月发现硅藻门和绿藻门各有 4 种，隐藻门、蓝藻门和甲藻门各 1 种。2015 年 5 月发现硅藻门和裸藻门各 1 种，绿藻门 8 种，蓝藻门 4 种。2017 年 5 月发现硅藻门 7 种，绿藻门 15 种，裸藻门 3 种，甲藻门 2 种。2018 年 5 月发现硅藻门和裸藻门各 1 种，绿藻门 5 种，蓝藻门 3 种。2019 年 5 月发现硅藻门 7 种，绿藻门 5 种，隐藻门 2 种，蓝藻门和金藻门各 1 种。

　　大明湖共发现浮游植物 111 种，分属 7 门，如图 8.13 所示。其中硅藻门 45 种，绿藻门 41 种，裸藻门 6 种，隐藻门、甲藻门各 2 种，蓝藻门 14 种，金藻门 1 种。大明湖的物种种类以硅藻门为主。2014 年 5 月发现有硅藻门 11 种，绿藻门 7 种，裸藻门 1 种，蓝藻门 2 种。2015 年 5 月发现硅藻门 23 种，绿藻门 8 种，隐藻门 2 种，蓝藻门 5 种。2016 年 5 月发现硅藻门 15 种，绿藻门 7 种，裸藻门 2 种，隐藻门 1 种，蓝藻门 6 种。2017 年 5

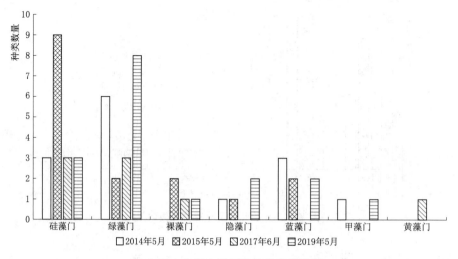

图 8.11　东阿水库浮游植物种类数量

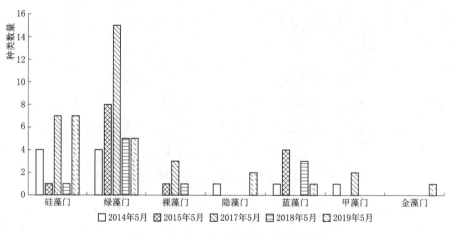

图 8.12　白云湖浮游植物种类数量

月发现硅藻门 16 种，绿藻门 25 种，裸藻门 3 种，隐藻门 5 种，蓝藻门、甲藻门和金藻门各 1 种。2018 年 5 月发现硅藻门 6 种，绿藻门 8 种，裸藻门和隐藻门各 2 种，蓝藻门 1种。2019 年 5 月发现硅藻门 8 种，绿藻门 11 种，裸藻门 2 种，隐藻门、蓝藻门和甲藻门各 1 种。

根据各湖库的调查结果得知，各湖库的浮游生物种类较前几年相比都有所增加。东阿水库 2014 年浮游植物共 15 种，2019 年共发现 17 种；杏林水库在 2014 年发现浮游植物11 种，2019 年则增加到 19 种；杜张水库的浮游植物种类数量也由 11 种增加到 17 种；朱各务水库的浮游植物种类数量由 2014 年的 13 种增加到 2019 年的 28 种；大明湖 2014 年发现浮游植物种类 21 种，在 2017 年发现浮游植物种类 51 种，2019 年发现 23 种。浮游植物的种类数有所增加，表明湖库的生物多样性增加。

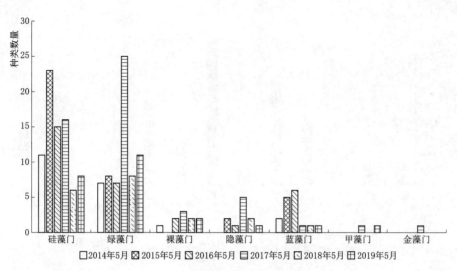

图 8.13 大明湖浮游植物种类数量

2. 湖库浮游植物密度分布

济南市各湖库近五年浮游植物密度汇总如图 8.14 所示。崮头水库的浮游植物平均密度最高，为 25483.11 万个/L；其次是垛庄水库，平均密度为 11514.58 万个/L。平均密度最低的是汇泉水库，为 223.72 万个/L；其次是崮云湖水库，为 331.46 万个/L。

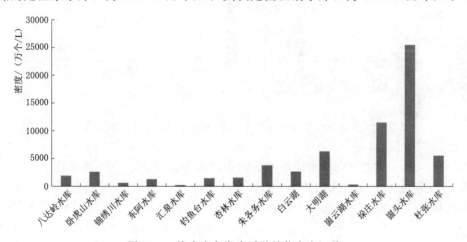

图 8.14 济南市各湖库浮游植物密度汇总

2014 年各湖库浮游植物平均密度为 607.941 万个/L。崮头水库的浮游植物密度最高，为 1866.746 万个/L；其次是杏林水库，为 1049.51 万个/L。密度最低的是朱各务水库，为 94.752 万个/L；其次是锦绣川水库，为 163.842 万个/L，如图 8.15 所示。

2015 年各湖库浮游植物的平均密度为 8926.877 万个/L，其中崮头水库的浮游植物密度最高，为 49099.47 万个/L；其次是垛庄水库，为 18441.56 万个/L；杜张水库密度为 15716.88 万个/L。密度最低的是崮云湖水库，为 441.84 万个/L；其次是东阿水库，为 681.17 万个/L，如图 8.16 所示。

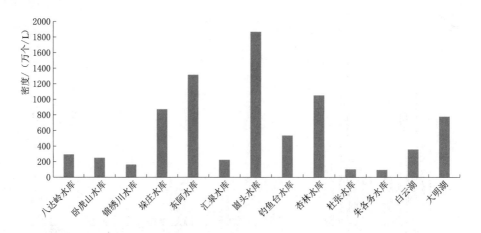

图 8.15　济南市各湖库 2014 年浮游植物密度汇总

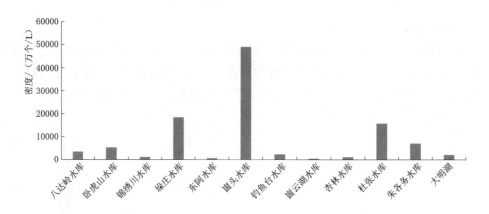

图 8.16　济南市各湖库 2015 年浮游植物密度汇总

2016—2018 年调查济南市水库浮游植物获取的数据较少，2016 年垛庄水库浮游植物密度为 15230.33 万个/L，大明湖为 30511.945 万个/L，如图 8.17 所示。2017 年东阿水库浮游植物密度为 28.93 万个/L，白云湖为 1457.02 万个/L，大明湖为 639.626 万个/L，如图 8.18 所示。2018 年东阿水库浮游植物密度为 49.99 万个/L，白云湖为 6144.669 万个/L，大明湖为 517.36 万个/L，如图 8.19 所示。

2019 年各湖库浮游植物的平均密度为 2008.11 万个/L，其中东阿水库浮游植物密度最高，为 4300.688 万个/L；其次是朱各务水库，为 4174.352 万个/L。密度最低的是崮云湖水库，为 221.088 万个/L，其次是雪野水库，为 278.992 万个/L，如图 8.20 所示。

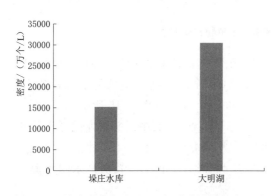

图 8.17　济南市各湖库 2016 年浮游植物密度汇总

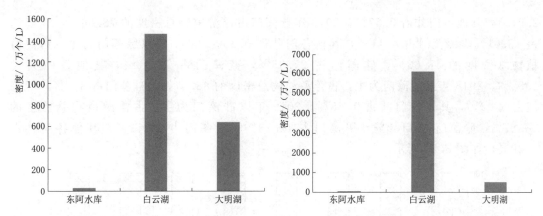

图 8.18　济南市各湖库 2017 年浮游植物密度汇总　　图 8.19　济南市各湖库 2018 年浮游植物密度汇总

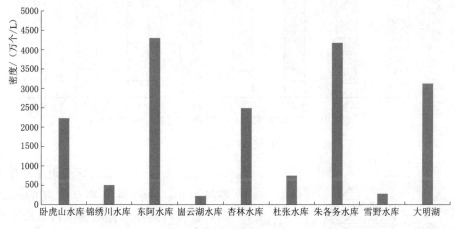

图 8.20　济南市各湖库 2019 年浮游植物密度汇总

　　济南市各湖库浮游植物优势物种汇总见表 8.1，可以发现济南市湖库的优势物种主要为蓝藻门的小席藻，占济南市湖库浮游植物总密度的 74.35%；其次是硅藻门，占浮游植物总密度的 17.05%；绿藻门占浮游植物总密度的 6.233%，其他门共占 2.23%。其中 2014 年蓝藻门占浮游植物总密度的 53.37%，硅藻门占 25.83%，隐藻门占 6.35%，其他各门占 2.04%。2015 年蓝藻门占浮游植物总密度的 84.80%，硅藻门占 11.71%，绿藻门占

表 8.1　　　　　　　　　　济南市各湖库浮游植物优势物种汇总

采样点位	优势种	采样点位	优势种
八达岭水库	小席藻	钓鱼台水库	小席藻
卧虎山水库	小席藻	杏林水库	小球藻
锦绣川水库	肘状针杆藻、尖针杆藻	杜张水库	小席藻
垛庄水库	小席藻	朱各务水库	小席藻
东阿水库	弧形短缝藻、尖尾蓝隐藻	雪野水库	尖尾蓝隐藻、啮蚀隐藻
汇泉水库	银灰平裂藻	大明湖	细小平裂藻、微小色球藻
崮头水库	铜绿微囊藻、小席藻	白云湖	银灰平裂藻、优美平裂藻

2.91%，其他各门共占 0.57%。2016 年蓝藻门占浮游植物总密度的 78.66%，硅藻门占 13.01%，绿藻门占 8.11%，其他各门共占 0.3%。2017 年以绿藻门为主，占浮游植物总密度的 48.63%，硅藻门占 27.95%，蓝藻门占 11.15%，其他各门共占 1.85%。2018 年以蓝藻门为主，占浮游植物总密度的 88.57%，硅藻门占 3.7%，绿藻门占 6.02%，其他各门共占 1.68%。2019 年以硅藻门为主，占浮游植物总密度的 58.87%，隐藻门占 11.2%，甲藻门占 12.73%，绿藻门占 13.52%，其他各门共占 2.39%，如图 8.21 所示。

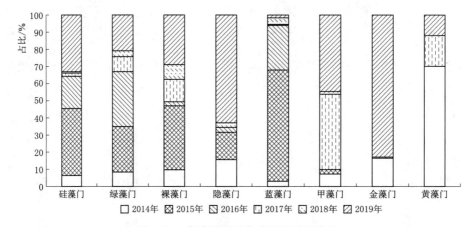

图 8.21　湖库浮游植物密度汇总百分比

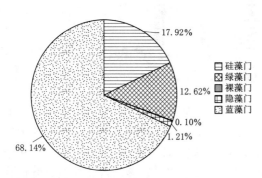

图 8.22　八达岭水库浮游植物密度比汇总

如图 8.22 所示，八达岭水库整体上以蓝藻门为主，占浮游植物总密度的 68.14%，其中蓝藻门的小席藻的密度占水库浮游植物总密度的 49.758%。分析各年度数据得出：2014 年 5 月、2015 年以硅藻门为主，而 2014 年 8 月、11 月以蓝藻门为主，如图 8.23 所示。

如图 8.24 所示，卧虎山水库整体上以蓝藻门为主，占浮游植物总密度的 70.57%，其中小席藻为主要优势物种，占卧虎山水库浮游植物总密度的 68.44%。卧虎山水库 2014 年 5 月和 2015 年 5 月以蓝藻门为主，2019 年则以硅藻门为主，如图 8.25 所示。

如图 8.26 所示，锦绣川水库浮游植物整体上以硅藻门为主，主要优势物种为肘状针杆藻，占水库浮游植物总密度的 34.75%；其次是尖针杆藻，占 25.94%。锦绣川水库 2014 年 5 月以硅藻门和绿藻门为主，而且出现了金藻门的分歧锥囊藻，2015 年和 2019 年则以硅藻门为主，如图 8.27 所示。

如图 8.28 所示，垛庄水库整体上以蓝藻门为主，小席藻为主要优势物种，占垛庄水库浮游植物总密度的 84.7%。除 2016 年 9 月垛庄水库硅藻门密度最高，主要优势物种为

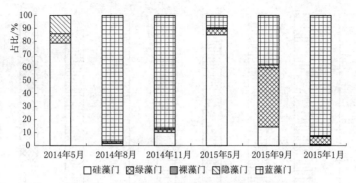

图 8.23　八达岭水库各年度浮游植物密度比

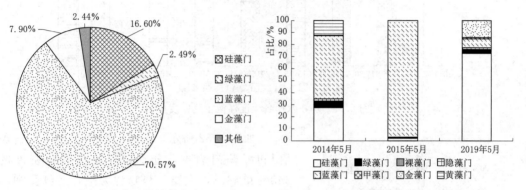

图 8.24　卧虎山水库浮游植物密度比汇总　　　图 8.25　卧虎山水库各年度浮游植物密度比

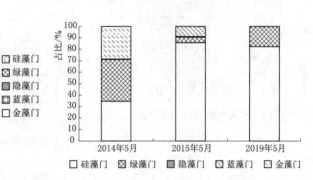

图 8.26　锦绣川水库浮游植物密度比汇总　　　图 8.27　锦绣川水库各年度浮游植物密度比

针形纤维藻，其他各年份均以蓝藻门为主，主要优势物种为小席藻，如图 8.29 所示。

如图 8.30 所示，东阿水库以硅藻门为主，主要优势物种为弧形短缝藻，占水库浮游植物总密度的 39.98%；其次是蓝藻门的尖尾蓝隐藻，占浮游植物总密度的 24.53%。东阿水库 2014 年 5 月以蓝藻门为主，2015 年 5 月和 2019 年 5 月均以硅藻门为主，2017 年 6 月以绿藻门为主，如图 8.31 所示。

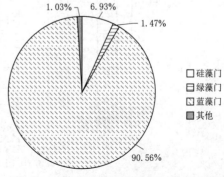

图 8.28　垛庄水库浮游植物密度比汇总

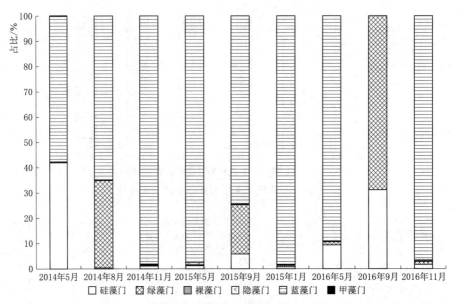

图 8.29　垛庄水库各年度浮游植物密度比

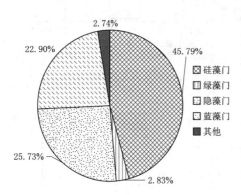

图 8.30　东阿水库浮游植物密度比汇总

如图 8.32 所示，东阿水库在 2014 年以硅藻门和绿藻门为主，分别占浮游植物总密度的 43% 和 44%，主要优势物种为平片针杆藻和小胶鞘藻，其中小胶鞘藻占水库浮游植物总密度的 40.15%，水库整体呈现富营养化。通过比较分析近几年东阿水库浮游植物各门密度发现，硅藻门在东阿水库的总密度比例呈现下降趋势，其他各门密度都呈现增长趋势，表明水体内浮游植物的种类增加，物种多样性增加。2015—2017 年以硅藻门为主，主要优势物种为肘状针杆藻和尖针杆藻；2018 年以裸藻门为主，主要

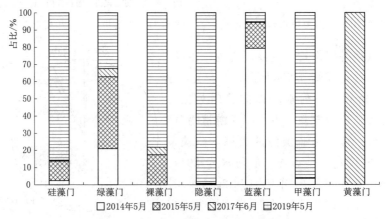

图 8.31　东阿水库各年度浮游植物密度比

优势物种为尖尾裸藻；2019 年则以硅藻门为主，主要优势物种为弧形短缝藻。通过治理，东阿水库整体从以蓝藻门为主的重富营养化水体转化为以硅藻门或裸藻门为主的中营养～轻富营养化水体。

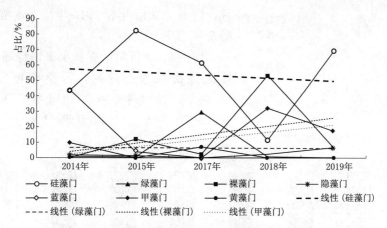

图 8.32　东阿水库历年浮游植物密度变化

如图 8.33 所示，汇泉水库以蓝藻门为主，主要优势物种为银灰平裂藻，占水库浮游植物总密度的 22.62%。2014 年 5 月以隐藻门为主，2015年 9 月以蓝藻门为主，2015 年 10 月以绿藻门为主，2016 年 9 月以硅藻门为主，如图 8.34 所示。

如图 8.35 所示，崮头水库以蓝藻门为主，主要优势物种为铜绿微囊藻，占水库浮游植物总密度的 48.98%；其次是小席藻，占水库浮游植物总密度的 23.07%。2014 年和 2015 年以蓝藻门为主，2016 年 9 月则以硅藻门为主，如图 8.36所示。

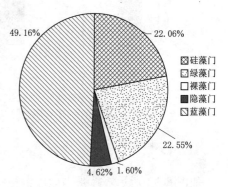

图 8.33　汇泉水库浮游植物密度比汇总

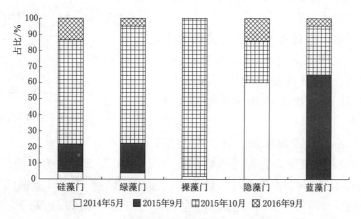

图 8.34　汇泉水库各年度浮游植物密度比

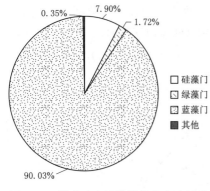

图 8.35　崮头水库浮游植物密度比汇总

如图 8.37 所示，钓鱼台水库以蓝藻门为主，主要优势物种为小席藻，占水库浮游植物总密度的 63.37％。2014 年 5 月以硅藻门为主，2014 年 8 月、11 月，2015 年和 2016 年均以蓝藻门为主，如图 8.38 所示。

如图 8.39 所示，杏林水库以绿藻门为主，主要优势物种为小球藻，占浮游植物总密度的 27.46％。2014 年 5 月和 2015 年 5 月以蓝藻门为主，2019 年 5 月则以绿藻门为主，如图 8.40 所示。

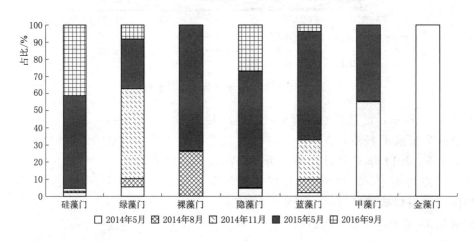

图 8.36　崮头水库各年度浮游植物密度比

如图 8.41 所示，杜张水库浮游植物密度以蓝藻门为主，主要优势物种为小席藻，占浮游植物总密度的 82.27％。2014 年 5 月以硅藻门为主，2015 年 5 月以蓝藻门为主，2019 年 5 月以硅藻门为主，如图 8.42 所示。

如图 8.43 所示，朱各务水库以蓝藻门为主，主要优势物种为小席藻，占浮游植物总密度的 60.30％。2014 年 5 月以硅藻门为主，2015 年 5 月和 2019 年 5 月则以蓝藻门为主，如图 8.44 所示。

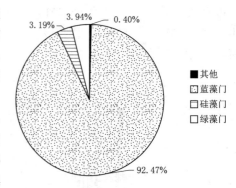

图 8.37　钓鱼台水库浮游植物密度比汇总

如图 8.45 所示，白云湖水库以蓝藻门为主，主要优势物种为银灰平裂藻，占浮游植物总密度的 50.32％，其次为优美平裂藻，占浮游植物总密度的 18.24％。2014 年 5 月以隐藻门为主，2015 年 5 月以蓝藻门为主，2017 年 6 月以绿藻门为主，2018 年 5 月以蓝藻门为主，2019 年 5 月以硅藻门为主，如图 8.46 所示。

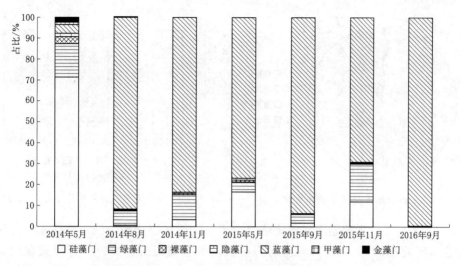

图 8.38　钓鱼台水库各年度浮游植物密度比

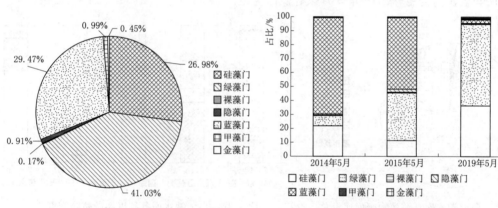

图 8.39　杏林水库浮游植物密度比汇总　　　图 8.40　杏林水库各年度浮游植物密度比

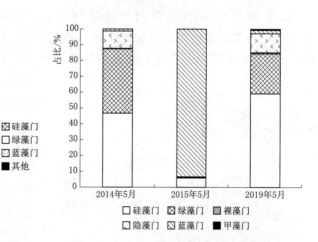

图 8.41　杜张水库浮游植物密度比汇总　　　图 8.42　杜张水库各年度浮游植物密度比

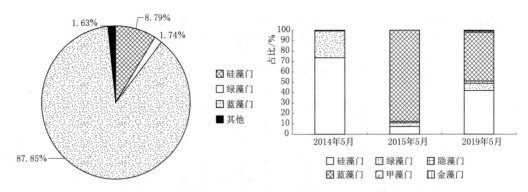

图 8.43　朱各务水库浮游植物密度比汇总　　　图 8.44　朱各务水库各年度浮游植物密度比

如图 8.47 所示,大明湖水库以蓝藻门为主,主要优势物种为细小平裂藻,占水库浮游植物总密度的 40.42%。2014 年 5 月以硅藻门和蓝藻门为主,2015 年以蓝藻门和绿藻门为主,2016 年 5 月以蓝藻门为主,2017 年 5 月以绿藻门和蓝藻门为主,2018 年 5 月以硅藻门和蓝藻门为主,2019 年 5 月以硅藻门为主。

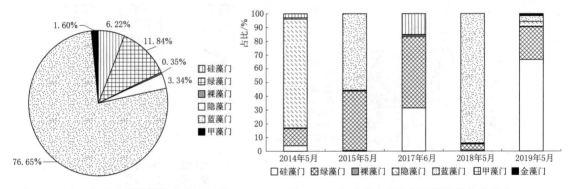

图 8.45　白云湖水库浮游植物密度比汇总　　　图 8.46　白云湖水库各年度浮游植物密度比

大明湖 2014 年以硅藻门和蓝藻门为主,分别占总浮游植物密度的 67.93% 和 26.88%,主要优势物种为平片针杆藻、尖杆藻和隐球藻,水库整体呈现富营养化水平。2015—2017 年以硅藻门为主,蓝藻门数量下降为 1.27%~4.27%,主要优势物种为极分歧羽纹藻和尖针杆藻。2018 年蓝藻门密度上涨到 12.88%,2019 年下降到 1.38%。2019 年以硅藻门为主,主要优势物种为尖针杆藻。蓝藻门物种数量在近几年虽有波动但已经稳定下降,水质趋于中营养~轻富营养化,水生态质量有所好转,如图 8.48 所示。

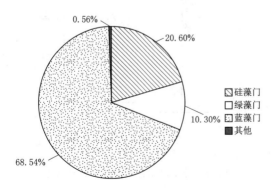

图 8.47　大明湖水库浮游植物密度比汇总

由以上分析可以看出,济南市卧虎山水库、垛庄水库、崮头水库、钓鱼台水库、杜张水库、杏林水库、朱各务水库、大明湖水库、白云湖水库以蓝藻门为主，水体呈现重营养化水平。八达岭水库、锦绣川水库以硅藻门为主，水体呈现轻度营养化水平，东阿水库以隐藻门为主，水体呈现贫中营养化水平。

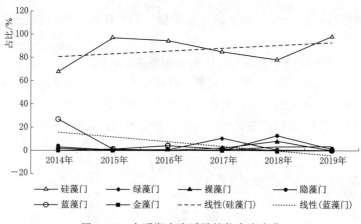

图 8.48　大明湖水库浮游植物密度变化

3. 湖库浮游植物多样性变化

选用浮游植物多样性通用计算指标 Shannon-Wiener 多样性指数（H'）、Pielou 均匀度指数（E）和 Margalef 丰富度指数（M），见表 8.2。其中 Shannon-Wiener 多样性指数对物种的种类数目和种类中个体分配的均匀性依赖程度较高，Margalef 丰富度指数对物种的种类数目依赖程度较强，而 Pielou 均匀度指数（E）则能更好地反映出物种的均匀度。

表 8.2　　　　　　　　　　　　生物多样性评价指标

Shannon-Wiener 多样性指数	水质类型	Margalef 丰富度指数	水质类型	Pielou 均匀度指数	水质类型
>3	清洁-寡污型	>5	清洁型	>0.8~1.0	清洁型
>1~3	β-中污型	>4~5	寡污型	>0.5~0.8	清洁-寡污型
0~1	α-中污型	>3~4	β-中污型	>0.3~0.5	β-中污型
		0~3	α-中污型	0~0.3	α-中污型

生物多样性是指生命有机体及其赖以生存的生态综合体的多样化和变异性。具体来说，生物多样性既是生命形式的多样化，也包括生命形式之间、生命形式与环境之间相互作用的多样性，还涉及生物群落、生态系统、生境、生态过程等的复杂性。生物多样性包括遗传多样性、物种多样性和生态系统多样性，而在生物多样性的研究中，常用多样性指数来表征群落的多样性特征，在水域生态系统中，可以根据生物的 Shannon-Wiener 多样性指数、Pielou 均匀度指数、Margalef 丰富度指数来初步判定水质类型。

物种多样性的计算公式如下：

$$\text{Shannon-Wiener 多样性指数} \quad H' = -P_i \ln P_i$$

$$\text{Pielou 均匀度指数} \quad E = H'/\ln S$$

$$\text{Margalef 丰富度指数} \quad M = (S-1)/\ln N$$

式中：S 为类群数目；$P_i = N_i/N$ 表示样品中属于第 i 种的个体比例；N 为所有类群总个体数。

根据计算结果（图 8.49~图 8.51）可知，在济南市各湖库中，Shannon-Wiener 多样性指数最大的是崮云湖水库，为 2.2881；最低的是垛庄水库，为 0.8937。Pielou 均匀度指数最大的是崮云湖水库，为 0.8017；最低的是垛庄水库，为 0.3059。Margalef 丰富度指数最大的是崮头水库，为 2.9525；最低的是卧虎山水库，为 1.3752；其次是垛庄水库，为 1.4223。

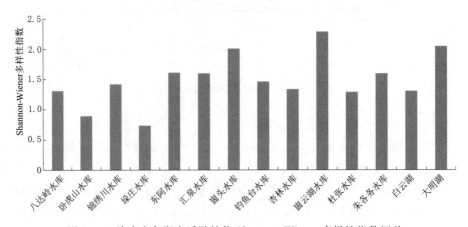

图 8.49 济南市各湖库浮游植物 Shannon-Wiener 多样性指数汇总

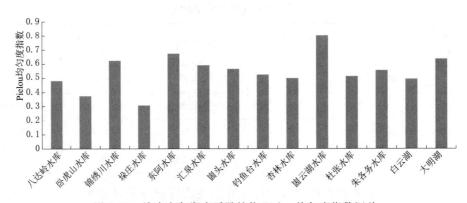

图 8.50 济南市各湖库浮游植物 Pielou 均匀度指数汇总

如图 8.52 所示，八达岭水库浮游植物 2014 年 Shannon-Wiener 多样性指数为 1.5443，Pielou 均匀度指数为 0.64402，Margalef 丰富度指数为 1.7647。2015 年 Shannon-Wiener 多样性指数为 1.0729，Pielou 均匀度指数为 0.319，Margalef 丰富度指数为 3.431。

如图 8.53 所示，卧虎山水库 2014 年至 2019 年 5 月浮游植物 Shannon-Wiener 多样性指数范围是 0.1682~1.4543，平均值为 0.8937；Pielou 均匀度指数范围是 0.0765~

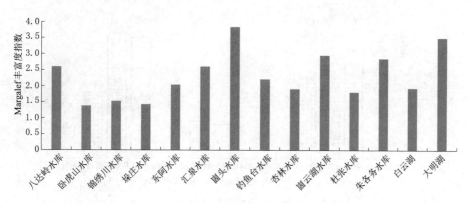

图 8.51　济南市各湖库浮游植物 Margalef 丰富度指数汇总

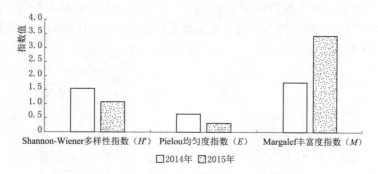

图 8.52　八达岭水库浮游植物多样性指数汇总

0.6316，平均值为 0.3736；Margalef 丰富度指数范围是 0.9318～1.6372，平均值为
1.3752。生物多样性在 2015 年最低，Shannon-Wiener 多样性指数和 Margalef 丰富度指
数在 2019 年最大，Pielou 均匀度指数在 2014 年最大。

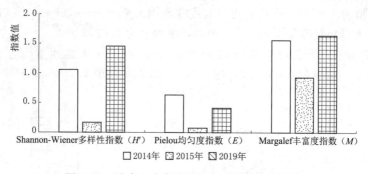

图 8.53　卧虎山水库浮游植物多样性指数汇总

如图 8.54 所示，锦绣川水库浮游植物 Shannon-Wiener 多样性指数范围是 1.1999～
1.7441，平均值为 1.417；Pielou 均匀度指数范围是 0.4958～0.7574，平均值为 0.6233；
Margalef 丰富度指数范围是 0.9651～1.8357，平均值为 1.524。锦绣川水库 2014 年
Shannon-Wiener 多样性指数和 Pielou 均匀度指数最大，Margalef 丰富度指数则是 2015
年 5 月最大。

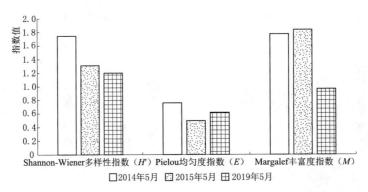

图 8.54　锦绣川水库生物多样性指数汇总

　　如图 8.55 所示，垛庄水库浮游植物 Shannon-Wiener 多样性指数范围是 $0.1926 \sim$ 1.2826，平均值为 0.7362；Pielou 均匀度指数范围是 $0.069 \sim 0.5999$，平均值为 0.3059；Margalef 丰富度指数范围是 $1.182 \sim 1.557$，平均值为 1.4223。

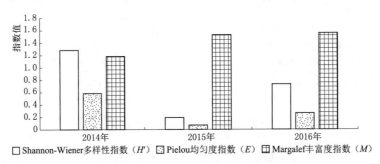

图 8.55　垛庄水库生物多样性指数汇总

　　如图 8.56 所示，东阿水库浮游植物 Shannon-Wiener 多样性指数范围是 $1.1167 \sim$ 1.9921，平均值为 1.6131；Pielou 均匀度指数范围是 $0.423 \sim 0.8963$，平均值为 0.6731；Margalef 丰富度指数范围是 $1.811 \sim 2.3030$，平均值为 2.0373。

　　如图 8.57 所示，钓鱼台水库 2014 年 Shannon-Wiener 多样性指数为 1.809，Pielou 均匀度指数为 0.6147，Margalef 丰富度指数为 2.8729。2015 年 Shannon-Wiener 指数为

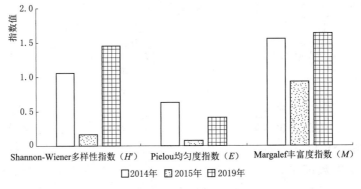

图 8.56　东阿水库生物多样性指数汇总

1.131，Pielou 均匀度指数为 0.4339，Margalef 丰富度指数为 1.547。

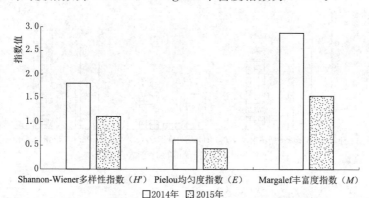

图 8.57　钓鱼台水库浮游植物多样性指数汇总

如图 8.58 所示，杏林水库浮游植物 Shannon-Wiener 多样性指数范围是 1.1139~1.5359，平均值为 1.3344；Pielou 均匀度指数范围是 0.4596~0.5539，平均值为 0.4991；Margalef 丰富度指数范围是 1.2946~2.3027，平均值为 1.9085。杏林水库 2019 年 Margalef 丰富度指数比其他年份比较高。

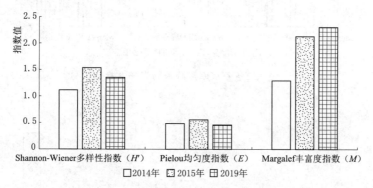

图 8.58　杏林水库浮游植物多样性指数汇总

如图 8.59 所示，杜张水库浮游植物 Shannon-Wiener 多样性指数范围是 0.325~1.900，平均值为 1.2890；Pielou 均匀度指数范围是 0.1357~0.8253，平均值为 0.5134；Margalef 丰富度指数范围是 1.034~2.4218，平均值为 1.8065。

如图 8.60 所示，朱各务水库浮游植物 Shannon-Wiener 多样性指数范围是 0.887~2.2032，平均值为 1.5989；Pielou 均匀度指数范围是 0.2831~0.8866，平均值为 0.5554；Margalef 丰富度指数范围是 2.4631~3.5999，平均值为 2.8489。

如图 8.61 所示，白云湖浮游植物 Shannon-Wiener 多样性指数范围是 0.8087~2.2023，平均值为 1.636；Pielou 均匀度指数范围是 0.3515~0.765，平均值为 0.6002；Margalef 丰富度指数范围是 0.6914~3.5753，平均值为 1.9336。

如图 8.62 所示，大明湖浮游植物 Shannon-Wiener 多样性指数范围是 1.101~2.7430，平均值为 2.0470；Pielou 均匀度指数范围是 0.3511~0.753，平均值为 0.6360；Margalef

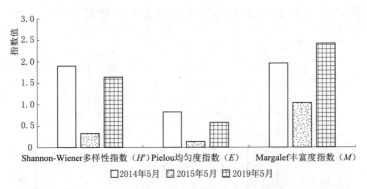

图 8.59　杜张水库浮游植物多样性指数汇总

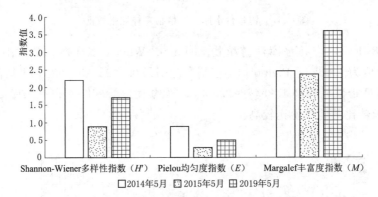

图 8.60　朱各务水库浮游植物多样性指数汇总

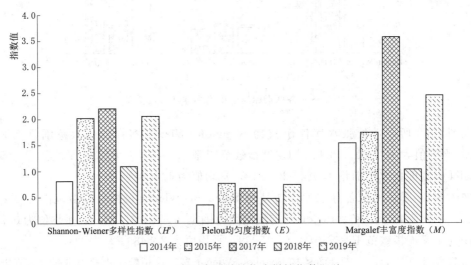

图 8.61　白云湖浮游植物多样性指数汇总

丰富度指数范围是 1.957～5.7588，平均值为 3.4958。

　　根据济南市各湖库历年的多样性指数分析得知，大多数水库的多样性和丰富度均有所提高，但有部分水库比如杜张水库、朱各务水库等，都呈现出了生物多样性降低的情况，

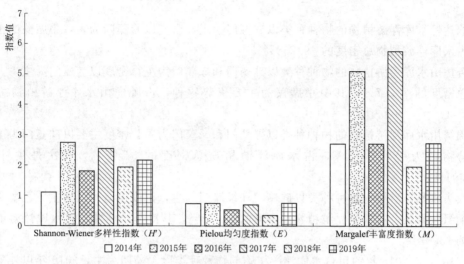

图 8.62　大明湖浮游植物多样性指数汇总

分析原因可能是由于采样时受到人类生产生活影响较大，但大多数水库都呈现好转趋势，并未发现 2014—2019 年生物多样性持续降低的区域。

　　根据生物多样性分析结果（表 8.3）得出：济南市各大水库存在一定的污染，但污染的状态并不是十分严峻，大多属于 α-中污型～β-中污型或 α-中污型～清洁-寡污型。

表 8.3　　　　　　　　　　　　　　　生物多样性评价结果

采样点位	Shannon-Wiener 多样性指数	Pielou 均匀度指数	Margalef 丰富度指数
八达岭水库	β-中污型	β-中污型	α-中污型
卧虎山水库	α-中污型	β-中污型	α-中污型
锦绣川水库	β-中污型	清洁-寡污型	α-中污型
垛庄水库	α-中污型	β-中污型	α-中污型
东阿水库	β-中污型	清洁-寡污型	α-中污型
汇泉水库	β-中污型	清洁-寡污型	α-中污型
崮头水库	β-中污型	清洁-寡污型	β-中污型
钓鱼台水库	β-中污型	清洁-寡污型	α-中污型
杏林水库	β-中污型	β-中污型	α-中污型
崮云湖水库	β-中污型	清洁型	α-中污型
杜张水库	β-中污型	清洁-寡污型	α-中污型
朱各务水库	β-中污型	清洁-寡污型	α-中污型
白云湖	β-中污型	β-中污型	α-中污型
大明湖	β-中污型	清洁-寡污型	β-中污型

　　调查结果显示，2014—2019 年汇泉水库浮游植物的物种种类以硅藻门和绿藻门为主，密度以蓝藻门为主，主要优势物种为银灰平裂藻，占汇泉水库浮游植物总密度

的 22.62%。

八达岭水库浮游植物的物种种类以硅藻门为主，密度以蓝藻门为主，小席藻的密度最大，占水库浮游植物总密度的 49.758%。

卧虎山水库浮游植物的物种种类以硅藻门和绿藻门为主，密度以蓝藻门为主，占浮游植物总密度的 70.57%，其中小席藻为主要优势物种，占卧虎山水库浮游植物总密度的 68.44%。

锦绣川水库浮游植物的物种种类以裸藻门和绿藻门为主，密度主要以硅藻门为主，主要优势物种为肘状针杆藻，占水库浮游植物总密度的 34.75%，其次是尖针杆藻占 25.94%。

崮头水库浮游植物物种种类以硅藻门和绿藻门为主，密度以蓝藻门为主，主要优势物种为铜绿微囊藻，占水库浮游植物总密度的 48.98%，其次是小席藻，占水库浮游植物总密度的 23.07%。

2014 年和 2015 年钓鱼台水库浮游植物的物种种类以绿藻门为主，2016 年以裸藻门为主。钓鱼台水库的浮游植物密度以蓝藻门为主，主要优势物种为小席藻，占水库浮游植物总密度的 63.37%。

杏林水库的物种种类以硅藻门和绿藻门为主，密度以绿藻门为主，主要优势物种为小球藻，占浮游植物总密度的 27.46%。

杜张水库浮游植物的物种种类以硅藻门为主，密度以蓝藻门为主，主要优势物种为小席藻，占浮游植物总密度的 82.27%。

朱各务水库浮游植物的物种种类以硅藻门为主，密度以蓝藻门为主，主要优势物种为小席藻，占浮游植物总密度的 60.30%。

东阿水库浮游植物物种种类以硅藻门和绿藻门为主，密度以硅藻门为主，主要优势物种为弧形短缝藻，占水库浮游植物总密度的 39.98%，其次是蓝藻门的尖尾蓝隐藻，占浮游植物总密度的 24.53%。

白云湖浮游植物的物种种类以绿藻门为主，密度以蓝藻门为主，主要优势物种为银灰平裂藻，占水库浮游植物总密度的 50.32%，其次为优美平裂藻，占浮游植物总密度的 18.24%。

大明湖浮游植物的物种种类以硅藻门为主，密度以蓝藻门为主，主要优势物种为细小平裂藻，占水库浮游植物总密度的 40.42%。

一般认为，金藻门种类占据优势则代表贫营养水体，隐藻门占优势则代表中营养水体，甲藻门占优势代表营养水体，硅藻门占优势代表营养～轻营养水体，硅藻门和绿藻门占优势代表重富营养水体。蓝藻高效吸收和消纳水体中大量的氮、磷及有机物，水体富营养化是引起蓝藻水华的主要原因，当水体内氮磷富集时，蓝藻往往大量暴发。水体富营养化还会产生硅藻水华（多出现于河流），甲藻水华（多出现在鱼塘）以及绿藻水华等，但大多会引起蓝藻水华。硅藻是光合自养真核藻类，可以存活在绝大多数水环境生态条件下，对于水环境条件的变化及其敏感，已经被广泛应用于水体营养状况、水体酸化以及污染物等水质监测问题的研究。其中在水体中氮磷浓度以及氮磷比对于硅藻的种类及丰度有着显著影响。

济南市的水库承担了该市 75％的城市用水，保障市区的工农业生产和生活用水。在水库水体中缺乏高等水生植物和鱼类对浮游植物的抑制作用，并且水库具有周期性蓄水、放水等特点，在短期内浮游植物可能存在大规模的减少或者变动。在自然水体中浮游植物的群落结构受到多方面的因素影响，通常在营养水平低的水体中浮游植物具有更多的物种多样性，卧虎山水库拥有较高的物种数量和营养状态可能是因为卧虎山水库由锦绣川、锦云川、绵阳川三个水库的水源汇合引起的。水库的污染主要来自氨氮含量或者其他有机物，造成这种污染的原因主要是来自农田的含氮农药和化肥，农业化肥的大量使用使得地表径流将大量含磷的污水带入水库，水体中磷元素的提升，水体中溶解性的磷酸盐含量增加，被浮游植物直接吸收利用转化为细胞内磷，从而引起浮游植物生物量的增加。在水库中适量的放养鱼苗是维持水体正常生态系统最有效的办法，在不投饵的条件下，可以根据水体大小和浮游植物的数量进行鱼苗投放，这是控制水库水体中浮游植物大量繁殖的有效途径。

8.1.2 湖库浮游动物水生生物群落结构特征

浮游动物不仅在淡水生态系统的结构组成、物质循环和能量传递种具有重要的作用，对于水环境的变化也十分敏感，利用浮游动物群落结构生态特征综合指标可以评价水质及变化趋势。

1. 湖库浮游动物物种组成

八达岭水库 2014—2019 年共发现浮游动物 12 种，其中轮虫 10 种，以萼花臂尾轮虫为主；枝角类 1 种，为近亲尖额溞；桡足类 1 种，为桡足幼体。其中 2014 年八达岭水库的优势物种为曲腿龟甲轮虫，2015 年为萼花臂尾轮虫，各年浮游动物物种种类数目详见表 8.4。

表 8.4　　　　　　　　　八达岭水库浮游动物物种种类数目年际变化

物种种类	2014 年	2015 年	物种种类	2014 年	2015 年
轮虫	8	2	桡足类	0	1
枝角类	0	1	合计	8	4

崮云湖水库共发现浮游动物 13 种，其中原生动物 3 种；轮虫 4 种，以卵形鞍甲轮虫为主；枝角类 1 种，为微型裸腹溞；桡足类 5 种，优势物种为桡足幼体和汤匙华哲水蚤。崮云湖水库浮游动物整体上则以桡足幼体为主，各年浮游动物物种种类数目详见表 8.5。

表 8.5　　　　　　　　　崮云湖水库浮游动物物种种类数目年际变化

物种种类	2015 年	2019 年	物种种类	2015 年	2019 年
原生动物	0	3	桡足类	5	2
轮虫	1	3	合计	6	9
枝角类	0	1			

杏林水库共发现浮游动物 29 种，其中原生动物 8 种，以游泳钟虫为主；轮虫 18 种，以曲腿龟甲轮虫为主；枝角类 1 种；桡足类 2 种。2014 年杏林水库浮游动物优势物种为游泳幼虫，2019 年则为刺簇多肢轮虫，各年浮游动物物种种类数目详见表 8.6。

卧虎山水库共发现浮游动物 11 种，其中原生动物 1 种，为钟形钟虫；轮虫 9 种，优势物种为曲腿龟甲轮虫；桡足类 1 种，为桡足幼体。2014 年卧虎山水库浮游动物优势物种为曲腿龟轮虫，2015 年优势物种为桡足幼体，2019 年则为螺形龟甲轮虫，各年浮游动物物种种类数目详见表 8.7。

表 8.6　　　　　　　　　　杏林水库浮游动物物种种类数目年际变化

物种种类	2014 年	2019 年	物种种类	2014 年	2019 年
原生动物	7	1	桡足类	2	1
轮虫	14	6	合计	23	9
枝角类	0	1			

表 8.7　　　　　　　　　　卧虎山水库浮游动物物种种类数目年际变化

物种种类	2014 年	2015 年	2019 年	物种种类	2014 年	2015 年	2019 年
原生动物	0	1	1	桡足类	0	1	0
轮虫	4	0	4	合计	4	2	5

锦绣川水库共发现浮游动物 15 种，其中原生动物 2 种，主要以半球法帽虫为主；轮虫 10 种，优势物种为螺形龟甲轮虫和曲腿龟甲轮虫；枝角类 1 种，为长额象鼻溞；桡足类 2 种，以桡足幼体为主。2014 年锦绣川水库浮游动物优势物种为螺形龟甲轮虫，2015 年优势物种为桡足幼体，2019 年则为螺形龟甲轮虫，各年浮游动物物种种类数目详见表 8.8。

表 8.8　　　　　　　　　　锦绣川水库浮游动物物种种类数目年际变化

物种种类	2014 年	2015 年	2019 年	物种种类	2014 年	2015 年	2019 年
原生动物	2	0	0	桡足类	1	1	2
轮虫	7	1	4	合计	10	2	7
枝角类	0	0	1				

东阿水库共发现浮游动物 35 种，其中原生动物 8 种，以法帽虫和盘状表壳虫为主；轮虫 19 种，优势物种为曲腿龟甲轮虫；枝角类 8 种，以点滴尖额溞为主。2014 年东阿水库浮游动物优势物种为曲腿龟甲轮虫，2015 年优势物种为点滴尖额溞，2017 年是长肢多肢轮虫，2018 年为无节幼虫，2019 年则为前节晶囊轮虫，各年浮游动物物种种类数目详见表 8.9。

表 8.9　　　　　　　　　　东阿水库浮游动物物种种类数目年际变化

物种种类	2014 年	2015 年	2017 年	2018 年	2019 年
原生动物	2	5	3	0	0
轮虫	9	3	6	3	6
枝角类	1	3	0	0	0
桡足类	0	1	3	2	2
合计	12	12	12	5	8

杜张水库共发现浮游动物 27 种，其中原生动物 5 种，优势物种为短刺刺胞虫；轮虫 15 种，以萼花臂尾轮虫为主；枝角类 2 种，以近亲尖额溞为主；桡足类 5 种，优势物种为桡足幼体。2014 年杜张水库浮游动物优势物种为短刺刺胞虫，2015 年优势物种为近亲尖额溞和桡足幼体，2019 年则为轴丝光球虫，各年浮游动物物种种类数目详见表 8.10。

表 8.10　　　　　　　　　杜张水库浮游动物物种种类数目年际变化

物种种类	2014 年	2015 年	2019 年	物种种类	2014 年	2015 年	2019 年
原生动物	3	1	1	桡足类	0	4	2
轮虫	10	3	5	合计	13	10	8
枝角类	0	2	0				

朱各务水库共发现浮游动物 29 种，其中原生动物 3 种，轮虫 16 种，以萼花臂尾轮虫为主；枝角类 4 种，优势物种为裸腹溞；桡足类 6 种，以桡足幼体为主。2014 年朱各务水库浮游动物优势物种为曲腿龟甲轮虫，2015 年优势物种为萼花臂尾轮虫，2019 年则为扁平泡轮虫，各年浮游动物物种种类数目详见表 8.11。

表 8.11　　　　　　　　　朱各务水库浮游动物物种种类数目年际变化

物种种类	2014 年	2015 年	2019 年	物种种类	2014 年	2015 年	2019 年
原生动物	2	0	1	桡足类	2	2	1
轮虫	5	3	9	合计	11	7	11
枝角类	2	2	0				

崮头水库共发现浮游动物 10 种，其中轮虫 8 种，以萼花臂尾轮虫和曲腿龟甲轮虫为主；枝角类 1 种，为龟状笔纹溞；桡足类 1 种，为黑龙江棘猛水蚤。2014 年崮头水库浮游动物优势物种为长肢多肢轮虫，2015 年则为裂足臂尾轮虫，各年浮游动物物种种类数目详见表 8.12。

表 8.12　　　　　　　　　崮头水库浮游动物物种种类数目年际变化

物种种类	2014 年	2015 年	物种种类	2014 年	2015 年
原生动物	2	0	桡足类	2	5
轮虫	8	6	合计	13	12
枝角类	1	1			

垛庄水库共发现浮游动物 23 种，其中原生动物 4 种，以法帽虫为主；轮虫 10 种，优势物种为萼花臂尾轮虫、曲腿龟甲轮虫和卜氏晶囊轮虫；枝角类 3 种，优势物种为点滴尖额轮虫；桡足类 4 种，以桡足幼体为主。2014 年垛庄水库浮游动物优势物种为曲腿龟甲轮虫，2015 年则为桡足幼体，2019 年是萼花臂尾轮虫，各年浮游动物物种种类数目详见表 8.13。

表 8.13　　　　　　　　　　　**垛庄水库浮游动物物种种类数目年际变化**

物种种类	2014 年	2015 年	2016 年	物种种类	2014 年	2015 年	2016 年
原生动物	0	3	3	桡足类	1	3	0
轮虫	5	6	5	合计	6	15	9
枝角类	0	3	1				

钓鱼台水库共发现浮游动物 15 种，其中原生动物门 4 种，以杯钟虫为主；轮虫 10 种，优势物种为萼花臂尾轮虫；枝角类 1 种，为肋形尖额溞。2014 年钓鱼台水库浮游动物优势物种为螺形龟甲轮虫，2015 年则是萼花臂尾轮虫，各年浮游动物物种种类数目详见表 8.14。

表 8.14　　　　　　　　　　**钓鱼台水库浮游动物物种种类数目年际变化**

物种种类	2014 年	2015 年	物种种类	2014 年	2015 年
原生动物	2	3	枝角类	0	1
轮虫	9	1	合计	11	5

白云湖共发现浮游动物 18 种，其中原生动物 3 种；轮虫 12 种，以角突臂尾轮虫和螺形臂尾轮虫为主；桡足类 3 种。2014 年白云湖水库浮游动物优势物种为螺形龟甲轮虫，2018 年是角突臂尾轮虫，各年浮游动物物种种类数目详见表 8.15。

表 8.15　　　　　　　　　　　**白云湖浮游动物物种种类数目年际变化**

物种种类	2014 年	2018 年	物种种类	2014 年	2018 年
原生动物	2	1	桡足类	1	1
轮虫	12	3	合计	15	5

大明湖共发现浮游动物 35 种，其中原生动物 9 种，优势物种为砂表壳虫；轮虫 23 种，主要优势物种有裂足臂尾轮虫和萼花臂尾轮虫；枝角类 1 种，桡足类 2 种。2014 年大明湖浮游动物优势物种为卵形彩胃轮虫，2015 年则为裂足臂尾轮虫，2016 年为萼花臂尾轮虫，2017 年为矩形龟甲轮虫，2018 年为前节晶囊轮虫，2019 年为卜氏晶囊轮虫，各年浮游动物物种种类数目详见表 8.16。

表 8.16　　　　　　　　　　　**大明湖浮游动物物种种类数目年际变化**

物种种类	2014 年	2015 年	2016 年	2017 年	2018 年	2019 年
原生动物	0	3	2	0	2	2
轮虫	8	5	6	11	5	8
枝角类	0	0	0	1	0	1
桡足类	0	1	1	2	0	1
合计	8	9	9	14	7	12

按照浮游动物现存量分析，丰度小于 1000 个/L 为贫营养，1000~3000 个/L 为中营养，大于 3000 个/L 为富营养。

对济南市各湖库浮游动物的现存量分析结果见表 8.17，八达岭水库、垛庄水库、东阿水库、杏林水库、杜张水库、朱各务水库、崮头水库的污染水平为中营养、卧虎山水库、锦绣川水库、汇泉水库、崮云湖水库、钓鱼台水库、雪野水库和大明湖、白云湖的污染程度为贫营养，并未出现富营养的水域。

表 8.17   **各湖库浮游动物营养水平汇总**

采样点位	营养水平	采样点位	营养水平
八达岭水库	中营养	钓鱼台水库	贫营养
卧虎山水库	贫营养	杏林水库	中营养
锦绣川水库	贫营养	杜张水库	中营养
垛庄水库	中营养	朱各务水库	中营养
东阿水库	中营养	雪野水库	贫营养
汇泉水库	贫营养	崮头水库	中营养
崮云湖水库	贫营养	白云湖	贫营养
大明湖	贫营养		

水质条件的变化对浮游动物物种组成影响显著。浮游动物对水质变化反应敏感而快速，但不同物种对水污染的敏感性不同：原生动物中冠砂壳虫是清洁水体的指示种，轮虫中螺形龟甲轮虫、角突臂尾轮虫是耐污种，枝角类中长额象鼻溞是富营养指示种。有研究指出优势种随季节也有所变化，春末夏初耐污种比较多，进入夏季之后优势种中出现清洁指示种，秋冬季温度低适合一些耐寒种的生存，如僧帽溞、长多肢轮虫。

根据相关研究得知，多污带的指示种多为蛞蝓变形虫等，α-中污带的指示物种多为角突臂尾轮虫、萼花臂尾轮虫、广布中剑水蚤、喇叭虫、椎尾水轮虫、臂尾水轮虫等，β-中污带的指示物种多为螺形龟甲轮虫、矩形龟甲轮虫、剪形臂尾轮虫、短尾秀体溞、前节晶囊轮虫、腔轮虫、溞状溞、大型溞、卵形鞍甲轮虫等，寡污带的指示物种多为长刺异尾轮虫、舞跃无柄轮虫、二突异尾轮虫、玫瑰旋轮虫、脆弱象鼻溞、短尾秀体溞、镖水蚤等。

由表 8.18 可以看出，济南市各湖库的浮游动物以轮虫为主，优势种为萼花臂尾轮虫、

表 8.18   **各湖库浮游动物优势物种汇总**

采样点位	优 势 物 种	采样点位	优 势 物 种
八达岭水库	萼花臂尾轮虫	钓鱼台水库	萼花臂尾轮虫
卧虎山水库	桡足幼体	杏林水库	游泳钟虫
锦绣川水库	螺形龟甲轮虫	杜张水库	桡足幼体
垛庄水库	萼花臂尾轮虫、卜氏晶囊轮虫	朱各务水库	萼花臂尾轮虫、卜氏晶囊轮虫
东阿水库	桡足幼体	雪野水库	长额象鼻溞
汇泉水库	萼花臂尾轮虫、曲腿龟甲轮虫	崮头水库	萼花臂尾轮虫
崮云湖水库	桡足幼体	白云湖	萼花臂尾轮虫、螺形龟甲轮虫、曲腿龟甲轮虫
大明湖	萼花臂尾轮虫、裂足臂尾轮虫、曲腿龟甲轮虫		

螺形龟甲轮虫、曲腿龟甲轮虫、裂足臂尾轮虫。这些优势常见种多为富营养或中度富营养指示种，而且大多耐污较强，能在低有机质含量比较高、溶解氧浓度较低的环境中生存。其中尊花臂尾轮虫的污染等级为属于 β-α 中污染，裂足臂尾轮虫和螺形臂尾轮虫为 β-中污染，曲腿龟甲轮虫为 α-β 中污染。

2. 湖库浮游动物密度分布

济南市各湖库浮游动物密度如图 8.63～图 8.68 所示。2014 年杏林水库浮游动物密度最高，为 1065 个/L，密度最低的是卧虎山水库和朱各务水库，为 23 个/L。2015 年杜张水库游动物密度最高，为 2000 个/L；密度最低的是锦绣川水库，为 100 个/L。2019 年朱各务水库浮游动物密度最高，为 46.32 个/L；最低的是杏林水库和锦绣川水库，为 2.96 个/L。

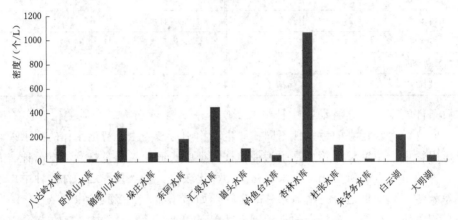

图 8.63　2014 年各湖库浮游动物密度

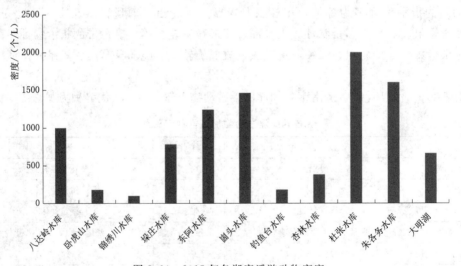

图 8.64　2015 年各湖库浮游动物密度

综合处理近几年的数据得到：济南市湖库浮游动物密度最高的是杜张水库，为 1751.98 个/L；其次是朱各务水库，为 1268.02 个/L；东阿水库的密度为 1172.78 个/L。浮游动物密度最低的是雪野水库，为 6.24 个/L；其次是钓鱼台水库，为 180 个/L，如图 8.69 所示。

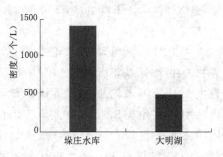

图 8.65　2016 年各湖库浮游动物密度

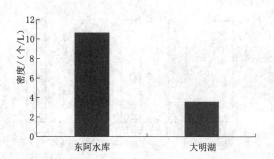

图 8.66　2017 年各湖库浮游动物密度

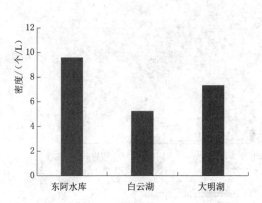

图 8.67　2018 年各湖库浮游动物密度

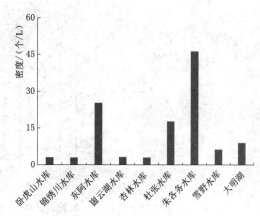

图 8.68　2019 年各湖库浮游动物密度

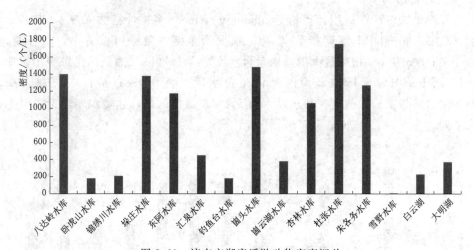

图 8.69　济南市湖库浮游动物密度汇总

东阿水库在 2014 年以轮虫为主，占总浮游动物密度的 97.32%，主要优势物种为曲腿龟甲轮虫，根据指示种指示水库整体为 α - β 中污染。2015 年以枝角类为主，主要优势物种为点滴尖额溞。2017 年以轮虫为主，优势物种为长肢多肢轮虫，它也是富营养水体的指示种。2018—2019 年虽然优势物种还是轮虫，但是密度明显下降，轮虫密度由 2014

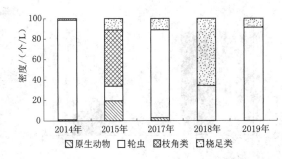

图 8.70　东阿水库浮游动物密度变化

年的 182 个/L，下降为 2019 年的 23.040 个/L。

大明湖的浮游动物以轮虫为主，优势物种主要有萼花臂尾轮虫和卜氏晶囊轮虫，但近年来轮虫密度逐渐降低，原生动物和枝角类密度略微上升。水体整体污染水平已经稳定下降，水质趋于中营养～轻富营养化，水生态质量有所好转，如图 8.71 所示。

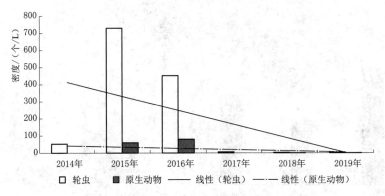

图 8.71　大明湖浮游动物密度变化

3. 湖库浮游动物多样性变化

选用浮游动物多样性通用计算指标 Shannon-Wiener 多样性指数（H'）、Pielou 均匀度指数（E）、Margalef 丰富度指数（M）。根据历年调查数据可以看出，在各湖库中，Shannon-Wiener 多样性指数最大的是钓鱼台水库，为 1.7988；最低的是卧虎山水库，为 0.71835。Pielou 均匀度指数最大的是钓鱼台水库，为 0.958；最低的是白云湖，为 0.3724。丰富度指数最大的是杏林水库，为 5.264；最低的是八达岭水库，为 0.5294；其次是大明湖，为 0.9611，如图 8.72～图 8.74 所示。

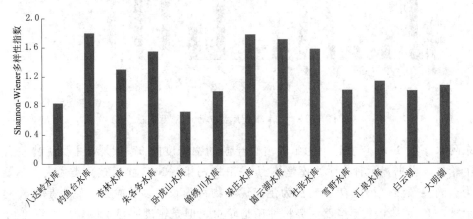

图 8.72　各湖库浮游动物 Shannon-Wiener 多样性指数汇总

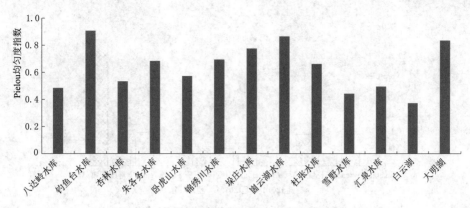

图 8.73　各湖库浮游动物 Pielou 均匀度指数汇总

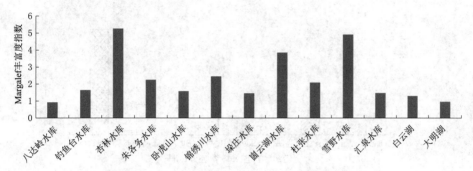

图 8.74　各湖库浮游动物 Margalef 丰富度指数汇总

八达岭水库浮游动物 Shannon-Wiener 多样性指数范围是 0.690~0.9815，平均值为 0.836；Pielou 均匀度指数范围是 0.472~0.498，平均值为 0.485；Margalef 丰富度指数范围是 0.434~1.416，平均值为 0.925，如图 8.75 所示。

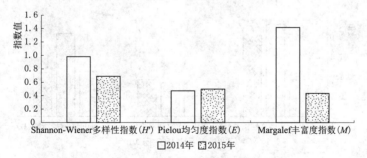

图 8.75　八达岭水库生物多样性年际变化

卧虎山水库 Shannon-Wiener 多样性指数范围是 0.348~0.905，平均值为 0.7183；Pielou 均匀度指数范围是 0.503~0.653，平均值为 0.572；Margalef 丰富度指数范围是 0.1925~3.597，平均值为 1.5823，如图 8.76 所示。

锦绣川水库 Shannon-Wiener 多样性指数范围是 0.6730~1.283，平均值为 0.9986；Pielou 均匀度指数范围是 0.4514~0.9709，平均值为 0.694；Margalef 丰富度指数范围是 0.217~5.5289，平均值为 2.4488，如图 8.77 所示。

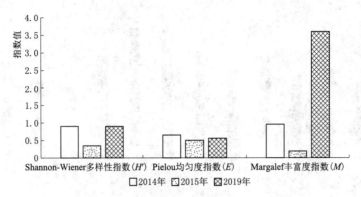

图 8.76　卧虎山水库生物多样性年际变化

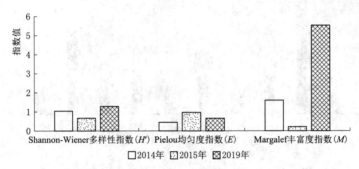

图 8.77　锦绣川水库生物多样性年际变化

　　垛庄水库 Shannon-Wiener 多样性指数范围是 0.937～2.337，平均值为 1.7796；Pielou 均匀度指数范围是 0.523～0.9396，平均值为 0.7752；Margalef 丰富度指数范围是 1.1476～2.1023，平均值为 1.4544，如图 8.78 所示。

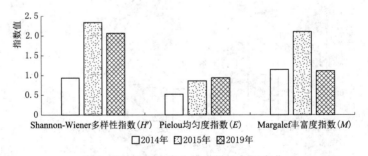

图 8.78　垛庄水库生物多样性年际变化

　　东阿水库 Shannon-Wiener 多样性指数范围是 0.41～2.0427，平均值为 1.1377；Pielou 均匀度指数范围是 0.4045～0.8699，平均值为 0.6534；Margalef 丰富度指数范围是 0.5138～2.1671，平均值为 1.4711，如图 8.79 所示。

　　钓鱼台水库 Shannon-Wiener 多样性指数范围是 1.522～2.075，平均值为 1.798；Pielou 均匀度指数范围是 0.865～0.9426，平均值为 0.9057；Margalef 丰富度指数范围是 0.7702～2.5187，平均值为 1.6444，如图 8.80 所示。

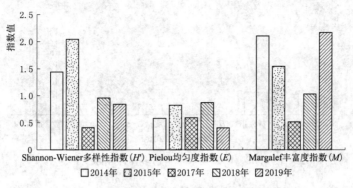

图 8.79　东阿水库生物多样性年际变化

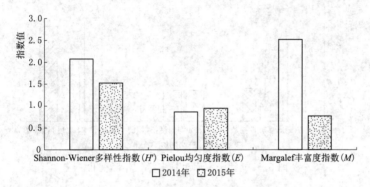

图 8.80　钓鱼台水库生物多样性年际变化

杏林水库 Shannon-Wiener 多样性指数范围是 0.8600～1.7437，平均值为 1.301；Pielou 均匀度指数范围是 0.274～0.7936，平均值为 0.5339；Margalef 丰富度指数范围是 3.156～7.371，平均值为 5.264，如图 8.81 所示。

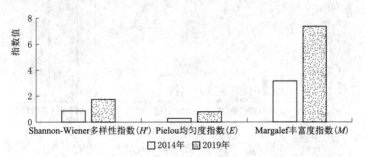

图 8.81　杏林水库生物多样性年际变化

崮云湖水库 Shannon-Wiener 多样性指数范围是 1.6356～1.7912，平均值为 1.7134；Pielou 均匀度指数范围是 0.815～0.912，平均值为 0.864；Margalef 丰富度指数范围是 0.8417～6.8778，平均值为 3.8597，如图 8.82 所示。

杜张水库 Shannon-Wiener 指数范围是 0.835～2.0814，平均值为 1.5809；Pielou 均匀度指数范围是 0.4019～0.7928，平均值为 0.6611；Margalef 丰富度指数范围是

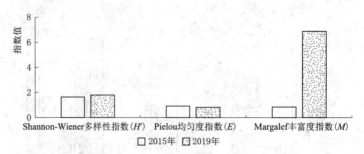

图 8.82　崮云湖水库生物多样性年际变化

1.1840～2.646，平均值为 2.089，如图 8.83 所示。

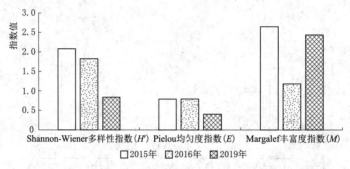

图 8.83　杜张水库生物多样性年际变化

朱各务水库 Shannon-Wiener 多样性指数范围是 0.7253～2.163，平均值为 1.5486；Pielou 均匀度指数范围是 0.3024～0.902，平均值为 0.6832；Margalef 丰富度指数范围是 0.9487～3.1892，平均值为 2.2484，如图 8.84 所示。

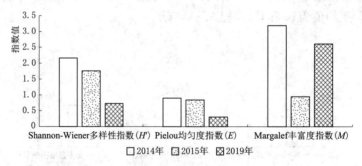

图 8.84　朱各务水库生物多样性年际变化

大明湖 Shannon-Wiener 多样性指数范围是 0.5004～1.572，平均值为 1.0811；Pielou 均匀度指数范围是 0.7219～0.918，平均值为 0.8349；Margalef 丰富度指数范围是 0.5581～1.763，平均值为 0.9611，如图 8.85 所示。

白云湖 Shannon-Wiener 多样性指数范围是 0～2.017，平均值为 1.008；Pielou 均匀度指数范围是 0～0.74，平均值为 0.372；Margalef 丰富度指数范围是 0～2.591，平均值为 1.296。

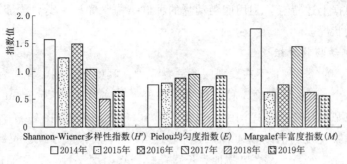

图 8.85　大明湖生物多样性年际变化

根据生物多样性分析结果（表 8.19）得出：济南市各大水库存在一定的污染，但污染的状态并不是十分严峻，大多属于 β-中污型或 β-中污型～清洁-寡污型。

表 8.19　　　　　　　　　济南市浮游动物湖库污染状况汇总

采样点位	Shannon-Wiener 多样性指数	Pielou 均匀度指数	Margalef 丰富度指数
八达岭水库	α-中污型	β-中污型	α-中污型
钓鱼台水库	β-中污型	清洁型	α-中污型
杏林水库	β-中污型	清洁-寡污型	清洁型
朱各务水库	β-中污型	清洁-寡污型	α-中污型
卧虎山水库	α-中污型	清洁-寡污型	α-中污型
锦绣川水库	α-中污型	清洁-寡污型	α-中污型
垛庄水库	β-中污型	清洁-寡污型	α-中污型
崮云湖水库	β-中污型	清洁型	寡污型
杜张水库	β-中污型	清洁-寡污型	寡污型
雪野水库	β-中污型	β-中污型	β-中污型
汇泉水库	β-中污型	β-中污型	α-中污型
白云湖	β-中污型	β-中污型	α-中污型
大明湖	β-中污型	清洁型	α-中污型

8.1.3　湖库底栖动物水生生物群落结构特征

底栖动物是一个庞杂的生态类群，其所包括的种类及其生活方式较浮游动物复杂得多，常见的底栖动物有软体动物门腹足纲的螺和瓣鳃纲的蚌、河蚬等；环节动物门寡毛纲的水丝蚓、尾鳃蚓等，蛭纲的舌蛭、泽蛭等，多毛纲的沙蚕；节肢动物门昆虫纲的摇蚊幼虫、蜻蜓幼虫、蜉蝣目稚虫等，甲壳纲的虾、蟹等；扁形动物门涡虫纲等。

多数底栖动物长期生活在底泥中，具有区域性强，迁移能力弱等特点，对于环境污染及变化通常少有回避能力，其群落的破坏和重建需要相对较长的时间；多数种类个体较大，易于辨认；不同种类底栖动物对环境条件的适应性及对污染等不利因素的耐受力和敏感程度不同。根据上述特点，利用底栖动物的种群结构、优势种类、数量等参量可以确切反映水体的质量状况。

1. 湖库底栖动物物种组成

八达岭水库 2014—2019 年共发现底栖动物 5 种，其中昆虫纲 1 种，为小云多足摇蚊，其密度为 237.5 个/m²；软甲纲 1 种，为秀丽白虾，其密度为 6.25 个/m²；腹足纲 3 种，为铜锈环棱螺、梨形环棱螺和短沟蜷，总密度为 12.5 个/m²，如图 8.86 所示。

卧虎山水库共发现底栖动物 4 种，其中昆虫纲 3 种，为东方蜉、长跗摇蚊和大蚊幼虫，总密度为 544.5 个/m²，优势物种为长跗摇蚊；软甲纲 1 种，为秀丽白虾，其密度为 32 个/m²，如图 8.87 所示。

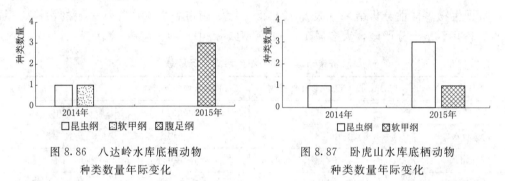

图 8.86 八达岭水库底栖动物
种类数量年际变化

图 8.87 卧虎山水库底栖动物
种类数量年际变化

锦绣川水库共发现底栖动物 6 种，其中昆虫纲 1 种，为溪流摇蚊；软甲纲 2 种，为秀丽白虾和日本沼虾；腹足纲 2 种，为铜锈环棱螺和拟沼螺；寡毛纲 1 种，为克拉伯水丝蚓，如图 8.88 所示。

垛庄水库共发现底栖动物 6 种，其中昆虫纲 1 种，为溪流摇蚊；软甲纲 2 种，为秀丽白虾和日本沼虾；腹足纲 2 种，为大耳萝卜螺和狭萝卜螺；寡毛纲 1 种，为霍甫水丝蚓，如图 8.89 所示。

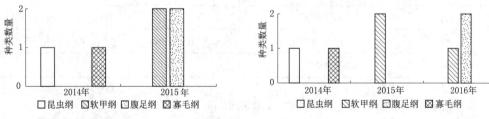

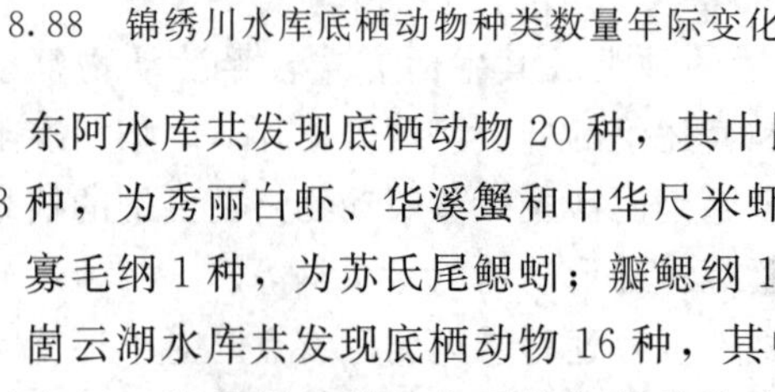

图 8.88 锦绣川水库底栖动物种类数量年际变化 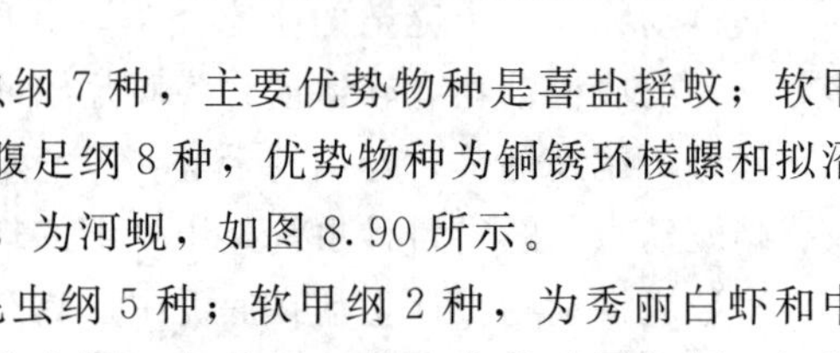　　图 8.89 垛庄水库底栖动物种类数量年际变化

东阿水库共发现底栖动物 20 种，其中昆虫纲 7 种，主要优势物种是喜盐摇蚊；软甲纲 3 种，为秀丽白虾、华溪蟹和中华尺米虾；腹足纲 8 种，优势物种为铜锈环棱螺和拟沼螺；寡毛纲 1 种，为苏氏尾鳃蚓；瓣鳃纲 1 种，为河蚬，如图 8.90 所示。

崮云湖水库共发现底栖动物 16 种，其中昆虫纲 5 种；软甲纲 2 种，为秀丽白虾和中华尺米虾；腹足纲 7 种，主要优势种为大耳萝卜螺；寡毛纲 1 种，为苏氏尾鳃蚓；蛭纲 1 种，为宽体金线蛭，如图 8.91 所示。

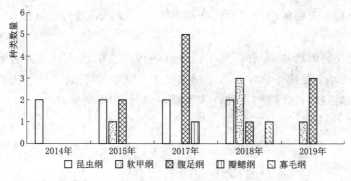

图 8.90　东阿水库底栖动物种类数量年际变化

　　杏林水库共发现底栖动物 11 种，其中昆虫纲 4 种，优势物种为云集多足摇蚊；软甲纲 2 种，为秀丽白虾和日本沼虾；腹足纲 5 种，优势物种为拟沼螺，如图 8.92 所示。

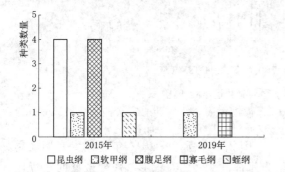

图 8.91　崮云湖水库底栖动物种类数量年际变化　　　　图 8.92　杏林水库底栖动物种类数量年际变化

　　杜张水库共发现底栖动物 16 种，其中昆虫纲 6 种，主要优势物种为梯形多足摇蚊；软甲纲 3 种，为秀丽白虾、克氏原螯虾和中华尺米虾；腹足纲 5 种，主要优势物种为梨形环棱螺；瓣鳃纲 2 种，主要优势物种为梨形环棱螺和梯形多足摇蚊，如图 8.93 所示。

　　朱各务水库共发现底栖动物 12 种，其中昆虫纲 4 种；软甲纲 1 种，为秀丽白虾；腹足纲 7 种，主要优势物种为大耳萝卜螺和豆螺，如图 8.94 所示。

　　崮头水库共发现底栖动物 2 种，其中昆虫纲 1 种，为褐顶赤卒；腹足纲 1 种，为大脐圆扁螺。

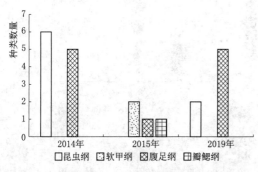

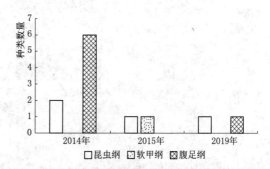

图 8.93　杜张水库底栖动物种类数量年际变化　　　图 8.94　朱各务水库底栖动物种类数量年际变化

钓鱼台水库共发现底栖动物 3 种，全部属于昆虫纲，分别为四节蜉、云集多足摇蚊和梯形多足摇蚊。

大明湖共发现底栖动物 29 种，其中昆虫纲 8 种；软甲纲 2 种，为秀丽白虾和日本沼虾；腹足纲 15 种，主要优势物种为拟沼螺和狭萝卜螺；寡毛纲 3 种，为苏氏尾鳃蚓、霍甫水丝蚓和苏氏尾鳃蚓；瓣鳃纲 1 种，为河蚬，如图 8.95 所示。

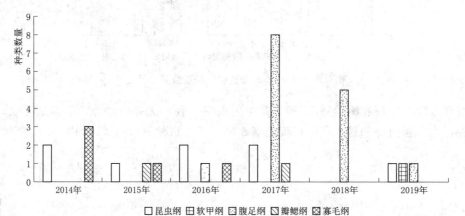

图 8.95 大明湖底栖动物种类数量年际变化

2. 湖库底栖动物密度分布

济南市各湖库底栖动物密度汇总如图 8.96～图 8.102 所示。2014 年各湖库底栖动物平均密度为 1315.909 个/L，密度最高的是汇泉水库，为 4125 个/L；密度最低的是垛庄水库，为 75 个/L。但卧龙山水库只有一种长跗摇蚊，钓鱼台水库只有一种梯形多足摇蚊。2015 年各湖库底栖动物平均密度为 219.125 个/L，密度最高的是崮云湖水库，为 1088 个/L；密度最低的是崮头水库，为 32 个/L。2019 年浮游动物密度最高的是朱各务水库，为 46.32 个/L，密度最低的是杏林水库和锦绣川水库，为 2.96 个/L。

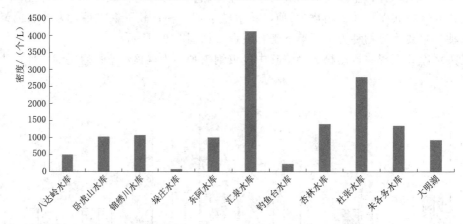

图 8.96 2014 年济南市各湖库底栖动物密度汇总

各水库底栖动物各纲密度占比如图 8.103～图 8.105 所示。2014 年朱各务水库底栖动物密度以腹足纲为主，其他水库基本上都以昆虫纲为主。2015 年钓鱼台水库的底栖动物

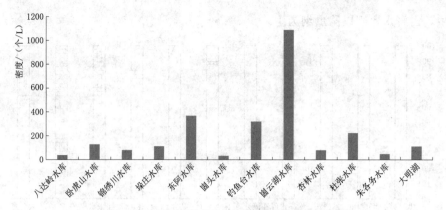

图 8.97　2015 年济南市各湖库底栖动物密度汇总

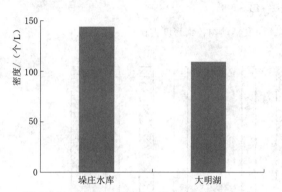

图 8.98　2016 年济南市各湖库底栖动物密度

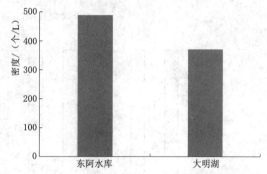

图 8.99　2017 年济南市各湖库底栖动物密度

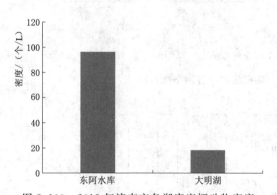

图 8.100　2018 年济南市各湖库底栖动物密度

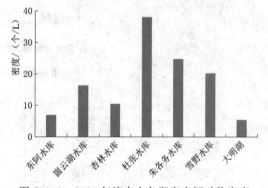

图 8.101　2019 年济南市各湖库底栖动物密度

密度以昆虫纲为主，八达岭水库、锦绣川水库、东阿水库、崮云湖水库、杜张水库以腹足纲为主，大明湖的底栖动物密度以寡毛纲为主，卧虎山水库以昆虫纲和软甲纲为主，杏林水库和垛庄水库以软甲纲为主。2019年东阿水库和大明湖的底栖动物密度以软甲纲和腹足纲为主，崮云湖水库以软甲纲为主，杏林水库、杜张水库、朱各务水库以软

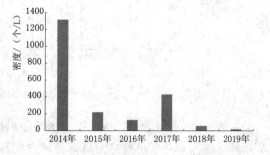

图 8.102　济南市各湖库各年度底栖动物密度汇总

甲纲为主，雪野水库则以昆虫纲为主。

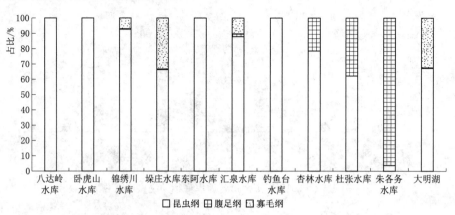

图 8.103　济南市各湖库 2014 年底栖动物各纲密度占比

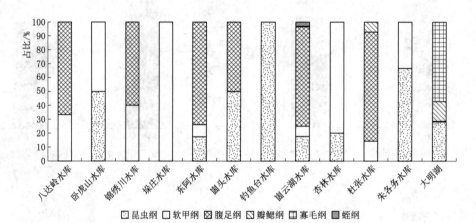

图 8.104　济南市各湖库 2015 年底栖动物各纲密度占比

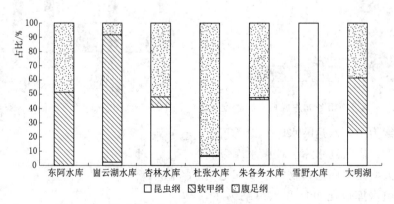

图 8.105　济南市各湖库 2019 年底栖动物各纲密度占比

由表 8.20 可以看出，济南市底栖动物以昆虫纲为主，优势种为摇蚊类、环棱螺以及水丝蚓。这些优势常见种多为富营养或中度富营养指示种，而且大多耐污较强，能在低有机质含量比较高，溶解氧浓度较低的环境中生存。

表 8.20　　　　　　　　济南市各湖库底栖动物优势物种汇总

采样点位	优 势 物 种	采样点位	优 势 物 种
八达岭水库	小云多足摇蚊	钓鱼台水库	梯形多足摇蚊
卧虎山水库	长跗摇蚊	杏林水库	云集多足摇蚊、小云多足摇蚊
锦绣川水库	溪流摇蚊	杜张水库	溪流摇蚊、梨形环棱螺
垛庄水库	狭萝卜螺	朱各务水库	梨形环棱螺、铜锈环棱螺
东阿水库	梨形环棱螺、铜锈环棱螺、拟沼螺	汇泉水库	流长跗摇蚊 A 种
崮云湖水库	梨形环棱螺	大明湖	克拉伯水丝蚓、霍甫水丝蚓

八达岭水库 2014—2019 年共发现底栖动物 5 种，物种种类以腹足纲为主，总密度为 12.5 个/m²。2014 年主要优势物种为小云多足摇蚊，2015 年主要优势物种为秀丽白虾和铜锈环棱螺。2014 年只有昆虫纲物种，为小云多足摇蚊；2015 年有软甲纲和腹足纲，软甲纲的密度为 13 个/L，腹足纲的密度为 25 个/L。

卧虎山水库共发现 4 种，物种种类以昆虫纲为主，总密度为 544.5 个/m²，优势物种为长跗摇蚊。2014 年的底栖动物只有昆虫纲的长跗摇蚊，密度为 1025 个/L；2015 年卧虎山水库新增了软甲纲并且占据了主要优势，优势物种为秀丽白虾。

锦绣川水库共发现 6 种，物种种类以软甲纲和腹足纲为主。2014 年优势物种为溪流摇蚊，2015 年优势物种为拟沼螺，密度为 32 个/L。

垛庄水库共发现底栖动物 6 种，物种种类以软甲纲和腹足纲为主。2014 年发现底栖动物 2 种，分别是昆虫纲的溪流摇蚊和寡毛纲的霍甫水丝蚓，优势物种为溪流摇蚊，密度为 50 个/L；2015 年监测到的物种为软甲纲的秀丽白虾和日本沼虾，优势物种为秀丽白虾，密度为 64 个/L；2016 年监测到的物种为软甲纲的日本沼虾和腹足纲的狭萝卜螺，优势物种为狭萝卜螺，密度为 108 个/L。

东阿水库共发现底栖动物 20 种，物种种类以昆虫纲和腹足纲为主。2014 年底栖动物为昆虫纲的浪突摇蚊和喜盐摇蚊，优势物种为喜盐摇蚊；2015 年底栖动物有 5 种，分别是昆虫纲的溪流摇蚊和褐顶赤卒，软甲纲的秀丽白虾，腹足纲的铜锈环棱螺、梨形环棱螺，优势物种为铜锈环棱螺，密度为 192 个/L；2017 年底栖动物 8 种，分别为溪流摇蚊、若西摇蚊，腹足纲的大耳萝卜螺、梨形环棱螺、拟沼螺、锥螺、豆螺和瓣鳃纲的河蚬，优势物种为拟沼螺，密度是 133.3 个/L；2018 年底栖动物有暗肩哈摇蚊、毛蠓幼虫以及软甲纲的秀丽白虾、中华尺米虾和华溪蟹，腹足纲的梨形环棱螺，优势物种为暗肩哈摇蚊，密度为 26.66 个/L；2019 年底栖动物为软甲纲的秀丽白虾，腹足纲的铜锈环棱螺、短沟蜷，优势物种为秀丽白虾。

汇泉水库共发现底栖动物 5 种，分别为昆虫纲的流长跗摇蚊 A 种和喙隐摇蚊，腹足纲的拟沼螺、短沟蜷和寡毛纲的霍甫水丝蚓。

崮头水库发现 2 种底栖动物，分别为昆虫纲的褐顶赤卒和腹足纲的大脐圆扁螺。

钓鱼台水库共发现底栖动物 3 种，全部属于昆虫纲分别为四节蜉、云集多足摇蚊和梯形多足摇蚊。2014 年仅有一种昆虫纲的梯形多足摇蚊，2015 年发现昆虫纲的四节蜉和云集多足摇蚊。

崮云湖水库共发现底栖动物 16 种，物种种类以昆虫纲和腹足纲为主。2015 年有 10 种底栖动物，主要优势物种为大耳萝卜螺，密度为 640 个/L；2019 年仅有 1 种，为中华尺米虾。

杏林水库共发现底栖动物 11 种，物种种类以昆虫纲和腹足纲为主。2014 年发现底栖动物 5 种，优势物种为云集多足摇蚊，密度为 675 个/L；2015 年发现 5 种，优势物种为秀丽白虾，密度为 48 个/L；2019 年发现 8 种，优势物种为云集多足摇蚊。

朱各务水库共发现底栖动物 12 种，物种种类以腹足纲为主。2014 年优势物种为大耳萝卜螺；2015 年优势物种为溪流摇蚊；2019 年只发现两种底栖动物，分别为小云多足摇蚊和狭萝卜螺。

杜张水库共发现底栖动物 16 种，物种种类以昆虫纲和腹足纲为主。2014 年发现底栖动物 11 种，优势物种为梯形多足摇蚊；2015 年发现底栖动物 4 种，优势物种为梨形环棱螺；2019 年优势物种为梨形环棱螺。

以最为典型的大明湖为例，大明湖的底栖动物以水丝蚓为主，但近年来水丝蚓密度逐渐降低，腹足纲的密度呈现上升趋势。如果有机污染降低水中溶解氧含量（几乎为 0），那么底栖动物的组成几乎全部是颤蚓和水丝蚓，这类生物生活于有机污染物沉积的河底，摄食富有微生物的物质。如果水质有好转，则颤蚓与摇蚊幼虫将共存，其中摇蚊数量可能占优势。污水能改变河流对水生生物的正常食物供给、溶解氧、浑浊度、底居表面及水体化学性质。大明湖的底栖生物由最初的以水丝蚓为主导，逐步达到与其他生物共存，水生态状况有所好转。大明湖底栖动物密度年际变化如图 8.106 所示。

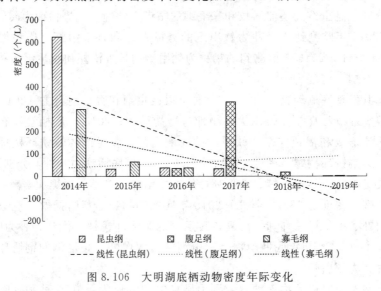

图 8.106　大明湖底栖动物密度年际变化

3. 湖库底栖动物多样性变化

选用底栖动物多样性通用计算指标 Shannon-Wiener 多样性指数（H'）、Pielou 均匀度指数（E）和 Margalef 丰富度指数（M）。在各湖库中，底栖动物 Shannon-Wiener 多样性指数最大的是杜张水库，为 1.3673；其次是大明湖，为 1.2975；最小的是钓鱼台水库，为 0.1625。Pielon 均匀度指数最大的是朱各务水库，为 0.8778；其次是大明湖，为 0.8625；最小的是钓鱼台水库，为 0.2344。Margalef 丰富度指数最大的是大明湖，为 1.127；其次是杜张水库，为 1.0778；最小的是钓鱼台水库，为 0.0866，如图 8.107～图 8.109 所示。

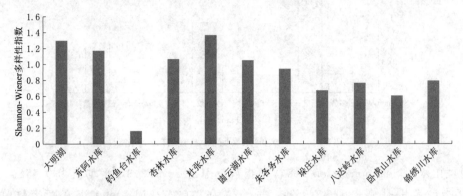

图 8.107　济南市各湖库底栖动物 Shannon-Wiener 多样性指数汇总

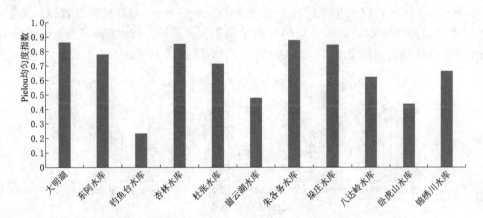

图 8.108　济南市各湖库底栖动物 Pielou 均匀度指数汇总

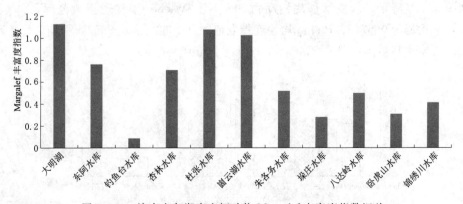

图 8.109　济南市各湖库底栖动物 Margalef 丰富度指数汇总

如图 8.110 所示，八达岭水库底栖动物 Shannon-Wiener 多样性指数范围是 0.1985～1.3296，平均值为 0.764；Pielou 均匀度指数范围是 0.286～0.9591，平均值为 0.622；Margalef 丰富度指数范围是 0.1609～0.837，平均值为 0.499。

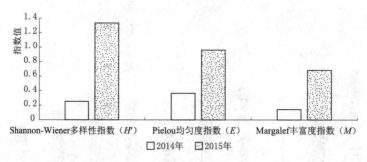

图 8.110　八达岭水库底栖动物多样性变化

卧虎山水库 Shannon-Wiener 多样性指数范围是 0～1.213，平均值为 0.764；Pielou 均匀度指数范围是 0.286～0.9591，平均值为 0.6227；Margalef 丰富度指数范围是 0.169～0.837，平均值为 0.499。

如图 8.111 所示，锦绣川水库底栖动物 Shannon-Wiener 多样性指数范围是 0.253～1.332，平均值为 0.7926；Pielou 均匀度指数范围是 0.3650～0.9609，平均值为 0.663；Margalef 丰富度指数范围是 0.1432～0.6846，平均值为 0.4139。

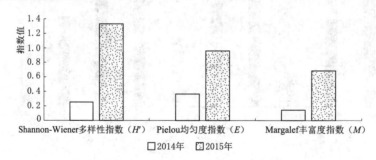

图 8.111　锦绣川水库底栖动物多样性变化

如图 8.112 所示，垛庄水库底栖动物 Shannon-Wiener 多样性指数范围是 0.6365～0.6947，平均值为 0.6713；Pielou 均匀度指数范围是 0.6323～0.9852，平均值为 0.8453；Margalef 丰富度指数范围是 0.2119～0.4024，平均值为 0.2819。

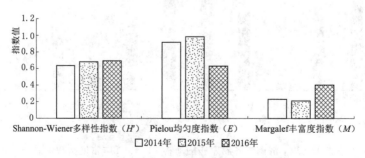

图 8.112　垛庄水库底栖动物多样性变化

如图 8.113 所示，东阿水库底栖动物 Shannon-Wiener 多样性指数范围是 $0.325 \sim 1.843$，平均值为 1.171；Pielou 均匀度指数范围是 $0.468 \sim 0.9466$，平均值为 0.7793；Margalef 丰富度指数范围是 $0.1447 \sim 1.3206$，平均值为 0.76271。

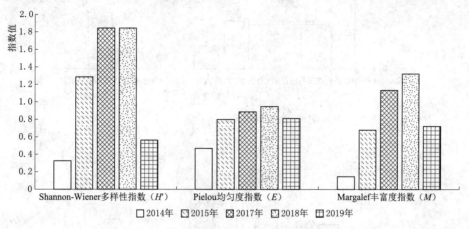

图 8.113　东阿水库底栖动物多样性变化

如图 8.114 所示，钓鱼台水库底栖动物 Shannon-Wiener 多样性指数范围是 $0 \sim 0.325$，平均值为 0.1625；Pielou 均匀度指数范围是 $0 \sim 0.468$，平均值为 0.234；Margalef 丰富度指数范围是 $0 \sim 0.173$，平均值为 0.086。

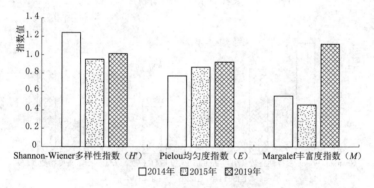

图 8.114　钓鱼台水库底栖动物多样性变化

如图 8.115 所示，崮云湖水库底栖动物 Shannon-Wiener 多样性指数范围是 $0.603 \sim 1.495$，平均值为 1.0491；Pielou 均匀度指数范围是 $0.3099 \sim 0.6493$，平均值为 0.4796；Margalef 丰富度指数范围是 $0.765 \sim 1.287$，平均值为 1.026。

如图 8.116 所示，朱各务水库底栖动物 Shannon-Wiener 多样性指数范围是 $0.6365 \sim 1.499$，平均值为 0.9417；Pielou 均匀度指数范围是 $0.7212 \sim 0.994$，平均值为 0.877；Margalef 丰富度指数范围是 $0.2583 \sim 0.9711$，平均值为 0.5176。

如图 8.117 所示，杜张水库底栖动物 Shannon-Wiener 多样性指数范围是 $0.7549 \sim 1.897$，平均值为 1.3673；Pielou 均匀度指数范围是 $0.5446 \sim 0.8092$，平均值为 0.7149；Margalef 丰富度指数范围是 $0.5543 \sim 1.4178$，平均值为 1.077。

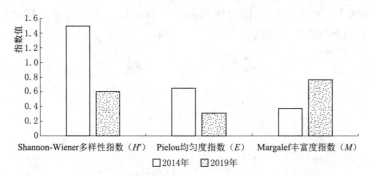

图 8.115　崮云湖水库底栖动物多样性变化

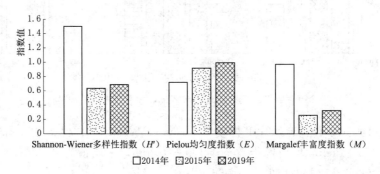

图 8.116　朱各务水库底栖动物多样性变化

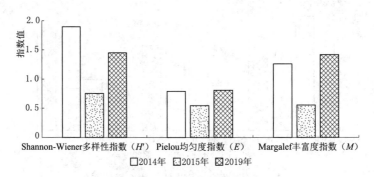

图 8.117　杜张水库底栖动物多样性变化

如图 8.118 所示，杏林水库底栖动物 Shannon-Wiener 多样性指数范围是 0.9502～1.24，平均值为 1.0674；Pielou 均匀度指数范围是 0.77～0.92，平均值为 0.8521；Margalef 丰富度指数范围是 0.4564～1.116，平均值为 0.7082。

如图 8.119 所示，大明湖底栖动物 Shannon-Wiener 多样性指数范围是 0.6931～1.9923，平均值为 1.297；Pielou 均匀度指数范围是 0.6715～1，平均值为 0.8625；Margalef 丰富度指数范围是 0.5856～1.7647，平均值为 1.1277。

根据生物多样性的分析结果（表 8.21）得出：济南市各大水库存在一定的污染，但污染的状态并不是十分严峻，主要是物种丰富度较低，大多属于 β-中污型或 β-中污型～清洁-寡污型。

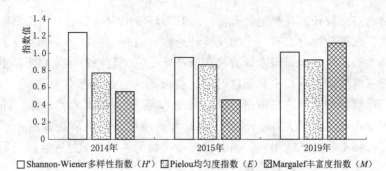

图 8.118　杏林水库底栖动物多样性变化

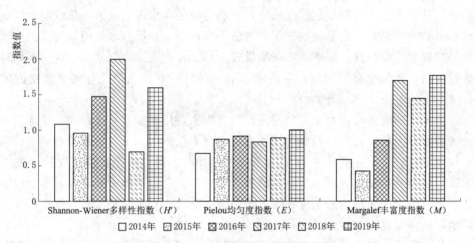

图 8.119　大明湖底栖动物多样性变化

表 8.21　　　　　　　　　　　　济南市湖库生物多样性污染分析

采样点位	Shannon-Wiener 多样性指数	Pielou 均匀度指数	Margalef 丰富度指数
大明湖	β-中污型	清洁型	α-中污型
东阿水库	β-中污型	清洁-寡污型	α-中污型
钓鱼台水库	α-中污型	α-中污型	α-中污型
杏林水库	β-中污型	清洁型	α-中污型
杜张水库	β-中污型	清洁-寡污型	α-中污型
崮云湖水库	β-中污型	β-中污型	α-中污型
朱各务水库	α-中污型	清洁型	α-中污型
垛庄水库	α-中污型	清洁型	α-中污型
八达岭水库	α-中污型	清洁-寡污型	α-中污型
卧虎山水库	α-中污型	β-中污型	α-中污型
锦绣川水库	α-中污型	清洁-寡污型	α-中污型

底栖动物的寿命较长，迁移能力有限，并且对环境的变化敏感，能长期监测有机污染物的慢性排放。底栖动物对有机污染的反应，通常有两种变化：①降低群落多样性，其中许多物种个体数也相对减少，当水体有机污染严重时，少数物种个体数明显增加（即某些特殊指示种逐渐消失，直到极少数能存留，而被前所未有物种所代替）；②当水体有机污染极严重时，出现新的物种（只能适应于重污染），最典型的如蝇类幼虫。如果有机污染降低水中溶解氧含量（几乎为 0），那么底栖动物的组成几乎全部是颤蚓和水丝蚓。这类生物生活于有机污染物沉积的河底，摄食富有微生物的物质。如这时水质有所好转，则颤蚓与摇蚊幼虫将共存，其中摇蚊数量可能占优势。

污水能改变河流对水生生物的正常食物供给、溶解氧、浑浊度及水体化学性质。有些水库的底栖动物密度和水深呈显著正相关，可能是由于在水深的地方光照较弱，以底栖动物为食的鱼类较难觅食，底栖动物获得更多的生存机会，相反在水浅的地方，沉水植物较多，鱼类的捕食活动强烈，底栖动物获取量较少。在春季水库水温开始升温，颤蚓科种类开始大量繁殖，数量会有所增加，在高温季节一部分摇蚊幼虫羽化，底栖动物密度相对减少。

济南市湖库的底栖动物也主要以耐污性种类为主，比如霍普水丝蚓等，这都是湖泊营养化的典型指示物种，济南市湖库的污染主要来自工业废水、生活污水、农业的面源污染和养殖行业等，农牧业主要集中在夏季和秋季，有机肥料、农药、排泄物等大量进入水体，水源污染负荷增加，有沉水植物的水库可以有效地吸收水体中的营养元素。没有沉水植物或者沉水植物面积较少的水库，排入水中的污染物或有机物得不到有效扩散和自净降解，底栖动物密度就会减少。

通常认为当水库沉积物中具有较多的植物碎屑，就会更适宜寡毛类物种的生存，当底质中度植物碎屑增厚，会一定程度上抑制水生植物的生长和繁殖，降低水体的自净作用，水体的溶解氧含量也随之降低，因此一些不耐污的底栖动物存活较少。当水库底下多为淤泥时，氧化较好，则底栖动物的多样性会有增加，沉水植物也会为软体动物特别是腹足纲提供广阔的栖息环境，在维持腹足类动物摄食藻类和植物碎屑生存的同时，还可以净化水质。

因此在加强监管废水排放的同时，湖库还应该适量的增加沉水植物、水生植物的种植，改善水质增加栖息地环境的多样性，为底栖动物提供更多的栖息环境和避难所，增加底栖动物的物种多样性。

8.1.4　湖库水生维管束植物水生生物群落结构特征

1. 湖库水生维管束植物物种组成

济南市湖库区共调查到水生维管束植物 9 种，隶属于 7 科 8 属。眼子菜科（Pota-mogetonaceae）和莎草科（Cyperaceae）植物分别有 2 种，禾本科（Gramineae）、龙胆科（Gentianaceae）、小二仙草科（Haloragidaceae）、苋科（Amaranthaceae）和金鱼藻科（Ceratophyllaceae）植物各 1 种。根据 9 种水生维管束植物的生活方式，将其划分为湿生、浮叶和沉水植物三类，其中沉水植物包括菹草（*Potamogetoncrispus*）、竹叶眼子菜（*P. malaianus*）、穗状狐尾藻（*Myriophyllumspicatum*）和金鱼藻（*Ceratophyllumdem-*

ersum）4 种，湿生植物包括芦苇（*Phragmitesaustralis*）、扁秆藨草（*Scirpusplaniculmis*）、卵穗荸荠（*Heleocharissoloniensis*）和喜旱莲子草（*Alternantheraphiloxeroides*）4 种，浮叶植物仅包括荇菜（*Nymphoidespeltatum*）1 种。

2. 湖库水生维管束植物盖度分布

济南市湖库区水生维管束植物主要分布在崮云湖水库、杜张水库和白云湖。在调查范围内，崮云湖水库的水生植物群落以菹草为主，盖度达 70%；其次是荇菜，盖度为 20%。白云湖的水生植物种类较少，但覆盖度较高，荇菜的盖度高达 92%；其次是扁秆藨草，盖度为 68%；芦苇的盖度最低，为 32%。杜张水库水生植物盖度较低，菹草的盖度最高，为 35%；其次是扁秆藨草，为 16%；其他物种的盖度不高于 5%。

3. 湖库水生维管束植物多样性变化

济南市湖库调查样点中有 3 个点位的水生维管束植物 Margalef 丰富度指数大于 1，见表 8.22。崮云湖水库、杜张水库和白云湖水库的水生维管束植物均具有较高的多样性，其 Margalef 丰富度指数、Simpson 优势度指数、Shannon-Wiener 多样性指数和 Pielou 均匀度指数范围分别是 3～6、0.49～0.62、0.98～1.10 和 0.55～0.93。

表 8.22　　　　　　　　　济南市湖库水生维管束植物多样性变化

序号	样点名称	Margalef 丰富度指数	Simpson 优势度指数	Shannon-Wiener 多样性指数	Pielou 均匀度指数
1	崮云湖水库	6	0.49	0.98	0.55
2	白云湖	3	0.62	1.02	0.93
3	杜张水库	5	0.58	1.10	0.68

注　表中不包括无水生维管束植物生长的样点。

8.1.5　湖库鱼类水生生物群落结构特征

1. 湖库鱼类物种构成

通过汇总近几年的调查数据，发现东阿水库的鱼类密度最高，为 25 条/m³；其次是大明湖，密度为 24 条/m³；最低的是锦绣川水库，密度为 1 条/m³，如图 8.120 所示。

根据近几年的调查结果，八达岭水库共发现 8 种鱼类，其中鲤形目 6 种，鲇形目 1种，以泥鳅为主，见表 8.23。

表 8.23　　　　　　　　　八达岭水库鱼类物种及数量年际变化

日期	鲤科	鳅科	鲇科	塘鳢科	鮨科	鳢科	虾虎鱼科	怪颌鳉科	合鳃鱼科
2014 年 5 月	1								
2014 年 8 月	4	2					1		
2014 年 11 月	3	2	1						
2015 年 5 月	4	2					1		
2015 年 9 月	6	0					1		
2015 年 10 月	5	1					1		

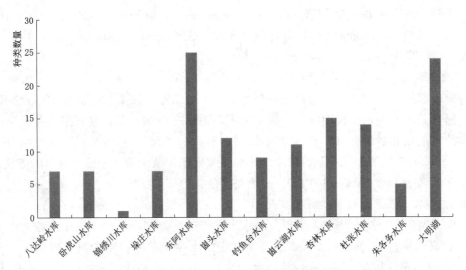

图 8.120　济南市各湖库鱼类种类数量汇总

卧虎山水库 2016 年 9 月发现鲤形目 3 种，鳅科 2 种，虾虎鱼科 1 种，鲇科 1 种。

锦绣川水库共发现鱼类 1 种，为鲤形目，以泥鳅为主。

垛庄水库共发现鱼类 7 种，其中鲤形目 4 种，鲇形目 3 种，以鲫为主，见表 8.24。

表 8.24　　　　　　　　　　垛庄水库鱼类物种及数量年际变化

日期	鲤科	鳅科	鲿科	塘鳢科	鲇科	鳢科	虾虎鱼科	怪颌鳉科	合鳃鱼科
2014 年 5 月	1								
2014 年 8 月	2	1					1	1	
2014 年 11 月	1	1							
2015 年 5 月	3	1					2		
2015 年 9 月	3						1		
2015 年 10 月	2		1				1	1	
2016 年 5 月	3						1		
2016 年 6 月	5	2	1				1		
2016 年 9 月	6	2	1				1		
2016 年 11 月	5	1					1		

东阿水库共发现鱼类 25 种，其中鲤形目 18 种，鲇形目 6 种，合鳃鱼目 1 种，以褐吻虾虎鱼为主，见表 8.25。

表 8.25　　　　　　　　　　东阿水库鱼类物种及数量年际变化

日期	鲤科	鳅科	鲿科	塘鳢科	鲇科	鳢科	虾虎鱼科	怪颌鳉科	合鳃鱼科
2014 年	2		1						
2015 年	4	1					1	1	1

日期	鲤科	鳅科	鲶科	塘鳢科	鲇科	鳢科	虾虎鱼科	怪颌鳉科	合鳃鱼科
2017 年	8					1	1		
2018 年	10					1	2		
2019 年	8	1		1	1		2		

钓鱼台水库共发现鱼类 9 种，其中鲤形目 8 种，鲇形目 1 种，以鲫为主，见表 8.26。

表 8.26　　　　　　　　钓鱼台水库鱼类物种及数量年际变化

日期	鲤科	鳅科	鲶科	塘鳢科	鲇科	鳢科	虾虎鱼科	怪颌鳉科	合鳃鱼科
2014 年 5 月	7	1					1		
2014 年 8 月	3	1					12		
2014 年 11 月		1				1			
2015 年 9 月	3	2		1			1		
2015 年 10 月		1		1			1		
2016 年 9 月	1	1					1		

崮头水库共发现鱼类 12 种，其中鲤形目 8 种，鲇形目 4 种，以鲫为主，见表 8.27。

表 8.27　　　　　　　　崮头水库鱼类物种及数量年际变化

日期	鲤科	鳅科	鲶科	塘鳢科	鲇科	鳢科	虾虎鱼科	怪颌鳉科	合鳃鱼科
2014 年 5 月	4					1	2		
2014 年 8 月	2					1	1		
2014 年 11 月	3					1			
2015 年 5 月	3	1					1		
2016 年 9 月	2					1			

崮云湖水库共发现鱼类 11 种，其中鲤形目 4 种，鲇形目 5 种，颌针鱼目 1 种，合鳃鱼目 1 种，以马口鱼和褐吻虾虎鱼为主，见表 8.28。

表 8.28　　　　　　　　崮云湖水库鱼类物种及数量年际变化

日期	鲤科	鳅科	鲶科	塘鳢科	鲇科	鳢科	虾虎鱼科	怪颌鳉科	合鳃鱼科
2014 年	1								
2015 年	1								
2016 年	2				1				1
2019 年	1	1					2	1	

杏林水库共发现鱼类 15 种，其中鲤形目 11 种，鲇形目 3 种，颌针鱼目 1 种，以鳘为主，见表 8.29。

表 8.29 杏林水库鱼类物种及数量年际变化

日期	鲤科	鳅科	鳝科	塘鳢科	鲇科	鳢科	虾虎鱼科	怪颌鳉科	合鳃鱼科
2014 年	6	1				1	1	1	
2015 年	4	1				1	2		
2016 年	4	1				1			
2019 年	9								

杜张水库共发现鱼类 14 种，其中鲤形目 10 种，鲇形目 3 种，合鳃鱼目 1 种，主要以鳖为主，见表 8.30。

表 8.30 杜张水库鱼类物种及数量年际变化

日期	鲤科	鳅科	鳝科	塘鳢科	鲇科	鳢科	虾虎鱼科	怪颌鳉科	合鳃鱼科
2014 年	6			1			1		
2015 年	4	3					1		
2016 年	4	1							
2019 年	9								

朱各务水库共发现鱼类 5 种，均为鲤形目，主要物种为鳖，见表 8.31。

表 8.31 朱各务水库鱼类物种及数量年际变化

日期	鲤科	鳅科	鳝科	塘鳢科	鲇科	鳢科	虾虎鱼科	怪颌鳉科	合鳃鱼科
2016 年	3								
2019 年	3								

大明湖水库共发现鱼类 15 种，其中鲤科鱼类 8 种，鳅科 2 种，鲇科 1 种，塘鳢科 1 种，虾虎鱼科 3 种，怪颌鳉科 1 种，见表 8.32。

表 8.32 大明湖水库鱼类物种及数量年际变化

日期	鲤科	鳅科	鳝科	塘鳢科	鲇科	鳢科	虾虎鱼科	怪颌鳉科	合鳃鱼科
2014 年 5 月	6	2		1		1	2	1	
2014 年 8 月	4	2				1	1	1	
2014 年 11 月	3	2				1		1	
2019 年 5 月	4	3	1		1		1		

2. 湖库鱼类密布分布

调查结果显示，济南市各湖库的鱼类物种以鲤形目为主，如图 8.121 所示。2014 年崮头水库鱼类密度最高，为 67 条/m³；密度最低的是八达岭水库和垛庄水库。2015 年钓鱼台水库鱼类密度最高，为 296 条/m³；密度最低的是垛庄水库，为 6 条/m³。2016 年卧虎山水库鱼类密度最高，为 263 条/m³；密度最低的是垛庄水库，为 1 条/m³。2017—2018 年只在东阿水库采集到鱼类，密度分别为 48 条/m³ 和 33 条/m³。2019 年杏林水库鱼类密度最高，为 183 条/m³，密度最低的是崮云湖水库，为 19 条/m³，如图 8.122～图 8.125 所示。

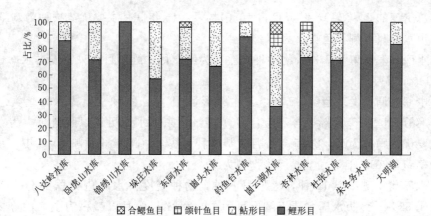

图 8.121　济南市各湖库鱼类物种分布汇总

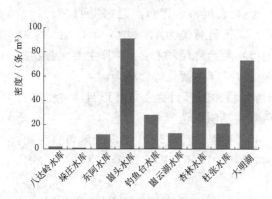

图 8.122　2014 年济南市各湖库鱼类密度

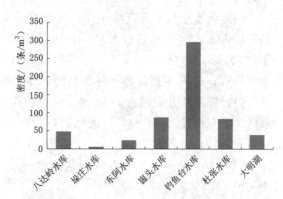

图 8.123　2015 年济南市各湖库鱼类密度

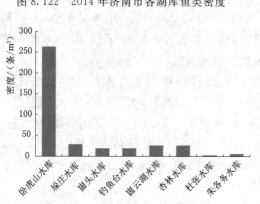

图 8.124　2016 年济南市各湖库鱼类密度

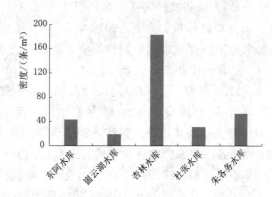

图 8.125　2019 年济南市各湖库鱼类密度

　　八达岭水库共发现鱼类 8 种，鲤形目 6 种，鲤形目物种密度占水库鱼类总密度的 98.04％。2014 年 5 月只有棒花鱼一种，2014 年 8 月以鲤科鱼类为主，优势物种为鲫，11 月则以鳅科鱼类为主，优势物种为大鳞副泥鳅和泥鳅。2015 年 5 月以鲤科为主，5 月和 9 月的优势物种为鲫，10 月的优势物种为棒花鱼。

　　卧虎山水库以鳅科为主，鳅科物种密度占鱼类总密度的 49.39％，鲤形目物种密度占水库鱼类总密度的 24.42%，鲇形目占 16.01%，2016 年 9 月主要优势物种为刺鳅。

锦绣川水库只有鲤科鱼类，为鲫。

垛庄水库共发现鱼类 7 种，物种种类主要为鲤形目，鲤形目物种密度占水库鱼类总密度的 87.33%，鲇形目占 12.66%。

东阿水库共调查发现鱼类 25 种，其中鲤形目 18 种，物种密度占水库鱼类总密度的 84.24%，鲇形目占 15.38%，合鳃鱼目占 0.37%。东阿水库历年以鲤科鱼类为主，2014 年 5 月主要优势物种为鲫，2015 年 5 月优势物种为鳘，2017 年 6 月和 2018 年 5 月主要优势物种为草鱼，2019 年 5 月主要优势物种为鲫。

崮头水库共发现鱼类 12 种，鲤形目 8 种，物种密度占水库鱼类总密度的 98.38%，鲇形目占 1.62%。崮头水库主要以鲤形目为主，2014 年 5 月以鳢科为主，优势物种为乌鳢；2014 年 8 月和 11 月、2015 年和 2016 年则以鲤科鱼类为主，2014 年 8 月主要优势物种为鲫，11 月为鲤，2015 年 5 月和 2016 年 9 月主要优势物种为鲫。

钓鱼台水库共发现鱼类 9 种，鲤形目 8 种，物种密度占水库鱼类总密度的 97.85%，鲇形目占 2.15%。钓鱼台水库 2014 年 5 月和 8 月以鲤科鱼类为主，2014 年 11 月、2015 年和 2016 年则以鳅科为主。2014 年 5 月主要优势物种为红鳍鲌和鳘，8 月主要优势物种为鲢和鲫，11 月主要优势物种为乌鳢，2015 年和 2016 年主要优势物种为泥鳅。

崮云湖水库共发现鱼类 11 种，物种种类以鲤形目和鲇形目为主，鲤形目物种密度占水库鱼类总密度的 62.92%，优势物为马口鱼和褐吻鰕虎鱼，鲇形目占 32.58%，合鳃鱼目和颌针鱼目各占 2.247%。2014 年和 2015 年只有鲤科目，2016 年以合鳃鱼科为主，2019 年以鲇科为主。2014 年主要优势物种为马口鱼，2015 年为鲫，2016 年为黄鳝，2018 年为鲇。

杏林水库共发现鱼类 15 种，鲤形目 11 种，鲤形目物种密度占水库鱼类总密度的 90.83%，优势物种为鳘。鲇形目占 6.878%，颌针鱼目占 2.48%。杏林水库 2014 年和 2015 年以鳢科鱼类为主，2016 年和 2019 年则以鲤科鱼类为主，2014 年和 2015 年以乌鳢为主。2016 年主要优势物种为鲫，2019 年主要优势物种为鳘。

杜张水库共发现鱼类 14 种，鲤形目 10 种，鲤形目物种密度占水库鱼类总密度的 78.91%，以鳘为主。鲇形目占 16.21%，合鳃鱼目占 4.8657%。2014 年以鲤科鱼类为主，2015 年和 2016 年则是鳅科为主，2019 年只有鲤科鱼类。2014 年主要优势物种为鳘，2015 年主要优势物种为黄鳝，2016 年只有 1 种泥鳅，2019 年优势物种也为鳘。

朱各庄水库的物种种类均为鲤形目，主要物种为鳘，2016 年有鲫、麦穗鱼和鳘，主要优势物种为鲫；2019 年有鲢鱼和鳘，主要优势物种为鲢。

大明湖共发现鱼类 24 种，其中鲤形目 20 种，鲤形目物种密度占总水库鱼类密度的 76.88%，优势物种为兴凯鱊、鳘和黄颡鱼。大明湖 2014 年 5 月以鳅科为主，8 月和 11 月以鲤科为主，2019 年以鲤科鱼类为主。2014 年 5 月主要优势物种为泥鳅，2014 年 8 月和 11 月主要优势物种为鲫，2019 年主要优势物种为鲫。

3. 湖库鱼类多样性变化

选用生物多样性通用计算指标 Shannon-Wiener 多样性指数（H'）、Pielou 均匀度指数（E）和 Margalef 丰富度指数（M）。在各湖库中，鱼类 Shannon-Wiener 多样性指数最大的是大明湖，为 1.796；最低的是崮云湖水库，为 0.7225；其次是朱各务水库，为 0.797。Pielou 均匀度指数最大的是钓鱼台水库，为 0.87；其次是朱各务水库，为 0.7225；最低的是崮云湖水库，为 0.4222。Margalef 丰富度指数最大的是大明湖，为 1.8114；最低的是朱各务水库，为 0.4309；其次是崮云湖水库，为 0.5791，如图 8.126～图 8.128 所示。

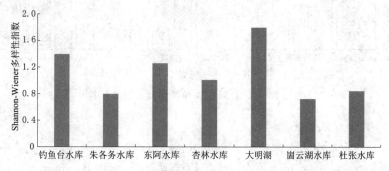

图 8.126　各湖库鱼类 Shannon-Wiener 多样性指数汇总

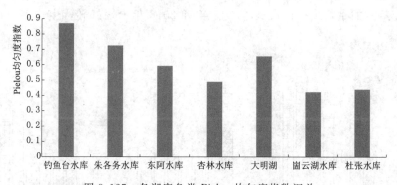

图 8.127　各湖库鱼类 Pielou 均匀度指数汇总

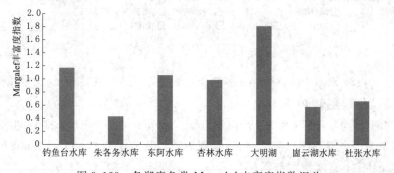

图 8.128　各湖库鱼类 Margalef 丰富度指数汇总

如图 8.129 所示，八达岭水库鱼类 Shannon-Wiener 多样性指数范围是 0～1.778，其中历年 5 月的 Shannon-Wiener 多样性指数范围是 0～1.4123；Pielou 均匀度指数范围是 0～0.855，历年 5 月的 Pielou 均匀度指数范围是 0～0.725；Margalef 丰富度指数范围是 0～1.305，历年 5 月的 Margalef 丰富度指数范围是 0～0.9085。生物多样性在 2015 年 10

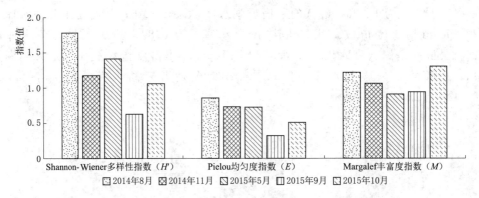

图 8.129　八达岭水库鱼类年际生物多样性

月最高，在 2015 年 9 月最低。

　　如图 8.130 所示，垛庄水库鱼类 Shannon-Wiener 多样性指数范围是 0～1.7828，历年 5 月的范围是 0～1.244；Pielou 均匀度指数范围是 0～0.9931，历年 5 月的范围是 0～0.8979，Margalef 丰富度指数范围是 0～1.1302，历年 5 月的范围是 0～0.4519。垛庄水库在 2014 年 5 月的生物多样性最低，2015 年和 2016 年出现好转，生物多样性呈逐年上升趋势。

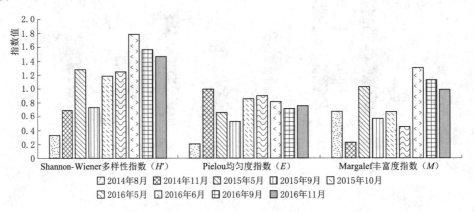

图 8.130　垛庄水库鱼类年际生物多样性

　　卧虎山水库鱼类 Shannon-Wiener 多样性指数是 1.7252，Pielou 均匀度指数是 0.886，Margalef 丰富度指数是 1.4075。

　　如图 8.131 所示，东阿水库历年 5 月鱼类 Shannon-Wiener 多样性指数范围是 0.556～1.5789，平均值为 1.2578；Pielou 均匀度指数范围是 0.5067～0.6354，平均值为 0.5922；Margalef 丰富度指数范围是 0.2789～1.5464，平均值为 1.0591。

　　如图 8.132 所示，崮头水库鱼类 Shannon-Wiener 多样性指数范围是 0.3104～0.9196，平均值为 0.6206，历年 5 月的范围是 0.3104～0.5705；Pielou 均匀度指数范围是 0.1929～0.6924，平均值为 0.44，历年 5 月的范围是 0.192～0.2931；Margalef 丰富度指数范围是 0.3635～0.7887，平均值为 0.5207，历年 5 月的范围是 0.4748～0.7887。崮头水库的生物多样性在 2015 年 5 月最低，在 2014 年 8 月最高。

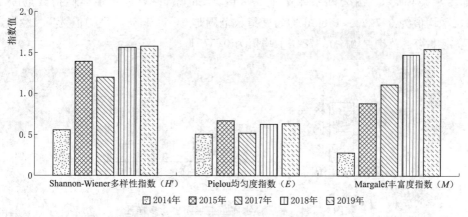

图 8.131　东阿水库鱼类年际生物多样性

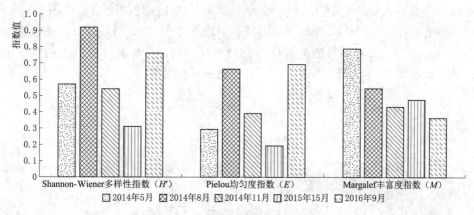

图 8.132　崮头水库鱼类年际生物多样性

如图 8.133 所示，杏林水库历年 5 月鱼类 Shannon-Wiener 多样性指数范围是 0.5128～1.6957，平均值为 1.0077；Pielou 均匀度指数范围是 0.2227～0.7717，平均值为 0.4895；Margalef 丰富度指数范围是 0.8599～1.134，平均值为 0.9863。

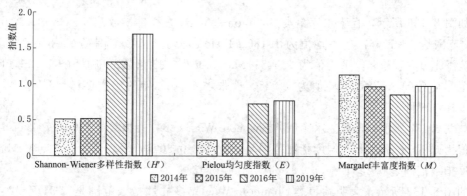

图 8.133　杏林水库鱼类年际生物多样性

如图 8.134 所示，崮云湖水库历年 5 月鱼类 Shannon-Wiener 多样性指数范围是 0～1.266，平均值为 0.7225；Pielou 均匀度指数范围是 0～0.7068，平均值为 0.4222；Margalef 丰富度指数范围是 0～0.978，平均值为 0.5791。

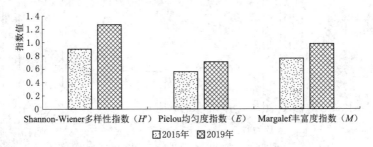

图 8.134　崮云湖水库鱼类年际生物多样性

如图 8.135 所示，钓鱼台水库鱼类 Shannon-Wiener 多样性指数范围是 0.541～1.753，历年 5 月的范围是 1.03～1.753，平均值为 1.0133；Pielou 均匀度指数范围是 0.4702～0.9418，历年 5 月的范围是 0.7982～0.9418，平均值为 0.667；Margalef 丰富度指数范围是 0.1403～1.7734，历年 5 月的范围是 0.5671～1.7734，平均值为 0.75。钓鱼台水库生物多样性最高在 2014 年 5 月，2014 年 11 月生物多样性最低。

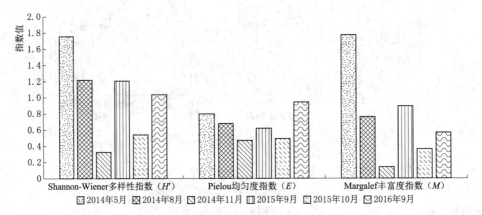

图 8.135　钓鱼台水库鱼类年际生物多样性

如图 8.136 所示，杜张水库鱼类 Shannon-Wiener 多样性指数范围是 0～1.731，历年 5 月的范围是 0～1.6874，平均值为 1.185；Pielou 均匀度指数范围是 0～8.091，历年 5 月的范围是 0～0.7955，平均值为 0.625；Margalef 丰富度指数范围是 0～1.656，历年 5 月的范围是 0～1.2528，平均值为 1.025。杜张水库 2014 年的生物多样性最高，2019 年生物多样性较低。

如图 8.137 所示，朱各务水库鱼类 Shannon-Wiener 多样性指数范围是 0.7069～0.8872，平均值为 0.797；Pielou 均匀度指数范围是 0.6434～0.8075，平均值为 0.7255；Margalef 丰富度指数范围是 0.2551～0.6068，平均值为 0.43。

如图 8.138 所示，大明湖鱼类 Shannon-Wiener 多样性指数范围是 1.3477～2.2457，平均值为 1.796；Pielou 均匀度指数范围是 0.585～0.7265，平均值为 0.655；Margalef

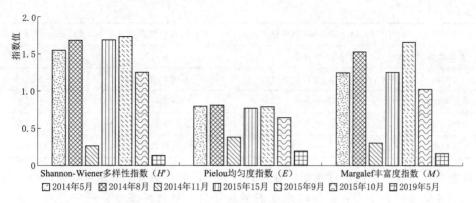

图 8.136　杜张水库鱼类年际生物多样性

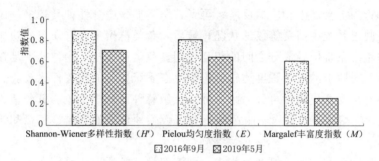

图 8.137　朱各务水库鱼类年际生物多样性

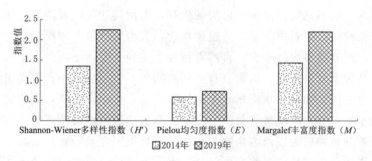

图 8.138　大明湖鱼类年际生物多样性

丰富度指数范围是 1.4288～2.1940，平均值为 1.81145。

根据生物多样性分析结果（表 8.33）得出：济南市各大水库存在一定的污染，但污染的状态并不是十分严峻，大多属于 β-中污型或 β-中污型～清洁寡-污型。

表 8.33　　　　　　　　　　济南市湖库鱼类生物多样性污染分析

采样点位	Shannon-Wiener 多样性指数	Pielou 均匀度指数	Margalef 丰富度指数
钓鱼台水库	β-中污型	α-中污型	α-中污型
朱各务水库	α-中污型	β-中污型	α-中污型
东阿水库	β-中污型	β-中污型	α-中污型

续表

采样点位	Shannon-Wiener 多样性指数	Pielou 均匀度指数	Margalef 丰富度指数
杏林水库	β-中污型	清洁-寡污型	α-中污型
大明湖	β-中污型	α-中污型	α-中污型
崮云湖水库	α-中污型	清洁-寡污型	α-中污型
杜张水库	α-中污型	清洁-寡污型	α-中污型
八达岭水库	β-中污型	清洁-寡污型	α-中污型

　　鱼类作为指示物种的优点在于：首先其分布广，能在绝大多数水生态系统中生存，可以反映流域尺度较为全面和详细的水生态系统信息，且其形态特征明显，易于鉴定；其次，大多数鱼类生活史较长，对各方面的压力敏感，当水体特征发生改变时，鱼类个体在形态、生理和行为上会产生相应的反应；再者，鱼类群聚中食性种类较多，彼此之间构成食物网，可反映出系统中消费等级的状况；最后，鱼类群聚中含有众多的功能共位群，可以综合反映水生态系统中各成分之间的相互作用。鱼类作为指示物种的不足在于：具有很强的移动能力，对胁迫的耐受程度比较低，与生态系统变化的相关性比较弱。根据鱼类对水体环境的容忍耐受适应程度可分为耐污种以及敏感种。其中草鱼、黄颡鱼、鲇、鳅、纹缟虾虎鱼、鳖、红鳍鲌等大都属于耐污种鱼类，敏感种鱼类如青鳉、清徐胡鮈在采样点中出现的极少。

　　济南市湖库的鱼类主要以鲤形目为主，湖泊定性鱼类所占比重较大，并且形成了较为稳定的优势种群，而喜流水型的鱼类在济南湖库中发现较少，原因可能是在水库建成之后，水库的静水环境不利于喜流水性鱼类的生存，迫使其迁徙或者消失。湖库的鱼类群落区域小型化、低龄化主要是由于常年的过度捕捞，大型经济鱼类种群衰退，难以发育成大型性成熟个体，产卵数量大幅减少，自然繁殖能力受到人类活动的严重威胁。而小型鱼类在大型经济鱼类种群衰退期间，依靠自身成熟时间短，繁殖成活率高等先天优势在短时间内成为种间竞争的优势物种。水库相较于河流等其他水生生态系统，会有更多大量的有机物质积存，为水库中的浮游动植物提供了充足的营养物质，能够使浮游生物更好的生存和繁殖，这些浮游动植物就为以浮游生物为食的鱼类提供了充足的食物来源，使得这部分鱼类无论是在数量还是种群结构上都发展较好。水库蓄水后，原来流动的水体逐渐缓慢或者彻底变为静水水域，为鲤亚科这些喜缓流敞水的鱼类提供了适宜的生存环境。与此同时水库的修建为网箱养鱼提供了便利条件，有利于渔获量的增加。由于大坝的阻挡，洄游性鱼类和喜急流环境的鱼类逐渐消失。水库鱼类资源的恢复与保护，在限定捕捞强度的同时，合理地开展人工增殖和放流，对于已经消失或者种群数量稀少的重要经济鱼类采用人工繁殖和放流，使其种类和数量得到恢复。

8.1.6　湖库河岸带植被水生生物群落结构特征

1. 湖库河岸带植被物种组成

　　济南市湖库区调查到河岸带植物共 20 种，隶属于 14 科 17 属。禾本科和蓼科（Polygonaceae）植物分别有 3 种，毛茛科（Ranunculaceae）和十字花科（Cruciferae）植物分别有 2 种，灯心草科（Juncaceae）、菊科（Compositae）、藜科（Chenopodiaceae）、龙胆科（Gentianaceae）、蔷薇科（Rosaceae）、伞形科（Umbelliferae）、莎草科、天南星科（Araceae）、香蒲科（Typhaceae）和玄参科（Scrophulariaceae）植物各 1 种。根据 9 种水生植物的生活方式，将其划分为湿生、水生和中生植物三类，其中湿生植物种类最多，共 12 种，如灯心草（Juncus effusus）、芦苇、茵草（Beckmannia syzigachne）、萹蓄（Polygonum aviculare）、茴茴蒜（Ranunculus chinensis）和沼生蔊菜（Rorippa islandica）等，占全部河岸带植物的 60%；其次是中生植物，共 6 种，包括狗牙根（Cynodon dactylon）、鬼针草（Bidens pilosa）、藜（Chenopodium album）、齿果酸模（Rumex dentatus）、朝天委陵菜（Potentilla supina）和野胡萝卜（Daucus carota），占全部河岸带植物的 30%；水生植物种类最少，仅有 2 种，分别是荇菜和狭叶香蒲（Typha angustifolia）。

2. 湖库河岸带植被盖度分布

济南市湖库区河岸带植被高度空间差异较大。卧虎山水库、崮云湖水库、雪野水库河岸硬化，无或有极少自然植被生长。大明湖和华山湖周边有人工栽培植物，如柳树、芦苇和草坪草。东阿水库下游两岸密布杨树，林下植物物种丰富，但盖度较低，水苦荬的盖度最高，为 15%；其次是菖蒲（Acoruscalamus），盖度为 7%；其他植物的盖度均不高于 5%。白云湖下游河岸带植被盖度较高，达 90% 以上，其中芦苇盖度最高，达 72%；其次是狗牙根，盖度为 36%；朝天委陵菜、扁秆藨草和齿果酸模的盖度分别为 18%、15% 和 12%。杏林水库部分河岸硬化，未硬化河岸带植被盖度较低，约 10%。朱各务水库河岸带植被以狗牙根为优势群落，盖度高达 85%；杜张水库两岸分布有杨树林，林下植物盖度较低，不高于 10%。

3. 湖库河岸带植被多样性变化

济南市湖库河岸带调查样点中有 3 个点位的河岸带植被的 Margalef 丰富度指数大于 1，朱各务水库仅调查到 1 种河岸带植物。东阿水库、杏林水库和白云湖河岸带均具有较高的植物多样性，其中东阿水库的多样性最高，其 Margalef 丰富度指数、Simpson 优势度指数、Shannon-Wiener 多样性指数和 Pielou 均匀度指数分别是 9、0.83、1.97 和 0.90。杏林水库的多样性较低，其 Margalef 丰富度指数、Simpson 优势度指数、Shannon-Wiener 多样性指数和 Pielou 均匀度指数分别是 5、0.74、1.45 和 0.90，见表 8.34。

表 8.34　　　　　　　　　济南市湖库河岸带植被多样性变化

序号	样点名称	Margalef 丰富度	Simpson 优势度指数	Shannon-Wiener 多样性指数	Pielou 均匀度指数
1	东阿水库	9	0.83	1.97	0.90
2	白云湖	9	0.76	1.67	0.76
3	杏林水库	5	0.74	1.45	0.90
4	朱各务水库	1	—	—	—

注　表中不包括无河岸带植物生长的样点。

8.2　湿地水生生物群落结构特征

8.2.1　湿地浮游植物水生生物群落结构特征

1. 湿地浮游植物物种组成

济西湿地 2016 年共发现浮游植物 10 种，分别为硅藻门的小环藻、梅尼小环藻、舟行藻、肘状针杆藻、扁圆卵形藻，总密度为 79.77 万个/L；绿藻门有角星鼓藻和针形纤维藻 2 种，总密度为 8.76 万个/L；隐藻门只有卵形隐藻 1 种，密度为 66.63 万个/L；蓝藻门有微小色球藻和小席藻 2 种，总密度为 313.847 万个/L。2017 年济西湿地共发现浮游植物 33 种，分别为硅藻门 10 种，总密度为 129.79 万个/L；绿藻门 14 种，总密度为 51.285 万个/L；裸藻门 3 种，总密度为 3.419 万个/L；蓝藻门 3 种，总密度 111.775 万个/L；甲藻门 1 种，为薄甲藻，其密度为 2.104 万个/L；金藻门 1 种，为分歧锥囊藻，其密度为 16.306 万个/L；黄藻门 1 种，为小型黄丝藻，其密度为 29.456 万个/L。2018 年济西湿地共发现浮游植物 14 种，分别为硅藻门 6 种，总密度为 17.368 万个/L；绿藻门 3 种，总密度为 25.489 万个/L；裸藻门 4 种，总密度为 5.2631 万个/L；蓝藻门 1 种，为小颤藻，密度为 21.57 万个/L。2019 年济西湿地共发现浮游植物 26 种，分别为硅藻门 8 种，总密度为 690.637 万个/L；绿藻门 10 种，总密度为 633.785 万个/L；裸藻门 3 种，总密度为 16.844 万个/L；隐藻门 2 种，总密度为 16.844 万个/L；蓝藻门 1 种，为小席藻，密度为 281.097 万个/L；甲藻门 1 种，为多甲藻，密度为 7.37 万个/L；金藻门 1 种，为锥囊藻，密度为 7.36 万个/L。

五龙潭共发现浮游植物种类 9 种，其中硅藻门 5 种，分别为瞳孔舟行藻、缢缩异极藻、肘状针杆藻、胡斯特桥弯藻和透明双肋藻，总密度为 47.36 万个/L；绿藻门 4 种，分别为双对栅藻、斜生栅藻、针状蓝纤维藻和小球藻，总密度为 47.3679 万个/L。

玫瑰湖湿地共发现浮游植物 11 种，其中硅藻门 14 种，总密度为 1510.768 万个/L；绿藻门 8 种，总密度为 78.96 万个/L；蓝藻门 2 种，分别为优美平裂藻和小席藻，总密度为 26.32 万个/L；金藻门 1 种，为锥囊藻，总密度为 89.48 万个/L。

济南市湿地浮游植物的优势物种以硅藻门和绿藻门为主，其次是蓝藻门，见表 8.35。济南市湿地水体呈现轻中度营养化水平。

表 8.35　　　　　　　　　　　济南市湿地主要优势物种

采样时间	济西湿地	五龙潭	玫瑰湖湿地
2016 年	小席藻		
2017 年	细小平裂藻		
2018 年	小颤藻	透明双肋藻	
2019 年	小球藻		科曼小环藻

2. 湿地浮游植物多样性变化

选用浮游植物多样性通用计算指标 Shannon-Wiener 多样性指数（H'）、Pielou 均匀度指数（E）和 Margalef 丰富度指数（M）。济南市各湿地浮游植物生物多样性指数和污染分析分别见表 8.36 和表 8.37。

表 8.36　　　　　　　　　济南市各湿地浮游植物生物多样性指数

生物多样性指数	2016 年	2017 年	2018 年		2019 年		
	济西湿地	济西湿地	济西湿地	五龙潭	济西湿地	华山湖湿地	玫瑰湖湿地
Shannon-Wiener 多样性指数（H'）	1.5923	2.3504	1.8296	1.7735	1.7834	2.9645	1.4388
Pielou 均匀度指数（E）	0.6915	0.7131	0.7946	0.8072	0.5541	0.9099	0.4470
Margalef 丰富度指数（M）	1.4658	4.4929	2.1723	1.7779	3.2408	3.9102	3.2273

表 8.37　　　　　　　　　济南市各湿地浮游植物生物多样性污染分析

生物多样性指数	2016 年	2017 年	2018 年		2019 年		
	济西湿地	济西湿地	济西湿地	五龙潭	济西湿地	华山湖湿地	玫瑰湖湿地
Shannon-Wiener 多样性指数（H'）	β-中污型	β-中污型	β-中污型	β-中污型	β-中污型	β-中污型	β-中污型
Pielou 均匀度指数（E）	清洁-寡污型	清洁-寡污型	清洁-寡污型	清洁型	清洁-寡污型	清洁型	清洁-寡污型
Margalef 丰富度指数（M）	α-中污型	寡污型	α-中污型	α-中污型	β-中污型	β-中污型	β-中污型

根据表 8.36 和表 8.37 得出：济南湿地的水质为轻度污染，物种丰度较低。随着水质治理与生产生活污水处理技术的加强，湿地的生物多样性将会逐渐恢复。

8.2.2　湿地浮游动物水生生物群落结构特征

1. 湿地浮游动物物种组成

济南市湿地近几年共发现浮游动物 36 种。2016 年发现原生动物 1 种，为半球法帽虫；轮虫 6 种，分别为角突臂尾轮虫、萼花臂尾轮虫、矩形臂尾轮虫、壶状臂尾轮虫、矩形龟甲轮虫和大肚须足轮虫；桡足类 3 种，分别为桡足幼体、锯缘真剑水蚤和汤匙华哲水蚤。2018 年发现原生动物 4 种，分别为液变形虫、长壳砂壳虫、球形砂壳虫和盘状匣壳虫；轮虫 7 种，分别为裂足臂尾轮虫、曲腿龟甲轮虫、螺形龟甲轮虫、卜氏晶囊轮虫、长肢三肢轮虫、椎尾水轮虫和暗小异尾轮虫；枝角类 5 种，分别为秀体溞、长肢秀体溞、多刺秀体溞、老年低额溞和长额象鼻溞；桡足类 2 种，分别为无节幼体和桡足幼体。2019 年发现原生动物 3 种，分别为球形砂壳虫、冠砂壳虫和普通表壳虫；轮虫 5 种，分别为螺形龟甲轮虫、玫瑰旋轮虫、刺簇多肢轮虫和扁平泡轮虫；桡足类 2 种，分别为桡足幼体和台湾温剑水蚤。华山湖水库发现轮虫 6 种，分别为螺形龟甲轮虫、盖氏晶囊轮虫、盘状鞍甲轮虫、月形单趾轮虫、大肚须足轮虫和扁平泡轮虫；桡足类 2 种，分别为桡足幼体和台湾温剑水蚤。玫瑰湖湿地发现原生动物 2 种，分别为球形砂壳虫和冠砂壳虫；桡足类 2 种，分别为桡足幼体和锯缘真剑水蚤。济南市各湿地浮游动物密度见表 8.38。

表 8.38　　　　　　　　　　　　　　济南市各湿地浮游动物密度

浮游动物	2016 年	2018 年	2019 年		
	济西湿地	济西湿地	济西湿地	华山湖湿地	玫瑰湖湿地
原生动物	1.8429	0.0052	0.0013	0	0.0002
轮虫	157.14	0.0962	0.0742	0.0032	0
枝角类	0	0.0606	0	0	0
桡足类	55.38	0.0352	0.0186	0.4656	0.076

2. 湿地浮游动物多样性变化

2016 年济西湿地主要优势物种为汤匙华哲水蚤,2018 年主要优势物种是无节幼体,2019 年优势物种为台湾温剑水蚤。华山湖湿地优势物种为台湾温剑水蚤,玫瑰湖湿地优势物种为锯缘真剑水蚤。

8.2.3　湿地底栖动物水生生物群落结构特征

1. 湿地底栖动物物种组成

济南市湿地共发现底栖动物 19 种。2016 年济西湿地发现昆虫纲 3 种,分别为喜盐摇蚊、亚洲瘦蟌、蜓幼虫;软甲纲 3 种,分别为日本沼虾、中华尺米虾、克氏原螯虾;腹足纲 6 种,分别为大耳萝卜螺、狭萝卜螺、铜锈环棱螺、梨形环棱螺、拟沼螺和豆螺;瓣鳃纲 1 种,为钳形无齿蚌。2019 年济西湿地发现软甲纲 1 种,为秀丽白虾;腹足纲 2 种,分别为梨形环棱螺和豆螺。华山湖湿地发现底栖动物 6 种,分别为昆虫纲的墨墨摇蚊、小划蝽、亚洲瘦蟌、蜓幼虫以及腹足纲的狭萝卜螺和膀胱螺。玫瑰湖湿地发现底栖动物 3 种,分别为软甲纲的日本沼虾以及腹足纲的狭萝卜螺和豆螺。

2. 湿地底栖动物多样性变化

选用底栖动物多样性通用计算指标 Shannon-Wiener 多样性指数（H'）、Pielou 均匀度指数（E）和 Margalef 丰富度指数（M）,见表 8.39。

表 8.39　　　　　　　　　　济南市各湿地底栖动物生物多样性指数

样点名称	Shannon-Wiener 多样性指数（H'）	Pielou 均匀度指数（E）	Margalef 丰富度指数（M）
济西湿地	2.0189	0.7871	2.2735
华山湖湿地	0.8751	0.4884	1.2987
玫瑰湖湿地	0.6931	1	1.4427

8.2.4　湿地水生维管束植物水生生物群落结构特征

1. 湿地水生维管束植物物种组成

济南市湿地水生维管束植物种类较少,仅 3 种,隶属于 3 科 3 属,分别是禾本科芦苇属的芦苇、鸢尾科（Iridaceae）鸢尾属（Iris）的黄花鸢尾（I. wilsonii）和千屈菜科（Lythraceae）千屈菜属（*Lythrum*）的千屈菜（*L. salicaria*）。3 种植物均为人工栽培，属于湿生植物。

　　2. 湿地水生维管束植物盖度分布

　　济南市湿地水生维管束植物群落盖度较高，可达 80% 以上，其中芦苇盖度为 32% ～100%，黄花鸢尾盖度为 5% ～90%，千屈菜盖度为 5% ～80%。

　　3. 湿地水生维管束植物多样性变化

　　济南市湿地调查样点中有 4 个点位生长有水生维管束植物，其中 3 个点位的水生维管束植物 Margalef 丰富度指数大于 1。通过计算该 3 个点位的多样性指数，发现济西湿地应荷桥和烟波桥的水生维管束植物多样性较高，其 Margalef 丰富度指数、Simpson 优势度指数、Shannon-Wiener 多样性指数和 Pielou 均匀度指数范围分别是 3、0.47～0.54、0.77～0.85 和 0.70～0.76。济西湿地主码头的水生维管束植物多样性较低，其 Margalef 丰富度指数、Simpson 优势度指数、Shannon-Wiener 多样性指数和 Pielou 均匀度指数分别是 2、0.13、0.25 和 0.36，见表 8.40。

表 8.40　　　　　　　　　济南市湿地水生维管束植物多样性变化

序号	样点名称	Margalef 丰富度指数	Simpson 优势度指数	Shannon-Wiener 多样性指数	Pielou 均匀度指数
1	济西湿地应荷桥	3	0.47	0.77	0.70
2	济西湿地烟波桥	3	0.54	0.85	0.76
3	济西湿地主码头	2	0.13	0.25	0.36
4	济西湿地澄波桥	1	—	—	—

注　表中不包括无水生维管束植物生长的样点。

8.2.5　湿地鱼类水生生物群落结构特征

　　济西湿地共发现鱼类 28 种。2016 年发现 11 种，分别为中华鳑鲏、圆尾斗鱼、乌鳢、翘嘴、泥鳅、麦穗鱼、鲤、鲫、褐吻虾虎鱼、鳘和彩鳑鲏，优势物种为鲫。2017年发现鱼类 20 种，主要优势物种为鲫，其次是乌鳢和鲤。2018 年发现 9 种，分别为子陵吻虾虎鱼、油鳘、兴凯鱊、鲫鱼、红鳍鲌、赤眼鳟、草鱼和鳘，主要优势物种为鲫。2019 年发现鱼类 17 种，主要优势物种为鳘。济西湿地总渔获量为 283 条，主要优势物种为鲫。华山湖湿地共发现鱼类 4 种共 62 条，分别为稀有麦穗鱼、泥鳅、鲫、鳘，玫瑰湖湿地共发现鱼类 14 种，分别为银鱼、兴凯鱊、湘鲫、稀有麦穗鱼、麦穗鱼、鳊、似鳊、清徐胡鮈、鲤、鲫、鳘、彩鳑鲏、波氏栉虾虎鱼和棒花鱼，玫瑰湖湿地主要优势物种为鳘。

　　济南市湿地的鱼类整体以杂食性、黏性卵、中下层以及耐污种功能群为主，鱼类多在5—8 月产卵孵化生长，在此期间水体中幼鱼较多。随着鱼类的生长，相互之间争夺食物资源以及生存空间，部分鱼类的摄食习惯发生转变，肉食性鱼类种群数量增加，其他食性功能群生物量相对减少，底质状况对鱼类的分布与生存也存在影响严重。在淤泥底质，流速较缓的河流中黏性卵鱼类分布较多，而浮性卵鱼类分布较少，在城镇建设用地上，由于人类生活垃圾与生活废水的排放，底层的耐污鱼类种类较高，城市的污染使得鱼类的多样性及丰度水平随之下降，耐污种鱼类比例将上升。较高的污染使得济南湿地生态系统中适合生存的鱼类有限，只有在个别远离城镇较为清洁的河段及水库可以采集到部分少见种，如清徐胡鮈等草食性敏感种功能群的物种。

湿地是指陆地上常年或季节性积水和土壤过湿的地区，并与其生长、栖息的生物物种构成独特的生态系统。据了解，济南市湿地资源划分为天然湿地和人工湿地两大类，其中河流湿地、湖泊湿地和沼泽湿地属于天然湿地，分别占济南湿地总面积的 21.52%、1.29%、4.00%。人工湿地中，水库、沉沙池、水产养殖场等面积为 14427.68hm²，水稻田湿地总面积为 7353.27hm²，分别占湿地总面积的 48.48%、24.71%。近几年湿地资源破坏严重，湿地面积减少，生物量降低等问题亟待解决，济南市湿地生态系统主要面临的问题是湿地水资源相对不足，济南市雨热同期，湿地雨季水量大，随地表径流迅速排出，旱季水资源稀少，而且工农业生产、灌溉、生活用水量大，利用率低，湿地水源常出现大面积的干涸现象，同时湿地周围地区的工农业废水、污水直接排入水体，直接导致湿地水体的富营养化，有毒有害物质不断在水体和生物体之内累计流传，加剧了湿地系统的恶性循环。济南市湿地的生物多样性急需得到保护与恢复，加强湿地生态系统的保护任务迫在眉睫。

8.2.6　湿地河岸带植被水生生物群落结构特征

1. 湿地河岸带植被物种组成

济南市湿地共调查到河岸带植物 9 种，隶属于 6 科 8 属。禾本科和莎草科植物种类最多，均有 3 种，分别占全部湿地河岸带植物的 33.33%；鸢尾科、千屈菜科和香蒲科植物分别有 1 种。根据 9 种河岸带植物的生活方式，可以划分为水生、湿生和中生植物三类。湿生植物种类最多，共 7 种，如黄花鸢尾、芦竹（*Arundo donax*）、卵穗荸荠、千屈菜和水葱（*Scirpus validus*），占全部湿地河岸带植物的 77.78%；水生和中生植物各有 1 种，分别是狭叶香蒲和白茅（*Imperata cylindrica*）。

2. 湿地河岸带植被盖度分布

济南市湿地河岸带植被盖度较高，高达 90% 以上，其中芦苇盖度最高，为 90%；芦竹、水葱和卵穗荸荠的盖度分别是 20%、10% 和 10%；其他植物的盖度较低，不高于 5%。

3. 湿地河岸带植被多样性变化

济南市湿地河岸带调查样点中有 3 个点位的河岸带植被 Margalef 丰富度指数大于 1。通过计算该 3 个点位的多样性指数，发现玫瑰湖湿地的河岸带植物多样性最高，其 Margalef 丰富度指数、Simpson 优势度指数、Shannon-Wiener 多样性指数和 Pielou 均匀度指数分别是 6、0.54、1.14 和 0.64。济西湿地烟波桥和应荷桥 Margalef 丰富度指数、Simpson 优势度指数、Shannon-Wiener 多样性指数和 Pielou 均匀度指数范围分别是 2~3、0.27~0.41、0.47~0.60 和 0.49~0.86。济西湿地主码头、罗屯桥和澄波桥均只有 1 种河岸带植物生长，见表 8.41。

表 8.41　　　　　　　　　　　济南市湿地河岸带植被多样性变化

序号	样点名称	Margalef 丰富度指数	Simpson 优势度指数	Shannon-Wiener 多样性指数	Pielou 均匀度指数
1	济西湿地应荷桥	3	0.27	0.47	0.49
2	济西湿地烟波桥	2	0.41	0.60	0.86
3	玫瑰湖湿地	6	0.54	1.14	0.64
4	济西湿地主码头	1	—	—	—
5	济西湿地罗屯桥	1	—	—	—
6	济西湿地澄波桥	1	—	—	—

注　表中不包括无河岸带植物生长的样点。

8.3　河流水生生物群落结构特征

8.3.1　河流浮游植物水生生物群落结构特征

1. 河流浮游植物物种组成

小清河 2014—2019 年共发现浮游植物 139 种，分属 8 门，其中硅藻门有 64 种，绿藻门 46 种，裸藻门 10 种，隐藻门 3 种，蓝藻门 3 种，甲藻门和黄藻门各 2 种，金藻门 1 种。2014 年 5 月共有 74 种，2015 年 5 月共有 69 种，2016 年共有 37 种，2017 年共有 27 种，2018 年共有 14 种，2019 年共有 49 种，均以硅藻门为主，如图 8.139 所示。

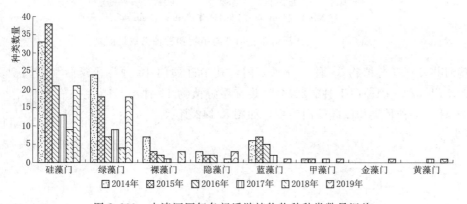

图 8.139　小清河历年各门浮游植物物种种类数量汇总

玉符河共发现浮游植物 114 种，分属 8 门，其中硅藻门 54 种，绿藻门 39 种，隐藻门 2 种、蓝藻门 10 种，裸藻门 4 种，甲藻门和金藻门各 2 种，黄藻门 1 种。2014 年共有浮游植物 51 种，2015 年共有 32 种，2016 年共有 19 种，2017 年共有 30 种，2018 年共有 9 种，2019 年共有 34 种。2014—2018 年玉符河均以硅藻门为主，2019 年绿藻门有 19 种，硅藻门有 11 种，物种种类以硅藻门为主，如图 8.140 所示。

大沙河共发现浮游植物 77 种，分属 6 门，其中硅藻门 39 种，裸藻门 12 种，绿藻门 21 种，甲藻门、黄藻门和金藻门各 1 种。2014 年大沙河共有浮游植物 24 种，2015 年共有 39 种，2017 年共有 20 种，2018 年共有 8 种，2019 年共有 13 种。2014 年物种种类以

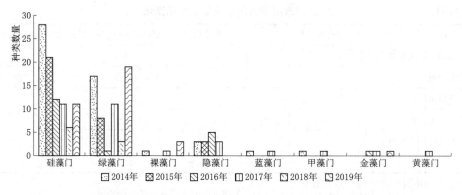

图 8.140　玉符河历年各门浮游植物物种种类数量汇总

绿藻门为主，2016—2019 年以硅藻门为主，如图 8.141 所示。

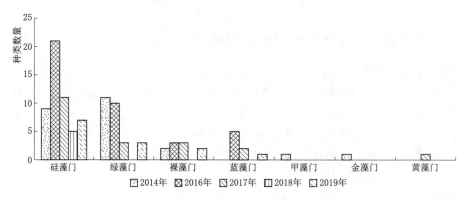

图 8.141　大沙河历年各门浮游植物物种种类数量汇总

黄河共发现浮游植物 33 种，分属 5 门，其中硅藻门 18 种，绿藻门 9 种，裸藻门 2 种，蓝藻门 3 种，隐藻门 1 种。2014 年共有浮游植物 10 种，2015 年共有 5 种，2016 年共有 29 种，物种种类均以硅藻门为主，如图 8.142 所示。

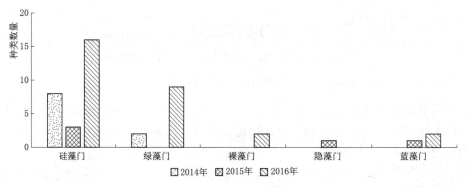

图 8.142　黄河历年各门浮游植物物种种类数量汇总

徒骇河共发现浮游植物 155 种，分属 8 门，其中硅藻门 59 种，绿藻门 51 种，裸藻门 14 种，隐藻门 3 种，甲藻门 3 种，蓝藻门 21 种，金藻门、黄藻门各 2 种。2014 年浮游植物种类共有 91 种，2015 年共有 72 种，2016 年共有 41 种，2017 年共有 23 种，2018 年共有 13 种，2019 年共有 52 种。其中 2014 年以硅藻门为主，2015 年和 2016 年以绿藻门为主，2017—2019 年以硅藻门为主，如图 8.143 所示。

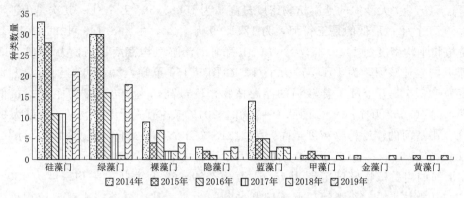

图 8.143　徒骇河历年各门浮游植物物种种类数量汇总

　　汇河共发现浮游植物 46 种，分属 5 门，其中硅藻门 21 种，绿藻门 12 种，裸藻门 8 种、甲藻门 1 种，蓝藻门 4 种。2014 年共有浮游植物 17 种，其中硅藻门、绿藻门和裸藻门各 5 种，蓝藻门 2 种。2015 年和 2019 年均以硅藻门为主，如图 8.144 所示。

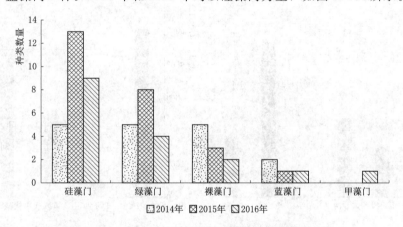

图 8.144　汇河历年各门浮游植物物种种类数量汇总

2. 河流浮游植物密度分布

　　近几年的调查数据显示，济南市浮游植物密度最高的区域出现在玉符河，密度为 7759.99 万个/L；浮游植物密度最低的是汇河，为 500 万个/L，如图 8.145 所示。由图 8.146 可知，2014 年各河流浮游植物平均密度为 382.584 万个/L。徒骇河的浮游植物密度最高，为 823.059 万个/L；其次是小清河，为 456.155 万个/L；密度最低的是黄河，为 13.33 万

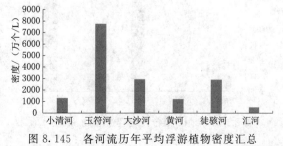

图 8.145　各河流历年平均浮游植物密度汇总

个/L。由图 8.147 可知，2015 年各河流浮游植物的平均密度是 2892.254 万个/L，其中小清河最高，为 5043.901 万个/L；其次是徒骇河，为 4868.349 万个/L；密度最低的是玉符河，为 525.1233 万个/L。由图 8.148 可知，2016 年各河流浮游植物平均密度为 6847.71 万个/L。大沙河的浮游植物密度最高，为 15665.595 万个/L；其次是大沙河，为 12924.69 万个/L；最低的是玉符河，为 1211.99 万个/L。由图 8.149 可知，2017 年各河流浮游植物平均密度为 1449.35 万个/L。玉符河的浮游植物密度最高，为 4248.765 万个/L；最低的是徒骇河，为 101.255 万个/L。由图 8.150 可知，2018 年各河流浮游植物平均密度为 112.608 万个/L。徒骇河的浮游植物密度最高，为 268.418 万个/L；最低的是玉符河，为 46.052 万个/L。由图 8.151 可知，2019 年各河流浮游植物平均密度为 991.85 万个/L。小清河的浮游植物密度最高，为 2131.92 万个/L；最低的是大沙河，为 442.176 万个/L。

小清河的浮游植物密度范围为 45.61 万~2669.669 万个/L，平均密度为 1302.3431 万个/L。从整体上看，小清河以蓝藻门和硅藻门为主，其中硅藻门占浮游植物总密度的 44.89%，蓝藻门占 33.51%，如图 8.152 所示。2014 年小清河浮游植物密度以硅藻门为主，占河流总密度的 56.4%，主要优势物种为梅尼小环藻；2015 年以蓝藻门为主，占总密度的 68.33%，主要优势物种为小席藻；2016 年以蓝藻门为主，占 74.76%，主要优势

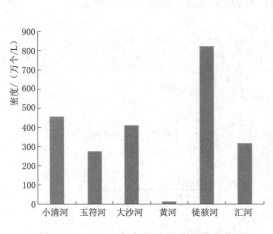

图 8.146　2014 年各河流浮游植物密度

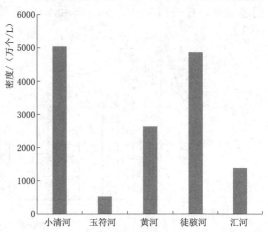

图 8.147　2015 年各河流浮游植物密度

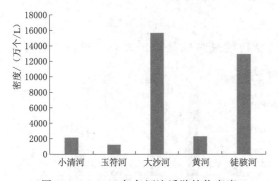

图 8.148　2016 年各河流浮游植物密度

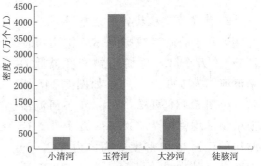

图 8.149　2017 年各河流浮游植物密度

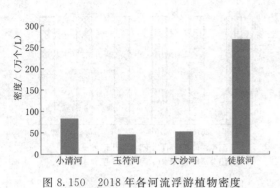

图 8.150　2018 年各河流浮游植物密度

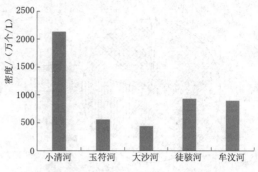

图 8.151　2019 年各河流浮游植物密度

物种为小席藻和小颤藻；2017 年以绿藻门为主，占 85.86%，主要优势物种为简单衣藻；2018 年以绿藻门为主，占 63.46%；2019 年以硅藻门为主，占 70.48%，主要优势物种为具星小环藻。小清河历年浮游植物密度如图 8.153 所示。

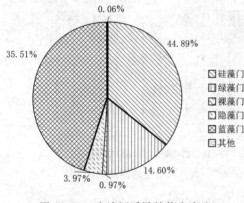

图 8.152　小清河浮游植物密度比

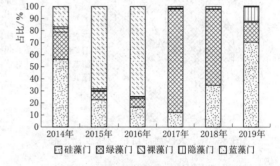

图 8.153　小清河历年浮游植物密度

　　玉符河浮游植物密度范围是 27.63 万～1211.99 万个/L，平均密度为 1108.57 万个/L。从整体上看，玉符河以黄藻为主，占浮游植物总密度的 59.94%，如图 8.154 所示。2014 年硅藻门占浮游植物总密度的 32.297%，蓝藻门占 37.29%，绿藻门占 26.65%，主要优势物种为小片菱形藻和四尾栅藻；2015 年硅藻门占 57.45%，主要优势物种为小环藻；2016 年蓝藻门占 76.74%，主要优势物种为小席藻；2017 年黄藻门占 93.73%，优势物种为小型黄丝藻；2018 年只有硅藻门和绿藻门两种，硅藻门占 66.67%，绿藻门占 33.33%，主要优势物种为扁圆卵形藻；2019 年硅藻门占 46.7%，绿藻门占 46.08%，主要优势物种为具星小环藻和鞘毛藻。玉符河历年浮游植物密度如图 8.155 所示。

　　大沙河浮游植物密度范围是 31.57 万～15665.59 万个/L，平均密度为 2936.725 万个/L。从整体上看，大沙河以蓝藻门为主，占浮游植物总密度的 85.15%，如图 8.156 所示。2014 年以绿藻门为主，绿藻门占浮游植物总密度的 91.05%，主要优势物种为四尾栅藻；2016 年以蓝藻门为主，占总密度的 87.78%，主要优势物种为微小色球藻；2017 年以蓝藻门为主，占总密度的 93.62%，主要优势物种为小颤藻；2018 年发现的浮游植物全为硅藻门，主要优势物种为胡斯特桥弯藻；2019 年以硅藻门和绿藻门为主，硅藻门占总

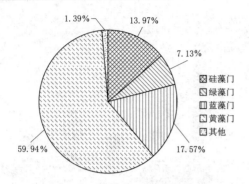

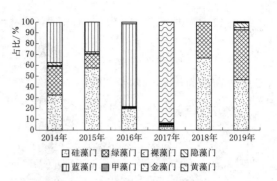

图 8.154　玉符河浮游植物密度比汇总　　　　图 8.155　玉符河历年浮游植物密度

密度的 50％，绿藻门占 42.86％，主要优势物种为具星小环藻和卷曲纤维藻。大沙河历年浮游植物密度如图 8.157 所示。

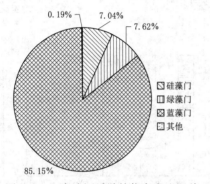

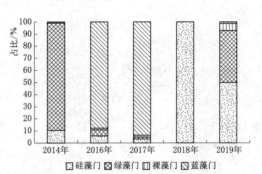

图 8.156　大沙河浮游植物密度比汇总　　　　图 8.157　大沙河历年浮游植物密度

黄河浮游植物密度范围是 13.335 万～2302.56 万个/L，平均密度为 1211.176 万个/L。从整体上看，黄河以硅藻门和蓝藻门为主，硅藻门占浮游植物总密度的 49％，蓝藻门占 44.85％，如图 8.158 所示。2014 年浮游植物总密度最低，以硅藻门为主，优势物种为小片菱形藻；2015 年以蓝藻门为主，主要优势物种以小颤藻为主，其次是肘状针杆藻；2016 年则以硅藻为主，主要优势物种为梅尼小环藻和肘状针杆藻。黄河历年浮游植物密度如图 8.159 所示。

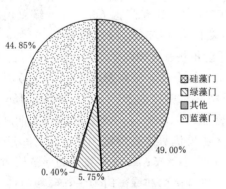

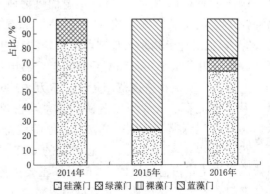

图 8.158　黄河浮游植物密度比汇总　　　　图 8.159　黄河历年浮游植物密度

　　徒骇河浮游植物密度范围是 101.255 万～12924.686 万个/L，平均密度为 2909.035万个/L。从整体上看，徒骇河以蓝藻门为主，占浮游植物总密度的 81.05%，如图 8.160所示。2014—2016 年以蓝藻门为主，主要优势物种均为小席藻；2017 年以硅藻门为主，主要优势物种为梅尼小环藻，蓝藻门以普通念珠藻为主；2018 年以蓝藻门为主，优势物种为银灰平裂藻；2019 年以硅藻门为主，优势物种为具星小环藻。徒骇河历年浮游植物密度如图 8.161 所示。

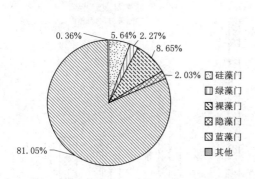

图 8.160　徒骇河浮游植物密度比汇总

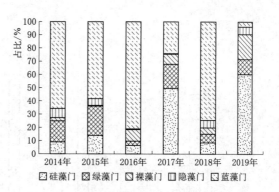

图 8.161　徒骇河历年浮游植物密度

　　汇河浮游植物密度范围是 317.156 万～825.82 万个/L，平均密度为 375.232 万个/L。从整体上看，汇河以硅藻为主，占浮游植物总密度的 53.46%，如图 8.162 所示。2014 年以硅藻门和绿藻门为主，主要优势物种为龙骨栅藻和梅尼小环藻；2015 年和 2019 年以硅藻门为主，2015 年以梅尼小环藻为主，2019 年的优势物种则是具星小环藻。汇河历年浮游植物密度如图 8.163 所示。

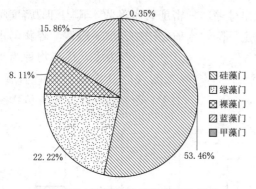

图 8.162　汇河浮游植物密度比汇总

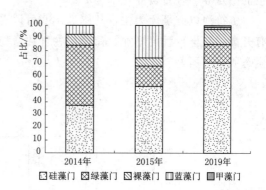

图 8.163　汇河历年浮游植物密度

　　通过分析历年河流浮游植物的构成可以看出，小清河以蓝藻门、硅藻门为主，小席藻的密度最高，占小清河浮游植物总密度的 31.46%。玉符河以黄藻门为主，小型黄丝藻为主要优势物种，占玉符河浮游植物总密度的 58.95%。大沙河以蓝藻门为主，主要优势物种为微小色球藻，占大沙河浮游植物总密度的 68.66%。黄河以蓝藻门、硅藻门为主，席藻为主要优势物种，占黄河浮游植物总密度的 44.85%。徒骇河以蓝藻门为主，小席藻为主要优势物种，占徒骇河浮游植物总密度的 55.16%。济南市河流以蓝藻门和硅藻门为主，水体呈现重营养化水平。

以小清河为例（图 8.164），2014 年以硅藻门为主，占浮游植物总密度的 56.39%，主要优势物种为梅尼小环藻，水库整体呈现富营养化；2015—2016 年以蓝藻门为主，主要优势物种为小席藻和小颤藻；2018 年以绿藻门为主，主要优势物种为简单衣藻；2019 年则以硅藻门为主，主要优势物种为具星小环藻。

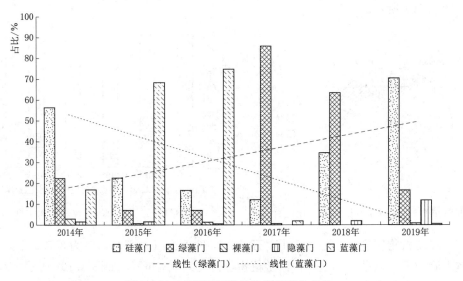

图 8.164　小清河浮游植物密度变化趋势

东阿水库通过治理，整体从以蓝藻门为主的重富营养化水体转为以硅藻门或绿藻门为主的中营养～轻富营养化水体。

玉符河以硅藻门为主，从图 8.165 可以看出硅藻门的密度有所降低，其他门的密度稍有升高，多样性程度增加。蓝藻门物种数量稳定下降，水质趋于中营养～轻富营养化，水生态质量有所好转。

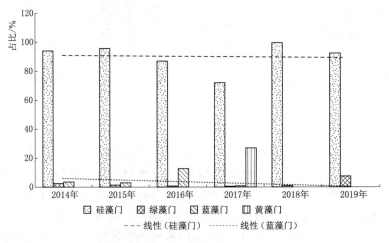

图 8.165　玉符河浮游植物密度变化趋势

大沙河、徒骇河的浮游植物密度由以蓝藻门为主逐渐向生物多样化发展，如图 8.166 和图 8.167 所示。经过近几年的治理，济南市各大河流水生态都有所好转。

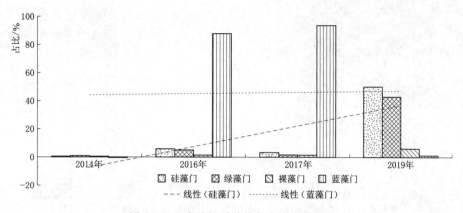

图 8.166 大沙河浮游植物密度变化趋势

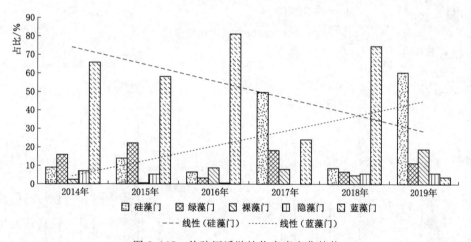

图 8.167 徒骇河浮游植物密度变化趋势

3. 河流浮游植物多样性变化

选用浮游植物多样性通用计算指标 Shannon-Wiener 多样性指数（H'）、Pielou 均匀度指数（E）和 Margalef 丰富度指数（M）。

根据调查，2014 年浮游植物 Shannon-Wiener 多样性指数最高的是小清河，为 2.5718；其次是徒骇河，为 2.4214；最低的是黄河，为 1.2148。Pielou 均匀度指数最高的是黄河，为 0.8763；最低的是徒骇河，为 0.6128；其次是汇河，为 0.6193。Margalef 丰富度指数最高的是徒骇河，为 7.654；最低的是黄河，为 1.3653，如图 8.168 所示。

2015 年浮游植物 Shannon-Wiener 多样性指数最高的是玉符河，为 2.7721；其次是汇河，为 2.2878；最低的是黄河，为 0.7057。Pielou 均匀度指数最高的是玉符河，为 0.7998；其次是汇河，为 0.7107；最低的是黄河，为 0.4384；其次是小清河，为 0.4592。Margalef 丰富度指数最高的是小清河，为 6.9836，其次是徒骇河，为 6.917，最低的是黄河，为 0.55696，如图 8.169 所示。

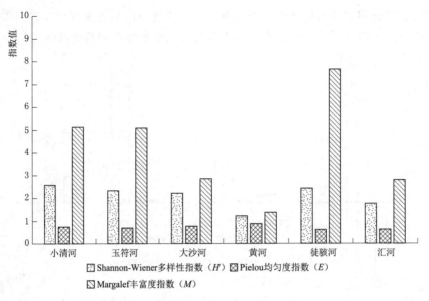

图 8.168　2014 年浮游植物多样性

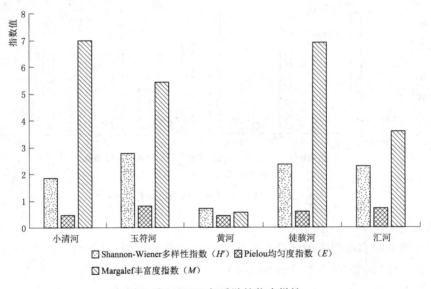

图 8.169　2015 年浮游植物多样性

2016 年浮游植物 Shannon-Wiener 多样性指数最高的是徒骇河，为 2.358；最低的是黄河，为 1.1138。Pielou 均匀度指数最高的是大沙河，为 0.7305；其次是徒骇河，为 0.7239；最低的是黄河，为 0.3132；其次是汇河，为 0.3969。Margalef 丰富度指数最高的是小清河，为 6.418，最低的是大沙河，为 2.67917，如图 8.170 所示。

2017 年浮游植物 Shannon-Wiener 多样性指数最高的是徒骇河，为 2.703；最低的是玉符河，为 0.3789。Pielou 均匀度指数最高的是徒骇河，为 0.9025；最低的是玉符河，为 0.1163；其次是大沙河，为 0.1963。Margalef 丰富度指数最高的是徒骇河，为 4.243，最低的是大沙河，为 2.7275，如图 8.171 所示。

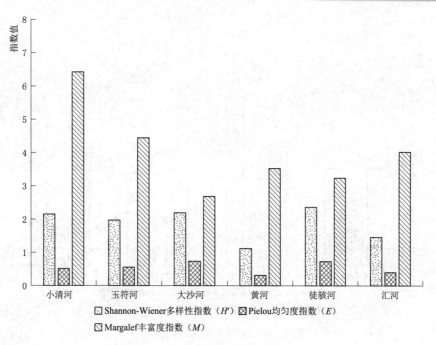

图 8.170　2016 年浮游植物多样性

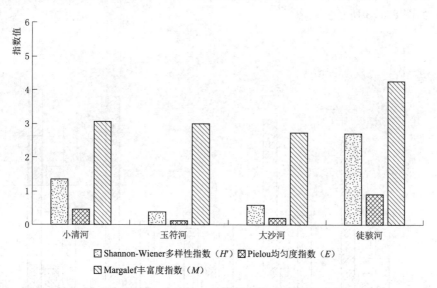

图 8.171　2017 年浮游植物多样性

2018 年浮游植物 Shannon-Wiener 多样性指数最高的是玉符河，为 2.1137；最低的是大沙河，为 1.3746。Pielou 均匀度指数最高的是玉符河，为 0.9179；最低的是徒骇河，为 0.6699。Margalef 丰富度指数最高的是玉符河，为 2.9116；最低的是大沙河，为 1.187，如图 8.172 所示。

2019 年浮游植物 Shannon-Wiener 多样性指数最高的是玉符河，为 2.4152；最低的是小清河，为 1.8473。Pielou 均匀度指数最高的是大沙河，为 0.8326；最低的是小清河，

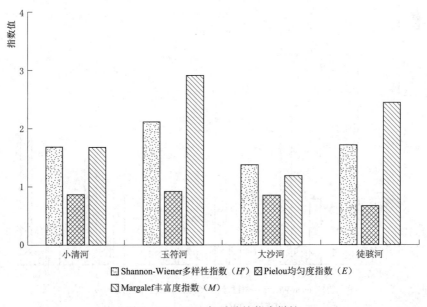

图 8.172　2018 年浮游植物多样性

为 0.5078；Margalef 丰富度指数最高的是徒骇河，为 6.3213；最低的是大沙河，为 1.9737，如图 8.173 所示。

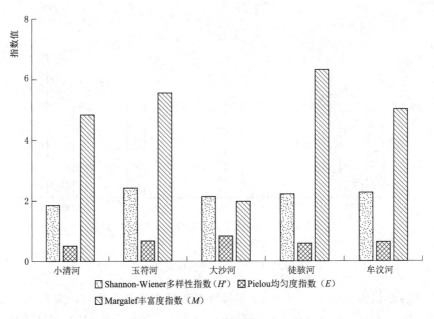

图 8.173　2019 年浮游植物多样性

如图 8.174 所示，小清河浮游植物 Shannon-Wiener 多样性指数范围是 1.3487～2.5718，平均值为 1.9075；Pielou 均匀度指数范围是 0.4580～0.8538，平均值为 0.590；Margalef 丰富度指数范围是 1.6743～6.9836，平均值为 4.6815。

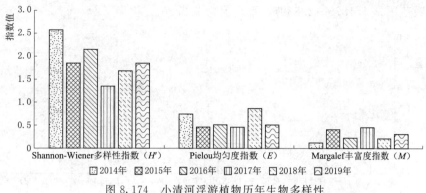

图 8.174　小清河浮游植物历年生物多样性

如图 8.175 所示，玉符河浮游植物 Shannon-Wiener 多样性指数范围是 0.3789～2.7772，平均值为 1.9956；Pielou 均匀度指数范围是 0.1163～0.7998，平均值为 0.6253；Margalef 丰富度指数范围是 2.9936～5.5581，平均值为 4.4016。

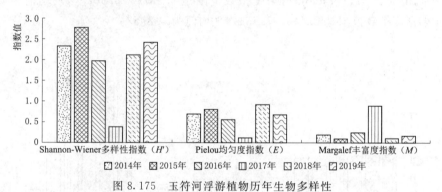

图 8.175　玉符河浮游植物历年生物多样性

如图 8.176 所示，大沙河浮游植物 Shannon-Wiener 多样性指数范围是 0.5882～2.2124，平均值为 1.6999；Pielou 均匀度指数范围是 0.1963～0.8326，平均值为 0.6758；Margalef 丰富度指数范围是 1.187～2.8397，平均值为 2.2816。

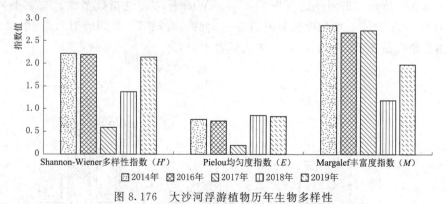

图 8.176　大沙河浮游植物历年生物多样性

如图 8.177 所示，黄河浮游植物 Shannon-Wiener 多样性指数范围是 0.7057～1.2148，平均值为 1.0115；Pielou 均匀度指数范围是 0.313～0.8763，平均值为 0.5427；Margalef

丰富度指数范围是 1.1878～2.8397，平均值为 2.2816。

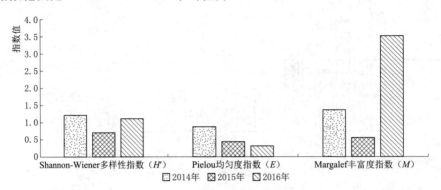

图 8.177　黄河浮游植物历年生物多样性

如图 8.178 所示，徒骇河浮游植物 Shannon-Wiener 多样性指数范围是 1.7184～2.703，平均值为 2.311；Pielou 均匀度指数范围是 0.5872～0.9025，平均值为 0.6993；Margalef 丰富度指数范围是 2.446～7.654，平均值为 4.8953。

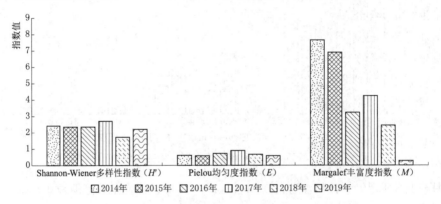

图 8.178　徒骇河浮游植物历年生物多样性

如图 8.179 所示，汇河浮游植物 Shannon-Wiener 多样性指数范围是 1.454～2.287，平均值为 1.832；Pielou 均匀度指数范围是 0.3969～0.7107，平均值为 0.5756；Margalef 丰富度指数范围是 2.7906～4.0144，平均值为 3.4622。

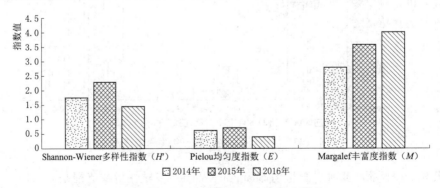

图 8.179　汇河浮游植物历年生物多样性

　　根据生物多样性分析结果（表 8.42）得出：济南市河流存在一定的污染，但污染的状态并不是十分严峻，大多属于 β-中污型或清洁-寡污型。

表 8.42　　　　　　　　　济南市河流浮游植物生物多样性污染判定

采样点位	Shannon-Wiener 多样性指数	Pielou 均匀度指数	Margalef 丰富度指数
小清河	α-中污型	清洁-寡污型	寡污型
玉符河	β-中污型	清洁-寡污型	寡污型
大沙河	β-中污型	清洁-寡污型	α-中污型
黄河	α-中污型	清洁-寡污型	α-中污型
徒骇河	β-中污型	清洁-寡污型	寡污型
汇河	β-中污型	清洁-寡污型	寡污型

　　济南市河流的浮游植物主要以硅藻门和绿藻门为主，也会出现蓝藻门数量较多的时候，但整体上看，硅藻门一直占据主要优势物种类群。一般来讲，浮游植物无论是丰度、种类还是生物量，均会在夏季的汛期达到峰值，因为夏季降水量增加，导致大量地表径流汇入，增加了营养盐类，可以在一定程度上促进藻类的生长。

　　浮游植物在进行光合作用时，会充分利用水中的二氧化碳，因此水体的 pH 值会有一定的升高，而当 pH 值达到一定值后，又会反过来限制水体中浮游植物的生长。浮游植物的生长比较依赖于水体的营养物质，而氨氮是浮游植物最容易利用的营养物质之一。浮游植物对氨氮的利用要优于硝态氮和亚硝氮，浮游植物对氨氮的吸收速率与浮游植物的丰度呈现较为明显的正相关。绿藻门中的单角盘星藻、龙骨栅藻，蓝藻门的色球藻、硅藻门的梅尼小环藻等一些藻类的物种丰度都与氨氮含量呈现较大的相关性。

　　水温的变化会影响水体的理化性质和生物活动，从而影响水层上下水的交换和营养物质的循环等。春季水温较低，适应低水温的硅藻就具有更好的竞争优势；夏季水温较高，营养盐输入较高，物质循环速度快，水体环境有利于藻类的生长，也会加快藻类细胞的分裂繁殖速度，尤其是蓝藻和绿藻会在水温较高的时期大量繁殖。因此在温度较高的季节有暴发水华的潜在风险。

　　一般来讲，种类数量的减少就意味着生物多样性的降低，浮游植物作为生活周期短的微小生物对于环境的变化反应更为敏感，水体的富营养化就主要表现在浮游植物大量的繁殖。在空间位置上，上游河段的营养盐浓度较低，水流较急，比较适合硅藻门的物种生存；在中下游河道，受到人类活动的影响，人为干扰较大，河道的透明度较低，水质较差。

　　整体来说，济南市河流的水质处于中度污染，一些隐藻或者能耐受低光环境和有机物污染的物种就会形成优势种。比如尖尾蓝隐藻就适宜在中营养～富营养的浅水水域生长，梅尼小环藻则更适宜在富营养的水体中生长。生物多样性指数越高，群落结构越稳定，水质也会更好，但济南市的水质受到了不同程度的污染，加上流域内修坝数量较多，河流自净能力下降，因此水生态修复工程迫在眉睫，以防止水环境的进一步恶化。

8.3.2　河流浮游动物水生生物群落结构特征

1. 河流浮游动物物种组成

小清河 2014—2019 年共发现浮游动物 86 种，其中原生动物 22 种，优势物种为钟形钟虫、砂表壳虫、巢居法帽虫和盘状表壳虫；轮虫 43 种，以暗小异尾轮虫、长肢多肢轮虫和卜氏晶囊轮虫为主；枝角类 11 种，以远东裸腹溞为主；桡足类 10 种，优势物种为桡足幼体。2014 年轮虫物种数量较多；2015 年原生动物有 13 种，轮虫 12 种；2016 年轮虫和原生动物各 3 种；2017—2019 年均是轮虫数量占绝大多数，如图 8.180 所示。

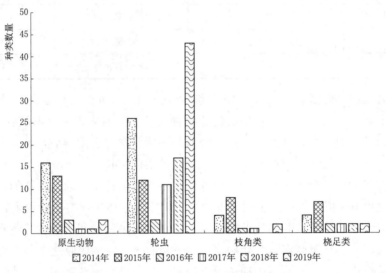

图 8.180　小清河浮游动物种类数目变化

玉符河共发现浮游动物 54 种，其中原生动物 13 种，优势物种为钟半球法帽虫和砂表壳虫；轮虫 33 种，以曲腿龟甲轮虫为主；枝角类 4 种；桡足类 4 种，优势物种为桡足幼体。2014 年轮虫占据绝大多数；2015 年轮虫和桡足幼体各 3 种，枝角类和原生动物各 2 种；2016 年轮虫有 8 种，原生动物有 4 种；2018 年原生动物 2 种，轮虫和枝角类各 1 种；2019 年轮虫占据主要优势，如图 8.181 所示。

大沙河共发现浮游动物 27 种，其中原生动物 5 种，优势物种为半球法帽虫；轮虫 17 种，以萼花臂尾轮虫、壶状臂尾轮虫为主；枝角类 3 种，主要优势物种为微型裸腹溞；桡足类 2 种，优势物种为桡足幼体。大沙河整体上均以轮虫物种种类为主，如图 8.182 所示。

黄河共发现浮游动物 20 种，其中原生动物 6 种，优势物种为砂表壳虫；轮虫 6 种，以萼花臂尾轮虫和角突臂尾轮虫为主；枝角类 3 种，以长额象鼻溞为主；桡足类 5 种，优势物种为锯缘真剑水蚤。黄河发现的浮游动物种类较少，2014 年发现轮虫和原生动物各 4 种；2015 年发现原生动物 2 种，桡足类 4 种；2016 年发现轮虫 5 种，如图 8.183 所示。

徒骇河共发现浮游动物 87 种，其中原生动物 18 种，优势物种为短刺刺胞虫；轮虫 35 种，以卜氏晶囊轮虫、萼花臂尾轮虫为主；枝角类 13 种，以远东裸腹溞为主；桡足类

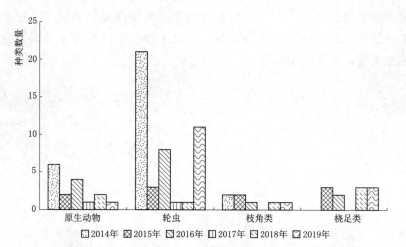

图 8.181　玉符河浮游动物种类数目变化

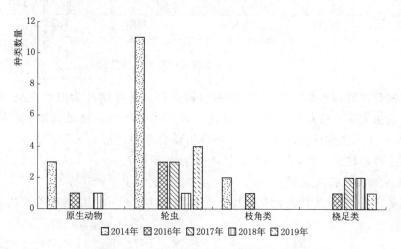

图 8.182　大沙河浮游动物种类数目变化

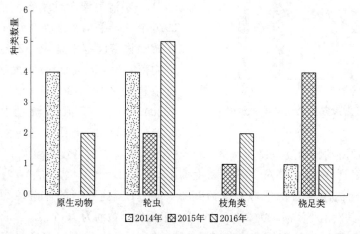

图 8.183　黄河浮游动物种类数目变化

11 种，优势物种为桡足幼体。2014 年以轮虫为主；2015 年轮虫有 9 种，原生动物 8 种；2016 年以轮虫为主；2017 年桡足类有 4 种，轮虫 1 种；2018 年轮虫 5 种，桡足类 2 种；2019 年以轮虫为主，如图 8.184 所示。

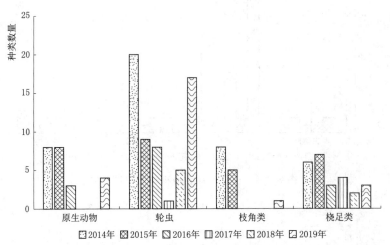

图 8.184 徒骇河浮游动物种类数目变化

汇河共发现浮游动物 22 种，其中原生动物 8 种，优势物种为冠砂壳虫，轮虫 9 种，以萼花臂尾轮虫为主，枝角类 4 种，桡足类 1 种，优势物种为桡足幼体。汇河只在 2014 年和 2015 年两年采集到浮游动物，2014 年原生动物 5 种，轮虫 8 种，枝角类 1 种，2015 年原生动物 3 种，轮虫 2 种，枝角类 3 种，桡足幼体 1 种。

2. 河流浮游动物密度分布

济南市 2014—2019 年浮游动物密度汇总如图 8.185 所示。浮游动物平均密度最高的是黄河，高达 2839.7 个/L；徒骇河的平均密度为 1672.05 个/L；平均密度最低的是大沙河，为 63.84 个/L；其次是汇河，为 77.8 个/L。小清河浮游动物密度范围是 0.3375～3976 个/L，平均密度为 917.77 个/L；玉符河浮游动物密度范围是 0.1125～127.315 个/L，平均密度为 258.29 个/L；大沙河浮游动物密度范围是 0.9～306.5 个/L，平均密度为 63.84 个/L；黄河浮游动物密度范围是 8.66～8357.33 个/L，平均密度为 2839.778

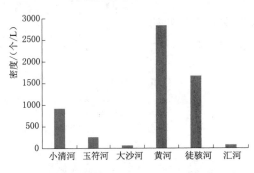

图 8.185 济南市各河流浮游动物密度汇总

个/L；徒骇河浮游动物密度范围是 0.3375～3976 个/L，平均密度为 917.77 个/L；汇河浮游动物密度范围是 0～300 个/L，平均密度为 77.8 个/L。

2014 年各河流浮游动物平均密度为 254.76 个/L。徒骇河的浮游动物密度最高，为 81.203 个/L；其次是小清河，为 245.14 个/L；最低的是黄河为 16 个/L。如图 8.186 所示。

2015 年各河流浮游动物的平均密度是 4732.69 个/L。小清河密度最高，为 15123.23

个/L；其次是徒骇河，为 7956.92 个/L；密度最低的是玉符河，为 130 个/L，如图 8.187 所示。

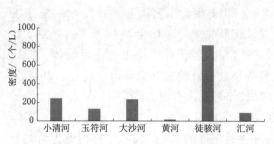

图 8.186 2014 年济南市各河流浮游动物密度   图 8.187 2015 年济南市各河流浮游动物密度

2016 年各河流浮游动物平均密度为 7821.31 个/L。小清河密度最高，为 27427.06 个/L；其次是徒骇河，为 1781.153 个/L；最低的是大沙河，为 306.5 个/L，如图 8.188 所示。

2017 年各河流浮游动物平均密度为 7.9533 个/L。小清河密度最高，为 30.3625 个/L；最低的是玉符河，为 0.1125 个/L，如图 8.189 所示。

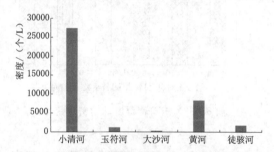
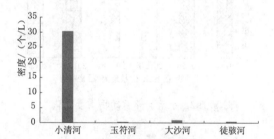

图 8.188 2016 年济南市各河流浮游动物密度   图 8.189 2017 年济南市各河流浮游动物密度

2018 年各河流浮游动物平均密度为 2.591 个/L。小清河密度最高，为 4.35 个/L；最低的是玉符河，为 0.975 个/L，如图 8.190 所示。

2019 年各河流浮游动物平均密度为 31.63 个/L。徒骇河密度最高，为 65.66 个/L；最低的是大沙河，为 2.24 个/L，如图 8.191 所示。

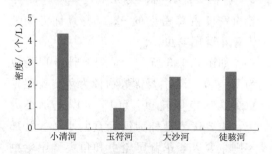
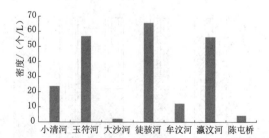

图 8.190 2018 年济南市各河流浮游动物密度   图 8.191 2019 年济南市各河流浮游动物密度

如图 8.192 所示，小清河整体上以轮虫为主。2014 年轮虫密度占浮游动物总密度的 83.65%，主要优势物种为曲腿龟甲轮虫。2015 年轮虫密度占浮游动物总密度的 67.95%，主要优势物种为萼花臂尾轮虫。2016 年以枝角类为主，其密度占总密度的 90.87％，主要优势物种为微型裸腹溞。2017 年的主要优势物种为螺形龟甲轮虫。2018 年以桡足类为主，占总密度的 62.22％。2018 年和 2019 年的主要优势物种为方形臂尾轮虫。

如图 8.193 所示，玉符河整体上以轮虫为主。2014 年轮虫密度达到浮游动物总密度的 97.45％，主要优势物种为舞跃无柄轮虫和长肢多肢轮虫。2015 年轮虫密度占浮游动物总密度的 46.15％；桡足类占 38.46％，主要优势物种为萼花臂尾轮虫和桡足幼体。2016 年轮虫密度占总密度的 83.71％，主要优势物种为长肢多肢轮虫和曲腿龟甲轮虫。2017 年只有原生动物 1 种和轮虫 2 种，原生动物为王氏似铃壳虫，密度占 66.67％；轮虫的优势物种为螺形龟甲轮虫，占总密度的 33.3％。2018 年以桡足类为主，占总密度的 70.53％，主要优势物种为方形臂尾轮虫。2019 年轮虫密度占总密度的 97.46％，优势物种为角突臂尾轮虫。

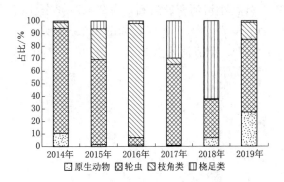

图 8.192　小清河浮游动物密度变化

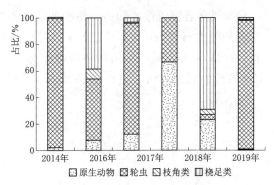

图 8.193　玉符河浮游动物密度变化

如图 8.194 所示，大沙河整体上以轮虫为主。2014 年轮虫密度达到浮游动物总密度的 53.52％，主要优势物种为萼花臂尾轮虫和曲腿龟甲轮虫；枝角类密度占总密度的 43.66％，主要优势物种为直额裸腹溞和远东裸腹溞。2016 年桡足类密度占浮游动物总密度的 41.27％，轮虫占 32.62％，主要优势物种为萼花臂尾轮虫和微型裸腹溞。2017 年只有原生动物和桡足类两种，密度分别占总密度的 50％，优势物种为萼花臂尾轮虫和无节幼体。2018 年以桡足类为主，占总密度的 81.25％，主要优势物种为无节幼体。2019 年轮虫密度占总密度的 92.85％，优势物种为萼花臂尾轮虫。

如图 8.195 所示，黄河整体上以轮虫为主。2014 年主要优势物种为角突臂尾轮虫和螺形龟甲轮虫。2015 年以桡足类为主，主要优势物种为锯缘真剑水蚤。2016 年则主要以萼花臂尾轮虫和角突臂尾轮虫为主。

如图 8.196 所示，徒骇河整体上以轮虫为主。2014 年轮虫密度达到浮游动物总

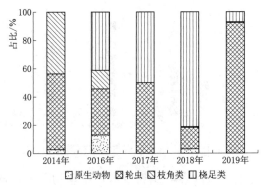

图 8.194　大沙河浮游动物密度变化

密度的 79.85%，主要优势物种为萼花臂尾轮虫和角突臂尾轮虫。2015 年轮虫密度占浮游动物总密度的 47.33%，枝角类占 46.32%，主要优势物种为卜氏晶囊轮虫和裸腹溞。2016 年轮虫密度占总密度的 75.75%，主要优势物种为萼花臂尾轮虫和矩形臂尾轮虫。2017 年只有桡足类和轮虫两种，桡足类密度占 94.83%，主要优势物种为桡足幼体。2018 年轮虫密度占总密度的 98.704%，主要优势物种为螺形龟甲轮虫和曲腿龟甲轮虫。2019 年轮虫密度占总密度的 90.96%，优势物种为萼花臂尾轮虫。

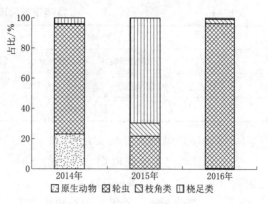

图 8.195 黄河浮游动物密度变化

如图 8.197 所示，2014 年汇河以轮虫和原生动物为主，优势物种为冠沙壳虫和卵形彩胃轮虫。2015 年则以萼花臂尾轮虫和桡足幼体为主。

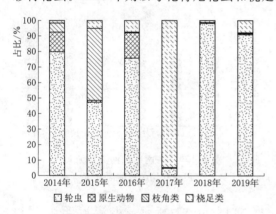

图 8.196 徒骇河浮游动物密度变化

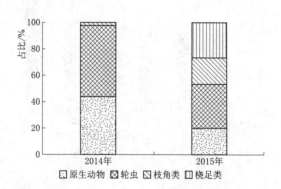

图 8.197 汇河浮游动物密度变化

按照浮游动物现存量分析，丰度小于 1000 个/L 为贫营养，1000～3000 个/L 为中营养，大于 3000 个/L 为富营养。济南各河流浮游动物现存量分析结果见表 8.43，除黄河水体为中营养外，其他水体都呈现贫营养。并未出现富营养的水域。

表 8.43   济南市各河流丰度营养水平

采样点位	营养水平	采样点位	营养水平
小清河	贫营养	黄河	中营养
玉符河	贫营养	徒骇河	贫营养
大沙河	贫营养	汇河	贫营养

由表 8.44 可以看出，济南市河流的浮游动物以轮虫为主，优势物种为萼花臂尾轮虫、桡足幼体、曲腿龟甲轮虫。这些优势常见物种多为富营养或中度富营养指示种，而且大多耐污较强，能在有机质含量较低、溶解氧浓度较低的环境中生存。其中萼花臂尾轮虫的污染等级属于 β-α 中污型，曲腿龟甲轮虫为 α-β 中污型。

表 8.44　　　　　　　　　　　　济南市各河流优势物种

采样点位	优 势 物 种	采样点位	优 势 物 种
小清河	微型裸腹溞、萼花臂尾轮虫	黄河	萼花臂尾轮虫
玉符河	曲腿龟甲轮虫、矩形龟甲轮虫	徒骇河	远东裸腹溞、卜氏晶囊轮虫
大沙河	桡足幼体	汇河	桡足幼体

3. 河流浮游动物多样性变化

选用浮游动物多样性通用计算指标 Shannon-Wiener 多样性指数（H'）、Pielou 均匀度指数（E）和 Margalef 丰富度指数（M）。济南市各河流浮游动物多样性指数如图 8.198～图 8.200 所示，历年浮游动物平均 Shannon-Wiener 指数最大的是汇河，为 2.1591；最小的是黄河，为 1.2966。历年浮游动物平均 Pielou 均匀度指数最大的是汇河，为 0.8546；最小的是徒骇河，为 0.6249。历年浮游动物平均 Margalef 丰富度指数最大的是徒骇河，为 2.8517；最小的是黄河，为 0.9056。

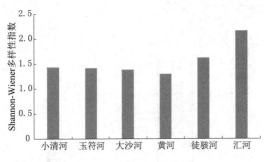

图 8.198　济南市各河流浮游动物
Shannon-Wiener 多样性指数汇总

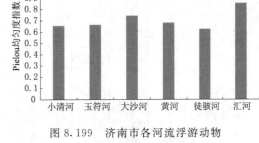

图 8.199　济南市各河流浮游动物
Pielou 均匀度指数汇总

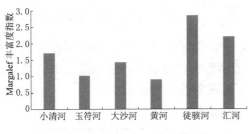

图 8.200　济南市各河流浮游动物
Margalef 丰富度指数汇总

如图 8.201 所示，小清河浮游动物 Shannon-Wiener 多样性指数范围是 0.4730～1.7313，平均值为 1.4348；Pielou 均匀度指数范围是 0.197～0.9591，平均值为 0.6453；Margalef 丰富度指数范围是 0～4.706，平均值为 1.7133。

如图 8.202 所示，玉符河浮游动物 Shannon-Wiener 多样性指数范围是 0.6365～2.1067，平均值为 1.4169；Pielou 均匀度指数范围是 0.2301～0.8279，平均值为 0.6636；Margalef 丰富度指数范围是 0～2.0887，平均值为 1.022。

如图 8.203 所示，大沙河浮游动物 Shannon-Wiener 多样性指数范围是 1.1205～1.6075，平均值为 1.384；Pielou 均匀度指数范围是 0.5242～0.8971，平均值为 0.7432；Margalef 丰富度指数范围是 0～3.4267，平均值为 1.4334。

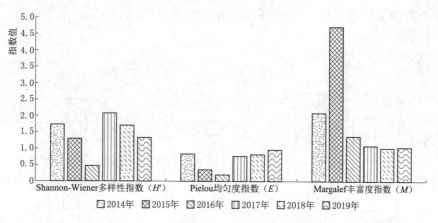

图 8.201　小清河历年浮游动物生物多样性

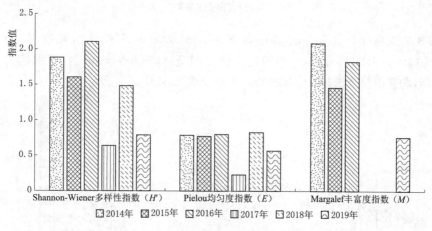

图 8.202　玉符河历年浮游动物生物多样性

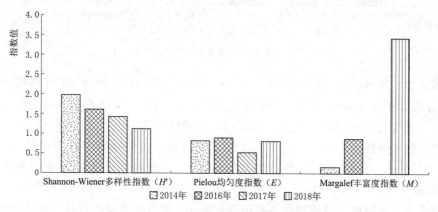

图 8.203　大沙河历年浮游动物生物多样性

　　如图 8.204 所示，黄河浮游动物 Shannon-Wiener 多样性指数范围是 1.095～1.497，平均值为 1.296；Pielou 均匀度指数范围是 0.527～0.8357，平均值为 0.6813；Margalef

丰富度指数范围是 0.7756~1.035，平均值为 0.9056。

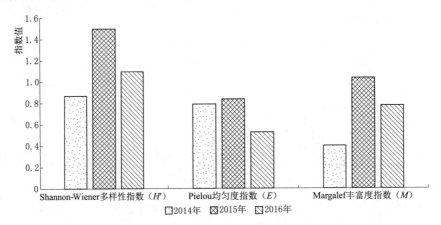

图 8.204　黄河历年浮游动物生物多样性

如图 8.205 所示，徒骇河浮游动物 Shannon-Wiener 多样性指数范围是 0.6485~2.699，平均值为 1.619；Pielou 均匀度指数范围是 0.2349~0.9010，平均值为 0.6249；Margalef 丰富度指数范围是 0~7.2042，平均值为 2.8517。

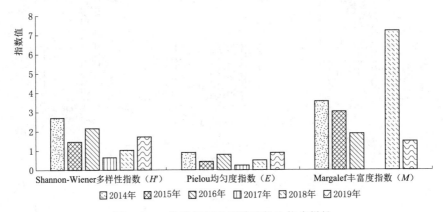

图 8.205　徒骇河历年浮游动物生物多样性

如图 8.206 所示，汇河浮游动物 Shannon-Wiener 多样性指数范围是 1.9875~2.463，平均值为 2.1591；Pielou 均匀度指数范围是 0.7531~0.8886，平均值为 0.8546；Margalef 丰富度指数范围是 1.4025~2.8962，平均值为 2.2045。

根据生物多样性分析结果（表 8.45）得出：济南市河流物种丰富度较低，但分布较为均匀，存在一定的污染，但污染的状态并不是十分严峻，大多属于 β-中污型或 β-中污型~清洁-寡污型。

在淡水生态系统中，浮游动物的作用很重要，其种类和数量会直接或间接地影响到其他较高级水生生物的分布和多样性。水中的化学元素含量有时会作为浮游动物动态趋势发展的预测因子，如在夏季氮磷含量往往与浮游动物种群动态密切相关，随着氮磷含量的下降，浮游动物可能会达到高密度。济南市的河段由于各种附属水体和生活污水的汇入，水

表 8.45　　　　　　　　　　　济南市各河流浮游动物多样性污染评定

采样点位	Shannon-Wiener 多样性指数	Pielou 均匀度指数	Margalef 丰富度指数
小清河	β-中污型	清洁-寡污型	α-中污型
玉符河	β-中污型	清洁-寡污型	α-中污型
大沙河	β-中污型	清洁-寡污型	α-中污型
黄河	β-中污型	清洁-寡污型	α-中污型
徒骇河	β-中污型	清洁-寡污型	α-中污型
汇河	β-中污型	清洁型	α-中污型

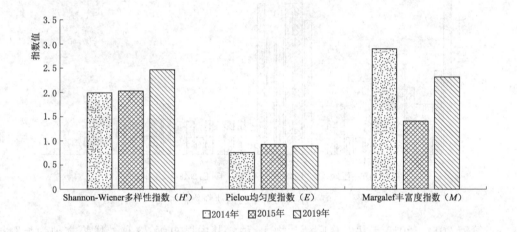

图 8.206　汇河历年浮游动物生物多样性

体中的有机质不断累积增加，随着河水本身自净能力与其他水源的汇入，在同一条河流上形成了浮游动物的多样性，即同一条河流中物种种类既有清水型种类又有污水型种类，但是在河流整体上，无论是物种种类还是物种密度均以污水型种类为主。

　　根据济南市各河流浮游动物的特点可以看出，济南市主要以耐污能力较强的轮虫为主，偶尔也会有耐有机污染的原生动物，浮游甲壳类出现较少，虽然近年来浮游动物的种类和密度又有所增加，但河流仍然存在中度污染的情况。一般情况下，浮游动物种类增多、密度降低意味着水质好转，当种类减少，种群密度特别是少数优势种的密度升高，则表示水质恶化。济南市水体营养程度偏高，水体污染源主要来自工业生产和生活污水。浮游动物一般不具有游泳能力或游泳能力微弱，无法抵抗水流，但他们具有较强的散布能力，他们的休眠卵或者孢囊可以帮助他们在不适宜的生存环境中生存，也可以被水鸟、昆虫、鱼类或其他动物带到较远的地区。在静止的水体或者与外界接触交换较少的水体，浮游动物的流动性较差，而在流速较大的河流中，浮游动物的密度较低，随着河流的流动和泥沙的流动，浮游动物密度会降低甚至消失。

8.3.3　河流底栖动物水生生物群落结构特征

1. 河流底栖动物物种组成

小清河 2014—2019 年共发现底栖动物 43 种，其中昆虫纲 18 种，优势物种为溪流摇蚊；软甲纲 4 种，以秀丽白虾为主；腹足纲 13 种，以拟沼螺为主；瓣鳃纲 2 种，优势物种为河蚬；寡毛纲 3 种，优势物种为克拉伯水丝蚓；蛭纲 3 种。2014 年主要为昆虫纲，共有 12 种，2015—2019 年均以腹足纲为主，如图 8.207 所示。

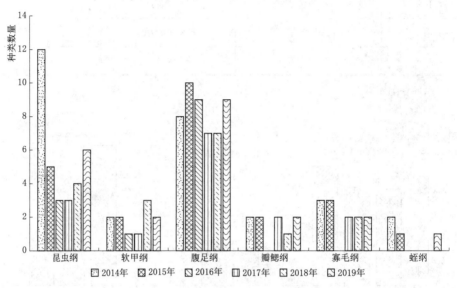

图 8.207　小清河历年底栖动物物种种类

玉符河 2014—2019 年共发现底栖动物 47 种，其中昆虫纲 23 种，优势物种为长跗摇蚊、俊才齿斑摇蚊；软甲纲 4 种，以秀丽白虾为主；腹足纲 12 种，以狭萝卜螺为主；瓣鳃纲 3 种，优势物种为河蚬；寡毛纲 2 种，优势物种为霍甫水丝蚓；蛭纲 3 种，优势物种为韦氏白勃石蛭。玉符河的物种以腹足纲和昆虫纲为主，2014 年和 2015 年昆虫纲物种数量占多数，2016—2018 年以腹足纲为主，2019 年腹足纲和昆虫纲各有 8 种，如图 8.208 所示。

大沙河共发现底栖动物 22 种，其中昆虫纲 8 种，优势物种为苍白摇蚊、溪流摇蚊；软甲纲 6 种，以中华尺米虾为主；腹足纲 6 种，以狭萝卜螺、卵萝卜螺为主；寡毛纲 1 种，为克拉伯水丝蚓；蛭纲 1 种，为宽体金线蛭。大沙河的物种以腹足纲和昆虫纲为主，2014 年和 2016 年昆虫纲物种数量占多数；2017 年以腹足纲为主；2018 年以昆虫纲为主；2019 年只采集到 4 种底栖动物，其中软甲纲有 2 种，昆虫纲和蛭纲各 1 种。

黄河共发现底栖动物 4 种，昆虫纲 2 种，为分齿恩非摇蚊、喙隐摇蚊；软甲纲 2 种，为秀丽白虾和日本沼虾。2014 年发现昆虫纲 2 种，2015 年发现软甲纲 2 种，如图 8.209 所示。

徒骇河 2014—2019 年共发现底栖动物 40 种，其中昆虫纲 16 种，优势物种为溪流摇蚊、苍白摇蚊、喜盐摇蚊；软甲纲 4 种，以秀丽白虾为主；腹足纲 11 种，以豆螺为主；

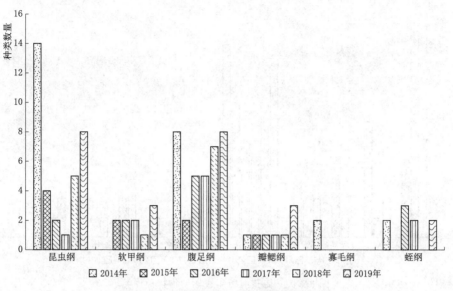

图 8.208　玉符河历年底栖动物物种种类

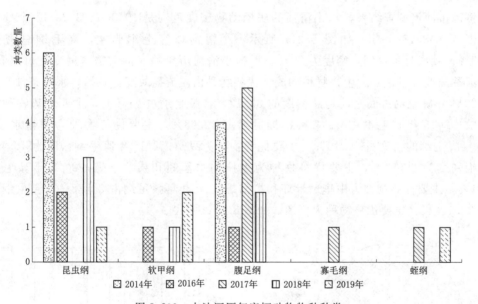

图 8.209　大沙河历年底栖动物物种种类

瓣鳃纲 3 种，优势物种为河蚬；寡毛纲 3 种，优势物种为克拉伯水丝蚓；蛭纲 3 种。徒骇河以腹足纲为主，2014 年昆虫纲有 11 种，腹足纲 9 种，2015—2019 年则均以腹足纲为主，如图 8.210 所示。

汇河共发现底栖动物 12 种，其中昆虫纲 3 种，优势物种为溪流摇蚊；软甲纲 2 种；腹足纲 5 种；以直缘耳萝卜螺、膀胱螺为主；寡毛纲 2 种。汇河 2014 年发现昆虫纲 1 种，腹足纲 3 种，寡毛纲 2 种；2015 年发现软甲纲 1 种，腹足纲 3 种，寡毛纲 1 种。

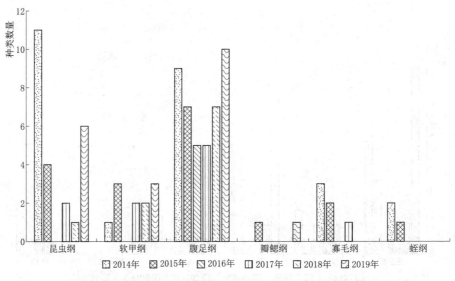

图 8.210　徒骇河历年底栖动物物种种类

2. 河流底栖动物密度分布

济南市河流调查结果显示小清河的底栖动物密度范围是 10.368～3023.75 个/L，平均密度为 748.28 个/L。如图 8.211 所示，小清河以寡毛纲为主，寡毛纲总密度为 38.88%；其次是腹足纲，密度为 28%。根据小清河历年的底栖动物密度变化可以看出，小清河逐渐改变了单一的生物物种构成，优势物种由溪流摇蚊变为豆螺，水质条件有所好转。2014 年寡毛纲占底栖动物总密度的 33.12%，腹足纲占 22.9%，主要优势物种为溪流摇蚊；2015 年寡毛纲占 51.42%，腹足纲占 40.68%，主要优势物种为霍甫水丝蚓；2016 年腹足纲的密度占 79.10%，主要优势物种为豆螺；2017 年寡毛纲密度为 48.43%，腹足纲密度为 29.91%，主要优势物种为克拉伯水丝蚓和狭萝卜螺；2018 年寡毛纲占 61.81%，主要优势物种为中华尺米虾和拟沼螺；2019 年腹足纲占 34.38%，昆虫纲的密度为 29.138%，主要优势物种为豆螺，如图 8.212 所示。

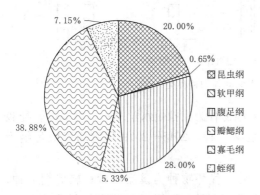

图 8.211　小清河底栖动物各纲分布

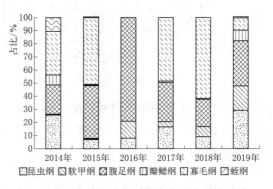

图 8.212　小清河底栖动物各纲历年分布变化

玉符河底栖动物密度范围是 12.18～2068.75 个/L，平均密度为 480.60 个/L。如图

8.213 所示,从整体看玉符河以昆虫纲为主,密度占底栖动物总密度的 55.91%,主要优势物种为长跗摇蚊。根据年度变化趋势看,玉符河的底栖动物由以昆虫纲为主向腹足纲为主过渡,2014 年昆虫纲占 59.53%,主要优势物种为俊才齿斑摇蚊和长跗摇蚊;2015 年昆虫纲占 67.03%,主要优势物种为浪突摇蚊;2016 年腹足纲占 63.61%,主要优势物种为狭萝卜螺;2017 年腹足纲占 83.78%,主要优势物种为狭萝卜螺;2018 年昆虫纲占 79.86%,主要优势物种为蚋科;2019 年腹足纲占 61.57%,主要优势物种为豆螺,如图 8.214 所示。

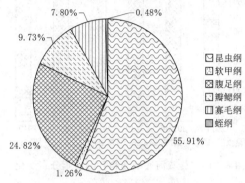

图 8.213　玉符河底栖动物各纲分布

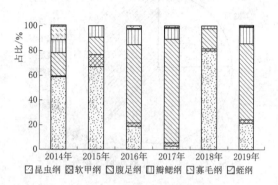

图 8.214　玉符河底栖动物各纲历年分布变化

大沙河浮游动物密度范围是 3~12575 个/L,平均密度为 1153.357 个/L。如图 8.215 所示,从整体看大沙河以昆虫纲为主,密度占底栖动物总密度的 93.2%,主要优势物种为溪流摇蚊。2014 年只有昆虫纲和腹足纲,以昆虫纲为主,优势物种为溪流摇蚊;2016 年以寡毛纲为主,优势物种为克拉伯水丝蚓;2017 年只有腹足纲和蛭纲,主要优势物种为狭萝卜螺和铜锈环棱螺;2018 年以昆虫纲为主,优势物种为蛭幼虫;2019 年只有昆虫纲,优势物种为溪流摇蚊,如图 8.216 所示。

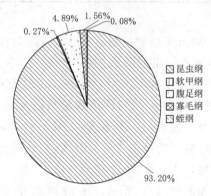

图 8.215　大沙河底栖动物各纲分布

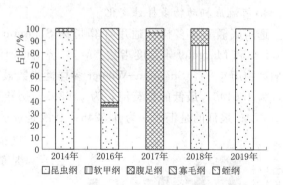

图 8.216　大沙河底栖动物各纲历年分布变化

黄河底栖动物平均密度为 73 个/L。黄河共发现 4 种底栖动物,昆虫纲为分齿恩非摇蚊和喙隐摇蚊,总密度为 50 个/L;软甲纲为秀丽白虾和日本沼虾,总密度为 96 个/L。

汇河底栖动物平均密度为 799.83 个/L,以腹足纲为主,优势物种为直缘耳萝卜螺,占底栖动物总密度的 32.7%。

徒骇河底栖动物密度范围是 12.129～3042.307 个/L，平均密度为 617.617 个/L。如图 8.217 所示，从整体看徒骇河以腹足纲和昆虫纲为主，密度分别占底栖动物总密度的 37.36％和 37.30％，主要优势物种为溪流摇蚊和拟沼螺。根据年度变化趋势看，玉符河的底栖动物由以昆虫纲为主向以腹足纲为主过渡，2014 年主要优势物种为溪流摇蚊；2015—2019 年均以腹足纲为主，主要优势物种为豆螺，如图 8.218 所示。

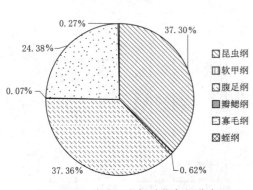

图 8.217　徒骇河底栖动物各纲分布

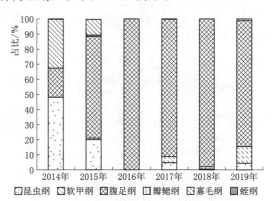

图 8.218　徒骇河底栖动物各纲历年分布变化

按照浮游动物现存量分析，丰度小于 1000 个/L 为贫营养，1000～3000 个/L 为中营养，大于 3000 个/L 为富营养。由表 8.46 可以得出济南市河流多属于贫营养水平。

表 8.46　　　　　　　　　　　　河流底栖动物营养水平

采样点位	营养水平	采样点位	营养水平
小清河	贫营养	黄河	贫营养
玉符河	贫营养	徒骇河	贫营养
大沙河	中营养	汇河	贫营养

3. 河流底栖动物多样性变化

选用底栖动物多样性通用计算指标 Shannon-Wiener 指数（H'）、Pielou 均匀度指数（E）和 Margalef 丰富度指数（M）。济南市河流调查结果如图 8.219～图 8.221 所示，底栖动物历年平均 Shannon-Wiener 多样性指数最高的是小清河，为 1.6647；其次是玉符河，为 1.6146；最低的是黄河，为 0.6092。历年平均 Pielou 均匀度指数最高的是黄河，为 0.879；最低的是汇河，为 0.5246；其次是徒骇河，为 0.58。历年平均 Margalef 丰富度指数最高的是小清河，为 2.447；最低的是黄河，为 0.2382。

如图 8.222 所示，小清河底栖动物 Shannon-Wiener 多样性指数范围是 1.0397～2.233，平均值为 1.6647；Pielou 均匀度指数范围是 0.5124～0.946，平均值为 0.7484；Margalef 丰富度指数范围是 1.9026～3.4954，平均值为 2.4478。

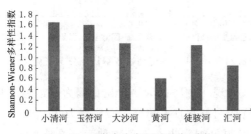

图 8.219　济南市各河流底栖动物 Shannon-Wiener 多样性指数汇总

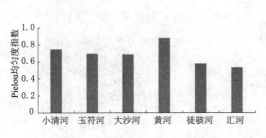

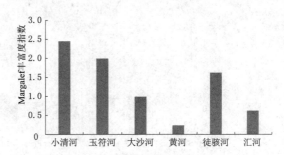

图 8.220　济南市各河流底栖动物
Pielou 均匀度指数汇总

图 8.221　济南市各河流底栖动物
Margalef 丰富度指数汇总

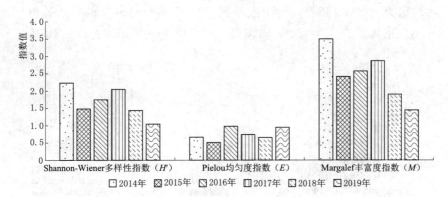

图 8.222　小清河底栖动物生物多样性历年变化

如图 8.223 所示，玉符河底栖动物 Shannon-Wiener 多样性指数范围是 0.4505～2.4757，平均值为 1.6146；Pielou 均匀度指数范围是 0.488～0.8389，平均值为 0.6967；Margalef 丰富度指数范围是 0.5581～3.4078，平均值为 1.994。

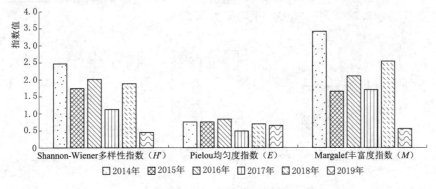

图 8.223　玉符河底栖动物生物多样性历年变化

如图 8.224 所示，大沙河底栖动物 Shannon-Wiener 多样性指数范围是 0.957～1.524，平均值为 1.268；Pielou 均匀度指数范围是 0.4965～0.8505，平均值为 0.6876；Margalef 丰富度指数范围是 0.7788～1.1545，平均值为 0.988。

如图 8.225 所示，徒骇河底栖动物 Shannon-Wiener 多样性指数范围是 0.3767～

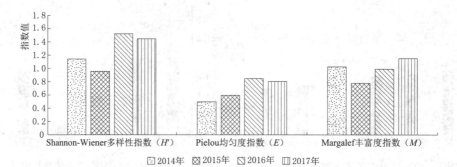

图 8.224　大沙河底栖动物生物多样性历年变化

2.2623，平均值为 1.233；Pielou 均匀度指数范围是 0.4861～0.6864，平均值为 0.58；Margalef 丰富度指数范围是 0.4808～3.3168，平均值为 1.6207。

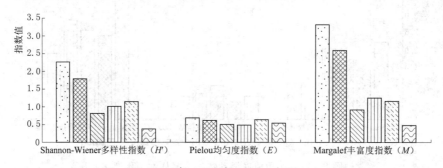

图 8.225　徒骇河底栖动物生物多样性历年变化

如图 8.226 所示，黄河底栖动物 Shannon-Wiener 多样性指数范围是 0.5868～0.6316，平均值为 0.6092；Pielou 均匀度指数范围是 0.8467～0.911，平均值为 0.8790；Margalef 丰富度指数范围是 0.2195～0.2569，平均值为 0.2382。

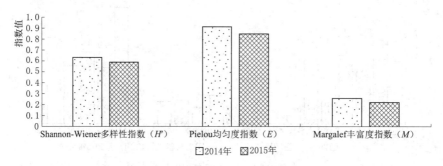

图 8.226　黄河底栖动物生物多样性历年变化

如图 8.227 所示，汇河底栖动物 Shannon-Wiener 多样性指数范围是 0.3805～1.399，平均值为 0.849；Pielou 均匀度指数范围是 0.3463～0.7811，平均值为 0.5346；Margalef 丰富度指数范围是 0.5983～0.6569，平均值为 0.6195。

根据生物多样性分析结果（表 8.47）得出：济南市河流物种丰富度较低，但分布较

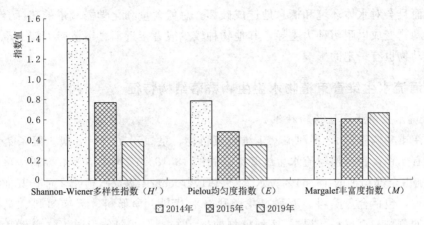

图 8.227　汇河底栖动物生物多样性历年变化

为均匀，存在一定的污染，但污染的状态并不是十分严峻，大多属于 β-中污型或 β-中污型～清洁-寡污型。

表 8.47　　　　　　　　　　　济南市河流底栖动物多样性污染水平判定

采样点位	Shannon-Wiener 指数	Pielou 均匀度指数	Margalef 丰富度指数
小清河	β-中污型	α-中污型	α-中污型
玉符河	β-中污型	β-中污型	α-中污型
大沙河	β-中污型	β-中污型	α-中污型
黄河	α-中污型	清洁-寡污型	α-中污型
徒骇河	β-中污型	β-中污型	α-中污型
汇河	α-中污型	清洁-寡污型	α-中污型

　　济南市各河流底栖动物现存量分析结果显示，除大沙河水体为中营养外，其他水体都呈现贫营养，并未出现富营养的水域。济南市河流的大型底栖动物以摇蚊幼虫和黏附者等耐污物种为主，春季由于温度变化和河流的季节性河水流量变化的影响，大型底栖动物中的摇蚊幼虫正处于繁殖期，随着幼虫正常的死亡与被其他物种捕食，夏季和秋季的密度逐渐减少。济南地区的河流水量较少，流速也较为缓慢，周边的生产生活废水排进河流，造成污染物或有机物的堆积，导致河流中底栖动物的多样性降低。

　　与此同时，人类活动的干扰已经导致河流污染负荷提高，水生生物栖息地被破坏，这些都是引起底栖动物群落结果分布变化的主要原因。城镇化的发展导致不透水地表面积增加，城镇的土壤保水能力和透水性变差，这就使得很多污染成分不能随水下渗，直接由地表径流将污染物带进了河道，对河流生态环境造成了明显的污染冲击。在河流的源头或人类活动较少的地区，受到人为干扰较少，水质和生境条件较好，因此也具有更多的栖息地，底栖动物的物种种类也会相应地增加；在河流上游到下游的延伸过程中，河流受到不同程度的人为干扰，包括修建水库大坝、采砂、排污等，都会影响底栖动物的多样性，从上游到下游物种多样性出现下降的趋势。人类活动严重的区域不仅底栖动物结构单一或者不存在，而且会对水体环境和栖息地造成破坏。总氮含量和化学需氧量的超标会导致水体中的底栖动物变成以耐污种为主导，其他物种较少或者接近消亡。济南河流的季节性断流对于底栖动物也有一定的影响。

8.3.4　河流水生维管束植物水生生物群落结构特征

1. 河流水生维管束植物物种组成

在济南市共调查到 22 种河流水生维管束植物，隶属于 14 科 18 属。眼子菜科植物种类最多，有 4 种，占全部河流水生维管束植物的 18.18%；其次是禾本科和莎草科，均有 3 种，分别占全部物种的 13.64%；水鳖科（Hydrocharitaceae）植物 2 种；其他科的植物均只有 1 种，包括金鱼藻科、蓼科、龙胆科、毛茛科、伞形科、天南星科、苋科、香蒲科、小二仙草科和鸢尾科。根据 22 种植物的生活方式，可划分为湿生、水生和中生植物三类。水生植物种类最多，有 11 种，占全部物种的 50%；其次为湿生植物，有 8 种，占全部物种的 36.36%，如扁秆藨草、水葱、菖蒲、喜旱莲子草、芦苇和石龙芮等；中生植物种类最少，有 3 种，占全部物种的 13.64%，包括狗牙根、野胡萝卜和齿果酸模。11 种水生植物可以分为挺水、浮叶和沉水植物三类，其中沉水植物种类最多，有 8 种，占全部水生植物的 72.73%，包括黑藻（Hydrilla verticillata）、穗状狐尾藻、金鱼藻、苦草（Vallisneria natans）、篦齿眼子菜（Potamogeton pectinatus）、线叶眼子菜（Potamogeton pusillus）、竹叶眼子菜和菹草；挺水植物 2 种，分别是菰（Zizania latifolia）和狭叶香蒲；浮叶植物仅有荇菜 1 种。

2. 河流水生维管束植物盖度分布

济南市河流水生维管束植物物种丰富，盖度较高。陈屯桥和睦里庄的水生维管束植物盖度分别是 99% 和 96%，以喜旱莲子草为优势种。菜市新村、太平镇、垛石街、刘家堡桥和刘胜桥的河流水生维管束植物以沉水植物为主，且具有较高的盖度，其中黑藻的盖度为 37%～80%，菹草的盖度为 46%～71%，穗状狐尾藻的盖度为 15%～60%，篦齿眼子菜的盖度为 2%～43%，苦草的盖度为 57%。付家桥和站里桥河流水生维管束植物以湿生植物为主，具有较高的盖度，其中芦苇的盖度为 52%～60%，狗牙根的盖度为 24%～35%，喜旱莲子草的盖度为 47%，水葱的盖度为 31%，狭叶香蒲的盖度为 15%～17%，黄花鸢尾的盖度为 10%。

3. 河流水生维管束植物多样性变化

济南市河流水生维管束植物调查样点中有 9 个点位生长有水生维管束植物（表8.48），其中睦里庄、刘家堡桥和刘胜桥水生维管束植物的 Margalef 丰富度指数仅为 1。通过计算其他 6 个点位的多样性指数，发现付家桥和站里桥的河流水生维管束植物多样性最高，其 Margalef 丰富度指数、Simpson 优势度指数、Shannon-Wiener 多样性指数和Pielou 均匀度指数范围分别是 6～9、0.76～81、1.56～1.79 和 0.81～0.87。其次是太平镇，其 Margalef 丰富度指数、Simpson 优势度指数、Shannon-Wiener 多样性指数和 Pielou 均匀度指数分别是 4、0.56、0.94 和 0.77。陈屯桥的河流水生维管束植物多样性最低，其Margalef 丰富度指数、Simpson 优势度指数、Shannon-Wiener 多样性指数和 Pielou 均匀度指数分别是 2、0.01、0.03 和 0.05。

表 8.48   济南市各河流水生维管束植物多样性变化

序号	样点名称	Margalef 丰富度指数	Simpson 优势度指数	Shannon-Wiener 多样性指数	Pielou 均匀度指数
1	陈屯桥	2	0.01	0.03	0.05
2	睦里庄	1	—	—	—
3	西门桥	2	0.49	0.68	0.98
4	太平镇	4	0.56	0.94	0.77
5	垛石街	3	0.32	0.56	0.51
6	刘家堡桥	1	—	—	—
7	刘胜桥	1	—	—	—
8	付家桥	6	0.76	1.56	0.87
9	站里桥	9	0.81	1.79	0.81

注 表中不包括无水生维管束植物生长的样点。

8.3.5 河流鱼类水生生物群落结构特征

1. 河流鱼类物种组成

济南市各河流鱼类种类数目汇总如图 8.228 所示，河流鱼类物种以鲤形目为主，其中小清河共有鱼类 33 种，分别为鲤形目 23 种，鲇形目 2 种，鲈形目 6 种，颌针鱼目 1 种，合鳃鱼目 1 种；玉符河共有鱼类 42 种，分别为鲤形目 30 种，鲇形目 3 种，鲈形目 7 种，颌针鱼目 1 种，合鳃鱼目 1 种；大沙河共有鱼类 20 种，分别为鲤形目 14 种，鲇形目 1 种，鲈形目 3 种，颌针鱼目 1 种，合鳃鱼目 1 种；黄河共有鱼类 17 种，分别为鲤形目 12 种，鲇形目 2 种，鲈形目 3 种；徒骇河共有鱼类 29 种，

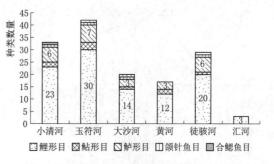

图 8.228 济南市各河流鱼类种类数目汇总

分别为鲤形目 20 种，鲇形目 1 种，鲈形目 6 种，颌针鱼目 1 种，合鳃鱼目 1 种；牟汶河共有鱼类 15 种，分别为鲤形目 10 种，鲈形目 3 种，颌针鱼目 1 种，合鳃鱼目 1 种；汇河共有鱼类 3 种，均为鲤形目。济南市河流各年份鱼类物种种类数目详情见表 8.49。

表 8.49   济南市各河流各年份鱼类物种种类数

年份	小清河	玉符河	大沙河	黄河	徒骇河	汇河
2014	4	19		10	9	
2015	8	17		6	11	
2016	14	20	7	8	15	
2017	15	23			18	
2018	15	18	11		8	
2019	23	25	8		16	3

2. 河流鱼类密度分布

济南市各河流鱼类密度汇总如图 8.229 所示，徒骇河鱼类密度最高，为 615.84 条/m³；最低的是小清河和汇河，密度分别是 14.46 条/m³ 和 16 条/m³。

如图 8.230 所示，小清河鲤形目占物种总密度的 86.66%，优势物种为鲫。

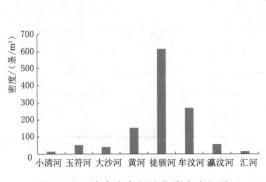

图 8.229　济南市各河流鱼类密度汇总

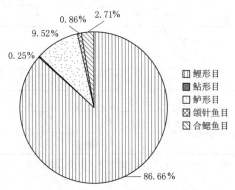

图 8.230　小清河鱼类各目所占比

如图 8.231 所示，玉符河鲤形目占物种总密度的 78.32%，主要优势物种为泥鳅。

如图 8.232 所示，大沙河鲤形目占物种总密度的 85.09%，优势物种为鲫。

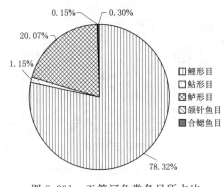

图 8.231　玉符河鱼类各目所占比

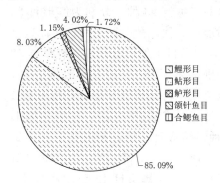

图 8.232　大沙河鱼类各目所占比

如图 8.233 所示，黄河鲤形目占物种总密度的 92.83%，优势物种为泥鳅。

如图 8.234 所示，徒骇河鲤形目占物种总密度的 76.08%，主要优势物种为鲫。

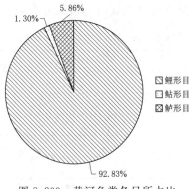

图 8.233　黄河鱼类各目所占比

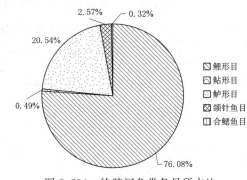

图 8.234　徒骇河鱼类各目所占比

　　各河流鱼类密度变化如图 8.235～图 8.238 所示，小清河、大沙河、徒骇河的鱼类密度正在稳定上升，鱼类生物量增加，玉符河虽然有所波动，但相对于前几年来说，也呈现了好转趋势。

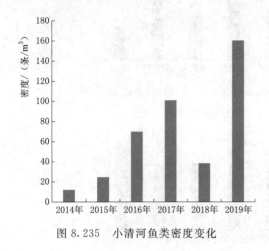

图 8.235　小清河鱼类密度变化

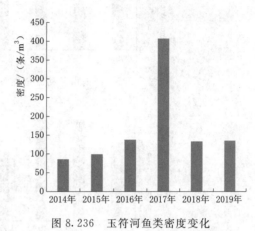

图 8.236　玉符河鱼类密度变化

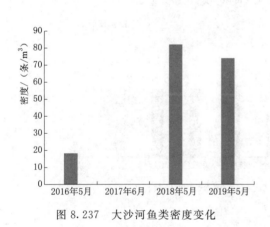

图 8.237　大沙河鱼类密度变化

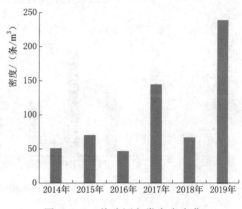

图 8.238　徒骇河鱼类密度变化

3. 河流鱼类多样性变化

　　选用鱼类多样性通用计算指标 Shannon-Wiener 多样性指数（H'）、Pielou 均匀度指数（E）和 Margalef 丰富度指数（M）。济南市各河流多样性指数如图 8.239～图 8.241 所示，历年鱼类平均 Shannon-Wiener 多样性指数最高的是玉符河，为 2.3324；最低的是汇河，为 0.755。平均 Pielou 均匀度指数最高的是黄河，为 0.7794；其次是玉符河，为 0.7791；最低的是大沙河，为 0.536。平均 Margalef 丰富度指数最高的是玉符河，为 2.7569；最低的是汇河，为 0.4402。

　　如图 8.242 所示，小清河鱼类 Shannon-Wiener 多样性指数范围是 0.231～2.465，平均值为 1.5585；Pielou 均匀度指数范围是 0.16689～0.7864，平均值为 0.6093；Margalef 丰富度指数范围是 0.4434～2.8934，平均值为 1.670。

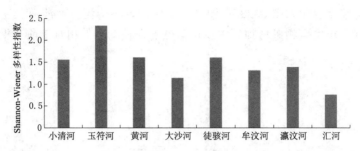

图 8.239　济南市各河流鱼类 Shannon-Wiener 多样性指数汇总

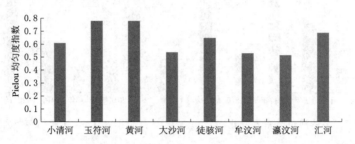

图 8.240　济南市各河流鱼类 Pielou 均匀度指数汇总

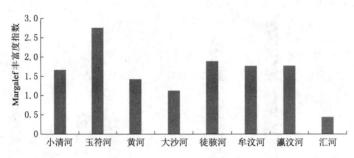

图 8.241　济南市各河流鱼类 Margalef 丰富度指数汇总

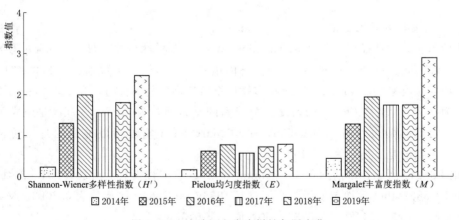

图 8.242　小清河鱼类多样性年际变化

如图 8.243 所示，玉符河鱼类 Shannon-Wiener 多样性指数范围是 2.0831～2.5866，平均值为 2.3324；Pielou 均匀度指数范围是 0.7265～0.8538，平均值为 0.7791；Margalef 丰富度指数范围是 2.2828～3.211，平均值为 2.7569。

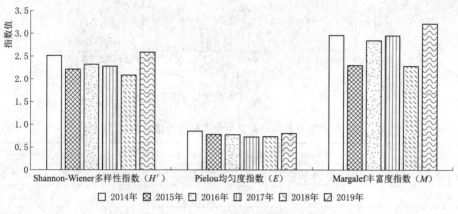

图 8.243　玉符河鱼类多样性年际变化

黄河鱼类 Shannon-Wiener 多样性指数范围是 1.2738～1.944，平均值为 1.6104；Pielou 均匀度指数范围是 0.5532～0.9，平均值为 0.7794；Margalef 丰富度指数范围是 1.1545～1.7297，平均值为 1.4295。

汇河鱼类 Shannon-Wiener 多样性指数是 0.755，Pielou 均匀度指数是 0.6872，Margalef 丰富度指数是 0.4402。

如图 8.244 所示，徒骇河鱼类 Shannon-Wiener 多样性指数范围是 1.250～2.005，平均值为 1.607；Pielou 均匀度指数范围是 0.4619～0.837，平均值为 0.6481；Margalef 丰富度指数范围是 1.140～2.4595，平均值为 1.8932。

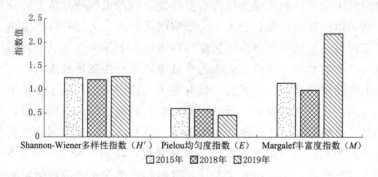

图 8.244　徒骇河鱼类多样性年际变化

如图 8.245 所示，大沙河鱼类 Shannon-Wiener 多样性指数范围是 0.9932～1.255，平均值为 1.1444；Pielou 均匀度指数范围是 0.477～0.608，平均值为 0.536；Margalef 丰富度指数范围是 0.9013～1.3992，平均值为 1.1252。

根据生物多样性分析结果（表 8.50）得出：济南市河流存在一定的污染，但污染的状态并不是十分严峻，大多属于 β-中污型或 β-中污型～清洁-寡污型。

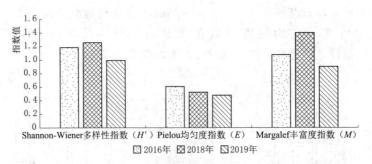

图 8.245 大沙河鱼类多样性年际变化

表 8.50   济南市各河流鱼类生物多样性污染分析

采样点位	Shannon-Wiener 多样性指数	Pielou 均匀度指数	Margalef 丰富度指数
小清河	β-中污型	清洁-寡污型	α-中污型
玉符河	β-中污型	清洁-寡污型	α-中污型
黄河	β-中污型	清洁-寡污型	α-中污型
大沙河	β-中污型	清洁-寡污型	α-中污型
徒骇河	β-中污型	清洁-寡污型	α-中污型
牟汶河	β-中污型	清洁-寡污型	α-中污型
瀛汶河	β-中污型	清洁-寡污型	α-中污型
汇河	α-中污型	清洁-寡污型	α-中污型

　　鱼类的生活史过程与河流的自然水文节律密切相关，部分鱼类对于河流污染、温度变化等都较为敏感。济南市的社会经济发展速度较快，快速的城市化过程给河流带来巨大的生态压力。济南市水资源短缺，河流渠道化，出现季节性断流、水环境污染等现象在早年尤为突出，使河流生态系统和水生生物群落多样性受到严重威胁。鱼类的分布受到水环境质量和人类活动的影响较为严重。在无人为影响的条件下，河流可以提供更多的生境以维持更多的鱼类多样性，因此鱼类群落生物多样性表现从上游山区到过渡区再到城镇区都有所不同。在河床以大石块和大块卵石为主的水域里，或在生态环境受到人类影响较小的山区，鱼类群落的空间格局相对比较完整，具有更多的喜清洁型和山溪型鱼类；而在河流与城区过渡区域，河流生态环境复杂，受到人类活动的影响，河流速度减缓，水体也出现了浑浊，生境的复杂性使得水体中同时兼有山溪型鱼类和能适应城市河流的鱼类，一定程度上也增加了鱼类的种类。当河流进入城镇，水速减慢，出现了较为严重的河流污染现象，并且受到人类活动的影响，生境也较为单一，以耐污鱼类为主，物种数量和密度也较少。

　　与湖泊、水库等净水系统不同，河流生态系统的水文条件、水位条件等因受到季节性干旱和洪涝的影响，往往具有更高的季节动态，这对于局域内鱼类群落的组成和水量产生了重要的影响。河流鱼类的物种组成和分布不仅取决于河带内的水文条件、理化条件或者栖息地环境等，还受到整个集水区地形地貌、景观特征等的影响。集水区的景观特征会影响溪流水源的补给，对营养、矿物质和沉积物等物质的输入产生影响，从而影响河流生态系统的水流状况、营养水平、沉积和冲刷水平等。在河流落差较大、水流较急的水域会出现宽鳍鱲这种较为典型的急流型物种；在平原河流地区，河流落差小，水流较为平缓，则更容易出现鲫和似鳊等优势物种。

8.3.6　河流河岸带植被水生生物群落结构特征

1. 河流河岸带植被物种组成

济南市河流共记录到河岸带植物 39 种，隶属于 18 科 33 属。其中禾本科植物种类最多，有 7 种，占全部河岸带植物的 17.95%；其次是蓼科植物，共 5 种，占全部物种的 12.82%；菊科和十字花科具有 4 种植物，分别占全部物种的 10.26%；藜科、伞形科、桑科、莎草科和玄参科各有 2 种植物；其他科的植物均只有 1 种，包括唇形科（Labiatae）、豆科（Leguminosae）、毛茛科、蔷薇科（Rosaceae）、石竹科（Caryophyllaceae）、天南星科、苋科、香蒲科和鸢尾科。根据 39 种河岸带植物的生活方式，可划分为湿生、水生和中生植物三类。中生植物种类最多，有 20 种，占全部河岸带植物的 51.28%，如地笋（Lycopus lucidus）、鹅观草（Roegneria kamoji）、狗牙根、看麦娘（Alopecurus aequalis）、灰绿藜（Chenopodium glaucum）、葎草（Humulus scandens）和朝天委陵菜等；湿生植物 17 种，占全部物种的 43.59%，如芦苇、茵草、沼生蔊菜、菖蒲、萹蓄、水芹（Oenanthe javanica）、翼果薹草（Carex neurocarpa）、水蓼（Polygonum hydropiper）和水苦荬等；水生植物种类最少，仅包括豆瓣菜（Nasturtium officinale）和狭叶香蒲 2 种。

2. 河流河岸带植被盖度分布

济南市河流河岸带植被盖度空间差异较大。北全福庄、西门桥、菜市新村和梁府庄的河流河岸带硬化，无植被生长。北大沙河入黄河口和营子闸处的河岸带植被稀疏，盖度约为 5%。其他河流河岸带植被盖度较高，多数河流的河岸带植被具有明显的优势群落。狗牙根优势群落主要分布在并渡口、宅科、五龙堂、太平镇、张公南临和莱芜，盖度为 46%～100%；芦苇优势群落主要分布在吴家铺、陈屯桥、睦里庄、明辉路桥、刘家堡桥、刘胜桥和西下游，盖度为 40%～100%；水芹优势群落主要分布在并渡口；狭叶香蒲优势群落主要分布在陈屯桥和莱芜，盖度为 60%～92%；茵草优势群落主要分布在宅科和王家洼，盖度为 72%～81%；扁秆藨草优势群落主要分布在张公南临、刘家堡桥和刘胜桥，盖度为 65%～90%；菖蒲优势群落主要分布在黄台桥，盖度为 85%。巨野河河岸带植被物种丰富，无明显优势种，总盖度达 90% 以上。

3. 河流河岸带植被多样性变化

济南市河流河岸带调查样点中有 14 个点位的 Margalef 丰富度指数大于 1。通过计算该 14 个点位的多样性指数，发现巨野河河岸带植物多样性最高，其 Margalef 丰富度指数、Simpson 优势度指数、Shannon-Wiener 多样性指数和 Pielou 均匀度指数分别是 10、0.78、1.80 和 0.80。北大沙河入黄河口、宅科、吴家铺、黄台桥和王家洼也具有较高的多样性，其 Margalef 丰富度指数、Simpson 优势度指数、Shannon-Wiener 多样性指数和 Pielou 均匀度指数范围分别是 5～6、0.45～0.57、0.91～1.16 和 0.57～0.72。刘家堡桥和刘胜桥河岸带植被多样性较低，其 Margalef 丰富度指数、Simpson 优势度指数、Shannon-Wiener 多样性指数和 Pielou 均匀度指数范围分别是 2～3、0.10～0.26、0.21～

0.48 和 0.31～0.54。各河流河岸带植被多样性指数见表 8.51。

表 8.51　　　　　　　　　　　济南市各河流河岸带植被多样性指数

序号	样点名称	Margalef 丰富度指数	Simpson 优势度指数	Shannon-Wiener 多样性指数	Pielou 均匀度指数
1	并渡口	6	0.45	0.79	0.50
2	宅科	6	0.53	1.02	0.59
3	北大沙河入黄河口	5	0.57	1.16	0.72
4	吴家铺	5	0.48	0.99	0.58
5	睦里庄	6	0.36	0.77	0.48
6	黄台桥	6	0.45	0.91	0.57
7	巨野河	10	0.78	1.80	0.80
8	五龙堂	3	0.29	0.50	0.45
9	张公南临	2	0.44	0.63	0.91
10	刘家堡桥	2	0.10	0.21	0.31
11	刘胜桥	3	0.26	0.48	0.54
12	莱芜	4	0.27	0.51	0.52
13	西下游	5	0.32	0.69	0.43
14	王家洼	6	0.48	0.98	0.60

注　表中不包括无植被或仅有 1 种植物生长的样点。

8.4　泉水水生生物群落结构特征

8.4.1　泉水浮游植物水生生物群落结构特征

1. 泉水浮游植物物种组成

趵突泉 2014 年、2015 年仅发现缢缩异极藻 1 种，密度为 1.316 万个/L，属于硅藻门。2016 年发现硅藻门 7 种，分别为颗粒直链藻、舟形藻、瞳孔舟形藻、头端舟形藻、缢缩异极藻、肘状针杆藻和尖针杆藻，总密度为 708.785 万个/L；隐藻门 1 种，为卵形隐藻，密度为 17.095 万个/L；蓝藻门 1 种，为小席藻，密度为 55.23 万个/L。2017 年发现硅藻门 8 种，分别为变异直链藻、颗粒直链藻、放射舟形藻、简单舟形藻、钝脆杆藻、膨大桥弯藻、著名羽纹藻和普通等片藻，总密度为 81.53 万个/L；绿藻门 1 种，为双对栅藻，密度为 236.7 万个/L；蓝藻门 1 种，为小颤藻，密度为 157.8 万个/L。

百脉泉共发现浮游植物 11 种，其中硅藻门 4 种，密度共计 100.016 万个/L；绿藻门 4 种，密度共计 436.912 万个/L；隐藻门 2 种，密度共计 747.488 万个/L；金藻门 1 种，为锥囊藻，密度为 431.648 万个/L。

书院泉共发现浮游植物 11 种，其中硅藻门 10 种，密度共计 73.696 万个/L；黄藻门

1 种，密度为 21.056 万个/L。

济南市泉水以硅藻门和隐藻门为主，隐藻门占优势代表中营养水体，硅藻门代表营养～轻营养水体，济南市泉水水体呈现轻度营养化，水质总体较好。

2. 泉水浮游植物多样性变化

选用浮游植物多样性通用计算指标 Shannon-Wiener 多样性指数（H'）、Pielou 均匀度指数（E）和 Margalef 丰富度指数（M）。济南市各泉水浮游植物多样性指数如图 8.246～图 8.248 所示。历年浮游植物平均 Shannon-Wiener 多样性指数最高的是书院泉，为 2.2368；最低的是趵突泉，为 0.9628。历年平均 Pielou 均匀度指数最高的是书院泉，为 0.9328；最低的是趵突泉，为 0.3866。历年平均 Margalef 丰富度指数最高的是书院泉，为 2.2168；最低的是百脉泉，为 1.343。

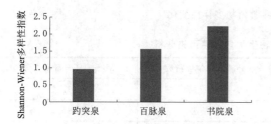

图 8.246　济南市各泉水浮游植物 Shannon-Wiener 多样性指数汇总

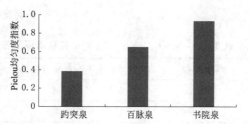

图 8.247　济南市各泉水浮游植物 Pielou 均匀度指数汇总

趵突泉浮游植物 Shannon-Wiener 多样性指数范围是 0～1.695，平均值为 0.962；Pielou 均匀度指数范围是 0.23～0.77，平均值为 0.386；Margalef 丰富度指数范围是 0～4.841，平均值为 1.8767。

百脉泉浮游植物 Shannon-Wiener 多样性指数平均值是 1.5616；Pielou 均匀度指数平均值是 0.6513；Margalef 丰富度指数平均值是 1.3431。

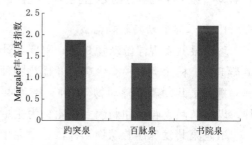

图 8.248　济南市各泉水浮游植物 Margalef 丰富度指数汇总

书院泉浮游植物 Shannon-Wiener 多样性指数平均值是 2.236；Pielou 均匀度指数平均值是 0.9328；Margalef 丰富度指数平均值是 2.2168。

在调查的济南市各泉水中，书院泉的多样性指数、均匀度指数和丰富度指数较其他两个地方要高。

趵突泉浮游植物多样性变化如图 8.249 所示，2014—2017 年趵突泉的 Shannon-Wiener 多样性指数、Margalef 丰富度指数以及 Pielou 均匀度指数都呈现上升趋势，泉水中生物多样性增加。

根据各泉水浮游植物生物多样性分析结果（表 8.52）得出：济南市泉水的水质为轻度污染，主要是物种丰度较低，随着水质治理与生产生活污水处理技术的加强，泉水生物多样性将会逐渐恢复。

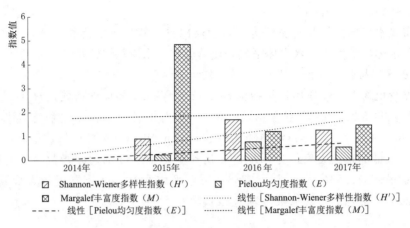

图 8.249　趵突泉浮游植物多样性变化

表 8.52　　　　　　　　　济南市各泉水浮游植物生物多样性污染分析

采样点位	Shannon-Wiener 多样性指数	Pielou 均匀度指数	Margalef 丰富度指数
趵突泉	α-中污型	β-中污型	α-中污型
书院泉	β-中污型	清洁型	α-中污型
百脉泉	β-中污型	清洁-寡污型	α-中污型

8.4.2　泉水浮游动物水生生物群落结构特征

1. 泉水浮游动物物种组成

珍珠泉共发现浮游动物 9 种，密度共计 520 个/L，其中原生动物 4 种，轮虫 3 种，桡足类 1 种，枝角类 1 种。珍珠泉的优势物种为卜氏晶囊轮虫。

百脉泉共发现浮游动物 14 种，密度共计 30.96 个/L。其中原生动物 1 种；轮虫 10 种，以前节晶囊轮虫和刺簇多肢轮虫为主；枝角类 1 种；桡足类 2 种。

书院泉共发现浮游动物 4 种，其中原生动物 2 种，轮虫 1 种，桡足类 1 种，总密度为 0.4 个/L。

趵突泉共发现浮游动物 11 种，其中原生动物 2 种，轮虫 7 种，枝角类 1 种，桡足类 1 种，总密度为 787.15 个/L。

2. 泉水浮游动物多样性变化

选用浮游动物多样性通用计算指标 Shannon-Wiener 多样性指数（H'）、Pielou 均匀度指数（E）和 Margalef 丰富度指数（M）。

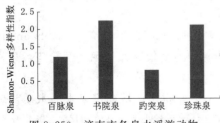

图 8.250　济南市各泉水浮游动物 Shannon-Wiener 多样性指数汇总

济南市各泉水浮游动物多样性指数如图 8.250～图 8.252 所示。趵突泉浮游动物 Shannon-Wiener 多样性指数范围是 0～1.779，平均值为 0.8175；Pielou 均匀度指数范围是 0～0.9709，平均值为 0.6089；Margalef 丰富度指数范围是 0～1.0499，平均值为 0.4128。百脉泉浮游动物 Shannon-Wiener 多样性指数是 1.2093，Pielou 均匀度指数是 0.5047，Margalef 丰富度指数是 0.9102。书院泉浮游动物 Shannon-Wiener 多样性指数是 2.248，Pielou 均匀度指数是 1，Margalef 丰富度指数是 0。珍珠泉浮游动物 Shannon-Wiener 多样性指数是 2.121，Pielou 均匀度指数是 0.9655，Margalef 丰富度指数是 1.279。

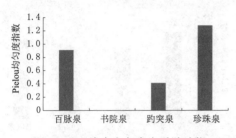

图 8.251　济南市各泉水浮游动物 Pielou 均匀度指数汇总

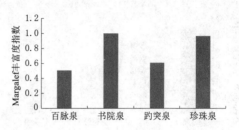

图 8.252　济南市各泉水浮游动物 Margalef 丰富度指数汇总

济南市各泉水中发现的浮游动物种类较少，物种丰度较低，生物多样性污染分析结果见表 8.53。

表 8.53　　　　　　　　济南市各泉水浮游植物生物多样性污染分析

采样点位	Shannon-Wiener 多样性指数	Pielou 均匀度指数	Margalef 丰富度指数
百脉泉	β-中污型	清洁-寡污型	α-中污型
书院泉	β-中污型	清洁型	α-中污型
趵突泉	α-中污型	清洁-寡污型	α-中污型
珍珠泉	β-中污型	清洁型	α-中污型

8.4.3　泉水底栖动物水生生物群落结构特征

1. 泉水底栖动物物种组成

珍珠泉共发现底栖动物 5 种，密度共计 2016 个/L。其中昆虫纲 2 种，分别是溪流摇蚊和喜盐摇蚊；腹足纲 3 种，分别是大耳萝卜螺、狭萝卜螺和短沟蜷。珍珠泉的优势物种为狭萝卜螺。

百脉泉共发现底栖动物 6 种，密度共计 57.375 个/L。其中昆虫纲 1 种，为云集多足摇蚊；腹足纲 5 种，分别是大耳萝卜螺、狭萝卜螺、铜锈环棱螺、梨形环棱螺和豆螺。百脉泉的优势物种为豆螺。

书院泉共发现底栖动物 2 种，密度共计 21.187 个/L。其中昆虫纲 1 种，为石栖直突摇蚊；腹足纲 1 种，为大脐圆扁螺。

趵突泉共发现底栖动物 6 种，密度共计 311.11 个/L。其中腹足纲 5 种，分别是直缘耳萝卜螺、中国圆田螺、拟沼螺、短沟蜷和豆螺；蛭纲 1 种，为宽体金线蛭。趵突泉的优势物种为直缘耳萝卜螺。

2. 泉水底栖动物多样性变化

选用底栖动物多样性通用计算指标 Shannon-Wiener 多样性指数（H'）、Pielou 均匀度指数（E）和 Margalef 丰富度指数（M）。

济南市各泉水底栖动物多样性指数如图 8.253～图 8.255 所示。趵突泉底栖动物 Shannon-Wiener 多样性指数是 1.0986，Pielou 均匀度指数是 0.6826，Margalef 丰富度指数为 0.7012。

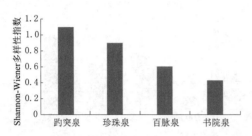

图 8.253 济南市各泉水底栖动物 Shannon-Wiener 多样性指数汇总

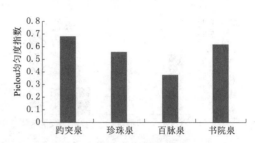

图 8.254 济南市各泉水底栖动物 Pielou 均匀度指数汇总

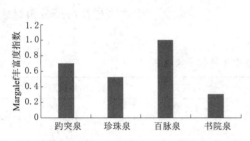

图 8.255 济南市各泉水底栖动物 Margalef 丰富度指数汇总

珍珠泉底栖动物 Shannon-Wiener 多样性指数是 0.9005，Pielou 均匀度指数是 0.5595，Margalef 丰富度指数是 0.5257。

百脉泉底栖动物 Shannon-Wiener 多样性指数是 0.6054，Pielou 均匀度指数是 0.3762，Margalef 丰富度指数是 1.0027。

书院泉底栖动物 Shannon-Wiener 多样性指数是 0.4293，Pielou 均匀度指数是 0.6193，Margalef 丰富度指数是 0.3069。

济南市泉水中发现的底栖种类较少，物种丰度较低，生物多样性污染分析结果见表 8.54。

表 8.54 泉水底栖动物多样性污染分析

采样点位	Shannon-Wiener 多样性指数	Pielou 均匀度指数	Margalef 丰富度指数
趵突泉	β-中污型	清洁-寡污型	α-中污型
珍珠泉	α-中污型	清洁-寡污型	α-中污型
百脉泉	α-中污型	β-中污型	α-中污型
书院泉	α-中污型	清洁-寡污型	α-中污型

8.4.4 泉水水生维管束植物水生生物群落结构特征

1. 泉水水生维管束植物物种组成

济南市泉水水生维管束植物种类较少，仅 2 种，分别是眼子菜科眼子菜属的菹草和水鳖科黑藻属的黑藻，均为沉水植物。

2. 泉水水生维管束植物盖度分布

济南市泉水水生维管束植物主要分布在百脉泉—明眼泉，但盖度较低，不高于 5%，其中菹草盖度为 3%，黑藻盖度为 4%。

3. 泉水水生维管束植物多样性变化

济南市百脉泉—明眼泉水水生维管束植物的 Margalef 丰富度指数、Simpson 优势度指数、Shannon-Wiener 多样性指数和 Pielou 均匀度指数分别是 5、0.74、1.47 和 0.91。

8.4.5　泉水鱼类水生生物群落结构特征

1. 泉水鱼类物种组成

调查结果显示，在百脉泉共发现鱼类 8 种，以鲤形目为主，优势物种为鲫和鳘，见表 8.55。

表 8.55　　　　　　　　　　　　百脉泉鱼类物种种类及生物量

物种	所属科目		物种生物量
鳘	鲤形目	鲤科	17
泥鳅	鲤形目	鳅科	2
麦穗鱼	鲤形目	鲤科	2
鲫	鲤形目	鲤科	33
大鳍鲬	鲤形目	鲤科	3
彩鳝鲅	鲤形目	鲤科	3
子陵吻虾虎鱼	鲈形目	虾虎鱼科	2
褐吻虾虎鱼	鲈形目	虾虎鱼科	1

2. 泉水鱼类多样性变化

选用鱼类多样性通用计算指标 Shannon-Wiener 多样性指数（H'）、Pielou 均匀度指数（E）和 Margalef 丰富度指数（M）。百脉泉鱼类生物多样性指数见表 8.56。

表 8.56　　　　　　　　　　　　百脉泉鱼类生物多样性指数

采样时间	Shannon-Wiener 多样性指数	Pielou 均匀度指数	Margalef 丰富度指数
2016 年 5 月	0.3393	0.3089	0.3217
2019 年 5 月	0.7444	0.3826	0.9686

济南市河流中发现的鱼类种类较少，物种丰度较低，根据生物多样性分析结果得出，济南市河流处于 α-中污型水平。

济南市以泉城闻名于世，泉域特殊的地质和水文条件形成了泉群。济南市位于鲁中山地，地势南高北低，南部山区受到大气降水的补给向北沿地层倾斜，受到北部岩浆岩体的阻挡，穿过松散岩层的缝隙露出地表形成泉。但是随着经济的发展和城市化进程的加快，泉水下垫面条件改变，地下水渗入能力下降，减少了泉水的补给量，地下水的不合理开采也导致岩溶水开采量在近几年减少，泉水流域的水生生态环境遭到破坏，生物量较低。近几年地下水监测系统建立，为地下水开采布局提供了科学的保障。济南市先后建立了卧虎山水库、锦绣川水库和狼猫山水库等向城区水域供水，加上鹊山和玉清湖两个引黄平原水库的建成与使用，改变了原有单一的供水条件，泉水的水生生态环境好转，水生生物的健康情况也有所恢复。济南市应该进一步加大泉水水质的保护和监测，在保证泉水流量的情况下，维持济南市地下水开采和城镇发展之间的平衡关系。

8.4.6　泉水河岸带植被水生生物群落结构特征

1. 泉水河岸带植被物种组成

济南市泉区共记录到 5 种河岸带植物，隶属于 4 科 5 属。其中蓼科植物有 2 种，分别是齿果酸模和水蓼；毛茛科、牻牛儿苗科和蔷薇科植物各有 1 种。根据 5 种植物的生活方式，可划分为湿生和中生植物两类。中生植物有 3 种，占全部泉水河岸带植物的 60%，包括齿果酸模、老鹳草（*Geranium wilfordii*）和朝天委陵菜。湿生植物有 2 种，分别是石龙芮和水蓼。

2. 泉水河岸带植被盖度分布

济南市东流泉两岸硬化，无河岸带植被生长。百脉泉—明眼泉两岸硬化，河岸带植被稀疏，其中齿果酸模盖度最高，为 5%；其次是朝天委陵菜，盖度为 4%；水蓼和老鹳草的盖度均为 2%；石龙芮的盖度为 1%。

3. 泉水河岸带植被多样性变化

济南市百脉泉—明眼泉河岸带植物的 Margalef 丰富度指数、Simpson 优势度指数、Shannon-Wiener 多样性指数和 Pielou 均匀度指数分别是 2、0.87、0.68 和 0.99。

第 3 篇

水生态环境驱动要素

第 9 章

水生态环境驱动因子识别

9.1 水生态环境驱动因子识别方法概述

9.1.1 水生态环境驱动因子分析研究进展

理解鱼类群落结构与环境因子间的交互机制，是实现河流生态系统恢复和保护的重要基础。影响河流鱼类群落结构及多样性的因素众多，包括地形地貌、水文条件、水环境质量、底质类型等。当前环境下，相对于自然条件的影响，人类活动对鱼类的负面影响更加严重。目前诸多学者在该方面进行了相关研究，这些研究多将环境因子分为水环境理化因子（包括 pH 值、Ec、DO、Alk、TN、TP 等）、土地利用因子（包括城市用地、农业用地等）和栖息地质量因子（包括水文条件、坡度、河岸稳定性、底质类型等）（An 等，2002；Kennard 等，2006；Sundermann 等，2013）。

国外对此进行了较多的研究。Araújo 等（2009）采用因子分析、相关分析等统计方法分析环境变量与鱼类之间的关系，重点分析了大坝修建、温度、溶解氧、电导率对鱼类生存的影响。Infante 等（2009）采用蒙特卡洛检验等统计方法确定了影响鱼类和大型底栖动物的主要环境因素，包括物理栖息地（22 个变量）和景观变量分别与这两种生物类群的关系。Pirhalla（2004）通过建立鱼类栖息地耐受指数，研究了鱼类个体对栖息地退化的敏感性，Fausch 等（2002）认为需要采用系统的观点理解多种尺度下栖息地环境与河流鱼类之间的关系，Schlosser（1991）分析了景观和河流鱼类动力机制的结构性和功能性特征，并评价了土地利用变化对其的影响，Rathert 等（1999）则采用了回归树分析（RTA）和多元线性回归（MLR）评价 20 个环境变量、3 个人类活动变量和两个历史变量对鱼类个体数量的影响。栖息地环境是影响生物群落结构的重要因素之一，目前集中于该方面的研究较多。水利工程的修建切断了河流的水力联系，改变了洄游性鱼类的产卵环境，对部分鱼类的生长造成了不可忽视的影响，针对该方面的研究也较多。Marchetti 和 Moyle（2001）分析发现流量增加与非本土鱼类数量呈负相关，与本地鱼类数量呈正相关，这意味着水文情势的改变对鱼类群落的影响较大。Olden 和 Kennard（2010）采用多元线性回归方法分析水文环境变量（包括流域面积、年平均径流量、植被净初级生产力和年平均径流量变差系数）与七种生活史对策的关系，并建立了之间的相互关系模型。Baldigo 等（2018）采用 logistic 回归模型建立了 pH 值与物种丰富度、密度和生物量之间的关系。近年来，以人工神经网络、遗传规划法等为代表的定量研究有所增多，但该方法需要大量的生物数据，从而限制了该类方法的应用。Yang 等（2008）采用遗传规划法识别与生态相关的主要水文指标，并建立了鱼类 Shannon-Wiener 多样性指数和物种丰富度与水文指标的定量关系。Sean 等（2015）采用自适应模糊推理系统（ANFIS）建立水文指标、水质、泥沙参数与鱼类完整性指数、EPT、HBI 的数学模型，并评价生态系统健康。Zhang 等（2017）采用人工神经网络建立了河口入流量与鱼类丰度之间的数学模型，分析了河口鱼类对流量改变的影响。Tsai 等（2017）采用人工神经网络分析了 25 种鱼类组成与 8 种水质因子之间的关系。

国内相关研究也较多，主要集中在水文特征对水生生物的影响方面，以定性研究为主，主要方法有相关分析、主成分分析、典范对应分析等。徐建新等（2014）对长江上游拟建梯级开发规划可能对鱼类产生的影响及鱼类保护措施等进行分析，确定了重点保护鱼类并提出相应的保护方案。苏玉等（2010）通过因子分析和典范对应分析等方法发现水量是影响太子河流域水生生物群落结构的重要环境因子。李清清等（2012）通过分析长江中游水文情势改变程度，对照典型鱼类历史产卵量与历史流量过程，归纳四大家鱼的生态水文需求，并提出水文情势变化影响鱼类产卵繁殖过程的概念性模型。田辉伍等（2017）应用相关分析对宜昌鳅鲍鱼卵密度与水文环境因子进行分析，发现宜昌鳅鲍鱼卵日均密度与透明度存在极显著的正相关关系，与水位、流量、电导率、流速则存在极显著的负相关关系。

综上所述，目前国内在该方面的研究多基于已有监测数据，以鱼类为研究对象，研究区主要集中在长江、嘉陵江等南方河流，重点研究水文条件对鱼类产卵场、洄游等的影响，研究方法主要为主成分分析、多元线性回归、蒙特卡洛检验、典范对应分析等数学统计方法，以定性或半定量研究为主，定量研究相对较少，主要用于识别影响鱼类群落结构的关键环境因子。本章内容主要以济南市水体（包括河流、湖泊、湿地）为研究对象，采用典范对应分析（CCA）方法识别影响济南市不同水体鱼类群落结构、多样性和功能群的关键水环境驱动因子。

9.1.2　研究方法

1. 因子分析方法

因子分析（FA）是主成分分析（PCA）的一种推广，其目的是通过少数几个因子描述多个变量之间的协方差结构，把原始变量分解为两部分：一部分是由所有变量共同具有的少数几个公共因子构成的；另一部分是原始变量独自具有的因素，即特殊因子。设有 p 个原始变量，记为 $X_1, X_2, \cdots, X_p$；共 m 个因子，记为 $F_1, F_2, \cdots, F_m$，通常 $m < p$，则因子分析模型描述如下：

$$\begin{cases} X_1 = a_{11}F_1 + a_{12}F_2 + \cdots + a_{1m}F_m + \varepsilon_1 \\ X_2 = a_{21}F_1 + a_{22}F_2 + \cdots + a_{2m}F_m + \varepsilon_2 \\ \quad\quad\quad\quad\quad\quad \vdots \\ X_p = a_{p1}F_1 + a_{p2}F_2 + \cdots + a_{pm}F_m + \varepsilon_p \end{cases} \quad (9.1)$$

式中：$F = (F_1, F_2, \cdots, F_m)$ 为公共因子，其均值向量 $E(F) = 0$，协方差矩阵 $\text{cov}(F) = 1$，即向量的各分量是相互独立的；ε 为特殊因子，与 F 相互独立，通常在计算中忽略特殊因子；$A = (a_{ij})$ 为因子载荷，是第 i 指标与第 j 因子的相关系数，载荷越大说明第 i 指标与第 j 因子的关系越密切；反之载荷越小，关系越疏远。

其中，比较关键的是确定因子个数 m，主要有两个原则：一是特征根 $\lambda_i > 1$ 的原则，二是根据特征值累计贡献率大于 85% 的原则，通常我们采取第一个原则。

综合因子得分函数为

$$F = \sum_{j=1}^{m} \alpha_i F_i$$

式中：α_i 为特征根 λ_i 所对应的方差贡献率，$\alpha_i = \dfrac{\lambda_i}{p}$；$p$ 为累计方差贡献率。

由于新产生的因子变量和综合因子比原始变量少了许多，所以起到了降维的作用，将代替原始变量进行下一步分析，而且该方法将相关性较大的变量归入同一个因子。因此，公共因子通常是某一类原始变量的解释，可以对原始变量进行内部剖析。本书主要根据因子分析方法识别河流、湖库等不同水体的水环境特征及主要的水环境因子。

2. 典范对应分析方法

典范对应分析（CCA）是一种比较和检验多组变量之间关系的统计方法，在生态学中通常用于考察群落组成和环境因子之间的关系（Ter Braak，1986）。它通过将环境数据整合到排序坐标中，从而得到一个群落与环境因子关系的排序坐标图。本书采用该方法考察水环境因子与鱼类群落结构、多样性指数和功能群之间的关系，并据此筛选对其影响显著的环境因子。

该方法需首先对鱼类数据进行除趋势对应分析（DCA），根据种类数据排序轴梯度长度选取数据模型，若第一排序轴最大梯度值大于等于 4，则选用典范对应分析（CCA），如果最大梯度值位于 3.0～4.0 之间，选用冗余分析（RDA）或 CCA 均可，若最大梯度值小于 3，RDA 的结果要好于 CCA。在进行 DCA、RDA 分析前，除 pH 值外的所有环境因子和鱼类个体数量数据均进行数据转换 $[\log(x + 1)]$。采用蒙特卡洛检验（$P < 0.05$）筛选对鱼类群落结构解释率较高且显著的环境因子。

3. 水文改变因子法

水文改变因子（IHA）法是大自然保护协会在 20 世纪 90 年代初期研发的一套支持水文评估的软件程序，它不仅可以用来描述河流水文情势，还可以用来评估人类活动对水文情势产生的影响，比如修建水坝、土地利用变化、地下水抽取、灌溉等人类活动，它需要输入长序列逐日流量数据，用于计算水环境中描述年际和年内变化的 33 个水文参数值（表 9.1），包括流量、频率、持续时间、流量事件的出现时机、水流或水位变化率等（Richter 等，1996）。这 33 组水文参数具有一定的生态相关性，能够反映人类活动影响的能力，包括大坝运行、引水、地下水抽取以及地形（流域）改造等一系列人类活动对水文情势产生的影响。通过计算每一个参数，用户可以评估年际变化率以及指定时间每个水文参数的变化，可以用受到影响前后的水文参数来分析水文情势变化，例如，大坝建设前后水文情势的变化，也可以对水文状况的缓慢变化作一个趋势评估。

表 9.1　　　　　　　　　　IHA 流量特征及其生态相关性（王西琴等，2010）

组别	IHA 参数	水 文 参 数
第 1 组	每月水文状况数值	每月流量的均值或中值（12 个参数）
第 2 组	年极端水文状况数值和持续时间	年最大值和年最小值：1d，3d，7d，30d，90d 均值；零流量天数的次数；基流量指数（12 个参数）
第 3 组	年极端水文状况的时间分布	年最大 1d 流量，年最小 1d 流量的时期（2 个参数）
第 4 组	高脉冲和低脉冲的频率和持续时间	每年低脉冲的次数；每年低脉冲持续时间的均值或中值；每年高脉冲的次数；每年高脉冲持续时间的均值或中值（4 个参数）
第 5 组	水文状况改变的速率和频率	上升率；下降率；水文转折点的个数（3 个参数）

Richter 等（1997）提出了基于河流自然流量变化来设置生态基流目标的"变化范围法"（RVA），并将其纳入 IHA 软件中。RVA 是为几乎没有或没有生态信息支持来确定生态流的情况设计的；RVA 意在制定初始流量管理目标，以启动适应性流量管理程序，在该程序中，水文-生态关系将随时间的推移而增加，流量目标也将随之得到改善（Richter，1997；Mathews 和 Richter，2007）。RVA 方法是建立在分析 IHA 指标的基础上，以详细的流量数据来评估受人类影响前后的河流流量自然变化状态。一般以日流量数据为基础，以未受水利设施影响前的流量自然变化状态为参考状态，分析参考状态时，流量系列长度要求至少 20 年，因为此时气候变化对流量的影响可以忽略，天然水文情势的变化主要是由于人类活动的影响引起的，统计 33 个 IHA 指标受人类影响前后的变化，分析河流受人类干扰前后的改变程度。为量化 IHA 指标的改变程度，RVA 分析通过计算水文改变因子（Richter，1997；Richter 等，1998；Yang 等，2008）来评估，其大小定义如下：

$$D_i = \frac{Y_{oi} - Y_f}{Y_f} \times 100\%$$ (9.2)

式中：D_i 为第 i 个 IHA 指标的水文改变因子；Y_{oi} 为第 i 个 IHA 在影响后落入 RVA 阈值内的年数；Y_f 为影响后 IHA 预期落入 RVA 阈值内的年数，可以用 $r \times Y_T$ 来计算。r 为影响前的 IHA 落入 RVA 阈值内的比例，RVA 阈值的设置一般需以生态方面受影响的资料为依据，如果资料缺乏，可以各指标的平均值加减标准偏差或各指标发生几率 75% 和 25% 的值作为 RVA 阈值，若设置 75%、25% 为阈值范围，则 r 取 50%，而 Y_T 为影响后流量数据的总年数。

为对比受影响前后水文状况的改变程度，将受影响前或参考状态每个指标的范围以 33%、67% 为界限分为低、中、高三类，若计算出受影响后的 D_i 介于 0～33%，则属于无或低度改变；33%～67% 属于中度改变；67%～100% 属于高度改变。通过此可以对比每个参数的改变程度，可以分析河流改变程度最大的因素。

4. 多样性指数计算方法

鱼类多样性指数采用 Shannon-Wiener 多样性指数（H'）、Pielou 均匀度指数（E）、Margalef 丰富度指数（M）和 Simpson 优势度指数（D）进行分析，计算公式分别为

$$H' = -\sum_{i=1}^{S} P_i \cdot \ln P_i$$ (9.3)

$$E = H'/\ln S \tag{9.4}$$

$$M = \frac{S-1}{\ln N} \tag{9.5}$$

$$D = \sum_{i=1}^{s} \frac{N_i(N_i-1)}{N(N-1)} \tag{9.6}$$

式中：S 为种类数；N 为总尾数；B 为总生物量；P_i 为第 i 种鱼类所占的比例。

5. 鱼类功能群划分

群落功能群水平根据鱼类的营养和食性，将鱼类群落分为 4 个摄食功能群，分别是滤食性、草食性、肉食性和杂食性功能群。滤食性功能群通过鳃耙滤食水中的浮游生物、细菌及有机碎屑，代表性鱼类有鲢和鳙；草食性功能群主要以摄食植物为主，如水草、丝状藻类以及生长在水中的其他各种植物，代表性鱼类有草鱼、鳊等；肉食性功能群主要以摄食小型鱼类为主，代表性鱼类有马口鱼、乌鳢、鲇等；杂食性功能群的食性很广，动物性食物和植物性食物都能接受，如昆虫的幼虫、贝类，代表性鱼类有鲤、鲫、泥鳅等。根据调查，济南市滤食性功能群很少，因此鱼类功能群仅考虑草食性、肉食性和杂食性三类。

9.1.3　数据说明

水环境因子选取浊度（Turb）、pH 值、电导率（Ec）、碱度（Alk）、硬度（Hard）、溶解氧（DO）、氨氮（NH_3-N）、硝态氮（NO_3^--N）、亚硝态氮（NO_2^--N）、化学需氧量（COD）、高锰酸盐指数（COD_{Mn}）、五日生化需氧量（BOD_5）和总磷（TP）。

9.2　湖库和湿地水生态环境驱动因子分析

9.2.1　湖库和湿地主要水环境因子识别

采用 SPSS 对湖库和湿地水环境指标进行因子分析，结果见表 9.2。可以看出，湖库和湿地的水环境指标分为五个主要成分，其中第一主成分解释了所有变量方差的 17.98%，第二主成分解释了 17.19%，第三主成分解释了 16.03%，第四主成分解释了 12.12%，第五主成分解释了 8.47%，前五个主成分共解释所有变量方差的 71.78%，因此，可以用这五个主成分代表所有的水环境指标。其中，第一主成分在 Ec、Alk 和 Hard 上有较大载荷，这些因子主要反映了河流水体无机污染水平；第二主成分在 COD、COD_{Mn} 和 BOD_5 上有较大的载荷，主要反映了河流水环境的有机污染情况；第三主成分主要在 TN、NO_2^--N 和 NO_3^--N 上有较大载荷，主要反映了河流水环境的富营养化状况；第四主成分在 pH 值、DO 和 NH_3-N 有较大的载荷，主要反映了河流水体的酸碱程度和富营养化情况；第五主成分在透明度和 TP 有较大载荷，主要反映了河流水体透明情况和富营养化。综上所述，湖库水环境质量主要表现在无机污染、有机污染和富营养化三个方面。

表 9.2　　　　　　　　　　　湖库湿地水环境指标因子分析结果

成分	方差解释			旋转后成分矩阵					
	总计	方差百分比	累计/%	水环境指标	第一主成分	第二主成分	第三主成分	第四主成分	第五主成分
1	2.517	17.975	17.975	Turb					0.777
2	2.407	17.193	35.168	pH 值				0.575	
3	2.245	16.034	51.202	Ec	0.953				
4	1.696	12.117	63.319	Alk	0.768				
5	1.185	8.466	71.784	Hard	0.928				
				DO				0.721	
				TN			0.916		
				NH_3-N				-0.743	
				NO_2^--N			0.688		
				NO_3^--N			0.891		
				COD		0.926			
				COD_{Mn}		0.840			
				BOD_5		0.830			
				TP					0.747

　　对这些水环境指标进行 Pearson 相关分析，若两个指标的相关系数大于 0.7，认为其显著相关，则仅保留一个指标，结果见表 9.3。可以看出 Ec 与 Hard 显著相关，仅保留 Ec；TN 与 NO_3^--N 显著相关，仅保留 TN 即可；COD 与 COD_{Mn} 和 BOD_5 显著相关，仅保留 COD。因此，最终的水环境指标为 Turb、pH 值、Ec、Alk、DO、TN、NH_3-N、NO_2^--N、COD 和 TP。

表 9.3　　　　　　　　　　　湖库和湿地水环境指标相关分析结果

水环境指标	Turb	pH 值	Ec	Alk	Hard	DO	TN	NH_3-N	NO_2^--N	NO_3^--N	COD	COD_{Mn}	BOD_5	TP
pH 值	0.050	1												
Ec	-0.049	-0.067	1											
Alk	-0.039	0.012	0.619	1										
Hard	-0.072	-0.120	0.933	0.627	1									
DO	0.075	0.218	-0.077	-0.024	-0.105	1								
TN	-0.075	-0.012	0.244	0.418	0.344	0.036	1							
NH_3-N	-0.114	-0.218	0.271	-0.006	0.248	-0.336	0.027	1						
NO_2^--N	-0.051	-0.015	0.173	0.216	0.199	-0.054	0.445	0.259	1					
NO_3^--N	-0.106	0.009	0.267	0.437	0.373	0.000	0.948	-0.081	0.405	1				
COD	-0.015	-0.064	-0.060	-0.224	-0.108	-0.048	-0.178	0.233	-0.034	-0.189	1			
COD_{Mn}	0.080	-0.039	0.157	-0.152	0.028	0.013	-0.213	0.310	0.093	-0.246	0.739	1		
BOD_5	-0.011	-0.041	-0.011	-0.048	-0.073	0.128	-0.132	0.006	-0.074	-0.136	0.709	0.461	1	
TP	0.177	-0.050	0.014	-0.006	0.018	-0.144	-0.037	0.172	-0.021	-0.038	0.122	0.075	0.036	1

9.2.2　影响湖库和湿地鱼类个体数量的主要驱动因子识别

由于湿地采样点位较少，而湖库和湿地均位于一个一级区范围内，因此将湖库和湿地作为一个整体，分析影响济南湖库和湿地鱼类个体数量的主要驱动因子。

对湖库和湿地各采样点鱼类个体数量进行除趋势对应分析（DCA）后发现，第 1 轴梯度长度最大，值为 5.032，大于 4，选择单峰模型排序，即典范对应分析（CCA）更合适。将主要水环境因子与鱼类个体数量进行 CCA 分析，结果见表 9.4。根据水环境因子与鱼类个体数量的 CCA 分析，发现前 4 轴解释了物种变化的 16.4%，其中第 1 轴的解释率为6.6%，第 2 轴的解释率为 3.6%；另外，前 4 轴解释了物种与环境关系变化的 58.0%，其中第 1 轴的解释率为 23.4%，第 2 轴的解释率为 12.6%。根据鱼类个体数量与环境因子的二维排序图（图 9.1），发现 $NH_3\text{-}N$ 与第 1 轴呈显著正相关，DO、pH 值与第 1 轴呈显著负相关，$NO_2^-\text{-}N$ 和 COD_{Mn} 与第 2 轴呈显著正相关，BOD 与第 2 轴关系也较密切。对水环境因子做 t 检验，发现 DO（$p=0.002$）、TN（$p=0.002$）、COD_{Mn}（$p=0.026$）、

表 9.4　　　　　　　　　　　影响湖库和湿地鱼类个体数量的主要驱动因子

水体	鱼类指标	第 1 轴解释率 /%	第 2 轴解释率 /%	前 4 轴总解释率 /%	显著性因子
湖库和湿地	鱼类个体数量变化的解释率	6.6	3.6	16.4	DO（$p=0.002$） TN（$p=0.002$） COD_{Mn}（$p=0.026$） Alk（$p=0.004$） COD（$p=0.004$） $NO_2^-\text{-}N$（$p=0.034$）
	鱼类个体数量与环境变化的解释率	23.4	12.6	58.0	

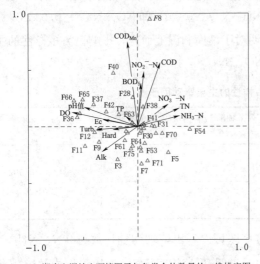

（a）湖库和湿地水环境因子与鱼类个体数量的二维排序图

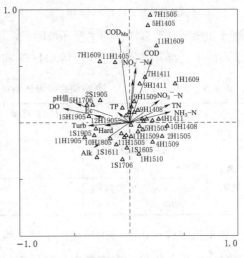

（b）湖库和湿地水环境因子与采样点位的二维排序图

图 9.1　湖库和湿地水环境因子与鱼类个体数量的二维排序图

F—鱼类物种编号；H—湖泊水库；S—湿地；其他代码意义同第 9.1.3 节

Alk（$p=0.004$）、COD（$p=0.004$）和 NO_2^--N（$p=0.034$）是影响湖库和湿地鱼类群落的主要水环境因子，说明影响湖库和湿地鱼类群落结构的主要驱动因子为富营养化因子（包括 TN 和 NO_2^--N）、有机污染因子（包括 DO、COD 和 COD_{Mn}）和无机污染因子（Alk）。

9.2.3 影响湖库和湿地鱼类多样性的主要驱动因子识别

对湖库和湿地各采样点鱼类多样性指数进行除趋势对应分析（DCA）后发现，第 1 轴梯度长度最大，值为 0.976，小于 3，选择线性模型排序，即冗余分析（RDA）更合适。将主要环境因子与鱼类多样性指数进行 RDA 分析，结果见表 9.5。根据环境因子与鱼类多样性指数的 RDA 分析，发现前 4 轴解释了多样性变化的 33.9%，其中第 1 轴的解释率为 25.8%，第 2 轴的解释率为 5.8%；另外，前 4 轴解释了多样性与环境关系变化的 100.0%，其中第 1 轴的解释率为 75.9%，第 2 轴的解释率为 14.8%。根据鱼类多样性指数与环境因子的二维排序图（图 9.2），发现 TP 和 pH 值与第 1 轴呈显著正相关，NH_3-N、TN、NO_2^--N 和 NO_3^--N 与第 1 轴呈显著负相关，COD 与第 2 轴呈显著正相关，碱度与第 2 轴呈显著负相关，对环境因子做 t 检验，发现 NH_3-N（$p=0.002$）和 NO_3^--N（$p=0.044$）是影

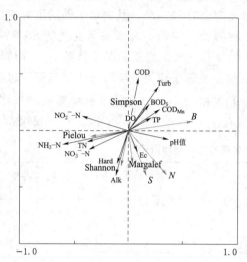

图 9.2 湖库和湿地环境因子与鱼类
多样性指数的二维排序图

S—种类数；N—总尾数；B—总生物量；
其他代码意义同第 9.1.3 节

响湖库和湿地鱼类多样性的主要环境因子，说明对于湖库和湿地而言，影响鱼类多样性的主要驱动因子是富营养化指标（包括 NH_3-N 和 NO_3^--N）。

表 9.5　　　　　　　　　影响湖库和湿地鱼类多样性的主要驱动因子

水体	鱼类指标	第 1 轴解释率/%	第 2 轴解释率/%	前 4 轴总解释率/%	显著性因子
湖库和湿地	鱼类多样性指数变化的解释率	25.8	5.0	33.9	NH_3-N（$p=0.002$）NO_3^--N（$p=0.044$）
	鱼类多样性指数与环境变化的解释率	75.9	14.8	100	

从鱼类多样性指数与水环境因子的二维排序图可以看出，均匀性指数与 TN、NH_3-N 和 NO_3^--N 呈正相关，生物量则与其呈负相关，说明 TN 浓度越高，湖库湿地中的鱼类分布越均匀，但生物量越小，鱼类物种数量和个体数量与其关系不密切。Shannon-Wiener 多样性指数、Margalef 丰富度指数、物种数量与 Ec、Alk 为正相关关系，说明 Ec 较高的水体物种数量较多，多样性较丰富。

9.2.4　影响湖库和湿地鱼类功能群的主要驱动因子识别

对湖库和湿地各采样点鱼类功能群进行除趋势对应分析（DCA）后发现，第 1 轴梯度长度最大，值为 1.346，小于 3，选择线性模型排序，即冗余分析（RDA）更合适。将主要环境因子与鱼类功能群进行 RDA 分析，结果见表 9.6。根据环境因子与鱼类功能群的 RDA 分析，发现前 4 轴解释了功能群变化的 65.8%，其中第 1 轴的解释率为 15.0%，第 2 轴的解释率为 23.0%。另外，前 4 轴解释了功能群与环境关系变化的 100.0%，其中第 1 轴的解释率为 55.8%，第 2 轴的解释率为 29.9%。根据水环境因子与鱼类功能群的二维排序图（图 9.3），发现 NO_2^--N 和 COD 与第 1 轴呈显著正相关，Ec 和 pH 值与第 2 轴呈显著正相关，对人类干扰因子做 t 检验，发现 COD_{Mn}（$p=0.034$）、NO_2^--N（$p=0.056$）和 COD（$p=0.060$）是影响湖泊水库和湿地鱼类功能群的主要驱动因子。

表 9.6　　　　　　　影响湖库和湿地鱼类功能群的主要驱动因子

水体	鱼类指标	第 1 轴解释率 /%	第 2 轴解释率 /%	前 4 轴总解释率 /%	显著性因子
湖库和湿地	鱼类功能群变化的解释率	15.0	23.0	65.8	COD_{Mn}（$p=0.034$） NO_2^--N（$p=0.056$） COD（$p=0.060$）
	鱼类功能群与环境因子变化的解释率	55.8	29.9	100	

从水环境因子与鱼类功能群的二维排序图中可以看出，杂食性功能群主要与 pH 值呈正相关，与 Turb 呈负相关，与其他因子关系不密切，说明杂食性鱼类适合在 Turb 较小、呈碱性的水体中生存，而对 COD、COD_{Mn}、NH_3-N 等指标要求不高。草食性功能群和肉食性功能群与水环境指标关系相似，均与 COD、COD_{Mn} 和 NO_2^--N 呈负相关，说明肉食性和草食性鱼类适合在 COD、COD_{Mn} 和 NO_2^--N 较低的水体中生存。

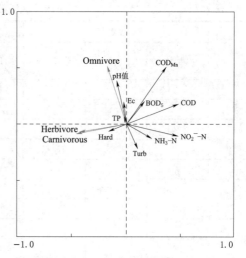

图 9.3　湖库和湿地环境因子与鱼类功能群的二维排序图

Omnivore—杂食性功能群；Herbivore—草食性功能群；Carnivorous—肉食性功能群；其他代码意义同第 9.1.3 节

9.2.5　小结

（1）湖库和湿地的水环境质量主要表现在以电导率为代表的无机污染，以 COD、COD_{Mn} 和 BOD_5 为代表的有机污染以及以 TN、NO_2^--N 和 NO_3^--N 为代表的富营养化三个方面。

（2）影响湖泊水库和湿地鱼类个体数量的主要驱动因子为富营养化因子（包括 TN 和 NO_2^--N）、有机污染因子（包括 DO、COD 和 COD_{Mn}）和无机污染因子（Alk）；影响鱼类多样性的主要驱动因子为富营养化指标（包括NH_3-N 和 NO_3^--N）；影响鱼类功能群的主要驱动因子为COD_{Mn}，其次是 NO_2^--N 和 COD。

9.3　河流不同水系水环境因子分析

9.3.1　小清河主要水环境因子识别

采用 SPSS 对小清河水环境指标进行因子分析，结果见表 9.7。按照特征值大于 1 的标准进行主成分提取，可以看出小清河水环境特征可概化为四个主成分，其中第一主成分解释了所有变量方差的 23.05%，第二主成分解释了 17.47%，第三主成分解释了 17.32%，第四主成分解释了 9.59%，前四个主成分共解释所有变量方差的 67.42%，因此，可以用这四个主成分代表小清河所有的水环境指标。其中第一主成分在NH_3-N、COD、COD_{Mn}和BOD_5上有较大载荷，主要反映了有机污染水平；第二主成分在 Alk、TN、NO_2^--N 和 NO_3^--N 上有较大的载荷，主要反映了河流水环境的富营养化情况；第三主成分主要在 pH 值、Ec 和 Hard 上有较大载荷，代表了无机污染情况；第四主成分在 Turb 有较大的载荷，主要反映了河流水体的透明情况。综上所述，小清河流域水环境质量主要表现在有机污染、富营养化、无机污染和水体透明情况四个方面，其中有机污染和水体富营养化是小清河的主要水环境问题。

表 9.7　　　　　　　　　　　　小清河水环境指标因子分析结果

成分	方差解释			旋转后成分内水环境指标相关系数				
	总计	方差百分比/%	累计/%	水环境指标	第一主成分	第二主成分	第三主成分	第四主成分
1	3.23	23.05	23.05	Turb				0.806
2	2.45	17.47	40.52	pH 值			0.625	
3	2.42	17.32	57.84	Ec			0.878	
4	1.34	9.59	67.42	Alk		0.628		
				Hard			0.870	
				DO				
				TN		0.767		
				NH_3-N	0.826			
				NO_2^--N		0.626		
				NO_3^--N		0.632		
				COD	0.895			
				COD_{Mn}	0.835			
				BOD_5	0.807			
				TP				

对上述主要水环境指标进行 Pearson 相关分析，若两个指标的相关系数大于 0.7，认为其显著相关，则仅保留一个指标，结果见表 9.8。可以看出 Ec 与 Hard 显著相关，仅保

留 Ec 即可；TN 与 NO_3^--N 显著相关，仅保留 TN；COD 与 COD_{Mn} 显著相关，仅保留 COD。因此最终的水环境指标为 Turb、pH 值、Ec、Alk、DO、TN、NH_3-N、NO_2^--N、COD、BOD_5 和 TP。

表 9.8　　　　　　　　　　　　小清河水环境指标相关分析结果

水环境指标	Turb	pH 值	Ec	Alk	Hard	DO	TN	NH_3-N	NO_2^--N	NO_3^--N	COD	COD_{Mn}	BOD_5
pH 值	0.096	1											
Ec	−0.120	0.363	1										
Alk	−0.112	−0.169	0.091	1									
Hard	−0.098	0.295	0.821	0.196	1								
DO	0.115	0.531	0.180	−0.241	0.297	1							
TN	0.090	−0.115	0.314	0.371	0.144	−0.145	1						
NH_3-N	−0.064	−0.185	0.056	0.125	−0.191	−0.547	0.358	1					
NO_2^--N	−0.104	−0.173	0.138	0.227	−0.044	−0.147	0.369	0.190	1				
NO_3^--N	0.177	0.025	0.348	0.165	0.212	0.092	0.713	−0.097	0.199	1			
COD	−0.139	0.019	0.266	0.166	0.035	−0.344	0.320	0.677	0.008	−0.102	1		
COD_{Mn}	−0.105	0.025	0.264	0.222	0.099	−0.308	0.286	0.525	−0.036	−0.068	0.789	1	
BOD_5	−0.050	−0.038	0.059	0.107	−0.124	−0.258	0.142	0.660	0.166	−0.197	0.587	0.563	1
TP	0.001	−0.047	0.028	0.344	0.006	−0.230	0.281	0.254	0.269	0.134	0.242	0.156	0.265

9.3.2　玉符河主要水环境因子识别

采用 SPSS 对玉符河水环境指标进行因子分析，结果见表 9.9。按照特征值大于 1 的标准进行主成分提取，可以看出玉符河水环境特征可概化为四个主成分，其中第一主成分解释了所有变量方差的 21.95%，第二主成分解释了 18.17%，第三主成分解释了 17.26%，第四主成分解释了 16.27%，四个主成分共解释所有变量方差的 73.65%，因此，可以用这四个主成分代表所有的水环境指标。其中，第一主成分在 Ec、Alk 和 Hard 有较大载荷，这些因子主要反映了河流的无机污染水平；第二主成分在 Turb、pH 值和 DO 上有较大的载荷，主要反映了河流水体的透明度和酸碱程度情况；第三主成分主要在 TN 和 NO_3^--N 上有较大载荷，主要反映了玉符河水环境的富营养化状况；第四主成分在 NO_2^--N、COD、COD_{Mn} 和 BOD_5 有较大的载荷，主要反映了河流水体的有机污染状况。综上所述，玉符河流域水环境质量主要表现在无机污染、富营养化和有机污染三个方面。

对以上主要的水环境指标进行 Pearson 相关分析，若两个指标的相关系数大于 0.7，则认为其显著相关，则仅保留一个指标，结果见表 9.10。可以看出 Ec 与 Hard 显著相关，仅保留 Ec 即可；Alk 与 Hard 显著相关，仅保留 Alk，TN 与 NO_3^--N 显著相关，仅保留 TN。因此最终的水环境指标为 Turb、pH 值、Ec、Alk、DO、TN、NH_3-N、NO_2^--N、COD、COD_{Mn}、BOD_5 和 TP。

表 9.9　　　　　　　　　　　　　玉符河水环境指标因子分析结果

成分	方差解释			旋转后成分内水环境指标相关系数				
	总计	方差百分比/%	累计/%	水环境指标	第一主成分	第二主成分	第三主成分	第四主成分
1	3.073	21.95	21.949	Turb		0.770		
2	2.543	18.17	40.115	pH 值		0.631		
3	2.417	17.26	57.380	Ec	0.907			
4	2.278	16.27	73.649	Alk	0.871			
				Hard	0.914			
				DO		0.788		
				TN			0.921	
				NH_3-N		-0.543		
				NO_2^--N				0.603
				NO_3^--N			0.954	
				COD				0.596
				COD_{Mn}				0.641
				BOD_5				0.631
				TP		-0.545		

表 9.10　　　　　　　　　　　　玉符河水环境指标相关分析结果

水环境指标	Turb	pH 值	Ec	Alk	Hard	DO	TN	NH_3-N	NO_2^--N	NO_3^--N	COD	COD_{Mn}	BOD_5	TP
pH 值	0.554	1												
Ec	0.099	-0.041	1											
Alk	-0.213	-0.618	0.682	1										
Hard	0.094	-0.217	0.887	0.754	1									
DO	0.392	0.312	0.178	0.104	0.157	1								
TN	-0.232	-0.337	0.303	0.362	0.405	-0.089	1							
NH_3-N	-0.212	-0.173	0.207	0.166	0.106	-0.359	0.011	1						
NO_2^--N	-0.064	0.187	0.130	-0.044	0.032	-0.309	-0.243	0.133	1					
NO_3^--N	-0.168	-0.243	0.231	0.273	0.381	-0.217	0.955	0.049	-0.291	1				
COD	-0.119	0.314	-0.331	-0.402	-0.423	-0.206	-0.380	0.206	0.317	-0.286	1			
COD_{Mn}	0.287	0.565	-0.260	-0.507	-0.468	0.032	-0.616	0.111	0.248	-0.531	0.564	1		
BOD_5	0.110	0.188	0.170	0.158	0.055	0.179	-0.069	-0.033	0.204	-0.065	0.158	0.299	1	
TP	-0.205	0.021	-0.342	-0.242	-0.433	-0.361	-0.438	0.371	0.492	-0.453	0.457	0.411	0.125	1

9.3.3 黄河流域济南段主要水环境因子识别

采用 SPSS 对黄河流域济南段水环境指标进行因子分析，结果见表 9.11。可以看出，该流域的水环境指标分为四个主要成分，其中第一主成分解释了所有变量方差的 26.06%，第二主成分解释了 18.44%，第三主成分解释了 17.28%，第四主成分解释了 14.01%，四个主成分共解释所有变量方差的 75.78%，因此，可以用这四个主成分代表所有的水环境指标。其中，第一主成分在 pH 值、Alk、DO、NO_2^--N 和 TP 上有较大载荷，这些因子主要反映了河流的酸碱度、无机污染和富营养化水平；第二主成分在 TN、NH_3-N 和 BOD_5 指标上有较大的载荷，主要反映了河流水环境的富营养化和有机污染情况；第三主成分主要在 Turb、COD 和 COD_{Mn} 上有较大载荷，主要反映了河流水环境的水体透明情况和有机污染状况；第四主成分在 Ec、Hard 和 NO_3^--N 有较大的载荷，主要反映了河流水体无机污染和富营养化情况。综上所述，黄河流域济南段水环境质量主要表现在无机污染、有机污染和富营养化三个方面。

表 9.11　　　　黄河流域济南段水环境指标因子分析结果

成分	方差解释			旋转后成分内水环境指标相关系数				
	总计	方差百分比/%	累计/%	水环境指标	第一主成分	第二主成分	第三主成分	第四主成分
1	3.65	26.06	26.06	Turb			−0.799	
2	2.58	18.44	44.50	pH 值	−0.670			
3	2.42	17.28	61.77	Ec				0.701
4	1.96	14.01	75.78	Alk	0.738			
				Hard				0.813
				DO	−0.858			
				TN		0.880		
				NH_3-N		0.900		
				NO_2^--N	0.771			
				NO_3^--N				0.662
				COD			0.647	
				COD_{Mn}			0.802	
				BOD_5		0.644		
				TP	0.756			

对这些水环境指标进行 Pearson 相关分析，若两个指标的相关系数大于 0.7，则认为其显著相关，仅保留一个指标，结果见表 9.12。可以看出 Ec 与 Hard 显著相关，仅保留 Ec；TN 与 NH_3-N 显著相关，仅保留 TN；NO_2^--N 与 TP 显著相关，仅保留 TP；COD 与 COD_{Mn} 显著相关，仅保留 COD。因此，最终的水环境指标为 Turb、pH 值、Ec、Alk、DO、TN、NO_3^--N、COD、BOD_5 和 TP。

表 9.12　　　　　　　　　　黄河流域济南段水环境指标相关分析结果

水环境指标	Turb	pH值	Ec	Alk	Hard	DO	TN	NH₃-N	NO₂⁻-N	NO₃⁻-N	COD	COD_Mn	BOD₅	TP
pH值	0.146	1												
Ec	−0.171	−0.425	1											
Alk	−0.047	−0.428	0.476	1										
Hard	−0.239	−0.465	0.904	0.435	1									
DO	0.124	0.568	−0.317	−0.474	−0.230	1								
TN	−0.250	−0.131	0.157	0.425	0.280	0.198	1							
NH₃-N	−0.224	−0.092	0.048	0.540	0.061	−0.044	0.784	1						
NO₂⁻-N	−0.334	−0.512	0.591	0.586	0.527	−0.574	0.151	0.229	1					
NO₃⁻-N	−0.026	−0.123	0.101	0.279	0.275	0.098	0.512	0.051	0.057	1				
COD	−0.449	−0.525	0.306	0.372	0.336	−0.317	0.323	0.330	0.566	−0.093	1			
COD_Mn	−0.603	−0.365	0.296	0.267	0.355	−0.110	0.503	0.422	0.585	0.086	0.718	1		
BOD₅	−0.275	−0.109	0.084	0.154	0.184	0.125	0.551	0.576	0.168	0.111	0.267	0.453	1	
TP	−0.338	−0.479	0.539	0.625	0.477	−0.492	0.225	0.324	0.855	0.050	0.544	0.592	0.135	1

9.3.4　徒骇马颊河主要水环境因子识别

采用 SPSS 对徒骇马颊河水环境指标进行因子分析，结果见表 9.13。按照特征值大于 1 的标准进行主成分提取，可以看出徒骇马颊河水环境特征可概化为四个主成分，其中第一主成分解释了所有变量方差的 43.60%，第二主成分解释了 16.40%，第三主成分解释了 10.64%，第四主成分解释了 9.36%，四个主成分共解释所有变量方差的 79.99%，因此，可以用这四个主成分代表所有的水环境指标。其中，第一主成分在 Alk、TN、NH₃-N、COD、COD_Mn、BOD₅ 和 TP 指标上有较大载荷，这些因子主要反映了河流的无机污染、有机污染和富营养化水平；第二主成分在 Ec、Alk 和 Hard 上有较大的载荷，主要反映了河流水环境的无机污染情况；第三主成分主要在 pH 值和 NO₂⁻-N 指标上有较大载荷，主要反映了河流水环境的酸碱程度和富营养化状况；第四主成分在 Turb 和 NO₃⁻-N 指标有较大的载荷，主要反映了河流水体透明程度和富营养化水平。综上所述，徒骇马颊河流域水环境质量主要表现在无机污染、有机污染和富营养化三个方面。

表 9.13　　　　　　　　　　徒骇马颊河水环境因子分析结果

成分	方差解释			旋转后成分内水环境指标相关系数				
	总计	方差百分比/%	累计/%	水环境指标	第一主成分	第二主成分	第三主成分	第四主成分
1	6.11	43.60	43.60	Turb				0.570
2	2.30	16.40	60.00	pH值			0.857	
3	1.49	10.64	70.64	Ec		0.825		
4	1.31	9.36	79.99	Alk	0.718	0.531		

续表

成分	方差解释			旋转后成分内水环境指标相关系数				
	总计	方差百分比/%	累计/%	水环境指标	第一主成分	第二主成分	第三主成分	第四主成分
				Hard		0.880		
				DO				
				TN	0.956			
				NH_3-N	0.961			
				NO_2^--N			−0.640	
				NO_3^--N				0.753
				COD	0.938			
				COD_{Mn}	0.930			
				BOD_5	0.885			
				TP	0.913			

对这些水环境指标进行 Pearson 相关分析，若两个指标的相关系数大于 0.7，则认为其显著相关，则仅保留一个指标，结果见表 9.14。可以看出 Ec 与 Hard 显著相关，仅保留 Ec；Alk 与 Hard、TN、NH_3-N、COD、COD_{Mn}、BOD_5 和 TP 显著相关，仅保留 Alk；TN 与 NH_3-N、COD、COD_{Mn}、BOD_5 和 TP 显著相关，仅保留 TN；NH_3-N 与 COD、COD_{Mn}、BOD_5 和 TP 显著相关，仅保留 NH_3-N；COD 与 COD_{Mn}、BOD_5 和 TP 显著相关，仅保留 COD；COD_{Mn} 与 BOD_5 和 TP 显著相关，仅保留 COD_{Mn}；BOD_5 与 TP 显著相关，仅保留 BOD_5。因此，最终的水环境指标为 Turb、pH 值、Ec、Alk、DO、TN、NO_2^--N 和 NO_3^--N。

表 9.14　　　　　　　　　　　徒骇河水环境指标相关分析结果

水环境指标	Turb	pH 值	Ec	Alk	Hard	DO	TN	NH_3-N	NO_2^--N	NO_3^--N	COD	COD_{Mn}	BOD_5	TP
Turb	1													
pH 值	0.044	1												
Ec	0.057	−0.003	1											
Alk	0.025	−0.166	0.643	1										
Hard	−0.010	−0.103	0.903	0.675	1									
DO	0.158	0.360	−0.256	−0.460	−0.254	1								
TN	0.038	−0.172	0.483	0.732	0.456	−0.369	1							
NH_3-N	−0.002	−0.137	0.473	0.765	0.453	−0.411	0.970	1						
NO_2^--N	−0.026	−0.301	−0.129	−0.083	−0.199	−0.021	0.061	0.015	1					
NO_3^--N	0.127	−0.103	0.203	0.113	0.224	0.047	0.280	0.085	0.112	1				
COD	0.002	−0.136	0.570	0.724	0.507	−0.319	0.935	0.909	0.042	0.280	1			
COD_{Mn}	0.017	−0.141	0.541	0.740	0.513	−0.348	0.948	0.913	0.025	0.374	0.958	1		
BOD_5	−0.056	−0.121	0.489	0.705	0.472	−0.288	0.824	0.831	0.117	0.216	0.876	0.845	1	
TP	0.002	−0.124	0.549	0.861	0.527	−0.440	0.910	0.938	−0.014	0.081	0.878	0.865	0.795	1

9.4　河流不同水系水文特征分析

9.4.1　济南市年径流量趋势分析

黄台桥、卧虎山水库、崮山和莱芜是济南市小清河、玉符河、北大沙河和大汶河的主要水文控制站，本书采用 Mann - Kendall 法对该四个站点的年径流量进行趋势分析，见表 9.15，通过分析，发现崮山和卧虎山水库的年径流量均未呈现明显的变化趋势，黄台桥的年径流量呈现明显的增加趋势，趋势极为显著，大汶河莱芜站的年径流呈现显著的减小趋势。综上所述，近五六十年，崮山和卧虎山水库两个站点的年径流量变化趋势不明显，而黄台桥站和莱芜站则分别出现极为显著的增加和减小趋势。

表 9.15　　　　　崮山、卧虎山水库、黄台桥和莱芜年径流量特征分析结果

站点	时间序列	均值 /亿 m³	最大值 /亿 m³	最小值 /亿 m³	Z 检验	显著性
崮山	1979—2014 年	0.43	1.20	0.00	0.10	
卧虎山水库	1964—2014 年	0.64	3.74	0.06	0.23	
黄台桥	1951—2014 年	2.82	5.65	1.00	5.99	↑
莱芜	1954—2014 年	1.68	6.68	0.09	0.45	↓

注　↑表示显著增加，↓表示显著减小。

从四个站点的特征值统计中发现，年径流量均值以黄台桥最大，其次是卧虎山水库，崮山站的年径流量最小，年径流量的最大值和最小值均表现出类似的现象。四个站点中，莱芜站年际间径流量变化程度最大，在 0.09 亿～6.68 亿 m³ 波动，随时间年径流量呈逐渐增大的趋势，其次是黄台桥和卧虎山水库，以崮山站的年际间径流量变化程度最小，在 0～1.20 亿 m³ 波动，其中 1990 年之前年径流量变化较小，1990—2010 年年径流量变化幅度明显变大。主要是由于济南市修建有崮山水库、卧虎山水库等，水库、闸坝等对水流的拦蓄造成年径流量较低，而人类对降水量的直接干预较小。

9.4.2　济南市水文情势特征分析

本书根据崮山、卧虎山水库和黄台桥的日流量数据计算三站点 33 个水文参数的特征值，分析三站点水文情势的主要特征，具体结果见表 9.16。通过分析崮山、卧虎山水库和黄台桥 33 个水文参数的 25％、50％和 75％分位数发现，第一组参数中，1—12 月流量的 50％分位数以黄台桥流量最大，其次是卧虎山水库。第二组参数中，年最小值的 50％分位数同样以黄台桥最大，其他站点年最小流量值均为 0，年最大值的 50％分位数，以黄台桥最大，其次为崮山，零流量天数以崮山最多，黄台桥无零流量天数。最小、最大流量发生时期三个站点相差不大。崮山和卧虎山水库均无低脉冲流量发生，仅黄台桥有低脉冲流量发生，高脉冲流量发生次数最多的是黄台桥，其次是卧虎山水库；水文转折次数反映

流量改变的频率，其中黄台桥水文转折次数最多，其次是卧虎山水库，崮山最小。整体来说，三个站点流量值偏小，且有较多的零流量值出现，水文情势均发生了较大的变化。

表 9.16　　　　　　　　崮山、卧虎山水库、黄台桥水文参数特征值

水文参数	崮山			卧虎山水库			黄台桥		
	25%	50%	75%	25%	50%	75%	25%	50%	75%
1 月流量	0	0	0.56	0	0.54	1.03	4.67	5.97	7.79
2 月流量	0	0	0.58	0	0.42	1.06	4.67	5.90	6.95
3 月流量	0	0	0.27	0	0.56	1.47	4.54	5.45	6.85
4 月流量	0	0	0.03	0	0.26	2.07	4.31	5.71	7.35
5 月流量	0	0	0.01	0.01	0.51	2.39	4.42	5.75	8.88
6 月流量	0	0	0.001	0.04	0.70	1.87	4.44	6.8	9.51
7 月流量	0	0.08	4.19	0	0.29	1.73	7.21	9.49	14.8
8 月流量	0.38	3.16	7.39	0.12	1.1	3.62	7.62	12	17.2
9 月流量	0.30	1.88	4.30	0.14	1.14	2.41	6.34	9.73	14.45
10 月流量	0	0.19	1.17	0	1.07	2.30	5.28	7.16	10.55
11 月流量	0	0.15	1.01	0.05	0.89	1.37	4.82	6.79	9.74
12 月流量	0	0.03	0.71	0	0.69	1.09	4.71	6.34	8.32
最小 1d 流量	0	0	0	0	0	0	2.34	3.43	4.53
最小 3d 流量	0	0	0	0	0	0	2.57	3.63	4.97
最小 7d 流量	0	0	0	0	0	0.015	2.81	3.82	5.14
最小 30d 流量	0	0	0	0	0	0.07	3.41	4.52	5.77
最小 90d 流量	0	0	0.02	0.007	0.22	0.63	4.09	5.15	6.51
最大 1d 流量	5.9	31	74.8	5.54	8.41	33.83	28	46.2	69.2
最大 3d 流量	4.58	17.44	40.52	5.11	8.05	30.52	22.72	34.07	56.9
最大 7d 流量	3.35	11.98	28.16	4.66	7.28	25.38	17.31	25.44	39.54
最大 30d 流量	1.35	6.69	12.53	2.98	4.18	10.88	10.47	16.94	24.42
最大 90d 流量	0.84	3.92	8.23	1.61	2.41	4.96	8.20	13.12	18.2
零流量天数	51.5	189	287.5	13	79	157.3	0	0	0
基流指数	0	0	0	0	0	0.009	0.39	0.46	0.60
最小流量发生时期	151.5	183	183	183	183.5	222.5	105	168	179
最大流量发生时期	195	210	228	168	203.5	230.5	185	201	223
低脉冲次数	0	0	0	0	0	0	1.5	7	14.5
低脉冲历时/h							2	3	4
高脉冲次数	1	2	3	3	5.5	9	6	8	11
高脉冲历时/h	5.25	22	77.5	6.25	9	13.25	2	2.5	3
上升率	0.14	0.58	1.34	0.046	0.315	0.715	0.23	0.34	0.43
下降率	−0.30	−0.11	−0.06	−0.29	−0.06	−0.03	−0.475	−0.355	−0.26
水文转折次数	10	19	35	20	32.5	43	155.5	169	180.5

综合上述分析，济南市三个站点的水文情势均发生了较大的改变，主要是由于水库、闸坝等的修建对河流流量的拦蓄，导致河流流量减少明显。其中，三个站点以崮山站流量减少最为严重，黄台桥流量减少相对较小。

9.5　影响河流不同水系鱼类个体数量的主要驱动因子分析

9.5.1　小清河鱼类个体数量的主要驱动因子分析

对小清河各采样点鱼类个体数量进行除趋势对应分析（DCA）发现，第 1 轴梯度长度最大，值为 3.608，介于 3～4，因此选择单峰模型排序和线性模型排序均可，本书选择典范对应分析（CCA）。将主要水环境因子与鱼类个体数量进行 CCA 分析，结果见表 9.17。根据水环境因子与鱼类个体数量的 CCA 分析，发现前 4 轴解释了鱼类个体数量变化的 31.8%，其中第 1 轴的解释率为 11.5%，第 2 轴的解释率为 8.3%。另外，前 4 轴解释了鱼类个体数量与环境因子变化的 63.0%，其中第 1 轴的解释率为 22.9%，第 2 轴的解释率为 16.3%。根据水环境因子与鱼类个体数量的二维排序图（图 9.4），发现 TN、NH_3-N 和 BOD_5 与第 1 轴呈显著正相关，COD 与第 2 轴呈显著正相关，对水环境因子做 t 检验，发现 NH_3-N（$p=0.006$）、pH 值（$p=0.014$）与 Alk（$p=0.038$）是影响小清河流域

表 9.17　　　　　　　　　　影响小清河鱼类个体数量的主要驱动因子

鱼类指标	第 1 轴解释率/%	第 2 轴解释率/%	前 4 轴总解释率/%	显著性因子
鱼类个体数量变化的解释率	11.5	8.3	31.8	NH_3-N（$p=0.006$）
鱼类个体数量与环境因子变化的解释率	22.9	16.3	63.0	pH 值（$p=0.014$） Alk（$p=0.038$）

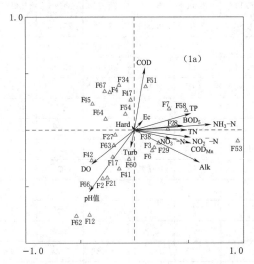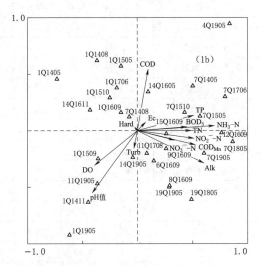

（a）小清河水环境因子与鱼类个体数量的二维排序图　　　（b）小清河水环境因子与采样点位的二维排序图

图 9.4　小清河水环境因子与鱼类个体数量的二维排序图

Q—小清河；其他代码意义同第 9.1.3 节

鱼类群落的主要驱动因子。

9.5.2 玉符河鱼类个体数量的主要驱动因子分析

对玉符河各采样点鱼类个体数量进行除趋势对应分析（DCA）后发现，第 1 轴梯度长度最大，值为 2.965，小于 3，选择线性模型排序，即冗余分析（RDA）更合适。将主要环境因子与鱼类个体数量进行 RDA 分析，结果见表 9.18。根据环境因子与鱼类个体数量的 RDA 分析，发现前 4 轴解释了鱼类个体数量变化的 42.0%，其中第 1 轴的解释率为 16.2%，第 2 轴的解释率为 11.7%。另外，前 4 轴解释了鱼类个体数量与环境因子变化的 63.8%，其中第 1 轴的解释率为 24.6%，第 2 轴的解释率为 17.9%。根据水环境因子与鱼类个体数量的二维排序图（图 9.5），发现 $NO_2^- - N$ 和 pH 值与第 1 轴呈显著正相关，BOD_5 也与第 1 轴关系非常密切，TP 与第 2 轴呈显著正相关，对环境因子做 t 检验，发现 Ec（$p = 0.002$）、COD_{Mn}（$p = 0.002$）、Turb（$p = 0.006$）和 COD（$p = 0.048$）是影响玉符河流域鱼类个体数量的主要驱动因子。

表 9.18 　　　　　　　　　影响玉符河鱼类个体数量的主要驱动因子

鱼类指标	第 1 轴解释率/%	第 2 轴解释率/%	前 4 轴总解释率/%	显著性因子
鱼类个体数量变化的解释率	16.2	11.7	42.0	Ec（$p = 0.002$） COD_{Mn}（$p = 0.002$） Turb（$p = 0.006$） COD（$p = 0.048$）
鱼类个体数量与环境因子变化的解释率	24.6	17.9	63.8	

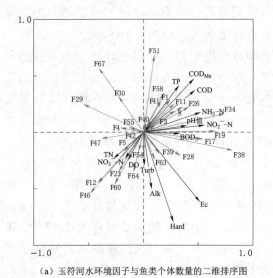

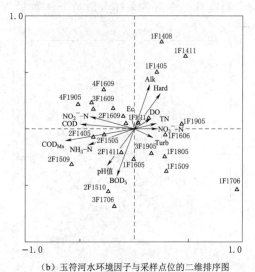

（a）玉符河水环境因子与鱼类个体数量的二维排序图　　　　（b）玉符河水环境因子与采样点位的二维排序图

图 9.5　玉符河水环境因子与鱼类个体数量的二维排序图

F—玉符河；其他代码意义同第 9.1.3 节

9.5.3　黄河流域济南段鱼类个体数量的主要驱动因子分析

大汶河、黄河干流和大沙河均属于黄河水系，故将这些河流采样点位作为整体进行分析。对黄河流域济南段各采样点鱼类个体数量进行除趋势对应分析（DCA）后发现，第 1 轴梯度长度最大，值为 5.430，大于 4，选择单峰模型排序，即典范对应分析（CCA）更适合。将主要水环境因子与鱼类个体数量进行 CCA 分析，结果见表 9.19。根据水环境因子与鱼类个体数量的 CCA 分析，发现前 4 轴解释了鱼类个体数量变化的 35.0%，其中第 1 轴的解释率为 11.3%，第 2 轴的解释率为 9.4%。另外，前 4 轴解释了鱼类个体数量与环境因子变化的 59.5%，其中第 1 轴的解释率为 19.2%，第 2 轴的解释率为 16.1%。根据水环境因子与鱼类个体数量的二维排序图（图 9.6），发现 Hard 和 TN 与第 1 轴呈显著正相关，其他因子则关系不密切，NO_2^--N 与第 2 轴呈显著正相关，pH 值和 NO_3^--N 与第 2 轴关系也比较密切，对环境因子做 t 检验，发现 DO（$p = 0.026$）是影响黄河流域济南段鱼类个体数量的主要驱动因子，其次是 Alk（$p = 0.076$），但影响不显著。

表 9.19　　　　　影响黄河流域济南段鱼类个体数量的主要驱动因子

鱼类指标	第 1 轴解释率 /%	第 2 轴解释率 /%	前 4 轴总解释率 /%	显著性因子
鱼类个体数量变化的解释率	11.3	9.4	35.0	DO（$p = 0.026$） Alk（$p = 0.076$）
鱼类个体数量与水环境因子变化的解释率	19.2	16.1	59.5	

9.5.4　徒骇马颊河鱼类个体数量的主要驱动因子分析

对徒骇马颊河各采样点鱼类个体数量进行除趋势对应分析（DCA）后发现，第 1 轴梯度长度最大，值为 3.048，大于 3 小于 4，选择单峰模型和线性模型均可，本书选用典范对应分析（CCA）均可。将主要环境因子与鱼类个体数量进行 CCA 分析，结果见表 9.20。根据水环境因子与鱼类个体数量的 CCA 分析，发现前 4 轴解释了鱼类个体数量变化的 24.1%，其中第 1 轴的解释率为 9.2%，第 2 轴的解释率为 5.6%。另外，前 4 轴解释了鱼类个体数量与环境因子变化的 64.8%，其中第 1 轴的解释率为 24.7%，第 2 轴的解释率为 15.3%。根据水环境因子与鱼类个体数量的二维排序图（图 9.7），发现 pH 值和 Alk 与第 1 轴呈显著正相关，NO_3^--N 和 Hard 与第 2 轴呈显著正相关，Turb 和 Ec 也与第 2 轴关系较密切，对环境

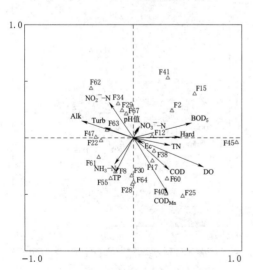

图 9.6　黄河流域济南段水环境因子与
鱼类个体数量的二维排序图

F—鱼类物种编号；其他代码意义同第 9.1.3 节

因子做 t 检验，发现 NO_3^--N（$p=0.004$）、TN（$p=0.004$）、BOD_5（$p=0.018$）、Turb（$p=0.018$）、COD_{Mn}（$p=0.014$）、pH 值（$p=0.028$）和 COD（$p=0.044$）是影响徒骇河流域鱼类个体数量的主要驱动因子。

表 9.20　　　　　　　　　影响徒骇马颊河鱼类个体数量的主要驱动因子

鱼类指标	第1轴解释率 /%	第2轴解释率 /%	前4轴总解释率 /%	显著性因子
鱼类个体数量变化的解释率	9.2	5.6	24.1	NO_3^--N（$p=0.004$） TN（$p=0.004$） BOD_5（$p=0.018$）
鱼类个体数量与环境因子变化的解释率	24.7	15.3	64.8	Turb（$p=0.018$） COD_{Mn}（$p=0.014$） pH 值（$p=0.028$） COD（$p=0.044$）

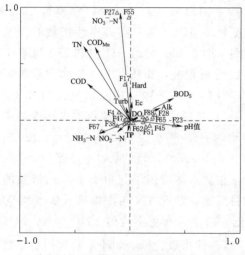

（a）徒骇马颊河水环境因子与鱼类个体数量的二维排序图

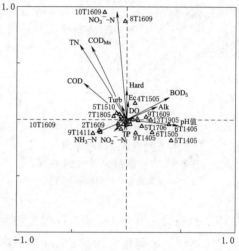

（b）徒骇马颊河水环境因子与采样点位的二维排序图

图 9.7　徒骇马颊河水环境因子与鱼类个体数量的二维排序图

F—鱼类物种编号；T—徒骇马颊河；其他代码意义同第 9.1.3 节

9.6　影响河流不同水系鱼类多样性的主要驱动因子分析

9.6.1　小清河鱼类多样性的主要驱动因子分析

对小清河各采样点鱼类多样性指数进行除趋势对应分析（DCA）后发现，第 1 轴梯度长度最大，值为 0.477，小于 3，选择线性模型排序，即冗余分析（RDA）更合适。将

表 9.21　　　　　　　　　影响小清河鱼类多样性的主要驱动因子

鱼类指标	第 1 轴解释率 /%	第 2 轴解释率 /%	前 4 轴总解释率 /%	显著性因子
鱼类多样性指数变化的解释率	52.3	7.8	64.3	TN（$p=0.014$） Hard（$p=0.120$） Ec（$p=0.162$）
鱼类多样性指数与环境因子变化的解释率	81.4	12.2	100.0	

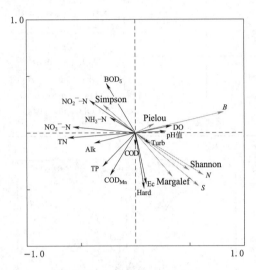

图 9.8　小清河水环境因子与鱼类
多样性指数的二维排序图
S—种类数；N—总尾数；B—总生物量；
其他代码意义同多样性指数计算方法

主要环境因子与鱼类多样性指数进行 RDA 分析，结果见表 9.21。根据环境因子与鱼类多样性指数的 RDA 分析，发现前 4 轴解释了鱼类多样性指数变化的 64.3%，其中第 1 轴的解释率为 52.3%，第 2 轴的解释率为 7.8%。另外，前 4 轴解释了鱼类多样性指数与环境因子变化的 100.0%，其中第 1 轴的解释率为 81.4%，第 2 轴的解释率为 12.2%。根据水环境因子与鱼类多样性指数的二维排序图（图 9.8），发现 pH 值和 DO 与第 1 轴呈显著正相关，BOD_5 与第 2 轴呈显著正相关，对环境因子做 t 检验，发现 TN（$p=0.014$）是影响小清河流域鱼类多样性的主要驱动因子，其次是 Hard（$p=0.120$）与 Ec（$p=0.162$），但是影响不显著。

根据水环境因子与鱼类多样性指数的二维排序图，发现 TN 与生物量（B）、均匀度指数均呈负相关，TN 浓度越高，则生物量越低，鱼类分布更不均匀。NO_2^--N、BOD_5、NH_3-N、NO_3^--N 等指标均与 Shannon-Wiener 多样性指数、Margalef 丰富度指数、物种数量和个体数量呈负相关，浓度越高，物种多样性较差，物种数量和个体数量均较少，Ec、Hard 则对这些指数影响较小。

9.6.2　玉符河鱼类多样性的主要驱动因子分析

对玉符河各采样点鱼类多样性指数进行除趋势对应分析（DCA）后发现，第 1 轴梯度长度最大，值为 0.692，小于 3，选择线性模型排序，即冗余分析（RDA）更合适。将主要水环境因子与鱼类多样性指数进行 RDA 分析，结果见表 9.22。根据环境因子与鱼类多样性指数的 RDA 分析，发现前 4 轴解释了鱼类多样性指数变化的 66.4%，其中第 1 轴的解释率为 55.0%，第 2 轴的解释率为 6.7%。另外，前 4 轴解释了鱼类多样性指数与环境因子变化的 100.0%，其中第 1 轴的解释率为 82.8%，第 2 轴的解释率为 10.2%。

表 9.22　　　　　　　　　影响玉符河鱼类多样性指数的主要驱动因子

鱼类指标	第1轴解释率/%	第2轴解释率/%	前4轴总解释率/%	显著性因子
鱼类多样性指数变化的解释率	55.0	6.7	66.4	NH_3-N（$p=0.036$） NO_3^--N（$p=0.086$） DO（$p=0.066$）
鱼类多样性指数与环境因子变化的解释率	82.8	10.2	100.0	

根据水环境因子与鱼类多样性指数的二维排序图（图9.9），发现 Ec 和 COD 与第1轴呈显著正相关，Alk 与第1轴关系也较密切，NO_3^--N 与第2轴呈显著正相关，对环境因子做 t 检验，发现 NH_3-N（$p=0.036$）是影响玉符河流域鱼类多样性的主要驱动因子，其次是 DO（$p=0.066$）和 NO_3^--N（$p=0.086$），但影响不显著。对于不同多样性指数，NH_3-N 和 Ec 均与 Shannon-Wiener 多样性指数、Margalef 丰富度指数和 Pielou 均匀度指数呈负相关，说明 NH_3-N 浓度和 Ec 越高，物种多样性越差，分布更不均匀，其余水环境指标与多样性指数关系密切性较差。

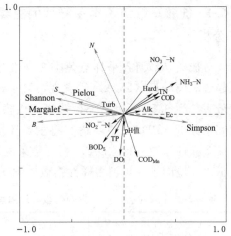

图9.9　玉符河水环境因子与鱼类
多样性指数的二维排序图

S—种类数；N—总尾数；B—总生物量；
其他代码意义同多样性指数计算方法

9.6.3　黄河流域济南段鱼类多样性的主要驱动因子分析

对黄河流域济南段各采样点鱼类多样性指数进行除趋势对应分析（DCA）后发现，第1轴梯度长度最大，值为1.086，小于3，选择线性模型排序，即冗余分析（RDA）更合适。将主要水环境因子与鱼类多样性指数进行 RDA 分析，结果见表9.23。根据环境因子与鱼类多样性指数的 RDA 分析，发现前4轴解释了鱼类多样性指数变化的45.6%，其中第1轴的解释率为38.8%，第2轴的解释率为4.7%。另外，前4轴解释了鱼类多样性指数与环境因子变化的99.9%，其中第1轴的解释率为85.0%，第2轴的解释率为10.4%。根据水环境因子与鱼类多样性指数的二维排序图（图9.10），发现 NO_3^--N 和 TN 与第1轴呈显著正相关，BOD_5 与第1轴关系也较密切，DO 与第2轴呈显著正相关，对环境因子做

表 9.23　　　　　　　　影响黄河流域济南段鱼类多样性的主要驱动因子

鱼类指标	第1轴解释率/%	第2轴解释率/%	前4轴总解释率/%	显著性因子
鱼类多样性指数变化的解释率	38.8	4.7	45.6	TN（$p=0.014$）
鱼类多样性指数与环境因子变化的解释率	85.0	10.4	99.9	

t 检验，发现 TN（$p=0.014$）是影响黄河流域济南段鱼类多样性的主要驱动因子。可以看出，TN 与物种数量、生物量、Shannon-Wiener 多样性指数和 Margalef 丰富度指数均呈正相关，说明对于黄河流域济南段而言，TN 越高，物种数量越丰富，多样性水平越高，生物量越多。

9.6.4　徒骇马颊河鱼类多样性的主要驱动因子分析

对徒骇马颊河各采样点鱼类多样性指数进行除趋势对应分析（DCA）后发现，第 1 轴梯度长度最大，为 0.516，小于 3，选择线性模型排序，即冗余分析（RDA）更合适。将主要环境因子与鱼类多样性指数进行 RDA 分析，结果见表 9.24。根据水环境因子与鱼类多样性指数的 RDA 分析，

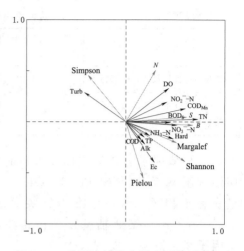

图 9.10　黄河流域济南段水环境因子与
鱼类多样性指数的二维排序图
S—种类数；N—总尾数；B—总生物量；
其他代码意义同多样性指数计算方法

表 9.24　　　　　　影响徒骇马颊河鱼类多样性的主要驱动因子

鱼类指标	第 1 轴解释率/%	第 2 轴解释率/%	前 4 轴总解释率/%	显著性因子
鱼类多样性指数变化的解释率	20.5	6.3	28.9	
鱼类多样性指数与环境因子变化的解释率	70.8	21.8	100.0	TP（$p=0.084$）

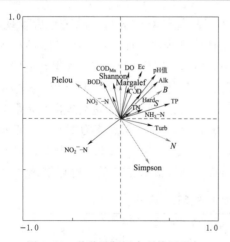

图 9.11　徒骇马颊河水环境因子与
鱼类多样性指数的二维排序图
S—种类数；N—总尾数；B—总生物量；
其他代码意义同多样性指数计算方法

发现前 4 轴解释了鱼类多样性指数变化的 28.9%，其中第 1 轴的解释率为 20.5%，第 2 轴的解释率为 6.3%。另外，前 4 轴解释了鱼类多样性指数与水环境因子变化的 100.0%，其中第 1 轴的解释率为 70.8%，第 2 轴的解释率为 21.8%。根据水环境因子与鱼类多样性指数的二维排序图（图 9.11），发现 Turb、TP 与第 1 轴呈显著正相关，COD_{Mn}、DO 和 COD 与第 2 轴呈显著正相关，对环境因子做 t 检验，发现 TP（$p=0.084$）是影响徒骇马颊河流域鱼类多样性的主要驱动因子，但该因子不显著。可以看出，TP 与物种数量和生物量呈正相关，说明 TP 浓度越高，物种数量越多，生物量越大。

9.7　影响河流不同水系鱼类功能群的主要驱动因子分析

9.7.1　小清河鱼类功能群的主要驱动因子分析

对小清河各采样点鱼类功能群进行除趋势对应分析（DCA）后发现，第 1 轴梯度长度最大，值为 1.077，小于 3，选择线性模型排序，即冗余分析（RDA）更合适。将主要水环境因子与鱼类功能群进行 RDA 分析，结果见表 9.25。根据水环境因子与鱼类功能群的 RDA 分析，发现前 4 轴解释了鱼类功能群变化的 83.7%，其中第 1 轴的解释率为 42.9%，第 2 轴的解释率为 9.9%。另外，前 4 轴解释了鱼类功能群与环境因子变化的 100.0%，其中第 1 轴的解释率为 77.3%，第 2 轴的解释率为 17.8%。根据水环境因子与鱼类功能群的二维排序图（图 9.12），发现 Turb 与第 1 轴呈显著正相关，pH 值和 Hard 与第 2 轴呈显著正相关，对水环境因子做 t 检验，发现 TN（$p=0.016$）和 Turb（$p=0.052$）是影响小清河流域鱼类功能群的主要驱动因子。

表 9.25　　　　　　　　　　影响小清河鱼类功能群的主要驱动因子

鱼类指标	第 1 轴解释率/%	第 2 轴解释率/%	前 4 轴总解释率/%	显著性因子
鱼类功能群变化的解释率	42.9	9.9	83.7	TN（$p=0.016$）
鱼类功能群与环境因子变化的解释率	77.3	17.8	100.0	Turb（$p=0.052$） BOD$_5$（$p=0.082$）

9.7.2　玉符河鱼类功能群的主要驱动因子分析

对玉符河各采样点鱼类功能群进行除趋势对应分析（DCA）后发现，第 1 轴梯度长度最大，值为 0.844，小于 3，选择线性模型排序，即冗余分析（RDA）更合适。将主要水环境因子与鱼类功能群进行 RDA 分析，结果见表 9.26。根据水环境因子与鱼类功能群的 RDA 分析，发现前 4 轴解释了鱼类功能群变化的 88.0%，其中第 1 轴的解释率为 39.1%，第 2 轴的解释率为 24.6%。另外，前 4 轴解释了鱼类功能群与环境因子变化的 100.0%，其中第 1 轴的解释率为 57.1%，第 2 轴的解释率为 35.9%。根据水环境因子与鱼类功能群的二维排序图（图 9.13），发现 NO$_3^-$-N 与第 1 轴呈显著正相关，TN 和 Ec 与第 2 轴呈显著正相关，对水环境因子做 t 检验，发现 COD（$p=0.018$）和 Hard（$p=$

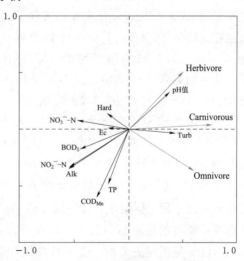

图 9.12　小清河水环境因子与鱼类
功能群的二维排序图

Omnivore—杂食性功能群；Herbivore—草食
性功能群；Carnivorous—肉食性功能群；
其他代码意义同第 9.1.3 节

0.020）是影响玉符河流域鱼类功能群的主要驱动因子。可以看出对于玉符河而言，草食性功能群与 COD 呈负相关，与硬度呈正相关，说明草食性功能群适合在 COD 浓度较低、Hard 较高的水体生存。肉食性和杂食性功能群主要与 Ec 呈负相关，与其他水环境因子关系不密切，说明这两种功能群主要适合在 Ec 较低的水体生存，对其他因子要求不高。

表 9.26　　　　　　　　　　　影响玉符河鱼类功能群的主要驱动因子

鱼类指标	第 1 轴解释率 /%	第 2 轴解释率 /%	前 4 轴总解释率 /%	显著性因子
鱼类功能群变化的解释率	39.1	24.6	88.0	COD（$p=0.018$） Hard（$p=0.020$）
鱼类功能群与环境因子变化的解释率	57.1	35.9	100.0	

9.7.3　黄河流域济南段鱼类功能群的主要驱动因子分析

对黄河流域济南段各采样点鱼类功能群进行除趋势对应分析（DCA）后发现，第 1 轴梯度长度最大，值为 1.595，小于 3，选择线性模型排序，即冗余分析（RDA）更合适。将主要环境因子与鱼类功能群进行 RDA 分析，结果见表 9.27。根据水环境因子与鱼类功能群的 RDA 分析，发现前 4 轴解释了鱼类功能群变化的 86.8%，其中第 1 轴的解释率为 43.6%，第 2 轴的解释率为 18.1%；另外，前 4 轴解释了鱼类功能群与环境因子变化的 100.0%，其中第 1 轴的解释率为 65.2%，第 2 轴的解释率为 17.0%。根据水环境因子与鱼类功能群的二维排序图（图 9.14），发现 BOD_5 与第 1 轴呈显著正相关，NO_3^--N、COD_{Mn} 和 Hard 与第 2 轴呈显著正相关，对主要水环境因子做 t 检验，发现 Alk（$p=0.034$）和 TN（$p=0.028$）是影响黄河流域济南

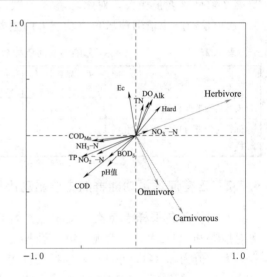

图 9.13　玉符河主要水环境因子与
鱼类功能群的二维排序图
Omnivore—杂食性功能群；Herbivore—草食性功能群；Carnivorous—肉食性功能群；其他代码意义同第 9.1.3 节

段鱼类功能群的主要驱动因子。可以看出，对于黄河流域济南段而言，草食性功能群与 TN、Hard 呈正相关关系，说明草食性功能群能够在 TN 含量较高，硬度较大的水体生存，分析原因主要是由于 TN 含量高的水体易生长有丰富的藻类、水草等，能够为草食性功能群提供丰富的食物来源。杂食性功能群与 Ec、Alk 呈正相关，与 pH 值呈负相关，而与 DO、BOD_5、COD 等指标关系不密切，说明杂食性功能群能够在 Ec、Hard 较高，pH 值较低的水体中生存，而对 COD 等指标要求较低。

表 9.27　　　　　　　　　影响黄河流域济南段鱼类功能群的主要驱动因子

鱼类指标	第 1 轴解释率 /%	第 2 轴解释率 /%	前 4 轴总解释率 /%	显著性因子
鱼类功能群变化的解释率	43.6	18.1	86.8	Alk（$p=0.034$） TN（$p=0.028$）
鱼类功能群与环境因子变化的解释率	65.2	17.0	100.0	

9.7.4　徒骇马颊河鱼类功能群的主要驱动因子分析

对徒骇马颊河各采样点鱼类功能群进行除趋势对应分析（DCA）后发现，第 1 轴梯度长度最大，值为 1.207，小于 3，选择线性模型排序，即冗余分析（RDA）更合适。将主要水环境因子与鱼类功能群进行 RDA 分析，结果见表 9.28。根据水环境因子与鱼类功能群的 RDA 分析，发现前 4 轴解释了鱼类功能群变化的 68.4%，其中第 1 轴的解释率为 16.6%，第 2 轴的解释率为 10.8%。另外，前 4 轴解释了鱼类功能群与环境因子变化的 100.0%，其中第 1 轴的解释率为 57.2%，第 2 轴的解释率为 37.2%。根据水环境因子与鱼类功能群的二维排序图（图 9.15），发现 pH 值和 Ec 与第 1 轴呈显著正相关，Turb 和 NH_3-N 与第 2 轴呈显著正相关，对主要水环境因子做 t 检验，发现 NO_2^--N（$p=0.134$）、Turb（$p=0.118$）和 DO（$p=0.136$）是影响徒骇马颊河流域鱼类功能群的主要驱动因子，但是影响不显著。

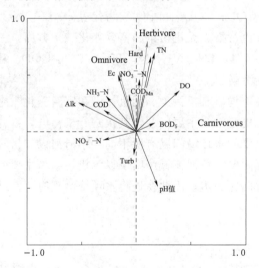

图 9.14　黄河流域济南段水环境因子与
鱼类功能群的二维排序图
Omnivore—杂食性功能群；Herbivore—草食
性功能群；Carnivorous—肉食性功能群；
其他代码意义同第 9.1.3 节

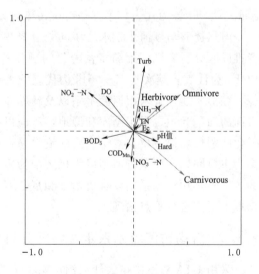

图 9.15　徒骇马颊河水环境因子与
鱼类功能群的二维排序图
Omnivore—杂食性功能群；Herbivore—草食
性功能群；Carnivorous—肉食性功能群；
其他代码意义同第 9.1.3 节

表 9. 28　　　　　　　　　　　　　　影响徒骇马颊河鱼类功能群的主要驱动因子

鱼类指标	第 1 轴解释率 /%	第 2 轴解释率 /%	前 4 轴总解释率 /%	显著性因子
鱼类功能群变化的解释率	16.6	10.8	68.4	NO_2^--N（$p=0.134$） $Turb$（$p=0.118$） DO（$p=0.136$）
鱼类功能群与环境因子变化的解释率	57.2	37.2	100.0	

9.8　本章小结

9.8.1　济南市不同河流水系水环境特征分析

（1）小清河的水环境问题主要表现在有机污染、富营养化、无机污染和水体透明情况四个方面，其中有机污染问题居首位，以 COD、COD_{Mn} 和 BOD_5 为代表；第二为富营养化问题，以 TN、NO_2^--N 和 NO_3^--N 为代表；第三为无机污染，以 Ec 为代表。

（2）玉符河水环境问题主要表现在无机污染、富营养化、有机污染三个方面，其中无机污染问题居首位，以 Ec、Alk 为代表；第二为富营养化问题，以 TN、NO_3^--N、TP 为代表；第三为有机污染，以 COD、COD_{Mn} 和 BOD_5 为代表。

（3）黄河流域济南段水环境问题主要表现在无机污染、有机污染、富营养化三个方面，其中无机污染问题居首位，以 Alk、Ec 为代表；其次是富营养化问题，以 TN、NH_3-N、TP等为代表；第三是有机污染，以 COD、COD_{Mn} 和 BOD_5 为代表。

（4）徒骇马颊河水系水环境问题主要在有机污染、无机污染和富营养化三个方面，三者难以区分，有机污染和富营养化问题为首位，以 TN、NH_3-N、TP、COD、COD_{Mn} 和 BOD_5 为代表；其次是 Ec、Alk 为代表的无机污染。

综上所述，济南市河流水系以及湖库和湿地均以有机污染、无机污染和富营养化三个方面的问题为主；对于湖库和湿地，反而以无机污染为主要问题，其次是有机污染，富营养化问题仅居第三位；对于不同河流水系，主要的水环境问题有所不同，小清河以有机污染为主要问题，而玉符河则以无机污染为主要问题，黄河流域济南段以无机污染为主要问题，徒骇马颊河水系则以有机污染和富营养化问题为主，因此在进行水环境治理时，需结合以上研究进行重点治理。

9.8.2　济南市河流水系水文特征分析

采用 IHA 对济南市大沙河崮山站、玉符河卧虎山水库站、小清河黄台桥站的日径流量系列进行水文情势改变程度分析，发现小清河黄台桥水文情势改变程度最小，主要是由于小清河排入中水，崮山和卧虎山水库水文情势改变程度较大。

9.8.3　济南市不同河流水系水生态驱动因子

（1）影响小清河鱼类群落结构的主要驱动因子为NH_3-N、pH 值与 Alk，影响其鱼类多样性的主要驱动因子为 TN，影响其功能群的主要驱动因子为 TN 和 Turb。

（2）影响玉符河鱼类群落结构的主要驱动因子为 Ec、COD_{Mn}、Turb 和 COD，影响其鱼类多样性的主要驱动因子为$NH_3\text{-}N$，影响其功能群的主要驱动因子为 COD 和 Hard。

（3）影响黄河流域济南段鱼类群落结构的主要驱动因子为 DO，其次是 Alk，但影响不显著；影响其鱼类多样性的主要驱动因子为 TN，影响其功能群的主要驱动因子为 Alk 和 TN。

（4）影响徒骇河水系鱼类群落结构的主要驱动因子为 $NO_3^-\text{-}N$、TN、BOD_5、Turb、COD_{Mn}、pH 值和 COD；影响其鱼类多样性的主要环境因子为 TP，但是不显著；影响其功能群的主要因子为 $NO_2^-\text{-}N$、Turb 和 DO，但是均不显著。

综上所述，影响鱼类群落结构的主要驱动因子较多，富营养化指标、无机和有机指标均有涉及，但是不管是对于湖泊水库和湿地，还是小清河、玉符河等河流水系，影响鱼类多样性的驱动因子均以 TN 或$NH_3\text{-}N$ 等富营养化指标为主，而影响鱼类功能群的主要驱动因子则各有不同。

济南市主要鱼类编号可与鱼类物种分布合并，在此不单独列表。

第 10 章

水环境因子生态阈值分析

10.1 水环境因子生态阈值分析方法

10.1.1 生态阈值研究进展

生态阈值对于生态学来说是一个较新的概念，生态阈值概念的出现可以更好地解决人类活动对水生生态系统的影响，科学客观地确定生态系统可以承受的污染压力程度（李春贵，2017；汤婷等，2016），与水生态系统的自然资源管理也有着广泛的相关性（King 等，2014）。目前，生态阈值最具有代表性的定义是生态系统的质量、性质或现象发生突变，或环境驱动力的微小变化对生态系统产生较大响应的点（Groffman 等，2006）。国内外有关生态阈值的相关研究如火如荼，生态学家探讨出了多种有关阈值的度量方法。

目前阈值的研究方法主要分为线性和非线性两种（唐婷等，2016），线性法如百分位数法和 Y -截距法（Dodds 等，2004），但在某些情况下，目前用于确定阈值的统计方法无法同时分析多个、单个物种的丰富度；将一个或多个分类单元聚合成一个或多个响应变量可能会增加群落对人为梯度的响应信号，但它也可能掩盖一个或多个分类单元中的非线性变化，从而可能降低或歪曲人为梯度对生态群落的影响（King 等，2014）。近年来生态学家也越来越发现环境胁迫因子与生物群落参数之间多为非线性关系，因此，总结出了许多非线性阈值分析法，如随机森林（Black 等，2011）、非参数突变点分析法（nonparametric change - point analysis，nCPA）等；Black 等（2011）利用随机森林法调查了美国西部农业和受干扰最少的地区底栖藻类群落对一系列环境因素的反应，包括在多个尺度上收集的营养物质，结果确定了营养物质、生境和流域特征以及大型无脊椎动物营养结构的相对重要性，表明侵蚀和沉积生境收集的样本生成的藻类指标计算的 TN 或 TP 阈值没有显著差异，并且与藻类指标相关的 TN 和 TP 每个度量的阈值变化很小，跨多个指标自然科学、地球科学、社会科学和栖息地测量阈值的一致性表明，研究中确定的阈值具有生态学相关性；Qian 等（2003）利用非参数突变点分析法（nonparametric change - point analysis，nCPA），对来自沼泽湿地的大型无脊椎动物数据进行生态系统实验，以耐磷物种百分比和不同指数作为响应变量，结果定义了明确的 TP 浓度阈值，该方法主要是基于树的建模方法来分析生物群落与环境因子数据之间的关系，与线性方法相比较来说，此类非线性模型既有较高的准确度，可以得到生物与环境因子之间的定量关系。

Baker 和 King（2010）提出了临界指示物种分析法（thresholds indicator taxa analysis，

TITAN)，TITAN 结合了 nCPA 法和指示物种分析法，较其他阈值分析法具有更高的准确性，可以更加敏感地检测到环境变化使生物群落突变的临界点，Baker 和 King 运用 TI-TAN 和 nCPA 两种方法分析比较并确定了大型无脊椎动物群落变化的 TP 阈值和土地利用阈值，结果表明，nCPA 只能处理单个响应变量的环境阈值，结果只能反映生物群落对 TP 响应的总体趋势，无法区分群落中不同物种对 TP 响应的差异，而 TITAN 则对环境突变点具有更高的敏感性，同时还可以识别出环境因子的指示物种以及指示物种的响应方向；2016 年，汤婷运用同种方法确定了三峡水库入库支流附石硅藻的氮磷阈值，得到了与 Baker 和 King 一致的结论，TITAN 法较 nCPA 法对环境因子的突变点反映更加敏感。

本章内容主要在识别出影响鱼类个体数量、鱼类多样性和功能群的主要驱动因子的基础上，采用指示物种分析法分别探索湖库和湿地以及河流水系在三种不同水平下主要水环境驱动因子的阈值，从而为流域进行鱼类重要物种保护和多样性恢复提供一定的科学依据。

10.1.2　指示物种分析法简介

为量化分析不同水平鱼类群落与水环境因子的定量关系，选取鱼类物种、群落多样性和群落功能群三个水平下的栖息特征数据和鱼类数据进行科学分析。其中物种层面，为了更准确地计算环境因子的最适值和阈值，排除仅在三个及以下样点中出现的物种和环境因子数据出现少于三次的物种。多样性水平计算鱼类群落的 Shannon-Wiener 多样性指数并根据结果将采样站位进行多样性水平的划分，不同的分组反映不同的群落多样性水平，本书分为（0, 1]、（1, 2]、（2, 3] 和（3, 4] 共 4 个等级。根据鱼类的营养和食性，将济南市鱼类群落分为 3 个摄食功能群，分别是杂食性功能群、肉食性功能群和草食性功能群，滤食性功能群很少，在此不做考虑。

使用加权平均回归分析（WA）计算不同群落水平栖息环境因子的最适值，其分析方法是假定鱼类在某一环境因子上呈高斯分布，其最大含量所对应的环境指标值即该种的最适生态值；WA 计算公式如下：

$$k = \sum_{i=1}^{m} y_{ki} x_i / \sum_{i=1}^{m} y_{ki} \tag{10.1}$$

式中：x_i 为采样点 i 中的环境变量值；y_{ki} 为属种 k 在采样点 i 中的百分含量；m 为环境资料中的总采样点数。

用指示物种分析法（TITAN）确定不同水平鱼类群落水环境因子的阈值，其计算过程为：

（1）沿预测变量 x 选取 m 个样本单元，将 x 的唯一值之间的中点作为候选突变点进行识别，定义最小的 m 值来计算 Indvals（指示物种指数）。

（2）对于每一个分类单元：从分组样本的上面和每个候选突变点（x_i）的下面计算 Indvals 分数，然后比较 Indvals 下方和每个 x_i 上方，保留较大的分数，接下来通过所有 x_i 来识别最大的 Indvals，观测到的突变点 x_{cp} 是 x 的对应值，最后将分类单元赋予正响应和负响应的含义。

（3）对于每一个 x 的 250 个随机排序重复（2）中的步骤，估计得到随机 Indvals 的频率，观察到的最大 Indval(ρ) 以及随机 Indvals 值的均值和标准差。

（4）用排序 Indvals 的均值和标准差将观察到的 Indvals 标准化成 z 分数，用反应组每个类群的 z 分数的总和来赋值每个候选突变点 x_i，将 Sum(z^-) 和 Sum(z^+) 极大值对应的 x 值作为群落水平的突变点。TITAN 初步得出物种的突变点后，对突变点进行自举重抽样分析（bootstrapping），重抽样 100 次，得到 100 个阈值结果，最后用 50％分位值作为最终的阈值结果，不确定性（$p < 0.05$）、纯度（purity $\geqslant 0.90$）和可靠度（reliability $\geqslant 0.90$）是确定环境因子指示种的依据，具体算法参照 King R S 和 Baker M E 的方法。

WA 和 TITAN 均在 R 软件中完成。

10.2　湖库湿地水环境因子的最适值和阈值分析

10.2.1　鱼类物种层面

根据第 9 章湖库湿地鱼类群落结构的主要驱动因子分析结果，发现 DO（$p = 0.002$）、TN（$p = 0.002$）、COD_{Mn}（$p = 0.026$）、Alk（$p = 0.004$）、COD（$p = 0.004$）和 NO_2^--N（$p = 0.034$）是影响湖库和湿地鱼类群落的主要环境因子，因此仅分析湖库湿地主要水环境因子对鱼类不同物种的最适值和阈值。

1. 水环境因子的最适值分析

湖库湿地鱼类物种对 Alk、DO、TN、NO_2^--N、COD 和 COD_{Mn} 的最适值结果见表 10.1。Alk 的最适值范围为 86.55～183.68mg/L，平均值为 140.35mg/L，高于所有湖库湿地采样点位的 Alk 平均值（134.65mg/L）。其中，马口鱼对 Alk 的最适值最小，为 86.55mg/L；而其余绝大多数鱼类的 Alk 最适值超过 120mg/L，50％的鱼类对 Alk 的最适值为 140～160mg/L；黄黝鱼对 Alk 的最适值最大，达到了 183.68mg/L。

表 10.1　　　　　　湖库湿地鱼类物种对水环境因子的最适值分析　　　　　单位：mg/L

鱼类物种	Alk	DO	TN	NO_2^--N	COD	COD_{Mn}
子陵吻虾虎鱼	150.72	9.47	1.95	0.03	16.07	4.19
中华鳑鲏	139.83	8.36	3.06	0.01	9.92	3.05
鳙	141.46	9.95	1.11	0.02	10.43	4.41
兴凯鱊	163.91	11.84	2.62	0.04	12.11	4.35
稀有麦穗鱼	142.92	10.09	1.83	0.03	11.26	4.65
乌鳢	124.32	8.37	2.11	0.03	18.73	3.90
似鳊	151.22	9.72	1.77	0.02	6.52	5.44
青鳉	158.60	7.48	3.20	0.03	14.90	3.68
翘嘴红鲌	145.51	9.18	2.18	0.02	6.86	3.29
鲇	158.00	9.32	4.64	0.09	14.97	4.26
泥鳅	140.24	8.88	3.30	0.04	20.05	3.81

续表

鱼类物种	Alk	DO	TN	NO_2^--N	COD	COD_{Mn}
麦穗鱼	132.96	8.63	2.76	0.03	12.23	4.12
马口鱼	86.55	8.75	2.25	0.04	16.90	4.23
鲢	157.30	10.99	2.29	0.03	12.60	4.60
鲤	154.32	9.25	4.81	0.04	7.49	3.21
鲫	106.60	8.24	2.95	0.04	33.81	7.48
黄黝鱼	183.68	9.42	3.81	0.23	17.19	3.96
黄鳝	130.76	7.67	1.76	0.03	19.79	4.08
黄颡鱼	159.57	11.87	3.51	0.04	14.02	4.35
红鳍鲌	133.21	9.89	1.37	0.02	13.76	4.15
褐吻虾虎鱼	116.62	8.20	2.52	0.03	16.24	4.29
大鳞副泥鳅	131.30	9.19	2.31	0.03	18.92	3.17
刺鳅	127.19	8.14	2.31	0.02	18.37	3.84
赤眼鳟	141.08	9.99	4.11	0.05	16.90	3.94
草鱼	140.99	8.39	1.78	0.02	17.51	3.31
鳌	136.28	9.30	1.79	0.03	12.17	4.93
棒花鱼	134.51	9.46	3.78	0.03	10.92	3.72

　　湖库湿地鱼类物种对 DO 的最适值范围为 7.48～11.87mg/L，平均值为 9.24mg/L，高于全湖库湿地的 DO 平均值（8.69mg/L）。其中，青鳉对 DO 的最适值最小，为 7.48mg/L；黄颡鱼对 DO 的最适值最大，为 11.87mg/L；91.7%的鱼类对 DO 的最适值为 8～10mg/L。

　　湖库湿地鱼类物种对 TN 的最适值范围为 1.11～4.81mg/L，平均值为 2.65mg/L，低于全湖库湿地的 TN 平均值（3.07mg/L）。其中，鳙对 TN 的最适值最小，为 1.11mg/L；鲤对 TN 的最适值最大，为 4.81mg/L；83.3%的鱼类对 TN 的最适值大于 2mg/L，说明这些鱼类对于 TN 的耐受性较强。

　　湖库湿地鱼类物种对 NO_2^--N 的最适值范围为 0.01～0.23mg/L，平均值为 0.04mg/L，与全湖库湿地的 NO_2^--N 平均值相同（0.04mg/L）。其中，中华鳑鲏对 NO_2^--N 的最适值最小，为 0.01mg/L；黄黝鱼对 NO_2^--N 的最适值最大，为 0.23mg/L；54%的鱼类对 NO_2^--N 的最适值大于 0.03mg/L。

　　湖库湿地鱼类物种对 COD 的最适值范围为 6.52～33.81mg/L，平均值为 14.74mg/L，低于全湖库湿地的 COD 平均值（18.71mg/L）。其中，似鳊对 COD 的最适值最小，为 6.52mg/L；鲫对 COD 最适值最高，为 33.81mg/L。

　　湖库湿地鱼类物种对 COD_{Mn} 的最适值范围为 3.05～7.48mg/L，平均值为 4.16 mg/L，低于全湖库湿地的 COD_{Mn} 平均值（4.22mg/L）。其中，中华鳑鲏对 COD_{Mn} 的最适值最小，鲫的最适值最大。

表10.2　湖库湿地鱼类物种水环境因子的阈值分析

鱼类物种	Alk 环境阈值/(mg/L)	Alk 频数	Alk 响应方向	DO 环境阈值/(mg/L)	DO 频数	DO 响应方向	TN 环境阈值/(mg/L)	TN 频数	TN 响应方向	NO_2^--N 环境阈值/(mg/L)	NO_2^--N 频数	NO_2^--N 响应方向	COD 环境阈值/(mg/L)	COD 频数	COD 响应方向	COD_{Mn} 环境阈值/(mg/L)	COD_{Mn} 频数	COD_{Mn} 响应方向
子陵吻虾虎鱼	158.16	18	+	10.06	18	+	2.05	18	−	0.01	18	−	15.02	18	−	4.55	18	−
中华鳑鲏	152.00	15	+	7.50	15	+	1.65	15	−	0.02	13	−	16.22	15	−	2.45	15	−
鳙	155.86	6	+	10.10	6	+	1.05	6	−	0.01	5	−	12.69	6	−	4.48	6	+
兴凯鱊	158.96	11	+	10.50	11	+	1.55	11	+	0.01	10	−	12.00	11	−	3.80	11	−
稀有麦穗鱼	149.50	16	+	9.38	16	+	1.77	16	−	0.02	16	−	15.25	16	+	4.45	16	+
乌鳢	126.34	22	+	9.07	24	+	4.31	22	−	0.01	21	−	18.85	24	−	3.41	24	−
似鮊	149.00	7	+	9.60	7	+	1.77	7	−	0.02	7	−	12.00	7	−	4.81	7	+
青鳉	141.63	10	+	7.96	10	+	1.30	10	−	0.01	10	−	15.41	10	−	3.80	10	−
翘嘴红鲌	147.92	7	+	10.11	7	+	1.20	7	+	0.03	6	+	8.37	7	−	3.58	7	+
鲇	163.00	4	+	10.28	4	+	3.11	4	+	0.04	4	+	12.64	4	−	3.63	4	−
泥鳅	156.93	43	+	9.83	43	+	1.66	43	−	0.04	42	+	19.80	43	+	3.85	43	+
麦穗鱼	149.06	43	+	9.73	43	−	2.03	43	−	0.02	41	−	16.22	43	−	4.45	43	−
马口鱼	116.19	7	−	8.70	7	−	2.53	7	+	0.04	6	+	15.90	7	+	3.76	7	−
鲢	163.00	6	+	10.30	6	+	2.07	6	+	0.01	5	+	12.30	6	−	4.52	6	+
鲤	144.26	11	+	9.30	12	+	2.73	11	+	0.04	9	+	7.40	12	−	2.40	12	−
鲫	103.10	52	−	8.34	53	−	2.10	52	−	0.04	50	+	25.08	53	+	5.24	53	+
黄颡鱼	180.00	4	+	9.11	4	+	2.43	4	+	0.05	4	−	16.06	4	+	3.93	4	−
黄鳍	174.74	7	+	8.45	7	+	1.55	7	+	0.03	7	−	19.60	7	+	3.01	7	−
黄颡鲌	147.75	7	+	8.97	7	+	3.08	7	+	0.01	7	−	14.10	7	+	3.84	7	+
红鳍副泥鳅	155.51	11	+	10.26	11	+	1.57	11	+	0.01	11	−	14.69	11	−	4.48	11	−
褐吻虾虎鱼	92.91	41	+	9.11	41	+	2.33	41	−	0.05	41	−	18.60	41	−	4.73	41	−
大鳞副泥鳅	163.50	10	+	9.16	11	+	2.60	10	−	0.04	10	+	22.30	11	+	3.20	11	+
刺鳅	114.95	9	+	8.62	9	+	1.44	9	+	0.01	9	−	17.39	9	−	3.45	9	+
赤眼鳟	146.56	7	+	10.18	7	+	1.56	7	+	0.01	6	+	11.00	7	+	3.07	7	+
草鱼	152.09	9	+	10.01	9	+	1.54	9	−	0.01	8	−	12.00	9	−	3.76	9	−
鳘	145.95	50	−	8.40	51	−	3.18	50	+	0.02	49	−	12.00	51	−	4.40	51	+
棒花鱼	116.59	29	+	9.25	29	+	4.23	29	+	0.02	28	+	17.60	29	−	2.84	29	−

2. 水环境因子的阈值分析

湖库湿地鱼类物种水环境因子的阈值结果见表 10.2，鲫和鳘在湖库湿地中出现频率较高。其中鲫是 Alk 和 DO 的负响应物种，其负响应阈值分别为 103.10mg/L 和 8.34mg/L；是 TN、$NO_2^- - N$、COD 和 COD_{Mn} 的正响应物种，其正响应阈值分别为 2.10mg/L、0.04mg/L、25.08mg/L 和 5.24mg/L。鳘是 Alk、TN 和 $NO_2^- - N$ 的负响应物种，其负响应阈值分别为 145.95mg/L、3.18mg/L 和 0.02mg/L。鲇和黄黝鱼在湖库湿地中出现频率较低。其中，鲇是 Alk、DO、TN、$NO_2^- - N$ 和 COD_{Mn} 的正响应物种，其正响应阈值分别为 163.00mg/L、10.28mg/L、3.11mg/L、0.04mg/L 和 3.63mg/L；是 COD 的负响应物种，其负响应阈值为 12.64mg/L。黄黝鱼是 Alk、DO、$NO_2^- - N$、COD 和 COD_{Mn} 的正响应物种，其正响应阈值分别为 180.00mg/L、9.11mg/L、0.05mg/L、16.06mg/L 和 3.93mg/L；是 TN 的负响应物种，其负响应阈值为 2.43mg/L。

湖库湿地鱼类物种负响应种（z^-）和正响应种（z^+）总指示分对环境驱动因子的响应曲线如图 10.1 所示。

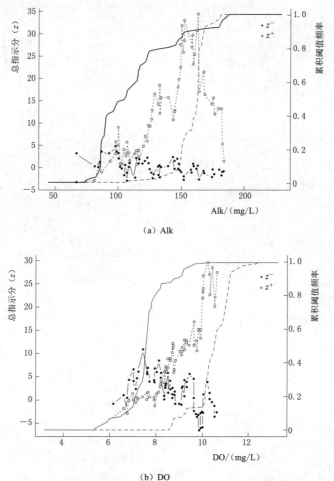

（a）Alk

（b）DO

图 10.1（一）　湖库湿地鱼类物种负响应种（z^-）和正响应种（z^+）总指示分
对环境驱动因子的响应曲线

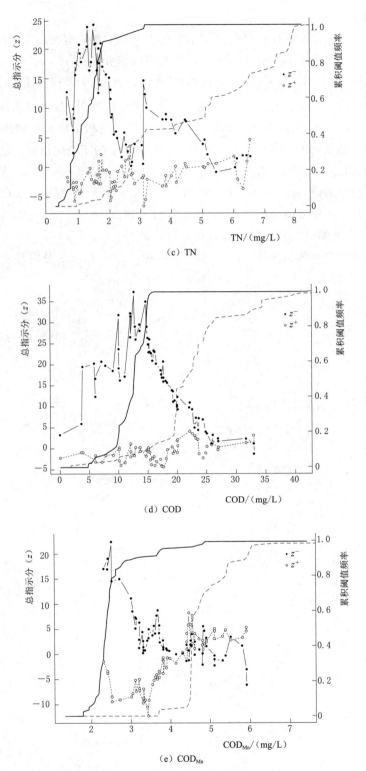

图 10.1（二）　湖库湿地鱼类物种负响应种（z^-）和正响应种（z^+）总指示分
对环境驱动因子的响应曲线

10.2.2　鱼类多样性层面

根据第 9 章湖库湿地鱼类多样性指数的主要驱动因子分析结果，发现 NH_3-N（$p=$ 0.002）和 NO_3^--N（$p=0.044$）是影响湖库湿地鱼类多样性的显著水环境因子，其次是 Ec，但是不显著。Shannon-Wiener 多样性指数是反映生物群落多样性变化的典型指数，因此以该指数为特征参数，将其分为（0，1]、（1，2]、（2，3] 和（3，4] 共 4 个等级，仅分析湖库湿地中 3 个水环境因子对多样性指数不同水平的最适值和阈值。

1. 水环境因子的最适值分析

湖库湿地鱼类群落多样性水平对 Ec、NH_3-N 和 NO_3^--N 的最适值结果见表 10.3。根据湖库湿地各个站位的 Shannon-Wiener 多样性指数，得到四个多样性水平，从整体上看，鱼类群落多样性水平（1，2] 区间对三种水环境因子的最适值均较高，且拥有对 NO_3^--N 的最高最适值，为 1.95mg/L；鱼类群落多样性水平（3，4] 区间对 Ec 有最高最适值，为 735.86μS/cm，说明 Ec 对鱼类群落多样性水平的影响较小；鱼类群落多样性水平（0，1] 区间对 NH_3-N 有最高最适值，为 0.46mg/L。

表 10.3　　　　　湖库湿地鱼类群落多样性水平对水环境因子的最适值分析

鱼类群落多样性水平 （多样性指数）	物种数量	Ec/(μS/cm)	NH_3-N/(mg/L)	NO_3^--N/(mg/L)
（0，1]	2～5	668.25	0.46	1.19
（1，2]	3～14	721.78	0.35	1.95
（2，3]	5～16	648.67	0.39	1.23
（3，4]	9～23	735.86	0.24	0.91

2. 水环境因子的阈值分析

湖库湿地鱼类群落多样性水平对 Ec、NH_3-N 和 NO_3^--N 三种环境因子的阈值结果见表 10.4。群落多样性水平（0，1] 区间对 Ec、NH_3-N 和 NO_3^--N 均呈现正响应，且表现出较大的正响应阈值，分别为 672.00μS/cm、0.43mg/L 和 0.52mg/L，其中对 NH_3-N 响应阈值最大，但可靠性和纯度均较低，说明此多样性水平不能作为三个水环境因子的指示物种。群落多样性水平（1，2] 区间对 Ec 呈现出最大的正响应阈值，为 754.15μS/cm，对 NO_3^--N 也呈现出最大的正响应阈值，为 2.03mg/L，纯度和可靠性分别达到 0.89 和 0.70。群落多样性水平（2，3] 区间表现出对 Ec 的最小负响应阈值，为 586.35μS/cm；对 NH_3-N 的最小正响应阈值，为 0.23mg/L；同时对 NO_3^--N 表现出较大的负响应阈值，为 0.36mg/L。群落多样性水平（3，4] 区间对 Ec 的正响应阈值较大，为 630.42μS/cm；对 NH_3-N 的负响应阈值为 0.22mg/L；对 NO_3^--N 的负响应阈值最小，为 0.07mg/L。综上所述，四个多样性水平对 Ec 的响应阈值差别不大，说明 Ec 对多样性水平影响较小；（1，2]、（2，3] 和（3，4] 区间对 NH_3-N 的响应阈值差别不大；而 NO_3^--N 在（1，2] 区间的正响应阈值最大，在（2，3] 和（3，4] 区间分别为负响应，且阈值变小，说明对于湖泊水库和湿地的鱼类多样性水平来说，NO_3^--N 是主要影响因子。

表 10.4　　　　　　湖库湿地鱼类群落多样性水平对水环境因子的阈值分析

鱼类群落多样性水平	水环境因子	环境阈值	频数	响应方向	纯度	可靠性
(0, 1]	Ec/(μS/cm)	672.00	13	+	0.58	0.65
(1, 2]		754.15	19	+	0.72	0.54
(2, 3]		586.35	35	—	0.70	0.68
(3, 4]		630.42	6	+	0.88	0.55
(0, 1]	NH_3-N /(mg/L)	0.43	13	+	0.65	0.71
(1, 2]		0.21	19	—	0.68	0.58
(2, 3]		0.23	35	—	0.55	0.52
(3, 4]		0.22	6	—	0.92	0.62
(0, 1]	NO_3^--N/(mg/L)	0.52	11	+	0.38	0.36
(1, 2]		2.03	19	+	0.89	0.70
(2, 3]		0.36	33	—	0.74	0.54
(3, 4]		0.07	6	—	0.83	0.55

　　湖库湿地鱼类多样性水平负响应种（z^-）和正响应种（z^+）总指示分对环境驱动因子的响应曲线如图 10.2 所示。

10.2.3　鱼类功能群层面

　　根据第 9 章湖泊水库湿地鱼类功能群的主要驱动因子分析结果，发现 COD_{Mn}（$p=0.034$）、NO_2^--N（$p=0.056$）和 COD（$p=0.060$）是影响湖泊水库湿地鱼类功能群的主要环境因子，因此仅分析湖泊水库和湿地中三个水环境因子对三个鱼类功能群的最适值和阈值。

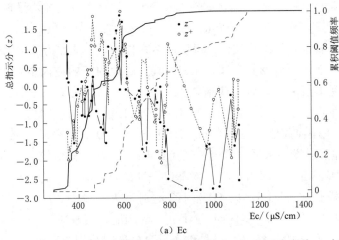

(a) Ec

图 10.2（一）　湖库湿地鱼类多样性水平负响应种（z^-）和正响应种（z^+）总指示
分对环境驱动因子的响应曲线

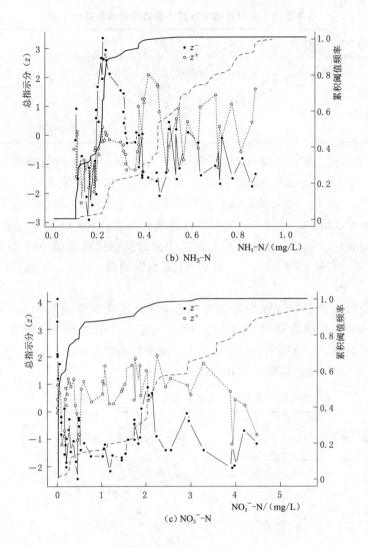

图 10.2（二） 湖库湿地鱼类多样性水平负响应种（z^-）和正响应种（z^+）总指示
分对环境驱动因子的响应曲线

1. 水环境因子最适值分析

湖库湿地鱼类群落功能群对 NO_2^--N、COD 和 COD_{Mn} 的最适值结果见表 10.5。整体
上看，杂食性功能群鱼类对水环境驱动因子的最适值普遍较高，具有最高的 COD 和
COD_{Mn} 最适值，分别为 17.567mg/L 和 5.415mg/L。肉食性、杂食性和草食性功能群对
NO_2^--N 指标的最适值相差不大，均在 0.03mg/L 左右，其中肉食性功能群鱼类具有最
高的最适值，为 0.031mg/L。由此说明，杂食性功能群对水环境质量的耐受性相对
较好。

2. 水环境因子阈值分析

湖库湿地鱼类群落功能群对 NO_2^--N、COD 和 COD_{Mn} 的阈值结果见表 10.6。肉食

表 10.5 　　　　　　湖库湿地鱼类群落功能群对水环境因子的最适值分析 　　　　单位：mg/L

鱼类群落功能群类型	NO_2^--N	COD	COD_{Mn}
肉食性	0.031	15.893	4.228
杂食性	0.028	17.567	5.415
草食性	0.026	11.795	3.851

性、杂食性和草食性功能群鱼类对 NO_2^--N 均呈负响应，响应阈值相差不大，分别为 0.05mg/L、0.02mg/L 和 0.03mg/L。三个功能群对 COD 均呈负响应，其中肉食性功能群响应阈值最大，为 29.64mg/L；杂食性和草食性功能群对 COD 的响应阈值相差不大，分别为 12.00mg/L 和 13.58mg/L。肉食性和杂食性功能群对 COD_{Mn} 均呈正响应，响应阈值分别为 4.52mg/L 和 4.76mg/L；草食性功能群的负响应阈值最小，为 2.77mg/L。肉食性功能群鱼类具有最大的 NO_2^--N 和 COD 负响应阈值，对 COD_{Mn} 具有较大的正响应阈值。

　　TITAN 法用 50％分位值作为最终的阈值结果，本书结合流域实际，将纯度≥0.90 和可靠度≥0.90 作为确定环境因子指示种的依据。根据结果，肉食性功能群鱼类是 NO_2^--N 的指示物种，环境阈值为 0.05mg/L；草食性鱼类是 COD 和 COD_{Mn} 的指示物种，环境阈值分别为 13.58mg/L 和 2.77mg/L。

表 10.6 　　　　　　　湖库湿地鱼类群落功能群对水环境因子的阈值分析

鱼类群落功能群类型	水环境因子	环境阈值 /(mg/L)	频数	响应方向	纯度 /(mg/L)	可靠性 /(mg/L)
肉食性		0.05	59	－	0.98	0.97
杂食性	NO_2^--N	0.02	68	－	0.64	0.57
草食性		0.03	33	－	0.83	0.73
肉食性		29.64	63	－	0.85	0.88
杂食性	COD	12.00	72	－	0.63	0.63
草食性		13.58	35	－	1	0.99
肉食性		4.52	63	＋	0.57	0.93
杂食性	COD_{Mn}	4.76	72	＋	0.94	0.82
草食性		2.77	35	－	0.99	0.97

　　湖库湿地鱼类功能群层次负响应种（z^-）和正响应种（z^+）总指示分对环境驱动因子的响应曲线如图 10.3 所示。

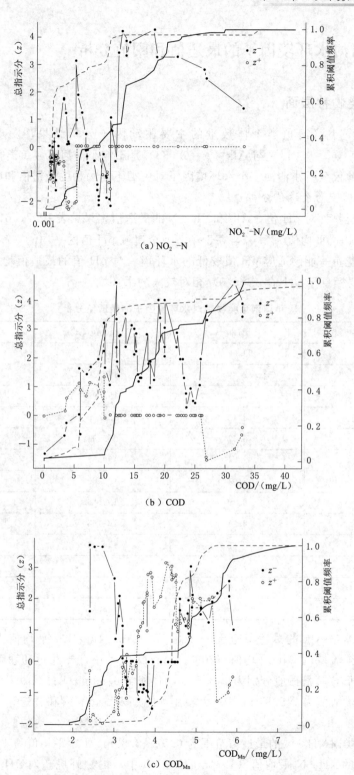

（a）$NO_2^- - N$

（b）COD

（c）COD_{Mn}

图 10.3　湖库湿地鱼类功能群负响应种（z^-）和正响应种（z^+）总指示
分对环境驱动因子的响应曲线

10.3　小清河水环境因子的最适值和阈值分析

10.3.1　鱼类物种层面

根据第 9 章小清河鱼类个体数量的主要驱动因子分析结果，发现 NH_3-N（$p=$ 0.006）、pH 值（$p=0.014$）与 Alk（$p=0.038$）是影响小清河流域鱼类物种分布的主要驱动因子，因此仅分析小清河三个水环境因子对鱼类不同物种的最适值和阈值。

1. 水环境因子的最适值分析

小清河鱼类物种对 pH 值、Alk 和 NH_3-N 的最适值结果见表 10.7，pH 值的最适值范围为 7.83～8.49，平均值为 8.07，高于小清河全流域 pH 值的平均值（7.98）；其中，褐吻虾虎鱼和棒花鱼等能够适应 pH 值较低的水环境，对 pH 值的最适值均为 7.83，黄鳝、鳖和麦穗鱼主要栖息于 pH 值（＞8.0）相对较大的水环境。

表 10.7　　　　　　　　　小清河鱼类物种对水环境因子的最适值分析

鱼类物种	pH 值	Alk/(mg/L)	NH_3-N /(mg/L)
中华鳑鲏	8.02	166.13	0.77
圆尾斗鱼	7.87	192.20	3.83
青鳉	7.90	195.99	1.72
翘嘴红鲌	8.13	156.59	0.63
泥鳅	8.17	215.94	1.87
麦穗鱼	8.31	190.57	0.62
鲫	8.04	190.65	1.43
黄鳝	8.49	199.65	1.90
红鳍鲌	8.21	163.68	0.85
褐吻虾虎鱼	7.83	174.44	0.57
大鳞副泥鳅	7.84	209.69	3.33
鳖	8.35	177.60	0.75
棒花鱼	7.83	148.57	0.78

小清河鱼类对 Alk 的最适值范围为 148.57～215.94mg/L，平均值为 183.35mg/L，低于小清河整个流域的 Alk 平均值（209.81mg/L）。其中，棒花鱼和翘嘴红鲌要求水体环境中 Alk 较低，其最适值分别为 148.57mg/L 和 156.59mg/L；泥鳅主要栖息于 Alk 较高的水环境，最适值为 215.94mg/L；大鳞副泥鳅、麦穗鱼、鲫和黄鳝等均能适应 Alk 较高的水环境。

小清河鱼类对 NH_3-N 的最适值范围为 0.57～3.83mg/L，平均值为 1.43mg/L，低于小清河全流域的 NH_3-N 平均值（1.74mg/L）。其中，褐吻虾虎鱼对 NH_3-N 的最适值最低，为 0.57mg/L；圆尾斗鱼和大鳞副泥鳅对 NH_3-N 的最适值较高，最适值分别为 3.83mg/L 和 3.33mg/L，说明这两种鱼类对 NH_3-N 的耐受性较强。

2. 水环境因子的阈值分析

小清河鱼类物种水环境因子的阈值结果见表 10.8。鲫在小清河中出现频率最高，是 pH 值的正响应物种，阈值为 7.70；是 Alk 和 NH₃-N 的负响应物种，负响应阈值分别为 216.51mg/L 和 1.33mg/L。泥鳅的出现频率也较高，其对 pH 值、Alk 和 NH₃-N 均为正响应，正响应阈值分别为 8.17、197.00mg/L 和 0.65mg/L。麦穗鱼的出现频率为第三位，其对三个指标的响应规律与鲫基本相同，是 pH 值的正响应物种，阈值为 7.98；是 Alk 和 NH₃-N 的负响应物种，负响应阈值分别为 217.50mg/L 和 1.33mg/L，三个阈值与鲫相差很小。翘嘴红鲌、黄鳝和红鳍鲌在小清河中出现频率最低，均是 pH 值的正响应物种，为 Alk 和 NH₃-N 的负响应物种，pH 值的正响应阈值分别为 8.05、8.37 和 8.00；Alk 的负响应阈值分别为 179.31mg/L、180.59mg/L 和 181.62mg/L；NH₃-N 的负响应阈值分别为 0.74mg/L、0.33mg/L 和 0.73mg/L。

表 10.8　　　　　　　　　　小清河鱼类物种水环境因子的阈值分析

鱼类物种	pH 值			Alk/(mg/L)			NH₃-N /(mg/L)		
	环境阈值	频数	响应方向	环境阈值	频数	响应方向	环境阈值	频数	响应方向
中华鳑鲏	7.74	9	+	173.62	9	−	1.36	9	−
圆尾斗鱼	7.80	5	−	204.78	5	−	1.33	5	+
青鳉	7.80	6	−	204.78	6	−	1.22	6	+
翘嘴红鲌	8.05	4	+	179.31	4	−	0.74	4	−
泥鳅	8.17	20	+	197.00	20	+	0.65	20	+
麦穗鱼	7.98	13	+	217.50	13	−	1.33	13	−
鲫	7.70	29	+	216.51	29	−	1.33	29	−
黄鳝	8.37	4	+	180.59	4	−	0.33	4	−
红鳍鲌	8.00	4	+	181.62	4	−	0.73	4	−
褐吻虾虎鱼	7.80	5	−	211.71	5	−	0.65	5	−
大鳞副泥鳅	7.78	9	−	217.50	9	+	1.33	9	+
鳘	8.00	10	+	186.00	10	−	1.36	10	−
棒花鱼	7.75	8	+	184.68	8	−	1.35	8	−

小清河鱼类物种负响应种（z^-）和正响应种（z^+）总指示分对环境驱动因子的响应曲线如图 10.4 所示。

10.3.2　鱼类多样性层面

根据第 9 章小清河鱼类多样性水平的主要驱动因子分析结果，TN（$p=0.014$）是影响小清河流域鱼类多样性的主要环境因子，其次是 Hard（$p=0.120$）与 Ec（$p=0.162$），但是影响不显著，因此仅分析小清河三个水环境因子对不同鱼类多样性水平的最适值和阈值。

1. 水环境因子的最适值分析

小清河鱼类群落多样性水平 TN、Hard 和 Ec 的最适值结果见表 10.9。根据小清河各

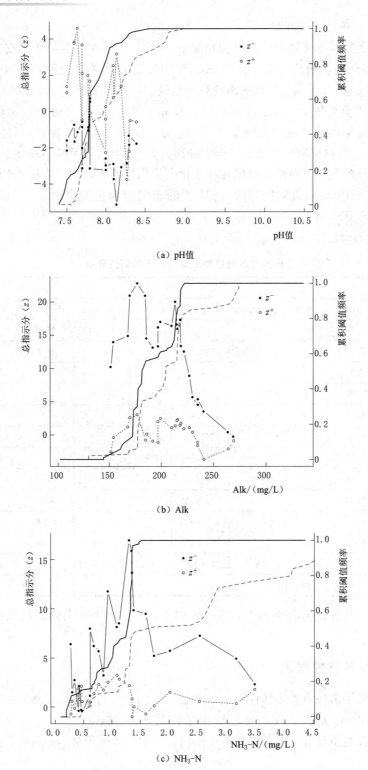

（a）pH值

（b）Alk

（c）NH₃-N

图 10.4（一）　小清河鱼类物种负响应种（z^-）和正响应种（z^+）
总指示分对环境驱动因子的响应曲线

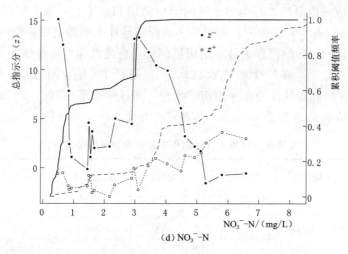

图 10.4（二）　小清河鱼类物种负响应种（z^-）和正响应种（z^+）
总指示分对环境驱动因子的响应曲线

个站位的 Shannon-Wiener 多样性指数，得到三个多样性水平，分别是（0，1]、（1，2]
和（2，3]。从整体上看，鱼类群落多样性水平在（0，1]区间物种数量最少，其对 Ec
和 TN 具有最高的最适值，分别为 1298.24μS/cm 和 10.43mg/L；对 Hard 的最适值为
384.88mg/L。群落多样性水平在（1，2]区间对 TN 的最适值为 8.71mg/L；对 Hard 和
Ec 的最适值最小，分别为 318.13mg/L 和 995.70μS/cm。鱼类群落多样性水平在（2，3]
区间物种数量最多；其对 TN 的最适值最低，为 4.73mg/L；对 Hard 和 Ec 的最适值最
高，分别为 470.63mg/L 和 1296.91μS/cm。综上，小清河鱼类多样性对 Hard 和 Ec 的最
适值差别不大，（2，3]区间反而对 Hard 和 Ec 具有最高的最适值。TN 大小对多样性影
响较大，TN 数值越高，鱼类多样性越差，主要是由于小清河 TN 浓度太高，超过地表水
环境质量标准中的 V 类标准达 5 倍。因此，若要保证小清河鱼类多样性水平在（2，3]区
间，应尽量保证水体中 TN 浓度维持在 4.73mg/L。

表 10.9　　　　　　　小清河鱼类群落多样性水平对水环境因子的最适值分析

鱼类群落多样性水平	物种数量	TN/(mg/L)	Hard/(mg/L)	Ec/(μS/cm)
（0，1]	2～4	10.43	384.88	1298.24
（1，2]	3～6	8.71	318.13	995.70
（2，3]	5～14	4.73	470.63	1296.91

2. 水环境因子的阈值分析

小清河鱼类群落多样性水平对 TN、Hard 和 Ec 三个水环境因子的阈值结果见表
10.10。群落多样性水平在（0，1]区间对 TN、Hard 和 Ec 均呈现正响应，响应阈值分
别为 6.42mg/L、339.50mg/L 和 1185.50μS/cm。群落多样性水平在（1，2]区间对 TN
呈现正响应，响应阈值为 6.98mg/L；对 Hard 和 Ec 为负响应，响应阈值分别为
289.50mg/L 和 969.30μS/cm。多样性水平在（2，3]区间均对 TN、Hard 和 Ec 呈现负
响应，阈值分别为 4.13mg/L、331.15mg/L 和 1041.33μS/cm。多样性水平在（2，3]

区间对 TN 的响应阈值最小，其他两个区间响应阈值相差不大，三个多样性水平对 Hard 和 Ec 的响应阈值相差不大。进一步说明了小清河多样性水平的主要影响因子为 TN。

　　TITAN 法用 50%分位值作为最终的阈值结果，将纯度和可靠性作为确定环境因子指示种的依据。根据结果，多样性水平在（2，3］区间对 TN 响应阈值的纯度和可靠性分别为 0.96 和 0.88，因此将其作为 TN 的指示物种，多样性水平在（0，1］区间对硬度响应阈值的纯度和可靠性分别为 1 和 0.88，亦将其作为硬度的指示物种。

表 10.10　　　　　　　　　小清河鱼类群落多样性水平对水环境因子的阈值分析

鱼类群落 多样性水平	水环境因子	环境阈值	频数	响应方向	纯度	可靠性
（0，1］	TN/(mg/L)	6.42	5	＋	1	0.67
（1，2］		6.98	10	＋	0.67	0.27
（2，3］		4.13	13	－	0.96	0.88
（0，1］	Hard/(mg/L)	339.50	5	＋	1	0.88
（1，2］		289.50	10	－	0.95	0.81
（2，3］		331.15	13	－	0.41	0.62
（0，1］	Ec/(μS/cm)	1185.50	5	＋	0.99	0.81
（1，2］		969.30	10		0.9	0.66
（2，3］		1041.33	13	－	0.52	0.59

　　小清河鱼类多样性水平负响应种（z^-）和正响应种（z^+）总指示分对环境驱动因子的响应曲线如图 10.5 所示。

10.3.3　鱼类功能群层面

　　根据第 9 章小清河鱼类功能群的主要驱动因子分析结果，TN（$p=0.016$）和 Turb（$p=0.052$）是影响小清河鱼类功能群的主要环境因子，其次是 BOD$_5$（$p=$

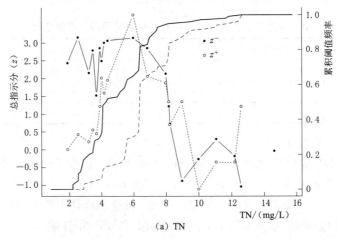

(a) TN

图 10.5（一）　小清河鱼类多样性水平负响应种（z^-）和正响应种（z^+）
总指示分对环境驱动因子的响应曲线

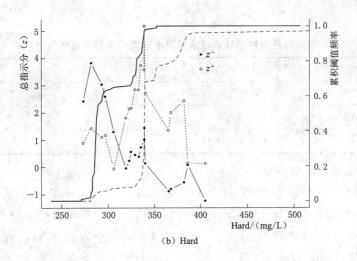

(b) Hard

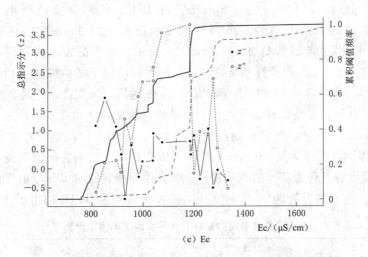

(c) Ec

图 10.5（二）　小清河鱼类多样性水平负响应种（z^-）和正响应种（z^+）
总指示分对环境驱动因子的响应曲线

0.082），但其影响不显著，因此仅分析以上三个水环境因子对小清河鱼类功能群的最适值和阈值。

1. 水环境因子的最适值分析

小清河鱼类群落功能群对 Turb、TN 和 BOD$_5$ 的最适值结果见表 10.11。整体上看，杂食性鱼类对水环境因子的最适值普遍偏高，杂食性功能群鱼类与肉食性功能群鱼类和草食性功能群鱼类相比，拥有 TN 最高最适值和 BOD 最高最适值，分别为 5.33mg/L 和 3.28mg/L。Turb 最高最适值发生在肉食性功能群鱼类，值为 46.41mg/L，Turb 最低最适值发生在杂食性功能群鱼类，值为 36.20mg/L，TN 最低最适值发生在肉食性功能群鱼类，值为 3.07mg/L，BOD$_5$ 最低最适值发生在草食性功能群鱼类，值为 2.83mg/L。由此可以看出，小清河三个鱼类功能群均适合生活在浑浊水体中，Turb 均超过 36mg/L，对 TN 的要求也较低，最适值均超过 3mg/L，高于地表水质量标准中 TN 指标的 Ⅴ 类水标准值，即 2.0mg/L。

表 10.11 　　　　小清河鱼类群落功能群水平对水环境因子的最适值分析　　　　单位：mg/L

鱼类群落功能群类型	Turb	TN	BOD$_5$
肉食性	46.41	3.07	2.97
杂食性	36.20	5.33	3.28
草食性	39.87	4.91	2.83

2. 水环境因子的阈值分析

小清河鱼类群落功能群对 Turb、TN 和 BOD$_5$ 三个水环境因子的阈值结果见表 10.12。小清河鱼类主要以杂食性鱼类出现频数最高，其次是肉食性，草食性出现频数最低。肉食性、杂食性和草食性功能群鱼类对 Turb 均呈现正响应，响应阈值分别为 26.90mg/L、23.43mg/L 和 20.45mg/L。对 TN 和 BOD$_5$ 均呈现负响应，TN 的响应阈值分别为 5.19mg/L、5.19mg/L 和 6.42mg/L；BOD$_5$ 的响应阈值分别为 3.38mg/L、3.38mg/L 和 3.65mg/L。草食性功能群鱼类显示出最小的 Turb 正响应阈值，其值为 20.45mg/L；草食性功能群鱼类对 TN 和 BOD$_5$ 显示出最大的负响应阈值，其值分别为 6.42mg/L 和 3.65mg/L。肉食性和杂食性对三个水环境因子的响应阈值相差很小，说明两类功能群均能在水体浑浊的水域生存，而且 Turb 越高，功能群鱼类越多。

TITAN 法用 50% 分位值作为最终的阈值结果，根据纯度和可靠性作为确定环境因子指示种的依据。根据结果，草食性功能群鱼类对 Turb 响应阈值的纯度和可靠性分别为 0.9 和 0.83，因此将其作为 Turb 的指示物种；肉食性对 TN 响应阈值的纯度和可靠性分别为 1 和 1，因此将其作为 TN 的指示物种；杂食性和草食性对 BOD$_5$ 响应阈值的纯度分别为 0.96 和 1，可靠性分别为 0.87 和 0.98，亦将两者作为 BOD$_5$ 的指示物种。

表 10.12 　　　　　　小清河鱼类群落功能群对水环境因子的阈值分析

鱼类群落功能群类型	水环境因子	环境阈值/(mg/L)	频数	响应方向	纯度/(mg/L)	可靠性/(mg/L)
肉食性		26.90	19	+	0.89	0.56
杂食性	Turb	23.43	29	+	0.87	0.61
草食性		20.45	13	+	0.9	0.83
肉食性		5.19	19	—	1	1
杂食性	TN	5.19	29	—	0.94	0.69
草食性		6.42	13	—	0.91	0.71
肉食性		3.38	19	—	0.91	0.63
杂食性	BOD$_5$	3.38	29	—	0.96	0.87
草食性		3.65	13	—	1	0.98

小清河鱼类功能群层次负响应种（z^-）和正响应种（z^+）总指示分对环境驱动因子的响应曲线如图 10.6 所示。

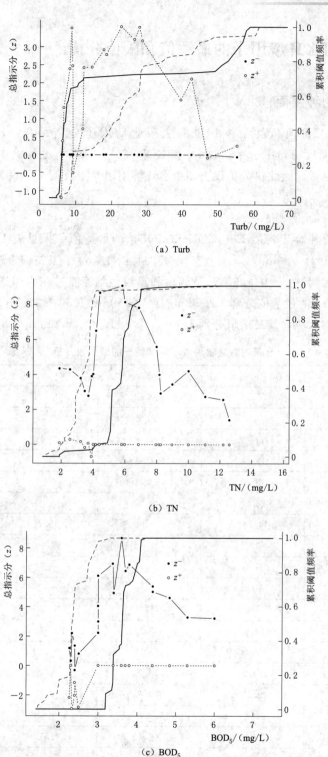

（a）Turb

（b）TN

（c）BOD$_5$

图 10.6　小清河鱼类功能群负响应种（z^-）和正响应种（z^+）
总指示分对环境驱动因子的响应曲线

10.4　玉符河水环境因子的最适值和阈值分析

10.4.1　鱼类物种层面

根据第 9 章玉符河鱼类个体数量的主要驱动因子分析结果，Ec（$p = 0.002$）、COD_{Mn}（$p = 0.002$）、Turb（$p = 0.006$）和 COD（$p = 0.048$）是影响玉符河流域鱼类群落的主要水环境因子。因此仅分析以上四个水环境因子对玉符河不同鱼类物种的最适值和阈值。

1. 水环境因子的最适值分析

玉符河鱼类物种对 Turb、Ec、COD 和 COD_{Mn} 的最适值结果见表 10.13。Turb 的最适值范围为 $2.62 \sim 211.83mg/L$，平均值为 $45.94mg/L$，高于玉符河全流域的 Turb 平均值（$37.64mg/L$）。其中，中华花鳅、黄颡鱼和点纹银鮈等能够在水体透明度较高的水环境中生存，对 Turb 的最适值分别为 $2.62mg/L$、$2.69mg/L$ 和 $3.37mg/L$；黄黝鱼主要栖息于水体较浑浊的水域，其最适值分别为 $211.83mg/L$ 和 $153.09mg/L$。

表 10.13　　　　　　　　　玉符河鱼类物种对水环境因子的最适值分析

鱼类物种	Turb/(mg/L)	Ec/(μS/cm)	COD/(mg/L)	COD_{Mn}/(mg/L)
子陵吻虾虎鱼	55.06	570.52	13.21	2.81
中华鳑鲏	7.33	502.51	9.47	2.47
中华花鳅	2.62	497.00	7.63	2.14
兴凯鱊	19.60	572.84	6.01	2.05
稀有麦穗鱼	58.79	450.24	11.00	3.54
乌鳢	23.30	739.90	5.00	2.98
清徐胡鮈	113.42	447.90	10.76	2.60
青鳉	23.05	722.85	1.93	2.01
鲇	58.11	588.74	8.84	1.65
泥鳅	36.55	516.48	9.52	2.47
麦穗鱼	17.50	467.21	12.37	2.69
马口鱼	48.97	502.92	9.26	2.17
鲫	27.41	665.89	12.01	2.91
黄黝鱼	153.09	479.79	8.67	3.52
黄颡鱼	2.69	510.52	6.47	2.57
黑鳍鳈	31.24	552.20	6.58	1.99
褐吻虾虎鱼	20.19	547.31	7.55	1.88
葛氏鲈塘鳢	12.15	344.49	15.98	4.07
点纹银鮈	3.37	621.90	2.28	2.45
刺鳅	123.25	547.87	6.85	2.59

续表

鱼类物种	Turb/(mg/L)	Ec/(μS/cm)	COD/(mg/L)	COD$_{Mn}$/(mg/L)
鳘	5.31	511.38	12.38	2.34
波氏吻虾虎鱼	37.40	528.05	7.38	1.29
棒花鱼	10.40	526.34	8.65	2.31

玉符河鱼类对 Ec 的最适值范围分别为 344.49～739.90μS/cm，平均值为 542.34 μS/cm，高于玉符河整个流域的 Ec 平均值（541.98μS/cm）。其中，葛氏鲈塘鳢能够适应 Ec 较低的水环境，其最适值为 344.49μS/cm；乌鳢青鳉主要栖息于 Ec 较高的水环境。

玉符河鱼类对 COD 的最适值范围为 1.93～15.98mg/L，平均值 8.56mg/L，低于玉符河全流域的 COD 平均值（10.00mg/L）。其中，青鳉对 COD 的最适值最低，葛氏鲈塘鳢对 COD 的最适值较高。

玉符河鱼类对 COD$_{Mn}$ 的最适值范围为 1.29～4.07mg/L，平均值为 2.52mg/L，低于玉符河全流域的 COD$_{Mn}$ 平均值（2.83mg/L）。其中，波氏吻虾虎鱼对 COD$_{Mn}$ 的最适值最低，葛氏鲈塘鳢对 COD$_{Mn}$ 的最适值最高。

2. 水环境因子的阈值分析

玉符河鱼类物种对水环境因子的阈值结果见表 10.14。鲫在玉符河中出现频率最高，是 Turb、Ec、COD 和 COD$_{Mn}$ 的正响应物种，其正响应阈值分别为 3.65mg/L、586.89μS/cm、14.11mg/L 和 2.80mg/L。其次是麦穗鱼，麦穗鱼是 Turb、Ec 和 COD$_{Mn}$ 的负响应物种，响应阈值分别为 10.57mg/L、402.38μS/cm 和 2.41mg/L，是 COD 的正响应物种，响应阈值为 14.90mg/L。泥鳅的出现频数居第三位，是 Turb、Ec、COD 和 COD$_{Mn}$ 的负响应物种，其正响应阈值分别为 6.38mg/L、683.00μS/cm、15.25mg/L 和 2.35mg/L。乌鳢、清徐胡鮈、鲇和黄颡鱼在玉符河中出现频率最低，均为 4 次。乌鳢是 Turb、Ec 和 COD$_{Mn}$ 的正响应物种，正响应阈值分别为 10.56mg/L、669.50μS/cm 和 2.75mg/L；是 COD 的负响应物种，其负响应阈值为 2.00mg/L。清徐胡鮈是 Turb、Ec 和 COD$_{Mn}$ 的负响应物种，其负响应阈值分别为 2.85mg/L、540.28μS/cm 和 2.45mg/L；是 COD 的正响应物种，其正响应阈值为 13.00mg/L。鲇是 Turb、COD 和 COD$_{Mn}$ 的负响应物种，其负响应阈值分别是 3.65mg/L、9.38mg/L 和 2.30mg/L；是 Ec 的正响应物种，其正响应阈值为 537.08μS/cm。黄颡鱼对 Turb、Ec、COD 和 COD$_{Mn}$ 均为负响应物种，负响应阈值分别为 3.55mg/L、560.69μS/cm、7.10mg/L 和 2.80mg/L。

表 10.14　　　　　　　　玉符河鱼类物种对水环境因子的阈值分析

鱼类物种	Turb/(mg/L)			Ec/(μS/cm)			COD/(mg/L)			COD$_{Mn}$/(mg/L)		
	环境阈值	频数	响应方向	环境阈值	频数	响应方向	环境阈值	频数	响应方向	环境阈值	频数	响应方向
子陵吻虾虎鱼	6.02	7	+	525.33	7	+	7.10	7	+	3.51	7	+
中华鳑鲏	3.48	12	−	542.00	12	−	14.56	12	−	2.48	12	−
中华花鳅	3.65	7	−	607.95	7	−	11.00	7	−	2.50	7	−
兴凯鱊	3.51	10	−	451.88	10	+	13.70	10	−	2.30	10	−

续表

鱼类物种	Turb/(mg/L)			Ec/(μS/cm)			COD/(mg/L)			COD_Mn/(mg/L)		
	环境阈值	频数	响应方向	环境阈值	频数	响应方向	环境阈值	频数	响应方向	环境阈值	频数	响应方向
稀有麦穗鱼	3.45	10	+	467.55	10	−	13.45	10	+	3.33	10	+
乌鳢	10.56	4	+	669.50	4	+	2.00	4		2.75	4	+
清徐胡鮈	2.85	4		540.28	4	−	13.00	4		2.45	4	−
青鳉	5.83	5	+	611.02	5	+	7.35	5		2.38	5	
鲇	3.65	4		537.08	4	+	9.38	4	−	2.30	4	−
泥鳅	6.38	20		683.00	20		15.25	20		2.35	20	
麦穗鱼	10.57	23		402.38	23	−	14.90	23	+	2.41	23	
马口鱼	3.50	15		395.00	15		14.57	15		2.85	15	
鲫	3.65	24	+	586.89	24		14.11	24		2.80	24	+
黄黝鱼	8.47	6	+	554.19	6	−	8.88	6	−	2.48	6	+
黄颡鱼	3.55	4		560.69	4		7.10	4		2.80	4	
黑鳍鳈	3.65	12	−	439.74	12	+	13.70	12		2.60	12	
褐吻虾虎鱼	3.65	17	−	451.88	17		11.38	17		2.30	17	
葛氏鲈塘鳢	6.38	7	+	451.88	7		13.70	7		3.33	7	+
点纹银鮈	3.60	6		566.39	6	+	7.10	6		2.46	6	
刺鳅	3.55	10		583.91	10		11.00	10		2.88	10	
鳘	2.88	6		527.17	6		13.66	6	+	2.85	6	
波氏吻虾虎鱼	3.55	5		527.17	5	+	9.38	5		2.20	5	−
棒花鱼	10.57	20	−	601.64	20	−	15.65	20		3.33	20	

玉符河鱼类物种负响应种（z^-）和正响应种（z^+）总指示分对环境驱动因子的响应曲线如图 10.7 所示。

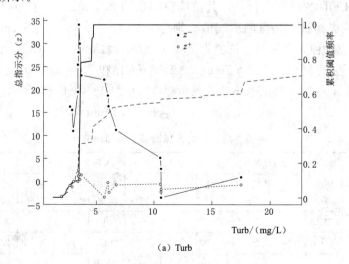

（a）Turb

图 10.7（一） 玉符河鱼类物种负响应种（z^-）和正响应种（z^+）
总指示分对环境驱动因子的响应曲线

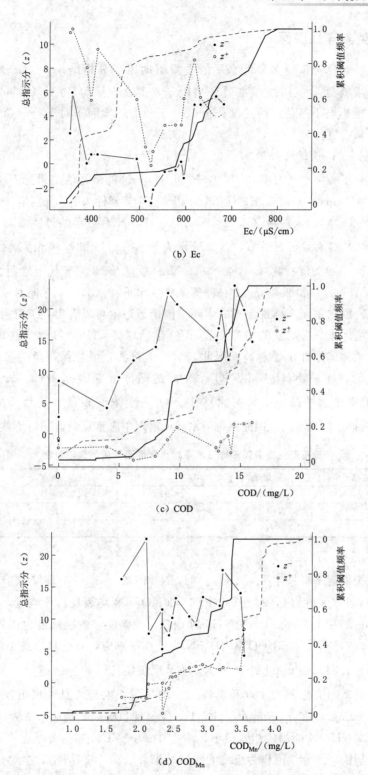

（b）Ec

（c）COD

（d）COD_{Mn}

图 10.7（二）　玉符河鱼类物种负响应种（z^-）和正响应种（z^+）
总指示分对环境驱动因子的响应曲线

10.4.2　鱼类多样性层面

根据第 9 章玉符河鱼类多样性水平的主要驱动因子分析结果，NH_3-N（$p=0.036$）是影响玉符河流域鱼类多样性的主要环境因子，其次是 DO（$p=0.066$）和 NO_3^--N（$p=0.086$），但影响不显著，因此仅分析以上三个水环境因子对玉符河鱼类不同多样性水平的最适值和阈值。

1. 水环境因子的最适值分析

玉符河鱼类多样性水平对 DO、NH_3-N 和 NO_3^--N 的最适值结果见表 10.15。根据玉符河各个站位的 Shannon-Wiener 多样性指数，得到三个多样性水平，分别是（1，2]、（2，3]和（3，4]。群落多样性水平在（1，2]区间对 NH_3-N 有最高的最适值，为 0.39mg/L，对 DO 和 NO_3^--N 具有最低最适值，其值分别为 8.53mg/L 和 1.56mg/L。群落多样性水平在（2，3]区间对 NH_3-N、DO 和 NO_3^--N 的最适值均居于三个水平之间，分别为 0.22mg/L、9.15mg/L 和 2.36mg/L。群落多样性水平在（3，4]区间对三个水环境因子的最适值最高。根据不同多样性水平的水环境因子最适值可以看出，玉符河鱼类多样性水平与三个水环境因子具有明显的相关关系，DO 含量越高，NH_3-N 浓度越低，NO_3^--N 浓度越高，水体鱼类多样性水平越高。因此，对于玉符河，要想保持鱼类多样性水平维持在（3，4]区间，DO、NH_3-N 和 NO_3^--N 的最适值分别为 9.74mg/L、0.16mg/L 和 4.22mg/L。值得注意的是，玉符河水体中 NO_3^--N 浓度较高，其鱼类多样性水平对 NO_3^--N 浓度的最适值也较高，因此玉符河水环境治理中应重点侧重 NH_3-N 浓度的降低。

表 10.15　　　　　玉符河鱼类群落多样性水平对水环境因子的最适值分析

鱼类群落多样性水平	物种数量	DO/(mg/L)	NH_3-N /(mg/L)	NO_3^--N/(mg/L)
（1，2]	3～8	8.53	0.39	1.56
（2，3]	5～11	9.15	0.22	2.36
（3，4]	9～19	9.74	0.16	4.22

2. 水环境因子的阈值分析

玉符河鱼类群落多样性水平对 DO、NH_3-N 和 NO_3^--N 三个环境因子的阈值结果见表 10.16。多样性水平在（1，2]区间对 DO 和 NO_3^--N 均表现出负响应，其负响应阈值分别为 9.10mg/L 和 1.24mg/L，对 NH_3-N 表现出正响应，响应阈值为 0.21mg/L。群落多样性水平在（2，3]区间对 DO 和 NH_3-N 均呈现正响应，且表现出最小的正响应阈值，分别为 8.66mg/L 和 0.20mg/L；对 NO_3^--N 呈现负响应，响应阈值为 3.40mg/L。群落多样性水平在（3，4]区间对 DO 和 NO_3^--N 均呈现正响应，且表现出较大的正响应阈值，分别为 9.42mg/L 和 3.29mg/L，对 NH_3-N 呈现负响应，响应阈值为 0.22mg/L。三个多样性水平对 NH_3-N 的阈值相差很小，均为 0.20mg/L 左右。

TITAN 法用 50% 分位值作为最终的阈值结果，根据纯度和可靠性作为确定环境因子指示种的依据。根据结果，多样性水平在（3，4]区间对 NO_3^--N 响应阈值的纯度和可靠性分别为 0.99 和 0.96，因此将其作为 NO_3^--N 的指示物种。

表 10.16   玉符河鱼类群落多样性水平对水环境因子的阈值分析

鱼类群落 多样性水平	水环境因子	环境阈值 /(mg/L)	频数	响应方向	纯度 /(mg/L)	可靠性 /(mg/L)
(1, 2]	DO	9.10	5	−	0.96	0.55
(2, 3]		8.66	8	+	0.71	0.28
(3, 4]		9.42	12	+	0.77	0.49
(1, 2]	NH₃-N	0.21	5	+	0.98	0.86
(2, 3]		0.20	8	+	0.5	0.44
(3, 4]		0.22	12	−	0.99	0.88
(1, 2]	NO₃⁻-N	1.24	5	−	0.93	0.8
(2, 3]		3.40	7	−	0.81	0.5
(3, 4]		3.29	12	−	0.99	0.96

玉符河鱼类多样性水平负响应种（z^-）和正响应种（z^+）总指示分对环境驱动因子的响应曲线如图 10.8 所示。

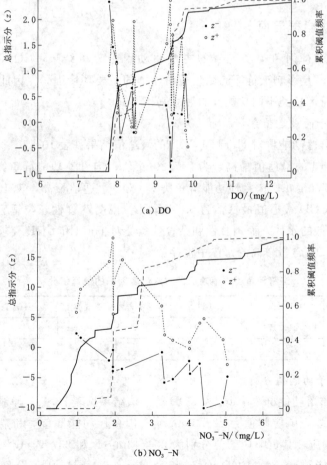

（a）DO

（b）NO₃⁻-N

图 10.8（一） 玉符河鱼类多样性水平负响应种（z^-）和正响应种（z^+）
总指示分对环境驱动因子的响应曲线

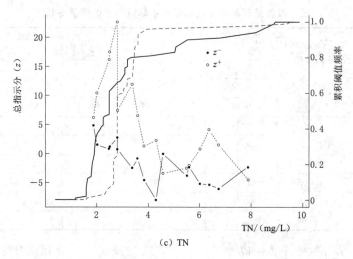

(c) TN

图 10.8（二）　玉符河鱼类多样性水平负响应种（z^-）和正响应种（z^+）
总指示分对环境驱动因子的响应曲线

10.4.3　鱼类功能群层面

根据第 9 章玉符河鱼类功能群的主要驱动因子分析结果，COD（$p=0.018$）和 Hard（$p=0.020$）是影响玉符河流域鱼类功能群的主要环境因子，因此仅分析以上两个水环境因子对玉符河鱼类不同功能群的最适值和阈值。

1. 水环境因子的最适值分析

玉符河鱼类群落功能群对 Hard 和 COD 的最适值结果见表 10.17。整体上看，草食性功能群鱼类对 Hard 的最适值最高，为 247.20mg/L；肉食性功能群鱼类对 Hard 的最适值最低，为 214.77mg/L。肉食性功能群鱼类对 COD 最适值最高，为 10.96mg/L；草食性功能群鱼类对 COD 最适值最低，为 6.72mg/L。说明草食性鱼类适宜生活在 Hard 较高、COD 含量较低的水体，而肉食性和杂食性鱼类对 Hard 和 COD 要求基本相似，均能在 Hard 较高、COD 含量较高的水体中生存。

表 10.17　　　　　　　玉符河鱼类群落功能群对水环境因子的最适值分析　　　　　单位：mg/L

鱼类群落功能群类型	Hard	COD	鱼类群落功能群类型	Hard	COD
肉食性	214.77	10.96	草食性	247.20	6.72
杂食性	225.64	10.57			

2. 水环境因子的阈值分析

玉符河鱼类群落功能群对 Hard 和 COD 的阈值结果见表 10.18。草食性功能群鱼类对 Hard 呈现正响应，正响应阈值为 227.00mg/L；肉食性功能群鱼类和杂食性功能群鱼类对 Hard 呈现负响应，其负响应阈值分别为 264.43mg/L 和 237.94mg/L。肉食性功能群鱼类和杂食性功能群鱼类对 COD 均呈现正响应，其正响应阈值分别为 5.00mg/L 和 6.10mg/L；草食性功能群鱼类对 COD 呈现负响应，负响应阈值为 15.25mg/L。

表 10.18　　　　　　　玉符河鱼类群落功能群对水环境因子的阈值分析

功能群类型	水环境因子	环境阈值/(mg/L)	频数	响应方向	纯度/(mg/L)	可靠性/(mg/L)
肉食性	Hard	264.43	26	−	0.78	0.68
杂食性		237.94	26	−	0.63	0.56
草食性		227.00	17	+	0.85	0.91
肉食性	COD	5.00	26	+	0.7	0.58
杂食性		6.10	26	+	0.63	0.5
草食性		15.25	17		0.99	0.99

　　TITAN 法用 50% 分位值作为最终的阈值结果，根据纯度和可靠性作为确定环境因子指示种的依据。根据结果，草食性鱼类对 COD 响应阈值的纯度和可靠性均为 0.99，因此将其作为玉符河 COD 的指示物种，草食性鱼类对 COD 的最大阈值为 15.25mg/L，若水体浓度超过该值，草食性鱼类将受到严重影响。草食性鱼类对 Hard 响应阈值的纯度和可靠性分别为 0.85 和 0.91，因此将其作为硬度（Hard）的指示物种。

　　玉符河鱼类功能群层次负响应种（z^-）和正响应种（z^+）总指示分对环境驱动因子的响应曲线如图 10.9 所示。

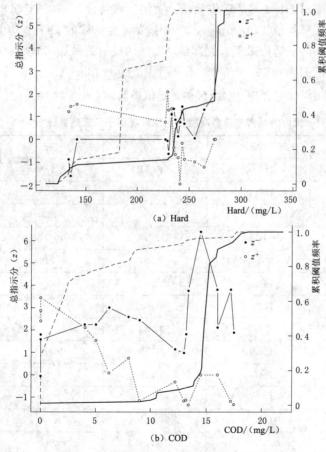

图 10.9　玉符河鱼类功能群负响应种（z^-）和正响应种（z^+）
总指示分对环境驱动因子的响应曲线

10.5 黄河流域济南段水环境因子的最适值和阈值分析

10.5.1 鱼类物种层面

根据第 9 章黄河流域济南段鱼类个体数量的主要驱动因子分析结果，DO（$p=0.026$）是影响黄河流域济南段鱼类群落的主要水环境因子；其次是 Alk（$p=0.076$），但影响不显著；此外，硬度和 NO_2^--N 与第 1、第 2 轴关系密切，因此分析以上四个水环境因子对黄河流域济南段不同鱼类物种的最适值和阈值。

1. 水环境因子的最适值分析

黄河流域济南段鱼类物种对 Alk、Hard、DO 和 NO_2^--N 的最适值结果见表 10.19。Alk 的最适值范围为 124.71～187.86mg/L，平均值为 160.21mg/L，高于黄河全流域的平均值（153.85mg/L）。其中，泥鳅、棒花鱼、赤眼鳟对 Alk 的最适值最高，褐吻虾虎鱼对 Alk 的最适值最低。鱼类对 Hard 的最适值范围分别为 243.49～498.09mg/L，平均值为 333.20mg/L，高于黄河整个流域的平均值（302.92mg/L）。其中，乌鳢对 Hard 的最适值最高，赤眼鳟对 Hard 的最适值最低。黄河流域济南段鱼类对 DO 的最适值范围为 7.68～10.53mg/L，平均值为 9.09mg/L，高于黄河全流域的 DO 平均值（8.35mg/L）。其中，赤眼鳟对 DO 的最适值最低，兴凯鱊对 DO 的最适值最高。黄河流域济南段鱼类对 NO_2^--N 的最适值范围为 0.02～0.39mg/L，平均值为 0.10mg/L，高于黄河全流域的平均值（0.06mg/L）。其中，兴凯鱊对 NO_2^--N 的最适值最低，棒花鱼对 NO_2^--N 的最适值最高。

表 10.19　　　　黄河流域济南段鱼类物种对水环境因子的最适值分析　　　　单位：mg/L

鱼类物种	Alk	Hard	DO	NO_2^--N
子陵吻虾虎鱼	140.01	387.81	10.19	0.05
兴凯鱊	167.16	452.32	10.53	0.02
稀有麦穗鱼	137.00	361.07	9.96	0.04
乌鳢	154.27	498.09	10.32	0.04
蛇鮈	178.36	298.97	8.04	0.03
泥鳅	187.86	314.91	7.59	0.09
麦穗鱼	142.79	265.02	8.94	0.08
鲤	175.80	328.23	8.82	0.28
鲫	129.40	329.42	10.14	0.07
褐吻虾虎鱼	124.71	257.70	8.12	0.04
赤眼鳟	187.69	243.49	7.68	0.15
鳌	170.40	279.60	8.54	0.07
棒花鱼	187.23	314.91	9.35	0.39

2. 水环境因子的阈值分析

黄河流域济南段鱼类物种对水环境因子的阈值结果见表 10.20。鳌在黄河流域济南段中出现频率最高，是 Alk、Hard 和 DO 的正响应物种，其正响应阈值分别为 124.60mg/L、223.10mg/L 和 8.35mg/L；是 NO_2^--N 的负响应物种，负响应阈值为 0.04mg/L。鲫的出现频率较高，是 Alk 的负响应物种，阈值为 124.60mg/L；是 Hard、DO 和 NO_2^--N 的负响应物种，负响应阈值分别 290.93mg/L、9.40mg/L 和 0.04mg/L。泥鳅的出现频率较高，是 Alk、Hard 和 NO_2^--N 的正响应物种，阈值分别为 181.83mg/L、272.91mg/L 和 0.05mg/L；是 DO 的负响应物种，阈值为 7.60mg/L。兴凯鱊、乌鳢和蛇鮈在黄河流域济南段中出现频率最低。其中，乌鳢均是 Alk、Hard、DO 和 NO_2^--N 的正响应物种，其正响应阈值分别为 163.50mg/L、292.60mg/L、8.42mg/L 和 0.04mg/L。兴凯鱊是 Alk、Hard 和 DO 的正响应阈值，其值分别为 159.66mg/L、295.53mg/L 和 8.42mg/L；是 NO_2^--N 的负响应物种，其负响应阈值为 0.03mg/L。蛇鮈为 Alk 和 Hard 的正响应物种，其阈值分别为 162.58mg/L 和 292.60mg/L；是 DO 和 NO_2^--N 的负响应物种，其负响应阈值为 8.40mg/L 和 0.04mg/L。

表 10.20　　　　　黄河流域济南段鱼类物种对水环境因子的阈值分析　　　　单位：mg/L

物　种	Alk			Hard			DO			NO_2^--N		
	阈值	频数	响应方向	阈值	频数	响应方向	阈值	频数	响应方向	阈值	频数	响应方向
子陵吻虾虎鱼	122.60	9	－	306.28	9	＋	9.45	9	＋	0.03	9	－
兴凯鱊	159.66	4	＋	295.53	4	＋	8.42	4	＋	0.03	3	－
稀有麦穗鱼	119.80	5	－	273.75	5	－	9.55	5	＋	0.03	5	－
乌鳢	163.50	4	＋	292.60	4	＋	8.42	4	＋	0.04	3	＋
蛇鮈	162.58	4	＋	292.60	4	＋	8.40	4	－	0.04	3	－
泥鳅	181.83	11	＋	272.91	11	＋	7.60	11	－	0.05	10	＋
麦穗鱼	155.83	8	＋	234.50	8	－	8.40	8	＋	0.09	7	＋
鲤	168.83	6	＋	298.13	6	＋	8.63	6	＋	0.05	6	－
鲫	124.60	13	－	290.93	13	－	9.40	13	－	0.04	12	＋
褐吻虾虎鱼	144.50	7	－	268.79	7	－	9.12	7	－	0.04	6	－
赤眼鳟	194.75	8	＋	280.25	8	＋	7.98	8	－	0.04	7	－
鳌	124.60	16	＋	223.10	16	＋	8.35	16	＋	0.04	14	－
棒花鱼	168.00	9	＋	292.76	9	＋	9.09	9	＋	0.04	9	＋

黄河流域济南段鱼类物种负响应种（z^-）和正响应种（z^+）总指示分对环境驱动因子的响应曲线如图 10.10 所示。

10.5.2　鱼类多样性层面

根据第 9 章黄河流域济南段鱼类多样性水平的主要驱动因子分析结果，TN（$p=0.014$）是影响黄河流域济南段鱼类多样性的主要水环境因子，因此仅分析 TN 对玉符河不同鱼类多样性水平的最适值和阈值。

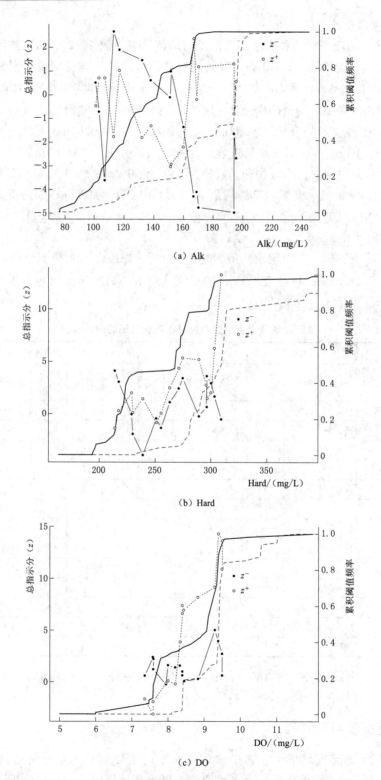

（a）Alk

（b）Hard

（c）DO

图 10.10（一）　黄河流域济南段鱼类物种负响应种（z^-）和正响应种（z^+）
总指示分对环境驱动因子的响应曲线

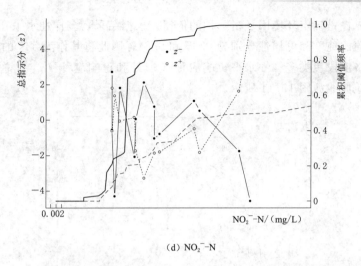

(d) NO₂⁻-N

图 10.10（二）　黄河流域济南段鱼类物种负响应种（z^-）和正响应种（z^+）
总指示分对环境驱动因子的响应曲线

1. 水环境因子的最适值分析

黄河流域济南段鱼类群落多样性水平对 TN 的最适值结果见表 10.21。根据黄河流域济南段各个站位的 Shannon-Wiener 多样性指数，得到三个多样性水平，分别为（0，1]、（1，2]和（2，3]。从整体上看，鱼类群落多样性水平在（2，3]区间下 TN 的最适值最高，为 10.34mg/L；鱼类群落多样性水平在（0，1]区间下 TN 最适值最低，为 4.27mg/L。因此，黄河流域济南段鱼类群落多样性水平与 TN 关系密切，TN 越高，鱼类多样性水平越高。

表 10.21　　黄河流域济南段鱼类群落多样性水平的水环境因子最适值分析

鱼类群落多样性水平	物种数量	TN/(mg/L)	鱼类群落多样性水平	物种数量	TN/(mg/L)
（0，1]	2～6	4.27	（2，3]	5～13	10.34
（1，2]	3～8	6.23			

2. 水环境因子的阈值分析

黄河流域济南段鱼类群落多样性水平对 TN 的阈值结果见表 10.22。鱼类群落多样性水平在（0，1]区间对 TN 呈现负响应，响应阈值为 3.92mg/L；鱼类群落多样性水平在（1，2]区间表现出对 TN 较大的负响应，阈值为 4.67mg/L；鱼类群落多样性水平在（2，3]区间对 TN 呈现出正响应，且正响应阈值最大为 6.09mg/L。

表 10.22　　黄河流域济南段鱼类群落多样性水平对水环境因子的阈值分析

鱼类群落多样性水平	水环境因子	环境阈值/(mg/L)	频数	响应方向	纯度/(mg/L)	可靠性/(mg/L)
（0，1]		3.92	4	－	0.78	0.28
（1，2]	TN	4.67	11	－	0.72	0.25
（2，3]		6.09	10	＋	0.95	0.84

纯度和可靠性是确定环境因子指示种的依据。根据结果，多样性水平在（2，3]区间对 TN 响应阈值的纯度和可靠性分别为 0.95 和 0.84，因此将其作为 TN 的指示物种。

黄河流域济南段鱼类多样性水平负响应种（z^-）和正响应种（z^+）总指示分对环境驱动因子的响应曲线如图 10.11 所示。

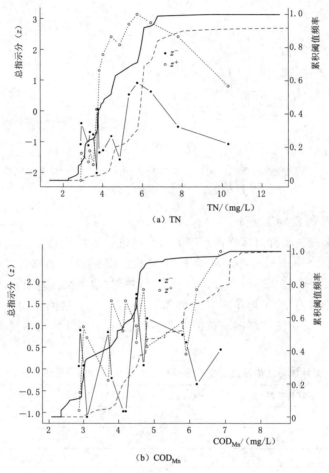

（a）TN

（b）COD$_{Mn}$

图 10.11 黄河流域济南段鱼类多样性水平负响应种（z^-）和正响应种（z^+）
总指示分对环境驱动因子的响应曲线

10.5.3 鱼类功能群层面

根据第 9 章黄河流域济南段鱼类功能群的主要驱动因子分析结果，Alk（$p = 0.034$）和 TN（$p = 0.028$）是影响黄河流域济南段鱼类功能群的主要水环境因子，因此仅分析碱度和 TN 对黄河流域济南段不同鱼类功能群的最适值和阈值。

1. 水环境因子的最适值分析

黄河流域济南段鱼类群落功能群对 Alk 和 TN 的最适值结果见表 10.23。整体上看，草食性鱼类对水环境因子的最适值普遍偏高，并且草食性功能群鱼类拥有 Alk 和 TN 最高最适值，且分别为 138.62mg/L 和 5.35mg/L；肉食性功能群鱼类具有最低 Alk 和 TN

值，分别为 120.83mg/L 和 3.79mg/L。综上所述，黄河流域济南段草食性鱼类对 TN 和碱度的耐受性高于肉食性和杂食性。

表 10.23　　黄河流域济南段鱼类群落功能群对水环境因子的最适值分析　　单位：mg/L

鱼类群落功能群类型	Alk	TN	鱼类群落功能群类型	Alk	TN
肉食性	120.83	3.79	草食性	138.62	5.35
杂食性	127.94	4.83			

2. 水环境因子的阈值分析

黄河流域济南段鱼类群落功能群对 Alk 和 TN 的阈值计算结果见表 10.24。三种功能群鱼类对 TN 呈现正响应，草食性功能群对 TN 的响应阈值最高，为 5.66mg/L；杂食性功能群响应阈值最低，为 4.25mg/L。说明 TN 浓度越高，功能群越丰富。肉食性功能群鱼类对 Alk 呈现负响应，负响应阈值为 138.00mg/L；草食性和杂食性功能群鱼类对 Alk 呈现正响应，响应阈值分别为 152.92mg/L 和 115.00mg/L。

表 10.24　　黄河流域济南段鱼类群落功能群水平对水环境因子的阈值分析

鱼类群落功能群类型	水环境因子	环境阈值/(mg/L)	频数	响应方向	纯度/(mg/L)	可靠性/(mg/L)
肉食性		138.00	17	－	0.85	0.71
杂食性	Alk	115.00	23	＋	1	0.85
草食性		152.92	8	＋	0.58	0.27
肉食性		4.46	17	＋	0.88	0.62
杂食性	TN	4.25	23	＋	0.85	0.55
草食性		5.66	8	＋	0.99	0.84

纯度和可靠度是确定环境因子指示种的依据。根据结果，杂食性功能群对 Alk 响应阈值的纯度和可靠性分别为 1 和 0.85，因此将其作为 Alk 的指示物种；草食性功能群对 TN 响应阈值的纯度和可靠性分别为 0.99 和 0.84，因此将其作为 TN 的指示物种。

黄河流域济南段鱼类功能群层次负响应种（z^-）和正响应种（z^+）总指示分对环境驱动因子的响应曲线如图 10.12 所示。

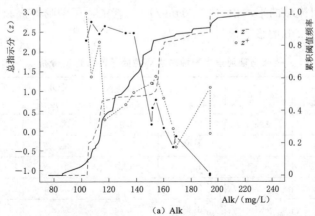

(a) Alk

图 10.12（一）　黄河流域济南段鱼类功能群负响应种（z^-）和正响应种（z^+）
总指示分对环境驱动因子的响应曲线

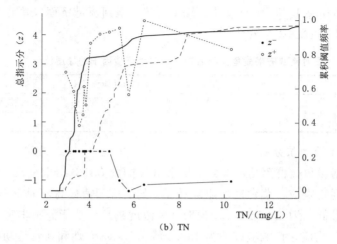

(b) TN

图 10.12（二） 黄河流域济南段鱼类功能群负响应种（z^-）和正响应种（z^+）
总指示分对环境驱动因子的响应曲线

10.6 徒骇马颊河水环境因子的最适值和阈值分析

10.6.1 鱼类物种层面

根据第 9 章徒骇马颊河流域鱼类群落结构的主要驱动因子分析结果，NO_3^--N（$p=0.004$）、TN（$p=0.004$）、BOD_5（$p=0.018$）、Turb（$p=0.018$）、COD_{Mn}（$p=0.014$）、pH 值（$p=0.028$）和 COD（$p=0.044$）是影响徒骇马颊河流域鱼类群落的主要水环境因子，因此分析以上水环境因子对徒骇马颊河不同鱼类物种的最适值和阈值。

1. 水环境因子的最适值分析

徒骇马颊河鱼类物种对 Turb、pH 值、TN、NO_3^--N、COD、COD_{Mn} 和 BOD_5 的最适值结果见表 10.25。Turb 的最适值范围为 33.53～105.92mg/L，平均值为 57.71mg/L，高于徒骇马颊河流域的平均值（42.11mg/L）。其中，子陵吻虾虎鱼对 Turb 的最适值最低，圆尾斗鱼对 Turb 的最适值最高。

表 10.25　　徒骇马颊河鱼类物种对水环境因子的最适值分析

鱼类物种	Turb /(mg/L)	pH 值	TN /(mg/L)	NO_3^--N /(mg/L)	COD /(mg/L)	COD_{Mn} /(mg/L)	BOD_5 /(mg/L)
子陵吻虾虎鱼	33.53	8.49	2.73	0.92	26.72	6.14	4.42
中华鳑鲏	66.30	8.07	4.08	1.44	32.39	7.31	2.98
圆尾斗鱼	105.92	8.12	1.01	0.12	21.58	6.94	4.47
兴凯鱊	37.16	8.53	2.96	1.01	23.44	6.03	2.16
稀有麦穗鱼	36.49	8.76	2.17	0.74	31.66	6.32	8.72
伍氏华鳊	58.12	8.11	2.84	0.68	35.35	9.45	7.32

鱼类物种	Turb /(mg/L)	pH 值	TN /(mg/L)	NO₃⁻-N /(mg/L)	COD /(mg/L)	COD$_{Mn}$ /(mg/L)	BOD₅ /(mg/L)
乌鳢	50.51	8.20	7.01	5.63	49.00	13.64	7.60
青鳉	80.37	8.62	1.89	0.59	24.37	7.01	4.62
泥鳅	40.24	8.38	2.94	1.13	28.35	7.64	5.53
麦穗鱼	99.46	8.47	3.29	1.11	29.69	7.36	4.63
鲫	34.77	8.43	3.34	0.83	33.68	7.22	4.10
黄黝鱼	76.25	8.34	1.90	0.67	17.22	5.84	3.42
红鳍鲌	53.51	8.56	1.98	0.62	27.31	5.59	4.94
褐吻虾虎鱼	39.09	8.19	3.65	2.00	32.95	8.93	4.63
短须颌须鮈	53.48	8.03	4.44	0.37	41.20	7.53	2.20
鳌	63.98	8.37	2.72	1.02	30.00	6.93	5.23
棒花鱼	54.33	8.27	3.96	0.79	37.85	7.95	3.80

徒骇马颊河鱼类对 pH 值的最适值范围为 8.03～8.76，平均值为 8.34，与徒骇马颊河整个流域的平均值相同（8.34）。其中，短须颌须鮈对 pH 值的最适值最低，稀有麦穗鱼对 pH 值的最适值最高。

徒骇马颊河鱼类对 TN 的最适值范围为 1.01～7.01mg/L，平均值为 3.12mg/L，低于徒骇马颊河全流域的平均值（3.17mg/L）。其中，圆尾斗鱼对 TN 的最适值最低，短须颌须鮈对 TN 的最适值较高，乌鳢对 TN 的最适值最高。

徒骇马颊河鱼类物种对 NO₃⁻-N 的最适值范围为 0.12～5.63mg/L，平均值为 1.13mg/L，低于徒骇马颊河全流域的平均值（1.27mg/L）。其中，圆尾斗鱼对 NO₃⁻-N 的最适值最低，乌鳢对 NO₃⁻-N 的最适值最高。

徒骇马颊河鱼类物种对 COD 的最适值范围为 17.22～49.00mg/L，平均值为 30.95mg/L，高于徒骇马颊河全流域的平均值（30.70mg/L）。其中，黄黝鱼对 COD 的最适值最低，乌鳢对 COD 的最适值最高。

徒骇马颊河鱼类物种对 COD$_{Mn}$ 的最适值范围为 5.59～13.64mg/L，平均值为 7.56mg/L，高于徒骇马颊河全流域的平均值（7.49mg/L）。其中，红鳍鲌对 COD$_{Mn}$ 的最适值最低，乌鳢对 COD$_{Mn}$最适值最高。

徒骇马颊河鱼类物种对 BOD₅ 的最适值范围为 2.16～8.72mg/L，平均值为 4.80mg/L，低于徒骇马颊河全流域的平均值（5.20mg/L）。其中，兴凯鱊对 BOD₅ 的最适值最低，稀有麦穗鱼对 BOD₅ 的最适值最高。

2. 水环境因子的阈值分析

徒骇马颊河鱼类物种对水环境因子的阈值结果见表 10.26。鲫在徒骇马颊河出现频率最高，是 Turb、pH 值、TN、COD 和 COD$_{Mn}$ 的正响应物种，其正响应阈值分别为 16.65mg/L、8.10、2.76mg/L、27.00mg/L 和 6.73mg/L；是 NO₃⁻-N 和 BOD₅ 的负响应物种，其负响应阈值分别为 0.72mg/L 和 5.63mg/L。其次是鳌出现频率较高，鳌是

表10.26　徐骏河鱼类物种对水环境因子的阈值分析

鱼类物种	Turb/(mg/L)			pH值			TN/(mg/L)			NO$_3^-$-N/(mg/L)			COD/(mg/L)			COD$_{Mn}$/(mg/L)			BOD$_5$/(mg/L)		
	环境阈值	频数	响应方向	环境阈值	频数	响应方向	环境阈值	频数	响应方向	环境阈值	频数	响应方向	环境阈值	频数	响应方向	环境阈值	频数	响应方向	环境阈值	频数	响应方向
子陵河虾虎鱼	20.50	17	−	73	17	+	49	7	−	0.56	17	−	18.60	—	—	6.35	17	−	5.08	17	−
中华鳑鲏	25.60	9	+	8.03	9	−	2.49	9	+	0.94	9	+	33.48	9	+	5.98	9	−	2.55	9	−
圆尾斗鱼	59.35	6	+	8.40	6	−	1.05	6	−	0.54	6	−	22.79	6	−	6.05	6	−	3.80	6	+
兴凯鱊	22.75	4	−	8.34	4	+	2.54	4	+	0.73	4	−	21.85	4	−	6.40	4	−	2.45	4	−
稀有麦穗鱼	20.11	13	+	8.90	13	+	2.33	13	−	0.72	13	−	31.80	3	+	7.45	13	−	3.40	13	+
伍氏华鳊	16.65	5	−	8.20	5	−	2.97	5	+	0.63	5	+	30.76	5	−	9.50	5	+	7.30	5	+
乌鳢	10.53	5	+	8.20	5	+	2.95	5	+	0.95	5	+	33.55	4	+	5.80	5	−	6.35	5	+
青鳉	30.00	14	+	8.49	14	+	1.05	14	+	0.63	14	+	22.79	9	−	6.66	14	−	3.32	14	+
泥鳅	12.25	19	+	8.20	19	+	1.05	19	−	0.75	18	−	18.26	2	+	6.21	19	−	4.53	19	+
麦穗鱼	58.70	32	+	8.03	32	+	2.63	32	+	0.60	31	+	25.45	0	+	6.00	32	+	1.90	32	+
鲫	16.65	50	+	8.10	50	+	2.76	50	+	0.72	49	+	27.00	5	+	6.73	50	+	5.63	50	+
黄黝鱼	80.81	5	+	8.36	5	+	1.01	5	−	0.62	5	−	22.38	6	+	6.70	5	−	3.80	5	−
红鳍鲌	31.03	6	+	8.40	6	+	1.98	6	−	0.59	6	−	26.93	8	+	6.63	6	−	3.45	6	−
褐吻虾虎鱼	12.05	18	−	8.40	18	−	1.70	18	−	0.34	18	−	36.39	4	−	7.95	18	+	3.70	18	+
短须颌须鮈	25.60	4	+	8.02	4	−	3.98	4	+	0.54	4	+	33.35	9	+	6.80	4	+	2.55	4	−
蟨	37.15	39	+	8.20	39	+	4.67	39	+	0.79	38	+	38.87	9	−	7.95	39	−	5.10	39	+
棒花鱼	22.60	20	+	8.30	20	−	2.48	20	−	0.54	20	−	25.45	0	+	7.35	20	+	3.50	20	−

Turb、pH 值、NO$_3^-$-N 和 BOD$_5$ 的正响应物种，阈值分别为 37.15mg/L、8.20、0.79mg/L 和 5.10mg/L；是 TN、COD 和 COD$_{Mn}$ 的负响应物种，阈值分别为 4.67mg/L、38.87mg/L 和 7.95mg/L。麦穗鱼出现频率排名第三，是 Turb、pH 值、TN、NO$_3^-$-N、COD、COD$_{Mn}$ 和 BOD$_5$ 的正响应物种，响应阈值分别为 58.70mg/L、8.03、2.63mg/L、0.60mg/L、25.45mg/L、6.00mg/L 和 1.90mg/L。兴凯鱊和短须颌须鮈在徒骇马颊河中出现频率最低。其中，兴凯鱊是 pH 值和 TN 的正响应物种，其正响应阈值分别为 8.34 和 2.54mg/L；是 Turb、NO$_3^-$-N、COD、COD$_{Mn}$ 和 BOD$_5$ 的负响应物种，其负响应阈值分别为 22.75mg/L、0.73mg/L、21.85mg/L、6.40mg/L 和 2.45mg/L。短须颌须鮈是 Turb、TN、COD 和 COD$_{Mn}$ 的正响应物种，其正响应阈值分别为 25.60mg/L、3.98mg/L、33.35mg/L 和 6.80mg/L；是 pH 值、NO$_3^-$-N 和 BOD$_5$ 的负响应物种，其负响应阈值分别为 8.02、0.54mg/L 和 2.55mg/L。

徒骇马颊河鱼类物种负响应种（z^-）和正响应种（z^+）总指示分对环境驱动因子的响应曲线如图 10.13 所示。

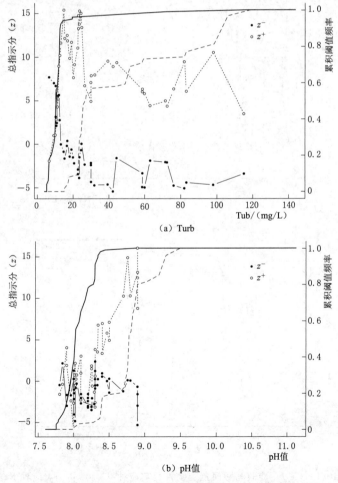

（a）Turb

（b）pH值

图 10.13（一）　徒骇马颊河鱼类物种负响应种（z^-）和正响应种（z^+）
总指示分对环境驱动因子的响应曲线

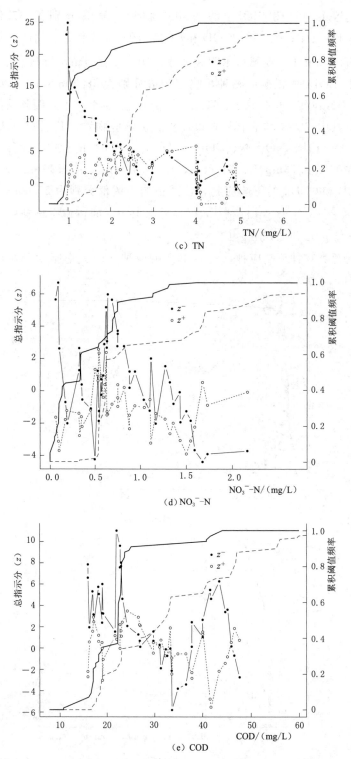

（c）TN

（d）NO$_3^-$-N

（e）COD

图 10.13（二）　徒骇马颊河鱼类物种负响应种（z^-）和正响应种（z^+）
总指示分对环境驱动因子的响应曲线

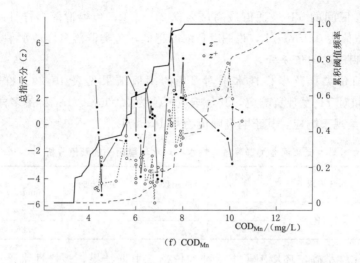

(f) COD_Mn

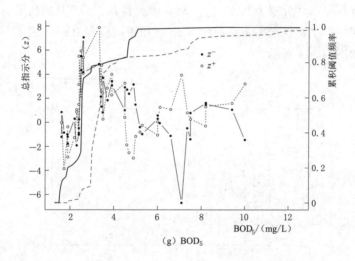

(g) BOD₅

图 10.13 (三)　徒骇马颊河鱼类物种负响应种 (z^-) 和正响应种 (z^+)
总指示分对环境驱动因子的响应曲线

10.6.2　鱼类多样性层面

根据第 9 章徒骇马颊河流域鱼类多样性水平的主要驱动因子分析结果，TP ($p=$ 0.084) 是影响徒骇马颊河流域鱼类多样性的主要环境因子，但该因子不显著，因此分析 TP 对徒骇马颊河不同鱼类多样性水平的最适值和阈值。

1. 水环境因子的最适值分析

徒骇马颊河鱼类群落多样性水平对 TP 的最适值结果见表 10.27。根据徒骇马颊河各个站位的 Shannon-Wiener 多样性指数，得到两个多样性水平，分别为 (1，2] 和 (2，3]。鱼类群落多样性

表 10.27　徒骇马颊河鱼类群落多样性水平对
水环境因子的最适值分析

鱼类群落多样性水平	物种数量	TP/(mg/L)
(1，2]	3~10	0.21
(2，3]	5~14	0.15

水平在（1，2］区间的 TP 最适值最高，为 0.21mg/L；鱼类群落多样性水平在（2，3］区间的 TP 最适值为 0.15mg/L，说明 TP 浓度越低，鱼类群落多样性水平越高。

2. 水环境因子的阈值分析

徒骇马颊河鱼类群落多样性水平对 TP 的阈值结果见表 10.28。群落多样性水平在（2，3］区间对 TP 呈现负响应，其负响应阈值为 0.095mg/L；群落多样性水平在（1，2］区间对 TP 呈现正响应，其正响应阈值为 0.15mg/L。

表 10.28　　　　　　　徒骇河鱼类群落多样性水平对水环境因子的阈值分析

多样性水平	水环境因子	环境阈值 /（mg/L）	频数	响应方向	纯度 /（mg/L）	可靠性 /（mg/L）
（1，2］	TP	0.15	28	＋	0.89	0.78
（2，3］		0.095	19	－	0.86	0.83

纯度和可靠性是确定环境因子指示种的依据，根据结果，多样性水平（2，3］对 TP 响应阈值的纯度和可靠性分别为 0.86 和 0.83，因此将其作为 TP 的指示物种。

徒骇马颊河鱼类多样性水平负响应种（z^-）和正响应种（z^+）总指示分对环境驱动因子响应曲线如图 10.14 所示。

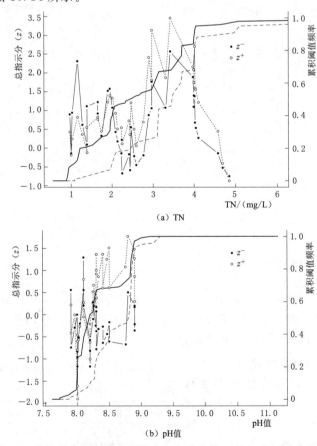

（a）TN

（b）pH值

图 10.14　徒骇马颊河鱼类多样性水平负响应种（z^-）和正响应种（z^+）
总指示分对环境驱动因子响应曲线

10.6.3　鱼类功能群层面

根据第 9 章徒骇马颊河流域鱼类功能群的主要驱动因子分析结果，NO_2^--N（$p = 0.134$）、Turb（$p = 0.118$）和 DO（$p = 0.136$）是影响徒骇马颊河流域鱼类功能群的主要环境因子，但是影响不显著，因此分析以上三个水环境因子对徒骇马颊河不同鱼类功能群的最适值和阈值。

1. 水环境因子的最适值分析

徒骇马颊河鱼类群落功能群对 Turb、DO 和 NO_2^--N 的最适值结果见表 10.29。整体上看，草食性功能群鱼类对 Turb 和 NO_2^--N 的最适值最高，分别为 58.54mg/L 和 0.09mg/L。杂食性鱼类对 DO 的最适值最高，为 8.39mg/L；其次是肉食性，为 7.75mg/L；草食性对 DO 的最适值最低，仅为 6.76mg/L。三种功能群对 DO 的最适值有较明显差异，而对 Turb 和 NO_2^--N 的最适值差异很小，三种功能群均适合在水体浑浊的水域生存。

表 10.29　　徒骇马颊河鱼类群落功能群水平对水环境因子的最适值分析　　　单位：mg/L

鱼类群落功能群类型	Turb	DO	NO_2^--N
肉食性	51.05	7.75	0.05
杂食性	52.01	8.39	0.07
草食性	58.54	6.76	0.09

2. 水环境因子的阈值分析

徒骇马颊河鱼类群落功能群对 Turb、DO 和 NO_2^--N 的阈值结果见表 10.30。肉食性功能群鱼类对 Turb、DO 和 NO_2^--N 呈现负响应，响应阈值分别为 63.53mg/L、9.27mg/L 和 0.03mg/L。杂食性功能群鱼类对 Turb 呈现正响应，响应阈值为 17.40mg/L；对 DO 和 NO_2^--N 呈现负响应，响应阈值分别为 6.78mg/L 和 0.11mg/L。草食性功能群鱼类对 Turb 和 NO_2^--N 呈现正响应，响应阈值分别为 24.85mg/L 和 0.07mg/L；对 DO 呈现负响应，阈值为 6.75mg/L。

表 10.30　　徒骇马颊河鱼类群落功能群水平对水环境因子的阈值分析

鱼类功能群	水环境因子	阈值 /(mg/L)	频数	响应方向	纯度 /(mg/L)	可靠性 /(mg/L)
肉食性		63.53	34	−	0.77	0.65
杂食性	Turb	17.40	48	+	0.99	0.83
草食性		24.85	22	+	0.98	0.91
肉食性		9.27	34	−	0.86	0.71
杂食性	DO	6.78	48	−	0.47	0.53
草食性		6.75	22	−	0.72	0.35
肉食性		0.03	34	−	0.95	0.87
杂食性	NO_2^--N	0.11	47	−	0.63	0.74
草食性		0.07	21	+	0.59	0.47

纯度和可靠性是确定环境因子指示种的依据，根据结果，草食性功能群对 Turb 响应阈值的纯度和可靠性分别为 0.98 和 0.91，因此将其作为 Turb 的指示物种。

徒骇马颊河鱼类功能群负响应种（z^-）和正响应种（z^+）总指示分对环境驱动因子响应曲线如图 10.15 所示。

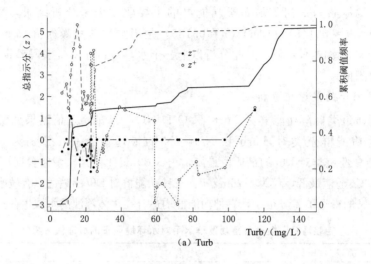

（a）Turb

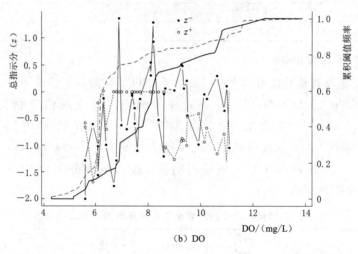

（b）DO

图 10.15　徒骇马颊河鱼类功能群负响应种（z^-）和正响应种（z^+）总指示分对环境驱动因子响应曲线

10.7　本章小结

为量化分析鱼类物种、多样性和功能群三个不同层面与水环境因子的定量关系，本章采用加权平均回归分析（WA）和指示物种分析法（TITAN）计算不同群落水平对水环境因子的最适值和阈值，主要得到以下几点结论：

1. 湖泊水库和湿地

从鱼类物种层面，马口鱼和黄黝鱼对 Alk 分别具有最低和最高最适值，分别为

86.55mg/L 和 183.68mg/L；鳙和鲤分别拥有对 TN 的最低和最高最适值；似鳊和鲫分别拥有对 COD 的最低和最高最适值；中华鳑鲏和鲫分别拥有对 COD_{Mn} 的最低和最高最适值。鲫和鳌在湖库湿地中出现频率较高，其中鲫是 Alk 和 DO 的负响应物种，其负响应阈值分别为 103.10mg/L 和 8.34mg/L；是 TN、NO_2^--N、COD 和 COD_{Mn} 的正响应物种，其正响应阈值分别为 2.10mg/L、0.04mg/L、25.08mg/L 和 5.24mg/L。鳌是 Alk、TN 和 NO_2^--N 的负响应物种，其负响应阈值分别为 145.95mg/L、3.18mg/L 和 0.02mg/L。

从多样性水平层面，四个多样性水平对 Ec 的响应阈值差别不大，说明 Ec 对多样性水平影响较小；（1，2]、（2，3]和（3，4]区间对 NH_3-N 的响应阈值差别不大；而 NO_3^--N 在（1，2]区间的正响应阈值最大，在（2，3]和（3，4]区间分别为负响应，且阈值变小。说明对于湖库和湿地的鱼类多样性水平来说，NO_3^--N 是主要影响因子。

从鱼类功能群层面，杂食性功能群鱼类对水环境驱动因子的最适值普遍较高，具有最高的 COD 和 COD_{Mn} 最适值；肉食性功能群对 COD 响应阈值最大，为 29.64mg/L；杂食性和草食性功能群对 COD 的响应阈值较大。肉食性和杂食性功能群对 COD_{Mn} 均呈正响应，响应阈值分别为 4.52mg/L 和 4.76mg/L；草食性功能群的负响应阈值最小，为 2.77mg/L。

2. 小清河

从鱼类物种层面，褐吻虾虎鱼和棒花鱼等能够适应 pH 值较低的水环境，黄鳝、鳌和麦穗鱼主要栖息于 pH 值（>8.0）相对较大的水环境。棒花鱼和翘嘴红鲌要求水体环境中 Alk 较低，泥鳅主要栖息于 Alk 较高的水环境，大鳞副泥鳅、麦穗鱼、鲫和黄鳝等均能适应 Alk 较高的水环境。褐吻虾虎鱼对 NH_3-N 的最适值最低，圆尾斗鱼和大鳞副泥鳅对 NH_3-N 的最适值较高。鲫是 pH 值的正响应物种，阈值为 7.70；是 Alk 和 NH_3-N 的负响应物种，负响应阈值分别为 216.51mg/L 和 1.33mg/L。泥鳅对 pH 值、Alk 和 NH_3-N 均为正响应，正响应阈值分别为 8.17、197.00mg/L 和 0.65mg/L。

从多样性水平层面，小清河鱼类多样性对 Alk 和 Ec 的最适值差别不大，（2，3]区间反而对 Hard 和 Ec 具有最高的最适值。TN 大小对多样性影响较大，TN 数值越高，鱼类多样性越差，因此若要保证小清河鱼类多样性水平在（2，3]区间，应尽量保证水体中 TN 浓度维持在 4.73mg/L。多样性水平在（2，3]区间对 TN 的响应阈值最小，在（0，1]和（1，2]区间的响应阈值相差不大，分别为 6.42mg/L 和 6.98mg/L。

从功能群层面，小清河三种鱼类功能群均适合生活在浑浊水体中，Turb 均超过 36mg/L；对 TN 的要求也较低，最适值均超过 3mg/L。肉食性、杂食性和草食性功能群鱼类对 Turb 均呈现正响应，响应阈值分别为 26.90mg/L、23.43mg/L 和 20.45mg/L；对 TN 呈现负响应，响应阈值分别为 5.19mg/L、5.19mg/L 和 6.42mg/L。

3. 玉符河

从物种层面，中华花鳅、黄颡鱼和点纹银鮈等能够在水体透明度较高的水环境中生存，黄黝鱼主要栖息于水体较浑浊的水域；葛氏鲈塘鳢能够适应 Ec 较低的水环境，乌鳢和青鳉主要栖息于 Ec 较高的水环境；青鳉对 COD 的最适值最低，葛氏鲈塘鳢对 COD 的最适值较高；波氏吻虾虎鱼对 COD_{Mn} 的最适值最低，葛氏鲈塘鳢对 COD_{Mn} 的最适值最高；鲫是 Turb、Ec、COD 和 COD_{Mn} 的正响应物种，其正响应阈值分别为 3.65mg/L、

$586.89\mu S/cm$、$14.11mg/L$ 和 $2.80mg/L$。

从多样性层面，DO 含量越高，NH_3-N 浓度越低，NO_3^--N 浓度越高，玉符河鱼类多样性水平越高。因此，对于玉符河，要想保持鱼类多样性水平维持在（3，4］区间，DO、NH_3-N 和 NO_3^--N 的最适值分别为 $9.74mg/L$、$0.16mg/L$ 和 $4.22mg/L$。

从功能群层面，草食性鱼类适宜生活在 Hard 较高、COD 含量较低的水体，而肉食性和杂食性鱼类对 Hard 和 COD 要求基本相似，均适宜生活在 Hard 较高、COD 含量较高的水体中。

4. 黄河流域济南段

从物种层面，泥鳅、棒花鱼、赤眼鳟对 Alk 的最适值最高，褐吻虾虎鱼对 Alk 的最适值最低；乌鳢对 Hard 的最适值最高，赤眼鳟对 Hard 的最适值最低；赤眼鳟对 DO 的最适值最低，兴凯鱊对 DO 的最适值最高；兴凯鱊对 NO_2^--N 的最适值最低，棒花鱼对 NO_2^--N 的最适值最高。

从多样性层面，黄河流域济南段鱼类多样性水平与 TN 关系密切，TN 越高，鱼类多样性水平越高。鱼类群落多样性水平在（0，1］区间对 TN 呈现负响应；多样性水平在（1，2］区间对 TN 呈现负响应，响应阈值为 $4.67mg/L$。群落多样性水平在（2，3］区间对 TN 呈现出最大正响应，正响应阈值为 $6.09mg/L$。

从功能群层面，黄河流域济南段草食性鱼类对 TN 和 Alk 的耐受性高于肉食性和杂食性。三种功能群鱼类对 TN 呈现正响应，草食性功能群对 TN 的响应阈值最高，为 $5.66mg/L$；杂食性功能群响应阈值最低，为 $4.25mg/L$。说明 TN 浓度越高，功能群越丰富。

5. 徒骇马颊河

从物种层面，子陵吻虾虎鱼对 Turb 的最适值最低，圆尾斗鱼对 Turb 的最适值最高；短须颌须鮈对 pH 值的最适值最低，稀有麦穗鱼对 pH 值的最适值最高；圆尾斗鱼对 TN 的最适值最低，乌鳢对 TN 的最适值较高；圆尾斗鱼对 NO_3^--N 的最适值最低，乌鳢对 NO_3^--N 的最适值最高；黄黝鱼对 COD 的最适值最低，乌鳢对 COD 的最适值最高；红鳍鲌对 COD_{Mn} 的最适值最低，乌鳢对 COD_{Mn} 的最适值最高；兴凯鱊对 BOD_5 的最适值最低，稀有麦穗鱼对 BOD_5 的最适值最高。

从多样性层面，鱼类群落多样性水平在（1，2］区间的 TP 最适值最高，为 $0.21mg/L$，对 TP 呈现正响应，其正响应阈值为 $0.15mg/L$；在（2，3］区间的 TP 最适值为 $0.15mg/L$，该区间对 TP 呈现负响应，其负响应阈值为 $0.095mg/L$。

从功能群层面，三种功能群对 DO 的最适值有较明显差异，而对 Turb 和 NO_2^--N 的最适值差异很小，三种功能群均适合在水体浑浊的水域生存。三种功能群鱼类均对 DO 呈现负响应，响应阈值分别为 $9.27mg/L$、$6.78mg/L$ 和 $6.75mg/L$。

第 11 章

基于水生生物的生态流量计算

11.1 生态流量研究概述

11.1.1 生态流量的内涵

目前，关于生态流量仍没有统一的定义和内涵，但有许多相似或相近的概念，如最小生态需水量、环境流量、生态流量、生态环境需水量等（倪晋仁等，2002）。随着研究工作的不断深入，人们对生态流量的认识也不断提高，从最初的保持满足河流最小的生态流量（王西琴等，2001），到在不同季节或不同月份维持阶梯式变化的标准流量，再到维持季节性涨落变化的动态水文过程（Poff 和 Matthews，2013；王俊娜等，2013）。

国内外对生态流量定义的探索过程见表 11.1。

表 11.1   国内外对生态流量的定义

	组织（作者）	时间	生 态 流 量 定 义
国外	Peter H Gleick	1998 年	提出基本生态需水概念：指提供一定质量和数量的水给天然生境，在保护物种多样性和生态完整性的前提下，力求最大限度地改变天然生态系统的过程；认为基本生态需水是在一定范围内动态变化的非固定值，计算时需要考虑气候、季节等变化因素对结果的影响
	世界自然保护联盟	2003 年	提出环境流概念：指在用水矛盾突出且可以调控水量的河流，维持其正常生态功能所需水量，该水量能够使下游地区环境、社会和经济利益得到保证
	欧美国家	21 世纪中期	对环境流概念进行补充：指为保护河流生物栖息地、恢复和维持河流生态系统健康、保护水质、防止海水入侵等目的所需要的水量
	大自然保护协会	21 世纪中期	对环境流概念进行补充：指维持淡水生态系统的物种、功能和弹性所需要的径流条件，以维持河流下游依水生存的人类生活用水。包括数量和历时等
	国际环境大会	2007 年	对环境流概念进行补充：指维持河流、湖泊、河口地区生态环境健康和生态服务价值，符合一定水质、水量和时空分布要求的河川径流过程（刘晓燕，2009）
国内	李丽娟郑红星	2000 年	从生态环境需水量的角度定义，指维持地表水体特定的生态环境功能，天然水体必须储存消耗的最小水量
	严登华等	2001 年	从水质、水量角度给予定义，指一定水质要求下的合理水量。根据河流系统的空间结构，又分为维持河流物理构造的需水、水面蒸发需水及洪泛地生态需水等
	王西琴等	2001 年	从环境需水角度给予定义，环境需水是指改善用水水质、协调生态环境、补充地下水和美化环境等为保证和改善人类居住环境质量所需要的水量

组织（作者）		时间	生 态 流 量 定 义
国内	宋进喜 李怀恩	2005 年	生态需水量是指在一定时间尺度内，为维持河流最基本生态环境功能，河道内持续流动的最小水资源量
	刘静玲等	2005 年	为了遏制由河道断流和流量减少对生态环境的破坏，在流域尺度范围内，河流生态流量的概念将扩大范围，从狭义的概念扩展到保护生物多样性和恢复河流生态服务功能的广义概念

11.1.2　国内外生态流量计算方法

生态流量的估算方法于 20 世纪 40 年代末期最先在美国西部开始，但刚开始发展缓慢，直到 20 世纪 70 年代生态流量的估算方法得到快速发展。目前关于生态流量的估算方法有很多，通过对全球生态流量方法现状的考察发现，在世界六个重要地域内的 50 个国家中，有记载的独立方法总数达 207 种（Tharme，2003）。大致可分为四类：水文学方法、水力学方法、生境模拟法和整体分析法（Acreman 和 Dunbar，2004；Jowett，1997；崔瑛等，2010；桑连海等，2006）。

水文学方法，又称为历史流量法（徐志侠等，2006），该类方法包括 Tennant 法、7Q10 法、Texas 法等，是利用历史流量资料确定河流生态流量的一种方法。该类方法的优点是不需要进行现场测量，简单方便，对数据的要求不是很高，是目前应用最为广泛的方法，其中尤以 Tennant 方法应用最为广泛，但其精度较低。该方法应用的基础是对该地区的生态因素、地形因素较为了解，需要分析百分比是否符合当地河流情况，并结合当地河流管理目标，对该百分比进行调整。因此，不同的地区，不同的季节其百分比都可能不同。该类方法的缺点是对河流的实际情况做了过分简化的处理，没有考虑生态系统的生态需求，只能在优先度不高的河段使用，或作为其他方法的粗略检验。

水力学方法是根据河道水力参数（如宽度、水深、流速和湿周等）确定河流所需流量，所需的水力参数可以实测获得，也可以采用曼宁公式获得（Jowett，1997），代表方法有湿周法和 R2CROSS 法等。湿周法假设河流栖息地的完整性与湿周的大小关系紧密，即认为保护好湿周就可以保证河流栖息地的完整性。该方法需要建立湿周与流量的关系曲线，认为曲线拐点附近的流量即为所求，而该方法的难点在于拐点的确定，主要确定方法有曲率法和斜率法两种方法，两种方法所得结果有所不同，但较常用的方法是斜率法（Gippel 和 Stewardson，1998）。另一种应用较多的方法是 R2CROSS 方法，在计算河道流量推荐值时，由河流几何形态决定的水深、河宽、流速等因素必须加以考虑。具有两个标准：一是湿周率，二是保持一定比例栖息地类型所需的河流宽度、平均水深以及平均流速等。该法以曼宁公式为基础，必须对河流断面进行实地调查以确定相关参数，这些给方法的应用带来一定的限制。该类方法几年来应用较少，发展缓慢，但其为生境模拟法的发展和完善起到了关键性作用（Tharme，2003）。

生境模拟法是美国应用最为广泛的一种方法。它是根据指示物种所需的水力条件确定河流流量，目的是为水生生物提供一个适宜的物理生境。因为该方法能够对生态基流进行定量化，并且考虑了生态因素，目前被认为是较为可信的评价方法，代表方法包括

IFIM（instream flow incremental methodology）法，CASMIR 法等，其中第一种方法应用最为广泛。IFIM（Stalnaker 等，1994）最核心的组成是采用 PHABSIM 模型模拟流速变化与栖息地类型的关系，根据特殊物种的栖息地和生活阶段的变化确定有利的河流生态条件（如水深、流速和河流基质），通过水力特征和生物信息的结合分析，决定适合于一定流量的主要水生生物及栖息地。通常保证的是鱼类或无脊椎动物的环境用水（桑连海等，2006）。

整体分析法产生于 20 世纪 90 年代中期，是目前的研究热点，近些年发展迅速。该方法强调河流是一个综合的生态系统，从生态系统整体出发，根据专家意见综合研究流量、泥沙运移、河床形状与河流栖息地之间的关系，使推荐的河道流量能够同时满足生物保护、栖息地维持、泥沙沉积、污染控制和景观维护等功能。该方法的关键是需要一个包含水文学家、地质学家、生态学家、社会经济学家等的专家组（Gordon 等，2004）。应用较多的方法是南非的 BBM 法（building block methodology），DRIFT（downstream response to imposed flow transformations）法，澳大利亚的整体分析法（holistic approach）。该方法所需资料比较复杂，需要长时间的调查和多目标的综合，是目前公认的精度最高的方法（崔瑛等，2010），但由于资料要求较高，需要较大的人力、物力，也给方法的应用带来了一定困难。2007 年，布里斯班国际环境流大会提出的 ELOHA 方法（ecological limits of hydrologic alteration）与整体分析法相似，不同的是，无论是径流条件，还是生态状况，均需概化成一个无量纲的、但可体现其好坏等级的数值，然后通过建立水文改变程度与生态状况间的关系，进而给出一定生态保护目标下的水文条件（Poff 等，2010）。该方法目前在澳大利亚得到了较为广泛的应用（Robert 和 Arthington，2014；Warfe 等，2014）。但在我国该类方法应用仍不多，其关键在于明确水文与生态之间的响应关系较为困难。

生态流量在我国的研究起步于 20 世纪 90 年代，起初主要以北方河流为研究对象，包括黄河、海河、塔里木河等。随着研究的不断深入，研究范围更加广泛，湿地、湖泊、城市均有所涉及。目前我国应用较多的方法是水文学方法，但考虑到我国河流的特殊性，对这些方法做一定的改进并应用于我国的研究也较多（于松延等，2013；王煌等，2015）。水力学方法改进后也在我国得到了一定程度的应用（刘昌明等，2007；王红瑞等，2011）。近年来栖息地模拟法在我国应用较多，以长江中下游应用较多，多以中华鲟作为目标物种，以满足中华鲟产卵为主要目标，在我国北方河流的应用较少。但近年来，应用栖息地模拟法的研究越来越多（宋旭燕等，2014；李永等，2015；杨泽凡，2015）。孟钰等（2016）以淮河干流鱼类长吻鮠为保护目标，建立长吻鮠不同时期生态需求与流量之间的概念性模型，对生物栖息地模拟法（FLOWS 法）进行改进，得出一组适于长吻鮠生长繁殖的流量组合。也有学者应用水文模型来估算河道生态基流（李亚平，2012；商玲等，2014）。总之，我国在该方面类似的研究较多，仍主要采用水文学和水力学两种方法，近年来亦有部分研究倾向于采用栖息地模拟法，该方法主要考虑了某一目标鱼类的栖息地对河流水文条件的需求，重点考虑鱼类产卵期的要求，考虑目标通常较为单一，难以反映生态系统的整体状况。

11.1.3　研究方法简介

11.1.3.1　水文学方法

（1）Tennant 法。也称蒙大拿法，是水文学方法中应用最为广泛的方法，由 Tennant 于 1976 年提出。1964—1974 年，Tennant 等对美国 11 条河流进行了详细的野外调查来检验该方法。Tennant 法是将多年平均流量的百分比作为基流量的推荐值，具有宏观、定性指导意义。研究表明，多年平均流量的 10％作为保持河流生态系统健康的最小流量，多年平均流量的 30％是能够为大多数水生生物提供较好栖息条件的流量。本书选取多年平均流量的 10％作为生态流量。

（2）最枯日平均流量多年平均值法。基于最枯月平均流量多年平均值法，通常取 10 年内最枯月平均流量作为生态流量。为保证选取资料的一致性，便于对比分析，本书取 30 年内最枯日均流量作为当月生态流量，并称此方法为最枯日平均流量多年平均值法（以下简称最枯日法）。计算公式如下：

$$Q_m = \sum_{i=1}^{n} \min(Q_{ij})/n \tag{11.1}$$

式中：Q_m 为第 m 月的生态流量（$m=1,2,\cdots,12$），m^3/s；Q_{ij} 为第 i 月第 j 天的平均流量，m^3/s；n 为统计年数。

（3）90％保证率最枯日平均流量法。因为 90％保证率最枯月平均流量法是取 90％设计保证率下最枯月平均流量作为生态流量。本书通过对日平均流量进行分析，计算出 90％保证率下每月最枯日平均流量作为生态流量，并称此方法为 90％保证率最枯日平均流量法（以下简称 90％最枯日法）。

（4）流量历时曲线法。又称 Hoppe 法，是根据日流量资料绘制流量历时曲线。确定流量历时的方法是将所有的日平均流量记录根据量值划分成 20～30 个平均流量组（从大到小排列），计算各组的天数，从第二级流量开始计算累计天数，之后确定每级流量的时间比例（最小等级流量的时间比例是 100％），最后绘制时间比例与流量等级之间的对数曲线。本书将 90％对应的流量作为生态流量。

（5）NGPRP 法。该法是将水文年按丰、平、枯水年分组，取平水年组 90％设计保证率流量作为生态流量。

（6）7Q10 法。即采用 90％保证率下，最枯连续 7d 的平均流量作为该月河流生态流量的推荐值，该方法是美国考虑水质因素确定河道内生态流量的方法。

（7）Texas 法。一般取 50％保证率下，河流逐月月平均流量的一定百分比作为生态流量。吴喜军等（2011）基于基流比例法研究表明，北方河流百分比的取值为 20％，认为该取值适合我国北方河流生态流量的计算。

11.1.3.2　水力学方法

1. 湿周法

湿周法是通过绘制临界栖息地区域，通常是浅滩湿周与流量的关系曲线，根据曲线上的转折点确定河道推荐流量。河流生态维系所需要的生态需水必须满足水体和水体所处空间两个基本条件。水体通过水文过程变量如流量来描述；水体所处空间的特性及水域影响范围，是约束水体运动空间的条件，可以用各种形态学参数如各种水力学参数来概括。而湿周法可以将这两个条件有机地结合起来。湿周法要基于一个假设：湿周与水生生物栖息地的有效性有直接联系，只要保证好一定水生生物栖息地的湿周，也就满足了水生生物正常生存的要求。通过建立河道断面湿周与流量之间的关系曲线图，确定出变化曲线的变化点，该变化点对应的流量值就作为保持河道内最小生态需水的流量值，由此流量值即可估算出现状水平年的生态流量。

一般地，湿周随着河流流量的增大而增大，而当河流由深槽变化到浅滩时，河流流量的巨幅增长也只能导致湿周的细微变化。因此，对于流量的变化，拥有浅滩的河道，其断面的河宽、水深、流速与湿周最敏感。注意到这一河流湿周临界值的特殊意义，我们只要保护好作为水生物栖息地的浅滩区域，也就基本上满足了临界区域水生物栖息保护的最低需求。但对那些宽浅型河道而言，宽深比的变化幅度较大，水流通常只在某个叉沟内流动，而没有铺满整个断面。这时，湿周就会与水深、水面宽两个变量有关，而不单单只是水深的函数。对于流量的变化，湿周的变化更加敏感，过大的变化导致在建立湿周-流量关系后，无法进行关系曲线的拟合，故变化点的确定就会变得十分困难。对于这种宽浅型河道，没有铺满整个河道的水流也反映了流域最低的影响范围，对整个生态系统有着巨大作用。

根据水力学中谢才公式，可以导出如下湿周-流量关系式：

$$Q = \frac{1}{n} A^{5/3} P^{-2/3} S^{1/2} \tag{11.2}$$

式中：Q 为河道流量，m^3/s；A 为过水面积，m^2；P 为河流断面的湿周，m；S 为水力坡度（水面坡降，均匀流时即为河道底坡）；n 为粗糙系数。

Gippel 等通过研究，推崇采用幂函数或对数函数来拟合湿周-流量关系。三角形、U形和抛物线形断面适合采用幂函数来拟合，矩形和梯形断面适合采用对数函数来拟合，见式（11.3）和式（11.4）。

幂函数：
$$y = ax^b + c \tag{11.3}$$

对数函数：
$$y = a\ln x + b \tag{11.4}$$

式中：y 为相对湿周，在确定变化点时，需消除坐标轴比例的影响，故对湿周和流量无量纲化，$y = P/P_{max}$；x 为相对流量，$x = Q/Q_{max}$，y、$x \in [0, 1]$；a、b、c 为待定系数，采用最小方差回归确定。

式（11.3）和式（11.4）是比较简单的一元方程，可以很容易求得临界值的变化点。两式对应的斜率方程为

幂函数：
$$y' = abx^{b-1} \tag{11.5}$$

对数函数：
$$y' = \frac{a}{x} \tag{11.6}$$

式中：y' 为方程斜率。

两式对应的曲率方程为

幂函数：
$$\kappa = \frac{ab(b-1)x^{b-2}}{(1 + a^2 b^2 x^{2b-2})^{3/2}} \tag{11.7}$$

对数函数：
$$\kappa = \frac{-ax}{(a^2 + x^2)^{3/2}} \qquad (11.8)$$

式中：κ 为方程曲率。

斜率为 1 法是取湿周-流量关系曲线上斜率为 1 的一点，即 $y' = 1$ 时，对应的流量值作为河道内的最小生态流量。斜率为 1 法求得的最小生态流量公式为

幂函数：
$$Q_{相对} = (ab)^{1/(1-b)} \qquad (11.9)$$

对数函数：
$$Q_{相对} = a \qquad (11.10)$$

式中：$Q_{相对}$ 为相对流量，即当 $y' = 1$ 时求得的 x。

曲率法是选取曲线上曲率最大的一点对应的流量值作为河道内的最小生态流量。为求得曲率最大的一点，需对式（11.7）和式（11.8）求一阶导数，一阶导数值等于 0 的一点即为曲率最大的一点。该点对应的流量值就作为河道内的最小生态流量。曲率最大法求得的最小生态流量公式为

幂函数：
$$Q_{相对} = \left[\frac{2-b}{a^2 b^2 (1-2b)} \right]^{1/2(b-1)} \qquad (11.11)$$

对数函数：
$$Q_{相对} = \frac{a}{\sqrt{2}} \qquad (11.12)$$

当 $b < 0.5$ 时，式（11.11）才成立。

运用湿周法也有它的缺点，其缺点是受河道形状影响，三角形河道无明显的增长变化点，以及河床形状不稳定的河道没有稳定的湿周流量关系曲线，这两种河道均难以用湿周法判别。

2. R2CROSS 法

R2CROSS 法最初由美国森林委员会提出（R2 是森林委员会的两个区），其目的是规划美国高原区域的水资源和水环境。相较于其他方法，R2CROSS 法仅需花费更少的时间和劳动，并能够得到较好的结果。在美国部分州和联邦得到了较好的应用，例如美国的科罗拉多州水保护委员会以该法为标准确定生态流量。

R2CROSS 法以曼宁公式为基础，使用标准单位和浅滩处单一断面的现场数据来校核水力模型。R2CROSS 法具有和湿周法相同的假设，即认为只要在浅滩栖息地上能够保持相当满意的水平，那么也足以保持非浅滩栖息地内生物体和水生生境达到满意水平，此时对应的流量即为保护水生物栖息地的最小流量。用该法确定最小生态需水量时须满足两个条件：一是湿周率，二是保持一定比例的河流宽度、平均水深以及平均流速等。

确定了平均深度、平均流速以及湿周长百分数作为冷水鱼栖息地指数，平均深度与湿周长百分数标准分别是水面宽度和河床总长与湿周长之比的函数，所有河流的平均流速推荐采用英尺每秒的常数，这三种参数是反映与河流栖息地质量有关的水流指示因子。如能在浅滩类型栖息地保持这些参数在足够的水平，将足以维护冷水鱼类与水生无脊椎动物在水塘和水道的水生环境。起初河流流量推荐值是按年控制的。后来，生物学家又根据鱼的生物学需要和河流的季节性变化分季节制定相应的标准，详见表 11.2。

表 11.2 用 R2CROSS 法生态流量确定标准

河顶宽度/ft	平均水深/ft	湿周率/%	平均流速/(ft/s)
1~20	0.2	50	1.0
21~40	0.2~0.4	50	1.0
41~60	0.4~0.6	50~60	1.0
61~100	0.6~1.0	≥70	1.0

将英尺换算成米后得到的标准见表 11.3。

表 11.3 R2CROSS 法生态流量确定标准

河顶宽度/m	平均水深/m	湿周率/%	平均流速/(m/s)
0.3~6	0.003~0.06	50	0.30
6~12	0.06~0.12	50	0.30
12~18	0.12~0.18	50~60	0.30
18~30	0.18~0.30	≥70	0.30

R2CROSS 法计算步骤如下：

（1）搜集数据，包括实测大断面资料以及该断面处实测流量资料；其中所要测量的数据包括流量 Q、平均水深 h、平均流速 v、断面面积 A 以及水力坡度 S。

（2）根据上面所测得的那些数据，利用曼宁公式计算该断面处糙率 n：

$$Q = \frac{AR^{2/3}S^{1/2}}{n}$$

式中：A 为断面面积；R 为水力半径；S 为水力坡度；Q 为流量。

（3）根据实测大断面资料确定河顶宽度（河顶宽度与水面宽不同，它是指河流断面最高处两点的距离）。

（4）实测大断面资料中包括起点距和河底高程以及测时水位等重要指标，以高程为控制，分别确定不同的水面宽，计算出该水面宽时的湿周和断面面积，再代入公式中即可得到流量 Q 等各项水力参数。

（5）根据表 11.3 中生态流量确定标准，由河顶宽度分别确定平均水深、平均流速和湿周率，在以曼宁公式为基础的前提下，分别作出"流量-平均水深、流量-平均流速、流量-湿周率"的关系图，其中平均水深、平均流速及湿周率作为自变量出现，而流量为对应的因变量。然后在图中找到对应的三个流量，分别记为 Q_1、Q_2、Q_3。

（6）确定最终所需要的生态流量。在一般情况下，中国的河道内降水的时间普遍在夏季和秋季，河流的流量比冬季和春季的要大很多，因此 R2CROSS 方法认为，如果是在夏季和秋季，那么平均水深、平均流速及湿周率必须全部满足要求，最终所得到的生态流量就要取 Q_1、Q_2、Q_3 中最大的那个；而如果是在冬季和春季，那么三个水力参数满足两个即可，也就是说 Q_1、Q_2、Q_3 三个流量中，第二大者即可满足要求。

R2CROSS 法估算河流的生态流量较为简单，不需耗费较多的人力和物力，效率较高，同时为其他的水力学计算方法提供了依据。但该方法仍有几点不足：

（1）该方法主要适用于宽浅型河道，而在某些坡度较高的地方，这种浅滩区是不存在的。

（2）该方法假定河道断面是稳定的，认为所选择的横截面能够确切地反映整个河道的特征，显然与实际不符。同时根据河流断面的实测资料，确定相关水力参数，容易产生误差，导致计算精度不高，计算结果受所选断面影响也较大。

（3）该方法主要适用于河顶宽度为 0.3～30m，不适用于大中型河流和季节性河流。

3. 生态流速法

生态流速法认为流速是影响水生生物的关键因子，只要维持流速在适宜的范围内，即可保证流量处于较好的范围，因此，该法的关键是确定生态流速。河流是一个复杂的生态系统，包括鱼类、底栖动物、藻类、浮游植物、大型水生植物等水生生物，确定每类生物的生态流量显然是不可能的，因此首先要选择河流中的关键物种。鱼类位于水生态系统食物链的顶端，能够反映生态系统的整体情况，鱼类种群的稳定是水生态系统稳定的标志，因此，可以以鱼类作为河道生态系统稳定的指示生物。

该方法首先根据鱼类调查结果，进行鱼类生活习性的调查，确定各种鱼类的喜好流速范围，其中产卵是鱼类繁殖的关键，因此要结合鱼类产卵对流速的要求，确定适宜生态流速。然后根据断面实测流量资料，建立平均流速和流量关系曲线。最后按照建立的流速和流量关系曲线查取适宜生态流速对应的流量，该流量即为生态流量。

4. 生态水力半径法

水力半径法是水力学方法的一种，由中国科学院地理科学与资源研究所刘昌明等提出，是一种利用水生生物信息（鱼类洄游、产卵需要的流速）和河道信息（糙率、水力坡度）来估算生态流量的新方法。该方法有两点假设：一是假设天然河道的流态属于明渠均匀流；二是流速采用河道过水断面的平均流速，即消除过水断面不同流速分布对于河道湿周的影响。该方法以曼宁公式为原理，利用生态流速确定相应的生态水力半径，然后利用水力半径与流量的关系（R-Q）估算河道内满足一定生态目标的生态流量，避免了湿周法确定突变点。该方法充分考虑了河道水生生物栖息需要的水力特征，又考虑了水生生物正常生存所需要的适宜流速和水位，相较于湿周法和R2CROSS法，该法考虑了水生生物在不同时间对生态流速的要求，克服了传统水力学方法不能反映季节变化的缺陷。该方法主要适合于缺乏水文、生态资料的河流。

该方法计算步骤如下：

（1）根据河道内满足水生生物的生态流速 $v_{生态}$、河道糙率 n 和水力坡度 S，计算出河道过水断面的生态水力半径 $R_{生态} = n^{3/2} v_{生态}^{3/2} S^{-3/4}$。

（2）利用生态水力半径 $R_{生态}$ 估算过水断面面积 A，一般断面的 n 和 S 可作为常数，得出 A-R 关系。

（3）利用 $Q = \dfrac{1}{n} R_{生态}^{2/3} A S^{1/2}$ 计算流量，即为包含有水生生物信息和河道断面信息的生态流量。

11.1.3.3 生境模拟法

生境模拟法是基于河道内流量增加法（IFIM）原理，根据生物对生境的选择，并将该选择定量化，进而计算生态流量的方法。目前，生境模拟法大多选取鱼类作为目标物种，其原因主要是，鱼类处于水体食物链最顶端，生命周期较长，活动能力较强，可以较好地反映长时间序列、大尺度范围内的环境变化特征。目前越来越多的学者（李建等，2011；平凡等，2017）关注水生生物生境的保护。水生生物作为河流生态系统的重要组成部分，是评价河流生态系统是否健康的重要指标，河流生态系统的任何改变都会对水生生物的生理功能、种群密度、种类丰度、群落结构等产生影响（朱英，2008）。为保证河流生态系统基本功能不受损害，保障河道生态流量，迫切需要开展生境模拟法的相关研究。

生境模拟法主要包含三方面内容：第一，以鱼类为基础，对研究区域进行鱼类调查，建立目标物种的生境适宜性评价标准，加深对物种、栖息地关系的理解；第二，借助MIKE 21 FM、River2D、PHABSIM 等软件建立水动力数值模拟模型，模拟不同来水情况下河道（流域）内的水深、流速、水温、底质、水质等生境因子；第三，将目标物种对生境的要求定量化，利用生境可利用面积公式计算不同模拟结果下的生境可利用面积（HUA），基于流量-生境可利用面积关系曲线确定生态流量。生境模拟法可定量化，并且基于生物本身对物理生境的选择，研究认为该方法是迄今为止生态流量计算方法中最复杂和具科学依据的方法（易雨君等，2013；Yi 等，2010）。

本书采用基于河道内流量增加法（IFIM）原理的生境模拟法，该方法的核心是物理生境模拟。在本书中，生境模拟法由鱼类调查与适宜性曲线的绘制、MIKE 水力模拟、物理栖息地模拟三部分组成，接下来对以上三个部分的原理及研究过程进行简要介绍。

1. 鱼类调查与生境适宜性曲线的绘制

选定研究区域后，可以采用实地调研和查阅文献等形式进行鱼类调查，根据调查结果进一步确定需要保护的鱼种作为目标鱼种。生境调查包括目标鱼种敏感断面的水文因子、水力参数、水质因子等，基于以上因子确定目标鱼种生境适宜性指标，并建立指标与鱼种生境影响因子之间的关联，绘制生境适宜性曲线。

绘制适宜性曲线之前首先要确定生境适宜性标准。确定适宜性标准的依据是限制因子原理，该原理是 Shelford 耐受性定律和利比希最小因子定律的合称（牛翠娟，2007）。耐受性定律是指每一种生物对不同生态因子都存在一个介于最大限度和最小限度之间的耐受性范围，当生态因子低于下限或超出上限时，都会使生物衰退甚至死亡；利比希最小因子定律是指低于某种生物需要的最小量的任何特定因子，是决定生物生存和分布的关键因子。生境适宜性标准的确定首先要详细调查目标鱼种的生境特征，然后将生境适宜性指数（HSI）与目标鱼种生境的影响因子关联，用 0～1 之间的数值表示生境影响因子对鱼种的影响程度，适宜鱼种生存的条件赋值为 1，限制生存的条件赋值为 0，根据此标准绘制该鱼种的生境适宜性曲线（HSC）（蒋红霞等，2012）。确定生境适宜性标准是生境模拟法的生物学基础，生境模拟的成功取决于适宜性标准的真实性和准确性（英晓明，2006）。

此外，在对鱼类进行调查时建议考虑不同生命周期，比如成鱼期、繁殖期，对于洄游性鱼类应考虑洄游期。目前，还没有统一的目标鱼种的确定方法及标准。一般目标鱼种为该地区的保护物种或具有地域代表性的物种，本书引入了优势种和相对重要性指数的概念来选取目标鱼种。此外，目前对于鱼类生境调查的研究甚少，为了计算结果的准确性，建议对目标鱼种进行实地采样调研。

2. MIKE 21 FM 模型简介

MIKE 21 FM 是丹麦水力学研究所（DHI）开发的二维数值模型，可用于模拟河流、湖泊、河口、海岸及海洋的水流、波浪、泥沙和盐度等。高级图形用户界面与高效计算引擎的结合使得 MIKE 21 FM 在世界范围内成为专业河口海岸研究人员不可缺少的工具。该模型包含水动力、对流扩散、水质水生态（ECO module）、黏性泥沙、非黏性泥沙、粒子追踪等多个模块，使用者可根据研究需要选择其中一个或多个模块，但是水动力模块是基础模块，为环境水文学和泥沙传输提供水动力学的计算基础（郭凤清等，2013；任梅芳等，2017）。

MIKE 21 FM 模型的控制方程是基于布辛涅斯克和静水压力假设，沿水深积分的不可压缩流体雷诺平均 Navier – Stokes 方程，该模型包括连续性、动量、温度、盐度和密度方程，可以模拟因各种作用力而产生的水位和水流变化，在平面上采用非结构网格，数值求解采用单元中心的有限体积法（FVM），笛卡儿坐标系下水流连续方程和动量方程表示如下。

（1）平面二维水流连续方程为

$$\frac{\partial h}{\partial t}+\frac{\partial h\overline{u}}{\partial x}+\frac{\partial h\overline{v}}{\partial y}=hS \tag{11.13}$$

（2）平面二维水流动量方程包括 x 方向和 y 方向，其中 x 方向动量方程为

$$\frac{\partial h\overline{u}}{\partial t}+\frac{\partial h\overline{u}^2}{\partial x}+\frac{\partial h\overline{vu}}{\partial y}=f\overline{v}h-gh\frac{\partial \eta}{\partial x}-\frac{h}{\rho_0}\frac{\partial p_a}{\partial x}-\frac{gh^2}{2\rho_0}\frac{\partial \rho}{\partial x}+\frac{\tau_{sx}}{\rho_0}-\frac{\tau_{bx}}{\rho_0}-\frac{1}{\rho_0}\left(\frac{\partial s_{xy}}{\partial y}+\frac{\partial s_{xx}}{\partial x}\right)$$

$$+\frac{\partial}{\partial x}(hT_{xx})+\frac{\partial}{\partial y}(hT_{xy})+hu_sS \tag{11.14}$$

y 方向动量方程：

$$\frac{\partial h\overline{v}}{\partial t}+\frac{\partial h\overline{uv}}{\partial x}+\frac{\partial h\overline{v}^2}{\partial y}=-f\overline{u}h-gh\frac{\partial \eta}{\partial y}-\frac{h}{\rho_0}\frac{\partial p_a}{\partial y}-\frac{gh^2}{2\rho_0}\frac{\partial \rho}{\partial y}+\frac{\tau_{sy}}{\rho_0}-\frac{\tau_{by}}{\rho_0}-\frac{1}{\rho_0}\left(\frac{\partial s_{yx}}{\partial x}+\frac{\partial s_{yy}}{\partial y}\right)$$

$$+\frac{\partial}{\partial x}(hT_{xy})+\frac{\partial}{\partial y}(hT_{yy})+hv_sS \tag{11.15}$$

式中：t 为时间；η 为水位，m；d 为静水深，m；h 为总水深，$h=\eta+d$，m；u、v 分别为流速在 x、y 方向上的分量，m/s；p_a 为当地大气压，Pa；ρ 为水密度，ρ_0 为参考水密度，kg/m³；$f=2\Omega\sin\varphi$ 为 Coriolis 参量（其中 $\Omega=0.729\times10^{-4}$ rad/s 为地球自转角速率，φ 为地理纬度）；$f\overline{v}$ 和 $f\overline{u}$ 为地球自转引起的 x、y 方向上的加速度分量，m/s²；s_{xx}、s_{xy}、s_{yx}、s_{yy} 为辐射应力分量，N/m²；T_{xx}、T_{xy}、T_{yy} 为水平黏滞应力项，N/m²；S 为源汇项出流量，m³/s；u_s、v_s 为源汇项水流流速，m/s。

采用以上模型模拟河道内水位、水深、流速等水文因子，在数据充分的条件下也可以使用 MIKE 中的水质模块，进一步模拟水质。当考虑繁殖期鱼类所需生态流量时应进一步考虑水温的影响，MIKE 模型同样可以进行水温模拟。

3. 生境适宜性计算

此处提到的模拟主要指数值模拟计算，基于生境可利用面积公式进行计算，建立流量与生境可利用面积之间的关系曲线，曲线的第一个转折点即为目标鱼种生态流量的最小值，曲线的最大值即为目标鱼种的最适宜生态流量。

生境模拟最核心的内容是计算目标鱼种在不同下泄流量下所对应的有效使用面积即生境可利用面积。利用式（11.16）计算研究河段每单位长度的生境可利用面积，单位为 m^2/m。

$$HUA = \sum CSF(V_i, D_i, C_i, T_i) \cdot A_i/L \tag{11.16}$$

式中：HUA 为研究河段每单位长度的生境可利用面积；$CSF(V_i, D_i, C_i, T_i)$ 为每个单元影响因子的组合适宜性；V_i 为流速指数；D_i 为水深指数；C_i 为河道指数（包括基质和覆盖物）；T_i 为温度指数；A_i 为长度是有效断面距离的每个单元水平面积；L 为研究河段总长度。

生境组合适宜性的计算方法有三种，本书采用式（11.17）确定生境组合适宜性值，此公式采用影响因子适宜性指数相乘的方法，体现影响因子综合作用的结果。

$$CSF_i = V_i \cdot D_i \cdot C_i \cdot T_i \tag{11.17}$$

生境可利用面积的计算应综合考虑流速（V_i）、水深（D_i）、基质（C_i）和水温（T_i）四个影响因子的作用。

根据实测断面的流量、流速、水深、水位等资料对河道进行水力模拟，查看生境适宜性曲线确定不同来水情况下对应的适宜性指数，再利用公式计算该流量下的生境可利用面积。得出流量（Q）与生境可利用面积（HUA）之间的 Q - HUA 模拟曲线，以曲线第一个转折点对应的流量作为河道内目标鱼种的生态流量，生境可利用面积最大值对应的流量作为最适宜流量。

11.2　小清河生态流量估算

11.2.1　模拟河段概况与数据来源

1. 模拟河段概况

黄台桥水文站位于小清河干流上游，以上游河道可以作为计算小清河济南段生态流量的推荐范围，根据数据的获得情况与构建模型的需要，本书选取睦里庄至黄台桥水文站 22km 河道为研究对象。河道上游两侧遍布农田和耕地，河道的渠道化并不显著；下游分布有济南市动物园、五柳岛等生态景观，并且靠近济南市大明湖公园；同时下游分布有多个支流，其中起到显著性作用的支流包括东工商河、西泺河、东洛河以及全福河，全部分布在河段的下游。

2. 数据来源

构建模型所需的水位、流量数据均来自 2013 年济南市水文年鉴。

11.2.2　生境模拟法的计算过程

11.2.2.1　目标鱼种选取与生境适宜性曲线的绘制

1. 鱼类调查

济南市水域共采集到鱼类 37 种，隶属于 5 目、12 科。其中，鲤形目物种数最多为 23 种，占总物种数的 62%；其次是鲈形目，共 9 种，占总物种数的 24%；鲇形目 3 种，占比为 8%；鳉形目和合鳃鱼目各采集到 1 种，占总物种数的 5%。

2. 选取目标鱼种

目前，目标鱼种的选取没有统一标准，本书引入优势种和相对重要性指数的概念来选取目标鱼种。优势种的特点是具有高度的生态适应性，它常常在很大程度上决定着群落内部的环境条件，因而对其他物种的生存和生长有很大影响，优势物种个体数量多，通常占有竞争优势。优势种的确定往往需要考虑到鱼类季节分布特点和个体大小差异。所谓优势种，应具有数量和重量上占据显著比例的成分，且在季节因素具有持续性。本书以相对重要性指数（IRI）值表征，IRI 在 100～1000 之间的种为重要种，大于 1000 的为优势种。相关计算公式见式（11.18）。

$$IRI = (N\% + B\%)F\%　　　　　　　　　　(11.18)$$

式中：N、B 分别为个体数和生物量指标值；F 为出现频率；均以百分比表示。

根据以上公式进行计算，分别得到春、夏、秋三个季节鱼类的相对重要性指数值，计算结果见表 11.4。

表 11.4　　　　　　济南市 2014 年春、夏、秋季鱼类的相对重要性指数值

种名	N%			B%			F%			IRI		
	春	夏	秋	春	夏	秋	春	夏	秋	春	夏	秋
青鱼	0.36	0.00	0.09	4.65	0.00	2.33	0.51	0.00	0.59	4.02	0.00	1.58
草鱼	0.12	2.01	0.98	2.33	6.98	6.98	0.09	11.08	4.24	0.48	91.34	36.48
马口鱼	1.19	1.19	2.60	11.63	4.65	6.98	2.55	0.59	1.61	43.41	8.29	29.33
赤眼鳟	0.24	2.45	0.00	2.33	2.33	0.00	0.32	1.11	0.00	1.29	8.29	0.00
鳘	13.41	6.03	27.48	48.84	32.56	39.53	6.60	2.96	7.61	977.54	292.68	1387.34
红鳍鲌	0.36	0.31	0.00	9.30	2.33	2.33	0.90	0.37	0.09	11.64	1.59	0.41
中华鳑鲏	1.84	2.83	0.09	16.28	18.60	2.33	0.18	1.06	0.10	32.81	72.42	0.44
兴凯鱊	0.71	0.00	2.33	13.95	0.00	11.63	0.42	0.00	0.79	15.86	0.00	36.30
麦穗鱼	2.91	9.24	14.23	27.91	16.28	30.23	1.89	3.54	3.35	133.87	208.11	531.71
稀有麦穗鱼	3.62	0.00	0.36	41.86	0.00	2.33	0.41	0.00	0.24	168.83	0.00	1.38
黑鳍鳈	0.89	0.00	2.06	6.98	0.00	2.33	0.34	0.00	0.59	8.59	0.00	6.16
短须颌须鮈	0.36	7.73	0.00	4.65	23.26	0.00	0.10	1.91	0.00	2.14	224.21	0.00
棒花鮈	0.00	0.00	0.09	0.00	0.00	2.33	0.00	0.00	0.22	0.00	0.00	0.71
棒花鱼	2.79	13.89	14.32	39.53	20.93	20.93	1.85	3.25	4.56	183.53	358.76	395.21
清徐胡鮈	11.69	1.01	0.72	16.28	6.98	2.33	0.16	0.29	0.33	192.91	9.01	2.44

种名	N%			B%			F%			IRI		
	春	夏	秋	春	夏	秋	春	夏	秋	春	夏	秋
鲤	0.30	0.13	0.45	6.98	4.65	4.65	4.99	6.35	19.09	36.91	30.11	90.86
鲫	17.86	28.54	13.88	72.09	46.51	41.86	43.68	40.30	22.45	4436.54	3201.75	1520.59
鲢	0.00	0.13	0.00	0.00	4.65	2.33	0.00	7.03	10.20	0.00	33.29	23.71
纵纹北鳅	0.24	0.00	0.00	2.33	0.00	0.00	0.10	0.00	0.00	0.78	0.00	0.00
中华花鳅	0.12	0.94	0.00	4.65	4.65	0.00	0.02	0.11	0.00	0.65	4.92	0.00
泥鳅	11.39	6.29	4.39	46.51	32.56	27.91	6.63	7.71	2.58	838.59	455.56	194.37
大鳞副泥鳅	1.13	0.31	1.34	11.63	4.65	13.95	0.74	0.44	2.53	21.72	3.49	54.03
黄颡鱼	0.18	0.25	0.00	4.65	4.65	0.00	1.78	1.05	0.00	9.11	6.08	0.00
鲶	0.18	0.00	0.00	6.98	0.00	0.00	0.32	0.00	0.00	3.48	0.00	0.00
埃及胡子鲶	0.06	0.00	0.00	2.33	0.00	0.00	0.02	0.00	0.00	0.19	0.00	0.00
青鳉	0.18	0.31	1.07	4.65	6.98	4.65	0.01	0.03	0.04	0.85	2.39	5.18
黄鳝	0.24	0.06	0.81	9.30	2.33	6.98	0.25	0.20	0.12	4.57	0.61	6.44
花鲈	0.00	0.00	0.00	2.33	0.00	2.33	0.00	0.00	3.07	0.00	0.00	7.14
葛氏鲈塘鳢	0.71	0.13	0.00	11.63	2.33	0.00	0.07	0.01	0.00	9.06	0.31	0.00
黄黝鱼	0.95	0.00	0.00	16.28	0.00	0.00	0.09	0.00	0.00	16.89	0.00	0.00
子陵吻虾虎鱼	8.19	3.46	0.27	41.86	16.28	6.98	1.11	0.39	0.19	389.41	62.62	3.17
褐吻虾虎鱼	0.53	6.91	0.18	4.65	32.56	2.33	0.09	0.87	0.05	2.92	253.57	0.53
波氏吻虾虎鱼	0.83	0.13	6.27	13.95	2.33	34.88	0.08	0.05	0.81	12.71	0.40	246.99
圆尾斗鱼	0.36	0.00	0.00	11.63	0.00	0.00	0.28	0.00	0.00	7.45	0.00	0.00
乌鳢	0.65	0.19	0.36	6.98	6.98	6.98	21.72	7.79	14.09	156.06	55.68	100.78
刺鳅	0.30	0.63	0.00	4.65	9.30	0.00	0.16	0.49	0.00	2.13	10.44	0.00

由表 11.4 可知：三个季节中鲫的相对重要性指数值都达到了 1000 以上，其中在春季最为重要，同时存在季节连续性，所以鲫可以作为优势种。秋季时，鳌的 IRI 值为1387.34，虽然超过 1000，但是不存在季节连续性，因此不能作为优势种，仅能成为秋季的重要种。基于 IRI 值的大小，分别选取排名前三名的鱼种进行对比分析，除了共有的优势种鲫以外，春季的重要种为鳌和泥鳅，夏季的重要种为棒花鱼和泥鳅，秋季的重要种为鳌和麦穗鱼。根据济南市季节性变化明显的特征，本书选取每个季节代表物种进行生境调查。为便于区别各个季节，同时基于文献和实测数据的局限性，春季选取泥鳅作为代表物种，夏季选取棒花鱼作为代表鱼种，秋季选取麦穗鱼作为代表鱼种。

综上所述，本书选取的目标鱼种为鲫（优势种）、泥鳅（春）、棒花鱼（夏）和麦穗鱼（秋）。

3. 绘制生境适宜性曲线

生境适宜性曲线的绘制是生境模拟中非常关键的一步，曲线的准确性直接决定了计算结果的准确性。本书只讨论鱼类与水文生境因子（水深、流速）之间的关系，通过对大量的文献进行调研和对现场实测水文数据的统计分析之后，分别得到目标鱼种的生境（水深、流速）适宜性曲线。

（1）鲫。鲫（*Carassins auratus* Linnaeus），隶属于鲤形目，鲤亚科，鲫属。它是一种在中国广泛分布的淡水鱼，除了青藏高原没有鲫外，各省的江河、湖泊、池塘、水库、稻田、水渠等地均有分布，属于我国七大家鱼之一。鲫在不同地方的叫法不同，有喜头、鲫瓜子、鲫拐子、鲋鱼等名称，主要品种分为普通鲫鱼、银鲫鱼、白鲫鱼等。其中白鲫鱼肉质细嫩、味道鲜美，为上等食品，在南方更是上等鱼鲜；再加上其生命力强，对养殖条件要求不高，大多数水体中都能养殖，并且主要以植物为食，养殖成本低，所以是广大养殖户的首选。调查发现，鲫在济南黄河、徒骇河和小清河水系均有分布。

罗祖奎等（2013）对上海大莲湖春季鲫的生境选择一文中研究表明，在 $h<1m$、$h=1\sim2m$ 和 $h\geqslant2m$ 这三种水深生境中，鲫数量存在显著差异（$F=18.63$，$d_f=2$，$P=0$），其中，$h<1m$ 和 $h=1\sim2m$ 生境中鲫数量无显著差异，但 $h<1m$ 和 $h=1\sim2m$ 生境均显著高于 $h\geqslant2m$ 水深生境。因此鲫适宜生存的水深范围应小于 2m，通过对实测数据的统计分析可得，鲫在 $0.8\sim1m$ 的水深范围内分布数量最多，因此认为该水深范围是鲫的最适水深，生境适宜性指数赋值为 1；在实测点位中，鲫在 $0.1\sim2.8m$ 的水深范围内均有分布，因此鲫的生存水深范围确定为 $0.1\sim2.8m$，并在上下限赋值为 0，最适水深为 $0.8\sim1.2m$，得到鲫水深生境适宜性曲线如图 11.1（a）所示。同理，在实际调研中，鲫分布于 $0\sim1m/s$ 的流速范围，且在 $0.2\sim0.3m/s$ 的流量范围内分布数量较多，因此认为 $0.2\sim0.3m/s$ 是鲫最适流速范围，并赋值为 1，最终得到鲫流速生境适宜性曲线如图 11.1（b）所示。

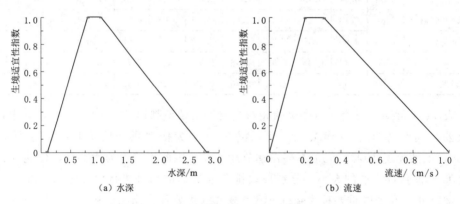

图 11.1　鲫水深、流速生境适宜性曲线

（2）泥鳅。泥鳅（*Misgurnus anguillicaudatus* Cantor），隶属于鲤形目，花鳅亚科，泥鳅属。它是一种温水鱼，对环境有很强的适应性。在自然条件下，它栖息于底泥较深的静水或水流缓慢的池塘、沟渠、稻田等浅水区域内，属于底栖生活的鱼种。泥鳅常生活于水底层，通常潜入泥中，喜欢在中性和偏酸性的土壤中生存。泥鳅一般 2 龄时开始性成熟，是多次产卵性鱼类。繁殖季节为 4 月，当水温达到 18℃ 或更高时开始产卵，产卵期较长，一直持续到 8 月。调查发现，泥鳅分布于济南黄河、徒骇马颊河和小清河水系。

根据文献调研（王玉新等，2012），在养殖泥鳅过程中，池塘深度一般在 1.5m 左右，养殖期间保持水位在 0.6～1m。实际采样数据分析发现，泥鳅在 0.3～0.5m 的水深范围内分布数量较多，因此养殖过程与自然情况下鱼类生存生境存在一定差异。本书以实际采样数据为准，养殖过程中所需条件作为辅助，最终确定泥鳅的最适水深范围是 0.3～0.5m，生境适宜性指数赋值为 1。此外，0.1～2.8m 的水深范围内均有泥鳅分布，因此将此范围视为泥鳅的生存水深，得到泥鳅水深生境适宜性曲线如图 11.2（a）所示。因泥鳅属底栖生活的鱼类，所以对流速的需求并不高，实际调研中发现，泥鳅在 0～1m/s 的流速范围内都有分布，但是只在流速为 0.1～0.2m/s 的范围内分布最为广泛，因此将 0.1～0.2m/s 的流速范围作为泥鳅的最适范围，并将生境适宜性指数赋值为 1，得到泥鳅流速生境适宜性曲线，如图 11.2（b）所示。

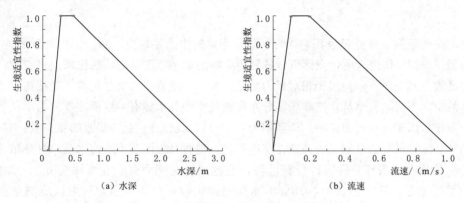

（a）水深　　　　　　　　　　　　　　（b）流速

图 11.2　泥鳅水深、流速生境适宜性曲线

（3）棒花鱼。棒花鱼（*Abbottina rivularis* Basilewsky），隶属于鲤形目，鮈亚科，棒花鱼属。棒花鱼是我国特产的底栖性小型鱼类，广泛分布于除青藏高原外，澜沧江以东的淡水水域。有关该鱼的研究报道甚少（邓其祥，1990；湖北省水生生物研究所，1976）。随着人类生活水平的提高，棒花鱼逐渐成为人们观赏养殖的对象。周材权等（1998）通过对 365 尾体长范围在 24～107mm、体重范围在 0.5～32.0g 棒花鱼的消化道内容物组成进行分析，得到棒花鱼是一种食虫性鱼。另外，棒花鱼的食物组成还随年龄变化、生活环境以及性腺发育状况的差异而呈现出一定的差异。棒花鱼在济南黄河、徒骇马颊河和小清河水系均有分布。

邓其祥（1990）研究表明，棒花鱼适宜在水深为 0.2～0.6m、水草成片成丛、阳光充足的浅水区的泥沙层上筑巢生殖，此水深范围可以作为繁殖期棒花鱼的最适水深范围。而由实际调研数据分析可知，棒花鱼分布于水深为 0.2～3.5m 的水域中，在 0.75～1m 的水深范围内分布较为广泛，此水深范围与邓其祥研究结果相比偏大，可见繁殖期的棒花鱼更适宜浅水区。本书以实地采样记录数据为准，将 0.75～1m 视为棒花鱼最适水深范围，并赋值为 1，得到棒花鱼水深生境适宜性曲线，如图 11.3（a）所示。实际调研中发现，棒花鱼在 0～1m/s 的流速范围内都有分布，但是只在流速为 0.3～0.5m/s 的范围内分布最为广泛，因此将 0.3～0.5m/s 的流速范围作为棒花鱼的最适范围，并将生境适宜性指数赋值为 1，得到棒花鱼流速生境适宜性曲线，如图 11.3（b）所示。

（4）麦穗鱼。麦穗鱼（*Pseudorasbora parva* Temminck et Schlegel），隶属于鲤形目，

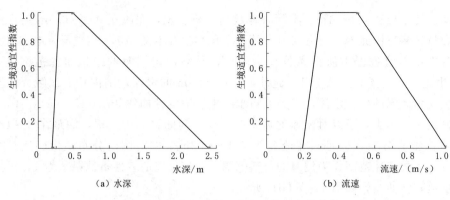

图 11.3　棒花鱼水深、流速生境适宜性曲线

鮈亚科，麦穗鱼属。麦穗鱼因其广泛的分布和重要的生态学地位，备受国内外学者的关注。王晓南等（2013）研究表明，麦穗鱼对各种污染物的敏感性都较高，相比来说对有机污染物的反应灵敏，其中对农药类污染相对最为敏感。根据实地调研与文献记载，麦穗鱼主要生活在水体的中、下层，喜结群；产卵场多分布在微流水中且水体有一定浑浊度、水草茂密的浅水区；麦穗鱼属于分批产卵鱼种，产卵期为 4—6 月，其卵浅黄色、吸水膨胀、具有强黏性；产卵期喜急流，可刺激产卵。麦穗鱼在济南黄河、徒骇马颊河和小清河水系均有分布。

根据济南全域采样数据统计分析可得，麦穗鱼适应能力强，在水深为 0.2~2.4m 的范围内都能生存，其中在 0.3~0.6m 的水深范围内数量分布较多，认为该范围是麦穗鱼的最适水深范围，生境适宜性指数赋值为 1，得到麦穗鱼水深生境适宜性曲线如图 11.4（a）所示。麦穗鱼在流速为 0~1m/s 的流速范围内均有分布，在 0.2~0.3m/s 的范围内分布较广泛，认为该流速范围是麦穗鱼的最适范围，并赋适宜性指标值为 1，耐受范围的上下限赋值为 0，得到麦穗鱼流速适宜性曲线如图 11.4（b）所示。

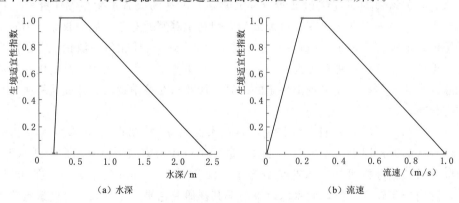

图 11.4　麦穗鱼流速、水深生境适宜性曲线

11.2.2.2　MIKE 21 FM 水动力数值模拟

1. 生成地形

本书应用 MIKE 21 FM 水动力学模块（HD）对济南小清河睦里庄至黄台桥段的水深、流速、水位进行数值模拟。MIKE 21 FM 模型的地形文件是由 MIKE ZERO 中网格生成器生成。为了能够较好地反映河道及滩地地形，同时满足流场计算精度要求，基于非

结构网格适合复杂边界拟合的优点，本次计算采用非结构网格（三角形网格）对整个研究区进行网格剖分，河道高程以辛宏杰（2011）中 1996 年小清河治理后剖面图为依据进行提取，滩地高程以卫星地图下载的 DEM 数据为依据，在 ArcGIS 中裁剪栅格后栅格转点将滩地上点的 x、y、z 值提取出来，从睦里庄闸开始，河道每 1km 划分一个断面，断面形状以实测黄台桥断面（图 11.5）为准，对照卫星地图对

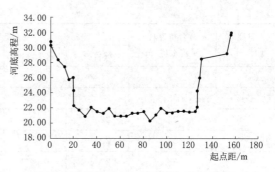

图 11.5　黄台桥 2014 年实测大断面成果图

河宽进行修正，河道概化为矩形断面。将河道及滩地高程导入模型中，插值得到的原始河道地形，河道的三维地形如图 11.6 所示。

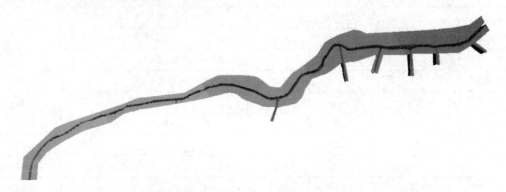

图 11.6　睦里庄至黄台桥段河道及滩地三维地形示意图

2. 边界条件

建模过程中，以 2013 年济南市水文年鉴为依据。

（1）下边界：选取 2013 年 9 月逐日平均水位表中的水位值，见表 11.5。

（2）源汇项设置的依据：模型中除了主干道以外显示的主要支流有 6 条，分别是兴济河、西工商河、东工商河、西泺河、东洛河以及全福河，其中兴济河 9 月逐日平均流量为 0；西工商河的平均流量为 $0.2m^3/s$，由于流量太小，所以本书忽略了此支流的影响；只模拟东工商河、西泺河、东洛河和全福河四条支流，支流的逐日平均流量见表 11.5。

（3）上边界流量设置：通过黄台桥站逐日平均流量分别减去东工商河、西洛河、东洛河和全福河的逐日平均流量后计算得到。其中河道糙率采用 0.026。

表 11.5　　　　　　　　　　　　模 型 边 界 条 件 表

日期 （月-日）	黄台桥逐日 平均水位/m	逐日平均流量/(m³/s)					
		黄台桥	东工商河	西洛河	东洛河	全福河	睦里庄闸
9-1	24.29	18.30	1.12	15.00	1.26	0.84	0.08
9-2	27	19.20	1.31	15.00	1.32	0.84	0.73
9-3	26	20.20	1.12	14.30	1.46	0.84	2.48

续表

日期 （月-日）	黄台桥逐日 平均水位/m	逐日平均流量/(m³/s)					
		黄台桥	东工商河	西洛河	东洛河	全福河	睦里庄闸
9-4	26	21.20	1.03	13.80	1.48	0.84	4.05
9-5	28	22.10	0.98	14.20	1.42	0.84	4.66
9-6	26	22.90	0.96	15.00	1.49	0.84	4.61
9-7	25	22.90	0.94	14.80	1.53	0.84	4.79
9-8	28	22.80	0.93	14.60	1.40	0.80	5.08
9-9	27	22.70	0.93	14.20	1.31	0.50	5.77
9-10	26	22.60	1.06	13.80	1.26	0.50	5.99
9-11	26	22.60	1.44	13.80	1.26	0.50	5.61
9-12	27	22.50	1.32	13.80	1.26	0.50	5.63
9-13	27	22.40	1.07	14.90	1.27	0.50	4.67
9-14	27	22.30	1.00	14.20	1.26	0.50	5.35
9-15	26	22.20	0.98	13.80	1.40	0.50	5.53
9-16	25	22.10	0.96	13.80	1.36	0.50	5.48
9-17	25	22.00	1.11	13.80	1.43	0.50	5.17
9-18	27	21.90	1.36	13.00	1.53	0.50	5.52
9-19	25	21.50	1.46	12.60	1.53	0.50	5.42
9-20	26	21.20	1.51	12.60	1.53	0.50	5.07
9-21	26	20.90	1.57	13.30	1.64	0.50	3.90
9-22	24	20.50	1.59	13.10	1.62	0.50	3.70
9-23	24	20.20	1.36	12.60	1.53	0.50	4.22
9-24	24	19.80	1.03	12.60	1.56	0.50	4.12
9-25	24	19.50	0.95	12.60	1.51	0.50	3.95
9-26	24	19.20	0.89	12.60	1.51	0.50	3.70
9-27	24	18.80	0.87	11.40	1.51	0.50	4.52
9-28	24	18.50	0.88	11.70	1.55	0.50	3.88
9-29	24	18.20	1.03	11.50	1.49	0.50	3.69
9-30	23	18.10	1.31	11.40	1.42	0.50	3.48

注　摘自《2013 年水文年鉴》。

　　由表 11.5 可知，西洛河日平均流量值远远大于其他三条支流，即对干流的影响最大。基于以上数据对研究河道一个月的流量、水深、水位、流速等进行数值模拟，间隔时间为 1h，共计 720 步。

　　3. 模型验证

　　以 2013 年水文年鉴中 10 月黄台桥站的逐日平均水位为验证对象，对比实测水位与模拟水位，因为模型数据量太大，选取 29 日和 30 日两天的水位进行对比，从而对模型进行验证。表 11.6 是黄台桥站实测水位与计算水位的对比，最大水位误差为 0.4373m，说明模型糙率选取是合理的，利用该模型模拟睦里庄至黄台桥段河道水深、流速是可行的。

表 11.6　　　　　　　　黄台桥站实测水位与计算水位对比

日期（月-日）	时刻	模拟水位/m	实测水位/m	水位误差/m
9－29	00：00：00	20.5653	21	0.4347
9－29	1：00：00	20.5634	21	0.4366
9－29	2：00：00	20.5644	21	0.4356
9－29	3：00：00	20.5646	21	0.4354
9－29	4：00：00	20.5639	21	0.4361
9－29	5：00：00	20.5643	21	0.4357
9－29	6：00：00	20.5651	21	0.4349
9－29	7：00：00	20.5653	21	0.4347
9－29	8：00：00	20.5643	21	0.4357
9－29	9：00：00	20.5639	21	0.4361
9－29	10：00：00	20.5646	21	0.4354
9－29	11：00：00	20.5653	21	0.4347
9－29	12：00：00	20.5650	21	0.4350
9－29	13：00：00	20.5642	21	0.4358
9－29	14：00：00	20.5640	21	0.4360
9－29	15：00：00	20.5649	21	0.4351
9－29	16：00：00	20.5653	21	0.4347
9－29	17：00：00	20.5646	21	0.4354
9－29	18：00：00	20.5639	21	0.4361
9－29	19：00：00	20.5645	21	0.4355
9－29	20：00：00	20.5653	21	0.4347
9－29	21：00：00	20.5652	21	0.4348
9－29	22：00：00	20.5644	21	0.4356
9－29	23：00：00	20.5639	21	0.4361
9－30	00：00：00	20.5637	21	0.4363
9－30	1：00：00	20.5636	21	0.4364
9－30	2：00：00	20.5627	21	0.4373
9－30	3：00：00	20.5640	21	0.4360
9－30	4：00：00	20.5651	21	0.4349
9－30	5：00：00	20.5653	21	0.4347
9－30	6：00：00	20.5645	21	0.4355
9－30	7：00：00	20.5644	21	0.4356

续表

日期（月-日）	时刻	模拟水位/m	实测水位/m	水位误差/m
9 - 30	8：00：00	20.5649	21	0.4351
9 - 30	9：00：00	20.5655	21	0.4345
9 - 30	10：00：00	20.5661	21	0.4339
9 - 30	11：00：00	20.5660	21	0.4340
9 - 30	12：00：00	20.5656	21	0.4344
9 - 30	13：00：00	20.5651	21	0.4349
9 - 30	14：00：00	20.5648	21	0.4352
9 - 30	15：00：00	20.5650	21	0.4350
9 - 30	16：00：00	20.5654	21	0.4346
9 - 30	17：00：00	20.5659	21	0.4341
9 - 30	18：00：00	20.5662	21	0.4338
9 - 30	19：00：00	20.5662	21	0.4338
9 - 30	20：00：00	20.5656	21	0.4344
9 - 30	21：00：00	20.5651	21	0.4349
9 - 30	22：00：00	20.5648	21	0.4352
9 - 30	23：00：00	20.5650	21	0.4350

模拟过程中，以睦里庄闸处不同下泄流量作为上边界条件。黄台桥水文站多年平均流量年内变化较明显，汛期流量显著大于非汛期流量，以 2012 年为例，非汛期流量均值为 $11.96m^3/s$，汛期为 $22.85m^3/s$，为涵盖非汛期和汛期全部流量范围，本书选取 $2\sim24$ m^3/s 的流量，每间隔 $2m^3/s$ 分别进行模拟。

4. 模型模拟结果

完成建模之后，分别给上边界不同的下泄流量，得到河道内总水深模拟结果如图 11.7 所示；河道内流速模拟结果如图 11.8 所示。

由水深模拟结果可知，当下泄流量小于 $8m^3/s$ 时，右侧比例尺显示水深范围在 $0\sim$ 4m 之间，四张图 [图 11.7（a）～（d）] 基本看不出太大的颜色变化，说明河道内水深变化幅度较小；当流量增加至 $10m^3/s$ 时 [图 11.7（e）]，右侧比例尺水深范围由 $0\sim4m$ 增加至 $0\sim4.4m$，相比增加了 0.4m，颜色变化较明显；当流量大于 $10m^3/s$ 时 [图 11.7（f）～（m）]，水深范围没有发生变化，由图中颜色可以看出，此时水深的变化幅度也较小。从图中可以看出，当下泄流量为 $8m^3/s$ 增加至 $10m^3/s$ 时，河道内水深变化最明显。

由流速模拟结果可知，当下泄流量小于 $4m^3/s$ 时，右侧比例尺显示流速范围在 $0.1\sim$ 1.5m/s 之间，此流量范围内河道内流速变化幅度较小，前两张图中 [图 11.8（a）和（b）] 并未发生太大变化；当流量为 $6\sim10m^3/s$ 时 [图 11.8（c）～（e）]，右侧比例尺的流速范围由 $0.1\sim1.5m/s$ 增加至 $0.1\sim1.65m/s$，相比增加了 0.15m/s；当流量从 $4m^3/s$

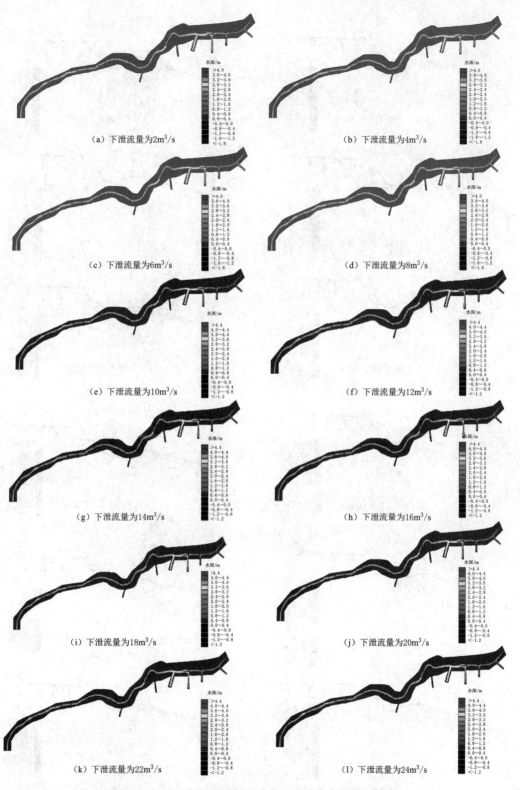

图 11.7　睦里庄闸不同下泄流量下河道内水深模拟结果

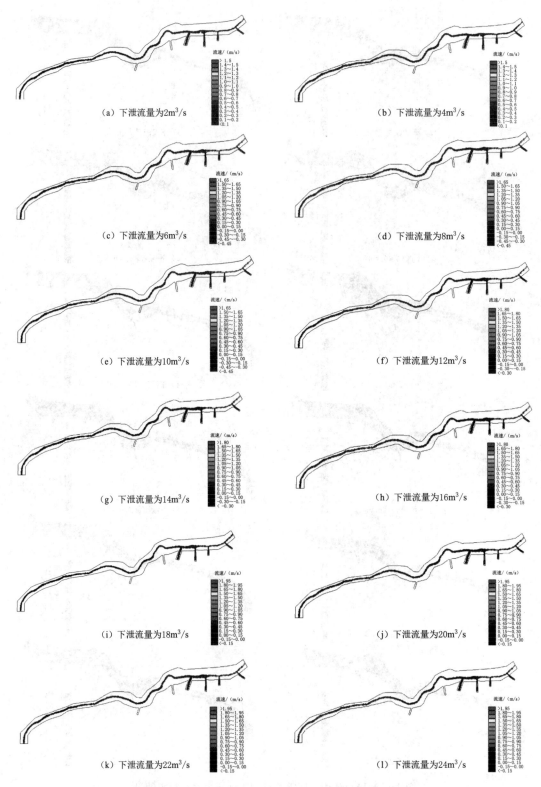

图 11.8　睦里庄闸不同下泄流量下河道内流速模拟结果

到 6m³/s 变化时，颜色发生明显变化，说明此时流速变化较明显；当流量是 12~16m³/s 时 [图 11.8 (f)~(h)]，右侧比例尺显示的流速范围为 0.1~1.80m/s，相比之前增加了 0.15m/s，由图中颜色可以看出，此时水深的变化幅度也较小；当流量是 18~24m³/s 时 [图 11.8 (i)~(m)]，右侧比例尺显示的流速范围为 0.1~1.95m/s，相比之前增加了 0.15m/s，与上述变化幅度相同。

导出模型中模拟数值结果，进行数据处理以及生境可利用面积的计算。

11.2.2.3 生境可利用面积计算

生境模拟最核心的内容是计算目标鱼种在不同流量下所对应的有效使用面积即生境可利用面积。本书仅考虑流速和水深两个水文因子，利用式（11.19）计算研究河段每单位长度的生境可利用面积，单位为 m²/m。

$$HUA = \sum CSF(V_i, D_i) \times A_i / L \tag{11.19}$$

式中：HUA 为研究河段每单位长度的生境可利用面积，m²/m；$CSF(V_i, D_i)$ 为每个单元影响因子的组合适宜性；V_i 为流速指数，m/s；D_i 为水深指数，m；A_i 为长度为有效断面距离的每个单元水平面积，m²；L 为研究河段总长度，m。

在实际计算过程中，A_i 是通过水面宽进行间接计算得到的，将水平单元概化成一个梯形，相邻两个断面之间的水平面积由上一个断面的水面宽与下一个断面的水面宽相加后，乘以断面之间的距离 1000m 后再除以 2 计算而来。计算公式如下：

$$A_i = (b_i + b_{i+1}) \times 500 \tag{11.20}$$

11.2.2.4 生境模拟法生态流量计算结果与分析

基于以上公式计算出不同下泄流量下鲫、泥鳅、棒花鱼、麦穗鱼的生境可利用面积。建立下泄流量与生境可利用面积之间的关系曲线，曲线第一个转折点对应的流量即为生态流量的最小值，曲线的最高点即为目标鱼种的适宜生态流量，计算结果见表 11.7。为便于观察曲线转折点与最高点，绘制下泄流量-生境可利用面积关系曲线，如图 11.9 所示。

表 11.7 不同下泄流量下目标鱼种生境可利用面积结果

下泄流量 /(m³/s)	生境可利用面积/(m²/m)			
	鲫	泥鳅	棒花鱼	麦穗鱼
2	8.08	25.16	6.12	19.15
4	12.13	27.38	11.81	25.80
6	14.90	26.93	17.06	29.23
8	16.40	25.29	20.36	28.16
10	17.03	23.42	21.94	26.87
12	17.24	21.57	22.89	25.06
14	18.33	19.74	24.73	23.20
16	17.61	17.96	24.16	21.20
18	16.86	16.41	23.43	19.45
20	15.90	14.95	22.36	17.77
22	15.15	13.71	21.51	16.39
24	14.68	12.74	21.07	15.28

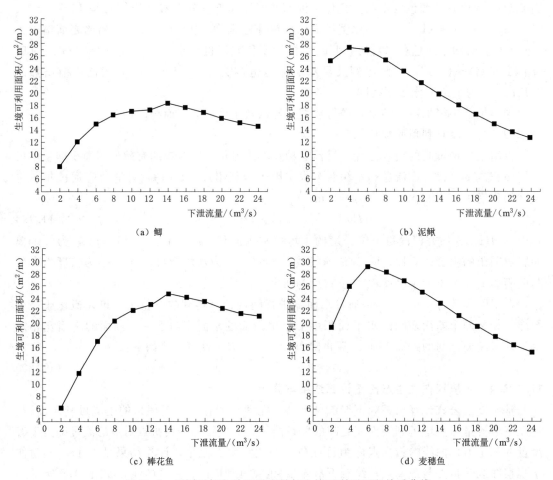

图 11.9　不同目标鱼种下泄流量与生境可利用面积关系曲线

由下泄流量与生境可利用面积关系曲线可知，济南市境内优势种鲫鱼的曲线中第一个转折点对应的流量为 $10\text{m}^3/\text{s}$，流量为 $12\text{m}^3/\text{s}$ 时的生境可利用面积与 $10\text{m}^3/\text{s}$ 时对应的面积相比没有太大变化，即 $10\text{m}^3/\text{s}$ 的流量可以作为鲫生态流量的最小值，曲线中生境可利用面积最大值对应的流量为 $14\text{m}^3/\text{s}$，此流量是鲫的最适宜生态流量。春季相对重要鱼种泥鳅的曲线中，当下泄流量为 $4\text{m}^3/\text{s}$ 时，曲线出现第一个转折点，并且此时生境可利用面积达到最大值，此流量为泥鳅的生态流量最小值。夏季相对重要鱼种棒花鱼的曲线中，当下泄流量为 $12\text{m}^3/\text{s}$ 时，曲线出现第一个转折点，当下泄流量为 $14\text{m}^3/\text{s}$ 时，达到最大生境可利用面积，即棒花鱼生态流量的最小值为 $12\text{m}^3/\text{s}$，最适宜生态流量为 $14\text{m}^3/\text{s}$。秋季相对重要鱼种麦穗鱼的曲线中，当下泄流量为 $6\text{m}^3/\text{s}$ 时，曲线出现第一个转折点，并且此时生境可利用面积达到最大值，此流量为麦穗鱼的生态流量最小值。同时可以看出，泥鳅和麦穗鱼的曲线中只存在一个转折点，鲫和棒花鱼的曲线中存在两个转折点，分析其原因可能是鲫和棒花鱼适宜的水深和流速范围均大于泥鳅和麦穗鱼，此结果主要由生境适宜性决定。

为比较四种鱼在相同下泄流量下的生境可利用面积情况，绘制了图 11.10，从图中可以看出，当流量小于 $10\mathrm{m^3/s}$ 时，更适宜泥鳅和麦穗鱼的生存；当流量大于 $14\mathrm{m^3/s}$ 时，最适宜棒花鱼的生存，但是整体的生境可利用面积都在下降。因此并不意味着流量越大越好，针对小清河的特点，河道内流量尽量不要超过 $14\mathrm{m^3/s}$。

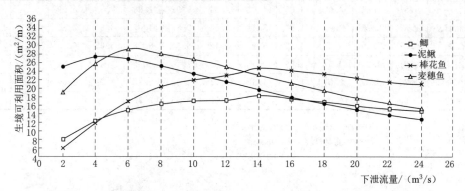

图 11.10　不同目标鱼种下泄流量与生境可利用面积关系曲线综合分析图

综上所述，可以得出以泥鳅为目标鱼种时，春季所需的生态流量为 $4\mathrm{m^3/s}$；以棒花鱼为目标鱼种时，夏季所需的生态流量为 $12\mathrm{m^3/s}$；以麦穗鱼为目标鱼种时，秋季的生态流量为 $6\mathrm{m^3/s}$。因为没有在冬季进行采样工作，考虑到冬季鱼类对水量的需求并不大，因此选择最小的生态流量值作为冬季所需流量的推荐值，即冬季所需生态流量为 $4\mathrm{m^3/s}$。此外，为保证优势种鲫的适宜生境条件，生态流量的推荐值为 $10\mathrm{m^3/s}$，见表 11.8。

表 11.8　　　　　　　睦里庄闸生态下泄流量计算成果表（生境模拟法）

季节	春季（3—5 月）	夏季（6—8 月）	秋季（9—11 月）	冬季 （12 月至次年 2 月）	全年
目标鱼种	泥鳅	棒花鱼	麦穗鱼	无	优势种鲫
生态流量/（$\mathrm{m^3/s}$）	4	12	6	4	10

11.2.3　水文学法计算生态流量

水文学法中生态流量的计算要选用受人类活动影响较小的天然径流过程，通过对长系列水文资料的分析，自 1997 年小清河被治理后，人类活动等各方面加大了对河道内径流量的影响。因此本书选用 1967—1996 年黄台桥站实测逐日流量数据进行生态流量计算。受季风气候及降水的影响，我国北方地区的河流流量随季节变化明显，汛期与非汛期流量差异显著，因此河流生态流量也应随汛期和非汛期的变化而变化。故书中采用多种水文学方法计算出逐月的生态流量，充分体现了汛期与非汛期的流量差异。

本书选取上述 7 种方法对小清河流域黄台桥站的生态流量进行计算，结果见表 11.9。由表中可知 7 种计算结果之间存在一定的差异性。

根据计算结果绘制黄台桥站生态流量过程线，如图 11.11 所示。从生态流量计算结果来看，7 种计算方法中，最枯日法、Hoope 法和 NGPRP 法的计算结果偏大，其中 Hoope 法计算结果最高；剩余 4 种方法中，Tennant 法的计算结果最小。从整体变化趋势来看，除 7Q10 法外，剩余 6 种方法计算得到的生态流量汛期普遍大于非汛期。从汛期生态流量的最大值出现的月份来看，Hoppe 法、最枯月法和 7Q10 法存在滞后性。

表 11.9　　　　基于 7 种水文学方法的黄台桥站生态流量计算成果表　　　单位：m³/s

月份	1	2	3	4	5	6	7	8	9	10	11	12
Tennant 法	0.56	0.52	0.52	0.55	0.67	0.82	1.40	1.48	1.20	0.79	0.69	0.91
最枯日法	4.91	4.80	4.03	3.65	4.31	4.64	6.92	7.89	7.53	5.99	5.34	5.39
90%最枯日法	2.87	3.27	2.41	1.83	2.41	1.85	2.86	4.07	3.80	2.80	2.76	2.96
Hoope 法	5.57	5.09	4.5	4.45	5.13	5.12	6.74	8.78	8.65	6.65	6.09	5.25
NGPRP 法	3.71	4.21	4.51	4.65	5.6	4.53	7.44	9.2	7.47	5.05	4.52	4.82
7Q10 法	1.72	2.52	2.01	1.28	1.39	0.74	1.29	2.88	3.09	2.09	1.99	1.99
Texas 法	1.09	1.08	1.01	1.06	1.28	1.59	2.55	2.75	2.39	1.43	1.26	1.16

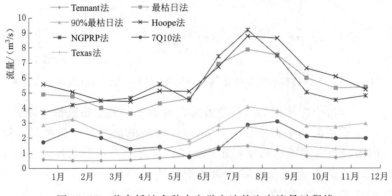

图 11.11　黄台桥站多种水文学方法的生态流量过程线

结合小清河流域汛期与非汛期流量变化明显这一水文特征，为筛选出适合小清河流域的生态流量计算方法，本书运用 SPSS 19 软件将 7 种计算结果（12 个月）与 2005—2014 年逐月月平均流量进行相关性分析。与多年平均的逐月流量进行相关性分析充分考虑了汛期与非汛期流量的变化，生态流量与逐月月平均流量之间极显著相关则说明，该方法下生态流量的计算结果能够很好地反映河流流量汛期与非汛期的变化，相关性分析结果见表11.10。由表中可知，与 2005—2014 年逐月月平均流量相比，7Q10 法计算结果与逐月月平均流量之间相关性不显著；90%最枯日法计算得到的生态流量与逐月月平均流量之间显著相关；Tennant 法、最枯日法、Hoope 法、NGPRP 法和 Texas 法的计算结果与逐月月平均流量极显著相关。在极显著相关的 5 种计算方法中筛选适合小清河流域生态流量的计算方法，其中 Texas 法的显著程度最大，其次是 NGPRP 法和 Tennant 法，故相比其他方法 Texas 法更适合于小清河流域。因 Texas 法是将河流逐月月平均流量的一定百分比作为生态流量，而文中结合北方河流水文特征，将此百分比取值为 20%，与此同时取 50%保证率，综合了可接受频率因素。北方河流汛期与非汛期流量变化明显，因此选取 Texas 法计算北方河流生态流量较为适宜。

表 11.10　　　　7 种计算结果与近 10 年逐月月平均流量相关性分析

方法	Tennant 法	最枯日法	90%最枯日法	Hoope 法	NGPRP	7Q10 法	Texas 法
2005—2014 年逐月月平均流量	0.933**	0.882**	0.609*	0.865**	0.950**	0.337	0.976**

注　　**在 0.01 水平上显著相关，*在 0.05 水平上显著相关。

小清河流域受温带季风气候的影响，其 70% 的降雨量集中在 6—9 月，因此其生态流量的最大值也应该出现在这一时期，并且北方河流流量具有年际变化大、汛期与非汛期流量具有年内变化明显的特点。

由黄台桥站生态流量过程线（图 11.11）可知，7 种水文学方法计算的生态流量最大值均出现在汛期 8 月。其中 90% 最枯日法和 7Q10 法在汛期和非汛期的生态流量变化不明显，主要原因是计算方法本身存在局限性，单纯选择最枯日或者最枯 7d 的流量代替本月的流量进行相关计算，存在极大的偶然性。最枯日法、Hoope 法和 NGPRP 法的计算结果在汛期和非汛期的变化显著，但生态流量数值相对较大，因此只有 Texas 法和 Tennant 法的计算结果较为合理。Tennant 法计算的生态流量在非汛期 12 月出现突变点，其数值超过了汛期 6 月的生态流量，可能的原因是，其方法本身只是简单的取多年平均流量的 10% 的计算结果作为生态流量，而选取的 30 年数据中 1994 年 12 月的实际径流量明显增大，进而影响了整体的计算结果。Texas 法计算得到的流量过程线则呈现出完美的单峰形式，汛期和非汛期变化明显。

综上所述，选择 Texas 法计算黄台桥站生态流量较为合理。计算结果表明黄台桥站汛期和非汛期最小生态流量出现在 6 月和 3 月，其值分别为 $1.59 \mathrm{m^3/s}$ 和 $1.01 \mathrm{m^3/s}$。

11.2.4　水力学法计算结果

1. 湿周法计算结果

应用湿周法对小清河黄台桥站进行生态流量计算，选用 2014 年的实测大断面资料进行计算，黄台桥 2014 年实测大断面如图 11.12 所示，小清河睦里庄至黄台桥为上游，河段比降为 0.00045。根据黄台桥 2018 年实测日流量资料计算糙率，不同流量值的糙率计算结果差距很大，本书采用不同量级流量值的糙率均值作为湿周法的糙率值，最终确定糙率为 0.08。

根据黄台桥实测大断面成果图将黄台桥实测大断面概化为矩形断面。确定好断面形状后，采用曼宁公式分别计算湿周 P 和流量 Q，为消除量纲的影响，计算相对湿周 P' 和相对流量 Q'，并绘制 $P'-Q'$ 的关系曲线，采用对数函数关系进行拟合，得出黄台桥的相对湿周-相对流量拟合关系，如图 11.13 所示，可以看出相对湿周和相对流量拟合关系的相关系数为 0.841，相关性较好。

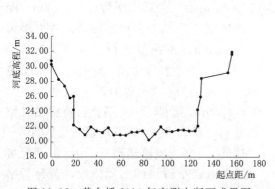

图 11.12　黄台桥 2014 年实测大断面成果图

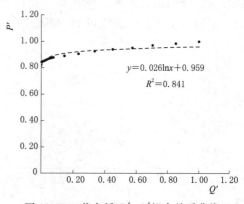

图 11.13　黄台桥 $P'-Q'$ 拟合关系曲线

斜率为 1 法得出的黄台桥的相对流量 $Q' = 0.026$，此时对应的生态流量为 10.16 m^3/s。曲率最大法得出的黄台桥的相对流量 $Q' = 0.018$，此时对应的生态流量为 7.02 m^3/s。根据上面的计算结果得到采用湿周法计算黄台桥生态流量推荐值以及其对应的各项水力参数，见表 11.11。

表 11.11　　　　　　　　　　黄台桥生态流量成果表（湿周法）

方法	生态流量 /(m³/s)	水面宽 /m	断面面积 /m²	湿周 /m	平均水深 /m
斜率为 1 法	10.16	107	158.85	108.1	0.55
最大曲率法	7.02	107	48.15	107.9	0.45

2. R2CROSS 计算结果

根据黄台桥实测日流量资料，确定黄台桥大断面施测时糙率和比降等水力参数。据此采用曼宁公式计算湿周率、流速和流量，根据所得数据绘制流量-平均水深、流量-平均流速、流量-湿周率的拟合曲线，如图 11.14～图 11.16 所示。

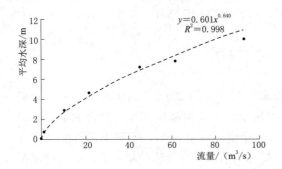

图 11.14　黄台桥流量-平均水深拟合曲线

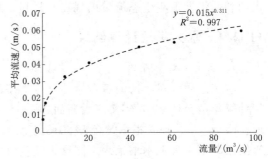

图 11.15　黄台桥流量-平均流速拟合曲线

由于传统的 R2CROSS 法只适用于河顶宽度为 0.3～30m 的河流断面，而不适用于大中型河流。而黄台桥的河顶宽度为 107m，因此需要对 R2CROSS 方法做适当的修正才能适用于黄台桥断面。

具体修正步骤如下：先忽略由河顶宽度定出其他三个指标的标准，结合上述鱼类优势度分析，分别选取泥鳅、棒花鱼、麦穗鱼和鲫作为小清河春、夏、秋、冬四季的指示物种。根据生境适宜性曲线可知，鲫最适流速为 0.2～0.3m/s，最适水深为 0.8～1.2m；泥鳅最适流速为 0.1～0.2m/s，最适水深为 0.3～0.5m；棒花鱼的最适流速为 0.3～0.5m/s，最适水深为 0.75～1m；麦穗鱼的最适流速为 0.2～0.3m/s，最适水深为 0.3～0.6m。根据 2014 年黄台桥实测日流量资料，黄台桥全年平均流速在 0.02～0.13m/s，平均流速达到 0.2m/s 的情况极少，考虑到小清河的实际情况，黄台桥平均流速均取 0.1m/s，小清河春、夏、秋、

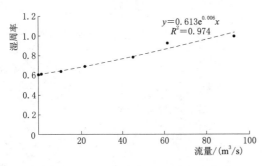

图 11.16　黄台桥流量-湿周率拟合曲线

冬四季的平均水深均取区间范围的下限值，分别为 0.3m、0.75m、0.3m 和 0.8m。

由于黄台桥水面宽度较大，参考已有标准，取湿周率为 0.70。根据上述所定的新标准，利用流量-平均水深、流量-平均流速、流量-湿周率等拟合曲线再来确定平均水深、平均流速和湿周率所对应的流量，从而确定生态流量，见表 11.12。从结果中可以看出，不同水力参数对应的生态流量计算结果差距较大，其中以平均水深确定的生态流量最小，春、夏、秋、冬四季的生态流量值分别为 $0.35\text{m}^3/\text{s}$、$1.43\text{m}^3/\text{s}$、$0.35\text{m}^3/\text{s}$ 和 $1.58\text{m}^3/\text{s}$。而利用平均流速作为标准计算的生态流量值最大，达到 $447.5\text{m}^3/\text{s}$，是平均水深确定值的 200 多倍，显然该值太大，对于水资源较为紧张的小清河来说，以该流量值作为生态流量基本上是不可能实现的。以平均湿周率作为标准计算的生态流量值为 $22.5\text{m}^3/\text{s}$，居于两者之间。黄台桥为小清河控制断面，位于北方干旱地区，属于季节性河流，在夏季和秋季，水量较大，而在冬季和春季水量较少。综合考虑生态流量取三个指标对应流量的第二大值，即 $22.5\text{m}^3/\text{s}$。

表 11.12　　　　　　　　R2CROSS 法确定不同水力参数对应的生态流量

项　　目	河顶宽度/m	春季（3—5 月）	夏季（6—8 月）	秋季（9—11 月）	冬季（12 月至次年 2 月）
平均水深/m	107	0.3	0.75	0.3	0.8
由平均水深确定的生态流量/(m^3/s)	107	0.35	1.43	0.35	1.58
平均流速/(m/s)	107	0.1	0.1	0.1	0.1
由平均流速确定的生态流量/(m^3/s)	107	447.5	447.5	447.5	447.5
湿周率	107	0.7	0.7	0.7	0.7
由湿周率确定的生态流量/(m^3/s)	107	22.5	22.5	22.5	22.5

3. 生态流速法计算结果

结合上述鱼类优势度分析，分别选取泥鳅、棒花鱼、麦穗鱼和鲫作为小清河春、夏、秋、冬四季的指示物种。根据生境适宜性曲线可知，鲫的最适流速为 0.2～0.3m/s，泥鳅的最适流速为 0.1～0.2m/s，棒花鱼的最适流速为 0.3～0.5m/s，麦穗鱼的最适流速为 0.2～0.3m/s。由于小清河水资源较为紧张，小清河黄台桥春、夏、秋、冬四季的适宜生态流速取适宜流速区间的最小值，即分别为 0.1m/s、0.3m/s、0.2m/s 和 0.1m/s。

根据黄台桥 2014 年实测流量、流速资料，绘制流量-平均流速拟合曲线（图 11.17），相关关系为 $y = 266.492x - 0.666$，根据相关曲线看出流量和平均流速具有很强的线性相关性，相关系数达到 0.907，因此可以用适宜生态流速来估算生态流量。

根据黄台桥流量与平均流速的拟合关系，当春季适宜生态流速为 0.1m/s，对应

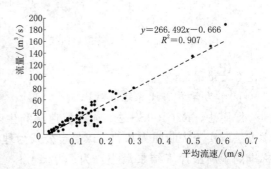

图 11.17　黄台桥实测流量与平均流速拟合曲线

的生态流量为 $266.49 \times 0.1 - 0.66 = 26.0 \text{m}^3/\text{s}$；夏季适宜生态流速为 0.3m/s 时，对应的生态流量为 $266.49 \times 0.3 - 0.66 = 79.3 \text{m}^3/\text{s}$；秋季适宜生态流速均为 0.2m/s，对应的生态流量为 $52.6 \text{m}^3/\text{s}$；冬季适宜生态流速为 0.1m/s，对应的生态流量为 $26.0 \text{m}^3/\text{s}$，见表 11.13。

表 11.13　　　　小清河黄台桥生态流速法计算成果表

季节	春季（3—5月）	夏季（6—8月）	秋季（9—11月）	冬季（12月至次年2月）
目标鱼种	泥鳅	棒花鱼	麦穗鱼	鲫
生态流量/（m³/s）	26.0	79.3	52.6	26.0

4. 生态水力半径法计算结果

由 5.1 可知，黄台桥的实测大断面可概化为矩形断面，其中水面宽为 107m。根据概化的断面形状，可计算不同水深下对应的湿周 P、过水断面面积 A 和水力半径 R，此时可建立 $A\text{-}R$ 的关系，并采用幂函数进行拟合，得出拟合曲线如图 11.18 所示。根据生态流速，确定生态水力半径结果见表 11.14，根据 $A\text{-}R$ 拟合曲线，可求得不同生态水力半径对应的断面面积，将其代入公式 $Q = \dfrac{1}{n}R_{\text{生态}}^{2/3}AS^{1/2}$ 可计算生态流量见表 11.14。

表 11.14　　　　小清河黄台桥生态水力半径法计算成果表

季节	春季（3—5月）	夏季（6—8月）	秋季（9—11月）	冬季（12月至次年2月）
目标鱼种	泥鳅	棒花鱼	麦穗鱼	鲫
生态水力半径/m	0.23	1.20	0.66	0.23
断面面积/m²	17.19	137.68	69.69	17.19
生态流量/（m³/s）	2.48	41.30	14.01	2.48

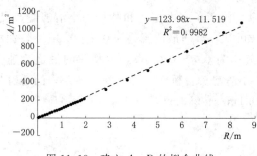

$y = 123.98x - 11.519$
$R^2 = 0.9982$

图 11.18　建立 $A\text{-}R$ 的拟合曲线

根据春、夏、秋、冬四季的生态流速需求，借此可根据曼宁公式确定生态水力半径分别为 0.23m、1.20m、0.66m 和 0.23m，根据 $A\text{-}R$ 的相关关系，分别计算断面面积为 17.19m^2、137.68m^2、69.69m^2 和 17.19m^2，相应的生态流量分别为 $2.48\text{m}^3/\text{s}$、$41.30\text{m}^3/\text{s}$、$14.01\text{m}^3/\text{s}$ 和 $2.48\text{m}^3/\text{s}$。可以看出，该方法计算的夏季生态流量最高，其次是秋季，春季和冬季生态流量最低。

5. 水力学方法计算结果对比

湿周法、R2CROSS法、生态流速法和生态水力半径法的计算结果见表 11.15。水力学方法以实测大断面为基础，以曼宁公式为理论依据进行计算，该类方法中以最大曲率为标准的湿周法计算结果最小，为 $7.02\text{m}^3/\text{s}$，其次是斜率为 1 的湿周法，为 $10.16\text{m}^3/\text{s}$。湿周法计算的生态流量不能体现鱼类在不同季节对流量的差异。R2CROSS法计算结果为

22.5m³/s，该方法经过改进后，主要取决于生态流速、水深和湿周率的确定。生态流速法和生态水力半径法考虑了目标鱼类在不同季节对生态流速的需求，进而确定生态流量。其中生态流速法确定的生态流量值大于生态水力半径法。综上所述，水力学方法计算结果偏大，对于水资源紧张的小清河而言，该方法确定的生态流量满足程度较低，因此最终选取四种方法中的最小值作为本类方法的推荐值，即春、夏、秋、冬四季分别为 2.48m³/s、7.02m³/s、7.02m³/s 和 2.48m³/s。

表 11.15   **不同水力学方法生态流量估算结果**   单位：m³/s

季节	春季（3—5月）	夏季（6—8月）	秋季（9—11月）	冬季（12月至次年2月）
目标鱼种	泥鳅	棒花鱼	麦穗鱼	鲫
湿周法（斜率为1）	10.16	10.16	10.16	10.16
湿周法（最大曲率法）	7.02	7.02	7.02	7.02
R2CROSS	22.5	22.5	22.5	22.5
生态流速法	26	79.3	52.6	26
生态水力半径法	2.48	41.30	14.01	2.48
推荐值	2.48	7.02	7.02	2.48

11.2.5 不同方法计算结果比较分析

由于水文学方法的生态流量为月值，水力学方法与生境模拟法均根据季度给定，为统计计算，将水文学方法的月生态流量值换算成季生态流量值。以春季为例，春季生态流量为 3—5 月生态流量的平均值。综合水文学法、水力学方法与生境模拟法计算结果，得到睦里庄闸至黄台桥段生态流量计算成果表，见表 11.16。为便于观察分析，基于此表绘制不同方法下的生态流量过程线，如图 11.19 所示。

表 11.16   **小清河黄台桥站生态流量计算成果表**   单位：m³/s

季节	春季（3—5月）	夏季（6—8月）	秋季（9—11月）	冬季（12月至次年2月）
水文学方法	1.12	2.30	1.69	1.11
水力学方法	2.48	7.02	7.02	2.48
生境模拟法	4	12	6	4
基本生态流量	1.12	2.30	1.69	1.11
适宜生态流量	4	8	6	4

将生境模拟法与水文学和水力学方法进行对比后发现，水文学方法计算结果最低，其次是水力学方法，生境模拟法计算结果最高。生境模拟法计算得到的生态流量值偏高的主要原因是，该方法在统计分析的基础上考虑了生物因素，而且结合了水动力模拟，比水文学法多考虑了两个因素的影响，因为要保证水生生物不受到不可恢复性的破坏，所以对水量的需求相比

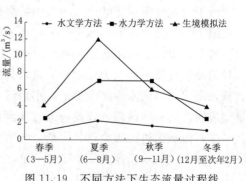

图 11.19 不同方法下生态流量过程线

水文学法计算的结果来说要偏大；但该方法考虑了水生生物的需求，计算小清河济南段的生态流量更加符合水生生物的需求。从不同季节来看，夏季流量值相比水文学法的计算结果来说偏大，主要原因是选取的目标鱼种的生境适宜性所决定的，为保证棒花鱼的最适生境条件，$12m^3/s$ 的生态流量是推荐值；但是结合水文学法计算结果，本书认为夏季时生态流量的最小值可以考虑从 $12m^3/s$ 降至 $8m^3/s$，当下泄流量为 $8m^3/s$ 时，棒花鱼的生境可利用面积值为 $20.36m^2/m$，当下泄流量为 $12m^3/s$ 时，生境可利用面积为 $22.89m^2/m$，两者相差并不大，考虑到河道外用水等情况，可以将夏季生态流量最小值的推荐值由 $12m^3/s$ 降至 $8m^3/s$。

考虑小清河流域水资源实际情况，建议将生态流量分为基本生态流量和适宜生态流量两类，当枯水年流域水资源用水压力较大时，可以以基本生态流量为目标，此时可以保证河流水生态系统的基本良性维持，春、夏、秋、冬四季的基本生态流量推荐值采用水文学方法计算结果，分别为 $1.12m^3/s$、$2.30m^3/s$、$1.69m^3/s$ 和 $1.11m^3/s$。当丰水年流域水资源用水压力不大时，可重点考虑水生生物对流量的需求，以适宜生态流量为目标，此时可以保证河流水生态系统的良性维持，适宜生态流量推荐值采用生境模拟法计算结果，分别为：春季（3—5 月）$4m^3/s$，夏季（6—8 月）$8m^3/s$，秋季（9—11 月）$6m^3/s$，冬季（12 月至次年 2 月）$4m^3/s$。

11.2.6　生态流量满足程度分析

进行河流健康评价时，生态流量能否得到保证应作为水生态健康评价的基础标准之一。本书在确定小清河济南段生态流量满足程度时，分别选取近 10 年中 2012 年（丰水年）、2008 年（平水年）和 2014 年（枯水年）河道实际平均流量与生态流量推荐值进行对比分析，见表 11.17。

表 11.17　　　　　河道实际平均流量与生态流量推荐值对比　　　　　单位：m^3/s

月份	1	2	3	4	5	6	7	8	9	10	11	12
丰水年	13.14	16.19	14.22	19.61	15.67	16.61	32.95	26.89	19.17	13.81	13.04	12.88
平水年	10.43	10.53	11.43	13.99	16.14	12.78	25.38	19.11	18.49	16.66	12.40	12.07
枯水年	8.48	8.44	8.26	9.07	11.81	11.02	12.59	15.93	11.65	9.52	9.50	8.04
基本生态流量	1.12	1.12	1.12	1.12	1.12	2.30	2.30	2.30	1.69	1.69	1.69	1.12
适宜生态流量	4	4	4	4	4	8	8	8	6	6	6	4

为便于直观分析对比结果，将表中数据绘制成对比图，如图 11.20 所示。

由图 11.20 可知，不同水平年下，小清河黄台桥站以上的基本和适宜生态流量全部可以得到满足，即满足程度达到 100%。分析其原因可能是排污、引水等人类活动加大了对径流量的影响程度，这成为影响径流量增大的决定性因素。因小清河干流地处平原区，地势较低，南岸支流的水最终全部汇入小清河，其中包括大量的污水。与此同时，近年来为满足小清河污染治理的需求，政府通过从卧虎山水库引水补充小清河水量。自 20 世纪 80 年代以来，流域周边的工业迅速发展，导致河道被严重侵占，灌溉、航运和养殖等功能日渐萎缩，除了进入水质净化一厂、二厂的污水外，其他城市排放的污水均直接汇入小清河，小清河水环境遭到严重破坏。朱琳等（2016）提出，小清河流域近年来受人类活动影

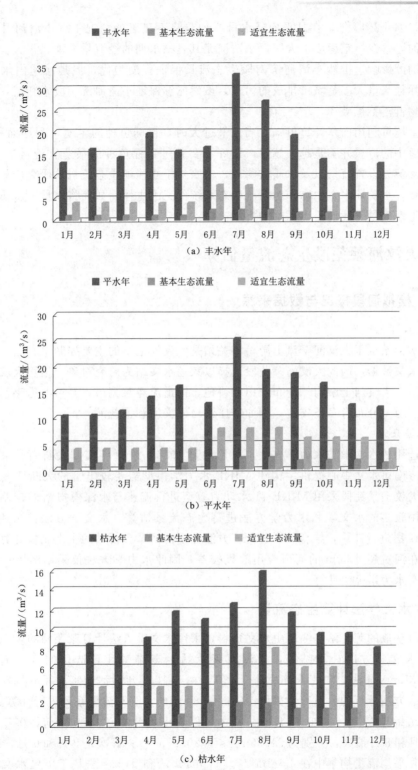

图 11.20　黄台桥站丰水年、平水年和枯水年实测月均流量与生态流量对比图

响较大，2004—2013 年，在月平均降水量增加趋势不显著的情况下，小清河月平均径流量明显增加，这在一定程度上表明，小清河尤其是枯水期的径流量增加，很大程度上来源于人类活动的影响。虽然小清河济南段生态流量保证程度为优，但是河道内水体污染严重，若实际径流量大多是城市排放的污水，虽然能够保证小清河济南段不断流，但不能保障水生生物群落不被破坏。

根据生境可利用面积计算可知，当流量过大时，目标鱼种的生境可利用面积在减小，因此，河道中的流量并不是越大越好，最好不要超过目标鱼种的最适宜流量 $14m^3/s$。因此应该在支流处设置流量以及水质监测点，未来对于小清河生态流量的研究应集中于水质方向。水量、水质和水生生物作为河流生态系统的三大主体，如何将水量、水质、生物相结合计算生态流量是我们需要面临的挑战。

11.3　大汶河莱芜段生态流量估算

11.3.1　模拟河段概况与数据来源

1. 模拟河段概况

莱芜水文站位于大汶河干流上游，莱芜站是大汶河上游的主要控制水文站，且具有较为丰富的水文数据，因此大汶河莱芜段选择以莱芜水文站为研究对象，估算大汶河莱芜段的生态流量。大汶河上游两侧遍布农田和耕地，河道流经莱芜市，经过河道整治，断面比较规则。河道上分布有多条支流，例如辛庄河、孝义河和莲花河。

2. 数据来源

本书选用的水文学和水力学方法，采用的是 1956—2018 年实测大断面、水位和流量数据，由济南市水文中心提供。构建 MIKE 水力学模型需要较丰富的大断面资料，受资料限制，大汶河莱芜段采用 MIKE 11 水动力模型进行流速与水深模拟结果较差，因此采用当前应用较多的水文学和水力学方法进行生态流量估算。水文学方法仅采用 Tennant 法和 Texas 法进行计算，结合 R2CROSS 方法在小清河黄台桥站的生态流量计算结果，发现该方法在河宽超过 30m 的河道应用效果较差，因此水力学方法仅采用湿周法、生态流速法和生态水力半径法计算。

11.3.2　水文学法计算生态流量

根据所获取的莱芜站实测历史水文资料，采用水文学方法计算莱芜站的生态流量。结合小清河水文学方法计算结果，大汶河莱芜站生态流量计算选用的方法有 Tennant 法（或称 Montana 法）和 Texas 法进行计算，由于 1980 年后河道实测径流量发生显著减小，因此该方法计算的生态流量采用 1956—1980 年的实测月流量系列进行计算。

计算结果见表 11.18 和图 11.21。从中可以看出，大汶河 1980 年前，多年平均流量主要以 7 月和 8 月最高，分别为 $31.36m^3/s$ 和 $20.27m^3/s$；其次是 9 月和 6 月，12 月至次年 5 月，月平均流量均集中在 $1\sim2m^3/s$。Tennant 法和 Texas 法基于历史水文资料进行分析，计算结果能够反映水文情势年内变化情况，均以 7 月和 8 月的生态流量最大，12 月至次年 5 月最小，从不同方法来看，Texas 法计算结果明显大于 Tennant 法。

表 11.18　　　　　　　基于水文学方法的大汶河莱芜站生态流量计算成果表　　　　　　单位：m³/s

月份	1	2	3	4	5	6	7	8	9	10	11	12
多年平均实测月流量	1.54	1.27	1.09	1.85	1.61	6.07	31.36	20.27	9.99	3.35	2.08	1.78
Tennant 法	0.15	0.13	0.11	0.18	0.16	0.61	3.14	2.03	1.00	0.33	0.21	0.18
Texas 法	0.30	0.23	0.20	0.24	0.38	2.11	5.35	4.42	1.55	0.70	0.36	0.36

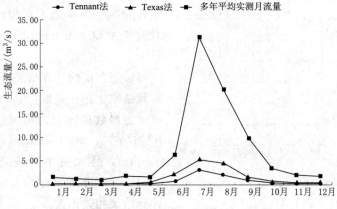

图 11.21　大汶河莱芜段水文学方法计算结果

11.3.3　水力学方法生态流量计算结果

1. 湿周法计算结果

根据莱芜站 2018 年实测大断面数据可知，莱芜站实测大断面最大河宽为 300m，河底宽为 273m，最大水深 5.5m，最大宽深比为 55.6，因此可将莱芜站大断面概化为矩形断面，断面形状如图 11.22 所示。大汶河莱芜段为山区性河道，河段比降为 0.00675。根据

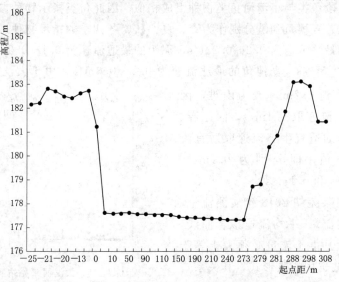

图 11.22　大汶河莱芜站实测横断面形状

莱芜站 2018 年实测日流量资料计算糙率，不同流量值的糙率计算结果差距很大，本书采用不同量级流量值的糙率均值作为湿周法的糙率值，最终确定糙率为 0.035。

确定好断面形状后，采用曼宁公式分别计算湿周 P 和流量 Q，为消除量纲的影响，计算相对湿周 P' 和相对流量 Q'，并绘制 P'-Q' 的关系曲线，采用对数函数关系进行拟合，得出莱芜站的相对湿周-相对流量拟合关系，如图 11.23 所示。

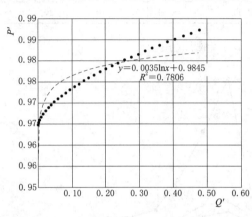

图 11.23 莱芜站 P'-Q' 拟合关系曲线

斜率为 1 法得出的莱芜站的相对流量为 $Q' = 0.0035$，此时对应的生态流量为 $3.45\text{m}^3/\text{s}$。曲率最大法得出的莱芜站的相对流量为 $Q' = 0.0025$，此时对应的生态流量为 $2.44\text{m}^3/\text{s}$。

根据上面的计算结果得到采用湿周法计算莱芜站生态流量推荐值，以及其对应的各项水力参数见表 11.19。斜率为 1 法确定的生态流量为 $3.45\text{m}^3/\text{s}$，平均水深为 0.044m，最大曲率法确定的生态流量为 $2.44\text{m}^3/\text{s}$，平均水深为 0.035m。两种方法计算结果相差不大。

表 11.19 莱芜站生态流量成果表（湿周法）

方法	生态流量 /(m³/s)	水面宽 /m	断面面积 /m²	湿周 /m	平均水深 /m
斜率为 1 法	3.45	273	12.01	273.09	0.044
最大曲率法	2.44	273	9.56	273.07	0.035

2. 生态流速法计算结果

大汶河莱芜段鱼类与小清河鱼类物种组成相似，因此鱼类指示物种参考小清河分别选取泥鳅、棒花鱼、麦穗鱼和鲫分别作为春、夏、秋、冬四季的指示物种。根据生境适宜性曲线可知，鲫的最适流速为 $0.2\sim0.3\text{m/s}$，泥鳅的最适流速为 $0.1\sim0.2\text{m/s}$，棒花鱼的最适流速为 $0.3\sim0.5\text{m/s}$，麦穗鱼的最适流速为 $0.2\sim0.3\text{m/s}$。由于大汶河水资源较为紧张，冬季流速达到 0.2m/s 较为困难，因此冬季生态适宜流速取 0.1m/s。因此春、夏、秋、冬四季的适宜生态流速取适宜流速区间的最小值，即分别为 0.1m/s、0.3m/s、0.2m/s 和 0.1m/s。

根据大汶河莱芜站 2018 年实测流量、流速资料，绘制流量-平均流速拟合曲线，如图 11.24 所示。由于流量必须大于等于 0，因此拟合曲线选用指数形式，其关系式为 $y = 0.667\text{e}^{2.607} x$，拟合相关系数达到

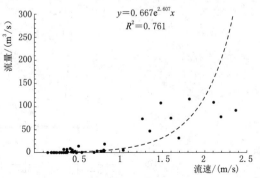

图 11.24 大汶河莱芜站实测流量与平均流速拟合曲线

0.761，因此可以用适宜生态流速来估算生态流量。

根据莱芜站流量与平均流速的拟合关系，当春季适宜生态流速为 0.1m/s 时，对应的生态流量为 0.86m³/s；夏季适宜生态流速为 0.3m/s 时，对应的生态流量为 1.46m³/s；秋季适宜生态流速均为 0.2m/s，对应的生态流量为 1.12m³/s；冬季适宜生态流速为 0.1m/s，对应的生态流量为 0.86m³/s。由表 11.20 可以看出，夏季生态流量最高，其次是秋季，春季和冬季生态流量最低。

表 11.20　　　　　　大汶河莱芜站生态流速法计算成果表

季节	春季（3—5 月）	夏季（6—8 月）	秋季（9—11 月）	冬季（12 月至次年 2 月）
目标鱼种	泥鳅	棒花鱼	麦穗鱼	鲫
生态流量/（m³/s）	0.86	1.46	1.12	0.86

3. 生态水力半径法计算结果

根据莱芜站 2018 年实测大断面数据可知，莱芜站实测大断面最大河宽为 300m，河底宽为 273m，最大水深可到 6m，因此可将莱芜站大断面概化为宽浅型矩形断面。根据概化的断面形状，以及 2018 年实测日流量数据，计算不同水深下对应的湿周 P、过水断面面积 A 和水力半径 R，此时可建立 A-R 的关系，并采用线性关系进行拟合，得出拟合关系式为 $y=266.901x-0.586$，拟合相关系数达到 0.998，结果如图 11.25 所示。根据生态流速，确定生态水力半径结果见表 11.21，根据 A-R 拟合曲线，可求得不同

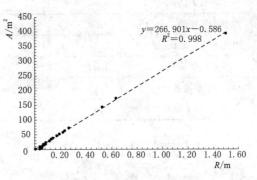

图 11.25　大汶河莱芜站面积和水力半径拟合关系图

生态水力半径对应的断面面积，将其代入公式 $Q=\dfrac{1}{n}R_{生态}^{2/3}AS^{1/2}$ 可计算生态流量，见表 11.21。

表 11.21　　　　　　大汶河莱芜站生态水力半径法计算成果表

季节	春季（3—5 月）	夏季（6—8 月）	秋季（9—11 月）	冬季（12 月至次年 2 月）
目标鱼种	泥鳅	棒花鱼	麦穗鱼	鲫
生态水力半径/m	0.009	0.046	0.025	0.009
断面面积/m²	1.76	11.61	6.05	1.76
生态流量/（m³/s）	0.18	3.48	1.21	0.18

根据春、夏、秋、冬四季的生态流速需求，用曼宁公式确定生态水力半径分别为 0.009m、0.046m、0.025m 和 0.009m。根据 A-R 的相关关系，分别计算断面面积为 1.76m²、11.61m²、6.05m² 和 1.76m²，相应的生态流量分别为 0.18m³/s、3.48m³/s、1.21m³/s 和 0.18m³/s。可以看出，该方法计算的生态流量的大小取决于生态流速的大小，最终确定的夏季生态流量最高，其次是秋季，春季和冬季生态流量最低。

11.3.4　不同方法计算结果分析

由于水文学方法的生态流量为月值，水力学方法根据季度给定，为方便统计计算，将水文学方法的月生态流量值换算成季生态流量。以春季为例，春季生态流量为 3—5 月生态流量的平均值。综合水文学法与水力学方法计算结果，得到大汶河莱芜站断面的生态流量计算成果表，见表 11.22。为便于观察分析，基于此表绘制不同方法下的生态流量过程线，如图 11.26 所示。

表 11.22　　　　　　　　　大汶河莱芜站生态流量计算成果表　　　　　　单位：m³/s

季节	春季（3—5月）	夏季（6—8月）	秋季（9—11月）	冬季（12月至次年2月）
Tennant 法	0.15	1.92	0.51	0.15
Texas 法	0.27	3.96	0.87	0.29
斜率为 1 法	3.45	3.45	3.45	3.45
曲率最大法	2.44	2.44	2.44	2.44
生态流速法	0.86	1.46	1.12	0.86
生态水力半径法	0.18	3.48	1.21	0.18
多年平均季流量	1.52	19.24	5.14	1.53
基本生态流量	0.15	1.92	0.51	0.15
适宜生态流量	0.87	3.48	1.21	0.87

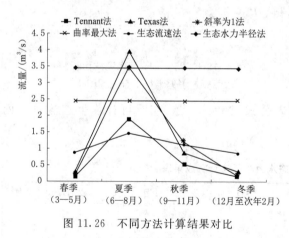

图 11.26　不同方法计算结果对比

将水文学和水力学方法进行对比后发现，Tennant 法计算结果最小，其次是水力学方法中的生态流速法，斜率为 1 的湿周法计算结果最高，曲率最大的湿周法、生态水力半径法和 Texas 法计算结果相差不大。6 种方法中湿周法未考虑流量变化的季节差异，Tennant 法和 Texas 法基于历史水文资料，计算结果考虑季节差异，生态流速法和生态水力半径法以生态流速为主要基础，依据曼宁公式计算生态流量，生态流速考虑了鱼类指示物种对流量的需求，该方法相对更为合理。

根据大汶河 1956—1980 年的多年平均季流量数据，春季和冬季多年平均流量为 1.5m³/s 左右，流量较小。考虑大汶河水资源实际情况，建议将生态流量分为基本生态流量和适宜生态流量两类。当枯水年流域水资源用水压力较大时，可以以基本生态流量为目标，此时可以保证河流水生态系统的基本良性维持，春、夏、秋、冬四季的基本生态流量推荐值采用水文学方法中 Tennant 法计算结果，分别为 0.15m³/s、1.92m³/s、0.51m³/s 和 0.15m³/s。当丰水年流域水资源用水压力不大时，可重点考虑鱼类指示物种对流量的需求，以适宜生态流量为目标，此时可以保证河流水生态系统的良性维持，适宜生态流量推荐值综合考虑生态水力半径法和生态流速法的计算结果确定，春季处于泥鳅、鲫等鱼类指示物种的产卵期，建议采用生态流速的计算结果，即 $0.87\text{m}^3/\text{s}$，夏季和秋季处于丰水期和平水期，河道流量较为丰沛，建议采用生态水力半径法的计算结果，分别为 $3.48\text{m}^3/\text{s}$ 和 $1.21\text{m}^3/\text{s}$，冬季为鱼类指示物种越冬期，同样采用较大值 $0.87\text{m}^3/\text{s}$。综上所述，最终确定大汶河莱芜站的基本生态流量和适宜生态流量，见表 11.22。

11.3.5　大汶河生态流量满足程度分析

生态流量是河流水生态系统良性维持的基本保障，在水资源紧张的北方区域，河道流量是否能够满足生态流量的需求是流域管理部门最为关心的问题。为确定大汶河莱芜段的生态流量满足程度，本书分别选取 1980—2018 年中的丰水年、平水年和枯水年河道平均流量与基本生态流量和适宜生态流量进行对比分析，其中 2004 年对应丰水年，2009 年对应平水年，2015 年对应枯水年，见表 11.23。

表 11.23　　　　大汶河莱芜站河道实际平均流量与生态流量推荐值对比　　　　单位：m^3/s

月份	1	2	3	4	5	6	7	8	9	10	11	12
丰水年	4.36	3.06	1.60	1.11	1.94	2.28	21.82	44.92	32.25	3.00	2.36	2.52
平水年	1.83	1.84	1.97	3.12	1.63	3.95	27.04	11.70	6.68	2.83	1.84	1.81
枯水年	1.47	1.09	0.72	0.70	0.22	0.36	1.81	1.89	0.74	0.14	0.89	1.17
基本生态流量	0.15	0.15	0.15	0.15	0.15	1.92	1.92	1.92	0.51	0.51	0.51	0.15
适宜生态流量	0.87	0.87	0.87	0.87	0.87	3.48	3.48	3.48	1.21	1.21	1.21	0.87

为便于直观分析对比结果，将表中数据绘制成对比图，如图 11.27 所示。

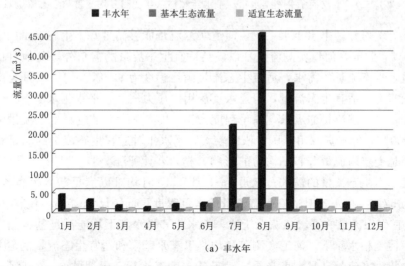

图 11.27（一）　大汶河莱芜站丰水年、平水年和枯水年实测月均流量与生态流量对比图

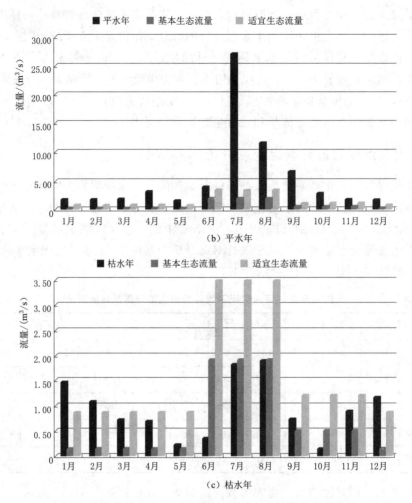

图 11.27（二）　大汶河莱芜站丰水年、平水年和枯水年实测月均流量与生态流量对比图

由图 11.27 可知，丰水年水平下，河道实测流量能够满足基本生态流量的需求，满足程度为 100%，除 6 月河道实测流量难以满足适宜生态流量的需求外，其他月份实测流量均能满足适宜生态流量的需求，适宜生态流量满足程度为 92%，但是 10 月至次年 6 月河道实测流量略大于适宜生态流量，河道水资源用水压力较大。平水年水平下，河道实测流量能够满足基本生态流量的需求，满足程度为 100%，亦能满足适宜生态流量的需求，满足程度为 100%，但水资源用水压力依旧较大。平水年对适宜生态流量的满足程度高于丰水年，主要是受年内流量分布不均匀的影响。枯水年水平下，1—5 月、9 月、11 月和 12 月均能满足基本生态流量的需求，但是 6—8 月和 10 月均难以满足基本生态流量的需求，满足程度为 67%，枯水年对适宜生态流量的满足程度更低，仅为 25%，仅有 12 月至次年 2 月满足适宜生态流量的需求。综上所述，丰水年和平水年下均能满足基本和适宜生态流量的需求，但是枯水年下，河道实测流量均难以满足基本和适宜生态流量的需求。

从枯水年生态流量满足程度来看，对于基本生态流量，汛期的 6—8 月河道实测流量难以满足要求，而非汛期河道实测流量能满足要求，分析其原因可能受以下两方面影响：

一是枯水年汛期降水量偏少，河道流量小，加上上游水库的拦蓄作用，导致河道实测流量偏少；二是汛期为农作物需水期，降水少，导致农业灌溉用水量偏多，河道取用水偏多，也是导致河道实测流量偏少的原因。综上所述，大汶河上游河道实测流量较低，丰水年和平水年虽然能够满足生态流量和适宜生态流量的需求，但是对于非汛期，河道实测流量超过适宜生态流量不足 $1m^3/s$，满足生态用水后，河道农业、工业和生活用水压力较大。枯水年基本和适宜生态流量满足程度均较低，因此生态流量的选取需综合考虑流域来水情况、用水情况、保证程度、河流生态系统维持等多方面因素，在满足流域用水需求的前提下，尽量保证河道生态流量的需求以使流域维持良性的水生生态系统。

11.4 玉符河宅科下游河段生态流量估算

11.4.1 模拟河段概况与数据来源

1. 模拟河段概况

玉符河是济南市境内的黄河支流，发源于南部山区的锦绣川、锦阳川和锦云川，三川汇入卧虎山水库，流出水库后的下游河段称为玉符河。玉符河分布有卧虎山水库、宅科和睦里闸三个水文站，卧虎山水库建站时间较早，宅科和睦里闸站建站时间较晚。本书选取卧虎山水库以下河段作为模拟河段进行研究。流域大部分为山区，上游地势较高，平均海拔 500m，中下游为丘陵平原区，河床特征在上下游相差较大，流域内上游植被覆盖率较高，下游河岸两侧分布有较多的耕地和园地，种植结构由冬小麦、玉米等农作物以及棉花、蔬菜、果园等经济作物构成，流域内水土流失不严重。

2. 数据来源

玉符河卧虎山水库水文站建站较早，该站为水库站，无实测大断面数据，因此选用 1964—2016 年流量数据。水库下游分布有宅科和睦里闸两个水文站，两站于 2014 年建站，流量数据和实测大断面采用 2014—2018 年数据。数据由济南市水文中心提供。

3. 方法选用

构建 MIKE 水力学模型需要较丰富的大断面资料，受资料限制，采用 MIKE 11 水动力模型进行流速与水深模拟结果较差，因此采用当前应用较多的水文学和水力学方法进行生态流量估算。水文学方法仅采用 Tennant 法进行计算，宅科水文站流量数据较少，因此采用卧虎山水库流量数据进行计算。结合 R2CROSS 方法在小清河黄台桥站的生态流量计算结果，发现该方法在河宽超过 30m 的河道应用效果较差，因此不再采用该方法计算生态流量。实测大断面数据以宅科水文站为准，采用湿周法、生态流速法和生态水力半径法等水力学方法计算生态流量。

11.4.2 水文学法计算生态流量

根据所获取的卧虎山水库实测历史水文资料，采用水文学方法计算卧虎山水库断面的生态流量。结合小清河水文学方法计算结果，卧虎山水库生态流量计算选用的方法有 Tennant 法（或称 Montana 法）和 Texas 法进行计算，根据卧虎山水库多年平均流量变化趋势发现该断面多年平均流量无显著变化，因此该方法计算的生态流量采用 1964—2016 年的实测月流量系列进行计算。

计算结果见表 11.24 和图 11.28，从中可以看出，卧虎山水库多年平均流量主要以 7—9 月最高，分别为 3.56m³/s、5.34m³/s 和 3.71m³/s，其次是 3—6 月和 10 月，平均流量均集中在 1～2m³/s 之间，12 月至次年 2 月流量最低，月平均流量不足 1m³/s，由此可以看出，卧虎山水库月平均流量较小。Tennant 法和 Texas 法基于历史水文资料进行分析，计算结果能够反映水文情势年内变化情况，均以 8 月和 9 月的生态流量最大，12 月至次年 2 月最小，从不同方法来看，Texas 法计算结果明显大于 Tennant 法。

表 11.24　　　　　　基于水文学方法的玉符河卧虎山水库生态流量计算成果表　　　　　单位：m³/s

月份	1	2	3	4	5	6	7	8	9	10	11	12
多年平均实测月流量	0.57	0.59	1.43	1.68	1.76	1.82	3.56	5.34	3.71	1.59	1.10	0.74
Tennant 法	0.06	0.06	0.14	0.17	0.18	0.18	0.36	0.53	0.37	0.16	0.11	0.07
Texas 法	0.13	0.18	0.33	0.43	0.46	0.25	0.25	1.16	0.73	0.24	0.28	0.22

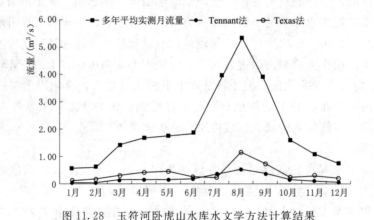

图 11.28　玉符河卧虎山水库水文学方法计算结果

11.4.3　水力学方法生态流量计算结果

1. 湿周法计算结果

根据宅科实测大断面数据可知，宅科实测大断面河顶宽为 90m，河底宽为 64m，最大水深 3m，最大宽深比为 30，可将宅科站大断面概化为矩形断面，断面形状如图 11.29 所示。宅科站位于玉符河中游，河段比降为 0.0031。根据宅科站 2018 年实测日流量资料计算糙率，不同流量值的糙率计算结果差距很大，本书采用不同量级流量值的糙率均值作为湿周法的糙率值，最终确定糙率为 0.044。

确定好断面形状后，采用曼宁公式分别计算湿周 P 和流量 Q，为消除量纲的影响，计算相对湿周 P' 和相对流量 Q'，并绘制 P'-Q' 的关系曲线，采用对数函数关系进行拟合，得出宅科站的相对湿周-相对流量拟合关系，如图 11.30 所示。

斜率为 1 法得出的宅科站的相对流量为 $Q' = 0.115$，此时对应的生态流量为

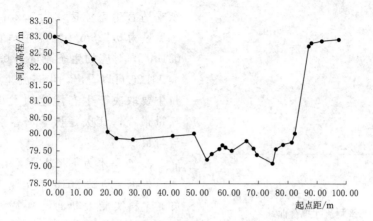

图 11.29　玉符河宅科站实测横断面形状

11.52m³/s。曲率最大法得出的宅科站相对流量为 $Q'=0.081$，此时对应的生态流量为 9.22m³/s。根据上面的计算结果得到采用湿周法计算宅科站生态流量推荐值以及其对应的各项水力参数见表 11.25。

2. 生态流速法计算结果

玉符河鱼类与小清河鱼类物种组成相似，因此鱼类指示物种参考小清河分别选取泥鳅、棒花鱼、麦穗鱼和鲫分别作为春、夏、秋、冬四季的指示物种。根据生境适宜性曲线可知，鲫的最适流速为 0.2~0.3m/s，泥鳅的最适流速为 0.1~0.2m/s，棒花

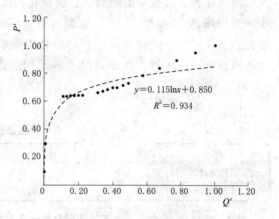

图 11.30　宅科站 $P'-Q'$ 拟合关系曲线

鱼的最适流速为 0.3~0.5m/s，麦穗鱼的最适流速为 0.2~0.3m/s。由于玉符河水资源用水压力较大，冬季流速达到 0.2m/s 较为困难，因此冬季生态适宜流速取 0.1m/s。因此春、夏、秋、冬四季的适宜生态流速取适宜流速区间的最小值，即分别为 0.1m/s、0.3m/s、0.2m/s 和 0.1m/s。

表 11.25　　　　　　　　　宅科站生态流量成果表（湿周法）

方法	生态流量 /(m³/s)	水面宽 /m	断面面积 /m²	湿周 /m	平均水深 /m
斜率为 1 法	11.52	64	50.56	65.58	0.79
最大曲率法	9.22	64	44.8	65.4	0.70

根据玉符河宅科断面实测大断面资料，绘制流量-平均流速拟合曲线，如图 11.31 所示，由于流量必须大于等于 0，因此拟合曲线选用乘幂形式，其关系式为 $y=37.95x^{3.179}$，拟合相关系数达到 0.996，因此可以用适宜生态流速来估算生态流量。

根据宅科站流量与平均流速的拟合关系，当春季适宜生态流速为 0.1m/s 时，对应的生态流量为 0.025m³/s，夏季适宜生态流速为 0.3m/s 时，对应的生态流量为 0.826m³/s，

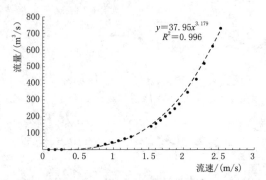

图 11.31　玉符河宅科站实测流量
与平均流速拟合曲线

秋季适宜生态流速均为 0.2m/s，对应的生态流量为 0.228m³/s，冬季适宜生态流速为 0.1m/s，对应的生态流量为 0.025m³/s。由表 11.26 可以看出，生态流速法推求生态流量主要取决于生态流速的大小，夏季生态流量最高，其次是秋季，春季和冬季生态流量最低。

3. 生态水力半径法计算结果

根据宅科站 2018 年实测大断面数据可知，宅科实测大断面河顶宽为 90m，河底宽为 64m，最大水深 3m，因此可将宅科站大断面概化为宽浅型矩形断面。根据概化的断面形状，计算不同水深下对应的湿周 P、过水断面面积 A 和水力半径 R，此时可建立 A-R 的关系，并采用线性关系进行拟合，得出拟合关系式为 $y = 63.384x^{1.453}$，拟合相关系数达到 0.991，结果如图 11.32 所示。根据生态流速和 A-R 拟合曲线，可求得不同生态水力半径对应的断面面积，将其代入公式 $Q = \dfrac{1}{n}R_{生态}^{2/3}AS^{1/2}$ 可计算生态流量，见表 11.27。

表 11.26　　　　　　　　玉符河宅科站生态流速法计算成果表

季节	春季（3—5 月）	夏季（6—8 月）	秋季（9—11 月）	冬季（12 月至次年 2 月）
目标鱼种	泥鳅	棒花鱼	麦穗鱼	鲫
生态流量/(m³/s)	0.025	0.826	0.228	0.025

表 11.27　　　　　　　　玉符河宅科站生态水力半径法计算成果表

季节	春季（3—5 月）	夏季（6—8 月）	秋季（9—11 月）	冬季（12 月至次年 2 月）
目标鱼种	泥鳅	棒花鱼	麦穗鱼	鲫
生态水力半径/m	0.022	0.115	0.063	0.022
断面面积/m²	0.25	2.75	1.14	0.25
生态流量/(m³/s)	0.025	0.825	0.227	0.025

根据春、夏、秋、冬四季的生态流速需求，借此可根据曼宁公式确定生态水力半径分别为 0.022m、0.115m、0.063m 和 0.022m，根据 A-R 的相关关系，分别计算断面面积为 0.25m²、2.75m²、1.14m² 和 0.25m²，相应的生态流量分别为 0.025m³/s、0.825m³/s、0.27m³/s 和 0.025m³/s。可以看出，该方法计算的生态流量的大小取决于生态流速的大小，最终确定的夏季生态流量最高，其次是秋季，春季和冬季生态流量最低。

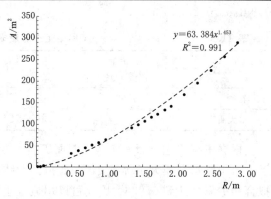

图 11.32　玉符河宅科站断面面积与
水力半径拟合关系图

11.4.4　不同方法计算结果分析

由于水文学方法的生态流量为月值，水力学方法根据季度给定，为方便统计计算，将水文学方法的月生态流量值换算成季生态流量，以春季为例，春季生态流量为 3—5 月生态流量的平均值。综合水文学法与水力学方法计算结果，得到玉符河宅科站的生态流量计算成果表，见表 11.28，为便于观察分析，基于此表绘制不同方法下的生态流量过程线，如图 11.33 所示。

表 11.28　　　　　　　　玉符河宅科站生态流量计算成果表　　　　　　　　单位：m³/s

季节	春季（3—5 月）	夏季（6—8 月）	秋季（9—11 月）	冬季（12 月至次年 2 月）
Tennant 法	0.16	0.36	0.21	0.06
Texas 法	0.40	0.55	0.42	0.18
斜率为 1 法	11.52	11.52	11.52	11.52
曲率最大法	9.22	9.22	9.22	9.22
生态流速法	0.025	0.826	0.228	0.025
生态水力半径法	0.025	0.825	0.227	0.025
多年平均季流量	1.62	3.57	2.13	0.63
基本生态流量	0.025	0.36	0.21	0.025
适宜生态流量	0.40	0.826	0.42	0.18

将水文学和水力学方法进行对比后发现，斜率为 1 的湿周法计算结果最高，其次是曲率最大的湿周法，除湿周法外，Texas 法春季、秋季和冬季的计算结果最大，而生态流速法和生态水力半径法的夏季生态流量计算结果较大。6 种方法中湿周法未考虑流量变化的季节差异，Tennant 法和 Texas 法基于历史水文资料，计算结果考虑季节差异，生态流速法和生态水力半径法以生态流速为主要基础，依据曼宁公式计算生态流量，考虑了鱼类指示物种对流量的需求，该方法相对更为合理。

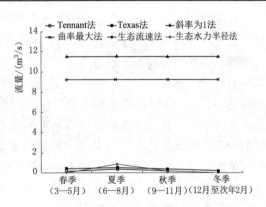

图 11.33　不同方法计算流量过程线对比

根据卧虎山水库 1964—2016 年的多年平均季流量数据，春季多年平均流量为 1.62m³/s，冬季多年平均流量仅为 0.63m³/s，流量较小，考虑玉符河水资源实际情况，建议将生态流量分为基本生态流量和适宜生态流量两类，湿周法计算结果太大，计算结果不做考虑。当枯水年流域水资源用水压力较大时，可以基本生态流量为目标，此时可以保证河流水生态系统的基本良性维持，春、夏、秋、冬四季的基本生态流量推荐值采用 4 种方法的计算结果，分别为 0.03m³/s、0.36m³/s、0.21m³/s 和 0.03m³/s。当丰水年流域水资源用水压力不大时，可重点考虑鱼类指示物种对流量的需求，以适宜生态流量为目标，此时可以保证河流水生态系统的良性维持，适宜生态流量推荐值采用 4 种方法的计算结果的最大值，分别为 $0.40\text{m}^3/\text{s}$、$0.83\text{m}^3/\text{s}$、$0.42\text{m}^3/\text{s}$ 和 $0.18\text{m}^3/\text{s}$。综上所述，最终确定玉符河宅科站的基本生态流量和适宜生态流量见表 11.29。

11.4.5　玉符河生态流量满足程度分析

生态流量是河流水生态系统良性维持的基本保障，在水资源紧张的北方区域，河道流量是否能够满足生态流量的需求是流域管理部门最为关心的问题。为确定玉符河卧虎山水库以下河段的生态流量满足程度，本书分别选取 1980—2016 年的丰水年、平水年和枯水年河道平均流量与基本生态流量和适宜生态流量进行对比分析，其中 1996 年对应丰水年，2008 年对应平水年，2015 年对应枯水年，见表 11.29。

表 11.29　　　　玉符河宅科站河道实际平均流量与生态流量推荐值对比　　　单位：m^3/s

月份	1	2	3	4	5	6	7	8	9	10	11	12
丰水年	0.851	0.654	2.226	0.478	3.508	2.200	12.350	32.424	3.959	2.299	0.862	0.368
平水年	1.270	1.218	2.823	1.940	2.202	1.701	1.915	1.128	1.419	1.255	1.156	1.198
枯水年	0.140	0.084	0.492	0.818	1.110	2.370	1.750	0.824	0.346	0.175	0.061	0.058
基本生态流量	0.03	0.03	0.03	0.03	0.03	0.36	0.36	0.36	0.21	0.21	0.21	0.03
适宜生态流量	0.18	0.18	0.40	0.40	0.40	0.83	0.83	0.83	0.42	0.42	0.42	0.1

为便于直观分析对比结果，将表中数据绘制成对比图，如图 11.34 所示。

根据图 11.34 可知，丰水年水平下，河道实测流量能够满足基本和适宜生态流量的需求，满足程度均为 100%，但是 11 月至次年 6 月河道实测流量略大于适宜生态流量，河道水资源用水压力较大。平水年水平下，河道实测流量能够满足基本生态流量和适宜生态流量的需求，满足程度为 100%，但河道实测流量比生态流量仅超过 $1\text{m}^3/\text{s}$ 左右，个别月不超过 $1\text{m}^3/\text{s}$，水资源用水压力依旧较大。枯水年水平下，10 月和 11 月不能满足基本生态流量的需求，其他月虽然能够满足基本生态流量的需求，但是 12 月、1 月和 2 月等非汛期河道实测流量几乎与基本生态流量持平，满足程度为 83%。枯水年对适宜生态流量的满足程度更低，仅为 42%，仅有 3—7 月河道流量能够满足适宜生态流量的需求，其余几个月河道流量与适宜生态流量基本持平。综上所述，丰水年和平水年下均能满足基本和适宜生态流量的需求，枯水年下，河道实测流量均难以满足基本和适宜生态流量的需求。值得注意的是，本书选用的卧虎山水库断面流量包括流入河道、流入渠道和城市供水三部分之和，在不考虑渠道输水和城市供水的情况下，河流流量满足生态流量需求的压力较大，若扣除这两部分用水，河道流量对生态流量的满足程度将更低。由此可以看出，玉符河要满足生态流量的需求存在较大的难度。

分析其原因可能受以下几方面影响：一是受气候变暖的影响，近年来玉符河流域降水量较少，尤其是汛期降水量偏少，河道产流量少，导致河流流量较少，若遇上枯水年，汛期降水量更少，加上上游水库的拦蓄作用，将进一步削减河道流量；二是汛期为农作物需水期，降水少，导致农业灌溉用水量偏多，河道取用水偏多，也是导致河道实测流量偏少的原因；三是玉符河渗漏量较大，河流中大部分水量会进入地下水，从而导致地表水较

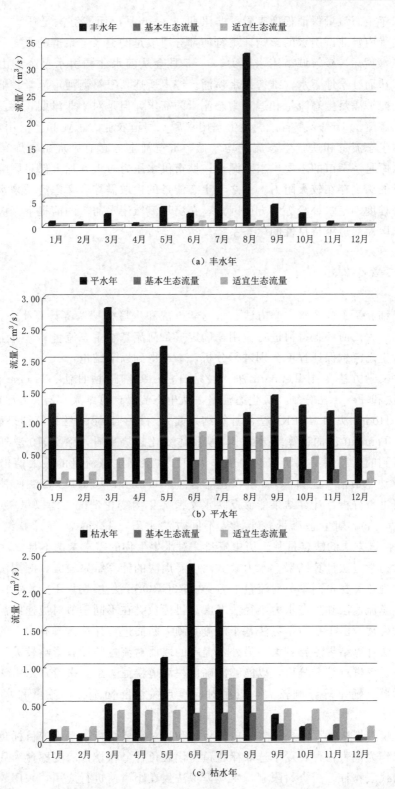

图 11.34　玉符河宅科站丰水年、平水年和枯水年实测月均流量与生态流量对比图

少。以枯水年生态流量保证程度来看，非汛期的 3—6 月反而能够满足适宜生态流量的需求，主要是受南水北调引水的影响。玉符河部分河段是趵突泉等泉群的主要补给区，为保证枯水期泉水喷涌，缓解城市用水压力，1—5 月会从南水北调引水至卧虎山水库，并下泄到河道，从而补给地下水，维持泉水喷涌。综上所述，玉符河河道流量较低，丰水年和平水年虽然能够满足生态流量和适宜生态流量的需求，但是对于非汛期，河道实测流量仅超过适宜生态流量 $1\text{m}^3/\text{s}$ 左右，满足生态用水后，河道农业、工业和生活用水压力较大。枯水年基本生态流量和适宜生态流量均较低，玉符河上分布有卧虎山水库、锦绣川水库等，这些水库是济南市的主要供水水源地，城市供水压力较大，加上保泉影响，导致玉符河生态流量的满足存在较大阻力。总之，生态流量的选取需综合考虑流域来水情况、用水情况、保证程度、泉水补给等多方面因素，在满足流域用水需求的前提下，应尽量保证生态流量需求以使河道维持良性的生态系统。

11.5　本章小结

本章详细介绍了应用水文学方法、水力学方法和生境模拟法等计算生态流量的方法，并在小清河、大汶河和玉符河进行应用，确定三条河流基本生态流量和适宜生态流量的推荐值，并对生态流量保证程度分别进行分析，本章得到以下结论：

（1）水文学方法采用 Tennant 法、最枯日法、90% 最枯日法、Hoope 法、NGPRP法、7Q10 法和 Texas 法分别计算生态流量。从生态流量计算结果来看，7 种计算方法中，最枯日法、Hoope 法和 NGPRP 法的计算结果偏大，其中 Hoope 法计算结果最高；剩余 4种方法中，Tennant 法的计算结果最小。从整体变化趋势来看，除 7Q10 法外，剩余 6 种方法计算得到的生态流量汛期普遍大于非汛期。从汛期生态流量的最大值出现的月份来看，Hoppe 法、最枯日法和 7Q10 法存在滞后性。Tennant 法和 Texas 法两种方法基于历史水文资料进行分析，计算结果能够反映水文情势年内变化情况，均以汛期 7—9 月的生态流量最大，非汛期生态流量较小，从不同方法来看，Texas 法等计算结果明显大于Tennant 法。该方法的缺点是基于历史资料，对水生生物的需求考虑不足。

（2）水力学方法计算结果。水力学方法中湿周法的计算结果较大，湿周法计算的生态流量不能体现鱼类在不同季节对流量的差异。R2CROSS 法主要适用于河宽小于 30m 的浅滩河流。生态流速法和生态水力半径法考虑了目标鱼类在不同季节对流速的需求，生态流量计算较为合理。由于水力学方法基于河流实测大断面进行计算，具有明显的地域性，因此不同的方法计算结果差异较大。另外，糙率的取值对流量的计算影响较大，应结合历史流量资料对糙率进行综合分析，以能够准确反映河道特征。总体来看，水力学方法计算结果受断面形状、糙率等影响较大，应用时应重点关注断面选择、流量和水力学参数的变化。

（3）生境模拟法计算结果。本书以优势种和相对重要性指数来确定目标鱼种，最终春季选取泥鳅作为代表物种，夏季选取棒花鱼为代表鱼种，秋季选取麦穗鱼为代表鱼种，冬季以鲫作为代表物种。受资料限制，生境模拟法仅在小清河进行应用，采用 MIKE 21 FM模型模拟不同下泄流量下的流速和水深分布，从而建立流量和生境可利用面积之间的关系，最终确定的生态流量推荐值分别为 4m³/s、12m³/s、6m³/s 和 4m³/s。

将生境模拟法与水文学和水力学方法进行对比后发现，水文学方法计算结果最低，其次是水力学方法，生境模拟法计算结果最高。

（4）小清河生态流量推荐值及保证程度分析。考虑为小清河流域水资源实际情况，建议将生态流量分为基本生态流量和适宜生态流量两类，以基本生态流量为目标可以保证河流水生态系统的基本良性维持，春、夏、秋、冬四季的基本生态流量推荐值采用水文学方法计算结果，分别为 1.12m³/s、2.30m³/s、1.69m³/s 和 1.12m³/s。以适宜生态流量为目标可以保证河流水生态系统的良性维持，适宜生态流量推荐值采用生境模拟法计算结果，分别为：春季（3—5 月）4m³/s，夏季（6—8 月）8m³/s，秋季（9—11 月）6m³/s，冬季（12 月至次年 2 月）4m³/s。

与丰水年、平水年和枯水年的实测月流量对比发现，由于小清河是中水排入河道，河道流量值较大，生态流量保证程度达到 100%，保证程度较高。

（5）大汶河生态流量推荐值及保证程度分析。考虑大汶河流域水资源实际情况，建议将生态流量分为基本生态流量和适宜生态流量两类，以基本生态流量为目标可以保证河流水生态系统的基本良性维持，春、夏、秋、冬四季的基本生态流量推荐值采用水文学方法中 Tennant 法计算结果，分别为 0.15m³/s、1.92m³/s、0.51m³/s 和 0.15m³/s。以适宜生态流量为目标可以保证河流水生态系统的良性维持，适宜生态流量推荐值采用生境模拟法计算结果，分别为 0.87m³/s、3.48m³/s、1.21m³/s 和 0.87m³/s。

对于大汶河莱芜段来说，丰水年和平水年下均能满足基本生态流量和适宜生态流量的需求，但是与河道流量相比，水资源用水压力较大。枯水年下，河道实测流量均难以满足基本生态流量和适宜生态流量的需求，保证程度分别为 67% 和 25%。因此生态流量的选取需综合考虑流域来水情况、用水情况、保证程度、河流生态系统维持等多方面因素，在满足流域用水需求的前提下，尽量保证河道生态流量的需求以使流域维持良性的水生生态系统。

（6）玉符河生态流量推荐值及保证程度分析。考虑玉符河流域水资源实际情况，建议将生态流量分为基本生态流量和适宜生态流量两类，以基本生态流量为目标可以保证河流水生态系统的基本良性维持，春、夏、秋、冬四季的基本生态流量推荐值采用水文学方法中 Tennant 法计算结果，分别为 0.03m³/s、0.36m³/s、0.21m³/s 和 0.03m³/s。以适宜生态流量为目标可以保证河流水生态系统的良性维持，适宜生态流量推荐值采用生境模拟法计算结果，分别为 0.40m³/s、0.83m³/s、0.42m³/s 和 0.18m³/s。

对于玉符河卧虎山水库以下河段来说，丰水年和平水年下均能满足基本生态流量和适宜生态流量的需求，但是对于非汛期，河道实测流量超过适宜生态流量不足 1m³/s，满足生态用水后，河道农业、工业和生活用水压力较大。枯水年下，河道实测流量均难以满足基本生态流量和适宜生态流量的需求，保证程度分别为 83% 和 42%。

玉符河上游分布有卧虎山水库、锦绣川水库等，这些水库是济南市的主要供水水源地，城市供水压力较大，加上保泉影响，导致玉符河生态流量的满足存在较大阻力。综上，生态流量的选取需综合考虑流域来水情况、用水情况、保证程度、泉水补给等多方面因素，在满足流域用水需求的前提下，应尽量保证生态流量需求以使河道维持良性的生态系统。

第 4 篇

水 生 态 功 能 区

第 12 章

流域水生态功能区划分方法

12.1　国内外水生态功能区划

水生态功能区，一方面要反映水生态系统及其生境的空间分布特征，确定要保护的关键物种、濒危物种和重要生境；另一方面，要反映水生态系统功能空间分布特征，明确流域水生态功能要求，确定生态安全目标，从而便于管理目标的制定和管理方案的实施（孟伟等，2013）。水生态功能区划分是指为保护流域水生态系统完整性，根据环境要素、水生态系统特征及其生态系统服务在不同地域的差异性和相似性，将流域及其水体划分为不同空间单元的过程，目的是为流域水生态系统管理、保护与修复提供依据。流域水生态功能区是对水生态区的继承和发展，不仅强调生态系统类型的划分，而且对生态功能要求也进行了界定。

从不同水生态环境管理的目标出发，依据自然地理要素特征、管理使用需求，在全世界范围内形成了水生态分区和生态功能分区等一系列区划方案。美国是全世界最早根据水生态区进行水环境管理的国家，Omernik（1987）以影响水生态系统空间格局的陆地环境要素作为分区指标，提出了美国水生态区划分方案，以此作为地表水质的评估与管理的基本依据。Maxwell 等（2001）根据北美鱼类分布特征，建立了基于多尺度的北美淡水生态分区等级结构，该体系在确定分区边界时保持了流域边界完整性。2000 年，欧盟颁布的《水框架指令》提出了基于系统 A/B 划分指标的欧盟水生态区划分方法（Maxwell 等，2001）。2008 年，世界自然基金会（WWF）组织 200 多名学者联合绘制了世界淡水生态区，使全球性淡水生态分区进入新的阶段（Abell 等，2008）。针对水环境保护和水资源科学利用的需求，我国基于河流和湖泊水体在全国范围内开展水功能和水环境功能的评估，并提出了水功能区划和水环境功能区划方案，进一步强调了水作为自然资源的功能属性，突出了人类活动在水生态系统中的作用。

12.1.1　欧盟水生态功能区

2000 年，欧盟颁布了《水框架指令》（WFD），用地形学、生物学与生态学相似描述，在大尺度上进行生态分区；遵循"从上到下"基本原理，在小尺度上进行水环境生态分区。WFD 指令明确要以水生态区为基础确定地表水的等级，用主要景观因素（地质、地形、气候）决定流域特征，以河道形态、水流、河床形态和河岸带植被为控制河流生物群落的主要因素，进而评估生物质量单元（浮游植物、大型藻类、鱼和底栖生物）、水形态质量单元（如水文区和河流连通性）以及物理-化学质量单元（如 pH 值、氧、营养物和污染物）的生态状况，最终确定基于实现生态保护和恢复目标的淡水生态系统的保护原则（Moog 等，2004）。

欧盟水生态分区框架体系中包含了两个系统（表 12.1），分别是系统 A 和系统 B。系统 A 是按照生态区的方法划分（包含高程、流域面积和地质这三个特征）；系统 B 包含"必须选"指标和"可选择"指标，"必须选"的指标与系统 A 中的指标相同，而这些指标在系统 A 中被定义为影响生物群落的环境特征，但这些环境特征不被人类影响，在系统 B 中，人类活动影响选择的栖息地特征。因此，引入了人类活动影响的生态分区，反映了自然-社会经济-环境的相互作用的辅合关系。按照压力和原因的影响，同一类型的水体进一步划分为更小的水体。

表 12. 1　　　　　　　　　　欧盟水生态区指标体系

指标体系	指标类型		指　　标
系统 A	高程		根据地区特点进行高程分级
	流域面积		流域面积分级
	地质		地质类型
系统 B	必选指标		系统 A 指标（高程、流域面积、地质）
	可选指标（以地中海地区为例）（Munne，2004）	气候	年平均气温、年降水
		水文	年平均流量、年径流系数、枯水季节指标
		形态学	月流量可变性指标、水流能量、平均水流坡度、水源距离、河流级数、河流分叉率
		地质	流域形状、各地质类型占流域面积比

在水生态区规定的框架下，欧盟各国根据本国水生态特点开展了有针对性的分区研究，其基本思路是首先基于地理气候因子划分生态区，在后面更小等级的分区中逐步引入生物和生境要素。英国在建立生态区的基础上，确定了动物地理单元，其中水生态系统又进一步被划分为湿地、河流、湖泊、河口和海洋等类型。西班牙在生态区划分基础上，建立了流域、河片、河段和更小的生物群落等分区等级。Wasson 等（1993）基于气候、地质、地貌和水文四个因素将法国的 Loire 盆地分成 11 个水生态区；奥地利标准协会（1997）利用 US-EPA 的模型，依据气候（降雨的季节性和雨量）、地文学（海拔和地形）和植被（结构和功能）将奥地利划分为 17 个水生态区，并在更小尺度的分区中引入了水质和大型无脊椎动物等指标；Jochen 等（2004）基于大型植物、底栖植物和深海硅藻属三类指标，对德国 200 条河流进行了生态分区；Selig 等（2007）采用水下植物的分布深度和轮藻植物群落结构作为主要区划指标，建立了德国波罗的海内岸水域藻类和被子植物的五级区划体系。

1995 年，英国皇家河流污染调查委员会（Hemsley，2000）提出利用生物监测数据对河流水质进行分类，将水生态分区思想运用于水环境管理，英国淡水生态研究所基于其建立的河流无脊椎动物预测方法和分类系统（RIVPACS）开发的栖息地评估方法，从干扰最小的若干参考点采集大型无脊椎动物信息，然后根据生物信息的相似性对参考点进行分类，将河流划分为六个质量等级。Bjerring（2008）依据欧盟水框架指令建议的生态指标限值，以总磷的富集程度、水下大型植物、单元渔获量作为衡量指标，对丹麦 21 个湖泊的生物和化学特性进行了考察。

12.1.2　美国水生态功能区

20 世纪 70 年代末，美国国家环境保护局（USEPA）期望水环境管理部门不仅要关注水化学指标和水污染控制，而且还要关注水生态系统结构和功能，重视水生生物指标以及对水生态系统健康的维护。因而，USEPA 要求制定一套针对水生态系统的区划体系，用于指导水质管理，并且可以反映水生生物及其自然生活环境的特征。

1987 年，以 Omemik 为代表的 USEPA 在 Bailey 生态分区框架上，进一步发展了适应流域水质管理和水资源保护的生态分区框架，提出了首份水生态功能分区方案。该方案结合土壤、自然植被、地形和土地利用 4 个特征指标，将具有相对同质的淡水生态系统或生物体及其与环境相关的土地单元划分为一个生态区。它不仅能体现水生态系统空间特征的异质性，还能为制定水生态系统保护标准提供依据，而且实现了水环境管理和保护从水体化学指标转向水生态指标（黄艺等，2008）。

Omemik 水生态功能分区体系是通过对土地利用、土壤、自然植被和地形 4 个特征指标的专题地图进行叠置和比较，确定它们各自的空间特点和关系，以及潜在的水生态区范围。每个潜在的水生态区由核心区和过渡区组成，核心区内 4 个特征指标的空间特点相对一致，能够基本重叠在一起，而在过渡区内只有部分特征指标能够重叠在一起，需要根据专家的经验进行判断，最终确定水生态区边界。该体系的好处是能够将主要的影响因子和专家意见判断相结合，然而此方法的缺点是无法定量化，并且重复性较差。随着与遥感技术的结合，美国各州逐渐开始利用 GIS 理论和方法，采用定量化的区划技术方法，重新确定了原有的生态区划边界。Host 等（1996）采用多变量空间统计分析方法对威斯康星西南部的区划边界进行了重新确定，区划结果的准确度提高了一倍。

随着水生态功能区划方案的不断完善，过去的Ⅲ级分区体系已经发展到Ⅴ级体系。Ⅰ级和Ⅱ级体系分别将北美大陆划分为 15 个Ⅰ级水生态区和 52 个Ⅱ级水生态区；Ⅲ级体系将美国大陆划分为 84 个水生态区，将阿拉斯加州划分为 20 个水生态区；Ⅳ级水生态区是各州在Ⅲ级区的基础上划分出来的，以管理和监测非点源污染问题；Ⅴ级体系是在景观尺度上的划分。20 世纪 80 年代末期，美国各州开展了水生态功能区划，已完成Ⅳ级分区，大部分州完成了Ⅴ级分区。在实际应用中，根据数据分析的要求，可以在不同的层次上对水生态区进行重新区划与整合。

继美国国家环境保护署提出水生态功能区划方案之后，美国自然资源保护局、土地管理局、地质测绘局等根据各自需要分别构建了相应的生态分区体系。McMahon 等（2001）在分析美国林务局、自然资源保护局和环保署三个部门生态分区体系的基础上，总结优劣，提出构建"公共生态区"分区方案，以整合现有分区体系，促进各机构的合作，共同在生态系统的综合视角下管理资源与环境。

根据已有的水生态区划成果，美国各地区和机构分别开展和实施了相应的研究和管理工作。USEPA 提出针对各相对独立生态区域，建立相应的生态区基准值，即总磷、总氮、叶绿素 a 和透明度等指标的营养状态基准值（Gibson 等，2000），为各州提供可接受的水质条件，从而指导其他各州、联邦政府和地区制定各地的水质保护标准。针对不同生态区域和不同水体类型制定生态区域水质标准值，可以因地制宜地对水质进行监督、管理和保护。阿肯色州通过收集鱼类、物理栖息地和水质数据，开展了水生态区域的分类并根据野生动植物科学数据库，为州内 7 个生态区域的 45 个陆地栖息地和 18 个水生栖息地确定了 369 种最需要保护的物种，同时开展了一系列动植物监测、研究和保护工作（Rohm 等，1987；Anderson，2006）。爱荷华州和田纳西州也分别开展了基于生态分区的河流生物评价、水质评价管理等。Hughes 和 Larse（1988）利用水生态功能区划方案制定了地表水化学指标体系以及生物保护目标，同时还根据美国的明尼苏达州和俄勒冈州等几个州之间存在的水质以及鱼类群落的不同，建立了水生态功能区划、水质类型和鱼类群落之间的相关模型。

12.1.3　我国生态功能区

随着人们对生态系统服务功能重要性认识的提高，维持生态系统完整性，确保各种生态功能的正常发挥成为管理部门的一项重要任务。因此，开展基于生态功能差异的分区研究成为我国生态区划的一个重要发展方向。生态功能分区是指根据区域生态环境要素、生态环境敏感性与生态服务功能重要性的空间分异规律，将区域划分成不同生态功能区的过程，目的是辨析区域主要生态环境问题，确定优先保护生态系统和优先保护地区，为制定区域生态环境保护与建设规划、维护区域生态安全，以及资源合理利用与工农业生产布局、保育区域生态环境提供科学依据。

党中央、国务院高度重视生态功能区划工作。2000 年，国务院颁布了《全国生态环境保护纲要》，明确了生态保护的指导思想、目标和任务，要求开展全国生态功能区划工作，为经济社会持续、健康发展和环境保护提供科学支持。2005 年，国务院《关于落实科学发展观加强环境保护的决定》再次要求"抓紧编制全国生态功能区划"。国家"十一五"规划纲要明确要求对 22 个重要生态功能区实行优先保护，适度开发。

为贯彻落实党中央、国务院编制全国生态功能区划的有关要求，从 2001 年开始，原国家环境保护总局会同有关部门组织开展了西部地区生态现状调查，以甘肃省为试点开展了生态功能区划。2002 年，国务院西部地区领导小组办公室、国家环境保护总局组织中国科学院生态环境研究中心编制了《生态功能区划暂行规程》，用以指导和规范各省开展生态功能区划。2003 年 8 月，开始了中东部地区生态功能区划的编制。2004 年，我国内地 31 个省、自治区、直辖市和新疆生产建设兵团全部完成了生态功能区划编制工作。在此基础上，综合运用新中国成立以来自然区划、农业区划、气象区划，以及生态系统及其服务功能研究成果，2005 年，中国科学院汇总完成了《全国生态功能区划》初稿。之后，通过召开 10 余次专家分析论证会，征求国务院各有关部门和各省、自治区、直辖市的意见，对《全国生态功能区划》初稿进行了反复修改和完善。2007 年 7 月，原国家环境保护总局与中国科学院联合主持了专家论证会，对修改完善的《全国生态功能区划》进行了全面系统的评估，并得到了 16 位院士、专家的充分肯定。

原环境保护部和中国科学院于 2008 年发布的《全国生态功能区划》在生态保护工作

中发挥了重要作用。随着经济社会快速发展、生态保护工作的加强，《全国生态功能区划》已不能适应新时期生态安全与保护的形势，主要问题：一是近十多年来我国部分区域生态系统变化剧烈，生态系统服务功能格局已经改变；二是现行划定的重要生态功能区范围不能满足国家和区域生态安全的要求，保护比例普遍较低；三是受当时多种因素影响，生态功能区划分不完善，一些具有重要生态功能的地区未能纳入重要生态功能区范围。为此，原环境保护部和中国科学院决定，以 2014 年完成的全国生态环境十年变化（2000—2010年）调查与评估为基础，由中国科学院生态环境研究中心负责对《全国生态功能区划》进行修编，完善全国生态功能区划方案，修订重要生态功能区的布局。

新修编的《全国生态功能区划》包括 3 大类、9 个类型和 242 个生态功能区。确定 63个重要生态功能区，覆盖我国陆地国土面积的 49.4%。新修编的区划进一步强化生态系统服务功能保护的重要性，加强了与《全国主体功能区规划》的衔接，对构建科学合理的生产空间、生活空间和生态空间，保障国家和区域生态安全具有十分重要的意义。

省级生态功能区的划分为确定生态保护与建设的重点、目标、措施及调整产业结构与布局提供了重要依据。众多城市也开展了市域生态功能区划研究，大多在生态系统服务功能和生态适宜性等指标评价的基础上，综合自然因素和人类活动的叠加影响形成分区方案，如烟台市（许振文，2003）、长沙市（曹小娟等，2006）、青岛市（韩旭等，2007）和武安市（张建军等，2007）。明确了区域生态安全重要地区和可能的生态环境脆弱区，有利于根据分区的生态异质性提出适合各区发展的用途管制措施。

在此基础上，生态功能区划尺度也逐渐拓展到流域层面。周华荣和肖笃宁（2006）应用景观生态学方法，将塔里木河中下游河流廊道划分为三大景观生态功能类型区。燕乃玲等（2006）以流域生态系统单元为基础，将长江源划分为五个生态功能分区，为长江源区生态系统管理和保护提供了基础框架。但是，我国大部分重点流域尚未开展生态功能区的划分工作。

12.1.4　控制单元

基于控制单元的流域水污染分区管理是国外流域治理优秀经验的凝练，其中美国的最大日负荷量（TMDL）计划最具代表性（王金南等，2013）。TMDL 计划的目标是识别具体污染控制单元及其土地利用状况，对单元内点源和非点源污染物的排放浓度和总量提出控制措施，从而实施最优流域管理计划。经过不断的改进和发展，该计划逐步形成了一套完整系统的总量控制策略和技术方法体系，成为美国确保地表水达到水质标准的关键手段。

控制单元由水域和陆域两部分组成，其中水域是根据受损水体的生态功能、水环境功能、行政区划和水系特征等划定，陆域是排入受纳水体所有污染源所处的空间范围（王俭等，2013）。划分控制单元使得复杂的流域系统性问题分解成相对独立的单元问题，通过解决各单元内水污染问题和处理好单元间关系，实现从污染源到入河排污口到水体水质之间的响应，建立由水体到污染源的负荷消减方案，逐步改善和恢复水质（高永年等，2012）。国外控制单元划分是在流域水生态功能分区的基础上实现的，如前文提及的美国和欧盟的水生态功能区划。我国的流域水污染防治工作始于"九五"淮河水污染防治规划，提出了控制区和控制单元的概念，建立了中国化的流域水污染控制单元管理雏形（李云生等，2008）。

我国的流域水污染控制分区经历了"九五"至"十二五"4个五年阶段，分区方法、目标和指标不断演变。分区方法趋于标准化，国家全面实施流域水环境分区管理，以行政管理需求为主导依据，同时兼顾区域水系特征和污染特征等，使单元的划分更加科学规范，以行政区落实流域环境保护和区域污染控制责任的效果更加凸显。我国的流域水污染控制分区逐步结合行政分区与水资源分区，同时体现流域属性和区域属性，从流域层面分析水环境问题，再根据水质改善需求，统筹协调流域区域社会经济发展水平，确定主要水污染物排放总量控制阶段目标，而水污染控制方案措施和责任分工则分解落实到各级行政区（王金南等，2010）。分区指标更加复杂和全面，不仅包括了地域特征、汇水特征、行政区划、排污、断面等，同时也包括了区域污染特征、地方经济发展需求、管理经验等。

为了统筹流域水环境管理需求与区域特征，我国流域水污染控制分区以县级行政区为基本单元，建立了"流域—控制区—控制单元"三级分区体系。首先，国家层面需依据自然汇水特征初步确定流域范围，参考水资源一级区，并以行政区边界调整流域范围；其次，以省级行政区为主要依据，与水资源三级区对接，初步构建各流域控制区；再次，在控制区层面下，结合水系、县级行政区中心、水质断面位置、土地利用和排污特征等因素，以县级行政区为最小单位划分控制单元。整个分区过程由国家和地方协作完成，国家负责界定流域范围、构建控制区、划分国家级控制单元；地方负责向下细化省级控制单元，最终形成流域水污染控制分区结果。

控制单元的划分过程包括水系概化和小流域提取、控制断面选取、控制单元范围确定。

（1）水系概化和小流域提取是控制单元划分的一个重要准备工作。基于DEM数据提取河网，河网数据赋存的信息包括河流流向、河流干支流、河流连接状况、河流等级等。水系概化确定了水系汇水去向，为后续区县排污去向确定及控制单元划分提供了重要的支撑和依据。

（2）控制断面选取是控制单元划分的核心，一般从国控、省控或者市控等常规监测断面中选取，筛选和优化的依据包括干流水体、支流水体、跨界水体、重要功能水体和污染排放监测五大要素。确保处于城市下游的干流监测断面，用于作为反映城市排污的主要控制断面；确保支流汇入干流前的监测断面，用于代表汇入干流前的支流水体水质；确保各条干流或者支流的跨省或市级行政区界水体的监测断面，用于反映跨界水体水质；确保每个重要功能水体包含一个监测断面，用于代表该水体水质；确保每个排放区域排放口下游包含一个监测断面，用于反映污染物排放对水体水质的影响。一般情况下，每个控制断面代表的河长原则上不小于100km。

（3）控制单元范围确定。分析小流域内土地利用、水系状况，识别汇水流域内农田、城市等人类干扰活动在流域内的分布，及其对流域水生态系统的影响；分析小流域内河流等级、河流长度、节点数量等水系状况，同时反映汇水流域内水体自身的生态结构、功能维持潜能。根据小

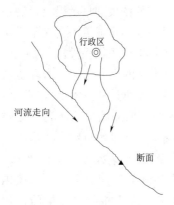

图12.1　控制单元陆域范围确定

流域特征分析结果，结合控制断面设置的管理需求，以维持行政边界完整性为约束条件，组合具有同一单元特征的汇水范围的行政区形成水生态环境功能区单元范围。对于辖单一水体的区县，水体汇水去向即为区县排污去向，县级行政区即为控制单元；对于辖两条及两条以上河流的区县，以断面为节点，统筹考虑汇水特征、城镇布局、工业布局以及农业布局等因素，对造成各河段污染的区县排污去向进行比较，最终筛选区县的主导排污去向，作为将其划入某一或某几个控制单元的依据，如图 12.1 所示。

12.2　水生态功能区划分方法

流域水生态功能区划分要保证区划方法的科学性、可重复性。早期的划分多依据专家经验进行划分，受制于数据获取和分析的局限性，区划结果的重复性差；近年来，由于遥感技术、地理信息技术以及计算机处理技术的发展，数据的获取、处理能力越来越强大，精度越来越高，计算分析能力也越来越强，流域水生态功能区划分的技术方法对专家经验的依赖性减小，具备了更好的可重复性，流域水生态功能区划的技术精度和结果精度越来越高，已经形成了较为成熟的分区技术方法体系。

依据数据的可获取性，流域水生态功能区的划分可根据影响水生生物特征的景观要素、水生生物要素进行划分，并根据集水区边界确定区划边界，得到最终的流域水生态功能区。具体划分中需要经过景观/群落分析、集水区提取、分区指标筛选、河流水系分析、功能评估、功能区划分、可达性分析、校验等划分步骤，各步骤中均有特异性的划分技术方法。根据掌握的数据、流域自身的特性等，选择使用的方法，通过各种方法的实施，保证分区过程、结果的科学性、合理性和可重复性。

12.2.1　指标筛选方法

影响流域水生态系统空间异质性的流域环境因子具有多样性和复杂性的特点。分区指标筛选是科学、合理地开展流域水生态功能分区的基础。流域水生态功能分区指标选取的主要目的是从众多的影响因子中选择能够较好地反映流域水生态结构、功能特征的若干因子，以此构建流域水生态功能区划的指标体系。不同流域具有不同的水生态特征，在依据水生态功能分区指标筛选的理论原则下，结合各流域的自身特点，选出对水生态系统结构功能影响较大的指标作为备选指标，同时通过与水生态系统结构功能指标的主成分分析、相关性分析等统计学方法，去除冗余信息，筛选出对水生态结构功能起主导作用的指标，最终达到客观、有效地实现流域水生态功能分区的目的。

1. 指标筛选的目的

在初选分区指标的时候，是基于指标与水生态系统的相关性，而没有考虑指标之间的相关性。初选的指标数量过多，不可避免地有些指标之间存在着较高的相关关系，增加了信息的冗余度，因此需要进行指标筛选。指标筛选的目的就是要通过主成分分析、相关性分析等统计学方法，去除冗余信息，识别主导因子，筛选出对分区结果贡献率最高的指标，能够客观、简单、快速、有效地实现水生态功能分区。

2. 指标筛选的原则

流域水生态功能分区的指标既具有普适性的特征，又具有流域性特征。因此指标筛选的原则既应考虑共性原则，又要考虑个性原则（流域原则）。

（1）主导性原则。由于水生态系统的结构、功能及其形成过程是极其复杂的，它受多种因素的影响，是各个因素综合作用的结果。因此，在筛选各级分区指标时，应在综合分析各要素的基础上，抓住其主导因素，这样既可把握住问题的本质，又不至于使指标体系过于庞杂而重复。主导性指标应具有数目适中、能反映绝大多数影响因素之信息、能确定内涵的特点，能够实现分区因素与水生态系统特征（结构与功能）之间关系的定量化描述。

（2）独立性原则。指标能够独立地反映与分区目标的相互作用，而不依赖其他指标，也就是我们常说的指标之间相关性差。

（3）单调性原则。筛选后的指标应随着目标值的变化呈现单调递增或单调递减，即线性正负相关。这样，我们在分析目标值变化时可以清楚地识别作用指标的变化，并增强了预测性。这与我们在初选指标中提到的选择直接性单因子指标的原则相符，因为综合性指标会降低这种单调性。

（4）灵敏性原则。在流域的不同单元上，筛选后的指标值应该有足够的变异度（变化幅度或阈值），可以明显地表征空间差异性，利于分级。如果某个指标的值变异度很小，虽然也能支持分级，但这个变化幅度在该尺度下不能引起任何目标的变化，表现为全流域的同质性，这样的指标在分区上是没有意义的。

（5）多样性原则。流域水生态功能分区是一个综合性分区，涉及了环境要素、生境类型、生态功能、社会经济等方面，为维持分区体系的完整性，指标类型应保持多样化。

（6）空间自相关性原则。流域水生态功能分区的部分空间指标有一定的空间自相关性，如 DEM、坡度、年降水量、年均气温，在一定的空间范围内与分区目标有较好的相关性，超过了这个范围，相关性减弱或变得不明显。如果某个指标的空间变异尺度大于研究区的长度和宽度，则该指标可以作为评价指标；如果变异尺度小于研究区的长度和宽度，则该指标在研究区内的边缘区域对目标没有明显的影响，可以剔除。

（7）时间稳定性原则。选择相对长期稳定的指标，避免易变性指标。分区的结果应具有一定的稳定性，在较长的一段时间内不应发生改变，因此选择的指标应该具有时间稳定性。

3. 分区指标的获取

分区中指标的获取通常有以下几种途径：

（1）源于监测数据或历史数据。气象因子分区指标：气温、降水量和蒸发量的历史监测数据一般由相关科研机构提供，干燥度（＝蒸发量/降水量）通过计算可得。将监测站点的地理坐标形成 GIS 点文件，再进行空间插值，即可得流域连续分布的多年年均气温、降水量、蒸发量和干燥度等气候指标数据。

（2）基于 GIS 软件处理。

1）地形指标。数字高程模型（DEM）数据，为全国 1∶25 万 DEM 数据，包括行政区、居民点、道路、水系等矢量数据；利用地理信息系统软件 ArcGIS 9.3 中空间分析模块、3D 分析模块，对 DEM 数据进行空间运算，获得绝对高程栅格专题图、派生出相对高程栅格专题图、坡度栅格专题图、坡向栅格专题图。

2）水文指标。①河网密度：区域内单位面积内的河流的总长度，单位是为 km/km² 。
②湖库率：每个区域内水库、湖泊所占面积的百分比。每个小流域单元的河网密度和湖库率是在 ArcGIS 中自动计算完成的，具体过程为：将河流（或水库）图层与和流域（面）这两个矢量图层作 Intersect 叠加，再进行 Summary Statistics 分析即可得到每个小流域单元的河网密度和湖库率。

3）水环境指标。通过野外实地采样和分析获得水环境数据，并在 ArcGIS 空间分析模块下进行 Kriging 插值得到全流域水质指标空间栅格专题图。

（3）基于遥感图像处理。

1）植被归一化指数。主要是利用 TM 影像，在 ERDAS 中提取植被归一化指数 NDVI。

2）土地利用百分比。结合实地调查，解译 TM 影像得到流域土地利用数据；在 Arc-GIS 中将土地利用数据和子流域单元数据进行 Intersect 叠加；利用 Summarize 统计不同子流域单元内的农田、农村城市建设用地以及森林的百分比。

4. 指标筛选的方法

科学的评价指标体系是综合评价的重要前提，只有科学的评价指标体系，才有可能得出科学的综合评价结论，在构造综合评价体系框架时，初选的评价指标可以尽可能地全面。在指标体系优化的时候则需要考虑指标体系的全面性、科学性、层次性、可操作性、目的性等。当指标太多时，就会有很多重复指标，相互干扰，这就需要正确的、科学的方法筛选指标。

在流域水生态功能分区指标的筛选中，通常采用对应分析（梯度排序）的方法来完成指标筛选工作。对应分析主要分为以下两大类：

（1）约束性排序（直接排序），常见方法有冗余分析法（RDA）、典范对应分析法（CCA）、去趋势典范对应分析法（DCCA）、典型变量分析法（CVA，db-RDA）。

（2）非约束性排序（间接排序），常见方法有主成分分析法（PCA）、对应分析法（CA）、去趋势对应分析法（DCA）、主坐标分析法（PCO）。

各筛选方法的目的、原理和基本步骤见表 12.2。

表 12.2　　　　　　　　　　　流域水生态功能分区指标筛选方法

名称	目的	原理	基本步骤
主成分分析法（PCA）	降低变量维数，又可以对变量进行分类	从多个实测的原变量中提取出较少的、互不相关的、抽象综合指标，即主成分，每个原变量可用这些提取出的主成分的线性组合表示，同时，根据各个主成分对原变量的影响大小，也可将原变量划分为等同于主成分数目的类数	(1) 标准化； (2) 计算属性间内积矩阵 S； (3) 求内积矩阵 S 的特征根； (4) 求特征根所对应的特征向量； (5) 求排序坐标矩阵 Y； (6) 求属性的负荷量
层次分析法（AHP）	是对一些较为复杂、较为模糊的问题作出决策的简易方法，它特别适用于那些难于完全定量分析的问题	将一个由相互关联、相互制约的众多因素构成的复杂而往往缺少定量数据的系统进行决策和排序	大体上可按下面四个步骤进行： (1) 建立递阶层次结构模型； (2) 构造出各层次中的所有判断矩阵； (3) 层次单排序及一致性检验； (4) 层次总排序及一致性检验

续表

名称	目　　的	原　　理	基 本 步 骤
典范对应分析法（CCA）	典范对应分析法是由 CA/RA 修改而产生的新方法。它是把 CA/RA 和多元回归结合起来，每一步计算结果都与环境因子进行回归，而详细的研究植被与环境的关系		（1）任意给定样方排序初始值； （2）计算种类排序值，其是样方初始值的加权平均； （3）再用加权平均法求样方新值； （4）用多元回归分析计算样方排序值与环境因子间的回归系数； （5）计算样方新值； （6）对 Z 值进行标准化； （7）以 $Z(a)$ 为基础回到第二步，重复以上过程； （8）求第二排序轴； （9）计算环境因子的排序坐标； （10）绘双序图
去趋势典范对应分析法（DCCA）	DCCA 采用与 DCA 相同的去趋势方式，也就是将第一轴分成数个区间，在每一区间内通过中心化调整第二轴的坐标值，而去除弓形效应的影响。DCCA 是 CCA＋去趋势，也可以说是 CCA 和 DCA 的结合		（1）选择样方排序的初始值； （2）计算种类排序的初始值； （3）求样方排序新值； （4）计算样方与环境因子之间的回归系数； （5）计算样方新值； （6）对样方排序值进行标准化； （7）回到第（2）步，重复迭代过程，得到稳定的值； （8）求第二排序轴，这一步同 CCA 第（8）步，只是将正交化换成去趋势； （9）求环境因子坐标值； （10）绘排序图，同 CCA 一样组成双序图
线性回归分析法（LR）	回归分析法是分析环境关系最常用的方法之一，它适合于涉及环境因子较少的数据分析，分别可使用一元线性回归或多元线性回归进行研究	一元线性回归 只涉及一个环境因子，它的模型为：$y=b_0+b_1x$ 多元线性回归 多元线性回归涉及两个或两个以上的环境因子，其通式为：$y=b_0+b_1x_1+b_2x_2+\cdots+b_kx_k$	一元线性回归： b_1 和 b_0 可以用最小二乘法估计 多元线性回归： b_1，b_2，$\cdots$，b_k 为回归系数，$k=$ 环境因子数，b_0 为常数项。 可以用最小二乘法逐一得到如下方程组： $$\begin{cases}S_{11}b_1+S_{12}b_2+\cdots+S_{1k}b_k=S_{1y}\\ S_{21}b_1+S_{22}b_2+\cdots+S_{2k}b_k=S_{2y}\\ \vdots\qquad\vdots\qquad\qquad\vdots\\ S_{k1}b_1+S_{k2}b_2+\cdots+S_{kk}b_k=S_{ky}\end{cases}$$
空间自相关分析法	识别环境因子的空间变异幅度，为水生态功能分区指标筛选提供依据	自然界的环境因子多数都是区域性变量，一定范围内的环境因子受周围因子的影响，基于环境因子的这种特征计算其半方差函数，找到其稳定的空间幅度，为其空间自相关距离	（1）收集数据； （2）数据空间化，保证数据具有坐标； （3）利用 GS＋或 ArcGIS 等软件计算环境因子的半变异函数，计算其变程值，即为空间自相关距离； （4）根据流域面积、分类目的、文献调研及专家判断，确定因子的变异距离在流域内是否具有足够的变异性，选择具有足够变异的因子用于分区
专家判别法	通过专家的经验快速地找出主导指标	基于专家的经验和以往数据的分析，主观地选出主要指标	

12.2.2　水生态功能区划分思路

水生态功能区划分包括了"自上而下""自下而上""自上而下"和"自下而上"相结合三种方法。三种不同区划方法的选择取决于：①分区精度的要求；②获取数据的类型和多少；③在应用中，方法是否易于推广。

1. "自上而下"分区方法

（1）自上而下分区方法应用的现状。自上而下的技术途径，表现为自上而下顺序划分的演绎（郑度，2008），通常应用于大范围中高层次的分区，其特点是能够客观把握和体现地域分异的总体规律；以要素分析为基础，并多采用主导要素指标，所确定的界线多粗略。通常在数据不够充足，不足以揭示详细的分异度时，采用自上而下的分区方法。

根据对区域环境的地域分异规律以及水生态系统的异质性分析，按区域内相对一致性和区域共轭性划分出最高级区划单元，在大的区划单元内从高到低逐级揭示其内部存在的差异性，逐级向下划分低级的单元。该方法在地理学，尤其是我国综合自然区划、部门区划等区划中应用较广。该方法能够充分发挥专家学者的经验和知识，尤其是对大尺度上宏观格局的把握。

传统的自然地理分区采用自上而下的顺序划分法（图 12.2）。步骤包括：①根据最大尺度的地带性和非地带性分异划分出热量带和大自然区（1_1：热量带界限；1_2：大自然区界限）；②热量带和大自然区互相叠置，便得出地区这一级单位，地区也可以视为热量带内的高级省性分异单位；③根据地区里的带段性差异划分地带、亚地带；④根据地带、亚地带内的省性差异划分自然省；⑤自然省划分为自然州；⑥自然州划分为自然地理区（伍光和等，2002）。

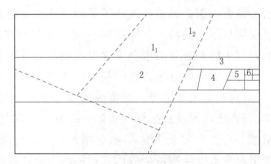

图 12.2　自然地理分区自上而下的
划分顺序（伍光和等，2002）

为了满足水生态系统管理需要，卢森堡对河流建立了具体分类体系，识别河流自然空间变异规律，实施分区监测，优化评估方案（Frissell 等，1986）。采用了自上而下的分类方法。首先采用物理地理学指标，如海拔、经纬度、流域面积、坡度、河宽等指标，将河流划分出一级区；其次在一级区的基础上采用水体物理化学指标，如温度、pH 值、DO、总硬度、氯离子等，分出二级区；再次在二级区的基础上，采用土地利用指标，如城镇化比例、农田面积比例、林地面积比例、湿地面积比例等，分出三级区。

中国河流生态水文分区（尹民等，2005）采用了自上而下逐级划分的思路：一级区的划分直接采用全国水资源分区的结果；二级区的划分是在一级分区的基础上叠加中国地貌区划图、中国干燥度图和中国径流带图，得到分区结果；在二级区的基础上，叠加全国水资源三级区图、水系与水库节点分布图以及湖泊湿地分布图，同时以全国数字高程模型、河流生态状况等作为辅助信息，通过定性分析与专家判断相结合的方法进行三级区的划分。

（2）自上而下划分方法在流域水生态功能分区中的应用思路。自上而下的划分途径是在发生学原则指导下，通过分析地形地貌、土壤、气候、植被、地质、土地覆被等流域陆域要素，筛选出影响水生态系统结构与功能的主导因子，使用空间叠置进行边界识别来划分流域水生态功能区。自上而下的途径具有较强的可操作性，能够充分反映流域自然特性，对数据要求程度不高，适合于调查数据缺乏区域的大尺度分区（如一级、二级），其划分结果需要根据水生生物数据进行验证。

自上而下的划分方法首先要确定空间聚类的基本单元，根据数据条件，一般是空间像元或小流域。将各类指标的数值分别赋值到空间像元或小流域上，作为这些基本单元的基本自然属性。

备选指标体系中的指标并不是全部能反映对水生态系统的影响，因此需要基于备选指标体系进行指标筛选，确定能够明显影响水生态系统特征的主要指标，形成最终的分区指标体系。指标筛选主要使用基于定量分析的统计学方法，包括主成分分析法、相关性分析法、CCA 分析法等。在分析过程中，所使用的水生生物群落特征数据仍以鱼类数据为主。最后结合专家判读等定性判断方法，确定分区指标体系。

需要注意的是，水利工程（特别是大型水库）可能在分区过程中产生重要影响，它阻断了鱼类的洄游通道，改变了下游河流水体物理和化学条件，使得水库上下游水生态系统呈现明显不同的特征。因此在一级分区过程中应注意干流上水利工程对水生态系统的影响，对于影响显著的水利工程可考虑作为分区边界确定的参考依据。

自上而下的分区方法的基本步骤是：

1）确定流域边界，对流域的综合性大尺度调查。

2）选取流域性指标（例如一级分区选取气候、降水、地貌等，二级分区选取 DEM、植被、河流水文条件等），根据指标空间变化的统计学指标，结合水生生物相关分析，筛选出影响水生生物特征的适宜指标作为分区指标。

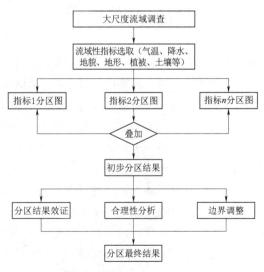

图 12.3　流域水生态功能分区中
自上而下的分区步骤

3）对每一个分区指标进行分类，并做成图件（可利用已有的分区图，如气候分区图、降水等值线图等）。

4）通过地理信息系统软件，将每个指标的分类图叠加，得到初步的分区结果，通过集水小流域边界的校正，确定分区的边界。

5）通过水生生物格局检验、与其他分区比较、合理性分析，获得最终的分区（图 12.3）。

整个步骤主要在 ArcGIS 或其他地理信息处理软件下操作。

2. 自下而上分区方法

分区的过程实质上是对分区指标的分类过程。自下而上的方法是将具有相似性的基本单元（空间像元或小流域）聚合成为大的分区单元。在分区过程中，可利用基于统计学原理的空间聚类方法把具有自然属性相似性的空间像元或小流域聚合成明显不同水生态特征的分区单元。但是，基于空间像元的空间聚类不能满足流域完整性的基本分区原则，因此要结合小流域单元对分区边界，根据水生态特征主导原则进行调整。最终的分区结果要基于鱼类数据进行验证。对于分区边界与鱼类分布偏差较大的地方要基于小流域完整性和特征主导原则进行调整，最终形成分区方案。

（1）自下而上分区方法应用的现状。自下而上的技术途径表现为自下而上逐级合并的归纳（郑度等，2008），考虑的是在大的分异背景下，揭示和分析中低级分区单元如何集聚成高级分区单元的规律性，对确定低级单位比自上而下的方法更确切更客观。在中小尺度范围内进行分区时，大尺度指标如气候、地貌、土壤类型可能不再有明显的差异，决定低级区划单位特征的是其他指标，或者在数据足够多，能支持反映低级区划单元的分异规律，则可以自下而上逐级合并出低级区划单位。

该方法在生态学中运用较多。能够反映"斑块→类型→结构→功能"的景观生态学思想，符合定量、准确、科学的思路。根据研究区域环境要素和水生态系统异质性特征，选取基于生态系统结构的分类指标，并根据各指标反映的水生态功能信息，剔除一些信息量重复或相关度较大的指标，将原始数据标准化处理后，在 GIS 支持下分别提取和计算各指标的指数值，最后通过聚类分析获得区划结果。

自然地理区划中根据土地类型的质和量的对比关系自下而上组合成区划单元，如图 12.4 所示。（a）划分出各个具体的土地单元；（b）对土地单元进行分类，区分出三种土地类型（1，2，3）；（c）去掉土地单元的具体界限，即为土地分异的类型单元图；（d）根

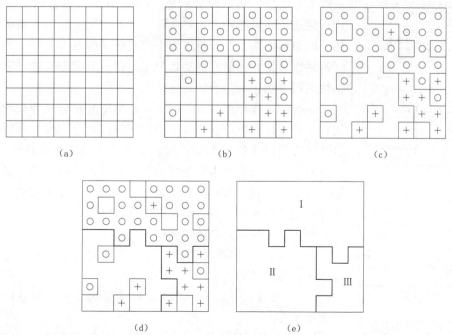

图 12.4　自然地理区划中自下而上的划分顺序（伍光和等，2002）

□—1；◉—2；⊞—3

据土地类型的质和量的对比关系，组合成各个自然地理区；（e）去掉土地类型界限，即为自然地理区划单元（Ⅰ、Ⅱ、Ⅲ）（伍光和等，2002）。

在 Columbia 河的主要支流 Willamette 河流域的淡水分类中，采用了自下而上的分类途径（Higgins 等，2005）。首先将流域划分出 11 个水生生物单元，选取 5 个关键因素：地貌特征、水情特征、温度、化学特征、当地动物地理格局，再确定 8 个分类等级，通过这 5 个变量分类等级的组合来识别大生境类型，最终定义了 324 种大生境类型。

中国生态水文分区（杨爱民等，2008）在分二级区时采用了自下而上的途径。首先一级区采用定性方法划分，即以《全国生态区划》与《中国综合自然区划》的一级区为基础，以水资源三级区边界为区界进行划分，得到 3 个一级区；在一级区的基础上，以水资源 214 个三级区为单元，采用 ISODATA 模糊聚类分析法进行分类，最后得到 36 个二级区。

（2）自下而上分区方法在流域水生态功能分区中的应用思路。自下而上是直接采用水生态数据或环境要素数据进行空间聚类划分，这种方法是直接根据水生态特征进行划分，分区结果的误差大小和可靠性取决于调查样点的密集程度或环境数据的精度。由于需要大量调查数据作为支撑，实施起来相对困难，在大尺度分区时不宜采用该方法为主导进行划分（只适用于验证分析），比较适合于小尺度的水生态功能分区（Ⅲ级、Ⅳ级）的划分。

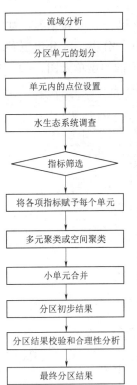

图 12.5　流域水生态功能分区中自下而上的分区步骤

自下而上的划分方法首先确定空间聚类的基本单元——小流域或像元。将各类指标的数据分别赋值到基本单元上，作为这些基本单元的基本属性。

对于备选指标体系，使用基于定量分析的统计学方法，包括主成分分析法、相关性分析法、CCA 分析法等方法对备选指标进行筛选，确定影响水生态系统特征的主要指标，形成最终的自然分区指标体系。在分析过程中，所使用的水生生物物种组成特征数据以鱼类、大型底栖动物为主。结合定量分析和专家判读等定性判断方法，确定分区指标体系。

分区的过程是将具有相似性的基本单元聚合成为大的分区单元。在分区过程中，利用基于统计学原理的空间聚类方法把具有自然属性相似性的基本单元聚合成明显不同水生态特征的单元。最终的分区结果基于水生生物物种组成数据进行验证。对于分区边界与水生生物分布偏差较大的地区要基于小流域完整性和特征主导原则进行调整，最终形成自然分区方案。

自下而上分区的基本步骤如下（图 12.5）：

1）对流域的河流湖泊、小流域小尺度调查，尤其是水文条件、河流级别的调查。

2）将流域划分成若干小流域作为分区单元，数量以适合空间聚类为宜。

3）以小单元为基础，在每个单元内布设采样点位（至少每个单元一个），并开展水生生物、水质、河岸（湖滨）带植被/土壤、土地利用等调查。

4）通过相关性分析、主成分分析等手段，筛选出分区指标。

5）将每个指标都赋予每个单元上。

6）对所有单元进行综合评价、专家分级或进行多元空间聚类（如 ISODATA 聚类），得到初步的分区结果。

7）再通过水生生物格局检验、与其他分区比较、合理性分析、小单元合并等，获得最终的分区。

3."自上而下"和"自下而上"方法相结合

传统的"自上而下"分区方法由研究者确定定量或定性的区划原则，选择一定划分指标进行划分。因研究者对研究区认识差异和目的不同，选择的区划指标往往差异较大，划分结果也不尽相同。"自下而上"分区方法，根据事物"物以类聚"的基本原理，按其相似性的大小进行聚合，最终将各聚类单元全部聚为一类。它以区域分异理论为基础，以定量化指标支撑，整个区划过程科学、客观。

在大范围的区域分区中，往往划分的级序较多，既有中高层次的区划单位，也有中低层次的区划单位。这种情况下，既可以分别采用自上而下的划分和自下而上的划分，还可以两者结合。自上而下的区域对其内部的结构和特性有一定的宏观控制和定位预测的意义，而自下而上的区域给区域单位提供精确的补充。两种途径的结果具有一定的等价性，殊途同归，问题在于确定在哪一级区划单位上衔接和如何衔接。协调的关键是区划指标和方法的协调，因为两种途径的有机结合，最后还是体现在具体的区划指标和方法上。

因此，在每一级分区都可以综合运行自上而下和自下而上方法。根据流域指标进行划分，根据水生生物类型指标对分区结果进行验证；在验证结果达不到预期目标的情况下，需要对分区方法进行调整，以获得符合实际状况的分区结果，同时随着新知识的获得，区划边界也需要随着时间不断进行调整，提出最终的水生态功能区划分方案，分区结果要征询专家意见和获得管理部门的反馈，以满足管理应用的目标。

12.2.3　生态功能区边界确定方法

小流域是体现流域集水区边界的单元，可用于水生态功能区划分指标单元，也可用于自下而上划分方法中流域边界的调整。

采用自下而上分区途径时，小流域可作为分区指标的载体，在各项指标赋值的单元上进行聚类或分级，归纳综合得到高一级别的分区结果。因此，小流域单元提取是流域水生态功能分区的基础单元。

小流域单元提取的原则主要有：①流域完整性原则。小流域应具有空间独立性和完整性，这是流域水生态功能分区中一以贯之的流域理念。②同质性原则。小流域单元是作为分区基础的指标评价的最小同质单元，即在这个单元的任意一点的属性都是相同的。当然这是主观认定的，在这个单元中，各种属性的差异很小，或者没有必要再进一步区分，已经能够满足分区目标。

小流域单元提取技术在水生态功能分区中，适用于自下而上的分区技术途径，主要用于三级、四级分区。小流域作为流域水生态功能分区的基本单元，既要能够反映一定面积区域内的属性特征，又要能够保证实现地学统计运算，得到合理的分异效果。因此，小流域单元的面积不宜过大也不宜过小，平均单元的面积约为 $100km^2$。当某一个小流域具有非常典型的生态系统特征，明显地区别于其他小流域，即使面积很小，也应该独立成一个单元，不应局限于面积大小；反过来，当很大面积的区域具有相似的生态特征，也应该独立成一个流域单元。

小流域单元提取的主要技术路线是：

（1）利用高程图（DEM 或等高线图），识别分山脊和山凹，提取出河道或潜在河道以及分水岭；平坦地区可利用公路、小道、行政边界等进行提取。

（2）从河口开始，沿分水岭再回到河口，勾描出一个封闭的多边形，形成一个真实小流域。

（3）将真实小流域以外的区域，包括多条直接入干流的支流及其周边陆域，形成一个合成的小流域，这个小流域的面积与真实小流域面积要相适应，可能跨及多个分水岭。

（4）与已有的同级别水资源分区图进行比对，调整相差较大的边界。

（5）利用实际水系图，对小流域间的边界和河口汇流处进行调整，应尽量保证一个河段只在一个流域内。

（6）可以忽略人工修整的河道和池塘。

在 20 世纪 90 年代之前，流域的提取通常都是手工完成。随着空间 DEM 数据和 GIS 技术的出现，基本实现了计算机自动提取流域单元。流域提取的准确度依赖 DEM 数据的精度。DEM 的精度要求随着流域提取等级的升高而升高。同时，由于需要保持流域的完整性，又要满足空间聚类的有效性，对 DEM 数据的精度要求则更为严格，尤其是在平原地区。

目前，基于 DEM 提取流域河网主要有四种不同的算法：移动窗口算法、坡面径流模拟算法、谷线搜索算法、从 DEM 直接提取河网与划分子流域的方法。利用软件自动提取的单元边界存在许多不合理地方，根据小流域单元提取的原则，可以利用详细的水系图对小流域边界进行合并或调整。因此，在利用软件自动提取小流域单元时，设定的单元数量应多于预定的最终单元数量，以便合并和调整。

第 13 章

济南市水生态功能区划

13.1 水生态功能区划指标筛选

分区指标的选择主要考虑各要素的空间分布特征，选择空间差异性较显著的要素作为分区指标。常用的分区指标可分为水生态因子和环境因子两类，水生态因子包括鱼类、底栖动物、水生植物、藻类、水质和水文等，环境因子包括气候气象、地形地貌、土地利用和社会经济等。一般来说，地貌、降水和气温等要素是影响地表水资源空间分布和水生态系统类型的主要因子，因此，它们是首先应该考虑的要素。如果根据这些要素无法确定分区，可以考虑水文要素或地理位置（经纬度）的影响。当可选的要素都无法明确显示分区格局时，则研究者应该考虑在该区域是否有分区的必要性。

13.1.1 水生态功能一级分区的指标体系构建

1. 备选指标体系构建

在综述文献和参考国外水生态分区指标基础上，结合济南市生态环境特点，初步确定了济南市水生态功能一级分区备选指标，分为气候、地貌和地表覆盖三类（表 13.1）。

表 13.1   济南市水生态功能一级区划分备选指标

分区因子	分区指标	具体指标
气候*	降水*	多年平均降水，湿润/干旱指数
	气温	平均气温、温差、积温
	湿度	相对湿度
	光照条件	日照时数
地貌*	地貌类型*	地貌分类
	高程	高程差
	坡度	地貌指数
地表覆盖	植被	NDVI

* 表示优先考虑指标，以下各表类似。

2. 指标筛选方法

指标筛选的目的就是要通过主成分分析、相关性分析等统计学方法，去除冗余信息，识别主导因子，筛选出对分区结果贡献率最高的指标，能够客观、简单、快速、有效地实现水生态分区，具体包括以下分析方法：

(1) 环境指标敏感性分析法。使用统计学方法，通过对数据极差、标准差和变异系数等统计指标的分析，反映数据的敏感程度。数据的敏感性决定了数据在分区中的可用性，数据变异性越大，其敏感性越大，反映的环境差异越明显，在分区应用中结果会更好。定量研究各空间变量的统计特征，是满足分区的量化操作和可重复性的重要保证。

(2) 环境指标空间自相关分析法。采用地统计学方法，分析环境要素空间变异性，识别环境因子在空间上的相关和变异特征，确定分区适用范围，选择与分区尺度具有一致性的环境指标作为分区指标。统计分析方法可使用 GS^+、ArcGIS 等软件的统计分析模块，地统计分析的参数包括块金值（C0）、基台值（C0＋C）、范围、有效范围、空间解释率、模型相关性（R^2）和离方（RSS）。其中后三个参数最有意义，有效范围指空间相关性存在的距离，超过该距离环境因子就不呈现空间相关性；空间解释率反映了空间变异对样本变异的解释比例；离方值越小，模型对数据的拟合越好。

(3) 水生态相关性分析法。统计分析环境指标与水生态系统格局特征指标的相关性，识别水生态系统空间分布变化的主要影响因子，选择与水生态系统格局相关性高的环境因子作为分区指标。

(4) 环境指标主成分分析法和相关性分析法。筛选出对水生态系统具有显著影响的环境指标后，对环境指标进行主成分分析，识别主要影响指标；开展分区指标之间的空间相关性分析，选择不相关指标作为分区指标，避免环境要素信息的冗余。

(5) 文献调研与专家经验判别法。结合研究区已有分区案例所选用的环境因素指标，以及相关领域专家的经验，探讨所筛选环境因子的区域适用性，进一步筛选适用于研究区水生态分区的指标体系。

3. 指标筛选结果

(1) 指标敏感性分析。使用统计学方法，通过对数据极差、标准差和变异系数等统计指标的分析，分析了济南市的日照时数、多年平均温度、降水量、相对湿度、海拔、坡度和 NDVI 的空间敏感性，见表 13.2。济南市各环境要素的变异系数由大到小的顺序为：海拔（0.9379）＞坡度（0.7971）＞NDVI（0.1296）＞多年平均温度（0.0591）＞降水量（0.0733）＞相对湿度（0.0336）＞日照时数（0.0164）。结果表明，海拔和坡度的数据离散性大，适宜作为分区的备选指标。

表 13.2　　　　　　　　　　　　济南市环境要素的空间敏感性

环境要素	日照时数 /h	多年平均温度 /℃	降水量 /mm	相对湿度 /%	海拔 /m	坡度 /(°)	NDVI
最小值	2328.51	9.73	621.52	56.95	5	0	0.27
最大值	2500.14	14.26	871.25	65.27	961	53.19	0.74
平均值	2386.22	13.20	720.52	61.55	167.5	5.47	0.54
标准差	39.19	0.78	52.81	2.07	157.09	4.36	0.07
变异系数	0.0164	0.0591	0.0733	0.0336	0.9379	0.7971	0.1296

（2）指标变异性分析。采用地统计学方法，分析上述环境要素空间变异性，识别环境因子在空间上的相关和变异特征，识别分区适用范围，见表 13.3。济南市环境要素的基底效应由小到大的顺序为：日照时数（0.001）＜相对湿度（0.002）＜降水量（0.004）＜海拔（0.170）＜平均气温（0.200）＜坡度（0.609）＜NDVI（0.667）。基底效应越小，表明区域结构性变异性越大；基底效应越大，表明随机性变异性越大。结果表明，上述要素都适宜作为分区的备选指标，但优先次序依次为日照时数、相对湿度、降水量、海拔、平均气温、坡度和 NDVI。

表 13.3　　　　　　　　　　济南市环境要素的空间变异性

环境要素	海拔	坡度	日照时数	降水量	平均气温	相对湿度	NDVI
模型	高斯模型	球状模型	高斯模型	高斯模型	高斯模型	高斯模型	高斯模型
变程/m	125754	61200	226999	226715	114983	114224	41522
步长/m	10479	5100	18916	18893	9582	9519	6321
趋势方向/(°)	55.72	75.23	112.68	55.20	39.55	166.64	120.76
块金值/m	5016	21	3.05	2163	0.13	0.01	0.002
偏基台值/m	29478	34.46	3049	544322	0.65	6.83	0.003
基底效应	0.170	0.609	0.001	0.004	0.200	0.002	0.667

（3）与水生态相关性分析。结合鱼类、大型底栖动物、浮游植物和浮游动物生态调查情况，使用 SPSS 软件分析了子流域尺度环境要素与各类生物生态因子的相关性，见表13.4。结果表明，底栖动物密度和物种数与降水量显著相关，同时，物种数与日照时数显著相关（$p < 0.05$）；鱼类物种数与降水量和日照时数显著相关（$p < 0.05$）；浮游植物多样性与平均气温和相对湿度显著相关（$p < 0.05$）；浮游动物密度与降水量、日照时数和NDVI 显著相关，物种数与降水量和日照时数显著相关（$p < 0.05$）。说明济南市的鱼类多样性可反映大尺度的生境类型，大尺度的气候要素对其表现出显著影响。

表 13.4　　　　　　　　济南市环境要素与各类生物生态因子的相关性

环境要素		海拔	坡度	降水量	平均气温	相对湿度	日照时数	NDVI
底栖动物	密度	−0.520	−0.329	−0.818*	−0.062	0.125	0.688	0.645
	物种数	−0.396	−0.351	−0.785*	−0.396	0.296	0.859*	0.482
	多样性	−0.165	−0.025	−0.581	−0.233	0.228	0.499	0.266
鱼类	个体数	−0.331	−0.236	0.034	0.296	0.114	−0.313	−0.002
	物种数	−0.487	−0.479	−0.838*	−0.490	0.445	0.872*	0.500
	多样性	−0.365	−0.497	−0.485	−0.416	0.256	0.576	0.375
浮游植物	密度	−0.463	−0.408	−0.225	0.182	−0.065	0.098	0.180
	物种数	−0.413	−0.269	−0.249	0.267	−0.076	0.009	0.201
	多样性	0.373	0.139	0.032	−0.881**	0.841*	0.276	−0.514
浮游动物	密度	−0.722	−0.640	−0.881**	−0.007	−0.210	0.817*	0.881**
	物种数	−0.490	−0.414	−0.892**	−0.312	0.148	0.935**	0.645
	多样性	−0.296	0.039	−0.577	0.374	−0.355	0.273	0.592

注　* 表示相关显著，$p < 0.05$；** 表示相关极显著，$p < 0.01$。

经过上述分析，同时考虑到指标的水生态学意义的直接性和显著性，最终确定海拔和降水量作为济南市水生态分区指标，该指标具有良好的敏感性、独立性和空间变异性，见表 13.5。

表 13.5　　　　　　　　　济南市水生态分区指标筛选表

环境要素	海拔	坡度	降水量	平均温度	相对湿度	日照时数	NDVI
离散性	强	强	弱	弱	弱	弱	弱
空间变异性	中等	弱	强	中等	强	强	弱
对水生态系统的影响	不显著	不显著	显著	不显著	不显著	显著	不显著
用于分区的适宜性	√	×	√	×	×	×	×

13.1.2　水生态功能二级分区的指标体系构建

1. 备选指标体系构建

济南市水生态功能二级区划分的备选指标分为生境和生物指标两类，见表 13.6，其中生境指标包括区域地貌类型、植被类型、土壤类型和土地利用等，生物指标主要是指水生生物群落分布格局。二级分区备选指标决定了济南市生态水文过程以及河流水化学背景条件，植被和土壤指标中增加了一些定量指标用于准确反映生境的物理化学特征。

表 13.6　　　　　　　　济南市水生态功能二级区划分备选指标

指 标 类 型	指　　　标	指标表现形式
地貌	地貌类型、高程、坡度	定性、定量
植被	植被类型、植被指数、覆盖度	定性、定量
土壤	土壤类型、土壤组成	定性、定量
土地利用	土地利用类型、人类用地比例	定性、定量
水生生物群落分布格局	水生生物群落亚类型	定性

2. 指标筛选

水生态系统特征的区域差异是由地貌、气候、植被、土地利用等宏观物理因子，水化、河道基质、河岸带植被、微气候、水流速度、水文等微观理化因子共同影响作用形成的，在水生态功能分区中识别出这些因子，利用这些因子格局进行的分区可以反映生物自身及水生态格局，而且这种方法具有采样量小、简单易行和可预测的优点。利用统计学上的相关分析，确定水生态特征与环境因子的相关性，选择与水生态相关性高的因子作为济南市水生态功能二级分区指标。

（1）环境因子提取。水生态功能二级分区为背景分区，使用的数据为空间栅格数据，基于这些栅格数据研究环境因子对水生态系统的影响。

水生态数据为样点水平的数据，可以使用调查点的地理坐标提取该点的环境因子值。但水生态系统是动态的，一个点上的值具有偶然性，变化剧烈，难以反映生物的真实环境。因此，为避免环境数据剧烈波动的影响，进行水生生物与环境因子相关分析时采用的环境数据是采样点为中心的 5km 范围内环境数据的平均值。利用 ArcGIS 的缓冲区功能生成采样点周围 5km 范围内的缓冲区，统计缓冲区内环境因子的平均值，利用平均值代表该点的环境因子值。

（2）环境因子与水生态系统相关分析。利用 SPSS 软件分析水生态数据与环境因子的相关性，识别水生态的影响因子。分析使用的水生态数据包括浮游植物、浮游动物、大型底栖动物和鱼类的物种数、个体数和生物多样性指数等。物种数和个体数是野外调查获取的数据，生物多样性指数是通过公式计算得到的参数。

3. 指标筛选结果

样点尺度上，生物生态因子与环境要素的相关分析结果见表 13.7。结果显示，底栖动物密度与海拔、坡度、NDVI 和森林面积占比显著相关（$p < 0.05$）；鱼类物种数与草地面积占比和建筑用地面积占比显著相关（$p < 0.05$）；浮游植物物种数与平均气温、相对湿地和草地面积占比显著相关，浮游植物生物量与坡度显著相关（$p < 0.05$）；浮游动物物种数与 NDVI 显著相关，浮游动物生物量与降水量、日照时数、NDVI 和森林面积占比显著相关（$p < 0.05$）。根据分析结果，选择 DEM、NDVI 和土地利用类型作为二级分区指标。

表 13.7　　　　　　　　济南市环境要素与生物生态因子的相关性

环境要素		海拔	坡度	降水量	平均气温	相对湿度	日照时数	NDVI	农田面积占比	森林面积占比	草地面积占比	建设用地面积占比
底栖动物	密度	−0.307*	−0.299*	−0.146	0.046	−0.043	0.082	0.254*	0.098	−0.274*	−0.174	0.229
	物种数	−0.146	−0.073	−0.134	0.105	−0.149	0.104	0.239	0.077	−0.134	−0.217	0.121
	生物量	−0.233	−0.208	−0.117	0.066	−0.119	0.086	−0.014	−0.115	−0.111	−0.027	0.077
鱼类	密度	0.002	0.040	−0.001	−0.044	0.191	−0.111	−0.083	−0.084	−0.033	−0.230	0.091
	物种数	0.009	−0.042	0.045	−0.070	0.158	−0.044	−0.014	−0.248	−0.038	−0.358**	0.276*
	生物量	−0.006	0.017	0.056	0.005	0.175	−0.152	−0.109	−0.185	0.003	−0.203	0.121
浮游植物	密度	0.047	0.112	−0.084	−0.047	0.022	0.127	0.092	0.178	0.086	−0.043	−0.084
	物种数	0.056	0.021	−0.140	−0.274*	0.279*	0.230	0.107	0.101	−0.104	−0.243*	0.135
	生物量	0.167	0.249*	0.009	0.094	−0.136	0.053	0.085	0.158	0.092	0.039	−0.132
浮游动物	密度	−0.161	−0.157	−0.070	−0.006	−0.056	0.097	0.192	0.210	−0.056	−0.089	0.068
	物种数	−0.147	−0.074	−0.169	0.100	−0.138	0.131	0.243*	0.132	−0.120	−0.216	0.077
	生物量	−0.221	−0.210	−0.245*	−0.136	0.032	0.264*	0.255*	0.219	−0.245*	−0.148	0.116

注　*相关显著，$p < 0.05$；**相关极显著，$p < 0.01$。

13.2　流域水生态功能区划分

13.2.1　水生态功能一级分区划分

1. 分区方法

首先，采用 ArcGIS 软件中的水文分析工具对 DEM（90m×90m）进行流域分析，提取河网水系。汇流量阈值是河网提取的关键，阈值越大，河网密度越小，内部流域越少。

为降低阈值设定时的主观性，分别设定了 1000（集水面积 8.1km²）、2000（集水面积 16.2km²）、3000（集水面积 24.3km²）和 5000（集水面积 40.5km²）4 种阈值提取河网。对比发现，当集水栅格阈值设定为 3000 时，提取的河网与实际河网最接近。根据所设定的集水面积阈值，将济南市划分为 399 个小流域单元，以此小流域边界作为一级分区边界的基础做调整，如图 13.1 所示。

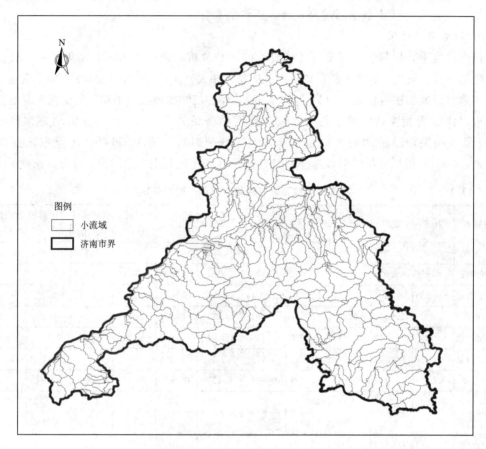

图 13.1　济南市小流域划分结果

然后采用"自上而下"区划方法，根据前面所确定的海拔和多年平均降水量两个分区指标，分别依据相应划分标准制作不同分区指标的空间专题图，如图 13.2 和图 13.3 所示（见文后彩插）。这里采用 ArcGIS 软件对不同专题图进行叠加分析，并结合专家判读的方式，初步勾画出水一级区边界。根据其他环境要素信息对分区边界进行局部调整，如参考行政边界、流域边界、区域地貌特征和水系状况等，最终得到济南市水生态功能一级分区。

2. 分区结果

根据济南市的地貌特征（高程）、年均降水量以及水系边界，将济南市划分为 3 个水生态功能一级区（图 6.1，见文后彩插），参照国家水体污染控制与治理科技重大专项中一级水生态功能区命名方法，使用"地区/水系名称＋流域生境类型（气候、地貌、植被）＋水生态区"方式对济南市水生态功能一级分区进行命名，自北向南依次为徒骇河平原半湿润水生态区（Ⅰ）、黄河下游平原-丘陵半湿润水生态区（Ⅱ）、大汶河上游丘陵湿润半湿润水生态区（Ⅲ）。

13.2.2 水生态功能二级分区划分

1. 分区方法

分区过程在 ArcGIS 软件的支持下完成。首先，将所有数字化后的矢量图、提取的电子地图以及栅格图均转换为 Albers 投影方式，然后采用 Clip 指令裁剪获取济南市境内的基本图。最后，对各个专题图进行初处理，按照分区指标的标准进行分类，形成相关的专题图。

在一级水生态功能分区的基础上，以海拔、NDVI 和土地利用类型为二级分区的特征指标，如图 13.4 和图 13.5 所示（见文后彩插），利用 ISODATA 方法对济南市二级分区的边界进行初步确定，要求最大程度保持指标的空间差异性。然后再把水库节点分布图、湖泊湿地分布图和济南市小流域图叠加在二级分区结果图上，结合流域的 DEM 等辅助信息，进行专家判断对二级分区边界再次进行调整，最终划定二级水生态区。

2. 分区结果

济南市二级水生态功能分区以海拔、NDVI 和土地利用类型为区划特征指标，在 3 个一分级区边界的基础上，划分为 7 个二级水生态功能区（图 6.1，见文后彩插）。

按照国家水体污染控制与治理科技重大专项中二级水生态功能区命名方法分别对每个二级区命名，即地名/河流名＋区域生境类型（水文、地貌、植被）＋水生态亚区，命名结果如下：

(1) 徒骇河平原水生态亚区（Ⅰ-1）。

(2) 黄河下游左岸平原水生态亚区（Ⅰ-2）。

(3) 小清河下游平原水生态亚区（Ⅱ-1）。

(4) 长清区、平阴县黄河沿岸平原水生态亚区（Ⅱ-2）。

(5) 南部入黄诸河上游山地-丘陵水生态亚区（Ⅱ-3）。

(6) 瀛汶河上游丘陵-山地水生态亚区（Ⅲ-1）。

(7) 大汶河、瀛汶河上游平原-丘陵水生态亚区（Ⅲ-2）。

第 14 章

济南市水生态功能区特征

14.1 水生态功能一级区特征

14.1.1 徒骇河平原半湿润水生态区 (Ⅰ)

1. 自然环境概况

(1) 位置。徒骇河平原半湿润水生态区位于济南市北部,地理位置在东经 116°52′~117°28′,北纬 36°44′~37°33′。

(2) 行政区。涉及济南市的商河县、济阳区和市辖区天桥区的部分地区。

(3) 面积。流域面积约 2508.72km²,占济南市总面积的 24.49%。

(4) 地貌地势。该区地处黄河冲积平原,地势较低,地貌类型为低海拔平原,海拔 5~78m,海拔均值 18m。

(5) 气候。降水量较大,多年平均降水量 657~756mm,多年平均降水量均值 696mm;多年平均气温 13.4~14.5℃,多年平均气温均值 13.6℃,气候属于南温带半湿润区。

(6) 水系。该区以黄河为南界,区内主要河流有徒骇河、沙河、土马河、前进河、商西河、商中河和商东河等,属于徒骇河水系,与黄河近乎平行。徒骇河水系多年平均径流约为 8.28 亿 m³。

(7) 土壤。土壤类型主要为潮土,分布有小面积的草甸风沙土、脱潮土、盐土、湿潮土和冲积土等。

(8) 植被。本区植被属暖温带落叶阔叶林区,隶属东亚植物区华北平原亚地区;植被类型以栽培植物为主,主要为两年三熟或一年两熟旱作和落叶果树园,同时分布有小面积的温带落叶阔叶林和温带草丛。

2. 水生态特征

(1) 水生态系统。本区以冲积平原地貌为主,地势宽广平缓,人类活动频繁,土地开发强度大,主要为农业耕作区。为灌溉需要,开凿了大量人工渠道。大面积的农业用地导致该区河流受面源污染较为严重,自然生态环境受到破坏,存在水土流失现象,堤岸稳定性较低,河底底质以淤泥和杂物为主。除了面源污染,该区存在的另外一个生态环境问题水资源短缺,由于农业和城市需水量大,过度开发利用导致地下水位不断下降,河流面积萎缩或断流,生态系统退化。区内有鹊山调蓄水库开始引黄供水,是济南市最大的城市供水基础设施。

（2）水质。本区水质等级以劣Ⅴ类为主，部分地区为Ⅲ类和Ⅴ类。多数地区的 TN 含量超标，该区北部存在阴离子表面活性剂超标的地区。

（3）水生生物。本区水生生物物种多样性高。野外调查记录到 41 种鱼类，以鲫（*Carassius auratus*）为优势物种，鳘（*Hemiculter leucisculus*）、泥鳅（*Misgurnus anguillicaudatus*）、棒花鱼（*Abbottina rivularis*）、麦穗鱼（*Pseudorasbora parva*）、褐吻虾虎鱼（*Ctenogobius brunneus*）和子陵吻虾虎鱼（*Ctenogobius giurinus*）在本区广泛分布。

野外调查记录到 45 种大型底栖动物，以溪流摇蚊（*Chironomus riparius*）、豆螺（*Bithynia* sp.）和霍甫水丝蚓（*Limnodrilus hoffmeisteri*）为优势物种，秀丽白虾（*Exopalaemon modestus*）、大耳萝卜螺（*Radix auricularia*）、狭萝卜螺（*Radix tagotis*）、铜锈环棱螺（*Bellamya aeruginosa*）、梨形环棱螺（*Bellamya purificata*）和拟沼螺（*Assimineidae* sp.）在本区广泛分布。

14.1.2 黄河下游平原-丘陵半湿润水生态区（Ⅱ）

1. 自然环境概况

（1）位置。黄河下游平原-丘陵半湿润水生态区位于济南市中部和西南部，地理位置在东经 116°12′～117°48′，北纬 35°55′～37°10′。

（2）行政区。涉及济南市的平阴县、长清区、章丘区和济南市辖区的大部分地区。

（3）面积。流域面积约 5442.36km²，占济南市总面积的 53.13%。

（4）地貌地势。该区地貌类型以低海拔平原、低海拔丘陵、小起伏山和中起伏低山为主。海拔 12～953m，海拔均值 167.5m。

（5）气候。降水量较大，多年平均降水量 699～801mm，多年平均降水量均值 748mm；多年平均气温 13.4～14.7℃，多年平均气温均值 14.1℃，气候属于南温带半湿润区。

（6）水系。该区以黄河为北界，区内主要河流有小清河干流、入清诸河（巨野河、绣源河和漯河等）和入黄诸河（玉符河、北大沙河、玉带河和南浪溪河等）。小清河干流多年平均径流约为 2.42 亿 m³，泺口水文站的数据显示黄河多年平均径流约为 437.2 亿 m³。

（7）土壤。土壤类型主要为褐土、粗骨土、潮土、潮褐土和钙质粗骨土为主，分布有小面积的盐化潮土、石灰性褐土和草甸风沙土等。

（8）植被。本区植被属暖温带落叶阔叶林区，隶属东亚植物区华北平原亚地区；植被类型以栽培植物、温带草丛和温带针叶林为主，栽培植物主要为两年三熟或一年两熟旱作和落叶果树园，同时分布有小面积的温带落叶阔叶林。

2. 水生态特征

（1）水生态系统。该区南部为低山丘陵，北部为平原。河流底质多砾石，砂质底质多见于宽谷处。绝大多数堤岸为天然堤岸，为防止洪水漫溢，在城市附近有少量人工河堤，部分河堤人工硬化。北部平原区河流沿岸工业种类多样，还分布有农业区和生活区，大量的工业和生活污水直接排入河流，导致河流受到严重的污染。南部林地覆盖度高，人类干扰小，水质污染较轻。区内湿地资源丰富，其中水库有玉清湖水库、东风水库、钓鱼台水库、杜张水库、大站水库、崮云湖水库、东阿水库、卧虎山水库、汇泉水库、崮头水库、垛庄水库、锦绣川水库和黄巢水库等水利枢纽工程，湖泊湿地有大明湖、白云湖、华山湖、玫瑰湖湿地和济西湿地。

（2）水质。本区水质为Ⅳ～劣Ⅴ类，以劣Ⅴ类为主，主要超标物是 TN、NH_3-N 和 TP。

（3）水生生物。本区水生生物物种多样性较高。野外调查记录到 67 种鱼类，以鲫（*Carassius auratus*）为优势物种，泥鳅（*Misgurnus anguillicaudatus*）、麦穗鱼（*Pseudorasbora parva*）、褐吻虾虎鱼（*Ctenogobius brunneus*）、棒花鱼（*Abbottina rivularis*）、鳘（*Hemiculter leucisculus*）和彩鳑鲏（*Rhodeus ocellatus*）在本区广泛分布。

野外调查记录到 79 种大型底栖动物，以日本沼虾（*Macrobrachium nipponensis*）和大耳萝卜螺（*Radix auricularia*）为优势物种，溪流摇蚊（*Chironomus riparius*）、秀丽白虾（*Exopalaemon modestus*）、狭萝卜螺（*Radix tagotis*）、铜锈环棱螺（*Bellamya aeruginosa*）、梨形环棱螺（*Bellamya purificata*）、拟沼螺（*Assimineidae* sp.）和豆螺（*Bithynia* sp.）在本区广泛分布。

14.1.3　大汶河上游丘陵湿润半湿润水生态区（Ⅲ）

1. 自然环境概况

（1）位置。大汶河上游丘陵湿润半湿润水生态区位于济南市东南部，地理位置在东经 $117°17'\sim118°24'$，北纬 $35°58'\sim36°38'$。

（2）行政区。涉及济南市的莱芜区。

（3）面积。流域面积约 $2292.73km^2$，占济南市总面积的 22.38%。

（4）地貌地势。该区北部为泰山余脉，南部为徂徕山脉，西部开阔，中部为低缓起伏的泰莱平原。地貌类型以低海拔平原、小起伏低山、中起伏低山、中起伏中山和中海拔丘陵为主。海拔 149～919m，海拔均值 314.6m。

（5）气候。降水量较大，多年平均降水量 741～793mm，多年平均降水量均值 768mm；多年平均气温 12.7～14.0℃，多年平均气温均值 13.3℃，气候属于南温带半湿润区。

（6）水系。该区有大汶河和淄河两大水系，汶河水系主要干流是牟汶河，最大支流是嬴汶河（亦称汇河），和庄河属淄河水系。该区多年平均径流约为 5.02 亿 m^3，其中牟汶河多年平均径流为 1.72 亿 m^3。

（7）土壤。土壤类型主要为褐土、淋溶褐土、棕壤、粗骨土、中性粗骨土、钙质粗骨土和潮土为主，分布有小面积的棕壤性土、褐土性土和白浆化棕壤等。

（8）植被。本区植被属暖温带落叶阔叶林区，隶属东亚植物区华北平原亚地区；植被类型以栽培植物、温带落叶阔叶林、温带草丛和温带针叶林为主，栽培植物主要为两年三熟或一年两熟旱作和落叶果树园。

2. 水生态特征

（1）水生态系统。本区属鲁中南中低山丘陵区堆积山间平原亚区，海拔小于 200m，生态系统稳定性一般。河流都是源短流急的山洪河流，洪水涨落迅猛，大部分河道为中粗砂堆积，河身宽浅。该区工业污染物排放量大，加之农业生产中的化肥和农药频繁施用，面源污染比较显著。此外，该区降水量小，汇水面积小，但工农业需水量大，造成水资源短缺的局面。本区有一定的森林覆盖，植被状况相对较好。区内有雪野水库和大冶水库等水利枢纽工程。

（2）水质。本区的河流以劣 V 类水体为主，主要超标物是 TN。

（3）水生生物。本区水生生物物种多样性低。野外调查记录到 25 种鱼类，以鲫（*Carassius auratus*）和鲤（*Cyprinus carpio*）为优势物种，子陵吻虾虎鱼（*Ctenogobius giurinus*）、稀有麦穗鱼（*Pseudorasbora fowleri*）和棒花鱼（*Abbottina rivularis*）在本区广泛分布。

野外调查记录到 34 种大型底栖动物，以豆螺（*Bithynia* sp.）为优势物种，喜盐摇蚊（*Chironomus salinarius*）、膀胱螺（*Physa acuta*）和大脐圆扁螺（*Hippeutis umibilicalis*）在本区广泛分布。

14.2　水生态功能二级区特征

14.2.1　徒骇河平原水生态亚区（Ⅰ-1）

1. 自然地理特征

（1）位置。本区位于济南市北端，地理位置在东经 116°54′~117°31′，北纬 36°59′~37°34′。

（2）行政区。涉及商河县和济阳区的北部地区。

（3）面积。流域面积 1572.64km²，占济南市总面积的 15.35%。

（4）地势地貌。该区属华北黄泛冲积平原，地势宽广平缓，地貌类型为低海拔平原，海拔 5~31m，平均海拔 16m。

（5）气候。多年平均气温 13.08~13.78℃，均值 13.34℃；多年平均降水量 657~708mm，均值 678mm；多年平均日照时数为 2411.79~2500.03h，均值 2462.23h；多年平均相对湿度为 60.78%~64.47%，均值 62.89%。

（6）河流、水库。主要河流有徒骇河、商中河、商西河、商东河、土马河和前进河；主要水库有清源湖水库和丰源湖水库。

（7）土壤。土壤类型以潮土为主，分布有小面积的脱潮土、草甸风沙土和盐土等。

（8）植被。植被类型以两年三熟或一年两熟旱作和落叶果树园为主；其次有温带落叶阔叶林和温带草丛等。

2. 水生态特征

（1）水生态系统。河流底质类型以土质为主。

（2）水质。本区河流为 V~劣 V 类水，超标指标以 TN 和阴离子表面活性剂为主。根据调查数据，本区 DO 含量较高，为 6.15~10.47mg/L，属于 Ⅰ~Ⅱ 类水，以 Ⅰ

类水为主；TN 含量较高，为 1.02～5.76mg/L，分属于Ⅳ～劣Ⅴ类水，以劣Ⅴ类为主；NH₃-N 含量为 0.41～0.68mg/L，分属于Ⅱ～Ⅲ类水，以Ⅲ类水为主；TP 含量为 0.07～0.35mg/L，分属于Ⅱ～Ⅴ类水，以Ⅲ类水为主；COD 为 21.48～38.58mg/L，分属于Ⅳ～Ⅴ类水；COD$_{Mn}$为 6.02～9.89mg/L，属于Ⅳ类水；BOD$_5$ 为 2.35～6.86mg/L，分属于Ⅰ～Ⅴ类水，以Ⅳ类水为主。

（3）水生生物。野外调查记录到 33 种鱼类，其中鲫（*Carassius auratus*）、䱗（*Hemiculter leucisculus*）和麦穗鱼（*Pseudorasbora parva*）在本区广泛分布。野外调查记录到 32 种大型底栖动物，其中豆螺（*Bithynia* sp.）和秀丽白虾（*Exopalaemon modestus*）分布广泛。

14.2.2　黄河下游左岸平原水生态亚区（Ⅰ-2）

1. 自然地理特征

（1）位置。本区位于黄河北岸，地理位置在东经 116°50′～117°28′，北纬 36°41′～37°10′。

（2）行政区。涉及济南市的济阳区和天桥区的部分地区。

（3）面积。流域面积 936.08km²，占济南市总面积的 9.13%。

（4）地势地貌。地貌类型为低海拔平原，海拔 7～78m，平均海拔 22m。

（5）气候。多年平均气温 13.32～14.52℃，均值 14.00℃；多年平均降水量 688～756mm，均值 726mm；多年平均日照时数为 2349.44～2458.76h，均值 2392.17h；多年平均相对湿度为 57.65%～63.17%，均值 60.03%。

（6）水系、湖库。主要河流有黄河、徒骇河、土马河；主要水库有稍门平原水库。

（7）土壤。土壤类型以潮土为主，其次有草甸风沙土、湿潮土和冲积土等。

（8）植被。植被类型以两年三熟或一年两熟旱作和落叶果树园为主；其次有温带落叶阔叶林。

2. 水生态特征

（1）水生态系统。河流底质类型以土质为主。

（2）水质。本区河流多数为劣Ⅴ类水，超标指标以 TN 为主。

根据调查数据，本区 DO 含量为 4.77～9.74mg/L，属于Ⅰ～Ⅳ类水；TN 含量较高，为 0.87～20.00mg/L，分属于Ⅲ～劣Ⅴ类水，以劣Ⅴ类为主；NH₃-N 含量为 0.33～18.02mg/L，分属于Ⅱ～劣Ⅴ类水；TP 含量为 0.07～2.40mg/L，分属于Ⅱ～劣Ⅴ类水，以Ⅱ类水为主；COD 为 7.39～84.48mg/L，分属于Ⅰ～劣Ⅴ类水；COD$_{Mn}$指数为 3.09～22.26mg/L，属于Ⅱ～劣Ⅴ类水；BOD$_5$ 为 1.78～17.69mg/L，分属于Ⅰ～劣Ⅴ类水，以Ⅰ类水为主。

（3）水生生物。野外调查记录到 35 种鱼类，其中鲫（*Carassius auratus*）、䱗（*Hemiculter leucisculus*）、泥鳅（*Misgurnus anguillicaudatus*）和褐吻虾虎鱼（*Ctenogobius brunneus*）在本区广泛分布。野外调查记录到 42 种大型底栖动物，其中豆螺（*Bithynia* sp.）、铜锈环棱螺（*Bellamya aeruginosa*）、梨形环棱螺（*Bellamya purificata*）、拟沼螺（*Assimineidae* sp.）、大耳萝卜螺（*Radix auricularia*）和狭萝卜螺

（*Radix tagotis*）在本区广泛分布。

14.2.3　小清河下游平原水生态亚区（Ⅱ-1）

1. 自然地理特征

（1）位置。本区位于济南市中部、黄河南岸，地理位置在东经 $116°46'\sim117°47'$，北纬 $36°25'\sim37°7'$。

（2）行政区。涉及章丘区和济南市辖区的部分地区。

（3）面积。流域面积 2285.07km² ，占济南市总面积的 22.31％。

（4）地势地貌。海拔 $12\sim772m$，海拔均值 82m。地貌类型以低海拔平原为主。还包括小面积的低海拔丘陵、小起伏低山和中起伏低山等。

（5）气候。多年平均气温 $13.38\sim14.65℃$，均值 13.99℃；多年平均降水量 $699\sim762mm$，均值 740mm；多年平均日照时数为 $2342.34\sim2438.26h$，均值 2382.89h；多年平均相对湿度为 $56.97％\sim63.02％$，均值 60.19％。

（6）水系、湖库。主要河流有小清河干流、巨野河、龙脊河、石河、漯河和绣源河等；主要湖泊水库有白云湖、芽庄湖、大明湖、杜张水库、朱各务水库和杏林水库等。

（7）土壤。土壤类型主要有褐土、砂姜黑土、潮土、盐化潮土和粗骨土为主，其次为灰漠土、褐土性土、潴育水稻土和中性石质土等。

（8）植被。植被类型以两年三熟或一年两熟旱作和落叶果树园为主；其次有温带针叶林、温带草丛和温带落叶阔叶林等。

2. 水生态特征

（1）水生态系统。河流底质类型以土质为主。

（2）水质。本区河流多数为劣Ⅴ类水，超标指标以 TN 为主，部分地区存在 TP 超标的现象。

根据调查数据，本区 DO 含量为 $1.73\sim11.00mg/L$，属于Ⅰ～劣Ⅴ类水，以Ⅰ类水为主；TN 含量较高，为 $2.20\sim20.73mg/L$，属于劣Ⅴ类水；NH_3-N 含量为 $0.03\sim18.07mg/L$，分属于Ⅰ～劣Ⅴ类水；TP 含量为 $0.03\sim1.94mg/L$，分属于Ⅱ～劣Ⅴ类水，以Ⅱ类水为主；COD 为 $5.00\sim69.62mg/L$，分属于Ⅰ～劣Ⅴ类水；COD_{Mn} 为 $0.76\sim34.89mg/L$，属于Ⅰ～劣Ⅴ类水；BOD_5 为 $0.48\sim12.95mg/L$，分属于Ⅰ～劣Ⅴ类水，以Ⅰ类水为主。

（3）水生生物。野外调查记录到 44 种鱼类，其中鲫（*Carassius auratus*）、泥鳅（*Misgurnus anguillicaudatus*）、麦穗鱼（*Pseudorasbora parva*）在本区广泛分布。野外调查记录到 56 种大型底栖动物，其中狭萝卜螺（*Radix tagotis*）、铜锈环棱螺（*Bellamya aeruginosa*）、梨形环棱螺（*Bellamya purificata*）、拟沼螺（*Assimineidae* sp.）和豆螺（*Bithynia* sp.）在本区广泛分布。

14.2.4　长清区、平阴县黄河沿岸平原水生态亚区（Ⅱ-2）

1. 自然地理特征

（1）位置。本区位于济南市西南部，以黄河为西北界，地理位置在东经 $116°12'\sim$

116°58′，北纬 35°59′～36°45′。

（2）行政区。涉及济南市的平阴县和长清区的西北地区。

（3）面积。流域面积 1228.13km²，占济南市总面积的 11.99%。

（4）地势地貌。海拔 24～483m，海拔均值 85m。地貌类型以低海拔平原、小起伏低山、中起伏低山和低海拔丘陵为主。

（5）气候。多年平均气温 13.84～14.53℃，均值 14℃；多年平均降水量 716～761mm，均值 738mm；多年平均日照时数为 2370.02～2328.92h，均值 2355.38h；多年平均相对湿度为 57.73%～65.27%，均值 62.40%。

（6）水系、湖库。主要河流有玉符河、南大沙河、北大沙河、玉带河和南浪溪河等；主要湖库有汇泉水库、东阿水库和玫瑰湖湿地等。

（7）土壤。土壤类型以褐土、石灰性褐土、钙质粗骨土、粗骨土、棕壤和潮土为主，其次有潮褐土、褐土性土、棕壤性土和草甸风沙土等。

（8）植被。植被类型以栽培植被两年三熟或一年两熟旱作和落叶果树园、温带草丛和温带针叶林为主，其次有温带落叶阔叶林。

2. 水生态特征

（1）水生态系统。河流底质类型以土质为主。

（2）水质。本区河流水体为Ⅲ～劣Ⅴ类水，超标指标为 TN 和 TP。

根据调查数据，本区 DO 含量较高，为 5.11～12.80mg/L，属于Ⅰ～Ⅲ类水，以Ⅰ类水为主；TN 含量为 0.82～12.58mg/L，属于Ⅲ～劣Ⅴ类水；NH_3-N 含量为 0.09～6.45mg/L，分属于Ⅰ～劣Ⅴ类水，以Ⅱ类水为主；TP 含量为 0.02～2.09mg/L，分属于Ⅱ～劣Ⅴ类水，以Ⅱ类水为主；COD 为 4.91～33.30mg/L，分属于Ⅰ～Ⅴ类水，以Ⅰ类水为主；COD_{Mn} 为 2.69～6.58mg/L，属于Ⅱ～Ⅳ类水；BOD_5 为 1.84～6.59mg/L，分属于Ⅰ～Ⅴ类水，以Ⅰ类水为主。

（3）水生生物。野外调查记录到 47 种鱼类，其中鲫（*Carassius auratus*）、麦穗鱼（*Pseudorasbora parva*）和鳘（*Hemiculter leucisculus*）在本区广泛分布。野外调查记录到 79 种大型底栖动物，其中溪流摇蚊（*Chironomus riparius*）、秀丽白虾（*Exopalaemon modestus*）、狭萝卜螺（*Radix tagotis*）、铜锈环棱螺（*Bellamya aeruginosa*）、梨形环棱螺（*Bellamya purificata*）、拟沼螺（*Assimineidae* sp.）和豆螺（*Bithynia* sp.）在本区广泛分布。

14.2.5 南部入黄诸河上游山地-丘陵水生态亚区（Ⅱ-3）

1. 自然地理特征

（1）位置。本区位于济南市南部，地理位置在东经 116°33′～117°44′，北纬 36°11′～36°46′。

（2）行政区。涉及济南市辖区、长清区和章丘区等县（区）的部分地区。

（3）面积。流域面积 1929.16km²，占济南市总面积的 18.83%。

（4）地势地貌。海拔 43～953m，海拔均值 323m。地貌类型以小起伏低山、中起伏低山和中起伏中山为主。

（5）气候。多年平均气温 13.39～14.66℃，均值 14.16℃；多年平均降水量 735～801mm，均值 764mm；多年平均日照时数为 2342.15～2403.22h，均值 2361.47h；多年平均相对湿度为 56.95%～63.06%，均值 59.97%。

（6）水系、湖库。主要河流有南大沙河、北大沙河和玉符河等；主要水库有崮头水库、崮云湖水库、钓鱼台水库、卧虎山水库、八达岭水库、黄巢水库、锦绣川水库和垛庄水库等。

（7）土壤。土壤类型以褐土、石灰性褐土、粗骨土、钙质粗骨土和棕壤为主，其次有褐土性土、棕壤性土和潮土等。

（8）植被。植被类型以两年三熟或一年两熟旱作和落叶果树园、温带草丛、温带针叶林为主，分布有小面积的温带落叶阔叶林。

2. 水生态特征

（1）水生态系统。河流底质类型以泥质为主。

（2）水质。本区河流水体以劣Ⅴ类水为主，超标指标为 TN。

根据调查数据，本区 DO 含量较高，为 7.67～9.79mg/L，属于Ⅰ类水；TN 含量为 2.00～6.15mg/L，属于Ⅴ～劣Ⅴ类水，以劣Ⅴ类水为主；NH_3-N 含量为 0.15～0.47mg/L，分属于Ⅰ～Ⅱ类水，以Ⅱ类水为主；TP 含量为 0.02～0.19mg/L，分属于Ⅰ～Ⅲ类水，以Ⅱ类水为主；COD 为 5.02～38.24mg/L，分属于Ⅰ～Ⅴ类水，以Ⅰ类水为主；COD_{Mn} 为 2.07～7.70mg/L，属于Ⅱ～Ⅳ类水，以Ⅱ类水为主；BOD_5 为 1.32～3.20mg/L，分属于Ⅰ～Ⅲ类水，以Ⅰ类水为主。

（3）水生生物。野外调查记录到 49 种鱼类，其中鲫（*Carassius auratus*）为优势物种，泥鳅（*Misgurnus anguillicaudatus*）、麦穗鱼（*Pseudorasbora parva*）、褐吻虾虎鱼（*Ctenogobius brunneus*）在本区广泛分布。野外调查记录到 79 种大型底栖动物，其中东方蜉（*Ephemera orientalis*）、四节蜉（*Baetis sp.*）、狭萝卜螺（*Radix tagotis*）、铜锈环棱螺（*Bellamya aeruginosa*）、梨形环棱螺（*Bellamya purificata*）、拟沼螺（*Assimineidae sp.*）、豆螺（*Bithynia sp.*）和河蚬（*Corbicula fluminea*）在本区广泛分布。

14.2.6　瀛汶河上游丘陵-山地水生态亚区（Ⅲ-1）

1. 自然地理特征

（1）位置。本区位于济南市东南部，地理位置在东经 117°16′～118°2′，北纬 35°58′～36°38′。

（2）行政区。涉及济南市莱芜区的东、南和北部地区。

（3）面积。流域面积 1319.76km²，占济南市总面积的 12.88%。

（4）地势地貌。海拔 197～919m，海拔均值 386m。地貌类型以中起伏低山、中起伏中山、小起伏低山、低海拔丘陵、中海拔丘陵和低海拔台地为主。

（5）气候。多年平均气温 12.74～13.98℃，均值 13.27℃；多年平均降水量 741～787mm，均值 764mm；多年平均日照时数为 2338.06～2398.87h，均值 2370.15h；多年平均相对湿度为 60.75%～64.51%，均值 63.38%。

（6）水系、湖库。主要河流有瀛汶河、大汶河和淄河等；主要水库有雪野水库、乔庄水库、北苗山水库、杨家横水库和野店水库等。

（7）土壤。土壤类型以粗骨土、钙质粗骨土、中性粗骨土、棕壤和褐土为主，其次有潮棕壤、褐土性土、棕壤性土、中性石质土和白浆化棕壤等。

（8）植被。植被类型以两年三熟或一年两熟旱作和落叶果树园、温带草丛、温带针叶林和温带落叶阔叶林为主。

2. 水生态特征

（1）水生态系统。河流底质类型以卵石粗砂为主。

（2）水质。本区河流为劣V类水，超标指标为 TN。

根据调查数据，本区 DO 含量较高，为 8.20～11.00mg/L，属于 I 类水；TN 含量为 5.34～6.43mg/L，属于劣V类水；NH₃-N 含量为 0.10～0.16mg/L，属于 II 类水；TP 含量为 0.04～0.07mg/L，属于 II 类水；COD 为 12.00～15.00mg/L，属于 I 类水；COD$_{Mn}$ 为 4.30～4.80mg/L，属于 III 类水；BOD$_5$ 为 1.80～5.30mg/L，分属于 I～IV 类水，以 I 类水为主。

（3）水生生物。野外调查记录到 23 种鱼类，包括鲫（*Carassius auratus*）和彩鳍鲅鱼（*Rhodeus lighti*）等。野外调查记录到 16 种大型底栖动物，包括小云多足摇蚊（*Polypedilum nubeculosum*）和秀丽白虾（*Exopalaemon modestus*）等，各物种出现频度均较低。

14.2.7　大汶河、瀛汶河上游平原-丘陵水生态亚区（III-2）

1. 自然地理特征

（1）位置。本区位于济南市东南部，地理位置在东经 117°20′～117°54′，北纬 36°3′～36°3′。

（2）行政区。涉及济南市莱芜区的西部和中部地区。

（3）面积。流域面积 972.97km²，占济南市总面积的 9.50%。

（4）地势地貌。海拔 146～522m，海拔均值 218m。地貌类型以低海拔平原、低海拔台地、低海拔丘陵、中海拔丘陵和小起伏低山为主。

（5）气候。多年平均气温 12.89～13.77℃，均值 13.38℃；多年平均降水量 756～793mm，均值 773mm；多年平均日照时数为 2349.76～2381.72h，均值 2371.68h；多年平均相对湿度为 61.99%～64.24%，均值 63.50%。

（6）水系、湖库。主要河流有瀛汶河和大汶河；主要水库有沟里水库、公庄水库、大冶水库、青杨水库和孝义水库等。

（7）土壤。土壤类型以褐土、淋溶褐土和棕壤为主，其次有粗骨土、中性粗骨土、潮棕壤和潮土等。

（8）植被。植被类型以栽培植被为主，包括两年三熟或一年两熟旱作和落叶果树园；其次有温带针叶林、温带草丛和温带落叶阔叶林等。

2. 水生态特征

（1）水生态系统。河流底质类型以土质为主。

（2）水质。本区河流为劣V类水，超标指标为 TN。

根据调查数据，本区 DO 含量较高，为 9.50～13.40mg/L，属于Ⅰ类水；TN 含量为 10.30～22.50mg/L，属于劣Ⅴ类水；NH_3-N 含量为 0.22～0.50mg/L，属于Ⅱ类水；TP 含量为 0.08～0.11mg/L，属于Ⅱ类水；COD 为 12.00～27.00mg/L，分属于Ⅰ～Ⅳ类水；COD_{Mn} 为 4.50～7.40mg/L，分属于Ⅲ～Ⅳ类水；BOD_5 量为 2.20～4.60mg/L，分属于Ⅰ～Ⅳ类水。

（3）水生生物。野外调查记录到 16 种鱼类，包括鲫（*Carassius auratus*）、子陵吻虾虎鱼（*Ctenogobius giurinus*）、稀有麦穗鱼（*Pseudorasbora fowleri*）和棒花鱼（*Abbottina rivularis*）等。野外调查记录到 14 种大型底栖动物，包括亚洲瘦螅（*Ischnura asiatica*）、狭萝卜螺（*Radix tagotis*）、梨形环棱螺（*Bellamya purificata*）和豆螺（*Bithynia* sp.）等，各物种出现频度均较低。

第 5 篇

水生态系统健康评价

第 15 章

水生态健康评价指标体系

15.1 国内外水生态系统健康现状

1. 水生态系统健康的定义

在生物进化和生态演替过程中，水一直发挥着无可替代的作用，它既是维持生态系统稳定循环的自然因素，又是自然界一切生物赖以生存的物质基础（左其亭等，2015）。随着人类文明的进步和社会经济的发展，对水体及其周边生态环境造成各种不利的影响，导致生态系统逐渐退化（夏军等，2018；徐宗学等，2018）。从 20 世纪 70 年代初美国颁布的《联邦水污染控制法修正案》开始，保护水生态系统健康的热潮从未停息（Niemi 等，2004）。水生态系统健康的内涵至今仍未形成统一的定义。目前，从生态系统自身出发的最具代表性的生态健康定义：一个健康的生态系统必须保持新陈代谢活动能力，保持内部组织结构，对外界的压力必须有恢复力（Costanza，1999）。Costanza 在 2012 年从度量的角度，将生态系统健康表述为：对系统活力（Vigor）、组织力（Organization）和恢复力（Resilience）的一个综合的、多尺度的测量。①活力：对系统活动、新陈代谢和初级生产力的测量；②组织力：系统成分间相互作用的数量和多样性；③恢复力：系统在压力影响下保持其结构和行为模式的能力（Costanza，2012）。为促进生态、社会和经济的协调发展，许多学者已开始关注河流生态系统的健康评价（唐涛等，2002）。河流生态系统健康与社会、经济、人类、生态环境等密切相关，在区域水平上可以理解为是资源安全、环境安全和经济安全的有机统一（任海和彭少麟，2001）。一个健康的河流生态系统应该具有合理的组织结构和良好的运转功能，系统内部的物质循环和能量流动未受到损害，对长期或突发的自然或人为扰动能保持着弹性和稳定性，并表现出一定的恢复能力，整体功能表现出多样性、复杂性。能够满足所有受益者的合理目标要求，具体表现为根据区域发展需求，合理利用分配水资源，保证不同区域利益的均衡，同时改善生态环境。其内涵是动态变化的，在不同时间尺度和不同空间尺度具有不同含义（庞治国等，2006）。在人类经济社会已经高度发展的今天，河流健康只能是相对意义上的健康，不同背景下的河流健康标准实际上是一种社会选择。

人类活动对于河流的干扰研究已经有相当长的一段历史，早期的研究一般都仅考虑由于污染造成的水体理化特性的变化，并为此制定了大量的评价标准和法规来控制水体质量（例如美国的 Clean Water Act）。随着对河流生态系统的了解越来越深入，发现虽然在水质控制上已经取得了很大的成功，但对由土地利用等非点源污染引起的河流健康退化的研究上却是失败的（Genet 和 Chirhart，2004）。对于河流生态系统的评价，最初从生物对水质变化的响应着手，之后开始重视化学物质对水质的影响进行分析。近 20 年来，研究发现（Norris 和 Thoms，1999），河流生物群落具有整合不同时间尺度上各种化学、生物和物理影响的能力。这些生物群落的结构和功能特性能够反映诸如化学物质污染、物理生境的消失和斑块化变化，同时外来物种入侵，水资源的过量抽取和河岸植被带的过度采伐会造成水环境总体退化（Maddock，1999）。因此，生物监测将更多的目光集中在多种生态胁迫对水环境造成的累计效应上。而对于应用生物方法评价河流健康的方法，选择何种指示生物是生态系统健康评价的关键（Rapport 和 Costanza，1998）。正因为此，一系列的生物评价因子，尤其是基于河流生物完整性的生物评价方法被广泛地应用（Karr 等，1986；Rosenberg 和 Resh，1993；Kerans 和 Karr，1994；Mc Cormick 和 Stevenson，1998）。利用生物类群构建的多参数评价方法已经被大量的研究证明比单一指数评价更为有效（Karr，1993），如鱼类（Karr，1981）、藻类（Patrick 和 Reimer，1975）和大型底栖动物（Resh 和 Unzicker，1975；Hilsenhoff，1977；Rosenberg 和 Resh，1993；Kerans 和 Karr 1994；Chirhart，2003）等生物完整性因子的应用。

2. 研究进展

近 20 年来，河流健康状况评价已在很多国家开展，健康评价方法也是多种多样。20 世纪 80 年代，出现了两种重要的河流健康评价和监测的生物学方法，即生态完整性指数（IBI）以及河流无脊椎动物预测和分类计划（RIVPACS）。最初生物完整性指数创始人 Karr 选取鱼类作为河流健康状况的指示生物，通过测定鱼类种群的特征（共 12 个测量指标）来评价鱼类的生境状况，其后又推广到其他生物。RIVPACS 产生于 1977 年英国淡水生态所的河流实验室，早期目标是促进对保护位置的选择，物种组成类型是其分析重点（Karr，2000）。这两种评价方法在许多国家得到了应用。美国的许多地区采用 IBI 作为评价溪流状况的工具以支持水资源计划和决策，这也得到了许多研究者的支持，除了鱼类之外，还分别在大型底栖无脊椎动物、藻类、浮游生物，湿地、溪流和河口地区的高等维管束植物等类型生物中进行了应用。在日本，利用鱼类和无脊椎动物建立的 IBI 指标体系用于评价大阪溪流生态系统。澳大利亚在 RIVPACS 的基础上发展了适合本国的 AUSRIVAS 方法，并于 1993 年采用 AUSRIVAS 进行了第一次全国水资源健康评价（Schifie，1996）。同一时期，许多国家还发展了河流健康的综合评价方法，较具代表性的有英国、瑞士和南非等国家。例如英国的河流保护评价系统，瑞士的河岸带、河道、环境目录（Raven，2000），及南非的栖息地完整性指数（Kley，1996）。

近年来我国已经开始逐步关注河流健康状况，并在河流健康评价指标体系、河流健康状况评价方法等方面开展了一定的工作。国内的水生态系统健康研究起步相对较晚，唐涛等（2002）率先对河流健康的内涵进行了初步探讨。各大流域在借鉴国外河流健康研究的基础上，根据本流域的实际情况展开了积极的研究工作。杨莲芳等于 1992 年利用 EPT 分类单元数和科级水平生物指数 FBI（family biotic index）评价了安徽九华河的水质状况。王备新等（2005）以安徽黄山地区的溪流为对象应用 IBI 评价体系对底栖生物完整性指数和评价标准进行了筛选。中科院水生生物所的朱迪和常剑波应用鱼类生物完整性指数对长江上游健康状况进行了研究，共包括 12 个指标：种类数占期望值的比例，鲤科鱼类种类数百分比，鳅科鱼类种类百分比，鲶科鱼类种类百分比，商业捕捞获得的鱼类科数，鲫鱼（放养鱼类）比例，杂食性鱼类的数量比例，底栖动物食性鱼类的数量比例，鱼食性鱼类的数量比例，单位渔产量，天然杂交个体的比例，感染疾病和外形异常个体比例等（Zhu 和 Chang，2008）。1999 年，上海市环境监测中心建立包括了理化指标、生物指标、营养状况指标、景观指标四部分内容适用于黄浦江水环境状态评价的指标体系（徐祖信，2003）。一般来说，国内的河湖健康评价方法大多是基于国外已有的成熟体系结合实际水体特点进行适当改造，常用的指示物种法有生物完整性指数、Shannon-Wiener 多样性指数、BMWP（biological monitoring working party）计分系统和底栖动物 BI（biotic index）指数，而指标体系法多采用综合健康指数评价法、模糊综合评价法、灰色关联评价法，目前尚未形成统一标准和完整体系。

15.2　水生态系统健康评价指标体系

1. 指标体系构建的原则

水生态系统是由生物和非生物环境两部分组成，其存在动态性、复杂性和不确定性等特点。水生态健康评价指标的选择是构建水生态健康评价体系的基础，各个指标的计算和赋值很大程度上决定了评价的可行性和结果的可靠性。在选取具体的候选评价指标时要遵循科学认知、代表性、相对独立和评估标准性等四个原则。

（1）科学认知原则。即基于现有的科学认知，可以基本判断其变化驱动成因的评估指标；评估指标应尽可能清晰地指示河流健康-环境压力的相应关系，能识别河湖健康状况并揭示受损成因；宜选取较为成熟的水文计算、水质评价、河岸带调查、水生生物调查方法，以科学、客观、真实地反映河流生态系统的变化规律；采用统一、标准化方法开展取样监测，准确反映河湖健康状况对时间和空间的变化趋势。

（2）代表性原则。河流生态系统是一类非常复杂的系统，受到各种人为和自然因素的影响，因此要在这些表征因子中提取最具代表性的指标。指标的确定要选择能表征水生态系统健康本质特征的变量。指标的选择要有取舍，要选取既能表征系统本质特征的主要因素，同时又具有普遍性因子，舍弃相关性不高的指标，提取信息量大、综合性强、最具代表性的指标。

（3）相对独立原则。即选取的评价指标内涵不存在明显重复，并且选取的各指标数据在现有的监测技术手段条件下，能够科学获取。

（4）评估标准性原则。即各评价指标阈值明确，能够实现标准化评价。基于现有成熟或易于接受的方法，可以制定相对严谨的评估标准的评估指标。

2. 水生态健康评价指标

评价指标包括生物指标和栖息地指标，以及河流的水质污染、水文状态和物理结构的改变、外来物种的引入等可能引起生态状态恶化的因素。生物指标是河流健康评价的主要指标。常用的指示生物包括鱼类、底栖无脊椎动物和藻类等。

（1）鱼类。鱼类一般个体较大，捕获相对容易，种类丰富，活动能力强；鱼类与人类关系密切，对人为干扰的变化表现敏感，对不同时空尺度下自然条件的变化表现得不敏感（Noges 等，2009）；鱼类群落可以由几个占据不同营养级及其不同摄食功能团的物种组成；鱼类处在食物链的较高位置，能够反映生态系统的整体状况（Mathuriau 等，2011）。

（2）底栖无脊椎动物。通过大型无脊椎动物对人为干扰生态效应进行研究，如襀翅目幼虫在清洁河流中大量出现，福寿螺在中度污染的水体中较多，污染严重河流中颤蚓类、摇蚊幼虫数量增加等，河流中大型无脊椎动物经常作为指示生物来反映河流污染状况（Mondy 等，2012）。

（3）藻类。在河流环境质量评价的体系中，藻类（浮游藻类和着生藻类）已经被广泛地应用，其中尤以硅藻的应用最为广泛（Prygiel，2002；Rott 等，2003）。硅藻是河流生态系统中的初级生产者，对生态系统其他组分的影响显著，硅藻分布范围广，世代周期短，物种丰富，采样简单，对环境变化敏感，因此硅藻是常用的河流健康评价指示生物之一。

河流栖息地状态的评价是河流评价的又一重要方法。河流的生物状态很大程度上决定于栖息地状态，因此对栖息地的评价是生物评价的一个合理替代。栖息地的控制因素包括水流状态、河道结构（地貌）、水质、河岸带、基质、人类干扰等。

第 16 章

水生态健康评价方法

16.1 单因子评价法

水质的优劣，能基本反映出其集水区生态系统的健康状况。结合济南水生态调查结果和水生态分区结果，确定水体化学指标作为济南水生态健康评价的主要评价因子。

1. 评价指标筛选及临界值确定

水体化学指标包括水体理化指标和营养盐指标。基本水体理化指标包括挥发酚类、BOD_5、DO 和 COD_{Mn}；营养盐指标包括 NH_3-N、TN 和 TP。基本水体理化指标和营养盐指标的参照值和理解参照值参照《地表水环境质量标准》（GB 3838—2002）及相关研究结果确定（张远等，2019），见表 16.1 和表 16.2。

表 16.1　基本水体理化和营养盐评价指标参照值的确定方法（张远等，2019）

参数组	参数	地区	参照值	来　源	说　明
基本水体理化	挥发酚 /(mg/L)	丘陵河流区和平原河流区	≤0.002	专家建议；《地表水环境质量标准》中Ⅰ类和Ⅰ类水的标准值	
	DO /(mg/L)	所有样点	≥7.5	专家建议；当地信息；《地表水环境质量标准》中Ⅰ类水的标准值	
	BOD /(mg/L)	平原河流区	≤3	专家建议；《地表水环境质量标准》中Ⅰ类水的标准值	这里用 BOD_5 和 COD_{Mn} 作为市政和工业排放污染的参数。这些目标得分被作为调查和评估点源污染临界值
	COD_{Mn} /(mg/L)	平原河流区	≤2	专家建议；《地表水环境质量标准》中Ⅰ类水的标准值	这里用 BOD_5 和 COD_{Mn} 作为市政和工业排放污染的参数。这些目标得分被作为调查和评估点源污染临界值
营养盐	NH_3-N /(mg/L)	全部地区	≤0.15	专家建议；《地表水环境质量准》中Ⅰ类水的标准值	—
	TN /(mg/L)	全部地区	≤0.2	专家建议；《地表水环境质量标准》中Ⅰ类水（湖泊和水库类）的标准值	我国制定的 TN 标准仅适用于湖泊和水库（不包括溪流及河流）。因此，城市这里的目标值可能并不适用于某些城市河流采样点
	TP /(mg/L)	全部地区	≤0.02	专家建议；《地表水环境质量标准》中Ⅰ类水的（湖泊和水库类）标准值	—

参数组	参数	地区	临界值	来　源
基本水体理化	挥发酚 /(mg/L)	丘陵河流区和平原河流区	$\geqslant 0.1$	专家建议：《地表水环境质量标准》中Ⅵ类水的标准值（无任何使用功能）
	DO /(mg/L)	全部地区	$\leqslant 2$	专家建议：《地表水环境质量标准》中Ⅵ类水的标准值（无任何使用功能）；DO 含量小于 2mg/L 相当于无氧条件。不适合需氧水生生物的生存
	BOD_5 /(mg/L)	平原河流区	$\geqslant 10$	专家建议：《地表水环境质量标准》中Ⅴ类水的标准值（无任何使用功能）
	COD_{Mn} /(mg/L)	平原河流区	$\geqslant 15$	专家建议：《地表水环境质量标准》中Ⅴ类水的标准值（无任何使用功能）
营养盐	$NH_3\text{-}N$ /(mg/L)	全部地区	$\geqslant 2$	专家建议：《地表水环境质量标准》中Ⅵ类水的标准值（无任何使用功能）
	TN /(mg/L)	全部地区	$\geqslant 2$	专家建议：《地表水环境质量标准》中Ⅵ类水的标准值（无任何使用功能）
	TP /(mg/L)	全部地区	$\geqslant 0.4$	专家建议：《地表水环境质量标准》中Ⅴ类水的标准值（无任何使用功能）

2. 评价指标标准化

由于各类评价指标的数值范围和数量级相差悬殊，必须通过对评价指标进行标准化处理，使不同评价指标处于同一数量级以便进行加权合并，为后续综合得分计算奠定基础。各个评价指标均以参照值为最佳状态，以临界值为最差状态进行评价指标的标准化计算。

应用标准化公式 [式（16.1）] 对评价指标完成标准化过程，各指标理论分布范围为 0～1。对于小于 0 的指标值记为 0，大于 1 的指标值记为 1。

$$S = 1 - \frac{|T-X|}{|T-B|} \tag{16.1}$$

式中：S 为评价指标的标准化计算值；T 为参照值；B 为临界值；X 为指标实际值。

3. 得分计算

（1）样点上分项评价指标综合得分计算。

1）基本水体理化指标综合得分（W）。基本水体理化指标综合得分利用加权平均方法计算，将各指标项进行等权重求和，计算公式如下：

$$W = (DO + BOD_5 + COD_{Mn} + 挥发酚)/4 \tag{16.2}$$

当 DO 值为 0 时（$DO \leqslant 2mg/L$），即 DO 达到临界状况，认为此时水体处于缺氧条件，水生态系统健康处于崩溃边缘，无须考虑其他水质指标的情况，直接规定 W 得分为 0 外，在这项规则得以应用后，每个水质指标的最小值将被作为所有样点指标组的得分。

2）营养盐指标综合得分（N）。营养盐指标综合得分利用加权平均方法计算，将 TP、$NH_3\text{-}N$ 等指标进行等权重求和（不包含 TN），计算公式如下：

$$N = (TP + NH_3\text{-}N)/2 \tag{16.3}$$

其中，当 $NH_3\text{-}N$ 值为 0 时（$NH_3\text{-}N \geqslant 2mg/L$），即 $NH_3\text{-}N$ 达到临界状态，则认为此时水体耗氧污染严重，水生态系统健康也处于崩溃边缘，无须考虑其他营养盐指标的情况。直接规定 N 得分为 0。

（2）流域水生态系统健康评价得分计算。采用分级指标评分法，逐级加权，综合评分，包括样点上评价得分计算、同一分区相同水体类型得分计算、同一水生态分区评价得分计算。

4. 健康等级划分

流域健康得分的范围为 0～1，根据流域健康得分平均设定 4 个健康等级标准，包括"健康"（0.75，1]，"良好"（0.50，0.75]，"一般"（0.25，0.50]，"不健康"（0，0.25]。

16.2　多因子评价法

济南市水生态鱼类与底栖动物健康评价所选用的方法为生物完整性（IBI）评价法，生物完整性评价法被广泛应用于河流健康评价。针对不同的生物种群，我们分别应用了分属于不同属性，且对环境变化较为敏感的指标作为候选指标，对此不同候选指标进行分布范围、判别能力和相关性分析的筛选，不同生物类群候选指标见表 16.3 和表 16.4。分布范围的筛选指若某指标在超过 95% 的样点得分均为 0，则放弃该指标。判别能力的筛选是比较各候选指标在参照点位和受损点位的数值在 25%～75% 分位数范围内重叠的情况，利用箱体图进行判别的标准详见相关文献（Barbour 等，1999）。对箱体图判别筛选出的参数两两进行 Pearson 相关性检验，相关系数不小于 0.75 的两个指标中仅取其一。

表 16.3　　底栖动物生物完整性（B-IBI）评价指标体系与参数描述

序号	指标类型	生 物 指 数	计 算 方 法	对干扰反应
M1	群落丰富度	总分类单元数	根据分类水平，鉴定底栖动物群落所有分类单元数	减小
M2		EPT 分类单元数	E：蜉蝣目，P：襀翅目，T：毛翅目，三目昆虫分类单元数	减小
M3		水生昆虫分类单元数	底栖动物类群中水生昆虫的种类数	减小
M4		甲壳和软体动物分类单元数	底栖动物类群中软体动物和甲壳动物的种类数	减小
M5		摇蚊分类单元数	底栖动物类群中摇蚊昆虫的种类数	减小
M6	种类个体数量比例	优势分类单元的个体相对丰度	个体数量最多的一个分类单元的个体数/总个体数	增大
M7		前 3 位优势分类单元的个体相对丰度	个体数量最多前 3 个分类单元的个体数/总个体数	增大
M8		毛翅目个体相对丰度	毛翅目个体数/样点底栖动物群落总个体数	减小
M9		蜉蝣目个体相对丰度	蜉蝣目个体数/样点底栖动物群落总个体数	减小
M10		颤蚓个体相对丰度	颤蚓个体数/样点底栖动物群落总个体数	增大
M11		襀翅目个体相对丰度	襀翅目个体数/样点底栖动物群落总个体数	减小
M12		摇蚊个体相对丰度	摇蚊个体数/样点底栖动物群落总个体数	增大
M13		甲壳动物和软体动物的个体相对丰度	（甲壳动物＋软体动物）个体数/样点底栖动物群落总个体数	减小
M14		其他双翅目类群和非昆虫类群个体相对丰度	（其他双翅目＋非昆虫）个体数/样点底栖动物群落总个体数	增大

序号	指标类型	生物指数	计算方法	对干扰反应
M15	生物耐污能力	敏感类群分类单元数	分类单元（种）耐污值小于 3 的都为敏感类群	减小
M16		敏感类群的个体相对丰度	敏感类群个体数/样点底栖动物群落总个体数	减小
M17		耐污类群的个体相对丰度	耐污类群个体数/样点底栖动物群落总个体数	增大
M18		BI 值	采样点底栖动物所有分类单元（种）的耐污值与对应数量乘积求和/该采样点所有底栖生物的总数	增大
M19		BMWP 值	底栖动物所有科的敏感值加和	减小
M20	营养级组成的指数	滤食者个体相对丰度	滤食者个体数/样点底栖动物群落总个体数	增大
M21		撕食者和刮食者个体相对丰度	（撕食者＋刮食者）个体数/样点底栖动物群落总个体数	减小
M22		收集者个体相对丰度	收集者个体数/样点底栖动物群落总个体数	增大
M23		杂食者和刮食者个体相对丰度	（杂食者＋刮食者）个体数/样点底栖动物群落总个体数	减小
M24		捕食者个体相对丰度	捕食者个体数/样点底栖动物群落总个体数	减小
M25		撕食者个体相对丰度	撕食者个体数/样点底栖动物群落总个体数	减小
M26	生境质量	黏附者个体相对丰度	黏附者个体数/样点底栖动物群落总个体数	减小
M27	多样性指数	Shannon-Wiener 多样性指数		减小
M28		Pielou 均匀度指数		减小

表 16.4　　　　　鱼类生物完整性（F-IBI）评价指标体系与参数描述

属性归类	编号	参数指标	对干扰的响应
种类组成与丰度	M1	鱼类物种数	减小
	M2	Shannon-Wiener 多样性指数	减小
	M3	Pielou 均匀度指数	减小
	M4	鮈亚科百分比	减小
	M5	鲤亚科百分比	增大
	M6	鳅科百分比	减小
	M7	雅罗鱼亚科百分比	减小
	M8	虾虎鱼科百分比	减小
	M9	中上层鱼类百分比	减小
	M10	底层鱼类百分比	减小
	M11	中下层鱼类百分比	增大
营养结构	M12	肉食性鱼类百分比	减小
	M13	草食性鱼类百分比	减小
	M14	杂食性鱼类百分比	增大

属性归类	编号	参数指标	对干扰的响应
耐受性	M15	耐受性鱼类百分比	增大
	M16	敏感性鱼类百分比	减小
繁殖共位群	M17	浮性卵鱼类百分比	减小
	M18	沉性卵鱼类百分比	减小
	M19	黏性卵鱼类百分比	增大
	M20	特殊产卵方式鱼类百分比	增大
鱼类数量与分布	M21	个体数	减小
	M22	广布种鱼类百分比	增大

通过以上分析，确定 IBI 评价的核心参数，根据所有点位核心参数的分布范围，对核心参数进行计算得分。以参照点位 IBI 得分值分布的 25th 分位数作为健康评价的标准，点位的 IBI 分值大于 25th 分位数值，则表示该站点受到的干扰很小，是健康的；对小于 25th 分位数值的分布范围，进行三等分，确定出健康、一般、较差、极差四个等级的划分标准。

16.3 综合评价法

基于生态系统完整性，以鱼类生物完整性、物理完整性、化学完整性以及生境完整性四部分，共 50 个指标体系以反映水生态健康状况。以淡水生态系统中的鱼类及其水体理化特征、生境类型为监测对象，根据各指标的变化，表征认为干扰作用下的水质污染和生境退化对河流生态系统的影响情况。鱼类群落指标包括雅罗鱼亚科个体百分比（%）、鲢鲅亚科个体百分比（%）、鮈亚科个体百分比（%）、鲤亚科个体百分比（%）、鳅科鱼类个体百分比（%）、虾虎鱼科鱼类百分比（%）、本地特有鱼种（葛氏鲈塘鳢）百分比（%）、经济鱼类个体百分比（%）、肉食性鱼类数量比例（%）、草食性鱼类数量比例（%）、杂食性鱼类的数量比例（%）、敏感性物种百分比（%）、耐污物种百分比（%）、中上层鱼类个体百分比（%）、中下层鱼类个体百分比（%）、底层鱼类个体百分比（%）、冷水鱼百分比（%）、有护卵行为鱼类个体百分比（%）等 22 个候选指标；物理指标包括 pH 值、电导率（Ec）、盐度（S）、水温（T）、溶解氧（DO）、总溶解固体（TDS）及悬浮物（SES）共 7 个候选指标；化学指标包括氯离子（Cl^-）、氨氮（NH_3-N）、总氮（TN）、总磷（TP）、活性磷（PO_4^{3-}）、硬度（Hard）、高锰酸盐指数（COD_{Mn}）、亚硝酸盐氮（NO_2^--N）、硝酸盐氮（NO_3^--N）、总有机碳（TOC）、总无机碳（TIC）及总溶解碳（TDC）共 12 个候选指标；生境指标包括流速（*CV*）、流量（*FLO*）、水深（*WD*）、河宽（*W*）、底质含沙量（*SC*）、土地利用方式含缓冲区流域面积（*TOT*）、森林面积（*FA*）、草地面积（*GA*）、建设用地面积（*CLA*）、水田面积（*PFA*）和旱田面积（*FIE*）共 11 个候选指标。

通过对候选指标的主成分分析（PCA）筛选出对评价结果贡献率高的指标，通过

Pearson 相关性分析，选取指标间相互独立、信息重叠程度低、相关系数小的指标作为构建生态完整性（IEI）评价体系的核心指标，并对核心指标进行标准化，运用层次分析法对鱼类生物完整性、物理完整性、化学完整性及生境完整性分别赋予 40%、20%、20%、20%的权重，加和平均得出水生态健康评价的最终得分，将大于 90th 分位数得分记为"健康"的标准，对余下部分进行三等分，分别记为"较好""一般""较差"的标准。最终完成对生态系统完整性的水生态健康评价。

第 17 章

济南市水生态健康评价

17.1 基于地表水环境质量的单因子评价

17.1.1 小清河下游平原水生态亚区

17.1.1.1 评价体系

结合济南水生态调查结果和水生态分区结果，确定水体化学指标作为济南小清河下游平原水生态亚区水生态健康评价的主要评价因子。水体化学指标包括水体理化指标和营养盐指标。基本水体理化指标包括 DO、BOD_5 和 COD_{Mn}；营养盐指标包括 NH_3-N、TN 和 TP。基本水体理化指标和营养盐指标参照《地表水环境质量标准》（GB 3838—2002），参照值参照地表水 I 类标准，临界值参照地表水 IV 类标准，见表 17.1。

表 17.1 　　　　　　　基于地表水环境质量健康评价指标参照值与临界值　　　　　　单位：mg/L

指标类别	评价指标	适用性范围	参照值	临界值
基本水体理化	DO	所有样点	7.5	3
	挥发酚	平原河流区	0.002	0.1
	BOD_5	平原河流区	3	10
	COD_{Mn}	所有样点	15	30
营养盐	TP	所有样点	0.02	0.30
	TN	湖库	0.20	1.50
	NH_3-N	所有样点	0.15	2.00

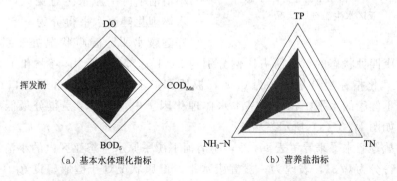

（a）基本水体理化指标　　　　　　（b）营养盐指标

图 17.1 小清河下游平原水生态亚区基本水体理化指标得分

17. 1. 1. 2　评价结果

1. 整体评价结果

（1）基本水体理化评价结果。整体来说，小清河下游平原水生态亚区的基本水体理化得分为 0.64，其健康状态处于良好水平。健康状况处于健康、良好、一般和不健康四种状态的点位所占比例分别为 42.4%、41.4%、7.0% 和 10.3%。

小清河下游平原水生态亚区基本水体理化指标从 DO 得分和 BOD_5 得分，基本处于良好水平；从挥发酚得分来看，该区都处于健康状况；相对于其他指标，COD_{Mn} 得分较低，提示该区处于一般水平，如图 17.1（a）所示。

（2）营养盐评价结果。整体来说，小清河下游平原水生态亚区的营养盐得分为 0.42，其健康状态处于一般水平。健康状况处于健康、良好、一般和不健康四种状态的点位所占比例分别为 17.2%、27.6%、24.1% 和 31.0%。

小清河下游平原水生态亚区营养盐指标从 TP 得分和 NH_3-N 得分来看，基本处于良好水平；相对于其他指标，TN 得分较低，提示该区处于不健康水平，如图 17.1（b）所示。

（3）综合评价结果。整体来说，小清河下游平原水生态亚区的水质综合评价得分为 0.53，其健康状态处于良好水平。健康状况处于健康、良好、一般和不健康四种状态的点位所占比例分别为 20.7%、34.5%、31.0% 和 13.8%。由此可见，处于良好和一般健康水平的点位较多，但仍有部分点位健康水平处于"不健康"状态，如图 17.2 所示。

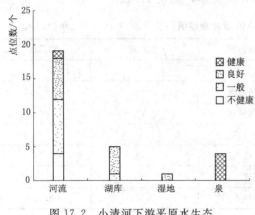

图 17.2　小清河下游平原水生态
亚区水生态健康状况

2. 不同水体类型评价

（1）河流。小清河下游平原水生态亚区内的河流主要为小清河及其支流，共设置了 19 个调查点位。整体来看，该亚区河流的水质综合评价得分为 0.44，其健康状态处于一般水平。健康状况处于健康、良好、一般和不健康四种状态的点位所占比例分别为 10.5%、26.3%、42.11% 和 21.05%。

就水体理化健康水平来看（表 17.2），小清河下游平原水生态亚区内的小清河段水体理化健康水平得分为 0.56，表现为良好健康水平。健康状况处于健康、良好、一般和不健康四种状态的点位所占比例分别为 21.1%、52.6%、10.5% 和 15.8%。其中吴家堡水体理化指标得分最高，为 0.90，板桥、张家林、章灵丘和鸭旺口得分均低于 0.25，处于不健康的水平。在各项基本水体理化因子中，COD_{Mn} 是得分最低的，最高的为挥发酚，如图 17.3（a）所示。

就营养盐健康水平来看（表 17.2），小清河下游平原水生态亚区内的小清河段水体理化健康水平得分为 0.31，表现为一般健康水平。健康状况处于健康、良好、一般和不健康四种状态的点位所占比例分别为 10.5%、15.8%、26.3% 和 47.4%。其中西门桥营养盐得分最高，为 0.94，接近一半的点位营养盐得分低于 0.25，处于不健康的水平。在各项营养盐指标中，NH_3-N 得分最高，TN 最低，如图 17.3（b）所示。

表 17.2 小清河下游平原水生态亚区河流类型点位水质评价得分与健康水平

点位名称	水体理化得分	营养盐得分	总分	健康水平
吴家堡	0.90	0.55	0.72	良好
北全福庄	0.57	0.00	0.29	一般
明湖北	0.49	0.31	0.40	一般
五柳闸	0.60	0.56	0.58	良好
梁府庄	0.69	0.00	0.35	一般
板桥	0.21	0.00	0.11	不健康
菜市新村	0.78	0.52	0.65	良好
黄台桥	0.44	0.00	0.22	不健康
相公庄	0.68	0.00	0.34	一般
浒山闸	0.50	0.09	0.29	一般
张家林	0.19	0.27	0.23	不健康
白云湖下游	0.83	0.77	0.80	健康
龙脊河	0.66	0.31	0.48	一般
石河	0.53	0.05	0.29	一般
巨野河	0.71	0.44	0.58	良好
大辛村	0.85	0.47	0.66	良好
章灵丘	0.19	0.92	0.56	良好
鸭旺口	0.00	0.00	0.00	不健康
西门桥	0.69	0.94	0.81	健康
五龙堂	0.73	0.00	0.37	一般

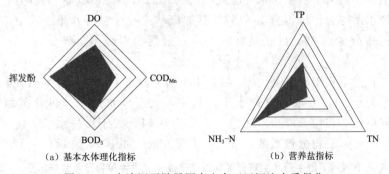

（a）基本水体理化指标　　　　（b）营养盐指标

图 17.3 小清河下游平原水生态亚区河流水质得分

（2）水库。小清河下游平原水生态亚区内的水库主要为杜张水库、杏林水库和朱各务水库。整体来看，该亚区水库的水质综合评价得分为 0.67，其健康状态处于良好水平。杜张水库、杏林水库和朱各务水库水质综合健康状况均处于良好状态。

就水体理化健康水平来看（表17.3），小清河下游平原水生态亚区内的水库水体理化健康水平得分为0.85，表现为健康水平。其中，杏林水库、杜张水库和朱各务水库水体理化健康水平得分均为0.80以上，健康状况均处于健康水平。在各项基本水体理化因子中，DO是得分最低的，最高的为挥发酚，如图17.4（a）所示。

就营养盐健康水平来看（表17.3），小清河下游平原水生态亚区内的水库营养盐健康水平得分为0.50，表现为一般健康水平。其中，杏林水库和朱各务水库营养盐健康水平得分分别为0.51和0.58，健康状况处于良好水平；杜张水库得分为0.41，健康状况处于一般水平。在各项营养盐指标中，NH$_3$-N得分最高，TN最低，如图17.4（b）所示。

表17.3　　小清河下游平原水生态亚区水库类型点位水质评价得分与健康水平

点位名称	水体理化得分	营养盐得分	总分	健康水平
杏林水库	0.82	0.51	0.66	良好
杜张水库	0.91	0.41	0.66	良好
朱各务水库	0.83	0.58	0.70	良好

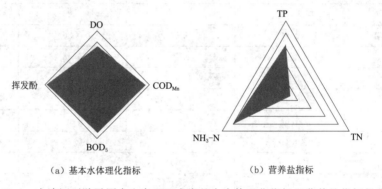

（a）基本水体理化指标　　　　　　（b）营养盐指标

图17.4　小清河下游平原水生态亚区水库基本水体理化指标和营养盐指标得分

（3）湖泊。小清河下游平原水生态亚区内的湖泊主要为白云湖和大明湖。整体来看，该亚区湖泊的水质综合评价得分为0.57，其健康状态处于良好水平。其中，大明湖水质综合健康状况得分为0.69，处于良好状态；白云湖相对较差，得分为0.44，处于一般水平。

就水体理化健康水平来看（表17.4），小清河下游平原水生态亚区内的湖泊水体理化健康水平得分为0.66，表现为良好水平。其中，大明湖水质水体理化健康水平得分为0.81，处于健康状态；白云湖相对较差，得分为0.51，处于良好水平。在各项基本水体理化因子中，COD$_{Mn}$是得分最低的，最高的为挥发酚，如图17.5（a）所示。

表17.4　　小清河下游平原水生态亚区湖泊类型点位水质评价得分与健康水平

点位名称	水体理化得分	营养盐得分	总分	健康水平
白云湖	0.51	0.37	0.44	一般
大明湖	0.81	0.57	0.69	良好

就营养盐健康水平来看（表 17.4），小清河下游平原水生态亚区内的湖泊水体理化健康水平得分为 0.47，表现为一般健康水平。其中，大明湖营养盐健康水平得分为 0.57，健康状况处于良好水平；杜张水库得分为 0.37，健康状况处于一般水平。在各项营养盐指标中，NH_3-N 得分最高，TN 最低，如图 17.5（b）所示。

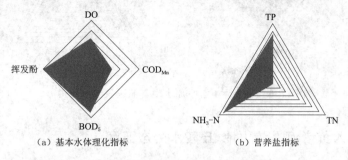

（a）基本水体理化指标　　　　　　　（b）营养盐指标

图 17.5　小清河下游平原水生态亚区湖泊水质得分

（4）湿地。小清河下游平原水生态亚区内的湿地仅有华山湖湿地。华山湖的水质综合评价得分为 0.66，其健康状态处于良好水平。就水体理化健康水平来看，华山湖湿地水体理化健康水平得分为 0.69，表现为良好水平。在各项基本水体理化因子中，最高的为挥发酚，为 0.98；其次为 BOD_5 和 COD_{Mn}，得分分别为 0.97 和 0.67；DO 是得分最低的，为 0.44。就营养盐健康水平来看，华山湖湿地营养盐健康水平得分为 0.63，表现为良好水平。在各项营养盐指标中，NH_3-N 得分最高，为 0.98；其次为 TP，为 0.93；TN 最低。

（5）泉水。小清河下游平原水生态亚区内的泉水主要为珍珠泉、洪范池、趵突泉和百脉泉。整体来看，该亚区泉水的水质综合评价得分为 0.85，其健康状态处于健康水平。珍珠泉、洪范池、趵突泉和百脉泉水质综合健康状况均处于健康状态。

就水体理化健康水平来看（表 17.5），小清河下游平原水生态亚区内的泉水水体理化健康水平得分为 0.84，表现为健康水平。其中，珍珠泉、洪范池、趵突泉和百脉泉水体理化健康水平得分均为 0.75 以上，健康状况均处于健康水平。在各项基本水体理化因子中，BOD_5 是得分最低的，最高的为挥发酚，如图 17.6（a）所示。

表 17.5　小清河下游平原水生态亚区泉水类型点位水质评价得分与健康水平

点位名称	水体理化得分	营养盐得分	总分	健康水平
珍珠泉出水口	0.82	0.95	0.88	健康
趵突泉	0.85	0.88	0.86	健康
百脉泉出口	0.84	0.95	0.89	健康
洪范池	0.86	0.66	0.76	健康

就营养盐健康水平来看（表 17.5），小清河下游平原水生态亚区内的泉水水体理化健康水平得分为 0.86，表现为健康水平。其中，珍珠泉、趵突泉和百脉泉营养盐健康水平得分均为 0.75 以上，健康状况处于健康水平。在各项营养盐指标中，NH_3-N 得分最高，TN 最低，如图 17.6（b）所示。

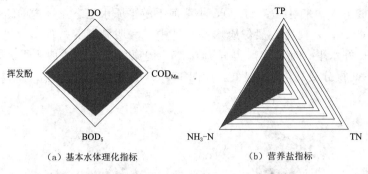

（a）基本水体理化指标　　　　　　　　（b）营养盐指标

图 17.6　小清河下游平原水生态亚区泉水水质得分

17.1.2　南部入黄诸河上游山地-丘陵水生态亚区

17.1.2.1　评价体系

结合济南水生态调查结果和水生态分区结果，确定水体化学指标作为南部入黄诸河上游山地-丘陵水生态亚区水生态健康评价的主要评价因子。水体化学指标包括水体理化指标和营养盐指标。基本水体理化指标包括 DO、BOD_5 和 COD_{Mn}；营养盐指标包括 NH_3-N、TN 和 TP。基本水体理化指标和营养盐指标参照《地表水环境质量标准》（GB 3838—2002），参照值参照地表水Ⅰ类标准。临界值参照地表水Ⅳ类标准，见表 17.1。

17.1.2.2　评价结果

1. 整体评价结果

（1）基本水体理化评价结果。整体来说，南部入黄诸河上游山地-丘陵水生态亚区的基本水体理化得分为 0.77，其健康状态处于健康水平。健康状况处于健康和良好两种状态的点位所占比例分别为 77.8% 和 22.2%，无处于一般和不健康状况的点位。

南部入黄诸河上游山地-丘陵水生态亚区基本水体理化指标从 DO 得分来看，处于良好水平；从 BOD_5 得分、COD_{Mn} 得分和挥发酚得分来看，该区都处于健康状况，如图 17.7（a）所示。

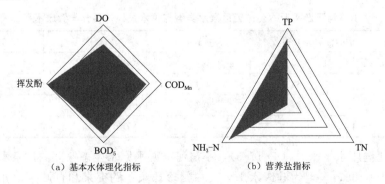

（a）基本水体理化指标　　　　　　　　（b）营养盐指标

图 17.7　南部入黄诸河上游山地-丘陵水生态亚区指标得分

（2）营养盐评价结果。整体来说，南部入黄诸河上游山地-丘陵水生态亚区的营养盐得分为 0.89，其健康状态处于健康水平。营养盐水平健康状况处于健康和良好两种状态的点位所占比例分别为 88.9% 和 11.1%，无处于一般和不健康状况的点位。

南部入黄诸河上游山地-丘陵水生态亚区营养盐指标从 TP 得分和 NH_3-N 得分来看，基本处于良好水平；相对于其他指标，TN 得分较低，提示该区处于不健康水平，如图 17.7（b）所示。

（3）综合评价结果。整体来说，南部入黄诸河上游山地-丘陵水生态亚区的水质综合评价得分为 0.83，其健康状态处于健康水平。各点位均处于健康水平。

2. 不同水体类型评价

（1）河流。南部入黄诸河上游山地-丘陵水生态亚区内的河流主要为玉符河，共设置了 3 个调查点位。整体来看，该亚区河流的水质综合评价得分为 0.82，其健康状态处于健康水平。各点位均处于健康水平。

就水体理化健康水平来看（表 17.6），南部入黄诸河上游山地-丘陵水生态亚区内的小清河段水体理化健康水平得分为 0.71，表现为良好水平。健康状况处于健康和良好两种状态的点位所占比例分别为 66.7% 和 33.3%，无处于一般和不健康状况的点位。其中黄巢水库下游水体理化指标得分最高，为 0.82，并渡口得分为 0.53，处于一般水平。在各项基本水体理化因子中，DO 是得分最低的，最高的为挥发酚，如图 17.8（a）所示。

就营养盐健康水平来看（表 17.6），南部入黄诸河上游山地-丘陵水生态亚区内的小清河段水体理化健康水平得分为 0.92，表现为健康水平。各点位均处于健康水平。其中并渡口营养盐得分最高，为 0.98。在各项营养盐指标中，NH_3-N 得分最高，TN 最低，如图 17.8（b）所示。

表 17.6　　　南部入黄诸河上游山地-丘陵水生态亚区河流类型点位
水质评价赋分与健康水平

点位名称	水体理化得分	营养盐得分	总分	健康水平
并渡口	0.53	0.98	0.76	健康
黄巢水库下游	0.82	0.85	0.83	健康
宅科	0.79	0.94	0.86	健康

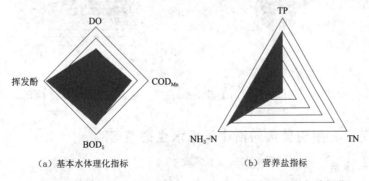

（a）基本水体理化指标　　　　（b）营养盐指标

图 17.8　南部入黄诸河上游山地-丘陵水生态亚区河流水质得分

（2）水库。南部入黄诸河上游山地-丘陵水生态亚区内的水库主要为八达岭水库、卧虎山水库、锦绣川水库、垛庄水库、钓鱼台水库和崮云湖水库。整体来看，该亚区水库的水质综合评价得分为 0.84，其健康状态处于良好水平。各水库水质综合健康状况均处于健康状态。

就水体理化健康水平来看（表 17.7），南部入黄诸河上游山地-丘陵水生态亚区内的水库水体理化健康水平得分为 0.81，表现为健康水平。其中，八达岭水库、卧虎山水库、锦绣川水库、垛庄水库和崮云湖水库水体理化健康水平得分均为 0.80 以上，健康状况均处于健康水平。钓鱼台水库得分为 0.70，健康状况处于良好水平。在各项基本水体理化因子中，DO 是得分最低的，最高的为挥发酚，如图 17.9（a）所示。

就营养盐健康水平来看（表 17.7），南部入黄诸河上游山地-丘陵水生态亚区内的水库营养盐健康水平得分为 0.87，表现为健康水平。其中，八达岭水库、卧虎山水库、锦绣川水库、垛庄水库和钓鱼台水库水体营养盐健康水平得分均为 0.80 以上，健康状况均处于健康水平。崮云湖水库得分为 0.68，健康状况处于良好水平。在各项营养盐指标中，NH_3-N 得分最高，TN 最低，如图 17.9（b）所示。

表 17.7　　　南部入黄诸河上游山地-丘陵水生态亚区水库类型点位
水质评价得分与健康水平

点位名称	水体理化得分	营养盐得分	总分	健康水平
八达岭水库	0.76	0.85	0.81	健康
卧虎山水库	0.85	0.91	0.88	健康
锦绣川水库	0.76	0.98	0.87	健康
垛庄水库	0.85	0.91	0.88	健康
钓鱼台水库	0.70	0.89	0.80	健康
崮云湖水库	0.90	0.68	0.70	良好

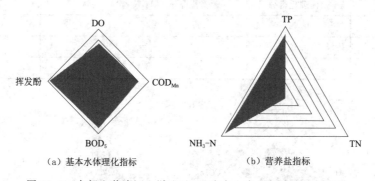

（a）基本水体理化指标　　　　　（b）营养盐指标

图 17.9　南部入黄诸河上游山地-丘陵水生态亚区水库水质得分

17.1.3　长清区、平阴县黄河沿岸平原水生态亚区

17.1.3.1　评价体系

结合济南水生态调查结果和水生态分区结果，确定水体化学指标作为济南长清区、平阴县黄河沿岸平原水生态亚区水生态健康评价的主要评价因子。水体化学指标包括水体理化指标和营养盐指标。基本水体理化指标包括 DO、BOD_5 和 COD_{Mn}；营养盐指标包括氨

氮、总氮和总磷。基本水体理化指标和营养盐指标参照《地表水环境质量标准》（GB 3838—2002），参照值参照地表水Ⅰ类标准。临界值参照地表水Ⅳ类标准，见表17.1。

17.1.3.2　评价结果

1. 整体评价结果

（1）基本水体理化评价结果。整体来说，长清区、平阴县黄河沿岸平原水生态亚区的基本水体理化得分为0.62，其健康状态处于良好水平。健康状况处于健康、良好和一般四种状态的点位所占比例分别为25.0%、58.3%、16.7%和0，无不健康水平点位。

长清区、平阴县黄河沿岸平原水生态亚区基本水体理化指标从挥发酚得分和BOD_5得分来看，基本处于健康水平；从DO得分来看，该区都处于良好状况；相对于其他指标，COD_{Mn}得分较低，提示该区处于一般水平，如图17.10（a）所示。

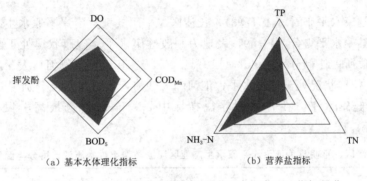

（a）基本水体理化指标　　　　（b）营养盐指标

图17.10　长清区、平阴县黄河沿岸平原水生态亚区指标得分

（2）营养盐评价结果。整体来说，长清区、平阴县黄河沿岸平原水生态亚区的营养盐得分为0.68，其健康状态处于一般水平。健康状况处于健康、良好、一般和不健康四种状态的点位所占比例分别为66.7%、8.3%、8.3%和16.7%。

长清区、平阴县黄河沿岸平原水生态亚区基本水体理化指标从NH_3-N得分来看，处于健康水平；从TP得分来看，处于良好水平；相对于其他指标，TN得分较低，提示该区处于不健康水平，如图17.10（b）所示。

（3）综合评价结果。整体来说，长清区、平阴县黄河沿岸平原水生态亚区的水质综合评价得分为0.65，其健康状态处于良好水平。健康状况处于健康、良好、一般和不健康四种状态的点位所占比例分别为33.3%、41.7%、25.0%和0。由此可见，处于良好和一般健康水平的点位较多，无健康水平处于"不健康"状态的点位，如图17.11所示。

2. 不同水体类型评价

（1）河流。长清区、平阴县黄河沿岸平原水生态亚区内的河流主要为玉符河、大沙河、黄河和汇河，共设置了5个调查点位，其中大沙河点位数为2个。整体来看，该亚

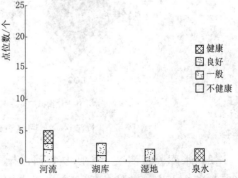

图17.11　长清区、平阴县黄河沿岸平原水生态亚区水生态健康状况

区河流的水质综合评价得分为 0.60，其健康状态处于良好水平。健康状况处于健康、良好和一般三种状态的点位所占比例分别为 40％、20％、20％ 和 0，无处于不健康状态的点位。其中，玉符河睦里庄、大沙河崮山得分在 0.75 以上，处于健康水平；黄河顾小庄浮桥的得分为 0.72，健康状况处于良好水平；汇河陈屯桥和北大沙河入黄河口得分分别为 0.33 和 0.35，健康状况处于一般水平。

就水体理化健康水平来看（表 17.8），长清区、平阴县黄河沿岸平原水生态亚区内的河流水体理化健康水平得分为 0.70，表现为良好健康水平。健康状况处于健康、良好、一般和不健康四种状态的点位所占比例分别为 40％、60％、0 和 0。其中，玉符河、睦里庄、大沙河崮山和黄河得分在 0.75 以上，处于健康水平；汇河得分为 0.55，健康状况处于一般水平。在各项基本水体理化因子中，COD_{Mn} 是得分最低的，最高的为挥发酚，如图 17.12（a）所示。

就营养盐健康水平来看（表 17.8），长清区、平阴县黄河沿岸平原水生态亚区内的河流水体营养盐健康水平得分为 0.50，表现为一般健康水平。健康状况处于健康和不健康四种状态的点位所占比例分别为 60％、40％、0 和 0。其中，玉符河、大沙河和黄河得分在 0.75 以上，健康状况处于健康水平；汇河和大沙河入黄河口得分分别为 0.10 和 0，健康状况处于不健康水平。在各项营养盐指标中，NH_3-N 得分最高，TN 最低，如图 17.12（b）所示。

表 17.8　长清区、平阴县黄河沿岸平原水生态亚区河流类型点位水质评价得分与健康水平

点位名称	水体理化得分	营养盐得分	总分	健康水平
玉符河睦里庄	0.80	0.82	0.81	健康
北大沙河入黄河口	0.71	0.00	0.35	一般
大沙河崮山	0.79	0.85	0.82	健康
黄河顾小庄浮桥	0.68	0.75	0.72	良好
汇河陈屯桥	0.55	0.10	0.33	一般

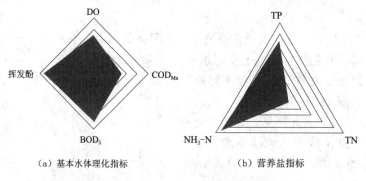

（a）基本水体理化指标　　　　（b）营养盐指标

图 17.12　长清区、平阴县黄河沿岸平原水生态亚区河流水质得分

（2）水库。长清区、平阴县黄河沿岸平原水生态亚区内的水库主要为东阿水库、汇泉水库和崮头水库。整体来看，该亚区水库的水质综合评价得分为 0.56，其健康状态处于良好水平。东阿水库、汇泉水库和崮头水库水质综合健康状况均处于良好状态。

就水体理化健康水平来看（表 17.9），长清区、平阴县黄河沿岸平原水生态亚区内的水库水体理化健康水平得分为 0.52，表现为良好水平。其中，东阿水库、汇泉水库和崮头水库水体理化健康水平得分均为 0.50 以上，健康状况均处于良好水平。在各项基本水体理化因子中，COD_{Mn} 是得分最低的，最高的为挥发酚，如图 17.13（a）所示。

就营养盐健康水平来看（表 17.9），长清区、平阴县黄河沿岸平原水生态亚区内的水库营养盐健康水平得分为 0.59，表现为良好水平。其中，崮头水库营养盐健康水平得分为 0.80，健康状况处于健康水平；汇泉水库得分为 0.53，健康状况处于良好水平；东阿水库得分为 0.43，健康水平一般。在各项营养盐指标中，NH_3-N 得分最高，TN 最低，如图 17.13（b）所示。

表 17.9　长清区、平阴县黄河沿岸平原水生态亚区水库类型点位水质评价得分与健康水平

点位名称	水体理化得分	营养盐得分	总分	健康水平
东阿水库	0.52	0.43	0.48	一般
汇泉水库	0.55	0.53	0.54	健康
崮头水库	0.50	0.80	0.65	健康

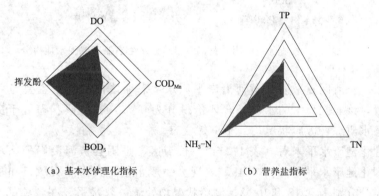

（a）基本水体理化指标　　　　　　（b）营养盐指标

图 17.13　长清区、平阴县黄河沿岸平原水生态亚区水库水质得分

（3）湿地。长清区、平阴县黄河沿岸平原水生态亚区内的湿地主要为济西湿地和玫瑰湖湿地。整体来看，该亚区湿地的水质综合评价得分为 0.84，其健康状态处于健康水平。其中，济西湿地和玫瑰湖湿地水质综合健康状况得分分别为 0.88 和 0.80，均处于健康状态。

就水体理化健康水平来看（表 17.10），长清区、平阴县黄河沿岸平原水生态亚区内的湿地水体理化健康水平得分为 0.72，表现为良好水平。其中，济西湿地水质水体理化健康水平得分为 0.81，处于健康状态；玫瑰湖湿地相对较差，得分为 0.63，处于良好水平。在各项基本水体理化因子中，COD_{Mn} 是得分最低的，最高的为挥发酚，如图 17.14（a）所示。

就营养盐健康水平来看（表 17.10），长清区、平阴县黄河沿岸平原水生态亚区内的

表 17.10　　　　长清区、平阴县黄河沿岸平原水生态亚区湿地类型点位
水质评价得分与健康水平

点位名称	水体理化得分	营养盐得分	总分	健康水平
济西湿地	0.81	0.95	0.88	健康
玫瑰湖湿地	0.63	0.97	0.80	健康

湿地水体理化健康水平得分为 0.96，表现为健康水平。其中，济西湿地和玫瑰湖湿地营养盐健康水平得分分别为 0.95 和 0.97，健康状况均为健康水平。在各项营养盐指标中，NH_3-N 得分最高，TN 最低，如图 17.14（b）所示。

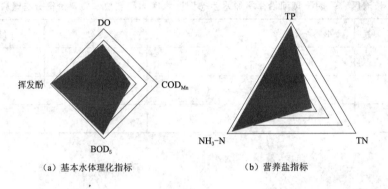

（a）基本水体理化指标　　　　　　　　（b）营养盐指标

图 17.14　长清区、平阴县黄河沿岸平原水生态亚区湿地水质得分

（4）泉水。长清区、平阴县黄河沿岸平原水生态亚区内的泉水主要为百脉泉和书院泉。整体来看，该亚区泉水的水质综合评价得分为 0.71，其健康状态处于良好水平。百脉泉和书院泉水质综合健康状况均处于良好状态。

就水体理化健康水平来看（表 17.11），长清区、平阴县黄河沿岸平原水生态亚区内的泉水水体理化健康水平得分为 0.45，表现为一般水平。其中，百脉泉和书院泉水体理化健康水平得分分别为 0.48 和 0.42，健康状况均处于一般水平。在各项基本水体理化因子中，DO 得分最低，挥发酚得分最高，如图 17.15（a）所示。

就营养盐健康水平来看（表 17.11），长清区、平阴县黄河沿岸平原水生态亚区内的泉水水体理化健康水平得分为 0.97，表现为健康水平。其中，百脉泉和书院泉营养盐健康水平得分分别为 0.96 和 0.99，健康状况处于健康水平。在各项营养盐指标中，TP 得分最高，TN 得分最低，如图 17.15（b）所示。

表 17.11　　　　长清区、平阴县黄河沿岸平原水生态亚区泉水类型点位
水质评价得分与健康水平

点位名称	水体理化得分	营养盐得分	总分	健康水平
百脉泉	0.48	0.96	0.72	良好
书院泉	0.42	0.99	0.70	良好

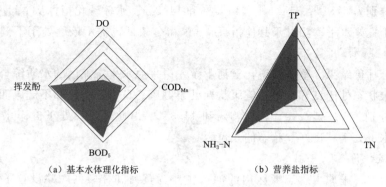

（a）基本水体理化指标　　　　　　　（b）营养盐指标

图 17.15　长清区、平阴县黄河沿岸平原水生态亚区泉水水质得分

17.1.4　黄河下游左岸平原水生态亚区

17.1.4.1　评价体系

结合济南水生态调查结果和水生态分区结果，确定水体化学指标作为济南黄河下游左岸平原水生态亚区水生态健康评价的主要评价因子。水体化学指标包括水体理化指标和营养盐指标。基本水体理化指标包括 DO、BOD_5 和 COD_{Mn}；营养盐指标包括 NH_3-N、TN 和 TP。基本水体理化指标和营养盐指标参照《地表水环境质量标准》（GB 3838—2002），参照值参照地表水 Ⅰ 类标准，临界值参照地表水 Ⅳ 类标准，见表 17.1。

17.1.4.2　评价结果

1. 整体评价结果

（1）基本水体理化评价结果。整体来说，黄河下游左岸平原水生态亚区的基本水体理化得分为 0.66，其健康状态处于良好水平。健康状况处于健康、良好、一般和不健康四种状态的点位所占比例分别为 57.1％、14.3％、14.3％和 14.3％。黄河下游左岸平原水生态亚区基本水体理化指标从挥发酚得分和 BOD_5 得分来看，基本处于健康水平；从 DO 和 COD_{Mn} 得分来看，该区处于良好状况，如图 17.16（a）所示。

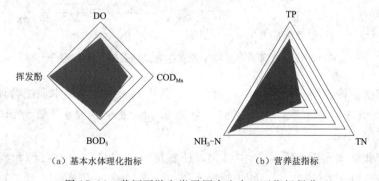

（a）基本水体理化指标　　　　　　　（b）营养盐指标

图 17.16　黄河下游左岸平原水生态亚区指标得分

（2）营养盐评价结果。整体来说，黄河下游左岸平原水生态亚区的营养盐得分为 0.61，其健康状态处于一般水平。健康状况处于健康、良好、一般和不健康四种状态的点

位所占比例分别为 57.1％、14.3％、14.3％和 14.3％。水体理化指标从 NH₃-N 和 TP 得分来看，处于良好水平；相对于其他指标，TN 得分较低，提示该区处于不健康水平，如图 17.16（b）所示。

（3）综合评价结果。整体来说，黄河下游左岸平原水生态亚区的水质综合评价得分为 0.64，其健康状态处于良好水平。健康状况处于健康、良好、一般和不健康四种状态的点位所占比例分别为 71.4％、0％、14.3％和 14.3％。由此可见，处于健康水平的点位较多，无健康水平处于"良好"状态的点位。

2. 各河流评价

黄河下游左岸平原水生态亚区内的河流主要为黄河和徒骇河，共设置了 7 个调查点位，其中黄河 2 个，徒骇河 5 个。

（1）黄河。黄河各点位水质综合评价得分均在 0.75 以上，处于健康水平。就水体理化健康水平来看（表 17.12），黄河各点位得分均在 0.75 以上，处于健康水平。在各项基本水体理化因子中，COD$_{Mn}$是得分最低的，最高的为挥发酚，如图 17.17（a）所示。

就营养盐健康水平来看（表 17.12），黄河各点位得分均在 0.75 以上，处于健康水平。在各项营养盐指标中，NH₃-N 得分最高，TN 最低，如图 17.17（b）所示。

表 17.12　　　　黄河下游左岸平原水生态亚区黄河段水质评价得分与健康水平

点位名称	水体理化得分	营养盐得分	总分	健康水平
泺口	0.94	0.83	0.88	健康
葛店引黄闸	0.78	0.75	0.77	健康

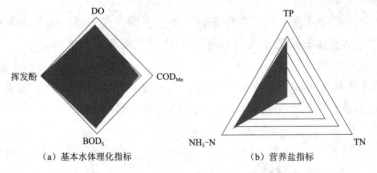

（a）基本水体理化指标　　　　（b）营养盐指标

图 17.17　黄河下游左岸平原水生态亚区黄河段水质得分

（2）徒骇河。徒骇河 5 个点位中，垛石街、新市董家和太平镇水质综合评价得分均处于 0.75 以上，处于健康水平；大贺家铺得分为 0.33，处于一般水平；北田家得分较低，处于不健康水平。

就水体理化健康水平来看（表 17.13），徒骇河 5 个点位中，垛石街和新市董家水质综合评价得分均处于 0.75 以上，处于健康水平；太平镇得分为 0.68，处于良好水平；大贺家铺得分为 0.44，处于一般水平；北田家得分较低，处于不健康水平。在各项基本水体理化因子中，COD$_{Mn}$是得分最低的，最高的为挥发酚，如图 17.18（a）所示。

就营养盐健康水平来看（表 17.13），徒骇河 5 个点位中，新市董家和太平镇水质综合评价得分均处于 0.75 以上，处于健康水平；垛石街得分为 0.74，处于良好水平；大贺家铺和北田家得分较低，处于不健康水平。在各项营养盐指标中，NH_3-N 得分最高，TN 最低，如图 17.18（b）所示。

表 17.13 黄河下游左岸平原水生态亚区徒骇河水质评价得分与健康水平

点位名称	水体理化得分	营养盐得分	总分	健康水平
北田家	0.18	0.00	0.09	不健康
垛石街	0.84	0.74	0.79	健康
新市董家	0.79	0.85	0.82	健康
大贺家铺	0.44	0.22	0.33	一般
太平镇	0.68	0.86	0.77	健康

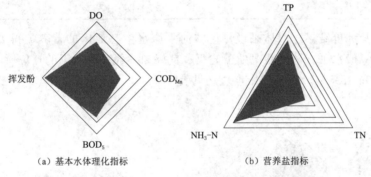

（a）基本水体理化指标　　　　　　　（b）营养盐指标

图 17.18　黄河下游左岸平原水生态亚区徒骇河水质得分

17.1.5　徒骇河平原水生态亚区

17.1.5.1　评价体系

结合济南水生态调查结果和水生态分区结果，确定水体化学指标作为济南徒骇河平原水生态亚区水生态健康评价的主要评价因子。水体化学指标包括水体理化指标和营养盐指标。基本水体理化指标包括 DO、BOD_5 和 COD_{Mn}；营养盐指标包括 NH_3-N、TN 和 TP。基本水体理化指标和营养盐指标参照《地表水环境质量标准》（GB 3838—2002），参照值参照地表水Ⅰ类标准。临界值参照地表水Ⅳ类标准，见表 17.1。

17.1.5.2　评价结果

徒骇河平原水生态亚区主要的水体类型为徒骇河，共设置 8 个调查点位。

（1）基本水体理化评价结果。整体来说，徒骇河平原水生态亚区的基本水体理化得分为 0.49，其健康状态处于良好水平。健康状况处于健康、良好和一般三种状态的点位所占比例分别为 12.5.0%、12.5% 和 75.0%，无不健康水平点位，见表 17.14。

徒骇河平原水生态亚区基本水体理化指标从挥发酚得分来看，基本处于健康水平；从 DO 和 BOD_5 得分来看，该区都处于良好状况；相对于其他指标，COD_{Mn} 得分较低，提示该区处于不健康水平，如图 17.19（a）所示。

表 17.14   徒骇河平原水生态亚区河流类型点位水质评价得分与健康水平

点位名称	水体理化得分	营养盐得分	总分	健康水平
营子闸	0.48	0.46	0.47	一般
张公南临	0.36	0.55	0.45	一般
刘家堡桥	0.60	0.66	0.63	良好
周永闸	0.33	0.77	0.55	良好
杆子行闸	0.49	0.73	0.61	良好
明辉路桥	0.45	0.33	0.39	一般
潘庙闸	0.42	0.40	0.41	一般
刘成桥	0.76	0.68	0.72	良好

（2）营养盐评价结果。整体来说，徒骇河平原水生态亚区的营养盐得分为 0.57，其健康状态处于一般水平。健康状况处于健康、良好和一般三种状态的点位所占比例分别为 12.5%、50% 和 37.5%，无不健康点位，见表 17.14。

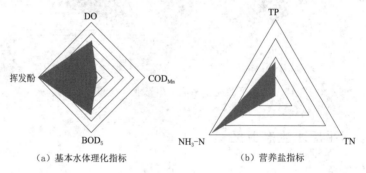

（a）基本水体理化指标   （b）营养盐指标

图 17.19   徒骇河平原水生态亚区指标得分

徒骇河平原水生态亚区基本水体理化指标从 NH_3-N 得分来看，处于健康水平；从 TP 得分来看，处于一般水平；相对于其他指标，TN 得分较低，提示该区处于不健康水平，如图 17.19（b）所示。

（3）综合评价结果。整体来说，徒骇河平原水生态亚区的水质综合评价得分为 0.65，其健康状态处于良好水平。健康状况处于健康、良好和一般三种状态的点位所占比例分别为 33.3%、41.7% 和 25.0%。由此可见，处于良好和一般健康水平的点位较多，无健康水平处于"不健康"状态的点位。

17.1.6   大汶河、瀛汶河上游丘陵-山地水生态亚区

17.1.6.1   评价体系

结合济南水生态调查结果和水生态分区结果，确定水体化学指标作为济南大汶河、瀛汶河上游丘陵-山地水生态亚区水生态健康评价的主要评价因子。水体化学指标包括水体

理化指标和营养盐指标。基本水体理化指标包括 DO、BOD_5 和 COD_{Mn}；营养盐指标包括 NH_3-N、TN 和 TP。基本水体理化指标和营养盐指标参照《地表水环境质量标准》（GB 3838—2002），参照值参照地表水 I 类标准。临界值参照地表水 IV 类标准，见表 17.1。

17.1.6.2　评价结果

1. 整体评价结果

（1）基本水体理化评价结果。整体来说，大汶河、瀛汶河上游丘陵-山地水生态亚区的基本水体理化得分为 0.55，其健康状态处于良好水平。健康状况处于良好和一般两种状态的点位所占比例分别为 66.7% 和 33.3%，无处于"健康"和"不健康"的点位。大汶河、瀛汶河上游丘陵-山地水生态亚区基本水体理化指标从挥发酚得分和 BOD_5 得分来看，基本处于健康水平；从 COD_{Mn} 得分来看，该区处于良好状况；从 DO 得分来看，该区处于一般水平，如图 17.20 （a）所示。

（2）营养盐评价结果。整体来说，大汶河、瀛汶河上游丘陵-山地水生态亚区的营养盐得分为 0.82，其健康状态处于健康水平。健康状况处于健康和良好两种状态的点位所占比例分别为 66.7% 和 33.3%，无处于"一般"和"不健康"的点位。大汶河、瀛汶河上游丘陵-山地水生态亚区基本水体理化指标从 NH_3-N 和 TP 得分来看，处于健康水平；相对于其他指标，TN 得分较低，提示该区处于不健康水平，如图 17.20 所示。

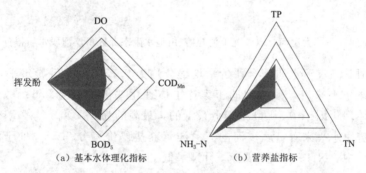

（a）基本水体理化指标　　　　（b）营养盐指标

图 17.20　大汶河、瀛汶河上游丘陵-山地水生态亚区指标得分

（3）综合评价结果。整体来说，大汶河、瀛汶河上游丘陵-山地水生态亚区的水质综合评价得分为 0.69，其健康状态处于良好水平。健康状况处于健康和良好两种状态的点位所占比例分别为 66.7% 和 33.3%。由此可见，处于健康水平的点位较多，无健康水平处于"一般"和"不健康"状态的点位。

2. 各河流评价

大汶河、瀛汶河上游丘陵-山地水生态亚区内的河流主要为牟汶河和瀛汶河，共设置了 3 个调查点位，其中牟汶河 2 个，瀛汶河 1 个。

（1）牟汶河。牟汶河水质综合评价平均得分均为 0.66，处于良好水平。其中，站里桥得分为 0.78，处于健康水平；莱芜得分为 0.53，处于良好水平，见表 17.15。

就水体理化健康水平来看，牟汶河平均得分为 0.51，处于良好水平。其中，站里桥得分为 0.70，处于良好水平；莱芜得分为 0.32，处于一般水平。在各项基本水体理化因子中，DO 是得分最低的，最高的为挥发酚，如图 17.21 （a）所示。

就营养盐健康水平来看，牟汶河平均得分为 0.80，处于健康水平。在各项营养盐指标中，NH$_3$-N 得分最高，TN 最低，如图 17.21（b）所示。

表 17.15　大汶河、瀛汶河上游丘陵-山地水生态亚区牟汶河段水质评价得分与健康水平

点位名称	水体理化得分	营养盐得分	总分	健康水平
站里桥	0.70	0.85	0.78	健康
莱芜	0.32	0.74	0.53	良好
王家洼	0.63	0.87	0.75	健康

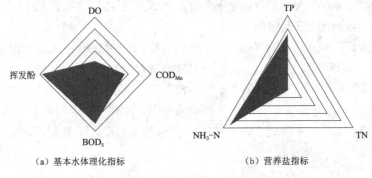

（a）基本水体理化指标　　　　　（b）营养盐指标

图 17.21　大汶河、瀛汶河上游丘陵-山地水生态亚区牟汶河段水质得分

（2）瀛汶河。瀛汶河水质综合评价平均得分均为 0.75，处于健康水平，见表 17.15。就水体理化健康水平来看，瀛汶河的王家洼水体理化评价得分为 0.63，处于健康水平。在各项基本水体理化因子中，DO 是得分最低的，最高的为 COD$_{Mn}$。

就营养盐健康水平来看，瀛汶河的王家洼营养盐评价得分 0.87，处于健康水平。在各项营养盐指标中，NH$_3$-N 得分最高，TN 最低。

17.1.7　瀛汶河上游丘陵-山地水生态亚区

17.1.7.1　评价体系

结合济南水生态调查结果和水生态分区结果，确定水体化学指标作为济南瀛汶河上游丘陵-山地水生态亚区水生态健康评价的主要评价因子。水体化学指标包括水体理化指标和营养盐指标。基本水体理化指标包括 DO 和 COD$_{Mn}$；营养盐指标包括 NH$_3$-N、TN 和 TP。基本水体理化指标和营养盐指标参照《地表水环境质量标准》（GB 3838—2002），参照值参照地表水Ⅰ类标准。临界值参照地表水Ⅳ类标准。

17.1.7.2　评价结果

1. 整体评价结果

（1）基本水体理化评价结果。整体来说，瀛汶河上游丘陵-山地水生态亚区的基本水体理化得分为 0.73，其健康状态处于良好水平。健康状况处于健康和良好两种状态的点位所占比例分别为 33.3% 和 66.7%，无处于"一般"和"不健康"的点位。瀛汶河上游丘陵-山地水生态亚区基本水体理化指标从挥发酚得分、COD$_{Mn}$得分和 BOD$_5$得分来看，基本处于健康水平；从 DO 得分来看，该区处于良好状况，如图 17.22（a）所示。

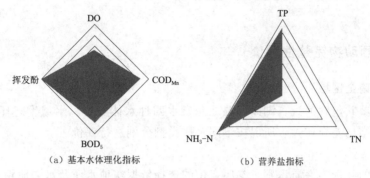

（a）基本水体理化指标　　　　　　（b）营养盐指标

图 17.22　瀛汶河上游丘陵-山地水生态亚区指标得分

（2）营养盐评价结果。整体来说，瀛汶河上游丘陵-山地水生态亚区的营养盐得分为 0.93，其健康状态处于健康水平。各点位均处于健康状态。瀛汶河上游丘陵-山地水生态亚区基本水体理化指标从 NH_3-N 和 TP 得分来看，处于健康水平；相对于其他指标，TN 得分较低，提示该区处于不健康水平，如图 17.22（b）所示。

（3）综合评价结果。整体来说，瀛汶河上游丘陵-山地水生态亚区的水质综合评价得分为 0.83，其健康状态处于健康水平。所有点位均处于健康水平。

2. 不同水体评价

（1）河流。瀛汶河上游丘陵-山地水生态亚区内的河流主要为牟汶河和瀛汶河，每条河段各设置 1 个点位。

1）牟汶河。牟汶河水质综合评价平均得分均为 0.89，处于健康水平。就水体理化健康水平来看，牟汶河水体理化评价得分为 0.93，处于良好水平。在各项基本水体理化因子中，COD_{Mn} 是得分最低的，最高的为挥发酚。

就营养盐健康水平来看，牟汶河营养盐评价得分 0.89，处于健康水平。在各项营养盐指标中，NH_3-N 得分最高，TN 最低。

2）瀛汶河。瀛汶河水质综合评价平均得分均为 0.82，处于健康水平。就水体理化健康水平来看，瀛汶河水体理化评价得分为 0.73，处于良好水平。在各项基本水体理化因子中，DO 是得分最低的，最高的为 COD_{Mn}。

就营养盐健康水平来看，瀛汶河营养盐评价得分 0.91，处于健康水平。在各项营养盐指标中，NH_3-N 得分最高，TN 最低。

（2）水库。瀛汶河上游丘陵-山地水生态亚区内的水库主要为雪野水库。

雪野水库水质综合评价平均得分均为 0.78，处于健康水平。就水体理化健康水平来看，雪野水库水体理化评价得分为 0.62，处于良好水平。在各项基本水体理化因子中，DO 是得分最低的，最高的为挥发酚。

就营养盐健康水平来看，雪野水库营养盐评价得分 0.95，处于健康水平。在各项营养盐指标中，NH_3-N 得分最高，TN 最低。

17.2　基于水生生物完整性的多因子评价

17.2.1　底栖动物完整性评价

17.2.1.1　济南全区域

济南全区域共包含河流、湖库、湿地和泉水四种水体类型，水域生态环境差异较大，底栖动物种群结构差异较大，所以按不同水体类型分别进行评价。

1. 河流

（1）点位的筛选与性质识别。参照点位的选择依据实地水质及水文地貌情况，以人类干扰较少，水环境理化质量较高，且流域生境保持较为完整的区域作为参照点位。参照点位依据水化数据 PCA 分析筛选出的结果，确定济南全区域河流参照点为付家桥、并渡口、睦里庄和崮山。

（2）候选指标。选用反映群落丰富度、种类个体数量比例、营养级组成、生物耐污程度、栖息地环境质量和多样性等 5 类的 28 个指标作为备选指标，以反映环境变化对目标生物（个体、种群和群落）数量、结构和功能的影响，从而能够有效地监测和评估水环境质量，见表 16.3。

（3）评估指标。在候选生物学指数对干扰的反应及其分布范围分析基础上，采用箱线图法分析上述筛选生物参数（图 17.23），初步筛选 M3、M6 和 M28 共 3 个生物参数。进一步对这 3 个生物学参数进行相关性分析，见表 17.16。根据以上生物指数的筛选方法，最终确定济南全区域河流 B-IBI 指数构成体系为：水生昆虫分类单元数、优势分类单元的个体相对丰度和 Pielou 均匀度指数。

表 17.16　　　　　　　　　3 个生物参数 Pearson 相关分析结果

参数	M3	M6	M28	参数	M3	M6	M28
M3	1			M28	0.238	−0.709	1
M6	−0.556	1					

（4）B-IBI 最佳预期值及评价标准建立。根据各生物参数在参照点和所有样点中的分布，确定计算各指数分值的比值法计算公式。对于外界压力响应下降或减少的参数，以所有样点由高到低排序的 95% 的分位数值作为最佳期望值，该类参数的分值等于参数实际值除以最佳期望值；对于外界压力响应增加的参数，以所有样点由高到低排序的 5% 的分位数值作为最佳期望值，该类参数的分值等于（最大值−实际值）/（最大值−最佳期望值）。将计算后的指数分值加和，即获得 B-IBI 指数值。根据参照点 B-IBI 指数的 25% 分位数值，确定最佳期望值为 2.34。对小于 25% 分位数值的分布范围进行三等分，确定了济南全区域河流底栖动物生物完整性评价标准，见表 17.17。

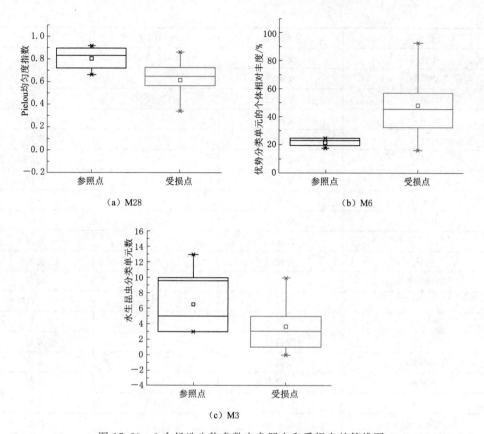

图 17.23　3 个候选生物参数在参照点和受损点的箱线图

表 17.17　　　　　　　　　　济南全区域河流底栖动物生物完整性评价标准

健康	良好	一般	不健康
＞2.34	1.56~2.34	0.78~1.56	0~0.78

（5）评价结果。根据表 17.17 的评价标准，对济南全区域河流 43 个点位的底栖动物生物完整性状况进行评估。结果表明（表 17.18），济南全区域河流点位中处于"健康""良好""一般""不健康"的点位分别为 7 个、22 个、10 个和 4 个，分别占 16.28％、51.16％、23.26％和 9.30％。其中健康状况最佳的为并渡口，最差的为顾小庄浮桥。

表 17.18　　　　　　　　　　济南全区域河流底栖动物生物完整性评价结果

点位名称	点位性质	B-IBI 值	健康状况
吴家堡	受损点	2.99	健康
明湖北路	受损点	0.76	不健康
北全福庄	受损点	0.71	不健康
梁府庄	受损点	1.09	一般
菜市新村	受损点	2.03	良好
黄台桥	受损点	2.37	健康

续表

点位名称	点位性质	B-IBI 值	健康状况
相公庄	受损点	1.75	良好
浒山闸	受损点	1.80	良好
张家林	受损点	0.82	一般
白云湖下游	受损点	2.35	健康
龙脊河	受损点	1.69	良好
石河	受损点	0.37	不健康
巨野河	受损点	2.20	良好
大辛村	受损点	1.67	良好
五龙堂	受损点	2.09	良好
黄巢水库下游	受损点	2.32	良好
宅科	受损点	3.16	健康
北大沙河入黄河口	受损点	1.75	良好
顾小庄浮桥	受损点	0.29	不健康
陈屯桥	受损点	1.82	良好
泺口	受损点	2.21	良好
葛店引黄闸	受损点	1.69	良好
北田家	受损点	1.67	良好
垛石街	受损点	2.03	良好
大贺家铺	受损点	2.10	良好
太平镇	受损点	1.50	一般
新市董家	受损点	1.37	一般
营子闸	受损点	1.22	一般
张公南临	受损点	1.68	良好
刘家堡桥	受损点	2.04	良好
周永闸	受损点	1.55	一般
杆子行闸	受损点	2.30	良好
明辉路桥	受损点	2.07	良好
潘庙闸	受损点	1.49	一般
刘成桥	受损点	1.81	良好
站里	受损点	1.51	一般
莱芜	受损点	1.60	良好
鸭旺口	受损点	1.17	一般
西下游	受损点	1.28	一般
付家桥	参照点	2.37	健康
并渡口	参照点	3.30	健康
睦里庄	参照点	2.44	健康
崮山	参照点	2.28	良好

2. 湖库

(1) 点位的筛选与性质识别。参照点位的选择依据实地水质及水文地貌情况,以人类干扰较少,水环境理化质量较高,且流域生境保持较为完整的区域作为参照点位。参照点位依据水化数据 PCA 分析筛选出的结果,确定济南全区域湖库参照点为八达岭水库、垛庄水库、钓鱼台水库和东阿水库。

(2) 候选指标。选用反映群落丰富度、种类个体数量比例、营养级组成、生物耐污程度、栖息地环境质量和多样性等 5 类的 28 个指标作为备选指标,以反映环境变化对目标生物(个体、种群和群落)数量、结构和功能的影响,从而能够有效地监测和评估水环境质量,见表 16.3。

(3) 评估指标。在候选生物学指数对干扰的反应及其分布范围分析基础上,采用箱线图法分析上述筛选生物参数(图 17.24),初步筛选 M6、M12、M14、M20、M21、M24、M25 和 M28 共 8 个生物参数。进一步对这 8 个生物学参数进行相关性分析,见表 17.19。根据 8 个生物参数相关分析的结果,M6 和 M28、M12 和 M21 Pearson 相关系数大于 0.75,保留 M6 和 M21,去除 M28 和 M12。根据以上生物指数的筛选方法,最终确定济南全区域湖库 B-IBI 指数构成体系为:优势分类单元的个体相对丰度、其他双翅目类群和非昆虫类群个体相对丰度、滤食者个体相对丰度、撕食者和刮食者个体相对丰度、捕食者个体相对丰度。

表 17.19   8 个生物参数 Pearson 相关分析结果

参数	M6	M12	M14	M20	M21	M24	M25	M28
M6	1							
M12	0.1	1						
M14	−0.492	−0.678	1					
M20	−0.457	−0.656	0	1				
M21	−0.07	0.982	−0.699	−0.649	1			
M24	−0.164	−0.342	0.103	−0.016	−0.246	1		
M25	−0.163	−0.342	0.103	−0.016	−0.246	0.91	1	
M28	−0.906	0.056	0.359	0.381	0.105	0.093	0.093	1

(4) B-IBI 最佳预期值及评价标准建立。根据各生物参数在参照点和所有样点中的分布,确定计算各指数分值的比值法计算公式。对于外界压力响应下降或减少的参数,以所有样点由高到低排序的 95% 的分位数值作为最佳期望值,该类参数的分值等于参数实际值除以最佳期望值;对于外界压力响应增加的参数,以所有样点由高到低排序的 5% 的分位数值作为最佳期望值,该类参数的分值等于(最大值−实际值)/(最大值−最佳期望值)。将计算后的指数分值加和,即获得 B-IBI 指数值。根据参照点 B-IBI 指数的 25% 分位数值,确定最佳期望值为 2.66。对小于 25% 分位数值的分布范围进行三等分,确定了济南全区域湖库底栖动物生物完整性评价标准,见表 17.20。

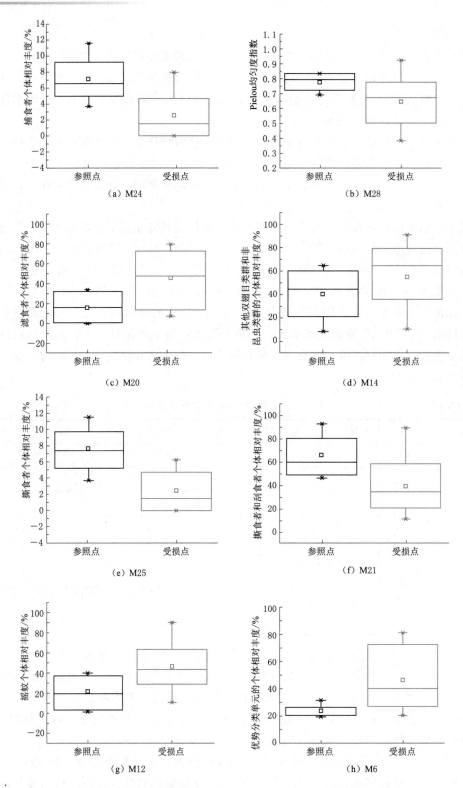

图 17.24　8 个候选生物参数在参照点和受损点的箱线图

表 17.20　　　　　　　　　　济南全区域湖库底栖动物生物完整性评价标准

健康	良好	一般	不健康
>2.66	1.77～2.66	0.89～1.77	0～0.89

（5）评价结果。根据表 17.20 的评价标准，对济南全区域湖库 14 个点位的底栖动物生物完整性状况进行评估。结果表明（表 17.21），济南全区域湖库点位中处于"健康""良好""一般""不健康"的点位分别为 10 个、1 个、3 个和 0 个，分别占 71.43%、7.14%、21.43% 和 0。其中健康状况最佳的为崮云湖，最差的为汇泉水库。

表 17.21　　　　　　　　　　济南全区域湖库底栖动物生物完整性评价结果

点位名称	点位性质	B-IBI 值	健康状况
杏林水库	受损点	3.02	健康
杜张水库	受损点	4.13	健康
朱各务水库	受损点	4.14	健康
华山湖湿地	受损点	3.96	健康
大明湖	受损点	4.02	健康
卧虎山水库	受损点	1.59	一般
锦绣川水库	受损点	1.59	一般
崮头水库	受损点	3.24	健康
崮云湖水库	受损点	4.46	健康
汇泉水库	受损点	1.29	一般
八达岭水库	参照点	3.00	健康
垛庄水库	参照点	2.76	健康
钓鱼台水库	参照点	2.47	良好
东阿水库	参照点	2.72	健康

3. 湿地

（1）点位的筛选与性质识别。参照点位的选择依据实地水质及水文地貌情况，以人类干扰较少，水环境理化质量较高，且流域生境保持较为完整的区域作为参照点位。参照点位依据水化数据 PCA 分析筛选出的结果，确定济南全区域湿地参照点为济西湿地。

（2）候选指标。选用反映群落丰富度、种类个体数量比例、营养级组成、生物耐污程度、栖息地环境质量和多样性等 5 类的 28 个指标作为备选指标，以反映环境变化对目标生物（个体、种群和群落）数量、结构和功能的影响，从而能够有效地监测和评估水环境质量，见表 16.3。

（3）评估指标。在候选生物学指数对干扰的反应及其分布范围分析基础上，采用箱线图法分析上述筛选生物参数（图 17.25），初步筛选 M3、M4、M6、M19 和 M27 共 5 个生物参数。进一步对这 5 个生物学参数进行相关性分析，见表 17.22。

根据 5 个生物参数相关分析的结果，M3 和 M4、M19、M27，M4 和 M3、M19、M27，M19 和 M27 Pearson 相关系数均大于 0.75，保留 M6 和 M27，去除 M3、M4 和 M19。根据以上生物指数的筛选方法，最终确定湿地点位 B-IBI 指数构成体系为：优势分类单元的个体相对丰度和 Shannon-Wiener 多样性指数。

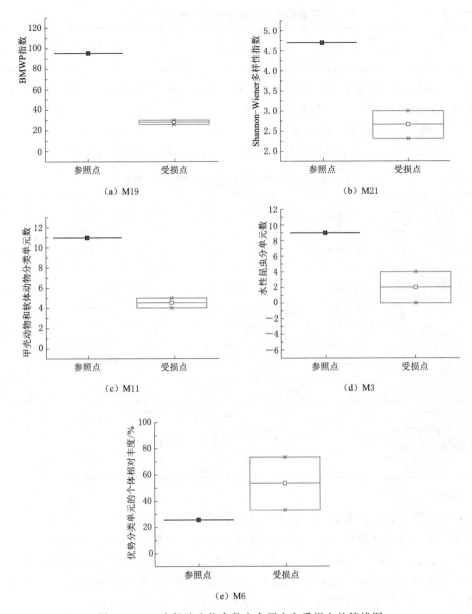

（a）M19　　　　　　　　　　　　　　　（b）M21

（c）M11　　　　　　　　　　　　　　　（d）M3

（e）M6

图 17.25　5 个候选生物参数在参照点和受损点的箱线图

表 17.22　　　　　　　　　　5 个生物参数 Pearson 相关分析结果

参数	M3	M4	M6	M27	M19
M3	1				
M4	0.83	1			
M6	−0.215	−0.723	1		
M27	0.918	0.983	−0.585	1	
M19	0.984	0.916	−0.386	0.974	1

（4）B-IBI 最佳预期值及评价标准建立。根据各生物参数在参照点和所有样点中的分布，确定计算各指数分值的比值法计算公式。对于外界压力响应下降或减少的参数，以所有样点由高到低排序的 95％的分位数值作为最佳期望值，该类参数的分值等于参数实际值除以最佳期望值；对于外界压力响应增加的参数，以所有样点由高到低排序的 5％的分位数值作为最佳期望值，该类参数的分值等于（最大值－实际值）/（最大值－最佳期望值）。将计算后的指数分值加和，即获得 B-IBI 指数值。根据参照点 B-IBI 指数的 25％分位数值，确定最佳期望值为 2.05。对小于 25％分位数值的分布范围进行三等分，确定了济南全区域湿地底栖动物生物完整性评价标准，见表 17.23。

表 17.23　　　　　　　　济南全区域湿地底栖动物生物完整性评价标准

健康	良好	一般	不健康
＞2.05	1.28～2.05	0.66～1.28	0～0.66

（5）评价结果。根据表 17.23 的评价标准，对济南全区域湿地 3 个点位的底栖动物生物完整性状况进行评估。结果表明（表 17.24），济南全区域湿地点位中处于"健康""良好"和"一般"的点位各 1 个，分别占 33.3％，无处于"不健康"的点位。其中健康状况最佳的为济西湿地，最差的为华山湖湿地。

表 17.24　　　　　　　　济南全区域湿地底栖动物生物完整性评价结果

点位名称	点位性质	B-IBI 值	健康状况
华山湖湿地	受损点	0.66	一般
玫瑰湖湿地	受损点	1.36	良好
济西湿地	参照点	2.05	健康

4. 济南全区域水生态健康状况

济南全区域共包含河流、湖库、湿地和泉水四种水体类型，水域生态环境差异较大，底栖动物种群结构差异较大，所以按不同水体类型分别进行评价。采用反映群落丰富度、种类个体数量比例、营养级组成、生物耐污程度、栖息地环境质量和多样性等 5 类的 28 个指标作为备选指标，构建底栖动物生物完整性评价指标体系，对济南全区域 62 个点位进行了评价，结果显示（图 17.26），济南全区域处于健康水平的点位 13 个，良好水平的点位 21 个，一般水平的点位 13 个，不健康水平的点位 15 个，分别占 21.0％，33.9％，21.0％和 24.2％。由此可见，济南水体健康状况普遍处于良好以上水平。

17.2.1.2　小清河下游平原水生态亚区

本水生态亚区共包含河流、湖库、湿地和泉水四种水体类型，水域生态环境差异较大，底栖动物种群结构差异较大，所以按不同水体类型分别进行评价。

1. 河流

（1）点位的筛选与性质识别。参照点位的选择依据实地水质及水文地貌情况，以人类干扰较少，水环境理化质量较高，且流域生境保持较为完整的区域作为参照点位。参照点位依据水化数据 PCA 分析筛选出的结果，确定小清河下游平原水生态亚区河流参照点为白云湖下游和张家林。

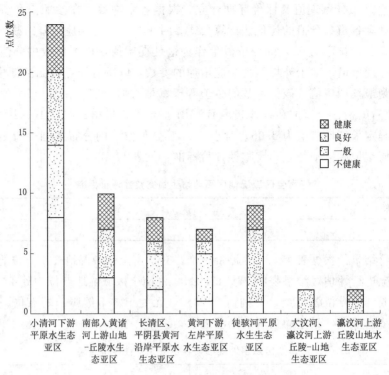

图 17.26　济南全区域水生态健康状况

（2）候选指标。选用反映群落丰富度、种类个体数量比例、营养级组成、生物耐污程度、栖息地环境质量和多样性等 5 类的 28 个指标作为备选指标，以反映环境变化对目标生物（个体、种群和群落）数量、结构和功能的影响，从而能够有效地监测和评估水环境质量，见表 16.3。

（3）评估指标。在候选生物学指数对干扰的反应及其分布范围分析基础上，采用箱线图法分析上述筛选生物参数（图 17.27），初步筛选 M10、M12、M13、M17、M18 和 M20 共 6 个生物参数。进一步对这 6 个生物学参数进行相关性分析，见表 17.25。

表 17.25　　　　　　　　　　　　6 个生物参数 Pearson 相关分析结果

参数	M10	M12	M13	M17	M18	M20
M10	1					
M12	−0.562	1				
M13	−0.452	−0.441	1			
M17	1	−0.563	−0.45	1		
M18	−0.452	−0.441	1	−0.45	1	
M20	−0.901	0.308	0.65	−0.9	0.65	1

根据 6 个生物参数相关分析的结果，M10 和 M17，M10 和 M18，M17 和 M18 Pearson 相关系数大于 0.75，保留 M17，去除 M10 和 M18。根据以上生物指数的筛选方

法，最终确定小清河下游平原水生态亚区河流 B‐IBI 指数构成体系为：摇蚊个体相对丰度、甲壳动物和软体动物的个体相对丰度、耐污类群的个体相对丰度和滤食者个体相对丰度。

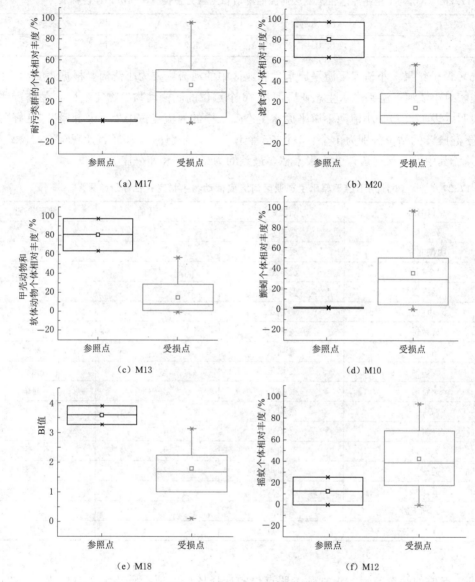

图 17.27　6 个候选生物参数在参照点和受损点的箱线图

（4）B‐IBI 最佳预期值及评价标准建立。根据各生物参数在参照点和所有样点中的分布，确定计算各指数分值的比值法计算公式。对于外界压力响应下降或减少的参数，以所有样点由高到低排序的 95％的分位数值作为最佳期望值，该类参数的分值等于参数实际值除以最佳期望值；对于外界压力响应增加的参数，以所有样点由高到低排序的 5％的分位数值作为最佳期望值，该类参数的分值等于（最大值－实际值）/（最大值－最佳期望值）。将计算后的指数分值加和，即获得 B‐IBI 指数值。根据参照点 B‐IBI 指数的 25％分位数值，确定最佳期望值为 3.77。对小于 25％分位数值的分布范围进行三等分，确定了小清河下游平原水生态亚区河流底栖动物生物完整性评价标准，见表 17.26。

表 17.26 小清河下游平原水生态亚区河流底栖动物生物完整性（B-IBI）评价标准

健康	良好	一般	不健康
>3.77	2.51~3.77	1.25~2.50	0~1.25

（5）评价结果。小清河下游平原水生态亚区中的河流主要为小清河。根据表 17.26 的评价标准，对小清河下游平原水生态亚区河流 16 个点位的底栖动物生物完整性状况进行评估。结果表明（表 17.27），小清河下游平原水生态亚区中的河流点位中处于"健康""良好""一般""不健康"的站位分别为 1 个、3 个、5 个和 7 个，分别占 6.35％、18.75％、31.25％和43.75％。其中健康状况最佳的为张家林，最差的为梁府庄和相公庄。

表 17.27 小清河下游平原水生态亚区河流底栖动物生物完整性评价结果

点位名称	点位性质	B-IBI 值	健康状况
吴家堡	受损点	3.18	良好
明湖北路	受损点	1.00	不健康
北全福庄	受损点	1.34	一般
梁府庄	受损点	0.96	不健康
菜市新村	受损点	2.68	良好
黄台桥	受损点	1.31	一般
相公庄	受损点	0.97	不健康
浒山闸	受损点	2.08	一般
龙脊河	受损点	1.04	不健康
石河	受损点	1.03	不健康
巨野河	受损点	1.59	一般
大辛村	受损点	1.15	不健康
鸭旺口	受损点	1.19	不健康
五龙堂	受损点	2.30	一般
白云湖下游	参照点	3.47	良好
张家林	参照点	4.68	健康

2. 湖库

（1）点位的筛选与性质识别。参照点位的选择依据实地水质及水文地貌情况，以人类干扰较少，水环境理化质量较高，且流域生境保持较为完整的区域作为参照点位。参照点位依据水化数据 PCA 分析筛选出的结果，确定小清河下游平原水生态亚区湖库参照点为杏林水库和大明湖。

（2）候选指标。选用反映群落丰富度、种类个体数量比例、营养级组成、生物耐污程度、栖息地环境质量和多样性等 5 类的 28 个指标作为备选指标，以反映环境变化对目标生物（个体、种群和群落）数量、结构和功能的影响，从而能够有效地监测和评估水环境质量，见表 16.3。

（3）评估指标。在候选生物学指数对干扰的反应及其分布范围分析基础上，采用箱线图法分析上述筛选生物参数（图 17.28），初步筛选 M18、M21 和 M25 共 3 个生物参数。进一步对这 3 个生物学参数进行相关性分析，见表 17.28。根据 3 个生物参数相关分析的结果，M18 和 M21 Pearson 相关系数大于 0.75，保留 M17，去除 M21。根据以上生物指数的筛选方法，最终确定小清河下游平原水生态亚区湖库 B－IBI 指数构成体系为：BI 值和撕食者个体相对丰度。

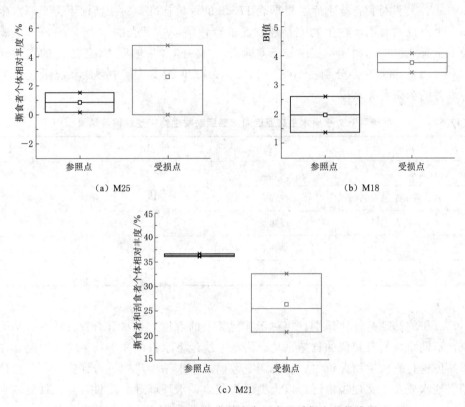

图 17.28　3 个候选生物参数在参照点和受损点的箱线图

表 17.28　　　　　　　　　　3 个生物参数 Pearson 相关分析结果

参数	M18	M21	M25	参数	M18	M21	M25
M18	1			M25	0.386	−0.441	1
M21	−0.796	1					

（4）B－IBI 最佳预期值及评价标准建立。根据各生物参数在参照点和所有样点中的分布，确定计算各指数分值的比值法计算公式。对于外界压力响应下降或减少的参数，以所有样点由高到低排序的 95％的分位数值作为最佳期望值，该类参数的分值等于参数实际值除以最佳期望值；对于外界压力响应增加的参数，以所有样点由高到低排序的 5％的分位数值作为最佳期望值，该类参数的分值等于（最大值－实际值）/（最大值－最佳期望值）。将计算后的指数分值加和，即获得 B－IBI 指数数值。根据参照点 B－IBI 指数的 25％分位数值，确定最佳期望值为 1.62。对小于 25％分位数值的分布范围进行三等分，确定

了小清河下游平原水生态亚区湖库底栖动物生物完整性评价标准，见表17.29。

表17.29　　小清河下游平原水生态亚区湖库底栖动物生物完整性评价标准

健康	良好	一般	不健康
>1.62	1.08~1.62	0.54~1.08	0~0.54

（5）评价结果。小清河下游平原水生态亚区中的湖库主要为杜张水库、朱各务水库、华山湖水库、大明湖和杏林水库。根据表17.29的评价标准，对小清河下游平原水生态亚区湖库5个点位的底栖动物生物完整性状况进行评估。结果表明（表17.30），小清河下游平原水生态亚区中的湖库站位中处于"健康""良好""一般""不健康"的点位分别为1个、2个、1个和1个，分别占20%、40%、20%和20%。其中健康状况最佳的为杏林水库，最差的为朱各务水库。

表17.30　　小清河下游平原水生态亚区湖库底栖动物生物完整性评价结果

点位名称	点位性质	B-IBI值	健康状况
杜张水库	受损点	0.62	一般
朱各务水库	受损点	0.00	不健康
华山湖水库	受损点	1.13	良好
大明湖	参照点	1.57	良好
杏林水库	参照点	1.79	健康

3. 泉水

（1）点位的筛选与性质识别。相对于其他类型的点位，泉水具有独特的生态系统构造和特点，不同泉水具有相似的构造系统、岩溶系统地下水系统和生物系统。因此，在对泉水类型站位进行底栖生物评价时，对有调查数据的泉水站位集中进行评价。参照点位的选择依据实地水质及水文地貌情况，以人类干扰较少，水环境理化质量较高，且流域生境保持较为完整的区域作为参照点位。参照点位依据水化数据PCA分析筛选出的结果，确定小清河下游平原水生态亚区泉水的参照点为珍珠泉。

（2）候选指标。选用反映群落丰富度、种类个体数量比例、营养级组成、生物耐污程度、栖息地环境质量和多样性等5类的28个指标作为备选指标，以反映环境变化对目标生物（个体、种群和群落）数量、结构和功能的影响，从而能够有效地监测和评估水环境质量，见表16.3。

（3）评估指标。在候选生物学指数对干扰的反应及其分布范围分析基础上，采用箱线图法分析上述筛选生物参数（图17.29），初步筛选M4、M6、M18、M19和M27共5个生物参数。进一步对这5个生物学参数进行相关性分析，见表17.31。根据5个生物参数相关分析的结果，M4和M6、M19、M27，M6和M4、M19、M27，M19和M27 Pearson相关系数均大于0.75，保留M4和M18，去除M6、M19和M27。根据以上生物指数的筛选方法，最终确定泉水站位B-IBI指数构成体系为：甲壳动物和软体动物分类单元数和BI值。

表 17.31　　　　　　　　**5 个生物参数 Pearson 相关分析结果**

参数	M4	M6	M18	M19	M27
M4	1				
M6	−0.864	1			
M18	−0.307	−0.213	1		
M19	0.929	−0.989	0.068	1	
M27	0.981	−0.946	−0.115	0.983	1

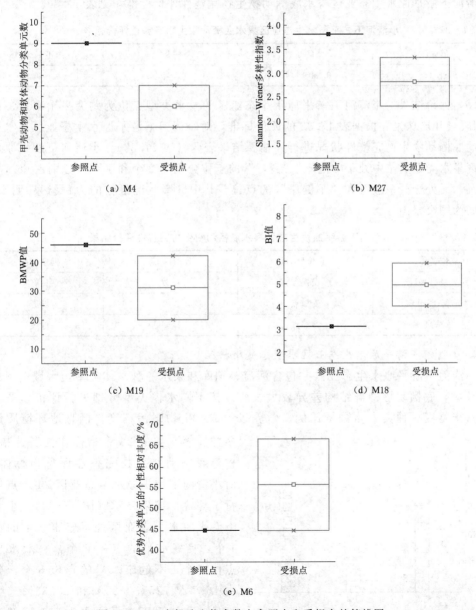

（a）M4　　　　　　　　　　　　（b）M27

（c）M19　　　　　　　　　　　　（d）M18

（e）M6

图 17.29　5 个候选生物参数在参照点和受损点的箱线图

（4）B-IBI最佳预期值及评价标准建立。根据各生物参数在参照点和所有样点中的分布，确定计算各指数分值的比值法计算公式。对于外界压力响应下降或减少的参数，以所有样点由高到低排序的95%的分位数值作为最佳期望值，该类参数的分值等于参数实际值除以最佳期望值；对于外界压力响应增加的参数，以所有样点由高到低排序的5%的分位数值作为最佳期望值，该类参数的分值等于（最大值－实际值）/（最大值－最佳期望值）。将计算后的指数分值加和，即获得B-IBI指数值。根据参照点B-IBI指数的25%分位数值，确定最佳期望值为1.42。对小于25%分位数值的分布范围进行三等分，确定了小清河下游平原水生态亚区泉水底栖动物生物完整性评价标准，见表17.32。

表17.32　　　小清河下游平原水生态亚区泉水底栖动物生物完整性评价标准

健康	良好	一般	不健康
>1.42	0.94～1.42	0.47～0.94	0～0.47

（5）评价结果。小清河下游平原水生态亚区的泉水类型点位为趵突泉出水口、百脉泉-明眼泉和珍珠泉。根据表17.32的评价标准，对小清河下游平原水生态亚区泉水类型点位的底栖动物生物完整性状况进行评估。结果表明（表17.33），小清河下游平原水生态亚区泉水类型点位中处于"健康""良好"的点位分别为2个和1个，分别占66.7%和33.3%，无处于"一般"和"不健康"的点位。其中健康状况最佳的为百脉泉-明眼泉，最差的为趵突泉出口。

表17.33　　　小清河下游平原水生态区泉水底栖动物生物完整性评价结果

点位名称	点位性质	B-IBI值	健康状况
趵突泉出水口	受损点	1.27	良好
百脉泉-明眼泉	受损点	1.83	健康
珍珠泉	参照点	1.57	健康

4. 小清河下游平原水生态亚区水生态健康状况

小清河下游平原水生态亚区共包含河流、湖库和泉水三种水体类型，水域生态环境差异较大，底栖动物种群结构差异较大，所以按不同水体类型分别进行评价。采用反映群落丰富度、种类个体数量比例、营养级组成、生物耐污程度、栖息地环境质量和多样性等5类的28个指标作为备选指标，构建底栖动物生物完整性评价指标体系，对小清河下游平原水生态亚区24个点位进行了评价，结果显示（图17.30），小清河下游平原水生态亚区处于健康水平的点位4个，良好水平的点位6个，一般水平的点位6个，不健康水平的点位8个，分别占16.7%、25%、25%和33.33%。由此可见，小清河下游平原水生态亚区健康状况普遍处于良好以上水平。

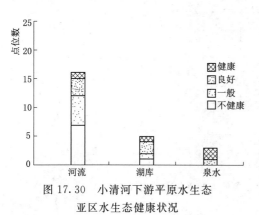

图17.30　小清河下游平原水生态亚区水生态健康状况

（a）M25　　　　　　　　　　　　　　　　（b）M18

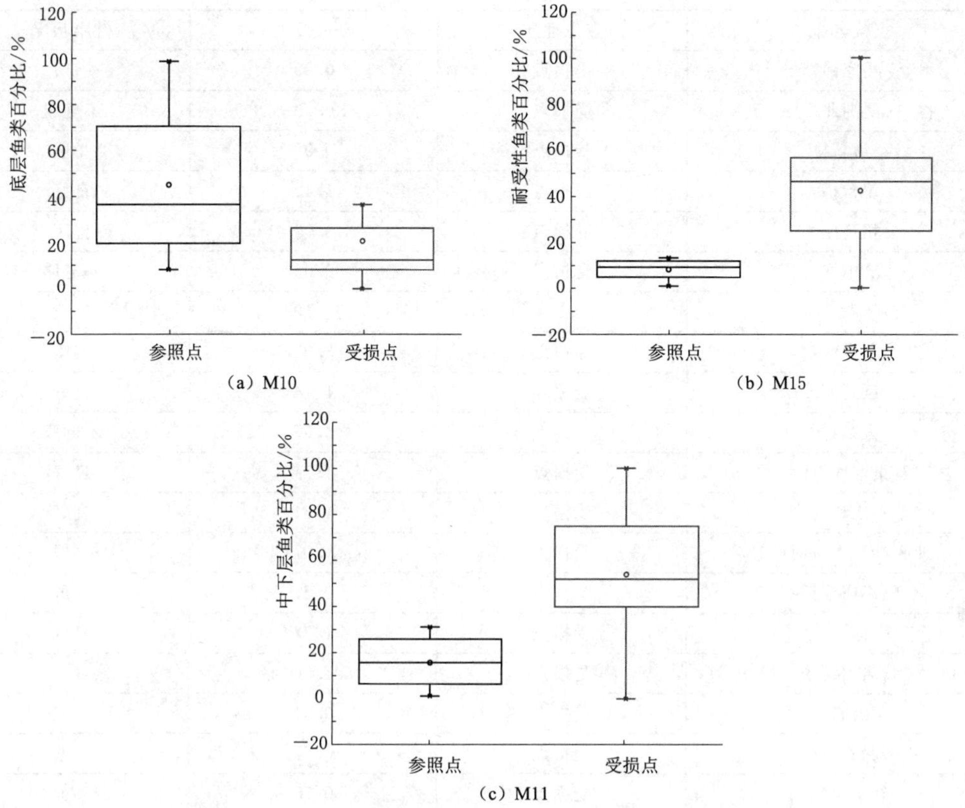

图 17.38 3 个候选生物参数在参照点和受损点的箱线图

(4) F－IBI 最佳预期值及评价标准建立。根据各生物参数在参照点和所有样点中的分布，确定计算各指数分值的比值法计算公式。对于外界压力响应下降或减少的参数，以所有样点由高到低排序的 95%的分位数值作为最佳期望值，该类参数的分值等于参数实际值除以最佳期望值；对于外界压力响应增加的参数，以所有样点由高到低排序的 5%的分位数值作为最佳期望值，该类参数的分值等于（最大值－实际值)/(最大值－最佳期望值)。将计算后的指数分值加和，即获得 F－IBI 指数值。根据参照点 F－IBI 指数的 25%分位数值，确定最佳期望值为 1.95。对小于 25%分位数值的分布范围进行三等分，确定了济南全区域河流鱼类生物完整性评价标准，见表 17.56。

表 17.56　济南全区域河流鱼类完整性评价标准

健康	良好	一般	不健康
>1.95	1.30～1.95	0.65～1.30	0～0.65

(5) 评价结果。根据表 17.56 的评价标准，对济南全区域河流 37 个点位的鱼类生物完整性状况进行评估。结果表明（表 17.57），济南全区域河流点位中处于“健康”“良好”“一般”“不健康”的点位分别为 4、14、16 和 3，分别占 10.81%、37.84%、43.24%和 8.11%。其中健康状况最佳的为付家桥，最差的为浒山闸。

表 17.57 济南全区域河流鱼类生物完整性评价结果

点位名称	点位性质	F-IBI 值	健康状况
吴家铺	受损点	0.86	一般
明湖北	受损点	0.49	不健康
菜市新村	受损点	0.92	一般
黄台桥	受损点	1.49	良好
相公庄	受损点	3.03	健康
浒山闸	受损点	0.00	不健康
白云湖下游	受损点	1.10	一般
龙脊河	受损点	3.03	健康
巨野河	受损点	1.74	良好
大辛村	受损点	0.57	不健康
黄巢水库下游	受损点	1.74	良好
宅科	受损点	1.34	良好
北大沙河入黄河口	受损点	1.07	一般
顾小庄浮桥	受损点	0.87	一般
泺口	受损点	1.73	良好
葛店引黄闸	受损点	1.56	良好
北田家	受损点	0.71	一般
垛石街	受损点	0.75	一般
新市董家	受损点	0.75	一般
大贺家铺	受损点	1.24	一般
营子闸	受损点	0.91	一般
张公南临	受损点	1.54	良好
刘家堡桥	受损点	1.67	良好
周永闸	受损点	1.71	良好
杆子行闸	受损点	0.83	一般
明辉路桥	受损点	1.34	良好
潘庙闸	受损点	1.71	良好
刘成桥	受损点	0.82	一般
太平镇	受损点	1.23	一般
站里	受损点	1.08	一般
莱芜	受损点	1.01	一般
王家洼	受损点	1.50	良好
陈屯桥	受损点	1.32	良好
并渡口	参照点	1.88	良好
睦里庄	受损点	0.75	一般
付家桥	参照点	2.99	健康
西下游	参照点	2.02	健康

2. 湖库

（1）点位的筛选与性质识别。参照点位的选择依据实地水质及水文地貌情况，以人类干扰较少，水环境理化质量较高，且流域生境保持较为完整的区域作为参照点位。参照点位依据水化数据 PCA 分析筛选出的结果，确定济南全区域湖库参照点为八达岭水库、垛庄水库、东阿水库和钓鱼台水库。

（2）候选指标。选用反映种类组成与丰度、营养结构、耐受性、繁殖共位群和鱼类数量与分布等 5 类的 22 个指标作为备选指标，以反映环境变化对目标生物（个体、种群和群落）数量、结构和功能的影响，从而能够有效地监测和评估水环境质量，见表 16.4。

（3）评估指标。在候选生物学指数对干扰的反应及其分布范围分析基础上，采用箱线图法分析上述筛选生物参数（图 17.39），初步筛选 M2、M8 和 M12 共 3 个生物参数。进一步对这 3 个生物学参数进行相关性分析，见表 17.58。根据以上生物指数的筛选方法，最终确定济南全区域湖库 F－IBI 指数构成体系为：鰕虎鱼科百分比、肉食性鱼类百分比和 Shannon-Wiener 多样性指数。

（4）F－IBI 最佳预期值及评价标准建立。根据各生物参数在参照点和所有样点中的分布，确定计算各指数分值的比值法计算公式。对于外界压力响应下降或减少的参数，以所有样点由高到低排序的 95％的分位数值作为最佳期望值，该类参数的分值等于参数实际值除以最佳期望值；对于外界压力响应增加的参数，以所有样点由高到低排序的 5％的

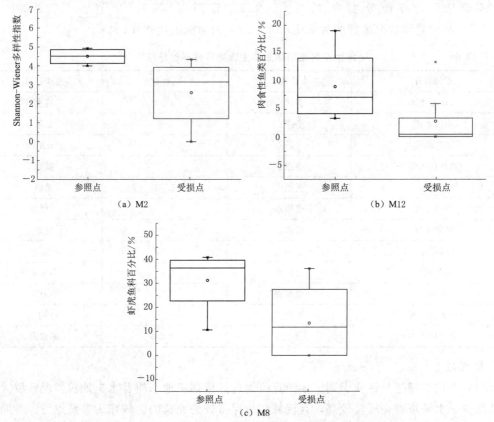

图 17.39　3 个候选生物参数在参照点和受损点的箱线图

分位数值作为最佳期望值，该类参数的分值等于（最大值－实际值）/（最大值－最佳期望值）。

表 17.58　　　　　　　　　　3 个生物参数 Pearson 相关分析结果

参数	M2	M8	M12
M2	1		
M8	0.634	1	
M12	0.523	0.364	1

将计算后的指数分值加和，即获得 F-IBI 指数值。根据参照点 F-IBI 指数的 25% 分位数值，确定最佳期望值为 1.23。对小于 25% 分位数值的分布范围进行三等分，确定了济南全区域河流鱼类生物完整性评价标准，见表 17.59。

表 17.59　　　　　　　　济南全区域湖库鱼类生物完整性评价标准

健康	良好	一般	不健康
>1.23	0.82~1.23	0.41~0.82	0~0.41

（5）评价结果。根据表 17.59 的评价标准，对济南全区域湖库的鱼类生物完整性状况进行评估。结果表明（表 17.60），济南全区域湖库点位中处于"健康""良好""一般"和"不健康"的点位分别为 4、2、1 和 5，分别占 33.33%、16.67%、8.33% 和 41.67%。其中健康状况最佳的为垛庄水库，较差的为锦绣川水库。

表 17.60　　　　　　　　济南全区域湖库鱼类生物完整性评价结果

点位名称	点位性质	F-IBI 值	健康状况
八达岭水库	参照点	1.48	健康
垛庄水库	参照点	1.63	健康
东阿水库	参照点	1.09	良好
钓鱼台水库	参照点	1.29	健康
崮云湖水库	受损点	1.78	健康
杏林水库	受损点	0.36	不健康
杜张水库	受损点	1.16	良好
朱各务水库	受损点	0.22	不健康
雪野水库	受损点	0.00	不健康
大明湖	受损点	0.37	不健康
卧虎山水库	受损点	0.69	一般
锦绣川水库	受损点	0.00	不健康

3. 湿地

（1）点位的筛选与性质识别。参照点位的选择依据实地水质及水文地貌情况，以人类干扰较少，水环境理化质量较高，且流域生境保持较为完整的区域作为参照点位。参照点位依据水化数据 PCA 分析筛选出的结果，确定济南全区域湿地参照点为济西湿地。

（2）候选指标。选用反映种类组成与丰度、营养结构、耐受性、繁殖共位群和鱼类数量与分布等 5 类的 22 个指标作为备选指标，以反映环境变化对目标生物（个体、种群和群落）数量、结构和功能的影响，从而能够有效地监测和评估水环境质量，见表 16.4。

（3）评估指标。在候选生物学指数对对干扰的反应及其分布范围分析基础上，采用箱线图法分析上述筛选生物参数（图 17.40），初步筛选 M1、M2、M3、M5、M9、M10、M11、M14、M15 和 M17 共 10 个生物参数。进一步对这 10 个生物学参数进行相关性分析，见表 17.61。根据 10 个生物参数相关分析的结果，将两两 Pearson 相关系数大于 0.75 的参数剔除一个，保留 M2 和 M3，去除 M1、M5、M9、M10、M11、M14、M15 和 M17。根据以上生物指数的筛选方法，最终确定济南全区域湖库 F - IBI 指数构成体系

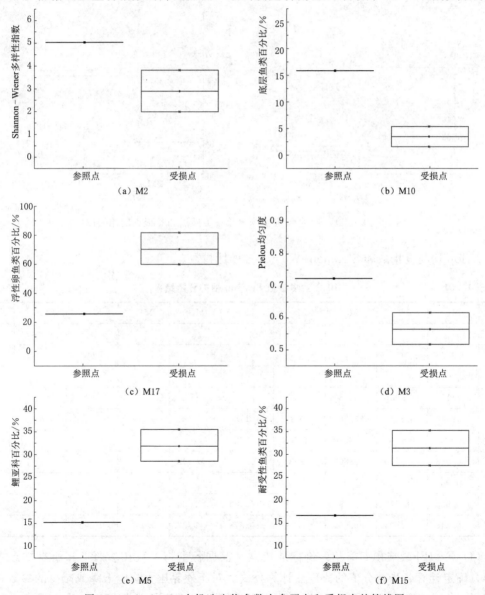

图 17.40（一）　10 个候选生物参数在参照点和受损点的箱线图

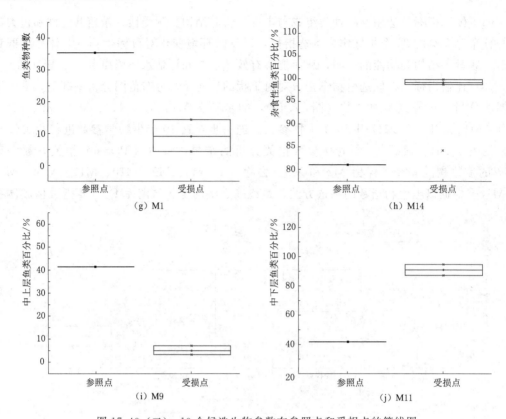

图 17.40（二）　10 个候选生物参数在参照点和受损点的箱线图

为：Pielou 均匀度指数和 Shannon-Wiener 多样性指数。

表 17.61　　　　　　　　　　10 个生物参数 Pearson 相关分析结果

参数	M1	M2	M3	M5	M9	M10	M11	M14	M15	M17
M1	1									
M2	0.949	1								
M3	0.68	0.415	1							
M5	−1	−0.955	−0.667	1						
M9	0.974	0.854	0.828	−0.97	1					
M10	0.998	0.928	0.724	−0.997	0.986	1				
M11	−0.983	−0.875	−0.803	0.98	−0.999	−0.992	1			
M14	−0.967	−0.837	−0.845	0.962	−1	−0.981	0.997	1		
M15	−0.995	−0.977	−0.6	−0.996	−0.945	−0.986	0.958	0.935	1	
M17	−0.748	−0.501	−0.995	0.736	−0.878	−0.787	0.857	0.892	0.674	1

（4）F-IBI 最佳预期值及评价标准建立。根据各生物参数在参照点和所有样点中的分布，确定计算各指数分值的比值法计算公式。对于外界压力响应下降或减少的参数，以所有样点由高到低排序的 95% 的分位数值作为最佳期望值，该类参数的分值等于参数实

际值除以最佳期望值；对于外界压力响应增加的参数，以所有样点由高到低排序的 5% 的分位数值作为最佳期望值，该类参数的分值等于（最大值－实际值）/（最大值－最佳期望值）。将计算后的指数分值加和，即获得 F-IBI 指数值。根据参照点 F-IBI 指数的 25% 分位数值，确定最佳期望值为 2.04。对小于 25% 分位数值的分布范围进行三等分，确定了济南全区域湿地鱼类生物完整性评价标准，见表 17.62。

表 17.62　　　　　　　　　　济南全区域湿地鱼类生物完整性评价标准

健康	良好	一般	不健康
>2.04	1.28~2.04	0.66~1.28	0~0.66

（5）评价结果。根据表 17.62 的评价标准，对济南全区域湿地的鱼类生物完整性状况进行评估。结果表明（表 17.63），济南全区域湖库点位中处于"健康""良好"和"一般"的点位分别为 1，各占 33.3%。其中健康状况最佳的为济西湿地，较差的为华山湖湿地。

表 17.63　　　　　　　　　　济南全区域湿地鱼类生物完整性评价结果

点位名称	点位性质	F-IBI 值	健康状况
济西湿地	参照点	2.04	健康
华山湖湿地	受损点	1.27	一般
玫瑰湖湿地	受损点	1.50	良好

4. 济南全区域水生态健康状况

济南全区域共包含河流、湖库、湿地和泉四种水体类型，水域生态环境差异较大，鱼类种群结构差异较大，所以按不同水体类型分别进行评价。其中泉类型点位未采集到鱼类标本，故此处未做评价。在对河流、湖库和湿地三种水体类型进行评价时，选用反映种类组成与丰度、营养结构、耐受性、繁殖共位群和鱼类数量与分布等 5 类的 22 个指标作为备选指标，构建底栖生物完整性评价指标体系，对济南全区域 60 个站位进行了评价，结果显示（图 17.41），济南全区域处于健康水平的点位 13 个，良好水平的点位 12 个，一般健康水平的点位 20 个，不健康水平的点位 15 个，分别占 22.81%，21.05%，35.09% 和 26.32%。由此可见，济南全区域基本处于良好以上水平。

17.2.2.2　小清河下游平原水生态亚区

本水生态亚区共包含河流、湖库、湿地和泉四种水体类型，水域生态环境差异较大，鱼类种群结构差异较大，所以按不同水体类型分别进行评价。

1. 河流

（1）点位的筛选与性质识别。参照点位的选择依据实地水质及水文地貌情况，以人类干扰较少，水环境理化质量

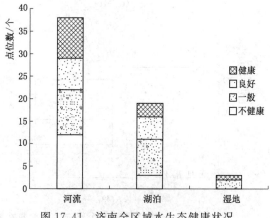

图 17.41　济南全区域水生态健康状况

较高，且流域生境保持较为完整的区域作为参照点位。参照点位依据水化数据 PCA 分析筛选出的结果，确定小清河下游平原水生态亚区河流参照点为白云湖下游。

（2）候选指标。选用反映种类组成与丰度、营养结构、耐受性、繁殖共位群和鱼类数量与分布等 5 类的 22 个指标作为备选指标，以反映环境变化对目标生物（个体、种群和群落）数量、结构和功能的影响，从而能够有效地监测和评估水环境质量，见表 16.4。

（3）评估指标。在候选生物学指数对干扰的反应及其分布范围分析基础上，采用箱线图法分析上述筛选生物参数（图 17.42），初步筛选 M1、M2、M9、M14、M19 和 M21 共 6 个生物参数。进一步对这 6 个生物学参数进行相关性分析，见表 17.64。根据 6 个生物参数相关分析的结果（表 17.64），M10 和 M2、M9、M14、M19，M21 和 M14、M21，

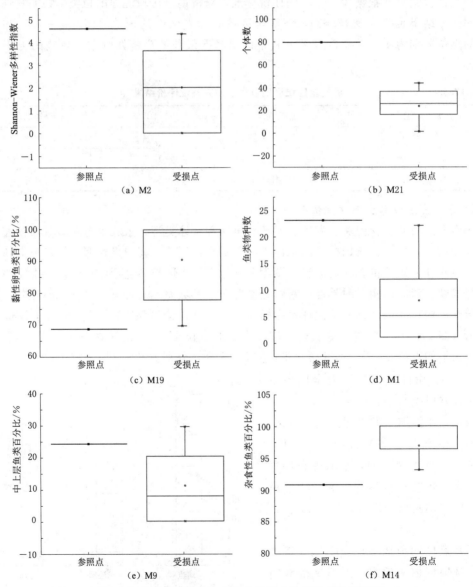

图 17.42　6 个候选生物参数在参照点和受损点的箱线图

M9 和 M19，M14 和 M19 Pearson 相关系数大于 0.75，保留 M2 和 M9，去除 M1、M14、M19 和 M21。根据以上生物指数的筛选方法，最终确定小清河下游平原水生态亚区河流 F－IBI 指数构成体系为：Shannon-Wiener 多样性指数和中上层鱼类百分比。

表 17.64　　　　　　　　　　　6 个生物参数 Pearson 相关分析结果

参数	M1	M2	M9	M14	M19	M21
M1	1					
M2	0.944	1				
M9	0.886	0.919	1			
M14	−0.777	−0.666	−0.557	1		
M19	−0.972	−0.915	−0.903	0.753	1	
M21	0.684	0.69	0.551	−0.612	−0.591	1

（4）F－IBI 最佳预期值及评价标准建立。根据各生物参数在参照点和所有点位中的分布，确定计算各指数分值的比值法计算公式。对于外界压力响应下降或减少的参数，以所有点位由高到低排序的 95% 的分位数值作为最佳期望值，该类参数的分值等于参数实际值除以最佳期望值；对于外界压力响应增加的参数，以所有点位由高到低排序的 5% 的分位数值作为最佳期望值，该类参数的分值等于（最大值−实际值）/（最大值−最佳期望值）。将计算后的指数分值加和，即获得 F－IBI 指数值。根据参照点 F－IBI 指数的 25% 分位数值，确定最佳期望值为 1.89。对小于 25% 分位数值的分布范围进行三等分，确定了小清河下游平原水生态亚区河流鱼类生物完整性评价标准，见表 17.65。

表 17.65　　　　　小清河下游平原水生态亚区河流底栖动物生物完整性评价标准

健康	良好	一般	不健康
＞1.89	1.26～1.89	0.63～1.26	0～0.63

（5）评价结果。小清河下游平原水生态亚区中的河流主要为小清河。根据表 17.65 的评价标准，对小清河下游平原水生态亚区河流 16 个点位的鱼类生物完整性状况进行评估。结果表明（表 17.66），小清河下游平原水生态亚区中的河流点位中处于"健康""良好""一般""不健康"的点位分别为 2、4、3 和 1，分别占 20%、40%、30% 和 10%。其中健康状况最佳的为张家林和巨野河，最差的为相公庄和洴山闸。

表 17.66　　　　小清河下游平原水生态亚区河流鱼类动物生物完整性评价结果

点位名称	点位性质	F－IBI 值	健康状况
吴家堡	受损点	1.71	良好
明湖北路	受损点	0.74	一般
菜市新村	受损点	0.95	一般
黄台桥	受损点	1.73	良好
相公庄	受损点	0.00	不健康
洴山闸	受损点	0.00	不健康

续表

点位名称	点位性质	F－IBI 值	健康状况
龙脊河	受损点	0.00	不健康
巨野河	受损点	2.01	健康
大辛村	受损点	0.49	不健康
白云湖下游	参照点	1.89	健康

2. 湖库

(1) 点位的筛选与性质识别。参照点位的选择依据实地水质及水文地貌情况，以人类干扰较少，水环境理化质量较高，且流域生境保持较为完整的区域作为参照点位。参照点位依据水化数据 PCA 分析筛选出的结果，确定小清河下游平原水生态亚区湖库参照点为大明湖。

(2) 候选指标。选用反映种类组成与丰度、营养结构、耐受性、繁殖共位群和鱼类数量与分布等 5 类的 22 个指标作为备选指标，以反映环境变化对目标生物（个体、种群和群落）数量、结构和功能的影响，从而能够有效地监测和评估水环境质量，见表 16.4。

(3) 评估指标。在候选生物学指数对干扰的反应及其分布范围分析基础上，采用箱线图法分析上述筛选生物参数（图 17.43），初步筛选 M1、M6、M12 和 M21 共 6 个生物参数。进一步对这 4 个生物学参数进行相关性分析，见表 17.67。根据 4 个生物参数相关分

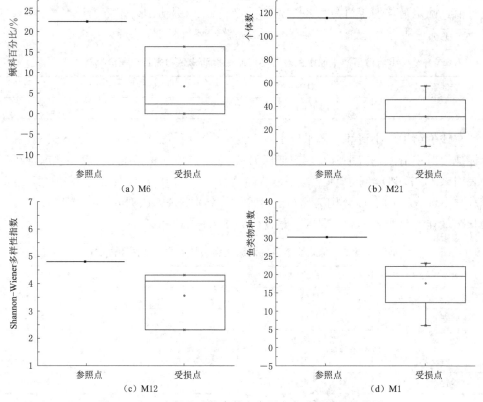

图 17.43　4 个候选生物参数在参照点和受损点的箱线图

析的结果，M1 和 M6，M6 和 M12 Pearson 相关系数大于 0.75，保留 M1、M12 和 M21，去除 M6。根据以上生物指数的筛选方法，最终确定小清河下游平原水生态亚区湖库 F - IBI 指数构成体系为：鱼类物种、肉食性鱼类百分比和个体数。

表 17.67　　　　　　　　　4 个生物参数 Pearson 相关分析结果

参数	M1	M6	M12	M21
M1	1			
M6	0.774	1		
M12	0.507	0.917	1	
M21	0.567	0.738	0.723	1

（4）F - IBI 最佳预期值及评价标准建立。根据各生物参数在参照点和所有点位中的分布，确定计算各指数分值的比值法计算公式。对于外界压力响应下降或减少的参数，以所有样点由高到低排序的 95% 的分位数值作为最佳期望值，该类参数的分值等于参数实际值除以最佳期望值；对于外界压力响应增加的参数，以所有样点由高到低排序的 5% 的分位数值作为最佳期望值，该类参数的分值等于（最大值－实际值）/（最大值－最佳期望值）。将计算后的指数分值加和，即获得 F - IBI 指数值。根据参照点 F - IBI 指数的 25% 分位数值，确定最佳期望值为 3.24。对小于 25% 分位数值的分布范围进行三等分，确定了小清河下游平原水生态亚区湖库鱼类生物完整性评价标准，见表 17.68。

表 17.68　　　　小清河下游平原水生态亚区湖库鱼类生物完整性评价标准

健康	良好	一般	不健康
>3.24	1.62~3.24	0.81~1.62	0~0.81

（5）评价结果。小清河下游平原水生态亚区中的湖库主要为杏林水库、杜张水库、朱各务水库和大明湖。根据表 17.68 的评价标准，对小清河下游平原水生态亚区湖库 4 个点位的鱼类生物完整性状况进行评估。结果表明（表 17.69），小清河下游平原水生态亚区中的湖库点位中处于"健康""良好"和"一般"的点位分别为 1、1 和 2，分别占 25%、25% 和 50%。其中健康状况最佳的为大明湖，较差的为杏林水库和朱各务水库。

表 17.69　　　　　小清河下游平原水生态亚区湖库鱼类生物完整性评价结果

点位名称	点位性质	F - IBI 值	健康状况
杏林水库	受损点	1.21	一般
杜张水库	受损点	1.82	良好
朱各务水库	受损点	0.89	一般
大明湖	参照点	3.24	健康

3. 小清河下游平原水生态亚区水生态健康状况

小清河下游平原水生态亚区共包含河流、湖库和泉三种水体类型，水域生态环境差异较大，鱼类种群结构差异较大，所以按不同水体类型分别进行评价。选用反映种类组成与

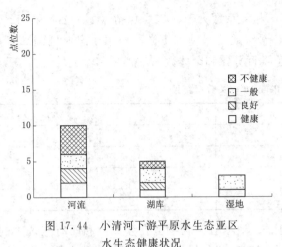

图 17.44　小清河下游平原水生态亚区
水生态健康状况

丰度、营养结构、耐受性、繁殖共位群和鱼类数量与分布等 5 类的 22 个指标作为备选指标，构建底栖生物完整性评价指标体系，对小清河下游平原水生态亚区 18 个点位进行了评价，结果显示（图 17.44），小清河下游平原水生态亚区处于健康水平的点位 4 个，良好水平的点位 3 个，一般健康水平的站位 6 个，不健康水平的点位 5 个，分别占 22.22%、16.67%、33.33% 和 27.78%。由此可见，小清河下游平原水生态亚区基本处于一般以上水平。

17.2.2.3　南部入黄诸河上游山地-丘陵水生态亚区

本水生态亚区共包含河流和湖库两种水体类型，水域生态环境差异较大，底栖动物种群结构差异较大，所以按不同水体类型分别进行评价。

1. 河流

（1）点位的筛选与性质识别。参照点位的选择依据实地水质及水文地貌情况，以人类干扰较少，水环境理化质量较高，且流域生境保持较为完整的区域作为参照点位。参照点位依据水化数据 PCA 分析筛选出的结果，确定南部入黄诸河上游山地-丘陵水生态亚区湖库参照点为黄巢水库下游。

（2）候选指标。选用反映种类组成与丰度、营养结构、耐受性、繁殖共位群和鱼类数量与分布等 5 类的 22 个指标作为备选指标，以反映环境变化对目标生物（个体、种群和群落）数量、结构和功能的影响，从而能够有效地监测和评估水环境质量，见表 16.4。

（3）评估指标。在候选生物学指数对干扰的反应及其分布范围分析基础上，采用箱线图法分析上述筛选生物参数（图 17.45），初步筛选 M4、M5、M8、M14、M15 和 M20 共 6 个生物参数。进一步对这 6 个生物学参数进行相关性分析，见表 17.70。根据 6 个生物参数相关分析的结果，M4 和 M20，M5 和 M8、M14、M15，M8 和 M14、M15，M14 和 M15 Pearson 相关系数大于 0.75，保留 M5 和 M20，去除 M4、M8、M14 和 M15。根据以上生物指数的筛选方法，最终确定南部入黄诸河上游山地-丘陵水生态亚区河流 F-IBI 指数构成体系：鲤亚科百分比和特殊产卵方式鱼类百分比。

表 17.70　　　　　　　　6 个生物参数 Pearson 相关分析结果

参数	M4	M5	M8	M14	M15	M20
M4	1					
M5	−0.212	1				
M8	0.233	−1	1			
M14	−0.219	1	−1	1		
M15	−0.121	0.996	−0.994	0.995	1	
M20	−0.969	−0.036	0.014	−0.029	−0.128	1

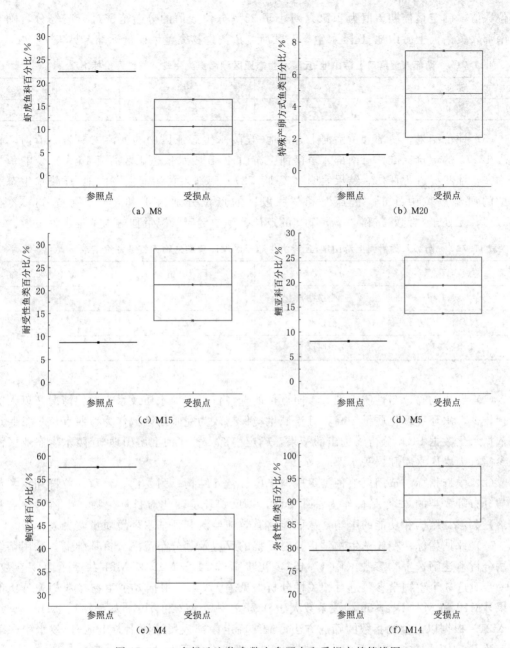

图 17.45　6 个候选生物参数在参照点和受损点的箱线图

（4）F-IBI 最佳预期值及评价标准建立。根据各生物参数在参照点和所有点位中的分布，确定计算各指数分值的比值法计算公式。对于外界压力响应下降或减少的参数，以所有样点由高到低排序的 95% 的分位数值作为最佳期望值，该类参数的分值等于参数实际值除以最佳期望值；对于外界压力响应增加的参数，以所有样点由高到低排序的 5% 的分位数值作为最佳期望值，该类参数的分值等于（最大值-实际值）/（最大值-最佳期望值）。将计算后的指数分值加和，即获得 F-IBI 指数值。根据参照点 F-IBI 指数的 25%

分位数值，确定最佳期望值为 2.05。对小于 25％分位数值的分布范围进行三等分，确定了南部入黄诸河上游山地-丘陵水生态亚区河流鱼类生物完整性评价标准，见表 17.71。

表 17.71　南部入黄诸河上游山地-丘陵水生态亚区湖库鱼类生物完整性评价标准

健康	良好	一般	不健康
>2.05	1.37～2.05	0.68～1.37	0～0.68

（5）评价结果。南部入黄诸河上游山地-丘陵水生态亚区中的河流主要为小清河。根据表 17.71 的评价标准，对南部入黄诸河上游山地-丘陵水生态亚区河流 16 个点位的鱼类生物完整性状况进行评估。结果表明（表 17.72），南部入黄诸河上游山地-丘陵水生态亚区中的河流点位中处于"健康"和"一般"的点位分别为 1 和 2，分别占 33.3％和 66.7％，无处于"良好"和"不健康"的点位。其中健康状况最佳的为黄巢水库下游。

表 17.72　南部入黄诸河上游山地-丘陵水生态亚区湖库鱼类生物完整性评价结果

点位名称	点位性质	F－IBI 值	健康状况
并渡口	受损点	0.70	一般
宅科	受损点	0.84	一般
黄巢水库下游	参照点	2.05	健康

2. 湖库

（1）点位的筛选与性质识别。参照点位的选择依据实地水质及水文地貌情况，以人类干扰较少，水环境理化质量较高，且流域生境保持较为完整的区域作为参照点位。参照点位依据水化数据 PCA 分析筛选出的结果，确定南部入黄诸河上游山地-丘陵水生态亚区湖库参照点为垛庄水库和崮头水库。

（2）候选指标。选用反映种类组成与丰度、营养结构、耐受性、繁殖共位群和鱼类数量与分布等 5 类的 22 个指标作为备选指标，以反映环境变化对目标生物（个体、种群和群落）数量、结构和功能的影响，从而能够有效地监测和评估水环境质量，见表 16.4。

（3）评估指标。在候选生物学指数对干扰的反应及其分布范围分析基础上，采用箱线图法分析上述筛选生物参数（图 17.46），初步筛选 M1、M19 和 M21 共 3 个生物参数。进一步对这 3 个生物学参数进行相关性分析，见表 17.73。根据 3 个生物参数相关分析的结果，M19 和 M21 Pearson 相关系数大于 0.75，保留 M2 和 M9，去除 M1、M14、M19 和 M21。根据以上生物指数的筛选方法，最终确定南部入黄诸河上游山地-丘陵水生态亚区河流 F－IBI 指数构成体系为：鱼类物种和黏性卵鱼类百分比。

表 17.73　6 个生物参数 Pearson 相关分析结果

参数	M1	M19	M21
M1	1		
M19	−0.719	1	
M21	0.721	−0.849	1

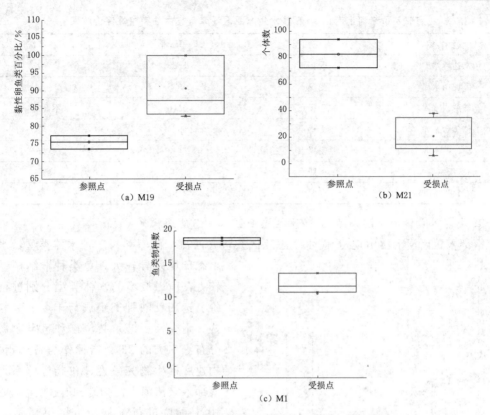

图 17.46　3 个候选生物参数在参照点和受损点的箱线图

（4）F-IBI 最佳预期值及评价标准建立。根据各生物参数在参照点和所有点位中的分布，确定计算各指数分值的比值法计算公式。对于外界压力响应下降或减少的参数，以所有样点由高到低排序的 95％的分位数值作为最佳期望值，该类参数的分值等于参数实际值除以最佳期望值；对于外界压力响应增加的参数，以所有样点由高到低排序的 5％的分位数值作为最佳期望值，该类参数的分值等于（最大值－实际值）/（最大值－最佳期望值）。将计算后的指数分值加和，即获得 F-IBI 指数值。根据参照点 F-IBI 指数的 25％分位数值，确定最佳期望值为 1.94。对小于 25％分位数值的分布范围进行三等分，确定了南部入黄诸河上游山地-丘陵水生态亚区湖库鱼类生物完整性评价标准，见表 17.74。

表 17.74　南部入黄诸河上游山地-丘陵水生态亚区湖库鱼类生物完整性评价标准

健康	良好	一般	不健康
＞1.94	1.29～1.94	0.64～1.29	0～0.64

（5）评价结果。根据表 17.74 的评价标准，对南部入黄诸河上游山地-丘陵水生态亚区湖库 7 个点位的鱼类生物完整性状况进行评估。结果表明（表 17.75），南部入黄诸河上游山地-丘陵水生态亚区中的湖库点位中处于"健康""良好""一般""不健康"的点位分别为 1、2、3 和 1，分别占 14.29％、28.57％、42.86％和 14.29％。其中健康状况最佳的为崮头水库，最差的为锦绣川水库。

表 17.75　　南部入黄诸河上游山地-丘陵水生态亚区湖库鱼类生物完整性评价结果

点位名称	点位性质	F-IBI 值	健康状况
八达岭水库	受损点	1.25	一般
卧虎山水库	受损点	0.75	一般
锦绣川水库	受损点	0.16	不健康
钓鱼台水库	受损点	1.15	一般
崮云湖水库	受损点	1.43	良好
垛庄水库	参照点	1.91	良好
崮头水库	参照点	2.01	健康

3. 南部入黄诸河上游山地-丘陵水生态亚区水生态健康状况

南部入黄诸河上游山地-丘陵水生态亚区共包含河流、湖库和泉三种水体类型，水域

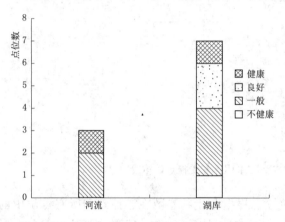

图 17.47　南部入黄诸河上游山地-丘陵水生态亚区
水生态健康状况

生态环境差异较大，鱼类种群结构差异较大，所以按不同水体类型分别进行评价。选用反映种类组成与丰度、营养结构、耐受性、繁殖共位群和鱼类数量与分布等 5 类的 22 个指标作为备选指标，构建底栖生物完整性评价指标体系，对南部入黄诸河上游山地-丘陵水生态亚区 10 个点位进行了评价，结果显示（图 17.47），南部入黄诸河上游山地-丘陵水生态亚区处于健康水平的点位 2 个，良好水平的点位 2 个，一般健康水平的点位 5 个，不健康水平的点位 1 个，分别占 20.0%、20.0%、50.0% 和 10.0%。

由此可见，南部入黄诸河上游山地-丘陵水生态亚区基本处于一般以上水平。

17.2.2.4　长清区、平阴县黄河沿岸平原水生态亚区

1. 河流

（1）点位的筛选与性质识别。参照点位的选择依据实地水质及水文地貌情况，以人类干扰较少，水环境理化质量较高，且流域生境保持较为完整的区域作为参照点位。参照点位依据水化数据 PCA 分析筛选出的结果，确定长清区、平阴县黄河沿岸平原水生态亚区河流参照点为崮山和睦里庄。

（2）候选指标。选用反映种类组成与丰度、营养结构、耐受性、繁殖共位群和鱼类数量与分布等 5 类的 22 个指标作为备选指标，以反映环境变化对目标生物（个体、种群和群落）数量、结构和功能的影响，从而能够有效地监测和评估水环境质量，见表 16.4。

（3）评估指标。在候选生物学指数对对干扰的反应及其分布范围分析基础上，采用箱线图法分析上述筛选生物参数（图 17.48），初步筛选 M14 和 M21 共 2 个生物参数。进一步对这 2 个生物学参数进行相关性分析，见表 17.76。根据 2 个生物参数相关分析的结

果，M14 和 M21 Pearson 相关系数为－0.749，保留 M14 和 M21。根据以上生物指数的筛选方法，最终确定长清区、平阴县黄河沿岸平原水生态亚区河流 F‐IBI 指数构成体系为：鱼类物种数和黏性卵鱼类百分比。

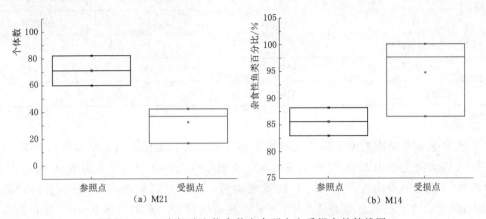

图 17.48　2 个候选生物参数在参照点和受损点的箱线图

表 17.76　　　　　　　　　2 个生物参数 Pearson 相关分析结果

参数	M14	M21
M14	1	
M21	－0.749	1

（4）F‐IBI 最佳预期值及评价标准建立。根据各生物参数在参照点和所有点位中的分布，确定计算各指数分值的比值法计算公式。对于外界压力响应下降或减少的参数，以所有样点由高到低排序的 95％ 的分位数值作为最佳期望值，该类参数的分值等于参数实际值除以最佳期望值；对于外界压力响应增加的参数，以所有样点由高到低排序的 5％ 的分位数值作为最佳期望值，该类参数的分值等于（最大值－实际值）/（最大值－最佳期望值）。将计算后的指数分值加和，即获得 F‐IBI 指数值。根据参照点 F‐IBI 指数的 25％ 分位数值，确定最佳期望值为 1.89。对小于 25％ 分位数值的分布范围进行三等分，确定了长清区、平阴县黄河沿岸平原水生态亚区河流鱼类生物完整性评价标准，见表 17.77。

表 17.77　　长清区、平阴县黄河沿岸平原水生态亚区湖库鱼类生物完整性评价标准

健康	良好	一般	不健康
＞1.64	1.09～1.64	0.55～1.09	0～0.55

（5）评价结果。长清区、平阴县黄河沿岸平原水生态亚区中的河流主要为小清河。根据表 17.77 的评价标准，对长清区、平阴县黄河沿岸平原水生态亚区河流 16 个点位的鱼类生物完整性状况进行评估。结果表明（表 17.78），长清区、平阴县黄河沿岸平原水生态亚区中的河流点位中处于"健康""良好""一般""不健康"的点位分别为 1、2、1 和 1，分别占 20％、40％、20％ 和 20％。其中健康状况最佳的为崮山，最差的为陈屯桥。

表 17.78　长清区、平阴县黄河沿岸平原水生态亚区湖库鱼类生物完整性评价结果

点位名称	点位性质	F-IBI 值	健康状况
顾小庄浮桥	受损点	0.69	一般
陈屯桥	受损点	0.21	不健康
北大沙河入黄河口	受损点	1.29	良好
崮山	参照点	2.10	健康
睦里庄	参照点	1.49	良好

2. 湖库

本水生态亚区湖库类型点位为东阿水库和汇泉水库，仅在东阿水库采集到鱼类。由于与南部入黄诸河上游山地-丘陵水生态亚区相关湖库点位同处于黄河下游平原-丘陵半湿润水生态区，地理位置接近，水生态系统构成类似，因此，对东阿水库采用南部入黄诸河上游山地-丘陵水生态亚区湖库 F-IBI 评价方法进行评价。东阿水库 F-IBI 得分为 3.20，处于健康水平。

3. 湿地

本水生态亚区湿地类型位点为济西湿地和玫瑰湖湿地。由于与小清河下游平原水生态亚区华山湖湿地同处于黄河下游平原-丘陵半湿润水生态区，地理位置接近，水生态系统构成类似，因此合并进行 F-IBI 评价。

（1）点位的筛选与性质识别。参照点位的选择依据实地水质及水文地貌情况，以人类干扰较少，水环境理化质量较高，且流域生境保持较为完整的区域作为参照点位。参照点位依据水化数据 PCA 分析筛选出的结果，确定黄河下游平原-丘陵半湿润水生态区湿地参照点为济西湿地。

（2）候选指标。选用反映种类组成与丰度、营养结构、耐受性、繁殖共位群和鱼类数量与分布等 5 类的 22 个指标作为备选指标，以反映环境变化对目标生物（个体、种群和群落）数量、结构和功能的影响，从而能够有效地监测和评估水环境质量，见表 16.4。

（3）评估指标。在候选生物学指数对干扰的反应及其分布范围分析基础上，采用箱线图法分析上述筛选生物参数（图 17.49），初步筛选 M1、M2、M3、M5、M9、M10、M11、M14、M15 和 M22 共 10 个生物参数。进一步对这 10 个生物学参数进行相关性分析，见表 17.79。

根据 6 个生物参数相关分析的结果，M1 和 M2、M9、M11、M14、M15、M22，M2 和 M5、M9、M10、M11、M14、M15、M22，M3 和 M9、M11、M14、M14、M22，M5 和 M9、M10、M11、M14、M15、M22，M9 和 M10、M11、M14、M15、M22，M10 和 M11、M14、M15、M22，M11 和 M14、M15、M22，M14 和 M15、M22，M15 和 M22 Pearson 相关系数大于 0.75，保留 M1、M2、M3 和 M5，去除 M9、M10、M11、M14、M15 和 M22。根据以上生物指数的筛选方法，最终确定长清区、平阴县黄河沿岸平原 Shannon-Wiener 多样性指数水生态亚区湿地 F-IBI 指数构成体系为：鱼类物种数、Pielou 均匀度指数和鲤亚科百分比。

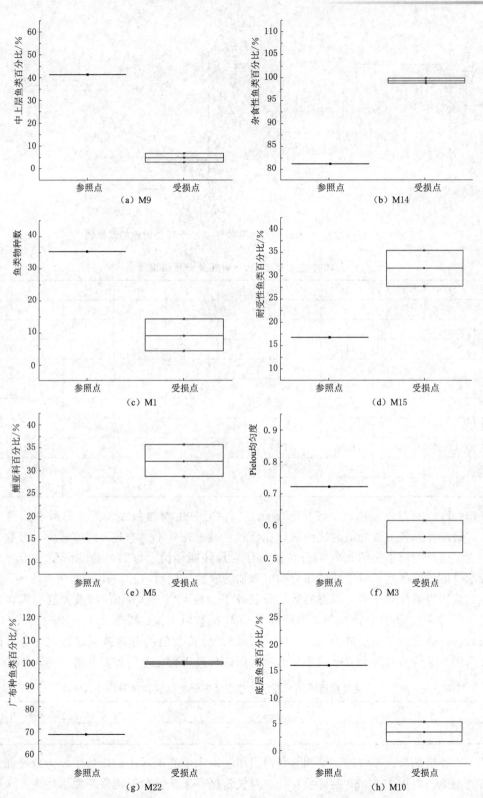

图 17.49（一）　6 个候选生物参数在参照点和受损点的箱线图

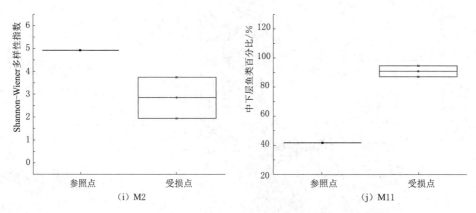

图 17.49（二）　6 个候选生物参数在参照点和受损点的箱线图

表 17.79　　　　　　　　　　　**10 个生物参数 Pearson 相关分析结果**

参数	M1	M2	M3	M5	M9	M10	M11	M14	M15	M22
M1	1									
M2	0.949	1								
M3	0.68	0.415	1							
M5	−1	−0.955	0.333	1						
M9	0.974	0.854	0.828	−0.97	1					
M10	0.998	0.928	0.724	−0.997	−0.986	1				
M11	−0.983	−0.875	−0.803	0.98	−0.999	−0.992	1			
M14	−0.967	−0.837	−0.845	0.962	−1	−0.981	0.997	1		
M15	−0.995	−0.977	−0.600	0.996	−0.945	−0.986	0.958	0.935	1	
M22	−0.960	−0.824	−0.857	0.955	−0.999	0.995	0.995	1	0.926	1

（4）F-IBI 最佳预期值及评价标准建立。根据各生物参数在参照点和所有点位中的分布，确定计算各指数分值的比值法计算公式。对于外界压力响应下降或减少的参数，以所有点位由高到低排序的 95％的分位数值作为最佳期望值，该类参数的分值等于参数实际值除以最佳期望值；对于外界压力响应增加的参数，以所有样点由高到低排序的 5％的分位数值作为最佳期望值，该类参数的分值等于（最大值－实际值）/（最大值－最佳期望值）。将计算后的指数分值加和，即获得 F-IBI 指数值。根据参照点 F-IBI 指数的 25％分位数值，确定最佳期望值为 4.17。对小于 25％分位数值的分布范围进行三等分，确定了长清区、平阴县黄河沿岸平原水生态亚区湿地鱼类生物完整性评价标准，见表 17.80。

表 17.80　　长清区、平阴县黄河沿岸平原水生态亚区湿地鱼类生物完整性评价标准

健康	良好	一般	不健康
>4.17	2.78~4.17	1.39~2.78	0~1.39

（5）评价结果。长清区、平阴县黄河沿岸平原水生态亚区中的湿地主要为玫瑰湖湿地和济西湿地。根据表 17.80 的评价标准，对长清区、平阴县黄河沿岸平原水生态亚区湿地的鱼类生物完整性状况进行评估。结果表明（表 17.81），长清区、平阴县黄河沿岸平原

水生态亚区中的湿地点位中，玫瑰湖湿地 F-IBI 健康水平处于"一般"水平，济西湿地处于"健康"水平。

表 17.81　长清区、平阴县黄河沿岸平原水生态亚区湿地鱼类生物完整性评价结果

点位名称	点位性质	F-IBI 值	健康状况
玫瑰湖湿地	受损点	2.29	一般
济西湿地	参照点	4.17	健康

4. 长清区、平阴县黄河沿岸平原水生态亚区水生态健康状况

长清区、平阴县黄河沿岸平原水生态亚区共包含河流、湿地和湖库三种水体类型，水域生态环境差异较大，鱼类种群结构差异较大，所以按不同水体类型分别进行评价。选用反映种类组成与丰度、营养结构、耐受性、繁殖共位群和鱼类数量与分布等 5 类的 22 个指标作为备选指标，构建底栖生物完整性评价指标体系，对长清区、平阴县黄河沿岸平原水生态亚区 10 个点位进行了评价，结果显示（图 17.50），长清区、平阴县黄河沿岸平原水生态亚区处于健康水平的点位 3 个，良好水平的点位 4 个，一般健康水平的点位 5 个，不健康水平的点位 2 个，分别占 21.4%、28.6%、35.7% 和

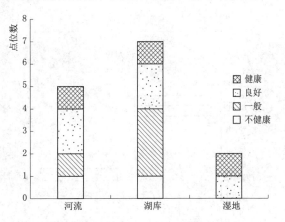

图 17.50　长清区、平阴县黄河沿岸平原水生态亚区水生态健康状况

14.3%。由此可见，长清区、平阴县黄河沿岸平原水生态亚区基本处于一般以上水平。

17.2.2.5　黄河下游左岸平原水生态亚区

本水生态亚区主要包括河流位点，分属于黄河和徒骇河。

1. 河流

（1）点位的筛选与性质识别。参照点位的选择依据实地水质及水文地貌情况，以人类干扰较少，水环境理化质量较高，且流域生境保持较为完整的区域作为参照点位。参照点位依据水化数据 PCA 分析筛选出的结果，确定黄河下游左岸平原水生态亚区河流参照点为黄河的泺口和葛店引黄闸。

（2）候选指标。选用反映种类组成与丰度、营养结构、耐受性、繁殖共位群和鱼类数量与分布等 5 类的 22 个指标作为备选指标，以反映环境变化对目标生物（个体、种群和群落）数量、结构和功能的影响，从而能够有效地监测和评估水环境质量，见表 16.4。

（3）评估指标。在候选生物学指数对干扰的反应及其分布范围分析基础上，采用箱线图法分析上述筛选生物参数（图 17.51），初步筛选 M5、M10、M15、M17 和 M19 共 5 个生物参数。进一步对这 5 个生物学参数进行相关性分析，见表 17.82。

根据 5 个生物参数相关分析的结果，M5 和 M10、M15、M17、M19，M15 和 M17、M19，M17 和 M19 Pearson 相关系数大于 0.75，保留 M10 和 M15，去除 M5、M17 和

M19。根据以上生物指数的筛选方法，最终确定黄河下游左岸平原水生态亚区河流 F-IBI 指数构成体系为：底层鱼类百分比和耐受性鱼类百分比。

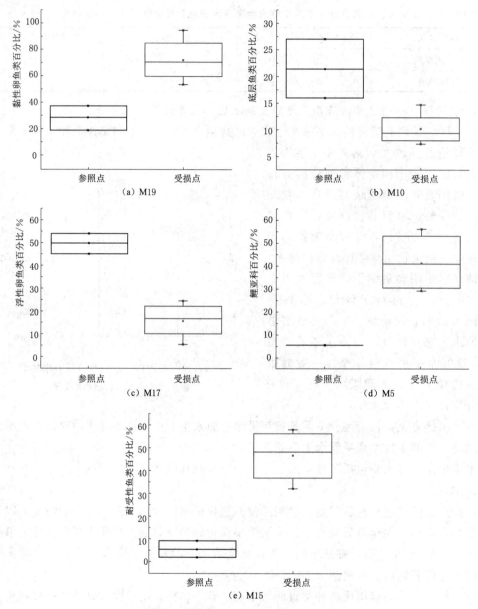

图 17.51　5 个候选生物参数在参照点和受损点的箱线图

（4）F-IBI 最佳预期值及评价标准建立。根据各生物参数在参照点和所有点位中的分布，确定计算各指数分值的比值法计算公式。对于外界压力响应下降或减少的参数，以所有点位由高到低排序的 95% 的分位数值作为最佳期望值，该类参数的分值等于参数实际值除以最佳期望值；对于外界压力响应增加的参数，以所有点位由高到低排序的 5% 的分位数值作为最佳期望值，该类参数的分值等于（最大值－实际值）/（最大值－最佳期望值）。

表 17.82　　　　　　　　　6 个生物参数 Pearson 相关分析结果

参数	M5	M10	M15	M17	M19
M5	1				
M10	-0.76	1			
M15	0.977	-0.683	1		
M17	-0.943	0.747	-0.955	1	
M19	0.909	-0.589	0.953	-0.958	1

将计算后的指数分值加和，即获得 F-IBI 指数值。根据参照点 F-IBI 指数的 25％分位数值，确定最佳期望值为 1.77。对小于 25％分位数值的分布范围进行三等分，确定了黄河下游左岸平原水生态亚区河流鱼类生物完整性评价标准，见表 17.83。

表 17.83　　　　黄河下游左岸平原水生态亚区河流鱼类生物完整性评价标准

健康	良好	一般	不健康
>1.77	1.18~1.77	0.59~1.18	0~0.59

（5）评价结果。根据表 17.83 的评价标准，对黄河下游左岸平原水生态亚区河流 6 个点位的鱼类生物完整性状况进行评估。结果表明（表 17.84），黄河下游左岸平原水生态亚区中的河流点位中处于"健康""良好""一般""不健康"的点位分别为 1、1、2 和 2，分别占 16.7％、16.7％、33.3％和 33.3％。其中健康状况最佳的为泺口和葛店引黄闸，最差的为北田家和垛石街。

表 17.84　　　　黄河下游左岸平原水生态亚区河流鱼类生物完整性评价结果

点位名称	点位性质	F-IBI 值	健康状况
北田家	受损点	0.41	不健康
垛石街	受损点	0.42	不健康
大贺家铺	受损点	0.78	一般
太平镇	受损点	0.91	一般
泺口	参照点	2.01	健康
葛店引黄闸	参照点	1.70	良好

2. 黄河下游左岸平原水生态亚区水生态健康状况

黄河下游左岸平原水生态亚区只包含河流一种水体类型。选用反映种类组成与丰度、营养结构、耐受性、繁殖共位群和鱼类数量与分布等 5 类的 22 个指标作为备选指标，构建底栖生物完整性评价指标体系，对黄河下游左岸平原水生态亚区 6 个点位进行了评价。结果显示，黄河下游左岸平原水生态亚区处于健康水平的点位 1 个，良好水平的点位 1 个，一般健康水平的点位 2 个，不健康水平的点位 2 个，分别占 16.7％、16.7％、33.3％和 33.3％。由此可见，黄河下游左岸平原水生态亚区基本处于一般以上水平。

17.2.2.6　徒骇河平原水生态亚区

本水生态亚区主要包括河流位点，主要属于徒骇河。

1. 河流

（1）点位的筛选与性质识别。参照点位的选择依据实地水质及水文地貌情况，以人类干扰较少，水环境理化质量较高，且流域生境保持较为完整的区域作为参照点位。参照点位依据水化数据 PCA 分析筛选出的结果，确定徒骇河平原水生态亚区参照点为刘成桥、新市董家和张公南临。

（2）候选指标。选用反映种类组成与丰度、营养结构、耐受性、繁殖共位群和鱼类数量与分布等 5 类的 22 个指标作为备选指标，以反映环境变化对目标生物（个体、种群和群落）数量、结构和功能的影响，从而能够有效地监测和评估水环境质量，见表 16.4。

（3）评估指标。在候选生物学指数对干扰的反应及其分布范围分析基础上，采用箱线图法分析上述筛选生物参数（图 17.52），初步筛选 M17 和 M19 共 2 个生物参数。进一步对这 5 个生物学参数进行相关性分析，见表 17.85，Pearson 相关系数大于 0.75，保留 M17，去除 M19。根据以上生物指数的筛选方法，最终确定徒骇河平原河流 F-IBI 指数构成体系为：浮性卵鱼类百分比。

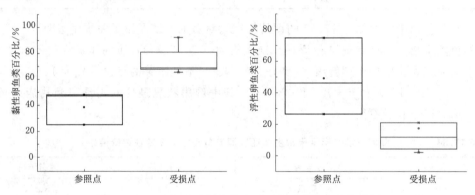

图 17.52　2 个候选生物参数在参照点和受损点的箱线图

表 17.85　　　　　　　　　　　　　2 个生物参数 Pearson 相关分析结果

参数	M17	M19
M17	1	
M19	0.778	1

（4）F-IBI 最佳预期值及评价标准建立。根据各生物参数在参照点和所有点位中的分布，确定计算各指数分值的比值法计算公式。对于外界压力响应下降或减少的参数，以所有样点由高到低排序的 95% 的分位数作为最佳期望值，该类参数的分值等于参数实际值除以最佳期望值；对于外界压力响应增加的参数，以所有样点由高到低排序的 5% 的分位数值作为最佳期望值，该类参数的分值等于（最大值－实际值)/(最大值－最佳期望值)。将计算后的指数分值加和，即获得 F-IBI 指数值。根据参照点 F-IBI 指数的 25% 分位数值，确定最佳期望值为 0.54。对小于 25% 分位数值的分布范围进行三等分，确定了徒骇河平原水生态亚区河流鱼类生物完整性评价标准，见表 17.86。

表 17.86　　　　　　徒骇河平原水生态亚区河流底栖动物生物完整性评价标准

健康	良好	一般	不健康
>0.54	0.36~0.54	0.18~0.36	0~0.18

（5）评价结果。根据表 17.86 的评价标准，对徒骇河平原水生态亚区河流 9 个点位的鱼类生物完整性状况进行评估。结果表明（表 17.87），徒骇河平原水生态亚区中的河流站位中处于"健康""良好""一般""不健康"的点位分别为 3、1、2 和 3，分别占 33.3%、11.1%、22.2% 和 33.3%。其中健康状况最佳的为新市董家、刘成桥和周永闸，最差的为明辉路桥、潘庙闸和营子闸。

表 17.87　　　　　　徒骇河平原水生态亚区河流鱼类生物完整性评价结果

点位名称	点位性质	F-IBI 值	健康状况
营子闸	受损点	0.17	不健康
刘家堡桥	受损点	0.32	一般
周永闸	受损点	0.82	健康
杆子行闸	受损点	0.19	一般
明辉路桥	受损点	0.03	不健康
潘庙闸	受损点	0.06	不健康
刘成桥	参照点	0.69	健康
新市董家	参照点	1.12	健康
张公南临	参照点	0.39	良好

2. 徒骇河平原水生态亚区水生态健康状况

徒骇河平原水生态亚区只包含河流一种水体类型。选用反映种类组成与丰度、营养结构、耐受性、繁殖共位群和鱼类数量与分布等 5 类的 22 个指标作为备选指标，构建鱼类生物完整性评价指标体系，对徒骇河平原水生态亚区 9 个点位进行了评价。结果显示，徒骇河平原水生态亚区处于健康水平的点位 3 个，良好水平的点位 1 个，一般健康水平的点位 2 个，不健康水平的点位 3 个，分别占 33.3%、11.1%、22.2% 和 33.3%。由此可见，徒骇河平原平原水生态亚区基本处于一般以上水平。

17.2.2.7　大汶河、瀛汶河上游丘陵-山地水生态亚区和瀛汶河上游丘陵-山地水生态亚区

大汶河、瀛汶河上游丘陵-山地水生态亚区和瀛汶河上游丘陵-山地水生态亚区共有点位 5 个，同处于大汶河上游丘陵湿润半湿润水生态区，相关点位均处于大汶河和瀛汶河上，因此合并进行评价。

1. 河流

（1）点位的筛选与性质识别。参照点位的选择依据实地水质及水文地貌情况，以人类干扰较少，水环境理化质量较高，且流域生境保持较为完整的区域作为参照点位。参照点位依据水化数据 PCA 分析筛选出的结果，确定大汶河上游丘陵湿润半湿润水生态区河流参照点为付家桥。

（2）候选指标。选用反映种类组成与丰度、营养结构、耐受性、繁殖共位群和鱼类数量与分布等 5 类的 22 个指标作为备选指标，以反映环境变化对目标生物（个体、种群和群落）数量、结构和功能的影响，从而能够有效地监测和评估水环境质量，见表 16.4。

（3）评估指标。在候选生物学指数对干扰的反应及其分布范围分析基础上，采用箱线图法分析上述筛选生物参数（图 17.53），初步筛选 M5、M10、M11、M15、M19、M20、M21 和 M22 共 8 个生物参数。进一步对这 8 个生物学参数进行相关性分析，见表 17.88。

根据 8 个生物参数相关分析的结果，M5 和 M10、M11、M15，M10 和 M11、M14、M15、M19、M14、M21、M22，M11 和 M14、M15、M19、M21、M22，M14 和 M19、M21、M22，M19 和 M21、M22，M21 和 M22 Pearson 相关系数大于 0.75，保留 M10 和

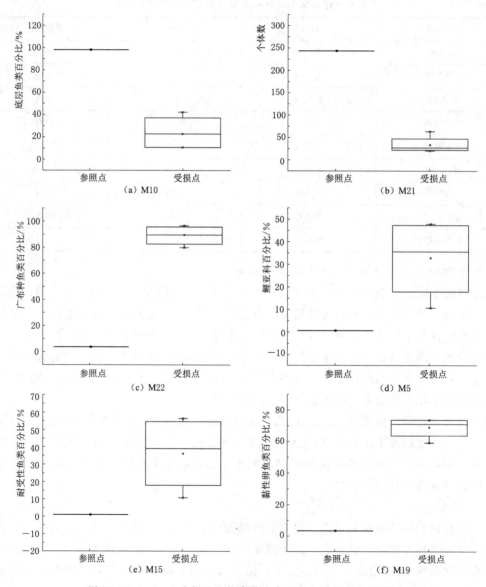

图 17.53（一）　8 个候选生物参数在参照点和受损点的箱线图

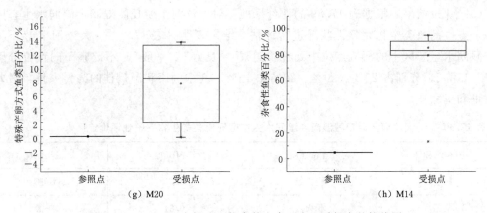

（g）M20　　　　　　　　　　　　（h）M14

图 17.53（二）　8 个候选生物参数在参照点和受损点的箱线图

M20，去除 M5、M11、M15、M19、M21 和 M22。根据以上生物指数的筛选方法，最终确定大汶河上游丘陵湿润半湿润水生态区河流 F-IBI 指数构成体系为：底层鱼类百分比和特殊产卵方式鱼类百分比。

表 17.88　　　　　　　　　　8 个生物参数 Pearson 相关分析结果

参数	M5	M10	M11	M14	M15	M19	M20	M21	M22
M5	1								
M10	−0.901	1							
M11	0.812	−0.921	1						
M14	0.589	−0.88	0.809	1					
M15	0.998	−0.881	0.772	0.557	1				
M19	0.665	−0.918	0.813	0.992	0.639	1			
M20	0.623	−0.61	0.715	0.427	0.58	0.429	1		
M21	−0.672	0.92	−0.824	−0.988	−0.647	−0.997	−0.392	1	
M22	0.541	−0.844	0.862	0.973	0.498	0.946	0.462	−0.951	1

（4）F-IBI 最佳预期值及评价标准建立。根据各生物参数在参照点和所有点位中的分布，确定计算各指数分值的比值法计算公式。对于外界压力响应下降或减少的参数，以所有点位由高到低排序的 95% 的分位数值作为最佳期望值，该类参数的分值等于参数实际值除以最佳期望值；对于外界压力响应增加的参数，以所有样点由高到低排序的 5% 的分位数值作为最佳期望值，该类参数的分值等于（最大值−实际值）/（最大值−最佳期望值）。将计算后的指数分值加和，即获得 F-IBI 指数值。根据参照点 F-IBI 指数的 25% 分位数值，确定最佳期望值为 2.129。对小于 25% 分位数值的分布范围进行三等分，确定了大汶河上游丘陵湿润半湿润水生态区河流鱼类生物完整性评价标准，见表 17.89。

表 17.89　　大汶河上游丘陵湿润半湿润水生态区河流鱼类动物生物完整性评价标准

健康	良好	一般	不健康
>2.12	1.41~2.12	0.71~1.41	0~0.71

（5）评价结果。根据表 17.89 的评价标准，对大汶河上游丘陵湿润半湿润水生态区河流 5 个点位的鱼类生物完整性状况进行评估。结果表明（表 17.90），大汶河上游丘陵湿润半湿润水生态区中的河流点位中处于"健康""良好""一般""不健康"的点位分别为 1、1、1 和 2，分别占 20％、20％、20％和 40％。其中健康状况最佳的为付家桥，最差的为站里和王家洼。

表 17.90　　　大汶河上游丘陵湿润半湿润水生态区河流鱼类生物完整性评价结果

点位名称	点位性质	F－IBI 值	健康状况
站里	受损点	0.11	不健康
莱芜	受损点	0.84	一般
王家洼	受损点	0.44	不健康
西下游	受损点	1.48	良好
付家桥	参照点	2.13	健康

2. 大汶河上游丘陵湿润半湿润水生态区水生态健康状况

大汶河上游丘陵湿润半湿润水生态区只包含河流一种水体类型。选用反映种类组成与丰度、营养结构、耐受性、繁殖共位群和鱼类数量与分布等 5 类的 22 个指标作为备选指标，构建底栖生物完整性评价指标体系，对大汶河上游丘陵湿润半湿润水生态区 5 个点位进行了评价。结果显示，大汶河上游丘陵湿润半湿润水生态区处于健康水平的点位 1 个，良好水平的点位 1 个，一般健康水平的点位 1 个，不健康水平的点位 2 个，分别占 20.0％、20.0％、20.0％和 40.0％。由此可见，大汶河上游丘陵湿润半湿润水生态区基本处于一般以上水平。

17.3　基于水生态完整性的综合评价

17.3.1　小清河下游平原水生态亚区

本水生态亚区共包含河流、湖库、湿地和泉四种水体类型，水域生态环境差异较大，水生生物种群结构差异较大，结合已有调查数据，仅对河流类型点位进行水生态完整性的综合评价。

（1）点位的筛选与性质识别。参照点位的选择依据实地水质及水文地貌情况，以人类干扰较少，水环境理化质量较高，且流域生境保持较为完整的区域作为参照点位。参照点位依据水化数据 PCA 分析筛选出的结果，确定小清河下游平原水生态亚区河流参照点为白云湖下游和张家林。

（2）候选指标。选用反映生物完整性、物理完整性和化学完整性 3 方面的 47 个指标作为备选指标，以反映环境变化对水生态质量的影响，从而能够有效地监测和评估水环境质量，见表 16.4、表 17.91 与表 17.92。

表 17.91　　小清河下游平原水生态亚区河流物理完整性评价指标体系与参数描述

编号	参数指标	对干扰的响应
P1	水温/℃	下降
P2	水深/cm	上升
P3	流速/(m/s)	下降
P4	流量/(m³/s)	上升
P5	底质含沙量比/%	上升
P6	河宽/m	上升
P7	森林面积/km²	下降
P8	草地面积/km²	下降

表 17.92　　小清河下游平原水生态亚区河流化学完整性评价指标体系与参数描述

编号	参　数　指　标	对干扰的响应
C1	氯离子 Cl⁻/(mg/L)	下降
C2	氨氮 NH_3-N/(mg/L)	上升
C3	总氮 TN/(mg/L)	上升
C4	活性磷/(mg/L)	上升
C5	总磷 TP/(mg/L)	上升
C6	硬度 Hard/(mg/L)	上升
C7	高锰酸盐指数 COD_{Mn}/(mg/L)	上升
C8	亚硝酸盐氮 $NO_2^- - N$/(mg/L)	上升
C9	硝酸盐氮 $NO_3^- - N$/(mg/L)	上升
C10	总有机碳 TOC/(mg/L)	上升
C11	总无机碳 TIC/(mg/L)	下降
C12	总溶解碳/(mg/L)	上升
C13	pH 值	下降
C14	电导率 Ec/(μS/cm)	上升
C15	溶解氧 DO/(mg/L)	下降
C16	总溶解固体 TDS/(mg/L)	上升
C17	悬浮物 SS/(mg/L)	上升

（3）评估指标。鱼类生物完整性评估指标筛选见 17.2.2。

物理完整性评估指标：在候选物理完整性指标对干扰的反应及其分布范围分析基础上，采用箱线图法分析上述筛选生物参数（图 17.54），初步筛选 P7（森林面积）为小清河下游平原水生态亚区河流水生态健康评价主要指标。

化学完整性评估指标：在候选化学指数对干扰的反应及其分布范围分析基础上，采用箱线图法分析上述筛选生物参数（图 17.55），初步筛选 C2、C4、C6、C8、C9 和

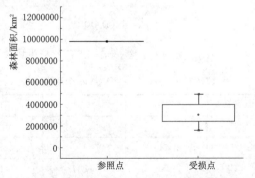

图 17.54　候选物理完整性参数在参照点和受损点的箱线图

C10 共 5 个化学参数。进一步对这 5 个生物学参数进行相关性分析，见表 17.93。

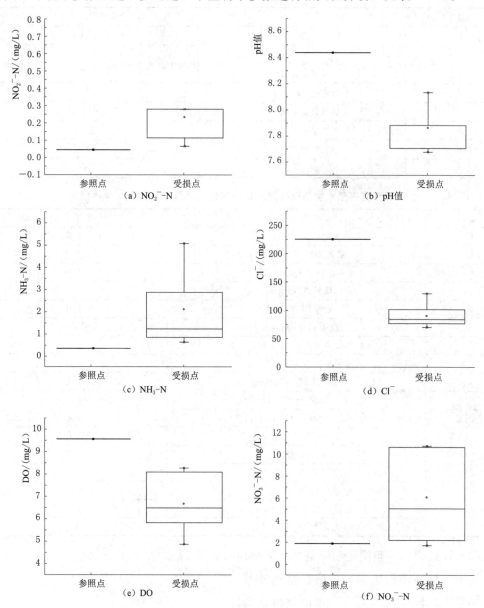

图 17.55　6 个候选生物参数在参照点和受损点的箱线图

表 17.93　　　　　　　　　　　**6 个生物参数 Pearson 相关分析结果**

参数	C2	C4	C6	C8	C9	C10
C2	1					
C4	0.745	1				
C6	0.89	0.617	1			
C8	−0.622	−0.111	−0.581	1		

参数	C2	C4	C6	C8	C9	C10
C9	−0.551	−0.052	−0.444	0.98	1	
C10	−0.325	−0.442	−0.009	0.226	0.253	1

根据 5 个生物参数相关分析的结果，C2 和 C6，C8 和 C9 Pearson 相关系数大于 0.75，保留 C4、C6、C8 和 C10，去除 C2 和 C9。根据以上指数的筛选方法，最终确定小清河下游平原水生态亚区河流氯化物构成体系为：Cl^-、DO、NH_3-N 和 NO_3^--N。

（4）最佳预期值及评价标准建立。根据各类参数在参照点和所有点位中的分布，确定计算各指数分值的比值法计算公式。对于外界压力响应下降或减少的参数，以所有点位由高到低排序的 95% 的分位数值作为最佳期望值，该类参数的分值等于参数实际值除以最佳期望值；对于外界压力响应增加的参数，以所有点位由高到低排序的 5% 的分位数值作为最佳期望值，该类参数的分值等于（最大值-实际值）/（最大值-最佳期望值）。将计算后的指数分值加和，即获得鱼类完整性指数、物理完整性指数和化学完整性指数值。

运用层次分析法，对 F-IBI 赋予 50% 的权重，物理完整性及化学完整性分别赋予 25% 的权重，进行加和，得出各点位 IEI 得分。运用分位数法将参考点位 IEI 得分＞75th 分位数作为"健康"的标准，得分在 50～75th 分位数范围内为"较好"的标准，得分在 25～50th 分位数范围内为"一般"的标准，得分＜25th 分位数作为"较差"的标准，见表 17.94，运用比值法将各点位的分值与评价标准相比较，最终得出各点位 IEI 的健康评价结果。

表 17.94　　　小清河下游平原水生态亚区河流水生态完整性评价标准

健康	良好	一般	不健康
＞3.17	2.64～3.17	2.25～2.64	0～2.25

（5）评价结果。小清河下游平原水生态亚区中的河流主要为小清河。根据表 17.94 的评价标准，对小清河下游平原水生态亚区河流 6 个点位的水生态完整性状况进行评估。结果表明（表 17.95），小清河下游平原水生态亚区中的河流点位中处于"健康""良好""一般""不健康"的点位分别为 2、1、1 和 2，分别占 33.3%、16.7%、16.7% 和 33.3%。其中健康状况最佳的为张家林，最差的为梁府庄和相公庄。

表 17.95　　　小清河下游平原水生态亚区水生态完整性评价结果

点位名称	点位性质	物理完整性	化学完整性	F-IBI 值	IEI	健康状况
吴家铺	受损点	0.19	4.22	4.22	3.21	健康
菜市新村	受损点	0.27	3.17	3.17	2.45	一般
黄台桥	受损点	0.28	2.82	2.82	2.19	不健康
相公庄	受损点	0.57	2.54	2.54	2.05	不健康
龙脊河	受损点	0.46	3.63	3.63	2.84	良好
巨野河	参照点	1.14	5.17	5.17	4.16	健康

17.3.2　南部入黄诸河上游山地-丘陵水生态亚区

本水生态亚区共包含河流和湖库两种水体类型,水域生态环境差异较大,水生生物种群结构差异较大,结合已有调查数据,仅对河流类型站位进行水生态完整性的综合评价。

(1)点位的筛选与性质识别。参照点位的选择依据实地水质及水文地貌情况,以人类干扰较少,水环境理化质量较高,且流域生境保持较为完整的区域作为参照点位。参照点位依据水化数据 PCA 分析筛选出的结果,确定南部入黄诸河上游山地-丘陵水生态亚区河流参照点为黄巢水库下游。

(2)候选指标。选用反映生物完整性、物理完整性和化学完整性 3 方面的 47 个指标作为备选指标,以反映环境变化对水生态质量的影响,从而能够有效地监测和评估水环境质量,见表 16.4、表 17.91 和表 17.92。

(3)评估指标。鱼类生物完整性评估指标筛选见 17.2.2。

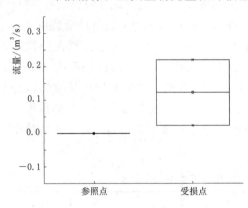

图 17.56　候选物理完整性参数在参照点和受损点的箱线图

物理完整性评估指标:在候选物理完整性指标对干扰的反应及其分布范围分析基础上,采用箱线图法分析上述筛选生物参数(图 17.56),初步筛选 P4(流量)为南部入黄诸河上游山地-丘陵水生态亚区河流水生态健康评价主要指标。

化学完整性评估指标:在候选化学指数对干扰的反应及其分布范围分析基础上,采用箱线图法分析上述筛选生物参数(图 17.57),初步筛选 C1、C3、C5、C7 和 C10 共 5 个化学参数。进一步对这 5 个生物学参数进行相关性分析,见表 17.96。

根据 5 个生物参数相关分析的结果,C1 和 C2、C5、C7、C10,C2 和 C5、C7、C10,C5 和 C7、C10,C7 和 C10 Pearson 相关系数大于 0.75,保留 C7,去除 C1、C3、C5 和 C10。根据以上指数的筛选方法,最终确定南部入黄诸河上游山地-丘陵水生态亚区河流氯化物构成体系为:TN。

表 17.96　　　　　　　　　　5 个生物参数 Pearson 相关分析结果

参数	C1	C2	C5	C7	C10
C1	1				
C2	0.981	1			
C5	1	0.978	1		
C7	0.987	0.936	0.989	1	
C10	1	0.98	1	0.987	1

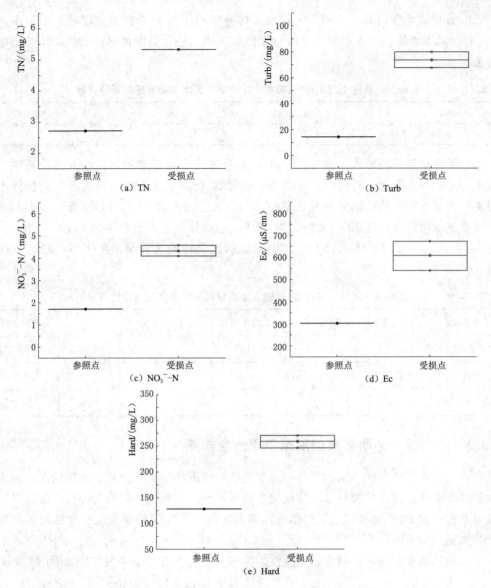

图 17.57 5个候选生物参数在参照点和受损点的箱线图

（4）最佳预期值及评价标准建立。根据各类参数在参照点和所有点位中的分布，确定计算各指数分值的比值法计算公式。对于外界压力响应下降或减少的参数，以所有点位由高到低排序的95％的分位数值作为最佳期望值，该类参数的分值等于参数实际值除以最佳期望值；对于外界压力响应增加的参数，以所有点位由高到低排序的5％的分位数值作为最佳期望值，该类参数的分值等于（最大值－实际值）/（最大值－最佳期望值）。将计算后的指数分值加和，即获得鱼类完整性指数、物理完整性指数和化学完整性指数值。

运用层次分析法，对 F－IBI 赋予 50％的权重，物理完整性及化学完整性分别赋予 25％的权重，进行加和，得出各点位 IEI 得分。运用分位数法将参考点位 IEI 得分＞75th 分位数作为"健康"的标准，得分在 50～75th 分位数范围内为"较好"的标准，得分在

25～50th 分位数范围内为"一般"的标准，得分＜25th 分位数作为"较差"的标准，见表 17.97，运用比值法将各点位的分值与评价标准相比较，最终得出各点位 IEI 的健康评价结果。

表 17.97　南部入黄诸河上游山地-丘陵水生态亚区河流水生态完整性评价标准

健康	良好	一般	不健康
＞1.10	0.647～1.10	0.499～0.647	0～0.499

（5）评价结果。南部入黄诸河上游山地-丘陵水生态亚区中的河流主要为小清河。根据表 17.97 的评价标准，对南部入黄诸河上游山地-丘陵水生态亚区河流 3 个点位的水生态完整性状况进行评估。结果表明（表 17.98），南部入黄诸河上游山地-丘陵水生态亚区中的河流点位中处于"健康""良好""一般""不健康"的点位分别为 1、0、1 和 1，分别占 33.3%、0、33.3% 和 33.3%。其中健康状况最佳的为黄巢水库下游，最差的为并渡口。

表 17.98　南部入黄诸河上游山地-丘陵水生态亚区水生态完整性评价结果

点位名称	点位性质	物理完整性	化学完整性	F-IBI 值	IEI	健康状况
并渡口	受损点	0.00	0.01	0.70	0.35	不健康
宅科	受损点	0.90	0.84	0.84	0.65	一般
黄巢水库下游	参照点	1.01	1.11	2.05	1.56	健康

17.3.3　长清区、平阴县黄河沿岸平原水生态亚区

（1）点位的筛选与性质识别。参照点位的选择依据实地水质及水文地貌情况，以人类干扰较少，水环境理化质量较高，且流域生境保持较为完整的区域作为参照点位。参照点位依据水化数据 PCA 分析筛选出的结果，确定黄河下游左岸平原水生态亚区河流参照点为泺口和葛店引黄闸。

（2）候选指标。选用反映生物完整性、物理完整性和化学完整性 3 方面的 47 个指标作为备选指标，以反映环境变化对水生态质量的影响，从而能够有效地监测和评估水环境质量，见表 16.4、表 17.91 和表 17.92。

（3）评估指标。鱼类生物完整性评估指标筛选见 17.2.2。

物理完整性评估指标：在候选物理完整性指标对干扰的反应及其分布范围分析基础上，采用箱线图法分析上述筛选生物参数（图 17.58），初步筛选 P6（河宽）为黄河下游左岸平原水生态亚区河流水生态健康评价主要指标。

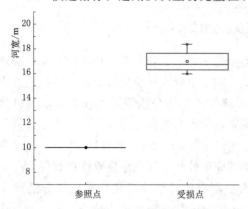

图 17.58　候选物理完整性参数在参照点和受损点的箱线图

化学完整性评估指标：在候选化学指数对干扰的反应及其分布范围分析基础上，采用箱线图法分析上述筛选生物参数（图 17.59），初步筛选 C3、C5 和 C11 共 3 个化学参数。进一步对这 3 个生物学参数进行相关性分析，见表 17.99。

根据 5 个生物参数相关分析的结果，两两指标 Pearson 相关系数大于 0.75，保留 C11，去除 C3 和 C5。根据以上指数的筛选方法，最终确定黄河下游左岸平原水生态亚区河流氯化物构成体系为：COD_{Mn}。

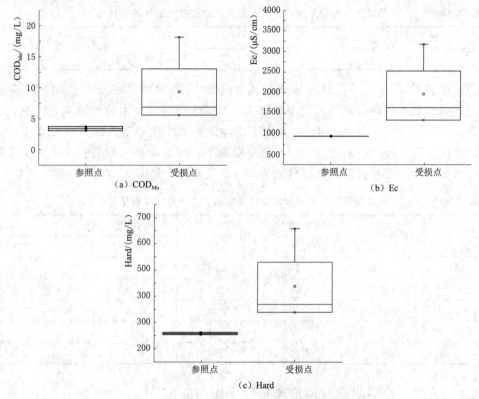

图 17.59　3 个候选生物参数在参照点和受损点的箱线图

表 17.99　　　　　　　　　　　　5 个生物参数 Pearson 相关分析结果

参数	C3	C5	C11
C3	1		
C5	0.996	1	
C11	0.995	0.996	1

（4）最佳预期值及评价标准建立。根据各类参数在参照点和所有点位中的分布，确定计算各指数分值的比值法计算公式。对于外界压力响应下降或减少的参数，以所有点位由高到低排序的 95％的分位数值作为最佳期望值，该类参数的分值等于参数实际值除以最佳期望值；对于外界压力响应增加的参数，以所有点位由高到低排序的 5％的分位数值作为最佳期望值，该类参数的分值等于（最大值－实际值)/(最大值－最佳期望值）。将计算后的指数分值加和，即获得鱼类完整性指数、物理完整性指数和化学完整性指数值。

运用层次分析法，对 F-IBI 赋予 50％的权重，物理完整性及化学完整性分别赋予 25％的权重，进行加和，得出各点位 IEI 得分。运用分位数法将参考点位 IEI 得分＞75th 分位数作为"健康"的标准，得分在 50～75th 分位数范围内为"较好"的标准，得分在 25～50th 分位数范围内为"一般"的标准，得分＜25th 分位数作为"较差"的标准，见表 17.100，运用比值法将各点位的分值与评价标准相比较，最终得出各点位 IEI 的健康评价结果。

表 17.100　　黄河下游左岸平原水生态亚区河流水生态完整性评价标准

健康	良好	一般	不健康
＞1.19	0.68～1.19	0.54～0.68	0～0.54

（5）评价结果。黄河下游左岸平原水生态亚区中的河流主要为小清河。根据表 17.100 的评价标准，对黄河下游左岸平原水生态亚区河流 6 个点位的水生态完整性状况进行评估。结果表明（表 17.101），黄河下游左岸平原水生态亚区中的河流点位中处于"健康""良好""一般""不健康"的点位分别为 2、1、1 和 2，分别占 33.3％、16.7％、16.7％和 33.3％。其中健康状况最佳的为泺口，最差的为北田家。

表 17.101　　黄河下游左岸平原水生态亚区水生态完整性评价结果

点位名称	点位性质	物理完整性	化学完整性	F-IBI 值	IEI	健康状况
北田家	受损点	0.19	0.00	0.41	0.25	不健康
垛石街	受损点	0.20	1.01	0.42	0.51	不健康
大贺家铺	受损点	0.00	0.97	0.78	0.63	一般
太平镇	受损点	0.29	0.84	0.91	0.74	良好
泺口	参照点	1.00	1.01	2.01	1.51	健康
葛店引黄闸	参照点	1.00	0.97	1.70	1.34	健康

17.3.4　长清区、平阴县黄河沿岸平原水生态亚区

本水生态亚区共包含河流和湖库两种水体类型，水域生态环境差异较大，水生生物种群结构差异较大，结合已有调查数据，仅对河流类型点位进行水生态完整性的综合评价。

（1）点位的筛选与性质识别。参照点位的选择依据实地水质及水文地貌情况，以人类干扰较少，水环境理化质量较高，且流域生境保持较为完整的区域作为参照点位。参照点位依据水化数据 PCA 分析筛选出的结果，确定长清区、平阴县黄河沿岸平原水生态亚区-河流河流参照点为睦里庄和崮山。

（2）候选指标。选用反映生物完整性、物理完整性和化学完整性 3 方面的 47 个指标作为备选指标，以反映环境变化对水生态质量的影响，从而能够有效地监测和评估水环境质量（表 16.4、表 17.91 和表 17.92）。

（3）评估指标。鱼类生物完整性评估指标筛选见 17.2.2。

物理完整性评估指标：在候选物理完整性指标对干扰的反应及其分布范围分析基础上，采用箱线图法分析上述筛选生物参数（图 17.60），初步筛选 P1（水温）为长清区、

平阴县黄河沿岸平原水生态亚区-河流水生态健康评价主要指标。

化学完整性评估指标：在候选化学指数对干扰的反应及其分布范围分析基础上，采用箱线图法分析上述筛选生物参数（图17.61），初步筛选 C1、C2、C3、C6、C7 和C10 共 6 个化学参数。进一步对这 5 个生物学参数进行相关性分析，见表 17.102。

根据 6 个生物参数相关分析的结果，C2和 C3、C4、C7、C10，C3 和 C6，C7 和 C10

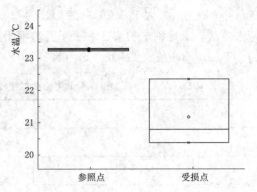

图 17.60　候选物理完整性参数在参照点和受损点的箱线图

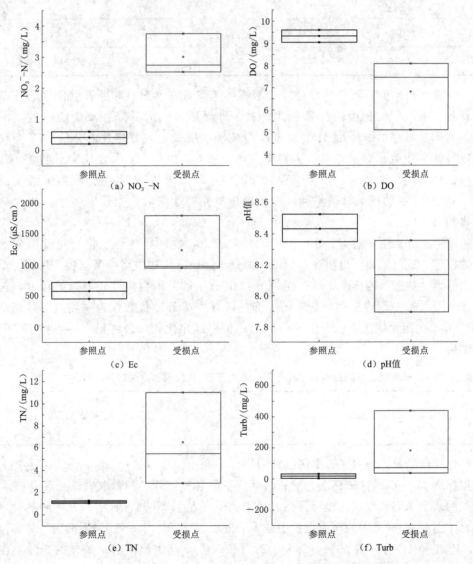

图 17.61　6 个候选生物参数在参照点和受损点的箱线图

433

Pearson 相关系数大于 0.75，保留 C1、C2、C7 和 C10，去除 C3 和 C6。根据以上指数的筛选方法，最终确定长清区、平阴县黄河沿岸平原水生态亚区-河流河流氯化物构成体系为：Turb、pH 值、TN 和 NO_3^--N。

表 17.102　　　　　　　　　　　　6 个生物参数 Pearson 相关分析结果

参数	C1	C2	C3	C6	C7	C10
C1	1					
C2	0.116	1				
C3	0.128	−0.933	1			
C6	−0.058	0.902	−0.942	1		
C7	−0.151	−0.615	0.377	−0.532	1	
C10	0.273	0.659	0.579	−0.713	0.881	1

（4）最佳预期值及评价标准建立。根据各类参数在参照点和所有点位中的分布，确定计算各指数分值的比值法计算公式。对于外界压力响应下降或减少的参数，以所有点位由高到低排序的 95％ 的分位数值作为最佳期望值，该类参数的分值等于参数实际值除以最佳期望值；对于外界压力响应增加的参数，以所有点位由高到低排序的 5％ 的分位数值作为最佳期望值，该类参数的分值等于（最大值−实际值）/（最大值−最佳期望值）。将计算后的指数分值加和，即获得鱼类完整性指数、物理完整性指数和化学完整性指数值。

运用层次分析法，对 F-IBI 赋予 50％ 的权重，物理完整性及化学完整性分别赋予 25％ 的权重，进行加和，得出各点位 IEI 得分。运用分位数法将参考点位 IEI 得分＞75th 分位数作为"健康"的标准，得分在 50～75th 分位数范围内为"较好"的标准，得分在 25～50th 分位数范围内为"一般"的标准，得分＜25th 分位数作为"较差"的标准，见表 17.103，运用比值法将各点位的分值与评价标准相比较，最终得出各点位 IEI 的健康评价结果。

表 17.103　长清区、平阴县黄河沿岸平原水生态亚区-河流河流水生态完整性评价标准

健康	良好	一般	不健康
＞1.97	1.54～1.97	1.04～1.54	0～1.04

（5）评价结果。长清区、平阴县黄河沿岸平原水生态亚区-河流中的河流主要为小清河。根据表 17.103 的评价标准，对长清区、平阴县黄河沿岸平原水生态亚区-河流河流 5 个点位的水生态完整性状况进行评估。结果表明（表 17.104），长清区、平阴县黄河沿岸平原水生态亚区-河流中的河流点位中处于"健康""良好""一般""不健康"的点位分别为 2、1、1 和 1，分别占 40％、20％、20％ 和 20％。其中健康状况最佳的为睦里庄和崮山，最差的为顾小庄浮桥。

表 17.104　　长清区、平阴县黄河沿岸平原水生态亚区-河流水生态完整性评价结果

点位名称	点位性质	物理完整性	化学完整性	F-IBI 值	IEI	健康状况
北大沙河入黄河口	受损点	0.90	1.90	0.69	1.04	一般
顾小庄浮桥	受损点	0.88	2.17	0.21	0.87	不健康
陈屯桥	受损点	0.96	2.63	1.29	1.54	良好
睦里庄	参照点	1.00	3.96	2.10	2.29	健康
崮山	参照点	1.00	3.91	1.49	1.97	健康

17.3.5　徒骇河平原

（1）点位的筛选与性质识别。参照点位的选择依据实地水质及水文地貌情况，以人类干扰较少，水环境理化质量较高，且流域生境保持较为完整的区域作为参照点位。参照点位依据水化数据 PCA 分析筛选出的结果，确定徒骇河平原水生态区河流参照点为刘成桥、新市董家和张公南临。

（2）候选指标。选用反映生物完整性、物理完整性和化学完整性 3 方面的 47 个指标作为备选指标，以反映环境变化对水生态质量的影响，从而能够有效地监测和评估水环境质量，见表 16.4、表 17.91 和表 17.92。

（3）评估指标。鱼类生物完整性评估指标筛选见 17.2.2。

物理完整性评估指标：在候选物理完整性指标对干扰的反应及其分布范围分析基础上，采用箱线图法分析上述筛选生物参数（图 17.62），初步筛选 P6（河宽）为徒骇河平原水生态区河流水生态健康评价主要指标。

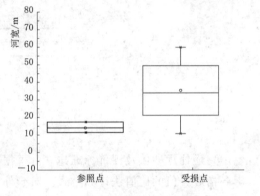

图 17.62　候选物理完整性参数在参照点和受损点的箱线图

化学完整性评估指标：在候选化学指数对干扰的反应及其分布范围分析基础上，采用箱线图法分析上述筛选生物参数（图 17.63），初步筛选 C3、C5 和 C11 共 3 个化学参数。进一步对这 3 个生物学参数进行相关性分析（表 17.105）。

根据 3 个生物参数相关分析的结果，Pearson 相关系数均小于 0.75。根据以上指数的筛选总硬度方法，最终确定徒骇河平原水生态区河流氯化物构成体系为：Ec 和 COD_{Mn}。

表 17.105　　　　　　　3 个生物参数 Pearson 相关分析结果

参数	C3	C5	C11
C3	1		
C5	0.981	1	
C11	1	0.978	1

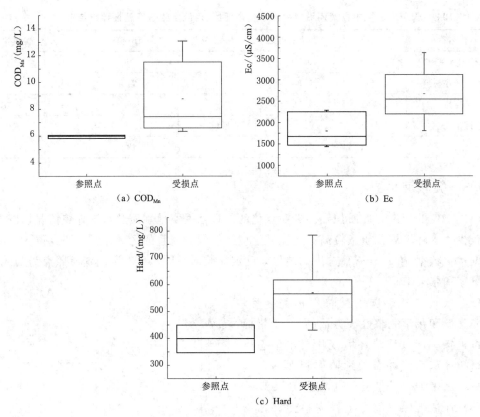

图 17.63　3 个候选生物参数在参照点和受损点的箱线图

（4）最佳预期值及评价标准建立。根据各类参数在参照点和所有点位中的分布，确定计算各指数分值的比值法计算公式。对于外界压力响应下降或减少的参数，以所有点位由高到低排序的 95％的分位数值作为最佳期望值，该类参数的分值等于参数实际值除以最佳期望值；对于外界压力响应增加的参数，以所有点位由高到低排序的 5％的分位数值作为最佳期望值，该类参数的分值等于（最大值－实际值）/（最大值－最佳期望值）。将计算后的指数分值加和，即获得鱼类完整性指数、物理完整性指数和化学完整性指数值。

运用层次分析法，对 F - IBI 赋予 50％的权重，物理完整性及化学完整性分别赋予 25％的权重，进行加和，得出各点位 IEI 得分。运用分位数法将参考点位 IEI 得分＞75th 分位数作为"健康"的标准，得分在 50～75th 分位数范围内为"较好"的标准，得分在 25～50th 分位数范围内为"一般"的标准，得分＜25th 分位数作为"较差"的标准，见表 17.106，运用比值法将各点位的分值与评价标准相比较，最终得出各点位 IEI 的健康评价结果。

表 17.106　　　　　　　　　徒骇河平原水生态区河流水生态完整性评价标准

健康	良好	一般	不健康
＞0.7	0.69～0.7	0.51～0.69	0～0.51

（5）评价结果。徒骇河平原水生态区中的河流主要为徒骇河。根据表 17.106 的评价标准，对徒骇河平原水生态区河流 9 个点位的水生态完整性状况进行评估。结果表明（表

17.107），徒骇河平原水生态区中的河流点位中处于"健康""良好""一般""不健康"的点位分别为 5、1、1 和 2，分别占 55.6％、11.1％、11.1％和 22.2％。其中健康状况最佳的为新市董家，最差的为明辉路桥。

表 17.107　　　　　　　　　徒骇河平原水生态区水生态完整性评价结果

点位名称	点位性质	物理完整性	化学完整性	F－IBI 值	IEI	健康状况
营子闸	受损点	0.00	2.45	0.17	0.70	良好
刘家堡桥	受损点	1.00	2.61	0.32	1.06	健康
周永闸	受损点	0.22	0.97	0.82	0.71	健康
杆子行闸	受损点	0.74	1.63	0.19	0.69	一般
明辉路桥	受损点	0.32	1.08	0.03	0.37	不健康
潘庙闸	受损点	0.80	0.86	0.06	0.45	不健康
刘成桥	参照点	1.00	2.45	0.69	1.21	健康
新市董家	参照点	0.94	3.07	1.12	1.56	健康
张公南临	参照点	0.88	2.88	0.39	1.13	健康

第 6 篇

水生态环境保护与修复

第18章

济南市水生态退化现状

18.1 水生生物群落的受损现状及原因分析

18.1.1 徒骇河平原水生态亚区（Ⅰ-1）

1. 浮游植物群落受损分析

从徒骇河入境断面营子闸和出境断面刘家堡桥浮游植物物种分布来看（图18.1），物种波动范围在4~27种，物种数最低值出现在2016年徒骇河入境断面营子闸，物种数最高值出现在2019年出境断面刘家堡。2014年后，徒骇河平原水生态亚区浮游植物物种数降低，2019年徒骇河入境断面营子闸和出境断面刘家堡桥浮游植物物种数出现回升。

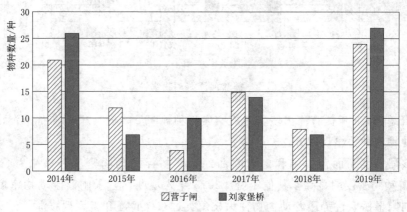

图18.1 徒骇河浮游植物物种分布

从徒骇河入境断面营子闸和出境断面刘家堡桥浮游植物密度分布来看（图18.2），2016年和2019年浮游植物密度明显高于其他年份。2016年出境断面刘家堡桥浮游植物密度高于入境断面营子闸，优势浮游植物物种为蓝藻门小席藻，小席藻为富营养化藻类，通常与含有氮、磷等污染物的废水进入有关。2019年入境断面营子闸浮游植物密度高于出境断面刘家堡桥，优势浮游植物物种为硅藻门具星小环藻，具星小环藻为耐污种，通常在富营养化水体大量增殖。

2. 浮游动物群落受损分析

从徒骇河入境断面营子闸和出境断面刘家堡桥浮游动物物种分布来看（图18.3），物种波动范围在1~16种，2014年入境断面营子闸和出境断面刘家堡桥浮游动物物种数最

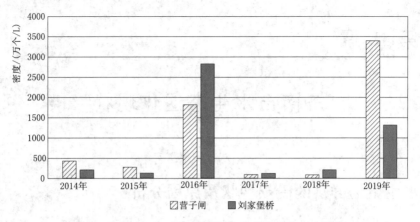

图 18.2　徒骇河浮游植物密度分布

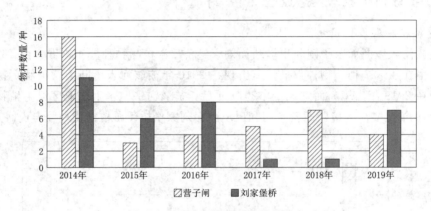

图 18.3　徒骇河浮游动物物种分布

高，2017 年和 2018 年徒骇河出境断面刘家堡物种数明显降低，2019 年徒骇河出境断面刘家堡浮游动物物种数出现回升。

从徒骇河入境断面营子闸和出境断面刘家堡桥浮游动物密度分布来看（图 18.4），2015 年浮游动物密度明显高于其他年份。2015 年入境断面营子闸浮游动物密度明显高于出境断面刘家堡桥，优势浮游动物物种为枝角类远东裸腹溞和微型裸腹溞。裸腹溞广泛分

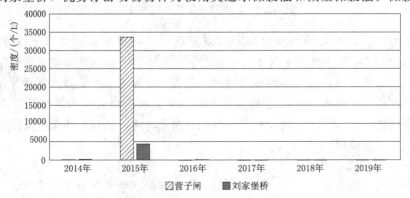

图 18.4　徒骇河浮游动物密度分布

布在各地的池塘、湖泊、水库等各类水域中。喜栖富营养水体，对高温、缺氧、污染等不良环境条件的抗耐力较强，在浅水坑塘及间歇性水洼中，也常大量发生，为淡水浮游动物中的常见种类。

3. 底栖动物群落受损分析

从徒骇河入境断面营子闸和出境断面刘家堡桥底栖动物物种分布来看（图 18.5），物种波动范围为 3～10 种，入境断面营子闸和出境断面刘家堡桥底栖动物物种数差别不大，2016 年入境断面营子闸和出境断面刘家堡桥底栖动物物种数最低，随后入境断面营子闸和出境断面刘家堡桥底栖动物物种数开始稳步增加。

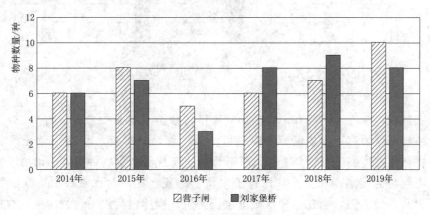

图 18.5 徒骇河底栖动物物种分布

从徒骇河入境断面营子闸和出境断面刘家堡桥底栖动物密度分布来看（图 18.6），2015 年和 2017 年入境断面营子闸底栖动物密度明显高于出境断面刘家堡桥，优势底栖动物物种为豆螺，常见于湖泊、水库、沼泽、水洼、池塘、稻田以及沟渠及小溪沿岸带等静水水体。

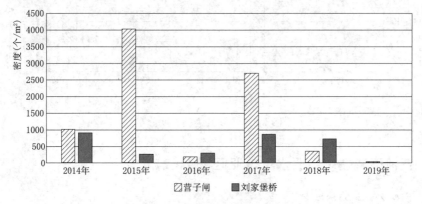

图 18.6 徒骇河底栖动物密度分布

4. 鱼类群落受损分析

从徒骇河入境断面营子闸和出境断面刘家堡桥鱼类物种分布来看（图 18.7），物种波动范围在 2～14 种，入境断面营子闸和出境断面刘家堡桥鱼类物种数差别不大，2017 年入境断面营子闸和出境断面刘家堡桥鱼类物种数最高，随后入境断面营子闸和出境断面刘家堡桥鱼类物种数略有下降。

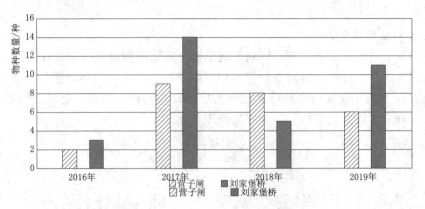

图 18.7　徒骇河鱼类物种分布

从徒骇河入境断面营子闸和出境断面刘家堡桥鱼类密度分布来看（图 18.8），入境断面营子闸鱼类密度要高于出境断面刘家堡桥鱼类密度，2019 年入境断面营子闸和出境断面刘家堡桥鱼类密度高于其他年份。入境断面营子闸优势鱼类物种为鲫，出境断面刘家堡桥优势鱼类物种为圆尾斗鱼。鲫喜栖息于水草丛的浅水区，对水质要求不高，具有广适性，生活力和繁殖力强，能在各种水域里生长繁殖。圆尾鱼为常见鱼类物种，常栖息于溪流、湖泊、池塘、沟渠和稻田中。

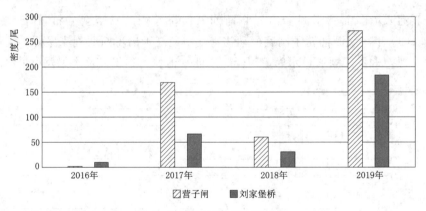

图 18.8　徒骇河鱼类密度分布

18.1.2　黄河下游左岸平原水生态亚区（Ⅰ-2）

1. 浮游植物群落受损分析

从黄河下游泺口和葛店引黄闸断面浮游植物物种分布来看（图 18.9），物种波动范围在 3~16 种，2014 年两个断面浮游植物物种数相近，2015 年葛店引黄闸浮游植物物种数高于泺口，2016 年泺口浮游植物物种数高于葛店引黄闸，黄河下游流域浮游植物物种年变化没有明显规律。

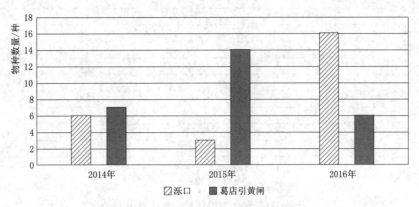

图 18.9 黄河下游浮游植物物种分布

从黄河下游泺口和葛店引黄闸断面浮游植物密度分布来看（图 18.10），2015 年葛店引黄闸断面浮游植物密度明显高于泺口。2016 年泺口断面浮游植物密度明显高于葛店引黄闸。2015 年葛店引黄闸断面和 2016 年泺口断面优势浮游植物物种均为蓝藻门小席藻，与徒骇河平原水生态亚区 2016 年出境断面刘家堡桥优势浮游植物类群相同。

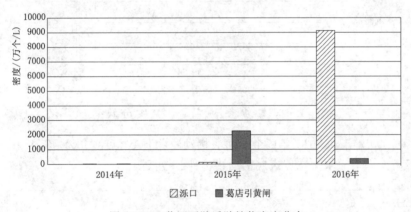

图 18.10 黄河下游浮游植物密度分布

2. 浮游动物群落受损分析

从黄河下游泺口和葛店引黄闸断面浮游动物物种分布来看（图 18.11），物种波动范围在 0～8 种，2014 年两个断面浮游动物物种数相近，2015 年开始泺口断面浮游动物物种数高于葛店引黄闸，2016 年泺口浮游动物物种数达到最高，葛店引黄闸断面浮游动物物种数总体成逐年降低趋势。

从黄河下游泺口和葛店引黄闸断面浮游动物密度分布来看（图 18.12），2016 年泺口断面浮游动物密度明显高于葛店引黄闸。2016 年泺口断面优势浮游动物物种为萼花臂尾轮虫和角突臂尾轮虫。这两种臂尾轮虫在我国广泛分布。浅水中小型湖泊、沼泽、天然池塘和养鱼池塘经常发现。

3. 底栖动物群落受损分析

从黄河下游泺口和葛店引黄闸断面底栖动物物种分布来看（图 18.13），物种波动范

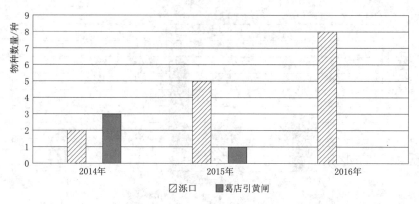

图 18.11　黄河下游浮游动物物种分布

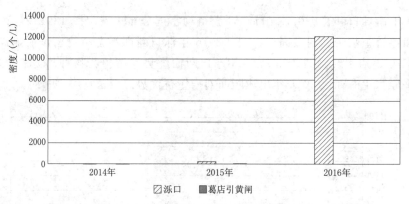

图 18.12　黄河下游浮游动物密度分布

围在 0～2 种，2014 年和 2015 年两个断面底栖动物物种数相近，2016 年未采集到底栖动物，黄河下游左岸平原水生态亚区底栖动物物种数较低。

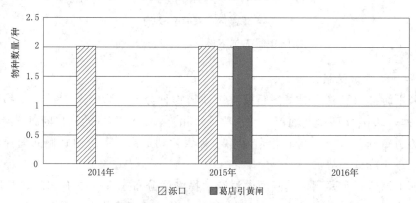

图 18.13　黄河下游底栖动物物种分布

　　从黄河下游泺口和葛店引黄闸断面底栖动物密度分布来看（图 18.14），2014 年泺口断面底栖动物密度最高，随后呈逐年下降趋势。2014 年泺口断面优势底栖动物物种为分齿恩非摇蚊和扁蛭。分齿恩非摇蚊为常见底栖动物双翅目物种，常分布于河流干流。2015

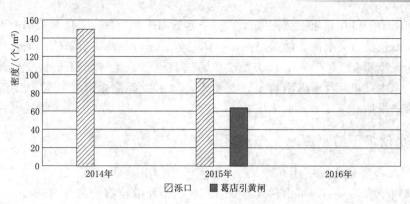

图 18.14　黄河下游底栖动物密度分布

年两个断面底栖动物优势物种也是扁蛭，扁蛭常附着在石块底部，对水质具有一定耐
污性。

4. 鱼类群落受损分析

从黄河下游泺口和葛店引黄闸断面鱼类物种分布来看（图 18.15），物种波动范围在
1～6 种，葛店引黄闸断面鱼类物种要多于泺口，从 2014 年开始，黄河下游泺口和葛店引
黄闸断面鱼类物种数呈逐年下降趋势。

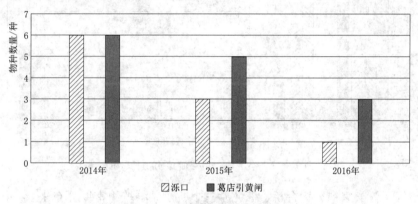

图 18.15　黄河下游鱼类物种分布

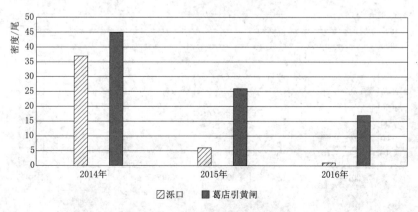

图 18.16　黄河下游鱼类密度分布

从黄河下游泺口和葛店引黄闸断面鱼类密度分布来看（图 18.16），2014 年泺口和葛店引黄闸断面鱼类密度最高，随后呈逐年下降趋势。泺口和葛店引黄闸断面鱼类密度优势物种分别为泥鳅和鲹。泥鳅常栖息于湖泊、河川、沟渠、池塘和稻田中，生活于水的底层，常潜入泥中。鲹为常见小型鱼类，在流水、静水中都能生活和繁殖。性活泼，喜跳跃，常群游于沿岸，活动于水的上层。

18.1.3　小清河下游平原水生态亚区（Ⅱ-1）

1. 浮游植物群落受损分析

从小清河干流吴家铺、黄台桥、五龙堂三个断面浮游植物物种分布来看（图 18.17），物种波动范围在 5～31 种，浮游植物波动范围较大。2015—2018 年，小清河干流浮游植物物种数呈降低趋势，2019 年小清河干流浮游植物物种数有所增加。2014 年小清河干流浮游植物从上游到下游物种数呈现增多趋势，2015 年和 2016 年小清河干流浮游植物从上游到下游物种数呈现减少趋势，2017 年以后，小清河干流浮游植物从上游到下游物种数变化规律不明显。

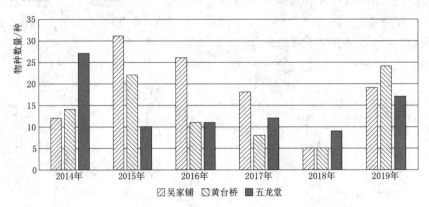

图 18.17　小清河干流浮游植物物种分布

从小清河干流吴家铺、黄台桥、五龙堂三个断面浮游植物密度分布来看（图 18.18），2015 年小清河干流浮游植物密度较高，吴家铺断面浮游植物密度最高，浮游植物优势物

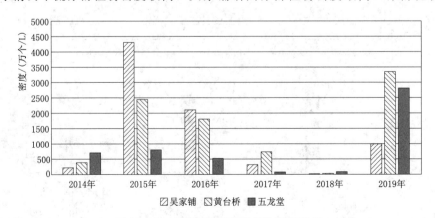

图 18.18　小清河干流浮游植物密度分布

种为变异直链藻和肘状针杆藻，都为硅藻门浮游植物物种，常见于小型浅水水体，多生长在沿岸带。

从小清河平原水生态亚区核心区大明湖和趵突泉两个断面浮游植物物种分布来看（图18.19 和图 18.20），大明湖物种波动范围在 10～35 种，趵突泉物种波动范围在 1～10 种。大明湖和趵突泉虽然都位于核心区内，但是大明湖明显高于趵突泉浮游植物物种数。大明湖断面在 2015 年浮游植物物种数达到最大值，2016 年浮游植物物种数明显降低。趵突泉断面在 2014 年浮游植物物种数最低，2017 年浮游植物物种数最高。

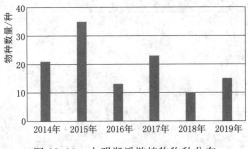

图 18.19　大明湖浮游植物物种分布

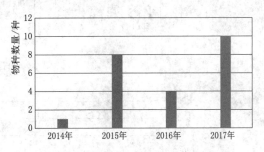

图 18.20　趵突泉浮游植物物种数分布

从小清河平原水生态亚区核心区大明湖和趵突泉两个断面浮游植物密度分布来看（图18.21 和图 18.22），大明湖浮游植物 2014—2018 年呈现浮动变化，2019 年浮游植物密度明显增高，浮游植物优势物种为尖针杆藻和弧形短缝藻，尖针杆藻和弧形短缝藻生长在池塘、湖泊等各种淡水中，均属于普生类硅藻。趵突泉整体浮游植物密度较低，在 2016 年浮游植物密度最高，优势浮游植物物种为颗粒直链藻，颗粒直链藻生长在溪流、湖泊等各类淡水中，属于常见普生类硅藻。

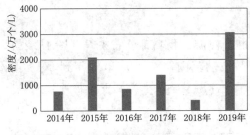

图 18.21　大明湖浮游植物密度分布

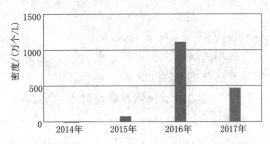

图 18.22　趵突泉浮游植物密度分布

从小清河平原水生态亚区三大水库杜张水库、朱各务水库、杏林水库浮游植物物种分布来看（图 18.23），朱各务水库整体浮游植物物种数要比杏林水库和杜张水库略高，杜张水库整体浮游植物物种数偏低。从年变化趋势来看，到 2019 年小清河平原水生态亚区三大水库浮游植物物种数均有所增加。

从小清河平原水生态亚区三大水库杜张水库、朱各务水库、杏林水库浮游植物密度分布来看（图 18.24），2015 年杜张水库浮游植物密度出现一次明显增加，其中浮游植物优势物种为小席藻，小席藻为蓝藻门丝状藻类，漂浮生活于各种水体中。其他年份三大水库浮游植物密度变化规律不明显。

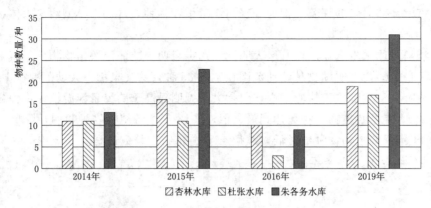

图 18.23 小清河浮游植物物种分布

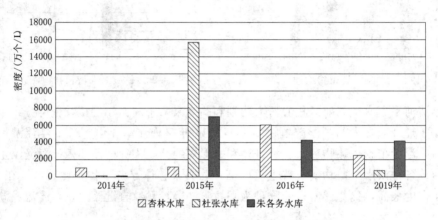

图 18.24 小清河三大水库浮游植物密度分布

2. 浮游动物群落受损分析

从小清河干流吴家铺、黄台桥、五龙堂三个断面浮游动物物种分布来看（图 18.25），物种波动范围在 2～11 种，黄台桥浮游动物物种数波动范围较大。从 2015 年到 2018 年，小清河干流浮游动物物种数呈降低趋势。小清河干流浮游动物从上游到下游物种数无明显规律。

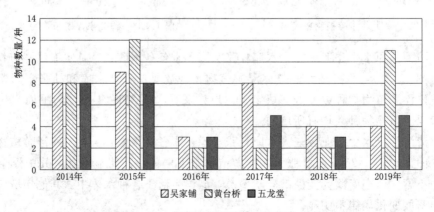

图 18.25 小清河干流浮游动物物种分布

从小清河干流吴家铺、黄台桥、五龙堂三个断面浮游动物密度分布来看（图 18.26），2015 年小清河干流浮游动物密度较高，五龙堂断面浮游动物密度最高，浮游动物优势物种为萼花臂尾轮虫和远东裸腹溞，均为淡水河流常见浮游动物物种。

图 18.26　小清河干流浮游动物密度分布

从小清河平原水生态亚区核心区大明湖和趵突泉两个断面浮游动物物种分布来看（图 18.27 和图 18.28），大明湖物种波动范围在 2～8 种，趵突泉物种波动范围在 1～8 种。大明湖和趵突泉虽然都位于核心区内，但是大明湖高于趵突泉浮游动物物种数。大明湖断面在 2019 年浮游动物物种数较多。趵突泉断面在 2016 年浮游动物物种数最多，其他年份浮游动物物种数相对较少。

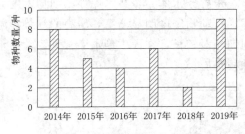

图 18.27　大明湖浮游动物物种分布

图 18.28　趵突泉浮游动物物种分布

从小清河平原水生态亚区核心区大明湖和趵突泉两个断面浮游动物密度分布来看（图 18.29 和图 18.30），大明湖断面在 2015 年浮游动物密度最高，随后出现下降。趵突泉断面在 2016 年浮游动物密度最高，随后出现下降。2015 年大明湖断面优势浮游动物物种为裂足臂尾轮虫，分布于池塘中，为湖库浮游动物常见种。2016 年趵突泉断面优势浮游动物物种为桡足幼体，桡足幼体亦称剑水蚤型幼虫期，为小型甲壳动物，体长小于 3mm，营浮游与寄生生活，淡水常见浮游动物物种。

从小清河平原水生态亚区三大水库杜张水库、朱各务水库、杏林水库浮游动物物种分布来看（图 18.31），2014 年和 2015 年杏林水库浮游动物物种数高于杜张水库，杜张水库浮游动物物种数高于朱各务水库，2014 年整体浮游动物物种数高于 2015 年，2016 年杏林水库和朱各务水库浮游动物物种数继续降低，杜张水库浮游动物物种数有所增加，2019 年杜张水库、朱各务水库、杏林水库浮游动物物种数比较接近。

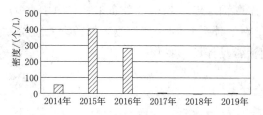

图18.29　大明湖浮游动物密度分布

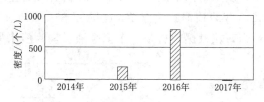

图18.30　趵突泉浮游动物密度分布

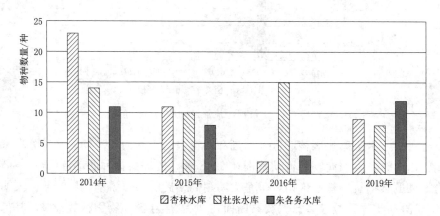

图18.31　小清河三大水库浮游动物物种分布

从小清河平原水生态亚区三大水库杜张水库、朱各务水库、杏林水库浮游动物密度分布来看（图18.32），2015年和2016年杜张水库浮游动物密度明显增高，增高的优势浮游动物物种是桡足幼体。桡足类活动迅速、世代周期相对较长，在大中型水库常见，常在水产养殖中作为生物饵料，但饵料意义不如轮虫和枝角类。

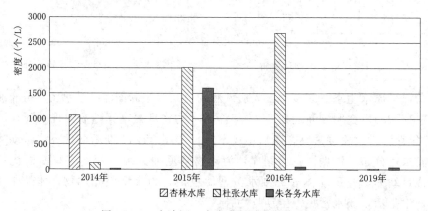

图18.32　小清河三大水库浮游动物密度分布

3. 底栖动物群落受损分析

从小清河干流吴家铺、黄台桥、五龙堂三个断面底栖动物物种分布来看（图18.33），物种波动范围在1～12种。吴家铺断面底栖动物物种数多于黄台桥、五龙堂，2014—2016年，小清河干流底栖动物物种数呈降低趋势，2016年以后，小清河干流底栖动物物种数明显增加。

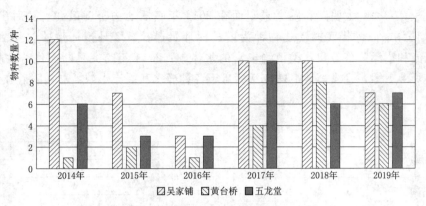

图 18.33　小清河干流底栖动物物种分布

从小清河干流吴家铺、黄台桥、五龙堂三个断面底栖动物密度分布来看（图 18.34），2015 年小清河干流五龙堂断面底栖动物密度最高，底栖动物优势物种为豆螺，为淡水河流常见物种。

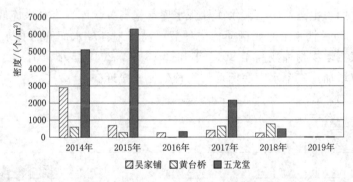

图 18.34　小清河干流底栖动物密度分布

从小清河平原水生态亚区核心区大明湖和趵突泉两个断面底栖动物物种分布来看（图 18.35 和图 18.36），大明湖物种波动范围在 3～14 种，趵突泉物种波动范围在 1～5 种。大明湖和趵突泉虽然都位于核心区内，但是大明湖底栖动物物种数明显高于趵突泉。大明湖断面底栖动物物种数大体呈逐年增加趋势，2019 年底栖动物物种数最多。趵突泉断面在 2014 年底栖动物物种数最多，其他年份底栖动物物种数相对较少。

图 18.35　大明湖底栖动物物种分布

图 18.36　趵突泉底栖动物物种分布

从小清河平原水生态亚区核心区大明湖和趵突泉两个断面底栖动物密度分布来看（图 18.37 和图 18.38），大明湖和趵突泉断面在 2014 年底栖动物密度最高，随后出现下降。2014 年大明湖断面优势底栖动物物种为塔马拟环足摇蚊，塔马拟环足摇蚊生活在溪流、湖泊、河流和沼泽区苔藓和藻类植物丰富的水体中。2014 年趵突泉断面优势底栖动物物种为直缘耳萝卜螺，直缘耳萝卜螺广泛栖息于各种静水和缓流水域，喜欢附着在岩石或沉水植物上。

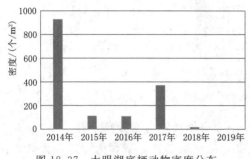

图 18.37　大明湖底栖动物密度分布

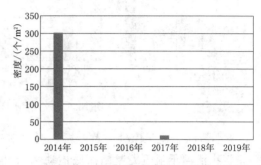

图 18.38　趵突泉底栖动物密度分布

从小清河平原水生态亚区三大水库杜张水库、朱各务水库、杏林水库底栖动物物种分布来看（图 18.39），杜张水库底栖动物物种数要高于朱各务水库和杏林水库，2014 年小清河干流整体底栖动物物种数高于 2015 年和 2016 年，2019 年小清河三大水库整体底栖动物物种数略有增加，三个水库底栖动物物种数比较接近。

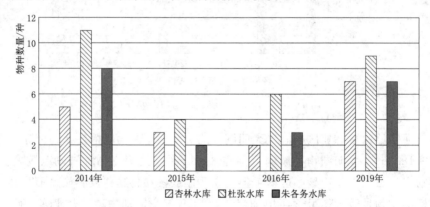

图 18.39　小清河三大水库底栖动物物种分布

从小清河平原水生态亚区三大水库杜张水库、朱各务水库、杏林水库底栖动物密度分布来看（图 18.40），2014 年和小清河干流整体底栖动物密度较高，随后逐渐走低，其中杜张水库密度最高。2014 年杜张水库优势底栖动物是溪流摇蚊。溪流摇蚊幼虫生活于低溶解氧的腐殖质丰富的黑色淤泥中，在富营养化水域中常有众多的数量。在水库型水体中，常形成稳定的优势群落。

4. 鱼类群落受损分析

从小清河干流吴家铺、黄台桥、五龙堂三个断面鱼类物种分布来看（图 18.41），物种波动范围在 2～6 种。吴家铺和五龙堂断面鱼类物种数没有变化，黄台桥断面鱼类物种

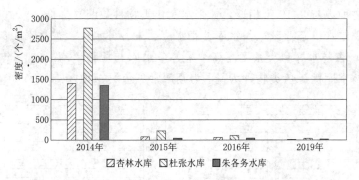

图 18.40　小清河三大水库底栖动物密度分布

数从 2018 年开始减少。

从小清河干流吴家铺、黄台桥、五龙堂三个断面鱼类密度分布来看（图 18.42），2019 年吴家铺断面鱼类密度增加明显，黄台桥密度出现降低，吴家铺优势鱼类物种为兴凯鱊，喜欢生活在江河、沟渠和池塘的缓流及静水浅水处。

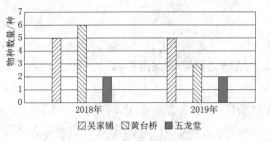

图 18.41　小清河干流鱼类物种分布　　　　图 18.42　小清河干流鱼类密度分布

从小清河平原水生态亚区核心区大明湖断面鱼类物种分布来看（图 18.43），大明湖物种波动范围为 10~23 种。大明湖断面鱼类物种数大体呈增加趋势，2019 年鱼类物种数最多。

从小清河平原水生态亚区核心区大明湖断面鱼类密度分布来看（图 18.44），2019 年大明湖鱼类密度高于 2014 年。2019 年大明湖鱼类优势物种为兴凯鱊，同 2019 年吴家铺优势鱼类物种。

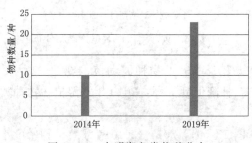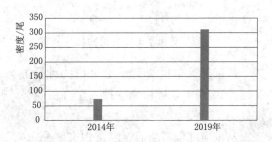

图 18.43　大明湖鱼类物种分布　　　　　图 18.44　大明湖鱼类密度分布

从小清河平原水生态亚区三大水库杜张水库、朱各务水库、杏林水库鱼类物种分布来看（图 18.45），杏林水库鱼类物种数要高于朱各务水库和杜张水库，2015 年小清河三大水库整体鱼类物种数与2019年相近，杜张水库鱼类物种数明显降低。

从小清河平原水生态亚区三大水库杜张水库、朱各务水库、杏林水库鱼类密度分布来看（图18.46），杏林水库鱼类密度要高于朱各务水库和杜张水库，2019年杏林水库鱼类密度最高，杏林水库优势鱼类物种为鳘，为湖库常见鱼类物种。

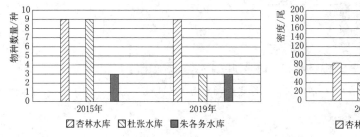

图18.45　小清河三大水库鱼类物种分布

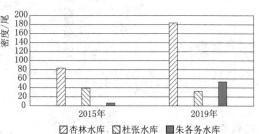

图18.46　小清河三大水库鱼类密度分布

18.1.4　长清区、平阴县黄河沿岸平原水生态亚区（Ⅱ-2）

1. 浮游植物群落受损分析

从黄河干流北大沙河入黄河口、崮山两个断面浮游植物物种分布来看（图18.47），物种波动范围在11～16种，2014—2015年浮游植物物种数波动范围不大。北大沙河入黄河口断面浮游植物物种数要多于崮山。

从黄河干流北大沙河入黄河口、崮山两个断面浮游植物密度分布来看（图18.48），2015年黄河干流浮游植物密度多于2014年。北大沙河入黄河口断面浮游植物密度要多于崮山。2015年北大沙河入黄河口断面浮游植物密度最高，优势浮游植物物种为铜绿微囊藻，铜绿微囊藻为蓝藻门藻类，生长于各种水体中，夏季繁盛时，易形成水华。

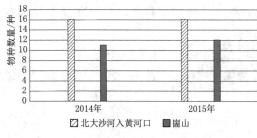

图18.47　黄河干流浮游植物物种分布

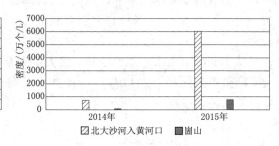

图18.48　黄河干流浮游植物密度分布

从汇河陈屯桥断面浮游植物物种分布来看（图18.49），物种波动范围在7～17种，2014—2016年浮游植物物种数呈降低趋势，从17种降低到7种，2019年浮游植物物种数恢复为17种。

从汇河陈屯桥断面浮游植物密度分布来看（图18.50），2014—2016年浮游植物密度小幅升高，2016年浮游植物密度达到最大，2019年浮游植物密度有所下降，整体波动幅度不大，2016年浮游植物优势物种为微小色球藻，微小色球藻生长于静止的或流动的各种水体，如池塘、湖泊、高山的寒泉、温泉及盐泽地区。又能在滴水岩石以及瀑布溅水处生存。

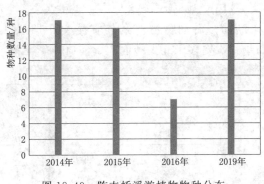

图 18.49 陈屯桥浮游植物物种分布

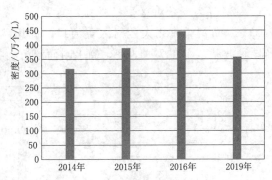

图 18.50 陈屯桥浮游植物密度分布

从东阿水库断面浮游植物物种分布来看（图 18.51），物种波动范围在 3～19 种，2014—2015 年东阿水库浮游植物物种数逐渐增加，2016 年东阿水库浮游植物物种数明显降低，从 19 种降低到 3 种，随后浮游植物物种数逐渐增加。

从东阿水库断面浮游植物密度分布来看（图 18.52），2014—2016 年东阿水库浮游植物密度逐渐增加，2016 年东阿水库浮游植物密度呈现翻倍增长，随后明显回落。2016 年东阿水库断面浮游植物密度优势物种为小席藻，为蓝藻门丝状藻类，常见于池塘、湖泊、沼泽和水库。

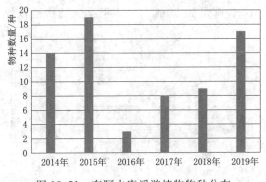

图 18.51 东阿水库浮游植物物种分布

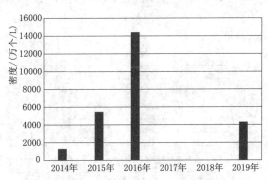

图 18.52 东阿水库浮游植物密度分布

从济西湿地浮游植物物种分布来看（图 18.53），物种波动范围在 5～20 种，2016—2018 年浮游植物物种数相对较低，浮游植物物种数维持在 5～11 种，2019 年济西湿地浮游植物物种数明显增高，浮游植物物种数达到 20 种。

从济西湿地浮游植物密度分布来看（图 18.54），2016—2018 年浮游植物密度呈现逐年降低趋势，2019 年济西湿地浮游植物密度明显增高，浮游植物密度优势物种为小席藻，为蓝藻门丝状藻类，常见于池塘、湖泊、沼泽和水库。

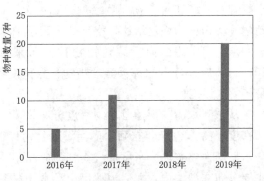

图 18.53 济西湿地浮游植物物种分布

2. 浮游动物群落受损分析

从黄河干流北大沙河入黄河口、崮山两个断面浮游动物物种分布来看（图18.55），物种波动范围在7～13种。崮山断面浮游动物物种数要多于北大沙河入黄河口。

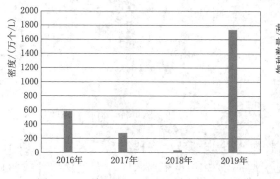

图18.54 济西湿地浮游植物密度分布　　　　图18.55 黄河干流浮游动物物种分布

从黄河干流北大沙河入黄河口、崮山两个断面浮游动物密度分布来看（图18.56），北大沙河入黄河口断面浮游动物密度要高于崮山，浮游动物密度优势物种为直额裸腹溞和远东裸腹溞。裸腹溞习居于间歇性水域，夏季常大量出现。

从汇河陈屯桥断面浮游动物物种分布来看（图18.57），物种波动范围在3～16种，2014—2015年浮游动物物种数呈降低趋势，从14种降低到3种，2019年浮游动物物种数恢复到16种。

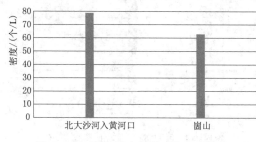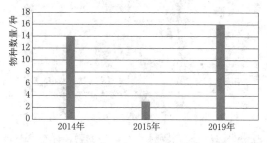

图18.56 黄河干流浮游动物密度分布　　　　图18.57 陈屯桥浮游动物物种分布

从汇河陈屯桥断面浮游动物密度分布来看（图18.58），2014—2015年浮游动物密度小幅升高，2015年浮游动物密度达到最大，2019年浮游动物密度明显下降。2015年浮游动物优势物种为桡足幼体，桡足幼体为湖泊水库常见物种。

从东阿水库断面浮游动物物种分布来看（图18.59），物种波动范围在4～12种，2014—2019年东阿水库浮游动物物种数呈波动状浮动，2014年东阿水库浮游动物物种数最多，为12种。

从东阿水库断面浮游动物密度分布来看（图18.60），2014—2015年东阿水库浮游动物密度较高，2017年东阿水库浮游动物密度明显降低，随后呈逐年小幅增加。2014年东阿水库断面浮游动物密度优势物种为曲腿龟甲轮虫。曲腿龟甲轮虫分布广，为常见物种。主要分布在湖泊内，尤以池塘等小型水体居多。

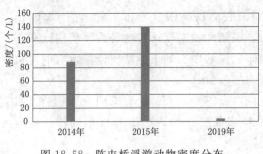

图 18.58　陈屯桥浮游动物密度分布

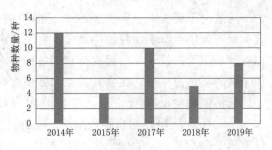

图 18.59　东阿水库浮游动物物种分布

从济西湿地浮游动物物种分布来看（图 18.61），物种波动范围在 2～7 种，2016 年浮游动物物种数为 7 种，浮游动物物种数最高，2017 年浮游动物物种数明显降低，随后逐年略有增加。

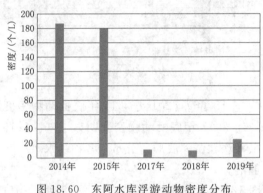

图 18.60　东阿水库浮游动物密度分布

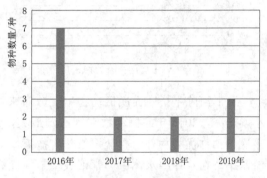

图 18.61　济西湿地浮游动物物种分布

从济西湿地浮游动物密度分布来看（图 18.62），2016 年浮游动物密度最高，2017 年以后，浮游动物密度明显降低。2016 年济西湿地浮游动物密度优势物种为角突臂尾轮虫和桡足幼体。角突臂尾轮虫在我国分布非常广阔。浅水中小型湖泊、沼泽、天然池塘和养鱼池塘经常发现。桡足幼体分布广泛，为湖泊水库常见物种。

3. 底栖动物群落受损分析

从黄河干流北大沙河入黄河口、崮山两个断面底栖动物物种分布来看（图 18.63），物种波动范围在 3～7 种。崮山断面底栖动物物种数要多于北大沙河入黄河口。

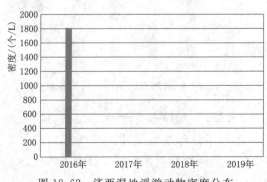

图 18.62　济西湿地浮游动物密度分布

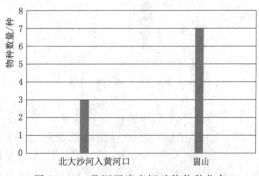

图 18.63　黄河干流底栖动物物种分布

从黄河干流北大沙河入黄河口、崮山两个断面底栖动物密度分布来看（图 18.64），北大沙河入黄河口断面底栖动物密度要高于崮山，底栖动物密度优势物种为溪流摇蚊和苍白摇蚊，溪流摇蚊和苍白摇蚊分布于各种静水水体和流水中。幼虫生活于低溶解氧的腐殖质丰富的黑色淤泥中，在富营养化水域中常有众多的数量。

从汇河陈屯桥断面底栖动物种分布来看（图 18.65），物种波动范围在 2～10 种，2014—2016 年底栖动物物种数呈降低趋势，从 6 种降低到 2 种，2019 年底栖动物物种数恢复到 10 种。

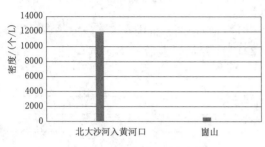

图 18.64 黄河干流底栖动物密度分布

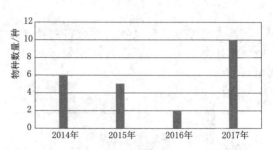

图 18.65 陈屯桥底栖动物物种分布

从汇河陈屯桥断面底栖动物密度分布来看（图 18.66），2014—2015 年底栖动物密度小幅升高，2015 年底栖动物密度达到最大，2016—2017 年底栖动物密度明显下降。2015 年底栖动物优势物种为喜盐摇蚊。喜盐摇蚊幼虫喜欢软淤泥底质，分布于各种静水水体和流水中。在水库型水体中，常形成稳定的优势群落。

从东阿水库断面底栖动物种分布来看（图 18.67），物种波动范围在 2～8 种，2014 年和 2016 年东阿水库底栖动物物种数较低，2017 年以后东阿水库底栖动物物种数相对平稳，维持在 7～8 种。

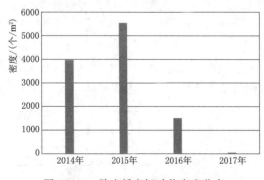

图 18.66 陈屯桥底栖动物密度分布

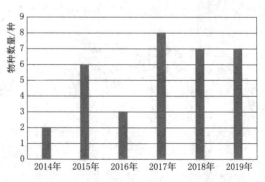

图 18.67 东阿水库底栖动物物种分布

从东阿水库断面底栖动物密度分布来看（图 18.68），2014 年东阿水库底栖动物密度较高，2015 年东阿水库底栖动物密度明显降低，随后呈逐年小幅震荡。2014 年东阿水库断面底栖动物密度优势物种为喜盐摇蚊，喜盐摇蚊幼虫喜欢软淤泥底质，分布于各种静水水体和流水中。在水库型水体中，常形成稳定的优势群落。

从济西湿地底栖动物物种分布来看（图 18.69），物种波动范围在 10～14 种，2017—

2018 年底栖动物种数略有升高，2018 年底栖动物物种数最高，底栖动物物种数为 7 种，2019 年底栖动物物种数略有降低。

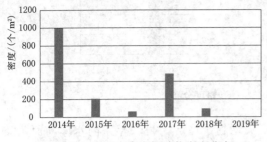

图 18.68 东阿水库底栖动物密度分布

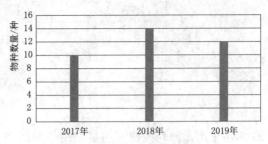

图 18.69 济西湿地底栖动物物种分布

从济西湿地底栖动物密度分布来看（图 18.70），2017 年底栖动物密度最高，2017 年以后，底栖动物密度呈降低趋势。2017 年济西湿地底栖动物密度优势物种为拟沼螺。拟沼螺为湖泊、水库、沼泽、水洼、池塘、稻田以及沟渠及小溪沿岸带等静水水体中常见软体动物。

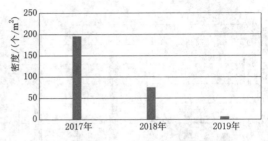

图 18.70 济西湿地底栖动物密度分布

4. 鱼类群落受损分析

从黄河干流北大沙河入黄河口、崮山两个断面鱼类物种分布来看（图 18.71），物种波动范围在 8～11 种。崮山断面鱼类物种数要多于北大沙河入黄河口。

从黄河干流北大沙河入黄河口、崮山两个断面鱼类密度分布来看（图 18.72），崮山断面鱼类密度要高于北大沙河入黄河口，鱼类密度优势物种为鲫。鲫喜栖息于水草丛的浅水区。鲫具有广适性，生活力和繁殖力强，能在各种水域里生长繁殖。

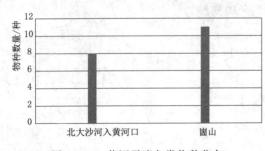

图 18.71 黄河干流鱼类物种分布

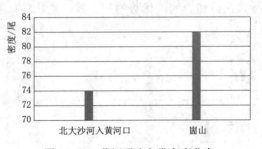

图 18.72 黄河干流鱼类密度分布

从汇河陈屯桥断面鱼类物种、密度分布来看（图 18.73），陈屯桥鱼类物种数为 3 种，鱼类密度为 16 尾，优势鱼类物种为鲫。

从东阿水库断面鱼类物种分布来看（图 18.74），物种波动范围在 3～13 种，2014—2019 年东阿水库鱼类物种数呈现稳定增长趋势，2018 年和 2019 年东阿水库断面鱼类物种稳定在 13 种。

从东阿水库断面鱼类密度分布来看（图 18.75），2014 年东阿水库鱼类密度较低，

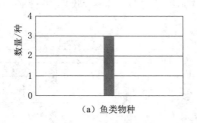
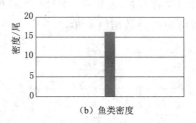

（a）鱼类物种　　　　　　　　　　　（b）鱼类密度

图 18.73　陈屯桥鱼类物种和密度分布

2015 年东阿水库鱼类密度明显增高，随后降低波动趋于稳定。2015 年东阿水库断面鱼类密度优势物种为**鲹**。**鲹**为湖库常见鱼类物种。

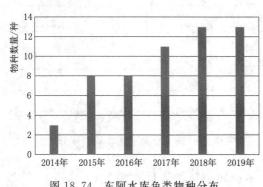
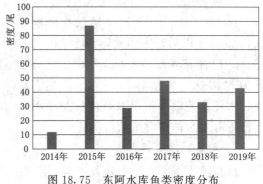

图 18.74　东阿水库鱼类物种分布　　　　　　图 18.75　东阿水库鱼类密度分布

从济西湿地鱼类物种分布来看（图 18.76），物种波动范围在 11～20 种，2016—2017 年鱼类物种升高，2017—2019 年鱼类物种数略有降低。

从济西湿地鱼类密度分布来看（图 18.77），鱼类密度呈现逐年波动，2019 年鱼类密度最高，鱼类密度优势物种为**鲹**。**鲹**为湖库常见鱼类物种。

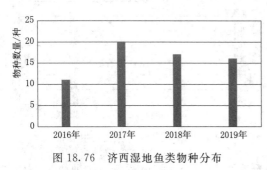
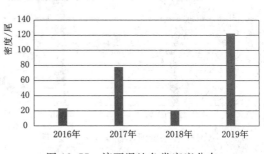

图 18.76　济西湿地鱼类物种分布　　　　　　图 18.77　济西湿地鱼类密度分布

18.1.5　南部入黄诸河上游山地-丘陵水生态亚区（Ⅱ-3）

1. 浮游植物群落受损分析

从玉符河并渡口、宅科、卧虎山水库、锦绣川水库四个断面浮游植物物种分布来看（图 18.78），物种波动范围在 5～27 种，从各个断面年变化来看，没有统一趋势，宅科相对其他断面，浮游植物物种波动较大，2014—2016 年宅科水库浮游植物物种数呈逐年上升趋势，到 2019 年下降明显。

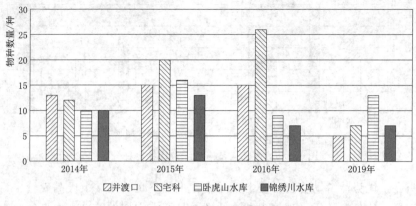

图 18.78 南部入黄诸河浮游植物物种分布

从玉符河并渡口、宅科、卧虎山水库、锦绣川水库四个断面浮游植物密度分布来看（图 18.79），2016 年浮游植物密度整体要高于 2014 年、2015 年和 2019 年，2015 年卧虎山水库浮游植物密度增高明显，优势浮游植物物种是纤细新月藻，为常见淡水湖泊硅藻。2016 年宅科和卧虎山水库浮游植物增加明显，其优势浮游植物物种为小席藻，小席藻为淡水蓝藻门浮游植物。

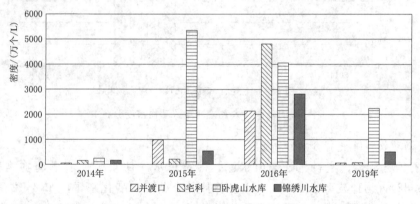

图 18.79 南部入黄诸河浮游植物密度分布

2. 浮游动物群落受损分析

从玉符河并渡口、宅科、卧虎山水库、锦绣川水库四个断面浮游动物物种分布来看（图 18.80），物种波动范围在 5～13 种，从各个断面年变化来看，2014—2015 年浮游动物物种数均有增长，2015 年浮游动物物种数最多，锦绣川水库位于流域上游，相对其他断面，浮游动物物种数占有优势，在 2014 年、2015 年和 2019 年，浮游动物物种数都是最多的。

从玉符河并渡口、宅科、卧虎山水库、锦绣川水库四个断面浮游动物密度分布来看（图 18.81），2016 年浮游动物密度整体要高于其他年份，2016 年锦绣川水库浮游动物

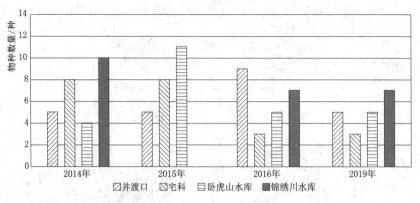

图 18.80　南部入黄诸河浮游动物物种分布

密度增高明显，优势浮游动物物种是卜氏晶囊轮虫和桡足幼体。卜氏晶囊轮虫为轮虫常见种，分布广阔。从最浅的沼泽到深水湖泊的敞水带都有它们的踪迹。桡足幼体为湖泊水库常见物种。

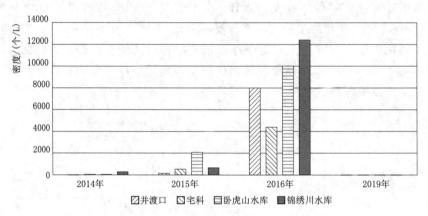

图 18.81　南部入黄诸河浮游动物密度分布

3. 底栖动物群落受损分析

从玉符河并渡口、宅科、卧虎山水库、锦绣川水库四个断面底栖动物物种分布来看（图 18.82），物种波动范围在 1～11 种，从各个断面年变化来看，2014—2015 年底栖动物物种数均有增长，2015 年底栖动物物种数最多，并渡口断面底栖动物物种数占有优势，在 2014 年、2015 年和 2016 年，底栖动物物种数都是最多的。

从玉符河并渡口、宅科、卧虎山水库、锦绣川水库四个断面底栖动物密度分布来看（图 18.83），2014 年底栖动物密度整体要高于其他年份，宅科断面底栖动物密度明显高于其他断面，优势底栖动物物种是长跗摇蚊。长跗摇蚊幼虫分布于各种水体中，幼虫适应能力强。

4. 鱼类群落受损分析

从玉符河并渡口、宅科、卧虎山水库三个断面鱼类物种分布来看（图 18.84），物种波动范围在 3～19 种，从各个断面年变化来看，2019 年鱼类物种数多于 2016 年，三个断

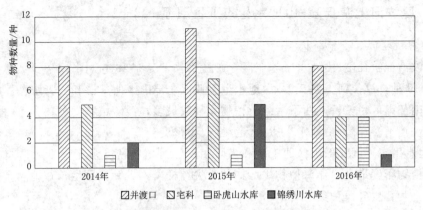

图 18.82　南部入黄诸河底栖动物物种分布

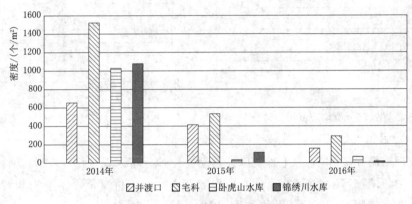

图 18.83　南部入黄诸河底栖动物密度

面鱼类物种数对比，并渡口断面鱼类物种数占有优势，在 2016 年和 2019 年，鱼类物种数都是最多的。

从玉符河并渡口、宅科、卧虎山水库三个断面鱼类密度分布来看（图 18.85），2016年和 2019 年鱼类密度相差不大，呈现的规律相同，并渡口断面鱼类密度高于宅科，宅科断面鱼类密度高于卧虎山水库。

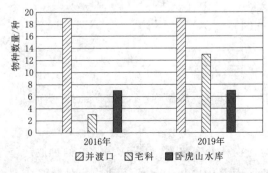

图 18.84　南部入黄诸河鱼类物种分布

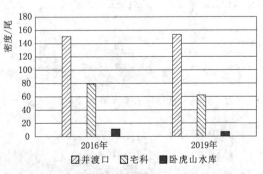

图 18.85　南部入黄诸河鱼类密度分布

18.1.6 瀛汶河上游丘陵-山地水生态亚区 （Ⅲ-1）

1. 浮游植物群落受损分析

从瀛汶河上游丘陵-山地水生态亚区浮游植物物种分布来看（图18.86），物种波动范围在10～19种，瀛汶河上游丘陵-山地水生态亚区北部山区西下游和雪野水库浮游植物物种数多于南部山区付家桥，西下游浮游植物物种数最多，浮游植物物种数为19种。

从瀛汶河上游丘陵-山地水生态亚区浮游植物密度分布来看（图18.87），瀛汶河上游丘陵-山地水生态亚区北部山区西下游和雪野水库浮游植物密度多于南部山区付家桥，西下游浮游植物密度最高，浮游植物优势物种为尖针杆藻，尖针杆藻生长在池塘、湖泊等各种淡水中，为普生硅藻种类。

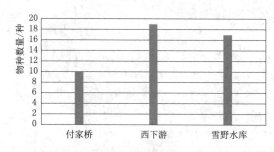

图18.86 瀛汶河上游浮游植物物种分布   图18.87 瀛汶河上游浮游植物密度分布

2. 浮游动物群落受损分析

从瀛汶河上游丘陵-山地水生态亚区浮游动物物种分布来看（图18.88），物种波动范围在4～13种，瀛汶河上游丘陵-山地水生态亚区南部山区付家桥浮游动物物种数多于北部山区西下游和雪野水库，浮游动物物种数为13种。

从瀛汶河上游丘陵-山地水生态亚区浮游动物密度分布来看（图18.89），瀛汶河上游丘陵-山地水生态亚区南部山区付家桥浮游动物密度多于北部山区西下游和雪野水库，付家桥浮游动物优势物种为台湾温剑水蚤，台湾温剑水蚤习栖于湖泊、池塘中。

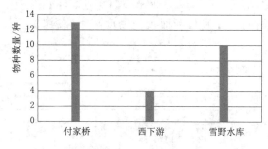
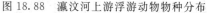
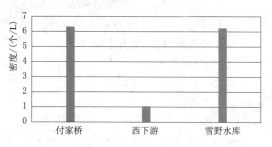

图18.88 瀛汶河上游浮游动物物种分布   图18.89 瀛汶河上游浮游动物密度分布

3. 底栖动物群落受损分析

从瀛汶河上游丘陵-山地水生态亚区底栖动物物种分布来看（图18.90），物种波动范围在1～10种，瀛汶河上游丘陵-山地水生态亚区南部山区付家桥底栖动物物种数多于北部山区西下游和雪野水库，底栖动物物种数为10种。

从瀛汶河上游丘陵-山地水生态亚区底栖动物密度分布来看（图 18.91），山地水生态亚区北部山区西下游和雪野水库底栖动物密度多于南部山区付家桥，雪野水库底栖动物密度最高，底栖动物优势物种为小云多足摇蚊，小云多足摇蚊在各种流水及静水水域皆有分布。

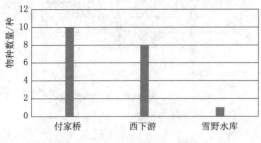

图 18.90　瀛汶河上游底栖动物物种分布　　图 18.91　瀛汶河上游底栖动物密度分布

4. 鱼类群落受损分析

从瀛汶河上游丘陵-山地水生态亚区鱼类物种分布来看（图 18.92），物种波动范围在 6～21 种，瀛汶河上游丘陵-山地水生态亚区南部山区付家桥鱼类物种数与北部山区西下游鱼类物种数相同，鱼类物种数为 6 种。雪野水库鱼类物种数最多，鱼类物种数为 21 种。

从瀛汶河上游丘陵-山地水生态亚区鱼类密度分布来看（图 18.93），山地水生态亚区南部山区付家桥鱼类密度高于北部山区西下游和雪野水库，付家桥鱼类优势物种为黄鳝，黄鳝生活于坑塘、沟渠和稻田的泥窟中或田埂和堤岸的洞穴中，白昼潜伏，夜出觅食。

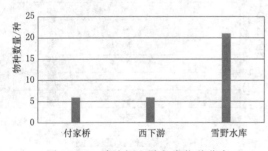

图 18.92　瀛汶河上游鱼类物种分布　　　图 18.93　瀛汶河上游鱼类密度分布

18.1.7　大汶河、瀛汶河上游平原-丘陵水生态亚区（Ⅲ-2）

1. 浮游植物群落受损分析

从大汶河、瀛汶河上游平原-丘陵水生态亚区浮游植物物种分布来看（图 18.94），物种波动范围在 13～22 种，大汶河、瀛汶河上游平原-丘陵水生态亚区莱芜断面浮游植物物种数多于王家洼，王家洼断面浮游植物物种数多于站里。

从大汶河、瀛汶河上游平原-丘陵水生态亚区浮游植物密度分布来看（图 18.95），大汶河、瀛汶河上游平原-丘陵水生态亚区南部莱芜、站里断面浮游植物密度高于北部王家洼，莱芜断面浮游植物密度最大，优势浮游植物物种为具星小环藻。具星小环藻为河流湖泊常见硅藻，对水体具有一定耐污性，常在富营养化水体中，形成优势物种。

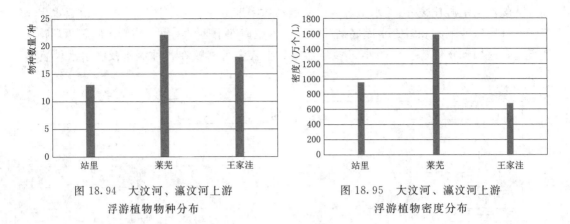

图 18.94　大汶河、瀛汶河上游　　　　图 18.95　大汶河、瀛汶河上游
浮游植物物种分布　　　　　　　　浮游植物密度分布

2. 浮游动物群落受损分析

从大汶河、瀛汶河上游平原-丘陵水生态亚区浮游动物物种分布来看（图 18.96），物种波动范围在 8～16 种，大汶河、瀛汶河上游平原-丘陵水生态亚区莱芜断面浮游动物物种数多于王家洼，王家洼断面浮游动物物种数多于站里。

从大汶河、瀛汶河上游平原-丘陵水生态亚区浮游动物密度分布来看（图 18.97），大汶河、瀛汶河上游平原-丘陵水生态亚区北部王家洼断面浮游动物密度高于南部莱芜、站里，王家洼断面浮游动物密度最大，优势浮游动物物种为螺形龟甲轮虫。螺形龟甲轮虫为浮游动物常见种，分布广泛。

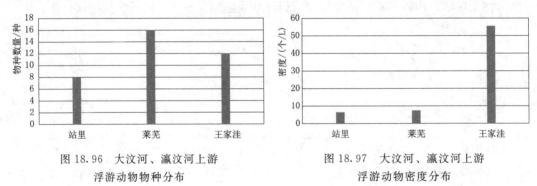

图 18.96　大汶河、瀛汶河上游　　　　图 18.97　大汶河、瀛汶河上游
浮游动物物种分布　　　　　　　　浮游动物密度分布

3. 底栖动物群落受损分析

从大汶河、瀛汶河上游平原-丘陵水生态亚区底栖动物物种分布来看（图 18.98），物种波动范围在 3～8 种，大汶河、瀛汶河上游平原-丘陵水生态亚区站里断面底栖动物物种数多于莱芜，莱芜断面底栖动物物种数多于王家洼。

从大汶河、瀛汶河上游平原-丘陵水生态亚区底栖动物密度分布来看（图 18.99），大汶河、瀛汶河上游平原-丘陵水生态亚区站里断面底栖动物密度高于王家洼，王家洼断面底栖动物密度高于莱芜。站里优势底栖动物物种为豆螺。豆螺是中国常见底栖动物物种，常见于湖泊、水库、沼泽、水洼、池塘、稻田以及沟渠及小溪沿岸带等静水水体。

4. 鱼类群落受损分析

从大汶河、瀛汶河上游平原-丘陵水生态亚区鱼类物种分布来看（图 18.100），物种

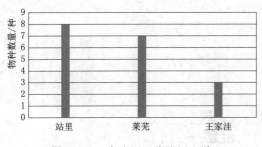

图 18.98　大汶河、瀛汶河上游
底栖动物物种分布

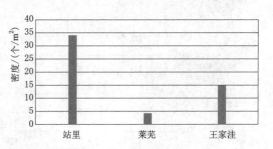

图 18.99　大汶河、瀛汶河上游
底栖动物密度分布

波动范围在 7～13 种，大汶河、瀛汶河上游平原-丘陵水生态亚区王家洼断面鱼类物种数多于站里，站里断面鱼类物种数多于莱芜。

从大汶河、瀛汶河上游平原-丘陵水生态亚区鱼类密度分布来看（图 18.101），大汶河、瀛汶河上游平原-丘陵水生态亚区王家洼断面鱼类密度高于站里，站里断面鱼类密度高于莱芜。王家洼优势鱼类物种为鲫。鲫繁生长繁殖力强，能在各种水域里生长繁殖。

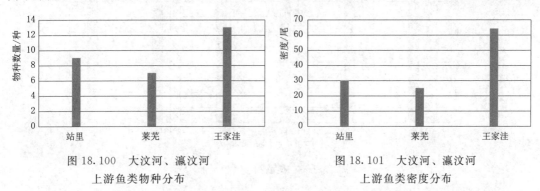

图 18.100　大汶河、瀛汶河
上游鱼类物种分布

图 18.101　大汶河、瀛汶河
上游鱼类密度分布

18.2　水环境质量和物理生境的受损状态

18.2.1　徒骇河平原水生态亚区（Ⅰ-1）

根据徒骇河平原水生态亚区地理分布特点，选取徒骇河入境断面营子闸和出境断面刘家堡桥来分析徒骇河平原水生态亚区水环境质量和物理生境的受损状态。徒骇河主要水环境驱动因子为 Turb、pH 值、Ec、Alk、TN、NO_2^--N 和 NO_3^--N。

从徒骇河入境断面营子闸和出境断面刘家堡桥 Turb 分布来看（图 18.102），徒骇河平原水生态亚区波动范围在 2.5～115。2014—2018 年，徒骇河平原水生态亚区 Turb 波动幅度不大，2019 年出境断面刘家堡桥 Turb 上升明显，明显高于入境断面营子闸。水体受到一定污染胁迫。

从徒骇河入境断面营子闸和出境断面刘家堡桥 pH 值分布来看（图 18.103），徒骇河平原水生态亚区波动范围在 7.9～9.5NTU，呈弱碱性。2014—2017 年，出境断面刘家堡

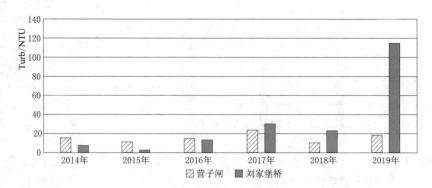

图 18.102　徒骇河 Turb 分布

桥 pH 值略高于入境断面营子闸。2017—2019 年，入境断面营子闸 pH 值略高于出境断面刘家堡桥。

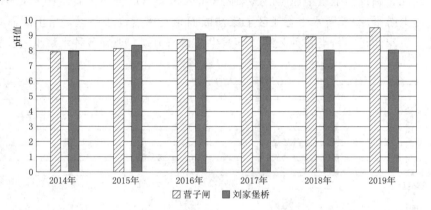

图 18.103　徒骇河 pH 值分布

从徒骇河入境断面营子闸和出境断面刘家堡桥 Ec 分布来看（图 18.104），徒骇河平原水生态亚区波动范围在 1210~3028mS/m。2014—2017 年，入境断面营子闸 Ec 逐年升高，出境断面刘家堡桥 Ec 逐年下降。2017—2019 年，入境断面营子闸 Ec 逐年下降，出境断面刘家堡桥 Ec 逐年升高，并在 2019 年超过入境断面营子闸。

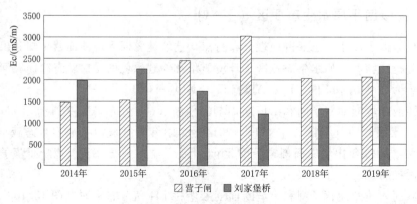

图 18.104　徒骇河 Ec 分布

从徒骇河入境断面营子闸和出境断面刘家堡桥 Alk 分布来看（图 18.105），徒骇河平原水生态亚区波动范围在 147～399mg/L。2014—2018 年，徒骇河平原水生态亚区整体波动不大，入境断面营子闸 Alk 略高于出境断面刘家堡桥，2019 年徒骇河平原水生态亚区 Alk 明显增加，出境断面刘家堡桥 Alk 高于入境断面营子闸。

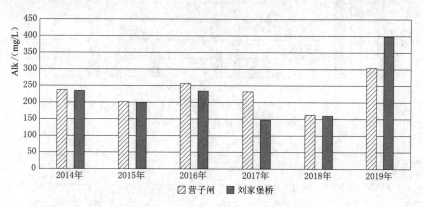

图 18.105　徒骇河 Alk 分布

从徒骇河入境断面营子闸和出境断面刘家堡桥 TN 分布来看（图 18.106），徒骇河平原水生态亚区波动范围在 0.86～4.69mg/L。2014—2019 年，徒骇河平原水生态亚区整体波动较大，无明显规律。2015 年和 2016 年入境断面营子闸 TN 输入量较高，随后出现降低。

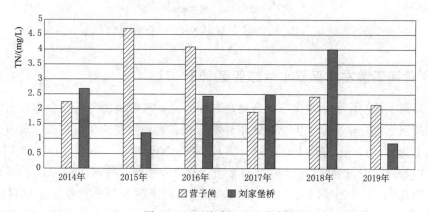

图 18.106　徒骇河 TN 分布

从徒骇河入境断面营子闸和出境断面刘家堡桥 NO_2^--N 分布来看（图 18.107），徒骇河平原水生态亚区波动范围在 0.01～0.38mg/L。2014—2019 年，徒骇河平原水生态亚区 NO_2^--N 含量整体降低，2014 年、2015 年、2016 年和 2019 年入境断面营子闸 NO_2^--N 含量高于出境断面刘家堡桥。

从徒骇河入境断面营子闸和出境断面刘家堡桥 NO_3^--N 分布来看（图 18.108），徒骇河平原水生态亚区波动范围在 0.00～2.16mg/L。2014—2019 年，徒骇河平原水生态亚区整体波动较大，无明显规律。

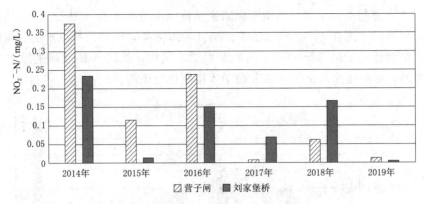

图 18.107　徒骇河 NO_2^--N 分布

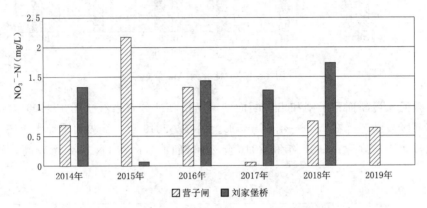

图 18.108　徒骇河 NO_3^--N 分布

18.2.2　黄河下游左岸平原水生态亚区（Ⅰ-2）

　　根据黄河下游左岸平原水生态亚区地理分布特点，选取黄河下游泺口和葛店引黄闸断面来分析黄河下游左岸平原水生态亚区水环境质量和物理生境的受损状态。黄河主要水环境驱动因子为 Turb、pH 值、Ec、Alk、DO、TN、NO_3^--N、COD、BOD 和 TP。

　　从泺口和葛店引黄闸断面 Turb 分布来看（图 18.109），黄河下游左岸平原水生态亚区波动范围在 57.3～924NTU。2014—2015 年，黄河下游左岸平原水生态亚区泺口和葛店引黄闸断面浊度较高，2016 年黄河下游左岸平原水生态亚区泺口和葛店引黄闸断面 Turb 下降明显。

　　从泺口和葛店引黄闸断面 pH 值分布来看（图 18.110），黄河下游左岸平原水生态亚区波动范围在 7.7～8.34，呈弱碱性。2014—2015 年，黄河下游左岸平原水生态亚区泺口和葛店引黄闸断面 pH 值变化不大，2016 年黄河下游左岸平原水生态亚区泺口和葛店引黄闸断面 pH 值略有下降。

　　从泺口和葛店引黄闸断面 Ec 分布来看（图 18.111），黄河下游左岸平原水生态亚区波动范围在 916～1114mS/m。2014—2016 年，黄河下游左岸平原水生态亚区泺口和葛店引黄闸断面 Ec 变化不大，Ec 在 1000mS/m 左右浮动。

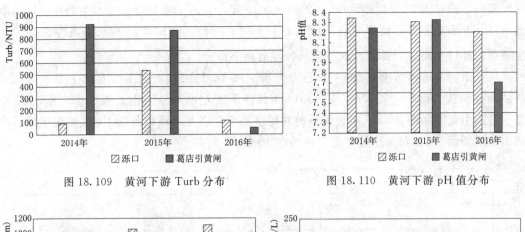

图 18.109 黄河下游 Turb 分布　　　　　图 18.110 黄河下游 pH 值分布

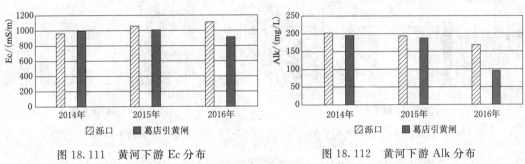

图 18.111 黄河下游 Ec 分布　　　　　图 18.112 黄河下游 Alk 分布

从泺口和葛店引黄闸断面 Alk 分布来看（图 18.112），黄河下游左岸平原水生态亚区波动范围在 96.4~202.01mg/L。2014—2015 年，黄河下游左岸平原水生态亚区泺口和葛店引黄闸断面 Alk 变化不大，2016 年黄河下游左岸平原水生态亚区泺口和葛店引黄闸断面 Alk 出现降低，葛店引黄闸断面下降明显。

从泺口和葛店引黄闸断面 DO 分布来看（图 18.113），黄河下游左岸平原水生态亚区波动范围在 6.7~8.4mg/L。2014—2016 年，黄河下游左岸平原水生态亚区泺口和葛店引黄闸断面 DO 变化不大。

从泺口和葛店引黄闸断面 TN 分布来看（图 18.114），黄河下游左岸平原水生态亚区波动范围在 2.27~4.46mg/L。2014—2016 年，黄河下游左岸平原水生态亚区泺口和葛店引黄闸断面 TN 大体在 3mg/L 左右浮动，相对稳定，TN 含量较高。

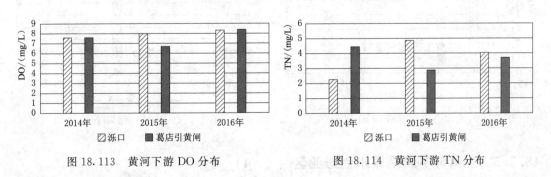

图 18.113 黄河下游 DO 分布　　　　　图 18.114 黄河下游 TN 分布

从泺口和葛店引黄闸断面 NO_3^--N 分布来看（图 18.115），黄河下游左岸平原水生态亚区波动范围在 1.22～4.45mg/L。2014—2015 年，黄河下游左岸平原水生态亚区洑口断面 NO₃⁻-N 明显上升，葛店引黄闸断面略有下降；2015—2016 年，黄河下游左岸平原水生态亚区洑口和葛店引黄闸断面 NO₃⁻-N 均有所下降。

从洑口和葛店引黄闸断面 COD 分布来看（图 18.116），黄河下游左岸平原水生态亚区波动范围在 10.53～23.42mg/L。2014 年黄河下游左岸平原水生态亚区洑口断面 COD 高于葛店引黄闸断面，2016 年黄河下游左岸平原水生态亚区洑口断面 COD 明显下降。葛店引黄闸断面 COD 相对比较稳定，保持在 10mg/L 左右。

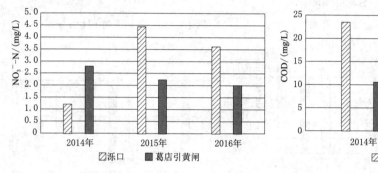

图 18.115　黄河下游 NO₃⁻-N 分布

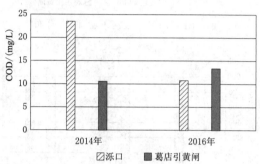

图 18.116　黄河下游 COD 分布

从洑口和葛店引黄闸断面 BOD 分布来看（图 18.117），黄河下游左岸平原水生态亚区波动范围在 2～6.9mg/L。2014 年黄河下游左岸平原水生态亚区洑口断面 BOD 高于葛店引黄闸断面，2016 年黄河下游左岸平原水生态亚区洑口断面 BOD 明显下降。葛店引黄闸断面 BOD 则出现上升。

从洑口和葛店引黄闸断面 TP 分布来看（图 18.118），黄河下游左岸平原水生态亚区波动范围在 0.02～0.18mg/L，整体较低。2014—2015 年，黄河下游左岸平原水生态亚区洑口断面 TP 降低，葛店引黄闸断面明显升高；2015—2016 年，黄河下游左岸平原水生态亚区洑口断面 TP 升高，葛店引黄闸断面出现明显下降。

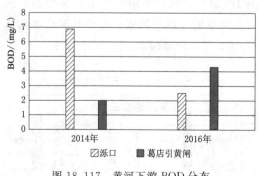

图 18.117　黄河下游 BOD 分布

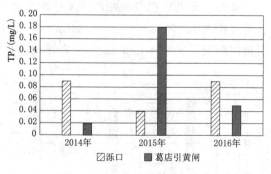

图 18.118　黄河下游 TP 分布

18.2.3　小清河下游平原水生态亚区（Ⅱ-1）

根据小清河下游平原水生态亚区地理分布特点，选取小清河平原水生态亚区小清河干流吴家铺、黄台桥、五龙堂三个断面；小清河平原水生态亚区核心区大明湖；小清河平原水生态亚区三大水库杜张水库、朱各务水库、杏林水库，来分析小清河下游平原水生态亚区水环境质量和物理生境的受损状态。小清河主要水环境驱动因子为 Turb、pH 值、Ec、Alk、DO、TN、NH_3-N、NO_2^--N、BOD 和 TP。

从小清河各个断面 Turb 分布来看（图 18.119），小清河下游平原水生态亚区波动范围在 1.11～105NTU，波动范围较大。2019 年小清河下游平原水生态亚区各个断面 Turb 明显上升。小清河源头吴家铺断面 Turb 呈逐年上升趋势，规律明显，源头区域可能存在潜在污染源。

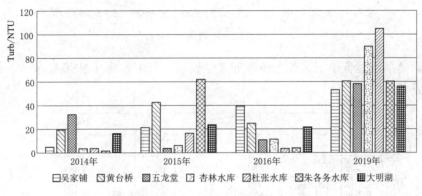

图 18.119　小清河 Turb 分布

从小清河各个断面 pH 值分布来看（图 18.120），小清河下游平原水生态亚区波动范围在 6.9～9。2019 年小清河下游平原水生态亚区各个断面 pH 值略高于其他年份，吴家铺和杏林水库断面 pH 值都达到 9。

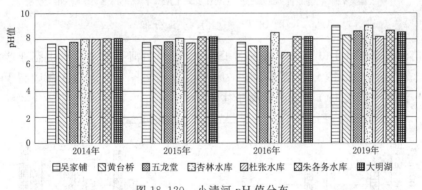

图 18.120　小清河 pH 值分布

从小清河各个断面 Ec 分布来看（图 18.121），小清河下游平原水生态亚区波动范围在 572～2673mS/m。小清河下游平原水生态亚区各个断面逐年变化不明显。大明湖断面年平均 Ec 最低。小清河源头吴家铺断面 Ec 明显低于下游黄台桥和五龙堂断面。

从小清河各个断面 Alk 分布来看（图 18.122），小清河下游平原水生态亚区波动范围在 89.38～314mg/L。小清河下游平原水生态亚区各个断面逐年变化不明显。小清河源头

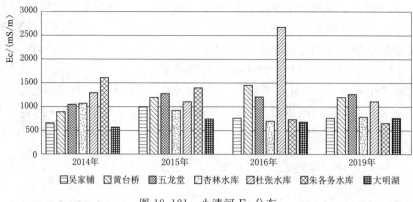

图 18.121　小清河 Ec 分布

吴家铺断面 Alk 明显低于下游黄台桥和五龙堂断面。三大水库中杜张水库 Alk 高于杏林水库和朱各务水库。

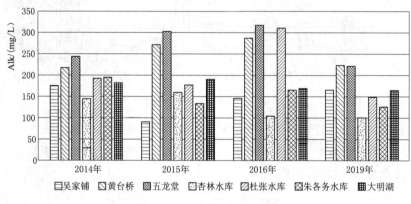

图 18.122　小清河 Alk 分布

从小清河各个断面 DO 分布来看（图 18.123），小清河下游平原水生态亚区波动范围在 3.7~13.4mg/L。2019 年小清河下游平原水生态亚区各个断面 DO 含量高于往年，其中小清河干流各个断面 DO 含量明显高于往年。

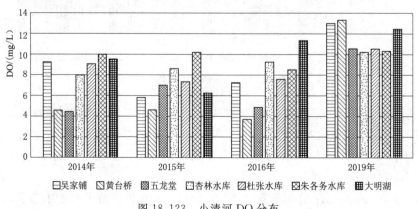

图 18.123　小清河 DO 分布

从小清河各个断面 TN 分布来看（图 18.124），小清河下游平原水生态亚区波动范围在 0.63～19.3mg/L。2016 年小清河下游平原水生态亚区各个断面 TN 含量高于往年，小清河干流源头吴家铺断面 TN 有逐年升高趋势，但明显低于小清河干流下游五龙堂断面。

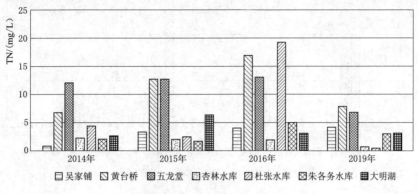

图 18.124　小清河 TN 分布

从小清河各个断面 NH$_3$-N 分布来看（图 18.125），小清河下游平原水生态亚区波动范围在 0.01～11.04mg/L。2016 年小清河下游黄台桥断面 NH$_3$-N 含量高于往年接近 2 倍。在 2014 年小清河干流五龙堂断面 NH$_3$-N 含量明显高于黄台桥断面，从 2015 年以后，小清河干流黄台桥断面 NH$_3$-N 含量明显高于清河下游平原水生态亚区内其他断面。

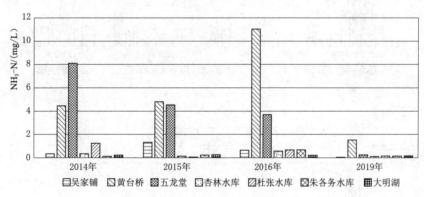

图 18.125　小清河 NH$_3$-N 分布

从小清河各个断面 NO$_2^-$-N 分布来看（图 18.126），小清河下游平原水生态亚区波动范围在 0.01～1.87mg/L。小清河下游平原水生态亚区黄台桥和五龙堂断面 NO$_2^-$-N 整体偏高，2016 年小清河下游黄台桥断面 NO$_2^-$-N 含量高于往年接近 2 倍。

从小清河各个断面 BOD 分布来看（图 18.127），小清河下游平原水生态亚区波动范围在 1.1～21.3mg/L。小清河下游平原水生态亚区黄台桥和五龙堂断面 BOD 整体偏高，2014 年小清河下游黄台桥和五龙堂断面 BOD 含量高于往年接近 2 倍。

从小清河各个断面 TP 分布来看（图 18.128），小清河下游平原水生态亚区波动范围在 0.01～1.44mg/L。小清河下游平原水生态亚区黄台桥和五龙堂断面 TP 整体偏高，2016 年小清河下游平原水生态亚区杜张水库断面 TP 整体偏高。

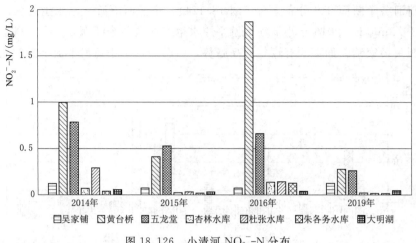

图 18.126　小清河 NO$_2^-$-N 分布

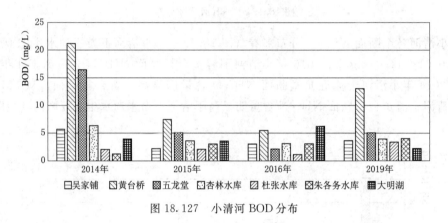

图 18.127　小清河 BOD 分布

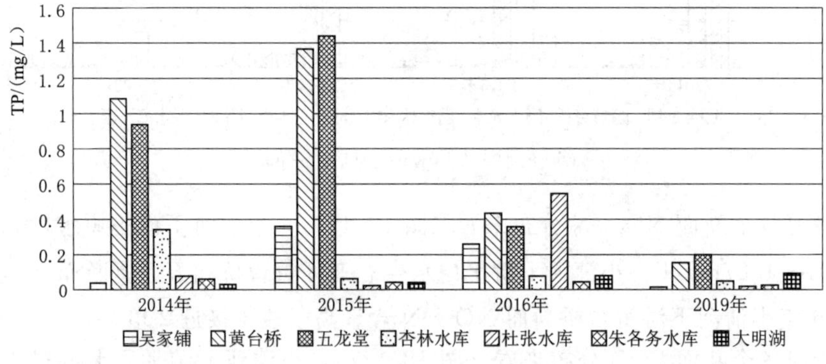

图 18.128　小清河 TP 分布

18.2.4　长清区、平阴县黄河沿岸平原水生态亚区（Ⅱ-2）

　　根据长清区、平阴县黄河沿岸平原水生态亚区地理分布特点，选取长清区、平阴县黄河沿岸平原水生态亚区黄河干流：北大沙河入黄河口、崮山两个断面；长清区、平阴县黄河沿岸平原水生态亚区汇河：陈屯桥；长清区、平阴县黄河沿岸平原水生态亚区洪范池、东流泉、扈泉、丁泉、白雁泉、拔箭泉、狼泉、墨池泉、长沟泉等九泉之水汇流水库：东阿水库；长清区、平阴县黄河沿岸平原水生态亚区内黄河、济平干渠、玉符河、地表水汇聚湿地：济西湿地，来分析长清区、平阴县黄河沿岸平原水生态亚区水环境质量和物理生境的受损状态，主要水环境驱动因子为 Turb、pH 值、Ec、Alk、DO、TN、NH_3-N、NO_3^--N、COD、BOD 和 TP。

从 2019 年长清区、平阴县黄河沿岸平原水生态亚区各断面 Turb 分布来看（图 18.129），波动范围在 3.6～250NTU。长清区、平阴县黄河沿岸平原水生态亚区汇河陈屯桥断面 Turb 最高，达到 250NTU。崮山断面 Turb 最低，为 3.6NTU。

从 2019 年长清区、平阴县黄河沿岸平原水生态亚区各断面 pH 值分布来看（图 18.130），波动范围在 8.2～9.1。长清区、平阴县黄河沿岸平原水生态亚区汇河陈屯桥断面 pH 值相对较低，为 8.2。东阿水库断面 pH 值相对较高，为 9.1。

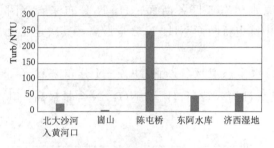

图 18.129　黄河沿岸 Turb 分布

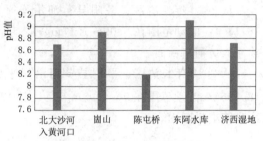

图 18.130　黄河沿岸 pH 值分布

从 2019 年长清区、平阴县黄河沿岸平原水生态亚区各断面 Ec 分布来看（图 18.131），波动范围在 404～1838mS/m。长清区、平阴县黄河沿岸平原水生态亚区汇河陈屯桥断面 Ec 相对较高，达到 1838mS/m，其次是北大沙河入黄河口断面，Ec 为 1236 mS/m。崮山断面 Ec 相对较低，Ec 为 404mS/m。

从 2019 年长清区、平阴县黄河沿岸平原水生态亚区各断面 Alk 分布来看（图 18.132），波动范围在 77～207mg/L。北大沙河入黄河口断面 Alk 高于其他断面，碱度为 207mg/L。崮山断面 Alk 相对较低，Alk 为 77mg/L。

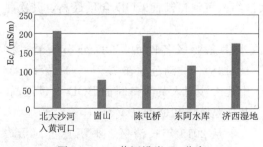

图 18.131　黄河沿岸 Ec 分布

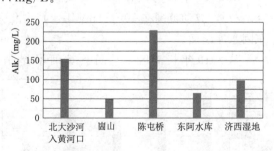

图 18.132　黄河沿岸 Alk 分布

从 2019 年长清区、平阴县黄河沿岸平原水生态亚区各断面 DO 分布来看（图 18.133），波动范围在 6.00～12.5mg/L。崮山和东阿水库断面 DO 含量较高，都在

12mg/L 以上，陈屯桥断面 DO 含量较低，DO 为 6mg/L。

从 2019 年长清区、平阴县黄河沿岸平原水生态亚区各断面 TN 分布来看（图 18.134），波动范围在 0.92～7.80mg/L。其中北大沙河入黄河口断面 TN 含量最高，其次是陈屯桥断面。

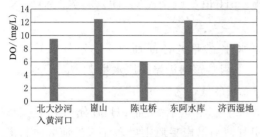

图 18.133　黄河沿岸 DO 分布　　　　　　图 18.134　黄河沿岸 TN 分布

从 2019 年长清区、平阴县黄河沿岸平原水生态亚区各断面 NH_3-N 分布来看（图 18.135），波动范围在 0.09～1.17mg/L。其中陈屯桥断面 NH_3-N 含量最高，其次是北大沙河入黄河口断面。

从 2019 年长清区、平阴县黄河沿岸平原水生态亚区各断面 NO_3^--N 分布来看（图 18.136），波动范围在 0～4.98mg/L。其中北大沙河入黄河口断面 NO_3^--N 含量最高，其次是陈屯桥断面。

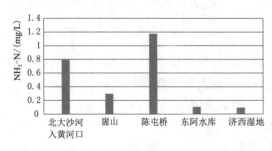

图 18.135　黄河沿岸 NH_3-N 分布　　　　图 18.136　黄河沿岸 NO_3^--N 分布

从 2019 年长清区、平阴县黄河沿岸平原水生态亚区各断面 COD 分布来看（图 18.137），波动范围在 10～21mg/L。其中北大沙河入黄河口断面 COD 含量最高，其次是东阿水库断面。

从 2019 年长清区、平阴县黄河沿岸平原水生态亚区各断面 BOD 分布来看（图 18.138），波动范围在 2.5～5.1mg/L。其中北大沙河入黄河口断面 BOD 含量最高，其次是陈屯桥断面。

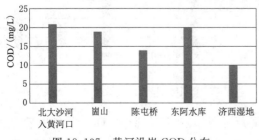

从 2019 年长清区、平阴县黄河沿岸平原水生态亚区各断面 TP 分布来看（图 18.139），波动范围在 0.01～0.22mg/L。其中陈屯桥断面 TP 含量最高，其次是崮

图 18.137　黄河沿岸 COD 分布

山断面。

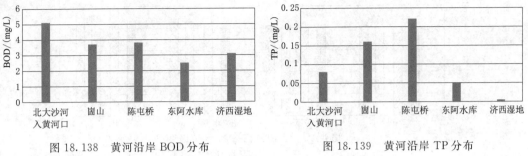

图 18.138　黄河沿岸 BOD 分布　　　　图 18.139　黄河沿岸 TP 分布

18.2.5　南部入黄诸河上游山地-丘陵水生态亚区（Ⅱ-3）

根据南部入黄诸河上游山地-丘陵水生态亚区地理分布特点，选取玉符河并渡口、宅科、卧虎山水库、锦绣川水库四个断面，来分析南部入黄诸河上游山地-丘陵水生态亚区水环境质量和物理生境的受损状态，主要水环境驱动因子为 Turb、pH 值、Ec、Alk、DO、TN、NH₃-N、NO₂⁻-N、COD、COD_{Mn}、BOD 和 TP。

从南部入黄诸河上游山地-丘陵水生态亚区各个断面 Turb 分布来看（图 18.140），波动范围在 2.34～400NTU。2014—2016 年，南部入黄诸河上游山地-丘陵水生态亚区各个断面 Turb 较低，2019 年南部入黄诸河上游山地-丘陵水生态亚区各个断面 Turb 升高明显，宅科断面 Turb 明显高于其他断面。

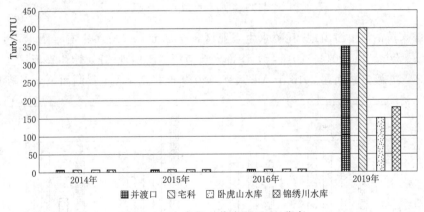

图 18.140　南部入黄诸河 Turb 分布

从南部入黄诸河上游山地-丘陵水生态亚区各个断面 pH 值分布来看（图 18.141），波动范围在 7.8～10。2014—2019 年，南部入黄诸河上游山地-丘陵水生态亚区整体 pH 值呈逐年略升高趋势。

从南部入黄诸河上游山地-丘陵水生态亚区各个断面 Ec 分布来看（图 18.142），波动范围在 423～807mS/m。2014—2019 年，南部入黄诸河上游山地-丘陵水生态亚区整体 Ec 逐年变化不明显。2016 年各个断面 Ec 差异较大，玉符河下游宅科断面 Ec 明显高于其他断面。

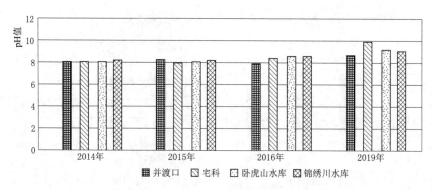

图 18.141　南部入黄诸河 pH 值分布

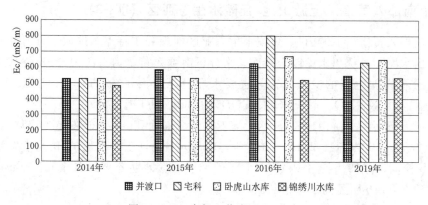

图 18.142　南部入黄诸河 Ec 分布

从南部入黄诸河上游山地-丘陵水生态亚区各个断面 Alk 分布来看（图 18.143），波动范围在 71～185mg/L。2014—2016 年，南部入黄诸河上游山地-丘陵水生态亚区整体 Alk 逐年略有升高，并渡口断面在 2016 年 Alk 最高。2019 年并渡口和宅科断面 Alk 下降明显。

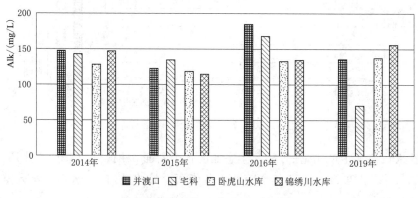

图 18.143　南部入黄诸河 Alk 分布

从南部入黄诸河上游山地-丘陵水生态亚区各个断面 DO 分布来看（图 18.144），波动范围在 7.4～13.1mg/L。2014—2016 年，南部入黄诸河上游山地-丘陵水生态亚区整体 DO 逐年变化不明显。2019 年并渡口和宅科断面 DO 升高明显。

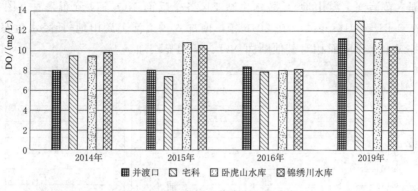

图 18.144　南部入黄诸河 DO 分布

从南部入黄诸河上游山地-丘陵水生态亚区各个断面 TN 分布来看（图 18.145），波动范围在 0.39～12.7mg/L。2014—2019 年，南部入黄诸河上游山地-丘陵水生态亚区整体 TN 逐年变化不明显。2016 年宅科断面 TN 升高明显。

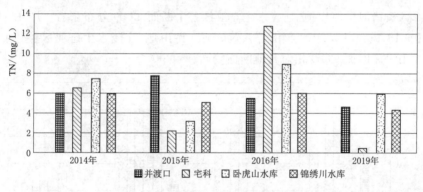

图 18.145　南部入黄诸河 TN 分布

从南部入黄诸河上游山地-丘陵水生态亚区各个断面 NH_3-N 分布来看（图 18.146），波动范围在 0.09～0.63mg/L。2014—2016 年，南部入黄诸河上游山地-丘陵水生态亚区整体 NH_3-N 呈升高趋势，2019 年整体出现下降。宅科和卧虎山水库断面 NH_3-N 相对其他断面较高。

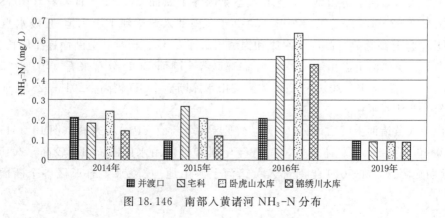

图 18.146　南部入黄诸河 NH_3-N 分布

从南部入黄诸河上游山地-丘陵水生态亚区各个断面 NO_2^--N 分布来看（图 18.147），波动范围在 0.01~0.16mg/L。在 2016 年，南部入黄诸河上游山地-丘陵水生态亚区锦绣川水库和卧虎山水库断面相对其他断面 NO_2^--N 明显增加。

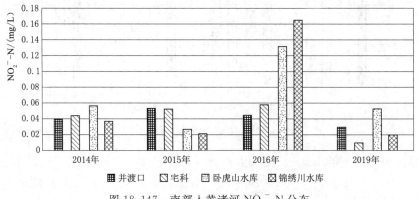

图 18.147 南部入黄诸河 NO_2^--N 分布

从南部入黄诸河上游山地-丘陵水生态亚区各个断面 COD 分布来看（图 18.148），波动范围在 0~19.9mg/L。2019 年南部入黄诸河上游山地-丘陵水生态亚区整体 COD 出现下降。卧虎山水库断面 COD 相对其他断面较高。

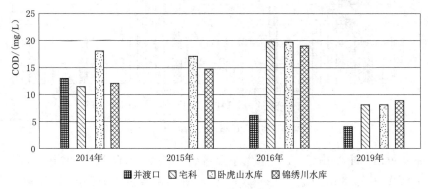

图 18.148 南部入黄诸河 COD 分布

从南部入黄诸河上游山地-丘陵水生态亚区各个断面 COD_{Mn} 分布来看（图 18.149），波动范围在 1.62~4.61mg/L。2014—2019 年，南部入黄诸河上游山地-丘陵水生态亚区整体 COD_{Mn} 呈升高趋势，卧虎山水库和锦绣川水库 COD_{Mn} 相对其他断面逐年增长明显。

从南部入黄诸河上游山地-丘陵水生态亚区各个断面 BOD 分布来看（图 18.150），波动范围在 0~6.9mg/L。2014 年宅科和卧虎山水库断面 BOD 较高，2015—2019 年，BOD 明显降低，并相对平稳。

从南部入黄诸河上游山地-丘陵水生态亚区各个断面 TP 分布来看（图 18.151），波动范围在 0~0.09mg/L，总体较低。2014 年宅科和卧虎山水库断面 TP 较高，2015—2019 年，TP 明显降低，在 2019 年南部入黄诸河上游山地-丘陵水生态亚区各个断面 TP 未检出。

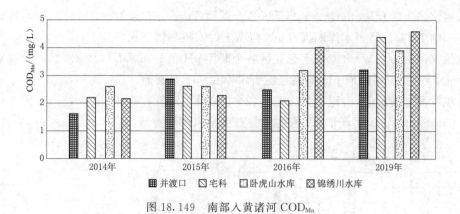

图 18.149 南部入黄诸河 COD_{Mn}

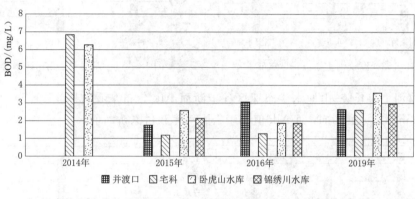

图 18.150 南部入黄诸河 BOD 分布

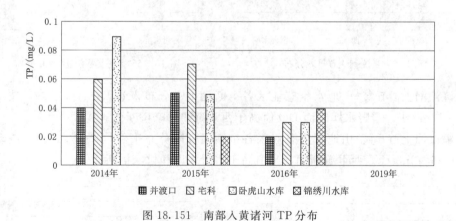

图 18.151 南部入黄诸河 TP 分布

18.2.6 瀛汶河上游丘陵-山地水生态亚区（Ⅲ-1）

根据瀛汶河上游丘陵-山地水生态亚区地理分布特点，选取西下游、雪野水库、付家桥三个断面，来分析瀛汶河上游丘陵-山地水生态亚区水环境质量和物理生境的受损状态，主要水环境驱动因子为 Turb、pH 值、Ec、Alk、DO、TN、NH_3-N、NO_2^--N、COD 和 TP。

从瀛汶河上游丘陵-山地水生态亚区各个断面 Turb 分布来看（图 18.152），波动范围在 215～300NTU。雪野水库断面 Turb 值高于付家桥和西下游断面。

从瀛汶河上游丘陵-山地水生态亚区各个断面 pH 值分布来看（图 18.153），波动范围在 8.2～8.4。付家桥断面 pH 值高于雪野水库和西下游断面。

从瀛汶河上游丘陵-山地水生态亚区各个断面 Ec 分布来看（图 18.154），波动范围在 380～563mS/m。付家桥断面 Ec 值高于雪野水库和西下游断面。

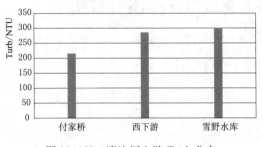

图 18.152　瀛汶河上游 Turb 分布　　　　　图 18.153　瀛汶河上游 pH 值分布

从瀛汶河上游丘陵-山地水生态亚区各个断面 Alk 分布来看（图 18.155），波动范围在 76～113mg/L。西下游断面 Alk 值高于雪野水库和付家桥断面。

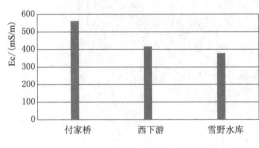
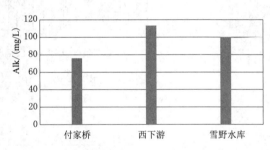

图 18.154　瀛汶河上游 Ec 分布　　　　　图 18.155　瀛汶河上游 Alk 分布

从瀛汶河上游丘陵-山地水生态亚区各个断面 DO 分布来看（图 18.156），波动范围在 8.2～11mg/L。雪野水库断面 DO 值高于西下游和付家桥断面。

从瀛汶河上游丘陵-山地水生态亚区各个断面 TN 分布来看（图 18.157），波动范围在 5.34～6.43mg/L。西下游断面 TN 值高于雪野水库和付家桥断面。

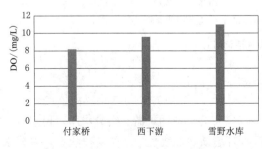
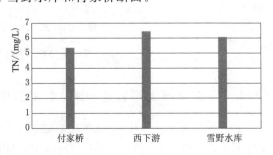

图 18.156　瀛汶河上游 DO 分布　　　　　图 18.157　瀛汶河上游 TN 分布

从瀛汶河上游丘陵-山地水生态亚区各个断面 NH_3-N 分布来看（图 18.158），波动范围在 0.16～0.10mg/L。付家桥断面 NH_3-N 值高于雪野水库和西下游断面。

从瀛汶河上游丘陵-山地水生态亚区各个断面 NO_3^--N 分布来看（图 18.159），波动范围在 0.01～0.10mg/L。付家桥断面 NO_3^--N 值高于雪野水库和西下游断面。

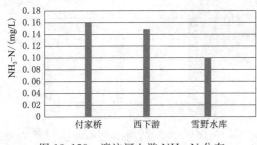

图 18.158　瀛汶河上游 NH_3-N 分布　　　　图 18.159　瀛汶河上游 NO_3^--N 分布

从瀛汶河上游丘陵-山地水生态亚区各个断面 COD 分布来看（图 18.160），波动范围在 12～15mg/L。西下游断面 COD 值高于雪野水库和付家桥断面。

从瀛汶河上游丘陵-山地水生态亚区各个断面 TP 分布来看（图 18.161），波动范围在 0.04～0.07mg/L。西下游断面 TP 值高于雪野水库和付家桥断面。

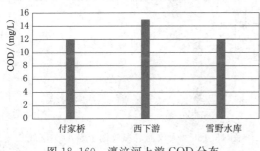
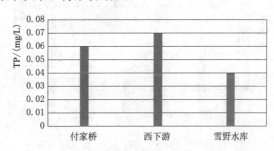

图 18.160　瀛汶河上游 COD 分布　　　　　图 18.161　瀛汶河上游 TP 分布

18.2.7　大汶河、瀛汶河上游平原-丘陵水生态亚区（Ⅲ-2）

根据大汶河、瀛汶河上游平原-丘陵水生态亚区地理分布特点，选取王家洼、站里桥、莱芜三个断面，来分析大汶河、瀛汶河上游平原-丘陵水生态亚区水环境质量和物理生境的受损状态，主要水环境驱动因子为 Turb、pH 值、Ec、Alk、DO、TN、NH_3-N、NO_3^--N、COD 和 TP。

从大汶河、瀛汶河上游平原-丘陵水生态亚区各个断面 Turb 分布来看（图 18.162），波动范围在 49～126NTU。站里桥断面 Turb 值高于莱芜和王家洼断面。

从大汶河、瀛汶河上游平原-丘陵水生态亚区各个断面 pH 值分布来看（图 18.163），波动范围在 8.1～8.4。莱芜断

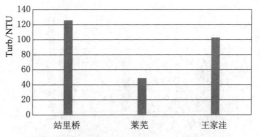

图 18.162　大汶河、瀛汶河上游 Turb 分布

面 pH 值高于站里桥和王家洼断面。

从大汶河、瀛汶河上游平原-丘陵水生态亚区各个断面 Ec 分布来看（图18.164），波动范围在 1200～2011mS/m。站里桥断面 Ec 值高于莱芜和王家洼断面。

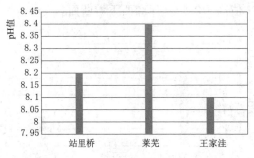

图 18.163　大汶河、瀛汶河上游 pH 值分布　　　图 18.164　大汶河、瀛汶河上游 Ec 分布

从大汶河、瀛汶河上游平原-丘陵水生态亚区各个断面 Alk 分布来看（图18.165），波动范围在 76～167mg/L。王家洼断面 Alk 值高于莱芜和站里桥断面。

从大汶河、瀛汶河上游平原-丘陵水生态亚区各个断面 DO 分布来看（图18.166），波动范围在 9.5～13.4mg/L。莱芜断面 DO 值高于站里桥和王家洼断面。

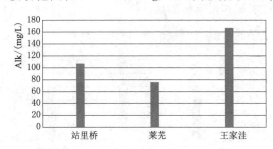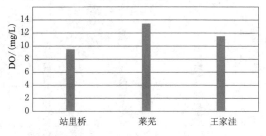

图 18.165　大汶河、瀛汶河上游 Alk 分布　　　图 18.166　大汶河、瀛汶河上游 DO 分布

从大汶河、瀛汶河上游平原-丘陵水生态亚区各个断面 TN 分布来看（图18.167），波动范围在 10.3～22.5mg/L。王家洼断面 TN 值高于站里桥和莱芜断面。

从大汶河、瀛汶河上游平原-丘陵水生态亚区各个断面 NH_3-N 分布来看（图18.168），波动范围在 0.22～0.50mg/L。莱芜断面 NH_3-N 值高于站里桥和王家洼断面。

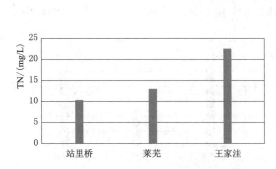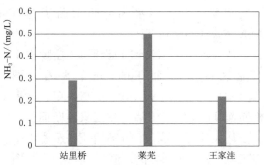

图 18.167　大汶河、瀛汶河上游 TN 分布　　　图 18.168　大汶河、瀛汶河上游 NH_3-N 分布

从大汶河、瀛汶河上游平原-丘陵水
生态亚区各个断面 NO₂⁻-N 分布来看（图
18.169），波动范围在 0.02～0.04mg/L。
站里桥断面 NO₂⁻-N 值高于莱芜和王家洼
断面。

从大汶河、瀛汶河上游平原-丘陵水
生态亚区各个断面 COD 分布来看（图
18.170），波动范围在 12～27mg/L。莱
芜断面 COD 值高于站里桥和王家洼
断面。

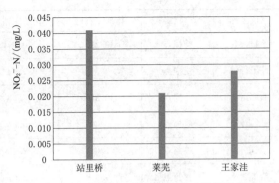

图 18.169　大汶河、瀛汶河上游 NO₂⁻-N 分布

从大汶河、瀛汶河上游平原-丘陵水
生态亚区各个断面 TP 分布来看（图 18.171），波动范围在 0.08～0.11mg/L。莱芜断面
TP 值高于站里桥和王家洼断面。

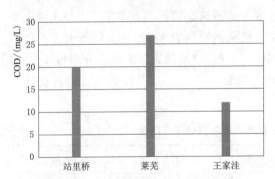

图 18.170　大汶河、瀛汶河上游 COD 分布

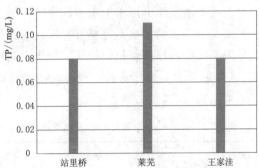

图 18.171　大汶河、瀛汶河上游 TP 分布

18.3　水生态系统健康的受损状态

18.3.1　徒骇河平原水生态亚区（Ⅰ-1）

徒骇河平原水生态亚区中的河流主要为徒骇河。对徒骇河平原水生态亚区河流 9 个点
位的水生态完整性状况进行评估。结果表明（表 18.1），徒骇河平原水生态亚区中的河流
点位中处于"健康""良好""一般""不健康"的点位分别为 5 个、1 个、1 个和 2 个，分
别占 55.6%、11.1%、11.1% 和 22.2%。其中健康状况最佳的为新市董家，最差的为明
辉路桥。

表 18.1　　　　　　　徒骇河平原水生态亚区水生态完整性评价结果

点位名称	点位性质	物理完整性	化学完整性	F-IBI 值	IEI	健康状况
营子闸	受损点	0.00	2.45	0.17	0.70	良好
刘家堡桥	受损点	1.00	2.61	0.32	1.06	健康

点位名称	点位性质	物理完整性	化学完整性	F－IBI 值	IEI	健康状况
周永闸	受损点	0.22	0.97	0.82	0.71	健康
杆子行闸	受损点	0.74	1.63	0.19	0.69	一般
明辉路桥	受损点	0.32	1.08	0.03	0.37	不健康
潘庙闸	受损点	0.80	0.86	0.06	0.45	不健康
刘成桥	参照点	1.00	2.45	0.69	1.21	健康
新市董家	参照点	0.94	3.07	1.12	1.56	健康
张公南临	参照点	0.88	2.88	0.39	1.13	健康

18.3.2　黄河下游左岸平原水生态亚区（Ⅰ－2）

黄河下游左岸平原水生态亚区中的河流主要为小清河。对黄河下游左岸平原水生态亚区河流 6 个点位的水生态完整性状况进行评估。结果表明（表 18.2），黄河下游左岸平原水生态亚区中的河流点位中处于"健康""良好""一般""不健康"的点位分别为 2 个、1个、1 个和 2 个，分别占 33.3%、16.7%、16.7%和 33.3%。其中健康状况最佳的为泺口，最差的为北田家。

表 18.2　　　　　黄河下游左岸平原水生态亚区水生态完整性评价结果

点位名称	点位性质	物理完整性	化学完整性	F－IBI 值	IEI	健康状况
北田家	受损点	0.19	0.00	0.41	0.25	不健康
垛石街	受损点	0.20	1.01	0.42	0.51	不健康
大贺家铺	受损点	0.00	0.97	0.78	0.63	一般
太平镇	受损点	0.29	0.84	0.91	0.74	良好
泺口	参照点	1.00	1.01	2.01	1.51	健康
葛店引黄闸	参照点	1.00	0.97	1.70	1.34	健康

18.3.3　小清河下游平原水生态亚区（Ⅱ－1）

小清河下游平原水生态亚区共包含河流、湖库、湿地和泉四种水体类型，水域生态环境差异较大，水生生物种群结构差异较大，结合已有调查数据。对小清河下游平原水生态亚区河流 6 个点位的水生态完整性状况进行评估。结果表明（表 18.3），小清河下游平原水生态亚区中的河流点位中处于"健康""良好""一般""不健康"的点位分别为 2 个、1个、1 个和 2 个，分别占 33.3%、16.7%、16.7%和 33.3%。其中健康状况最佳的为张家林，最差的为梁府庄和相公庄。

表 18.3　　　　　小清河下游平原水生态亚区水生态完整性评价结果

点位名称	点位性质	物理完整性	化学完整性	F－IBI 值	IEI	健康状况
吴家铺	受损点	0.19	4.22	4.22	3.21	健康
菜市新村	受损点	0.27	3.17	3.17	2.45	一般
黄台桥	受损点	0.28	2.82	2.82	2.19	不健康
相公庄	受损点	0.57	2.54	2.54	2.05	不健康
龙脊河	受损点	0.46	3.63	3.63	2.84	良好
巨野河	参照点	1.14	5.17	5.17	4.16	健康

18.3.4　长清区、平阴县黄河沿岸平原水生态亚区（Ⅱ-2）

　　长清区、平阴县黄河沿岸平原水生态亚区共包含河流和湖库两种水体类型，水域生态环境差异较大，水生生物种群结构差异较大，结合已有调查数据对长清区、平阴县黄河沿岸平原水生态亚区河流 5 个点位的水生态完整性状况进行评估。结果表明（表 18.4），长清区、平阴县黄河沿岸平原水生态亚区中的河流点位中处于"健康""良好""一般""不健康"的点位分别为 2 个、1 个、1 个和 1 个，分别占 40%、20%、20% 和 20%。其中健康状况最佳的为睦里庄和崮山，最差的为顾小庄浮桥。

表 18.4　　　长清区、平阴县黄河沿岸平原水生态亚区河流水生态完整性评价结果

点位名称	点位性质	物理完整性	化学完整性	F－IBI 值	IEI	健康状况
北大沙河入黄河口	受损点	0.90	1.90	0.69	1.04	一般
顾小庄浮桥	受损点	0.88	2.17	0.21	0.87	不健康
陈屯桥	受损点	0.96	2.63	1.29	1.54	良好
睦里庄	参照点	1.00	3.96	2.10	2.29	健康
崮山	参照点	1.00	3.91	1.49	1.97	健康

18.3.5　南部入黄诸河上游山地-丘陵水生态亚区（Ⅱ-3）

　　南部入黄诸河上游山地-丘陵水生态亚区共包含河流和湖库两种水体类型，水域生态环境差异较大，水生生物种群结构差异较大，结合已有调查数据对南部入黄诸河上游山地-丘陵水生态亚区河流 3 个点位的水生态完整性状况进行评估。结果表明（表 18.5），南部入黄诸河上游山地-丘陵水生态亚区中的河流点位中处于"健康""良好""一般""不健康"的点位分别为 1 个、0 个、1 个和 1 个，分别占 33.3%、0%、33.3% 和 33.3%。其中健康状况最佳的为黄巢水库下游，最差的为并渡口。

表 18.5　　　　南部入黄诸河上游山地-丘陵水生态亚区水生态完整性评价结果

点位名称	点位性质	物理完整性	化学完整性	F－IBI 值	IEI	健康状况
并渡口	受损点	0.00	0.01	0.70	0.35	不健康
宅科	受损点	0.90	0.00	0.84	0.65	一般
黄巢水库下游	参照点	1.01	1.11	2.05	1.56	健康

18.4　水生态系统服务功能的受损状态

水生态系统具有水源供水、洪涝调节、生物多样性调节、净化环境、渔业生产、休闲旅游、净化环境等服务功能。根据济南各个水生态亚区具体情况，分析济南水生态系统服务功能的受损状态。

18.4.1　徒骇河平原水生态亚区（Ⅰ-1）

徒骇河平原水生态亚区内主要为农业用地，河流受到面源污染较为严重，同时春季和夏季的灌溉需水量大，大部分河道被修整为人工河网。属华北黄泛冲积平原，地势宽广平缓，土壤发育在黄河冲积母质上，土层深厚，其质地主要为砂姜黑（潮）土，适合粮棉生长。其主导水生态功能为生产提供服务，主要为发展生态农林牧渔业及农副产品供给区。土地利用多以耕地为主，河道水体通过降水汇流等水文过程，将富含营养物质的地表汇集到周围水体，对周围河流水生态系统具有较大影响。

营子闸作为徒骇河入境断面，河道内存在围网养殖。围网养殖区域水体由于外源营养盐注入，造成水体富营养化，高密度鱼类养殖排泄物，导致水质恶化，直接造成湖泊蓄水、水质净化、洪水调蓄和气候调节等多种社会和生态功能下降。滨岸带植被覆盖率低，大部分呈裸露状况，大大降低农业面源污染的拦截能力。河岸边存在大量人工渠道开凿，造成下游水资源短缺（图18.172）。

图18.172　营子闸实景

刘家堡桥位于徒骇河出境断面，滨岸带周边生活垃圾随处可见，堤岸稳定性较低。刘家堡桥断面水资源短缺状况严重，河道内由于水量较低，一些滩涂底质出现裸露，河流面积萎缩或断流，水生生物次生环境造成严重破坏，局部水质恶化，严重影响水生态系统服务功能（图18.173）。

18.4.2　黄河下游左岸平原水生态亚区（Ⅰ-2）

黄河下游左岸平原水生态亚区主要受农业面源污染胁迫，黄河下游干流流经整个亚区，水量充沛，但携带大量泥沙，其主导水生态功能为生产提供服务，主要为发展生态农

图 18.173　刘家堡桥实景

林牧渔业及农副产品供给区。

从泺口断面到葛店引黄闸断面，为黄河下游在黄河下游左岸平原水生态亚区进出断面，通过实景拍摄照片可以看出，黄河下游堤岸形态破碎化严重，一些以前为水利防洪做的堤岸，因年久失修，丧失防洪能力（图 18.174）。

图 18.174　泺口、葛店引黄闸实景

18.4.3　小清河下游平原水生态亚区（Ⅱ-1）

小清河下游平原水生态亚区主要河流为小清河，河流沿岸工业种类多样，还分布有农业区和生活区，大量的工业和生活污水直接排入河流，小清河成为工业污水和生活污水的纳受水体，导致河流受到严重的污染。

从吴家铺到黄台桥断面，小清河主要以城市河道为主，两岸为固化人工堤岸，底质缺乏沉水植物，对水体净化效果有限。河道内常见游轮出入，一些石油类污染物排入水中，会影响周边水质状况。周边生活及工业污水注入，造成水质污染，影响水生生物及周边生物类群生存（图 18.175）。

在小清河下游平原水生态亚区五龙堂断面，小清河由城市区进入农业区，河道两岸基本以自然土坡为主，植被覆盖率低，两岸农田灌溉，喷洒化肥形成的污水，会直接影响到河流的水生态状况（图 18.176）。

在小清河下游平原水生态亚区大明湖河趵突泉断面，大明湖断面挺水植物荷花和趵突泉堤岸植被进入秋季衰退期，脱落叶片进入水体，会释放大量有机质，影响大明湖

图 18.175　吴家铺、黄台桥实景

图 18.176　五龙堂实景

及趵突泉水质，对水生态景观造成影响（图 18.177）。

小清河下游平原水生态亚区三大水库杜张水库、朱各务水库、杏林水库，为小清河提供水源，并肩负防洪功能，但三大水库都存在水生态受损现象，各个水库滨岸带裸露，存在水土流失情况。杜张水库堤岸随处可见生化垃圾，朱各务水库周边生活污水排放，杏林水库存在围网粗放养殖（图 18.178～图 18.180）。

图 18.177　大明湖、趵突泉实景

图 18.178　杜张水库实景　　　　图 18.179　朱各务水库实景

18.4.4 长清区、平阴县黄河沿岸平原水生态亚区（Ⅱ-2）

长清区、平阴县黄河沿岸平原水生态亚区内多为支流，北大沙河入黄河口、崮山两个断面汇入黄河；陈屯桥为汇河的一个断面，东阿水库是泉水汇流形成区域；济西湿地是黄河、济平干渠、玉符河、地表水汇聚湿地。长清区、平阴县黄河沿岸平原水生态亚区存在水生态流量不足、滨岸带水土流失、等水生态受损状况。

图 18.180 杏林水库实景

北大沙河入黄河口、崮山两个断面存在水量不足的现象，北大沙河入黄河口断面，水中表面浮萍大量繁殖，会造成水质恶化，降低水中溶解氧，导致水中喜氧类鱼类出现死亡。崮山断面堤岸裸露严重，水土保持状况较差（图 18.181）。

图 18.181 北大沙河入黄河口、崮山断面实景

汇河陈屯桥断面和东阿水库断面同样存在水量不足、水质恶化的现象。陈屯桥断面滨岸带植被覆盖率不高，一些沉水植物由于水量不足，出现腐烂衰败，消耗水中溶解氧，导致水质恶化，水体腥臭味明显，鱼类和水生昆虫因为外在环境恶化而出现物种数明显降低。东阿水库堤岸固岸退化，一些原有修建堤岸出现破碎化（图 18.182）。

图 18.182 陈屯桥、东阿水库断面实景

济西湿地作为济南市城市建设工程重点推进项目，经过近些年改造，整体水生态状况较好，但局部区域还存在一些问题，比如个别堤岸区域还存在围网养殖，个别规划水生态区域修复不完善，监管尺度不到位等细节问题（图18.183）。

图18.183　济西湿地断面实景

18.4.5　南部入黄诸河上游山地-丘陵水生态亚区（Ⅱ-3）

南部入黄诸河上游山地-丘陵水生态亚区多为山区性河流，南部林地覆盖度高，人类干扰小，水质污染较轻。

并渡口、宅科断面为玉符河干流，受自然环境降水量及上游水库节流影响，水量明显不足，个别区段出现断流，底质裸露。村落河道边设置排污口，生活污水直接进入河道，对水生态系统造成损害（图18.184）。

图18.184　并渡口、宅科断面实景

卧虎山水库、锦绣川水库断面为玉符河上游水库，水域面积辽阔，整体水生态状况较好，但局部区域还是存在一定问题。实地调查发现在水库滨岸带存废弃渔网、塑料袋等废弃生活垃圾，很大程度影响水库整体生态环境（图18.185）。

图18.185　卧虎山水库、锦绣川水库实景

18.4.6　瀛汶河上游丘陵-山地水生态亚区（Ⅲ-1）

瀛汶河上游丘陵-山地水生态亚区，西下游和雪野水库断面位于北部丘陵-山地，付家桥断面位于南部丘陵-山地。

西下游断面滨岸带未实施规划，在岸边生活垃圾随处可见。雪野水库断面观光船码头随意停靠，滨岸带呈现破碎化，环湖地区多数为缓坡岸线，湿地岸线主要集中于东西湾区。由于水库调蓄运行和自然环境变化以及湖滨滩地或湿地资源过度开发等原因，导致水库消落带内自然生态系统的退化，加剧了水库消落带的生态问题（图18.186）。付家桥水位较低，水量不足，布设排污管道直接进入河道，导致水体污染（图18.187）。

图 18.186　西下游、雪野水库实景

图 18.187　付家桥实景　　　　　　　　图 18.188　王家洼实景

18.4.7　大汶河、瀛汶河上游平原-丘陵水生态亚区（Ⅲ-2）

大汶河、瀛汶河上游平原-丘陵水生态亚区，王家洼断面属于瀛汶河平原-丘陵，站里桥和莱芜属于大汶河平原-丘陵。

王家洼断面河道水量不足，调查河道内存在生活垃圾分布，局部区域底质裸露，滨岸带植被分布不规则，水体的自净能力降低，上游及库区周边排放的污染物和生产、生活垃圾容易在水库中沉积，甚至污染土壤，形成水陆交叉污染（图18.188）。站里桥和莱芜断面滨岸带不规则，河边存在建筑施工，消落带内生物多样性较差，生态系统稳定性较差，更容易诱发各种生态安全问题，对水生态会产生影响（图18.189）。

图 18.189　站里桥、莱芜实景

第 19 章

济南市水生态保护目标

19.1 水生生物多样性保护目标

水生生物多样性保护是水生态保护的核心，根据济南市各个水生态亚区水生生物群落物种多样性状况，获得子类群物种波动范围区间，指定各个水生态亚区中子类群达标物种数和物种群落优化目标。子类群达标物种数为：（最大物种数－最小物种数)/2＋最小物种数。物种群落优化目标为各个水生态亚区中子类群物种数量最大值。浮游植物作为水体初级生产者，为消费者提供能量来源，对水质敏感度高。在各个水生态亚区中，各个点位浮游植物优势物种出现过蓝藻，蓝藻大规模暴发被称为水华，水华对水生态系统危害极大，应引起足够认识，消除蓝藻优势物种地位，改善浮游植物优势物种组成，定期进行水生态监测。

1. 徒骇河平原水生态亚区（Ⅰ-1）

根据徒骇河平原水生态亚区入境营子闸和出境刘家堡桥断面水生群落状况，来设定徒骇河平原水生态亚区水生生物保护目标。

从徒骇河入境断面营子闸和出境断面刘家堡桥浮游植物物种分布来看，物种波动范围在 4～27 种。徒骇河平原水生态亚区浮游植物达标物种数为 16 种，物种群落优化目标为 27 种，消除小席藻优势物种地位，改善浮游植物优势物种组成。从徒骇河入境断面营子闸和出境断面刘家堡桥浮游动物物种分布来看，物种波动范围在 1～16 种，徒骇河平原水生态亚区浮游动物达标物种数为 9 种，物种群落优化目标为 16 种。从徒骇河入境断面营子闸和出境断面刘家堡桥底栖动物物种分布来看，物种波动范围在 3～10 种，徒骇河平原水生态亚区底栖动物达标物种数为 7 种，物种群落优化目标为 10 种。从徒骇河入境断面营子闸和出境断面刘家堡桥鱼类物种分布来看，物种波动范围在 2～14 种，徒骇河平原水生态亚区鱼类达标物种数为 8 种，物种群落优化目标为 14 种。

2. 黄河下游左岸平原水生态亚区（Ⅰ-2）

根据黄河下游左岸平原水生态亚区黄河下游泺口和葛店引黄闸断面水生群落状况，来设定黄河下游左岸平原水生态亚区水生生物保护目标。

从黄河下游泺口和葛店引黄闸断面浮游植物物种分布来看，物种波动范围在 3～16 种，黄河下游左岸平原水生态亚区浮游植物达标物种数为 10 种，物种群落优化目标为 16 种，消除小席藻优势物种地位，改善浮游植物优势物种组成。从黄河下游泺口和葛店引黄闸断面浮游动物物种分布来看，物种波动范围在 0～8 种，黄河下游左岸平原水生态亚区浮游动物达标物种数为 4 种，物种群落优化目标为 8 种。从黄河下游泺口和葛店引黄闸断面底栖动物物种分布来看，物种波动范围在 0～2 种，黄河下游左岸平原水生态亚区底栖动物达标物种数为 1 种，物种群落优化目标为 2 种。从黄河下游泺口和葛店引黄闸断面鱼类物种分布来看，物种波动范围在 1～6 种，黄河下游左岸平原水生态亚区鱼类达标物种数为 4 种，物种群落优化目标为 6 种。

3. 小清河下游平原水生态亚区（Ⅱ-1）

根据小清河下游平原水生态亚区吴家铺、黄台桥、五龙堂、大明湖、趵突泉、杜张水库、朱各务水库、杏林水库水生群落状况，来设定小清河下游平原水生态亚区水生生物保护目标。

从小清河下游平原水生态亚区浮游植物物种分布来看，吴家铺、黄台桥、五龙堂三个断面浮游植物物种波动范围在 5～31 种。大明湖和趵突泉两个断面浮游植物物种波动范围在 10～35 种。杜张水库、朱各务水库、杏林水库浮游植物物种波动范围在 3～31 种。小清河下游平原水生态亚区浮游植物达标物种数为 19 种，物种群落优化目标为 35 种。杜张水库消除小席藻优势物种地位，改善浮游植物优势物种组成。从小清河下游平原水生态亚区浮游动物物种分布来看，吴家铺、黄台桥、五龙堂三个断面浮游动物物种波动范围在 2～11 种。大明湖和趵突泉两个断面浮游动物物种波动范围在 2～8 种，其中趵突泉物种波动范围在 1～8 种。杜张水库、朱各务水库、杏林水库浮游动物物种波动范围在 2～23 种。小清河下游平原水生态亚区浮游动物达标物种数为 13 种，物种群落优化目标为 23 种。从小清河下游平原水生态亚区底栖动物物种分布来看，吴家铺、黄台桥、五龙堂三个断面底栖动物物种波动范围在 1～12 种。大明湖底栖动物物种波动范围在 3～14 种，趵突泉底栖动物物种波动范围在 1～5 种。杜张水库、朱各务水库、杏林水库底栖动物物种波动范围在 2～11 种。小清河下游平原水生态亚区底栖动物达标物种数为 8 种，物种群落优化目标为 14 种。从小清河下游平原水生态亚区鱼类物种分布来看，吴家铺、黄台桥、五龙堂三个断面鱼类物种波动范围在 2～6 种。大明湖鱼类物种波动范围在 10～23 种。杜张水库、朱各务水库、杏林水库鱼类物种波动范围在 3～9 种。小清河下游平原水生态亚区鱼类达标物种数为 13 种，物种群落优化目标为 23 种。

4. 长清区、平阴县黄河沿岸平原水生态亚区（Ⅱ-2）

根据长清区、平阴县黄河沿岸平原水生态亚区北大沙河入黄河口、崮山、陈屯桥、东阿水库、济西湿地水生群落状况，来设定长清区、平阴县黄河沿岸平原水生态亚区水生生物保护目标。

北大沙河入黄河口、崮山两个断面浮游植物物种波动范围在 11～16 种。汇河陈屯桥断面浮游植物物种波动范围在 7～17 种。东阿水库断面浮游植物物种波动范围在 3～19 种。济西湿地浮游植物物种波动范围在 5～20 种。长清区、平阴县黄河沿岸平原水生态亚区浮游植物达标物种数为 12 种，物种群落优化目标为 20 种。北大沙河入黄河口消除铜绿微囊藻优势物种地位，陈屯桥消除微小色球藻优势物种地位，东阿水库、济西湿地消除小席藻优势物种地位，改善浮游植物优势物种组成。北大沙河入黄河口、崮山两个断面浮游动物物种波动范围在 7～13 种。汇河陈屯桥断面浮游动物物种波动范围在 3～16 种。东阿水库断面浮游动物物种波动范围在 4～12 种。济西湿地浮游动物物种波动范围在 2～7 种。长清区、平阴县黄河沿岸平原水生态亚区浮游动物达标物种数为 10 种，物种群落优化目标为 16 种。北大沙河入黄河口、崮山两个断面底栖动物物种波动范围在 3～7 种。汇河陈屯桥断面底栖动物物种波动范围在 2～10 种。东阿水库断面底栖动物物种波动范围在 2～8 种。济西湿地底栖动物物种波动范围在 10～14 种。长清区、平阴县黄河沿岸平原水生态亚区底栖动物达标物种数为 8 种，物种群落优化目标为 14 种。北大沙河入黄河口、崮山两个断面鱼类物种波动范围在 8～11 种。东阿水库断面鱼类物种波动范围在 3～13 种。济西湿地鱼类物种波动范围在 11～20 种。长清区、平阴县黄河沿岸平原水生态亚区鱼类达标物种数为 12 种，物种群落优化目标为 20 种。

5. 南部入黄诸河上游山地-丘陵水生态亚区 (Ⅱ-3)

根据南部入黄诸河上游山地-丘陵水生态亚区玉符河并渡口、宅科、卧虎山水库、锦绣川水库水生群落状况，来设定南部入黄诸河上游山地-丘陵水生态亚区水生生物保护目标。

玉符河并渡口、宅科、卧虎山水库、锦绣川水库四个断面浮游植物物种波动范围在 5～27 种，南部入黄诸河上游山地-丘陵水生态亚区浮游植物达标物种数为 16 种，物种群落优化目标为 27 种。卧虎山水库消除小席藻优势物种地位，改善浮游植物优势物种组成。玉符河并渡口、宅科、卧虎山水库、锦绣川水库四个断面浮游动物物种波动范围在 5～13 种，南部入黄诸河上游山地-丘陵水生态亚区浮游动物达标物种数为 9 种，物种群落优化目标为 13 种。玉符河并渡口、宅科、卧虎山水库、锦绣川水库四个断面底栖动物物种波动范围在 1～11 种，南部入黄诸河上游山地-丘陵水生态亚区底栖动物达标物种数为 6 种，物种群落优化目标为 11 种。玉符河并渡口、宅科、卧虎山水库三个断面鱼类物种波动范围在 3～19 种，南部入黄诸河上游山地-丘陵水生态亚区鱼类达标物种数为 11 种，物种群落优化目标为 19 种。

6. 瀛汶河上游丘陵-山地水生态亚区 (Ⅲ-1)

根据瀛汶河上游丘陵-山地水生态亚区西下游、雪野水库、付家桥水生群落状况，来设定瀛汶河上游丘陵-山地水生态亚区水生生物保护目标。

瀛汶河上游丘陵-山地水生态亚区浮游植物物种波动范围在 10～19 种，瀛汶河上游丘陵-山地水生态亚区浮游植物达标物种数为 15 种，物种群落优化目标为 19 种。瀛汶河上游丘陵-山地水生态亚区浮游动物物种波动范围在 4～13 种，瀛汶河上游丘陵-山地水生态亚区浮游动物达标物种数为 9 种，物种群落优化目标为 13 种。瀛汶河上游丘陵-山地水生态亚区底栖动物物种波动范围在 1～10 种，瀛汶河上游丘陵-山地水生态亚区底栖动物达标物种数为 6 种，物种群落优化目标为 10 种。瀛汶河上游丘陵-山地水生态亚区鱼类物种波动范围在 6～21 种，瀛汶河上游丘陵-山地水生态亚区鱼类达标物种数为 14 种，物种群落优化目标为 21 种。

7. 大汶河、瀛汶河上游平原-丘陵水生态亚区 (Ⅲ-2)

根据大汶河、瀛汶河上游平原-丘陵水生态亚区王家洼、站里桥、莱芜水生群落状况，来设定大汶河、瀛汶河上游平原-丘陵水生态亚区水生生物保护目标。

大汶河、瀛汶河上游平原-丘陵水生态亚区浮游植物波动范围在 13～22 种，大汶河、瀛汶河上游平原-丘陵水生态亚区浮游植物达标物种数为 18 种，物种群落优化目标为 22 种。大汶河、瀛汶河上游平原-丘陵水生态亚区浮游动物物种波动范围在 8～16 种，大汶河、瀛汶河上游平原-丘陵水生态亚区浮游动物达标物种数为 12 种，物种群落优化目标为 16 种。大汶河、瀛汶河上游平原-丘陵水生态亚区底栖动物物种波动范围在 3～8 种，大汶河、瀛汶河上游平原-丘陵水生态亚区底栖动物达标物种数为 6 种，物种群落优化目标为 8 种。大汶河、瀛汶河上游平原-丘陵水生态亚区鱼类物种波动范围在 7～13 种，大汶河、瀛汶河上游平原-丘陵水生态亚区鱼类达标物种数为 10 种，物种群落优化目标为 13 种。

19.2 水质安全保障目标

水质安全保障是水生态保护的规范，根据《地表水环境质量标准》 （GB 3838—2002），选取各个亚区主要驱动因子作为水质安全保障衡量指标，以各个亚区主要相符驱动因子取平均值作为水质基准值，选取前一级作为水质保障目标。

1. 徒骇河平原水生态亚区 （Ⅰ-1）

徒骇河平原水生态亚区 TN 平均值为 2.59mg/L，大于 2mg/L，达到劣 Ⅴ 类标准。徒骇河平原水生态亚区达标水质目标设为 TN 平均值小于 2mg/L，达到 Ⅴ 类水标准，优化水质目标为 TN 平均值小于 1.5mg/L，达到 Ⅳ 类水标准。

2. 黄河下游左岸平原水生态亚区 （Ⅰ-2）

黄河下游左岸平原水生态亚区 DO 平均值为 7.77mg/L，达到 Ⅰ 类水标准。TN 平均值为 3.70mg/L，达到劣 Ⅴ 类水标准。BOD 平均值为 3.93mg/L，达到 Ⅱ 类水标准。COD 平均值为 14.49mg/L，达到 Ⅰ 类水标准。TP 平均值为 0.08mg/L，达到 Ⅱ 类水标准。黄河下游左岸平原水生态亚区首要解决 TN 超标，达标水质目标设为 TN 平均值小于 2mg/L，达到 Ⅴ 类水标准，优化水质目标为 TN 平均值小于 1.5mg/L，达到 Ⅳ 类水标准。

3. 小清河下游平原水生态亚区 （Ⅱ-1）

小清河下游平原水生态亚区 DO 平均值为 8.48mg/L，达到 Ⅰ 类水标准。TN 平均值为 5.86mg/L，达到劣 Ⅴ 类水标准。NH₃-N 平均值为 1.70mg/L，达到 Ⅴ 类水标准。BOD 平均值为 5.17mg/L，达到 Ⅳ 类水标准。TP 平均值为 0.30mg/L，达到 Ⅳ 类水标准。黄河下游左岸平原水生态亚区首要解决 TN 超标，达标水质目标设为 TN 平均值小于 2mg/L，达到 Ⅴ 类水标准，优化水质目标为 TN 平均值小于 1.5mg/L、NH₃-N 平均值小于 1.5mg/L，达到 Ⅳ 类水标准。

4. 长清区、平阴县黄河沿岸平原水生态亚区 （Ⅱ-2）

长清区、平阴县黄河沿岸平原水生态亚区 DO 平均值为 9.81mg/L，达到 Ⅰ 类水标准。TN 平均值为 2.74mg/L，达到劣 Ⅴ 类水标准。COD 平均值为 16.8mg/L，达到 Ⅲ 类水标准。BOD 平均值为 3.64mg/L，达到 Ⅲ 类水标准。TP 平均值为 0.10mg/L，达到 Ⅱ 类水标准。长清区、平阴县黄河沿岸平原水生态亚区首要解决 TN 超标，达标水质目标设为 TN 平均值小于 2mg/L，达到 Ⅴ 类水标准，优化水质目标为 TN 平均值小于 1.5mg/L，达到 Ⅳ 类水标准。

5. 南部入黄诸河上游山地-丘陵水生态亚区（Ⅱ-3）

南部入黄诸河上游山地-丘陵水生态亚区 DO 平均值为 9.52mg/L，达到Ⅰ类水标准。TN 平均值为 5.80mg/L，达到劣Ⅴ类水标准。NH_3-N 平均值为 0.23mg/L，达到Ⅱ类水标准。COD 平均值为 11.29mg/L，达到Ⅰ类水标准。BOD 平均值为 2.56mg/L，达到Ⅰ类水标准。COD_{Mn} 平均值为 2.93mg/L，达到Ⅱ类水标准。TP 平均值为 0.03mg/L，达到Ⅱ类水标准。南部入黄诸河上游山地-丘陵水生态亚区首要解决 TN 超标，达标水质目标设为 TN 平均值小于 2mg/L，达到Ⅴ类水标准，优化水质目标为 TN 平均值小于 1.5mg/L，达到Ⅳ类水标准。

6. 瀛汶河上游丘陵-山地水生态亚区（Ⅲ-1）

瀛汶河上游丘陵-山地水生态亚区 DO 平均值为 9.60mg/L，达到Ⅰ类水标准。TN 平均值为 5.94mg/L，达到劣Ⅴ类水标准。NH_3-N 平均值为 0.14mg/L，达到Ⅰ类水标准。COD 平均值为 13mg/L，达到Ⅰ类水标准。TP 平均值为 0.06mg/L，达到Ⅱ类水标准。瀛汶河上游丘陵-山地水生态亚区首要解决 TN 超标，达标水质目标设为 TN 平均值小于 2mg/L，达到Ⅴ类水标准，优化水质目标为 TN 平均值小于 1.5mg/L，达到Ⅳ类水标准。

7. 大汶河、瀛汶河上游平原-丘陵水生态亚区（Ⅲ-2）

大汶河、瀛汶河上游平原-丘陵水生态亚区 DO 平均值为 11.47mg/L，达到Ⅰ类水标准。TN 平均值为 15.27mg/L，达到劣Ⅴ类水标准。NH_3-N 平均值为 0.34mg/L，达到Ⅱ类水标准。COD 平均值为 19.67mg/L，达到Ⅲ类水标准。TP 平均值为 0.09mg/L，达到Ⅱ类水标准。大汶河、瀛汶河上游平原-丘陵水生态亚区首要解决 TN 超标，达标水质目标设为 TN 平均值小于 2mg/L，达到Ⅴ类水标准，优化水质目标为 TN 平均值小于 1.5mg/L，达到Ⅳ类水标准。

19.3　水生态系统健康目标

水生态系统健康是水生态保护的目标，根据各个水生态亚区主要监测断面健康评价结果，计算各个亚区生态完整性健康指数平均值，以下一个指数范围作为水生态保护和恢复目标。

1. 徒骇河平原水生态亚区（Ⅰ-1）

徒骇河平原水生态亚区 IEI 平均值为 0.88，水生态完整性健康状况为良好，水生态完整性目标为健康（表 19.1）。

表 19.1　　　徒骇河平原水生态亚区各个断面水生态完整性评价目标

点位名称	IEI	健康状况	健康目标
营子闸	0.7	良好	健康
刘家堡桥	1.06	健康	健康
周永闸	0.71	健康	健康
杆子行闸	0.69	一般	良好
明辉路桥	0.37	不健康	一般

续表

点位名称	IEI	健康状况	健康目标
潘庙闸	0.45	不健康	一般
刘成桥	1.21	健康	健康
新市董家	1.56	健康	健康
张公南临	1.13	健康	健康

2. 黄河下游左岸平原水生态亚区（Ⅰ-2）

黄河下游左岸平原水生态亚区 IEI 平均值为 0.83，水生态完整性健康状况为良好，水生态完整性目标为健康（表 19.2）。

表 19.2　　　黄河下游左岸平原水生态亚区各个断面水生态完整性评价目标

点位名称	IEI	健康状况	健康目标
北田家	0.25	不健康	一般
垛石街	0.51	不健康	一般
大贺家铺	0.63	一般	良好
太平镇	0.74	良好	健康
泺口	1.51	健康	健康
葛店引黄闸	1.34	健康	健康

3. 小清河下游平原水生态亚区（Ⅱ-1）

小清河下游平原水生态亚区 IEI 平均值为 2.82，水生态完整性健康状况为良好，水生态完整性目标为健康（表 19.3）。

表 19.3　　　小清河下游平原水生态亚区各个断面水生态完整性评价目标

点位名称	IEI	健康状况	健康目标
吴家铺	3.21	健康	健康
莱市新村	2.45	一般	良好
黄台桥	2.19	不健康	一般
相公庄	2.05	不健康	一般
龙脊河	2.84	良好	健康
巨野河	4.16	健康	健康

4. 长清区、平阴县黄河沿岸平原水生态亚区（Ⅱ-2）

长清区、平阴县黄河沿岸平原水生态亚区 IEI 平均值为 1.54，水生态完整性健康状况为良好，水生态完整性目标为健康（表 19.4）。

表 19.4　　长清区、平阴县黄河沿岸平原水生态亚区各个断面水生态完整性评价目标

点位名称	IEI	健康状况	健康目标
北大沙河入黄河口	1.04	一般	良好
顾小庄浮桥	0.87	不健康	一般

续表

点位名称	IEI	健康状况	健康目标
陈屯桥	1.54	良好	健康
睦里庄	2.29	健康	健康
崮山	1.97	健康	健康

5. 南部入黄诸河上游山地-丘陵水生态亚区 (Ⅱ-3)

南部入黄诸河上游山地-丘陵水生态亚区 IEI 平均值为 0.85，水生态完整性健康状况为良好，水生态完整性目标为健康（表 19.5）。

表 19.5   南部入黄诸河上游山地-丘陵水生态亚区各个断面水生态完整性评价目标

点位名称	IEI	健康状况	健康目标
并渡口	0.35	不健康	一般
宅科	0.65	一般	良好
黄巢水库下游	1.56	健康	健康

6. 瀛汶河上游丘陵-山地水生态亚区 (Ⅲ-1)

瀛汶河上游丘陵-山地水生态亚区 F-IBI 平均值为 1.81，水生态完整性健康状况为良好，水生态完整性目标为健康（表 19.6）。

表 19.6   瀛汶河上游丘陵-山地水生态亚区各个断面水生态完整性评价目标

点位名称	F-IBI 值	健康状况	健康目标
西下游	1.48	良好	健康
付家桥	2.13	健康	健康

7. 大汶河、瀛汶河上游平原-丘陵水生态亚区 (Ⅲ-2)

大汶河、瀛汶河上游平原-丘陵水生态亚区 F-IBI 平均值为 0.46，水生态完整性健康状况为不健康，水生态完整性目标为一般（表 19.7）。

表 19.7   大汶河、瀛汶河上游平原-丘陵水生态亚区各个断面水生态完整性评价目标

点位名称	F-IBI 值	健康状况	健康目标
站里桥	0.11	不健康	一般
莱芜	0.84	一般	良好
王家洼	0.44	不健康	一般

19.4 水生态系统服务功能保护目标

水生态系统服务功能是水生态保护的扩展，结合各个水生态亚区水生态功能特点，提出具体保护目标。

1. 徒骇河平原水生态亚区 (Ⅰ-1)

徒骇河平原水生态亚区内主要为农业用地，河流受到面源污染较为严重，同时春季和

夏季的灌溉需水量较大，针对河流受到面源污染威胁，开展河道两侧滨岸带植被改造成为首要保护目标。通过滨岸带植被改造，能够有效降低面源污染对河流的影响，同时能够增加徒骇河平原亚区的景观效果，美化环境，改善空气质量。其次需要与其他省市进行联动，提高济南境外上游水量，保证徒骇河入济南境内水量充足。大力发展生态农业及生态养殖业，降低农业对河流污染，禁止围网粗放养殖。

2. 黄河下游左岸平原水生态亚区（Ⅰ-2）

黄河下游左岸平原水生态亚区主要受农业面源污染胁迫，黄河下游干流流经整个亚区，水量充沛，其主导水生态功能与徒骇河平原亚区相似，为生产提供服务，主要为发展生态农林牧渔业，及农副产品供给区。在大力发展生态农业经济的同时，还要处理好外来泥沙输入问题，黄河上游流域每年带入大量泥沙，定期进行河道泥沙清理，有助于防止淤泥堵塞河道抬高河堤。对黄河下游堤岸进行生态修复，对一些以前为水利防洪做的堤岸进行加固，大水期间，能够有效降低洪涝灾害。

3. 小清河下游平原水生态亚区（Ⅱ-1）

根据小清河下游平原水生态亚区水生态服务功能受损现状，提出针对小清河下游平原水生态亚区的保护目标，对小清河周边工业污染源进行排查，禁止重污染企业开工，对老旧工业区进行迁移改造，对小清河城市河道区段进行整体生态治理修复。下游农业区滨岸带实行改造工程，提升滨岸带对面源污染的防御能力。对大明湖及趵突泉景区进行整体改造，打造成具有地方特色的文化游览、商业餐饮、休闲娱乐为主的城市水生态保护特区。小清河下游平原水生态亚区杜张水库、朱各务水库、杏林水库等，为小清河提供水源，并肩负防洪功能，应进一步加强防洪堤坝建设，周边设立监察机制，禁止乱扔垃圾及休闲垂钓，开展生态养殖，保护好水源地的水质供给。

4. 长清区、平阴县黄河沿岸平原水生态亚区（Ⅱ-2）

长清区、平阴县黄河沿岸平原水生态亚区主要目标是区域内补水，提高黄河支流、汇河支流水量，从而提升水生态整体状况，对亚区内济西湿地水生态系统进行重点保护，济西湿地是济南地区最重要的天然湿地，在保护和恢复本地水生生物多样性的前提下，合理的开发利用，划出相应区域用于科普教育宣传和旅游观光，提升人类对水生态系统的保护意识，加快水生态文明建设。

5. 南部入黄诸河上游山地-丘陵水生态亚区（Ⅱ-3）

南部入黄诸河上游山地-丘陵水生态亚区多为山区性河流，南部林地覆盖度高，人类干扰小，水质污染较轻。水生态服务功能保护主要目标集中在玉符河，玉符河要在满足防洪安全的基础上，通过利用水库的优化调度来改善大坝下游河道的水文条件，配之以水源涵养、库区水质保护、生态护坡、河岸缓冲带延展、河口湿地营建及景观建设等技术措施来达到河流环境的改善和整体功能的提高。上游源头区域目标主要以保护和恢复生态环境为第一位，禁止任何形式的开发活动。下游区域目标主要以水生态修复为主。

6. 瀛汶河上游丘陵-山地水生态亚区（Ⅲ-1）

瀛汶河上游丘陵-山地水生态亚区多为山区性河流，主要以保护为主。亚区北部丘陵分布有雪野水库，雪野水库环湖地区主要分布有国际航空园、山东高速国际度假区等旅游项目，雪野水库开发利用应作为该亚区水生态服务功能保护的重要目标。

7. 大汶河、瀛汶河上游平原-丘陵水生态亚区（Ⅲ-2）

大汶河、瀛汶河上游平原-丘陵水生态亚区内涉及农业及工业区，莱芜市位于大汶河、瀛汶河上游平原-丘陵水生态亚区内，为该亚区主要发达城区，城区内工矿企业及生活污水处理为该亚区主要针对目标。

第 20 章

济南市水生态保护和修复对策及规划

20.1　济南市水生态保护

1. 自然生态系统

济南市以"山、泉、湖、河、城"为特色。从市域"一心一环三横五纵多泉群"向外扩展的城市总体布局特点，结合济南市水生态功能区划开展济南市自然生态系统的保护，根据水生态功能区划中区域特点、自身发展、生态、需水量、水生态健康评价结果等方面，对济南市各个子区域提出相应的保护建议。

从济南市水生态功能分区图可以看出，济南市区南部山区、北部黄河沿岸地带和山前及北部平原地带，是为城市发展提供生态支持和服务的重要水生态功能区；中部平原带状区域是城市空间和产业的主要发展区，是城市发展的主体。南部山区与北部黄河以生态保护为重点，是中部城区城乡空间和产业发展的自然基础结构，通过健全和保障其生态服务功能，可以为济南整个城市的建设和发展提供持久的支持能力。"山、泉、湖、河、城"的景观格局是济南市承载文化价值和维护区域生态安全的关键空间，是规划建设的重点区域。通过该核心结构和重要廊道的规划建设，既可以对城市区进行生态优化，又可以使整个区域的景观格局构建与城市发展有机结合。

济南自然保护与风景旅游区主要分布于南部山区和黄河两岸，与其他生态功能区相互融合，共同构成绿色空间体系，是人们郊游、度假、休闲、观光胜地。自然保护区有长清寒武纪地质遗迹省级自然保护和柳埠市级自然保护区；主要风景名胜区有千佛山、大明湖、趵突泉、龙洞、灵岩寺、五峰山、四门塔等；主要森林公园有柳埠和药乡国家森林公园、五峰山和卧龙峪省级森林公园；其他自然人文景观旅游区主要有野生动物世界、红叶谷、凤凰岭生态旅游区及鹊山龙湖、遥墙万亩荷塘等。济南风景名胜兼具文化内涵和自然风貌，形成人文与自然相依存的和谐整体，历史上的泉城八景、齐烟九点等就是对此的真实写照。

2. 水生生物多样性

济南市水生生物类群是济南生物类群的重要组成部分，水生生物多样性状况能够直接反映区域生态的健康状况。水生生物多样性不是单一存在的，水生生物多样性还涉及其环境形成的生态复合体以及与此相关的各种生态过程的总和，它包括浮游植物、浮游动物、固着藻类、底栖动物、两栖动物、鱼类、大型水生植物，以及它们与生存环境形成的复杂的生态系统。随着济南经济社会的快速发展和人类社会活动影响，济南水生物多样性受到了威胁，一些鲤、鲫、鳜、长春鳊等经济鱼类的种类和数量明显下降。山东小清河原有大银鱼和中华绒螯蟹已基本绝迹，仅能见到耐污种类泥鳅（田家怡，1996），鱼类种群组成遭到严重破坏，呈现鱼类群落单一化趋势。因此应尽早开展珍稀水生生物保护，经过文献搜索和实地调研，建议涉及该物种的当地部门对大银鱼和金线蛙进行保护。

大银鱼，学名：*Protosalanx hyalocranius*（Abbott，1901），大银鱼是银鱼科中个体最大的一种，一般规格为 120mm 左右，最大个体可达 210mm。大银鱼喜生活于水体的中、上层，栖于宽敞水面静水环境中。为小型肉食性凶猛鱼类，幼鱼阶段食浮游动物的枝角类、桡足类及一些藻类。体长 80mm 以后逐渐向肉食性转移，110mm 以上主要以小鱼虾为食，具有同种残食现象。大银鱼一般每年 12 月至次年 1 月性成熟，产卵期在 12 月下旬至次年 3 月中、下旬，产卵水温范围为 2~8℃。它们通常在大型湖泊的湖湾，水库的库湾水面与宽敞水面的水体中产卵，而以硬底稍有浮泥者为好。所产的卵属沉性卵，卵膜丝可散开，略具黏性。济南市涉及大银鱼流域主要为小清河，从大银鱼的生物学特征及其产卵繁育习性，着重在垛庄水库、杏林水库、杜张水库三座中型水库，开展济南市小清河大银鱼产卵场、索饵场和越冬场的保护。

垛庄水库（图 20.1）位于章丘区垛庄镇的南垛庄村西南公里处，在绣江河上游西巴漏河上，控制流域面积 56km²。水库始建于 1966 年，建成于 1968 年，并投入使用，总库容 1286 万 m³。

图 20.1　垛庄水库实景

图 20.2　杏林水库实景

杏林水库（图 20.2）位于章丘区普集镇杏林村东，胶济铁路北公里的东巴漏河中游，控制流域面积 180.2km²。工程始建于 1970 年 10 月，1976 年 6 月竣工投入运行，总库容 1263 万 m³。

杜张水库（图 20.3）位于章丘区龙山镇杜张村西，东、西巨野河汇流处。流域面积 226km²，水库前身是一座总库容为 240 万 m³ 的小一型水库，1959 年 11 月至 1960 年 6 月，将其扩建为中型水库，总库容 1148 万 m³。

垛庄水库、杏林水库、杜张水库三座水库都建于 19 世纪 60 年代，距今比较久远，每个水库库容都达到 1100 万 m³ 以上，水面宽广，

图 20.3　杜张水库实景

坚持"以水兴渔、以渔养水"的生态养殖路线，首先要做到对这三座水库定期采样监测，确保周边无污染物进入，保证水质达标；其次要保护好种苗，可以在水库内对大银鱼产量进行跟踪调查，调查其产卵场、索饵场和越冬场，采取对捕捞鱼类观察其性腺特征、解剖后察看鱼卵发育状况（图 20.4）及在产卵场采集鱼卵（苗），并根据主要鱼类内含物，了解其摄食状况是否满足其生长需求。在 12 月下旬至次年 3 月中、下旬，禁止对大银鱼采捕，确保大银鱼有足够的繁育时间。

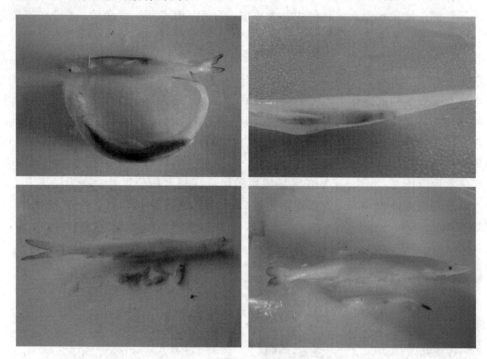

图 20.4　大银鱼胃含物解剖观测

金线蛙（图 20.5）体型肥硕，成年体长约 50mm（雄体略小），头长约等于头宽，吻端钝圆。鼓膜大而明显棕黄色，颞褶不显著。背部绿色杂有一些黑色斑点，有两长条褐色斑，从吻端一直延伸到泄殖腔口，形成明显的绿色的背中线。体侧绿色有些黑斑，两侧各有一条粗大的褐色、白色或浅绿色的背侧褶。皮肤光滑，但在背部及体侧有些疣粒。腹部光滑，黄白色带有一些棕色点。前肢指细长无蹼。后肢粗短有黑色横带，趾间蹼发达为全蹼。股部内侧黑色有许多小白斑。雌蛙体型比雄蛙大很多。雄蛙有一对咽侧内鸣囊，第一指有婚垫。

金线蛙是山东省重点保护动物，在济南玫瑰湖有分布。针对金线蛙的保护主要侧重为其提供良好的栖息场所，金线蛙喜欢藏身在长有水草的蓄水池或者遮蔽良好的农地，例如飘着浮萍的稻田、芋田或者茭白笋田。繁殖期以春天及夏天为主。根据济南玫瑰湖（图 20.6）生态植被分布特点，可以考虑增加水生植物组合，为金线蛙提供良好的生存空间，挺水植物可以选择芦苇、花叶芦竹、香蒲、千屈菜、荷花、莎草、鸢尾；浮水植物可以选择睡莲、萍蓬、凤眼莲；沉水植物可选择苦草、狸藻、金鱼藻；湿生植物可选择风车草；耐湿树种可以选择垂柳、水杉和池杉等。配合季节叶色类植物，构建平阴玫瑰湖独特的水生植物群落。

图 20.5　金线蛙　　　　　　　　　图 20.6　玫瑰湖湿地实景

根据农业部制定的第一批 166 种《国家重点保护经济水生动植物资源名录》，筛选出济南保护水生动植物 18 种，这 18 种水生动植物可以作为济南河流、湖库、湿地水生生物多样性重点保护物种，见表 20.1。

表 20.1　　　　　　　　　　18 种济南保护水生动植物物种

序号	中文名	拉　丁　名	序号	中文名	拉　丁　名
1	花鲈	*Lateolabrax japonicus*	10	秀丽白虾	*Exopalaemon modestus*
2	大银鱼	*Protosalanx hyalocranius*	11	芦苇	*Phragmites communis*
3	青鱼	*Mylopharyngodon piceus*	12	茭白	*Zizania latifolia*
4	草鱼	*Ctenopharyngodon idellus*	13	水芹	*Oenanthe japonica*
5	赤眼鳟	*Squaliobarbus curriculus*	14	荸荠	*Eleocharis dulcis*
6	鲢	*Hypophthalmichthys molitrix*	15	慈姑	*Sagittaria trifolia*
7	鲤	*Cyprinus carpio*	16	蒲草	*Typha*
8	鲫	*Carassius auratus*	17	芡实	*Euryale ferox*
9	黄颡鱼	*Pelteobagrus fulvidraco*	18	莲	*Nelumbo nucifera*

3. 城市自然保护区划

济南中心城区大明湖及其周边泉区是济南市重点保护区域，大明湖位于济南市区中部偏东北方向。"四面荷花三面柳，一城山色半城湖"是描写济南大明湖湖城景色的名句。大明湖是由珍珠泉、芙蓉泉、王府井等泉水汇集及湖底众泉喷涌而成，46.5hm² 的活水面在城市中心地带荡漾，是一处天然的生态"调节池"，成为城市明亮的镜子。同时，大明湖几乎占据了济南旧城的四分之一，是全国唯——个与历史街区连成一体的城中湖。

如何对该区域保护规划，一直是济南市的重要任务。目前，有关人士已逐渐认识到对大明湖的生态与文化价值进行深层次挖掘的必要性，并提出变"园中湖"为"城中湖"。即通过扩容，改造湖畔地带，增加文化旅游项目。据《齐鲁晚报》报道，2007 年 10 月 12 日，大明湖的扩建工程正式开工，据称"此次大明湖扩建工程，济南市计划投资 16.38 亿元，拆迁冻结范围分为东部片区和西部片区，其中，东部片区南起大明湖路，北至明湖东路，西起南北历山街，东至黑虎泉北路；西部片区南起大明湖路，北至大明湖公园，东起山东省图书馆东院墙，西至大明湖公园，拆迁总面积约 22 万 m^2。根据方案，扩建改造后的大明湖，面积由以前的 $74hm^2$ 增加到 $103.44hm^2$，扩大近四分之一"。大明湖不仅仅是一种文化观光资源，不应仅作为单一的、封闭性的景区，也不同于植物园等可作为完全公益性公园开放。作为一个兼具历史文化景观特性和自然生态基底特色的高等级城市风景湖，大明湖应当定位为城市发展的潜力型环境与品牌资源，像杭州西湖一样，应将其生态文化品牌转化为形象品牌与经济品牌，实现资源的资产价值。应将大明湖与四大泉群（趵突泉、珍珠泉、五龙潭、黑虎泉）、传统历史街区—芙蓉街整合成为城市的生态与文化中心，共同形成济南的城市品牌。从"园中景观湖"到"城市生态湖"的转变。优化大明湖湖畔区域的景观建设，提高环境的生态化指数与景观的文化品位。基于此，大明湖生态开放式发展提供以下保护建议。

湖畔区域景观建设要以自然生态为基底，做大块生态文章，疏通大明湖和周围泉区水道，把大明湖和珍珠泉泉群相连通，以护城河为纽带连接玉龙潭泉群、趵突泉泉群和黑虎泉全群，做到泉、湖相依，形成以湖、泉为特征的城区水生态环状风景湿地系统，突出泉城独特的水生态景观。扩展大明湖水面，连接小东湖，把小东湖作为大明湖的"旁路水生态净化器"，纳入大明湖区域范围内，来改善大明湖整体水生态状况。历史上小东湖作为大明湖的近邻，宋曾巩时期就有百花堤穿湖而过，将大明湖划分成两个部分。目前，东湖水面保存完整，然而南北历山街道的大量车流，隔断了它与大明湖水面的水生态廊道。导致东湖片区无法很好地利用大明湖资源，生态环境恶化，地区衰败严重，难以为广大市民游客服务。应当降低南北历山街道的道路等级，将南北历山街道由城市级道路转变为路形曲折的景区内部道路，恢复原水生态样貌。考虑城市管线、水面通航以及街道岸线的综合影响，通过多方案比较确定其线型和走向，形成大明湖最东侧新的景观廊道。

图 20.7　浮岛实景

在小东湖滨岸带修缮湿地，配置垂柳、芦苇、莲藕等本地生态植物。在小东湖中心可以考虑建立浮岛（图 20.7），浮岛由基板、水生植物及锚组成，主要由植物、根际微生物的协同作用吸收转化水体的营养物质、抑制藻类的生长，可以防止水华。基板的主要材料包括竹片、塑料花盆、生态砖、PVC 管。浮岛中常用的水生植物主要包括美人蕉、再力花、香蒲、菖蒲、芦苇、千屈菜、鸢尾及黑麦草等，不同的水生植物有不同的种植密度，对于丛生的水生植物因规格不同而异，规格大一些的，密度可适当小一些，反之则密度大一些，常见的范围一般为 6～25 株/m^2。

锚主要起固定浮床或浮岛的作用。研究表明，挺水植物的释氧效果显著，芦苇光合作用每天传递氧气效率高达 $2.1g/m^2$。芦苇释放出的化感物质 2-甲基乙酰乙酸乙酯可降低铜绿微囊藻的光合速率，促进了铜绿微囊藻叶绿素 a 的降解，可以有效地抑制藻类的生长。

在小东湖湖底可以考虑用沉水植物来净化水体。沉水植物是水体自净生态系统生物链中重要的"生产者"，直接吸收底泥中的氮、磷等营养，利用透入水层的太阳光和水体好氧生化分解有机物过程产生的 CO_2 进行光合作用并向水体复氧，从而促进水体好氧生化自净作用；同时沉水植物又为水体其他生物提供生存或附着的场所，提高生物多样性，促进水体自净。研究表明沉水植物可以通过对营养物质的竞争、改变水体的理化环境，影响藻类对 N、P 的利用率，可以有效地抑制藻类的生长。

常用的沉水植物主要包括马来眼子菜、红线草、狐尾草、金鱼藻、苦草、黑藻、微齿眼子菜、菹草等。沉水植物原则上采取植物带状分布方式种植，由河（湖）岸向河中心分布；沉水植物主要采取无性繁殖植株种植。金鱼藻、狐尾草、苦草、黑藻、马来眼子菜和微齿眼子菜采取无性繁殖植株移栽方法，菹草则采取播种生殖芽体的方法。在实际应用沉水植物中，有两点需要特别注意：

（1）必须根据不同植物的生长特点进行合理搭配，使水生植物的覆盖率始终维持在一较高的水平。因为水体中的大型水生植物和藻类生长于同一生态空间，二者在光照、营养盐等方面存在着激烈的生态竞争，互相影响，互相制约。只有一定的覆盖率才能保证水生植物的竞争优势，从而抑制藻类的生长。

（2）在水生植物群落恢复后，必须应用生态系统稳定化管理技术进行维护管理。水生植物死亡后，其分解腐败过程将严重影响水质，因此必须定期进行收割管理。

通过小东湖改造，呈现出类似中山岐江公园效果（图 20.8），形成城市自然湿地水生态系统，构建曲径通幽的滨水游憩空间，并加强周边社区的环境整治，向南扩展到古城旅游区范围之内，与芙蓉街老街区及泉城路城市中心游憩区相连接，营造城市中心区优越的生态环境，重塑济南山水文化城市风貌。

图 20.8　中山岐江公园现状

在大明湖及其泉区周边建议控制城区污染，外迁工厂，处理好城市生活垃圾及废水排放。在大明湖周边地段，搬迁工业、仓储企业，改造危旧民居，在路北形成高级湖畔商住区，建设以旅游服务、休闲娱乐为主的商业服务设施，提升大明湖北岸及周边地区城市功能，增加火车东站地区服务能力。建立大型污水处理厂，生活垃圾进行分类回收处理，提高人们环保意识，把大明湖地区定位为具有地方特色的文化游览、商业餐饮、休闲娱乐为主的城市水生态保护特区。

20.2　济南市水生态修复

20.2.1　河流生态治理和修复

济南市河流主要有小清河、玉符河、大沙河、黄河、徒骇河、瀛汶河、汇河。相较于东部小清河区和北部徒骇马颊河区，南部山区受人类活动干扰相对较少，森林草地覆盖率较高，济南 70％的森林用地分布在南部山区，因而南部山区水质质量较高。根据实地采样调查发现，尽管济南南部农业用地依然为主要的土地利用类型，但在河道附近或在河岸边进行耕作的农业用地较少，多数耕地在离河岸较远的地方，流入到河流中的农业用水、生活用水等，经过了土壤植被等过滤，起到了一定的净化作用，这也是南部山区水质较好的一方面原因。而且通过本文的调查显示，南部山区浮游植物、浮游动物、底栖动物和鱼类的生物完整性较高，特别是玉符河卧虎山水库上游并渡口生物多样性最高，生境栖息地较为原始，底质类型较为丰富，由不同等级的石块、泥沙构成，较为适宜生物的生存繁衍。因而对南部山区水生态保护的重点是，控制农业用地的发展，严防在河岸带进行耕作。特别是在河流的上游，严格控制农家乐等旅游行业的发展，远离水源涵养地，保障水质的健康。小清河区和徒骇马颊河区属于平原区，土地利用方式以农业用地和城镇用地为主。其中城区隶属于小清河流域范围内，在采样调查过程中发现，城区中趵突泉、大明湖等周边的河流水质较好，景色宜人，但是在天桥区板桥、历下区菜市新村等点位，水质非常差，水体中散发着恶臭的气味，河道中有多处排污口在排放有色液体，水中几乎无生物生存，因而水质的全面治理还是今后水生态建设的重点工作，加大废水排放的检查和监督力度，改善城市河道内的水质问题。小清河区的东部以及徒骇马颊河区，栖息生境相对较好，河岸有原始的天然河岸，也有人工渠道化的河道，但是在北部地区，面源污染十分严重，农田和民宅依傍在河道两边，在采样过程中，就发现有居民在河道内用洗衣粉清洗衣物，在河岸进行耕作的耕地大面积存在，均会造成严重的河流污染。小清河和玉符河特点明显，希望以这两条河流生态治理和修复作为示范参考，来指导济南河流区域生态治理和修复。

1. 小清河生态治理和修复示范案例

小清河是济南市唯一的排洪出路，是典型的城市河道，既担负着济南市、章丘、历城等地的泄洪任务，又是体现泉城文化的重要载体。长期以来，小清河存在干流防洪标准低，水体污染严重，河道容貌环境较差，市区段支流泄洪能力差，水生态系统破坏严重等问题。

按照济南市政府"实现新跨越、建设新泉城"战略目标和"突出泉城特色，提高城市文化品位""重视和加强生态环境建设"战略要求，基于总体规划思路及城市建设的整体性、功能性、治本性和可行性原则，提出济南市小清河干流综合治理的总目标以提高城市防洪标准为基础，坚持城市防洪与治污，为南水北调、西水东调输送优质清水，发展水产、旅游业、建设沿河景观带公园的综合治理方针，通过各种工程措施及非工程措施，恢复与提高小清河的原有功能，增加城市景观功能，响应济南市城市发展战略规划，全面加快省会现代化进程，突出泉城特色，提高城市文化品位，再现山、泉、湖、河、城浑然一体的泉城风貌，最终实现经济与环境协调发展，经济效益、生态效益、社会效益的最大统一。

小清河流域生态治理和修复可由水生态改善、河道及河岸带生态景观改造两部分组成。根据泉城济南小清河流域情况，规划总体上按照"水源保护、中游治理、下游改造"的方式来规划。

小清河各个支流源头要加强水生态修复治理，其主要支流有巨野河、绣江河、杏花沟、孝妇河、淄河等。以巨野河源头修复治理为例，巨野河发源于济南市历城区的南部山地玉河泉，北流至杜张村西南，东巨野河由右岸注入。东巨野河发源于历城区鸡山南李家楼，北流入巨野河，河长 13.5km，流域面积 96.1km²。巨野河又北流，在历城区鸭旺口东，由右岸注入小清河。巨野河河长 46.8km，流域面积 376.8km²，河道平均比降为77/1000。

从巨野河源头现场照片（图 20.9）可以看到，河流源头附近有村落住户，在河边发现一些生活垃圾，要与当地管理部门，联合加强管理，当地居民加强科普宣传，禁止乱扔生活垃圾，向河道排放生活污水。同时定期开展环保捡拾垃圾活动，对裸露滨岸带，可以根据原生滨岸带植被进行种植恢复。

图 20.9　巨野河源头流域及岸坡样品采集现场

小清河城市河道区段生态治理修复，针对城市污水，小清河两岸铺设污水暗涵，加快城市横贯东西的污水干管建设，全面收集城区污水，实现小清河"清污分流"。并与已建成的兴济河、盖家沟两个万吨的污水处理厂连接，集中处理。对排污严重超标的工厂进行停业改造，处理后中水可输送到北湖和华山湖作为景观用水。针对城市河道可以开展城市河道生境修复，自然环境的重建和保护是河流修复的主要目标。除了建设鱼道、拆除不必要的闸坝以外，构造河流的蜿蜒性，增加栖息地的总面积，改变沉积物的供给和输移节律；布置浅滩、深潭、洲岛、洼地和边渠，为生物提供多样的生境：湍流和静水、遮荫和曝晒、沙地和泥沼、侵蚀峭壁和曲流沙洲。采用石笼、箩框、沙袋、倒木、木料、柳条等材料修复河岸，采用丁坝、漂石、鱼巢等制造河道内多样的生境。在有条件的河道两侧，可以设置滨岸缓冲带，建议滨岸缓冲带划分为三区模式。一区是始于河水边沿的窄的乔木林，主要功能是提供遮荫、稳定河岸、向河流提供成熟乔木的有机残体，这部分乔木从不采伐。二区是从一区向外延伸的、较宽的滨岸森林，根据修复目标、河流类型和地貌确定宽度，其结构特征类似于该区域的自然森林，该区的主要的功能是去除沉积物、营养和其他来自地表水和地下水的污染物，可以采伐。三区是二区上部的草被过滤带，通过截获沉积物，吸收、吸附营养物和相关的化学物保护和改善水质，该区最好等高种植，经常修剪和维护。每一区的宽度根据具体情况和目标来决定，建议一区宽度 4.5m，二区宽度18m，三区宽度 6m。在该模式下，能够达到水质、栖息地以及其他多种修复目标。针对城市河道水生生物多样性，根据鱼类群落与高等水生植物、浮游动物、底栖动物相互之间的食物链关系，以及同一营养级物种之间的竞争、共存关系，综合确定河道流态、底质设计参数和水质阈值，构建以小清河目标鱼类种群为标志的生态系统生物链支撑系统。在小清河适宜河段开展沉水植物种植，按照沉水植物生长关键期水深、流速需求调控水闸，构建沉水植物群落。同时，调查鱼类和底栖生物等其他生物类群对水闸调度的响应，结合水闸调度对滨岸植被影响的研究结果，综合确定水闸生态调度的基准和原则。

开发建立小清河生态修复数据库，包括水生态系统基线调查信息数据库，生态修复关键技术与修复工程信息库和生态系统修复过程监测评估信息库，用于多要素综合分析研究、生态修复效果综合评估以及向公众展示。

2. 玉符河生态治理和修复示范案例

玉符河是济南市西部一条较大的季节性河流，发源于泰山北麓，流经济南市历城、长清、市中、槐荫四区，于槐荫区的昊家铺北店子村汇入黄河。玉符河上游有锦绣川、锦阳川、锦云川三条支流，在三川会合处建有卧虎山水库，汛期洪水通过卧虎山水库下泄，水库以下玉符河干流总长 40.8km，河道分为三段，卧虎山水库大坝以上为上游；卧虎山水库大坝至 104 国道为中游；104 国道至入黄口为下游。玉符河上、中、下游河段河道长分别为 44.60km、14.42km、26.38km。卧虎山水库以上水网密集，支流中锦绣川河长 35.87km、锦阳川河长 33.28km、锦云川河长 16.35km、泉泸河河长 21.03km。

玉符河流域面积 827.3km²。流域内大部分为山区，上游地势较高，京沪路桥以上为山丘区，以下为丘陵区。铁路桥以上，上游段坡降较陡，河口宽 100～2000m，铁路桥以下，下游段坡度变缓，河宽变窄，济长公路桥附近仅 160m，丰齐-北店子长 12.2km，坡降更为平缓，受黄河回水顶托，泥沙淤积，入黄口以上 3.0km 形成倒坡。牛角峪由于兴建了玉清湖水库的沉沙池，河道的堤距由 700m 缩短至 150m。玉符河在各种地貌区的分布（图 20.12）中，山地面积约为 115.8km²，丘陵的面积约为 522.2km²，山前平原的面积约为 126.2km²，分别占玉符河流域总面积的 15％、68％、17％，因此说玉符河流域地貌结构以丘陵、山地为主。流域内又可以分为山坡地、河谷、山地侵蚀沟谷、山间盆地、山间平原、山前平原。玉符河流域内的河谷自上游往下游，河谷宽度逐渐展宽，在上游河谷狭窄，河床便占据整个河谷。在玉符河进入山前平原区后，河谷变得宽浅，河谷中有阶地发育。沟谷分为山地侵蚀沟谷和山前黄土沟谷。山地侵蚀沟谷主要是由于山地暂时性流水侵蚀形成，在河道水系网中，山地侵蚀沟谷大部分为一级水道。黄土沟谷主要分布在山前平原和山间平原上。由于人为的开挖，许多黄土沟谷已不是原始的形态。

玉符河水生态修复要在满足防洪安全的基础上，通过利用水库的优化调度来改善大坝下游河道的水文条件，配之以水源涵养、库区水质保护、生态护坡、河岸缓冲带延展、河口湿地营建及景观建设等技术措施来达到河流环境的改善和整体功能的提高。

从河段划分来看，上游修复目标在保持现有良好水生态环境基础上，进一步实施水土保持及水源涵养工程建设提高其保土蓄水功能，并通过实施水质动态监测进一步改善水质条件。中游修复的目标紧紧围绕卧虎山水库水功能定位，开展水资源优化调度，实现大坝以下河道干流的常年流水，对河流形态进行修复，通过改善水文条件来提高生物多样性。下游修复的目标开展河口人工湿地规划，增强其净化水质和景观休闲功能。玉符河水生态修复治理关键在把握好河道水生态流量，利用上游水库的水量优化调度实施生态补水来丰富生物多样性，构建人与自然和谐共存的生态廊道。

　　玉符河流域上游三川是济南市泉群的最重要补给区，其水土保持及水源涵养能力历来备受关注。虽然现状水平下该区域林地覆盖率远高于济南市平均水平，但仍存在较大的水土流失面积。因此，继续加大上游水土流失治理力度，开展沟道及坡面防护措施建设，从而提高其保持土壤及水源涵养能力，对于改善玉符河流域生态环境、保障下游河道常年畅流具有十分重要的意义。在玉符河上游水生态改造中，主要以水源地保护为主，在玉符河上游地区，中华人民共和国成立初期，分布着大面积该时期种植的侧柏林。但是那时的造林，大多采用纯林方式，在生态功效、病虫害防治等方面存在诸多弊端。随着人们对林地内在机理的认识，主张在有条件的区域按混交方式进行造林。对于玉符河上游现存的荒地、未利用地，在造林时应考虑采用混交方式开展。

　　混交林中的树种分为主要树种、伴生树种和灌木树种，按不同的树种进行搭配就可以组成多种类型。另外，也可以按树种特征分为针阔叶树种混交林、阴阳性树种混交林和乔灌木树种混交林。在混交方法上，有株间混交、行间混交、带状混交和块状混交等。玉符河上游地区可根据不同的立地条件选择适当的混交方法。事实上，济南市南部山区在造林树种选择上，当前已出现了众多的成功案例，如红叶谷将枫树与桐树混交营造了美好的景观。坡下部营造乔、灌林或混交林，溪流源头阔增保护区面积，划定保护红线。

　　中、下游河道设计按照"宜宽则宽，宜弯则弯，人水相亲、和谐自然"的思路，在保证防洪的前提下，将河道建成环境宜人的亲水空间，让沿岸地区的人们享受回归自然的乐趣。景观设计运用水景、建筑小品、亲水平台、休闲平台等景点，体现新的文化神韵。绿化将草皮、灌木、乔木有机结合，形成层次分明、错落有致的背景。根据一年四季不同特点种植不同植物，做到三季有花，四季常绿。通过河道的综合整治，改善河道底质，构建水生植物群落，净化水生态系统，开展河岸带修复改造，建立具有综合功能、较高安全度的城市防洪体系，在减轻自然灾害对城区造成损失的同时，为居民创造更多的城市滨水自然空间和生活休闲空间。

　　对于各种生态修复措施，在采用时应以因地制宜为原则，选取一种或几种配合使用，建议先选取部分河段做示范工程，若效果良好，则在此基础上再推广。坚决截污、治污。河道治理，截污先行。不实施截污、治污，所有的修复措施不可能发挥其应有的作用，河道的生态修复也往往趋于失败，因此要做好干流和支流的截污工作，充分利用中水，做好中水回用工作。北方河流枯水期河内流淌的常常是排放的污水，截污工作完成后，玉符河内会出现缺水的情况，虽然可以通过调水解决这一矛盾，但是如果利用处理后达到水质标准的中水进行补水，将会节省大量的资金。加强玉符河各补水工程的综合调度工作，满足河流最小生态流量要求。加强流域水生态监测，做好玉符河富营养化预警工作。

20.2.2　湖泊水库生态治理和修复

　　湖库生态系统破坏的直接原因是人类的活动造成的污染超过了湖泊的自然承载力，污染入湖量超过了湖泊的水环境容量，湖泊生态系统遭到严重破坏，主要体现在三方面：水量失衡、水化学失衡及水生态失衡。水量失衡主要与气候变化、人涉水产业的急剧发展及水资源的不合理利用有关。水量失衡将直接影响到湖泊的面积及容积，进而影响水环境容量及承载能力。水化学失衡是指 N、P 等营养物的排入量远大于湖泊的自净能力，引起湖泊的地球化学循环失衡。湖库水生态系统的破坏体现在富营养化加剧，蓝藻水华频发。富营养化问题的出现在本质上是淡水生态系统物质交换和能量流动平衡失调，是湖库生态系统结构与功能发生退化和受损，是生态元之间的链接断裂或弱化。济南湖泊水库分布众多，了解与掌握湖泊水库生态修复技术，对开辟后续的市场、把握发展方向具有重要意义，下面以卧虎山水库、雪野水库水生态治理和修复为范例，为湖泊水库生态修复工程的设计提供技术参考。

1. 卧虎山水库

卧虎山水库是济南市唯一一座大型水库，水库始建于 1958 年，改扩建于 1976 年，控制流域面积 557km²，占玉符河流域总面积的 74.2%，设计总库容 1.164 亿 m³。卧虎山水库设计主要是防洪水库，对其生态治理修复主要集中在三个方面：一是建立环库湿地保护带，这是从迁移、转化途径上控制周边汇流区地表径流营养物入库的最后一道防线；二是恢复和重建滨岸水生植被，通过物理、生物阻滞作用促使污染物沉积并大量吸收营养盐；三是改造上游三川入库口生态与环境，充分发挥入库口自然净化作用。

卧虎山水库污染分为内源型和外源型。针对内源性污染可以采取以下方法进行控制。

（1）底泥疏浚技术。底泥疏浚是修复水库水质的一项有效技术，能够彻底去除积累在其中的有毒有害物质，但须注意防止底泥泛起以及底泥的合理处置，避免二次污染。

（2）气体抽提技术。利用真空泵和井，在受污染库区诱导产生气流，将有机污染物蒸气，或者将被吸附的、溶解状态的或自由相的污染物转变为气相，抽提到地面，然后再进行收集和处理。

（3）前置库技术。在上游三川支流，利用已有的库塘拦截暴雨径流，并先行给予净化处理。工艺流程如下：径流污水—沉砂池—配水系统—植物塘—湖泊。水生植物是前置库中不可缺少的主要组成部分，从水体和底质中吸收大量氮、磷满足生长需要，成熟后从前置库中去除被利用。

（4）生物调控技术。生物调控技术是利用营养级链状效应，在水库中投入选择鱼类，吞食另一类小型鱼类，借以保护某些浮游动物不被小型鱼类吞食，而这些浮游动物的食物正是人们所讨厌的藻类。该技术具有处理效果好、工程造价低、运行成本低，不会形成二次污染等特点，还可适当提高水库的经济效益。

（5）微生物修复技术。微生物可以将受污染水体中的有机物降解为无机物，对部分无机污染物如氨氮进行还原。为了充分发挥微生物在污染物降解和转化方面的作用，目前有两种方式：一是补充污染物高效降解微生物，可以使用具有某种特定功能的菌群，也可以从受污染水体和底泥中分离筛选后富集培养，再返回受污染水域，还可以利用基因工程菌的接合转移；二是为土著微生物提供合适的营养和环境条件。合适的营养和环境条件可以激活生长代谢缓慢或处于停滞状态的土著微生物，使其重新具有污染物高速分解的能力。

（6）石笼固岸技术。对于水流转弯或者是流水冲顶位置等冲击力特别大的岸线，则可采用抗冲刷力强的石笼。石笼是以耐久性强的铁丝笼内置石块而成，这种方法施工简单，对现场环境适应性强。但由于石笼空隙较大，必须给其覆土或填塞缝隙，否则容易形成植物无法生长的干燥贫质环境。

（7）天然材料织物护岸技术。对玉符河水流相对平缓、水位升降不太频繁河道的上水位以上可以应用。其做法是将防护结构分为两层，下层为混有草种的腐殖土，上层织物垫可用活木桩固定，并覆盖一层薄土。在表层薄土内撒播种子，并穿过织物垫扦插活枝条。而天然材料织物垫包括可降解的椰壳纤维、黄麻、木棉、芦苇、稻草等材料。这项技术结合了织物防冲固土和植物根系固土的作用，因而比普通草皮护坡具有更高的抗冲蚀能力。不仅可以有效减少土壤侵蚀，增强岸坡稳定性，而且还可起到减缓流速，促进泥沙淤积的作用。

(8) 生态型多孔植被混凝土护岸技术。生态型多孔植被混凝土是一种可生长植被的多孔混凝土。它不同于普通混凝土，由于在混凝土配比中基本没有细砂，空隙较大，因而具有透水性、透气性及类似土壤的呼吸功能，并能保证水分的正常蒸发和渗透，利于水体和土壤的物质能量交换，为植物、微生物的生长提供了适宜的空间。多孔混凝土既能保护堤岸防止侵蚀，又可在其表面直接或覆土播种草籽和小苗，由于其良好的透水性和透气性能够使这些植物舒适的生长，从而将形成自然生态型的河道护岸、护坡，对破坏了的生态环境进行修复和重建。多孔型植被混凝土具有贯通的空隙，使得河水与边坡、河床土壤之间的物质-能量交流得以保持，有益微生物和水生植物有了附着生长的空间，提高水体自净作用。对于玉符河河面窄、水流急处河道处，可应用此项技术。

(9) 生态砖和鱼巢护岸。生态砖是使用无砂混凝土制成的一种岸坡防护块体结构，具有多孔透水性，适合植物的生长发育。鱼巢砖则是从鱼类产卵发育需求出发，应用混凝土、原木等材料所制成的构件或结构，主要用于河岸坡脚的防护。生态砖和鱼巢砖具有类似的结构形式，常组合应用。该护岸技术适用于水流冲刷严重，水位变动频繁，而且稳定性要求高的河段和特殊结构的防护，如桥墩处和景观要求较高的岸坡防护。它不仅有助于抵御河道岸坡侵蚀，而且还能够为鱼类提供产卵栖息地。植物根系通过砖块孔隙扎根到土体中，能提高土体整体稳定性。在加固岸坡的同时，还兼有形成自然景观，为野生动物提供栖息地的功能。生态砖和鱼巢砖底部需铺设反滤层，以防止发生土壤侵蚀。可选用能满足反滤准则及植物生长需求的土工织物做反滤材料。

针对外源性污染物质的控制主要分为面源污染和点源污染。流域内面源污染实现总量控制，点源污染则要求集中处理后达标排放，实现流域内污废水的达标排放，从根本上截断外部输入源。相对于点源来讲，非点源污染不仅量大而且较难控制，可以通过控制农业总种植面积以及氮肥施用量，平衡 N、P、K 的比例，有机肥还田，发展微生物菌肥，和农业农田灌溉节水等方式加以控制。

2. 雪野水库

雪野水库位于济南莱芜市莱城城区北部 20km，水域面积约为 12km。湖区周边主要为发展休闲度假的旅游区。雪野水库环湖地区主要分布有国际航空园、山东高速国际度假区等旅游项目。雪野水库湖区开阔，三面围合的低缓山丘与碧波荡漾的中央湖泊构成了大山大水交相辉映的山水格局。

雪野水库环湖地区多数为缓坡岸线，湿地岸线主要集中于东西湾区。由于水库调蓄运行和自然环境变化以及湖滨滩地或湿地资源过度开发等原因，导致水库消落带内自然生态系统的退化，加剧了水库消落带的生态问题。具体来说，雪野水库消落带地区面临的主要问题有：①水体污染问题，大坝建成后随着河水流速的减慢，库区内水体的自净能力降低，上游及库区周边排放的污染物和生产、生活垃圾容易在水库中沉积，甚至污染土壤，形成水陆交叉污染；②水土流失与地质灾害问题，因土壤长期浸泡，消落带土壤有机质含量较少，稳定性较差，在降雨和水库水位涨落的动力作用下容易造成水土流失，甚至岸线出现滑坡、崩塌和泥石流等地质灾害；③生态安全问题，因土地季节性淹没，消落带内生物多样性较差，生态系统稳定性较差，更容易诱发各种生态安全问题。

雪野水库环湖消落带对应岸线现状利用程度较低，多数为保持自然状态，主要已利用岸线集中在国际航空园及南岸部分区段内，包括航空乐园跑道、水库大坝、沙滩浴场等形式。存在的主要问题包括：环湖岸线权属较为复杂，部分岸线为单位和项目建设占用，岸线的公共性受到较大影响。部分岸线则面临着开发过度、生态环境受到严重威胁等。

根据旅游区环湖主要项目布局、滨水区利用强度与景观整体构想，针对不同岸线赋予不同的利用模式，保证岸线的公共属性，防止人为建设造成的破坏。规划岸线利用形式主要包括：生态景观岸线、度假休闲岸线、休闲游憩岸线、人工构筑岸线等。其中生态景观岸线和休闲游憩岸线为消落带生态修复的重点区域，应通过生态景观恢复，最大限度地发挥其生态与环境功能；度假休闲岸线需要考虑大量游人使用的要求，可在生态保育的基础上，适当布置一定的休闲活动场所；在人工构筑岸线区域，应重点考虑防洪需求，可结合生态护岸改造与建设，适当进行消落带内植被的生态恢复与景观建设。

根据水库水体保护要求，划定分级水体保护区。其中，一级水体保护区，主要指雪野湖主体水面与主要的湾区。在此不仅加强对水源涵养区的保护与管理，禁止各种不利于保护生态系统水源涵养功能的经济社会活动和生产方式，而且需要健全水质监测网站的设置、水质项目的监测和潜在污染源的监督。其中，雪野湖大坝取水口附近的消落带应重点加强水体水质保护：取水口半径 500m 范围内的水体区域，取水口侧正常水位线以上 200m 范围内的陆域，禁止建设任何与水源保护无关的项目并限制游憩需求，重点进行生态修复。二级水体保护区，主要指水库重要的汇水区、水循环较差的湾区，规划应保留并加强水体的自然循环，反对建设水坝等阻碍水体循环的人工设施。应通过种植水生植物等手段，增强水体的自我生态调节能力。

针对雪野湖库区不同岸线规划类型和水资源保护需要，具体采用以下四种生态修复模式：

（1）滩涂型消落带——水塘湿地模式（图 20.10）。滩涂型消落带以环湖缓坡滩地为主，是环湖消落带中分布最多的一种类型。其分布上常与环湖周边耕地或坡地连接，地势坡度较小，呈明显的缓坡形态。规划拟采用构建水塘式湿地模式对其进行生态优化与景观重建。因地制宜，通过水塘、水泡等形式，营造多样化人工湿地，并通过湿地植被和周边乔灌草植物培育，营造生态化植物群落。可起到蓄水节流，加强净化水体能力，增加区段生物多样性，保护动植物栖息地等功能。该模式适用于环湖大部分缓坡区段。

（2）梯田型消落带——阶梯湿地模式（图 20.11）。梯田型消落带主要分布于环湖原有梯级农田地区，地形坡度中等，消落带现状呈明显的梯级分布形态。规划拟结合现有梯田农业生产建设消落带生态模式。加强该类型消落带滨水梯级保护工程措施，防止水土流失。因消落带季节性淹没等特点，规划建议将水库淹没线以内区段取消农业生产，并引入适应区段生长的原生物种，构建全系列的植物群落，恢复消落带原有的生态形式和结构。提高区段生物多样性，美化景观并增强水土保持能力。

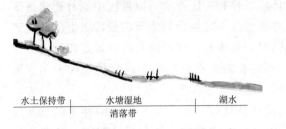

图 20.10　水塘湿地模式生态修复断面意向

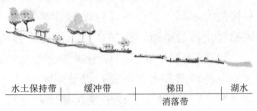

图 20.11　阶梯湿地模式生态修复断面意向

（3）陡坡型消落带——生态护岸模式（图 20.12）。陡坡型消落带主要位于湖区北部，由于库岸陡峭，地势梯度大，存在一定的不稳定性因素，容易产生如滑坡、泥石流等自然灾害，生态环境脆弱。规划通过建设生态护岸等形式加强对此类消落带的保护与维护，以防地质灾害的发生。其中生态护岸的形式可以因地制宜采用固土植物护坡、石笼网生态护岸等工程技术手段，既满足区段的防洪要求，又能起到美化景观，提高区段生态环境的作用。

（4）垂直型消落带——堡坎加固模式（图 20.13）。悬崖型消落带主要位于水库大坝与垂直人工构筑岸线区段。水体直接与堡坎相交，没有缓冲区，可以结合生态护坡建设对堡坎进行加固，满足区段防洪等工程要求。结合土工栅格固土等现代护坡种植技术，可改善区段生态环境，适当地恢复区段的生态功能。

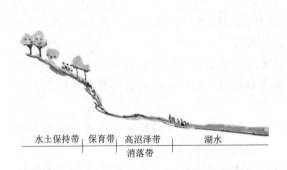

图 20.12　生态护岸模式生态修复断面意向

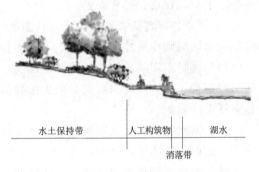

图 20.13　堡坎加固模式生态修复断面意向

雪野水库地区现状植被覆盖率较低。局部地段有片林，现状主要植物有旱柳、杨树、刺槐、枫杨、侧柏、臭椿等。但是，现状水库消落带裸露情况较严重，局部地段生长有芦苇等水生植物。湖区周边现有林地林相单一，植物景观层次较少。规划通过加强滨水环湖公园植被绿化，优化滨水整体生态环境，强化消落带内植被的生态恢复与保育工作。

通过雪野水库环湖公园植树造林等生态手段加强流域水土保持，重点对规划范围内光秃的岸线和裸露较严重的地区进行绿化与抚育工作。使用生态技术与绿化种植等手段恢复河道生态景观，优化水岸边界与临水植物的配置设计，打造优美宁静的滨水景观环境。发展乡土树种、特有树种，观赏植物，提高景区生态环境和景观特色。以丰富多彩的植物搭配，变化有致的林冠线，以及各树种的树形、季相、色彩等的变化，形成富有特色的种植景观。

雪野水库滨水区域在绿化布局上，根据环境条件和功能要求，以景区中原有现状条件和植被为基础，根据不同生态和景观要求，并结合旅游区综合游憩等功能需求提出滨水区域的绿化整治措施，在加强生态绿化保育的同时，形成各片区不同的植物景观特色。

1）耐水湿植物区。位于规划区西北角，规划在对原有植被保育恢复的基础上，适地种植一些芦苇等水生植物，以及耐水湿的水杉、池杉、垂柳等。

2）草坪疏林区。位于现状林地草地较为稀疏的区域，加大乡土植物的种植以改善整体环境，形成优美的景观和宜人的小气候。建议种植的植物品种包括：槐树、朴树、松树、柳树、枫杨、栾树、柏树等。

3）芦苇湿地区。位于现状植被分布不均的区域，消落带裸露较为严重。规划在对现有滨水植被保护维护的基础上，在消落带上种植芦苇、千屈菜、水葱、香蒲等水生植物，恢复滨水区植物生态环境，形成富有野趣的滨水景观形象。

4）景观林带。主要分布于雪野湖南部及西侧，绿带较窄，建议种植以纯林为主，追求简洁纯净的植物景观特色。植物品种可选择垂柳、水杉、法国梧桐等高大乔木。

5）彩叶风景林。位于雪野湖西侧，规划拟通过色叶树种与常绿树种有机结合，创造丰富多彩的林相变化。建议选取植物主要包括银杏、黄栌、栾树、法桐、火炬树、元宝枫、马褂木、红花、七叶树、紫叶李、火棘、红瑞木等。

6）庭院植物区。主要分布于雪野湖东北部的度假区范围内。景观营造应与度假区环境相契合，注重植物配置的美学效果和宜人尺度。除高大乔木外，宜种植芳香植物如：白玉兰、茉莉、桂花、夜来香等。

7）风景林保育抚育区。位于湖区东侧，规划风景林地拟以常绿高大乔木为主，靠近内侧活动区域则注重植被的乔灌草多层次和色彩搭配。

（1）雪野水库陆地植被种植结构建议。应采用复合植被结构，具有从高木层到低木层的层级结构，并在其周围形成一个头蓬群落和边缘群落，起到促进植物生长和保护群落生物多样性的目的。

（2）滨水植被种植结构建议。依据植物生长的不同要求，分为浅水、深水及耐水湿植物区，选取相应的植物品种，形成丰富的滨水植物种植结构和景观特色。

（3）湿地水塘种植结构建议。在环湖公园的湿地水塘区域，应着重考虑生物多样性保护的要求，强调乡土田园，野趣天成，满足较低的维护成本要求与保护增加动植物栖息地的要求。

20.2.3　湿地生态治理和修复

湿地是在地球上水陆相互作用条件下形成的独特生态系统，是重要的生存环境和自然界最富生物多样性的生态景观之一。城市湿地作为"城市之肾"是融合社会、经济、自然于一体的复合生态系统，同时也是融合自然资源与社会资源于一体的复合资源系统，具有维护生物多样性、调节区域小气候及物质循环、改善城市水环境、丰富城市生态景观、提高城市品位等多方面的功能，是创建"水生态文明城市""宜居城市"，构建和谐社会的重要主体。本片以济西湿地和玫瑰湖湿地为范例，介绍济南湿地生态治理和修复。

1. 济西国家湿地公园

济西国家湿地公园具有丰富的野生动植物资源，生态系统结构完整。济西湿地公园目前侧重园内景观效果的营造以及观赏游憩项目的规划，对湿地生态系统结构以及自身承载力的考虑较少，为此对济西湿地进行水生态治理和修复已势在必行。针对济西湿地生态系统结构以及自身承载力特点，主要对济西湿地水生植物群落进行修复。济西湿地水生植物修复应禁止破坏原有植物群落行为，避免外来物种入侵，保护区域内现存的典型植物群落，为植物的自然演替提供稳定的环境，在生态保育区和生态恢复区内规划原生态保护区。

济西湿地水生植物生态恢复主要以乡土植物为主，适当引用外来物种，注重植物种类搭配，营造多层次结构、多季相变化的植被景观。沿改造和恢复的湿地水系两岸，按照沉水-浮水-挺水植物配置模式选择不同种类的水生植物，既能净化水体，又能体现植物群落形态美，丰富岸线的景观效果。可选用适应性强、净化能力高的乡土植物，吸附大量污染物，如芦苇、黄菖蒲、千屈菜、荷花、香蒲、苦楝、紫穗槐、落羽杉、鸢尾、侧柏、水稻、茭白、垂柳、灯心草、水鳖、睡莲、水葱、毛白杨、柽柳、枫杨、菖蒲、水杉、燕子花、凤眼莲、风车草、玉蝉花、美人蕉、圆柏、薄荷、蒲苇。植被模拟自然群落生长模式，根据深水、浅水、沼泽、陆地等形式分段栽植，体现水生态自然风貌特点。

深水区主要以种植沉水植物为主。沉水植物适宜水深为 20～200cm，植株整体沉在水中，只有部分叶或花露出水面，如黑藻、苦草、金鱼藻、伊乐藻、微齿眼子菜等。

浅水区主要以种植挺水植物、浮水植物及漂浮植物为主。挺水植物适宜水深为 5～150cm，根生长于泥土中，茎叶挺出水面之上，包括适宜水深为 1.5m 的沼生植物。栽培中一般水深小于 80cm，如茭白、芦苇、菖蒲、香蒲、水葱、鸭舌草、梭鱼草、水生鸢尾、灯心草、荷花、再力花、芦竹、慈姑等。浮水植物适宜水深为 20～150cm，根生长于水中，叶片漂浮在水面上，包括水深为 1.5～3m 的植物。栽培中一般水深小于 80cm，如芡实、睡莲、荇菜、萍蓬草、菱、水鳖等。漂浮植物根生长于水中，植株漂浮在水面上，如凤眼莲、浮萍、马来眼子菜。

沼泽植物区主要以挺水植物和湿生植物为主。湿生植物适宜水深为 0～10cm，抗淹性和抗旱性较强，如千屈菜、黄菖蒲、灯心草等。

陆地植物区水岸陆地交错带种植柳树、湿地松、落羽杉、水杉、枫杨、乌桕、合欢、夹竹桃、重阳木、木槿、紫穗槐、金钟花等耐水湿乔灌木。

2. 平阴玫瑰湖湿地

平阴玫瑰湖湿地属典型的河流-沼泽复合型湿地。玫瑰湖湿地面积 22.08km²，核心区 6.7km²，为济南最大的在建湿地，同时也是济南百里黄河风景区的重要节点。玫瑰湖湿地内是田山灌区的沉沙池所在地，沉沙池引黄河水，池内水质较好，经检测达到Ⅱ类水质水平。沉沙池外有锦水河两条支流，同时是济西工业园区及平阴县县城生活污水及工业污水的排水出口，由于受锦水河侧渗影响，靠近锦水河的区域水质达到Ⅳ类标准。近年来由于对湿地资源的过度开发，使得玫瑰湖内的湿地面积逐年缩小，而遇到汛期水量大时，周围鱼塘常常被淹，同时区域内的湿地湖泊也面临水体污染、富营养化、沼泽化进程加快的严峻形势。虽然湿地内的污水处理厂缓解了部分流量的排出,但是玫瑰湖湿地处在锦水河流域下游,区内地势低洼,洼区的积水量依然很大,遇到大到暴雨时青龙路以西的地域仍然成为滞洪区。此外,湿地区域南侧规划有大量的工业用地,存在水质、景观污染隐患。据实地走访调查,平阴县有相当一部分人不了解湿地公园的特色之处,玫瑰湖湿地有一部分直接对外部开放,各种车辆,机械设施可以随意进入,人们保护湿地的意识淡薄,玫瑰湖受到的人为破坏较为严重。

玫瑰湖湿地修复以主湖区为生态核,生态核主要由大面积的阔水水域、浅水滩涂、生境岛屿等组成。玫瑰湖湿地核心保护区位于湿地公园中部,面积约 $7km^2$。该区重点打造湿地植物资源、湿地动物资源、湿地水资源、湿地绿色和谐的生态环境。对区内已有村庄及其他建筑设施,应当采取逐步搬迁,还绿还林的保护策略。适当开展湿地科研、观光等活动。在重点保护区内,针对珍稀物种的繁殖地和原产地应设置禁入区,针对候鸟及繁殖期的鸟类活动区应设立临时性的禁入区。

玫瑰湖各个水体构成了相对独立又相互贯通的系统关系,要通过水生态治理,疏通各个水体之间贯通渠道,多个小池塘不同的水位通过堤、涵洞、泵站等设施分开控制,使各个水体尽可能构成活的循环流动水系。保护济平干渠的畅通性,对济平干渠内水体将造成污染的项目禁止修建,严禁向济平干渠内排放污水,这样对水质保持起着积极作用。同时为湿地生物提供适宜的生境,构成了丰富多彩的湿地景观。

严格监控玫瑰湖湿地公园内污水处理厂的运行情况,对城市工业废水和居民生活污水通过污水处理厂处理后,达到国家规定的标准才能允许排放到湿地公园内,建议在提升原有污水处理设施处理能力的基础上,增加体验式生态净水流程。加强对锦水河、济平干渠、黄河流域等主要水源区的生态建设,实施污染源控制和防治,利用现代节水技术的推广,提高水资源的利用效率。通过实施封山育林、退耕还林、水源保护等,使湿地公园内水土流失得到缓解。如遇特定时期,湿地污染受到具有特殊性的负面影响,可通过专项保护行动,采取紧急措施,保护湿地公园内的生物资源。

对原有受到城市污水影响区域,增大污水处理力度,保持水体清洁,保护水系生态环境。同时将黄河水进行可控制性的引入玫瑰湖,在干旱的季节,可补给平阴县污水处理厂、田山灌区、济平干渠以及锦水河等多个主要水源。可将各个水源的水引入玫瑰湖,补充湿地公园内的水量。建立深水、浅水、沼泽、滨水直至旱生的生态序列,再利用坡度、光照、土壤成分和地貌组合等手段,在不同序列内营造分段小气候生境,改善湿地水系统环境,以促进湿地植被的恢复。

中心湖区现状为大片鱼塘,历史上为洼涝地。规划时挖通鱼塘,扩大水面面积,形成开阔的水域风光。对于玫瑰湖东侧重要的山体,通过梳理鱼塘岸线形成主体湖区,加强了水面层次和空间感,形成东部山体与湖面的水上视觉廊道。

玫瑰湖湿地机动车道路的建设应顺应地势,合理规划,减少工程对自然环境的影响。道路路线规划、路面材质的选择、铺装方式、道路宽度的设计、交通工具的选择等都应从保护资源与环境的角度出发,使道路交通对资源环境的负面影响最小化。在玫瑰湖公园道路绿化上,要考虑因地制宜,合理搭配植物品种。对河岸带的建设,非必要地段,不必采用硬化的办法护岸,宜采用乔灌草相结合的办法,既美化了河岸带,同时岸边植被还起到减缓地面径流的速度，吸收其中的污染物，缓解河道淤积等作用。

玫瑰湖湿地现状的水体及道路周边地貌破坏、植被缺失，很多区域要通过人工措施恢复植被，并利用新种植植物改善其景观面貌单一、植物色彩单调的状况。在规划中要充分利用湿地景区秀美的植物景观，保护景区生态平衡，因地制宜地恢复和提高植被覆盖率，在植物种类的选取上合理搭配水生植物、湿生植物、旱生植物，合理地设计乔灌草的比例，尽量选用乡土树种中的观花树种、色叶树种等改善植物色彩单调的现状，以适地适树的原则扩大湿地植物。如迎春花、紫叶李、红枫、垂柳，等等。

应用经过多年物种选择证明适宜于本地生境的物种，增加本地区的生物多样性。构建挺水、浮叶和湿生植物群落等，丰富城市植物生态系统和景观多样性，提高整体生物多样性。发挥植物的多种功能优势，改善湿地公园的生态和环境，协调植物景观分布与其他内容的规划分区，同时发挥平阴玫瑰及其他四季花卉特点，营造美丽大地景观，形成景区鲜明的特点。挺水植物可以选择芦苇、花叶芦竹、香蒲、千屈菜、荷花、莎草、鸢尾；浮水植物可以选择睡莲、萍蓬草、凤眼莲；沉水植物可选择黑藻、狸藻、金鱼藻；湿生植物可选择芒、玉簪、风车、堇菜；耐湿树种可以选择垂柳、水杉和池杉等。配合季节叶色类植物，构建平阴玫瑰湖独特的植物群落。

根据平阴玫瑰湖景观资源和旅游条件现状，纵观自然生态旅游的发展趋势，从济南市的旅游资源现状及旅游发展前景出发，玫瑰湖湿地公园应定位在以玫瑰湖湿地生态系统为景观资源，以湿地保护为主要内容的湿地自然保护区。

20.2.4 泉水和地下水超采治理和修复

济南枯水年份地下水超采，泉群面临停涌危险。地下水开采布局及开采方案需要进一步优化、细化。济南回灌布局不完善、不合理。近几年来，城市和城镇规模不断扩大，硬化路面和建筑增多，不透水面积明显增加，直接减少了降雨对地下水的有效补给；另外，回灌主要在玉符河，且没有实施渗井等辅助补给措施，在枯水年份特别是连续枯水年份效果不理想。济南供用水结构不合理，"优水优用"尚未实现。现有黄河、长江客水和当地地表水、地下水等供水水源，多种水源串联供水，生活、生产、环境用水不分开，致使优质地下水没有得到高效利用和有效保护。

济南地下水生态系统修复措施主要考虑以下几点。

(1) 实行最严格的地下水管控措施。严格地下水取水许可审批制度。市区内地表水有保障的，不再审批取水许可申请。已有的地下水取水工程应当根据水资源条件，逐步削减取水量。在市区内有特殊用水需求必须开采地下水的单位，应按规定采取回灌措施，基本达到采补平衡，且回灌水水质不得低于取用水水质。

(2) 严格执行取水许可总量控制制度。严格按照《取水许可和水资源费征收管理条例》（国务院令第 460 号）的有关规定审批地下水取水许可申请，审批的取水许可总量不应超过批准的水资源开发利用控制红线确定的深层地下水开采指标，并严格实行计划用水管理。

(3) 加强地下水压采和置换工作。根据公共供水管网情况和水资源开发利用控制红线确定的深层地下水开采指标要求，按照先城区后农村、先生产用水后生活用水的原则，制定分年度地下水压采计划。积极推动替代水源工程建设，供水企业要按照相关规划、计划，加大管网建设力度，确保地下水压采计划顺利实施。同时，结合农业和农村水价综合改革，坚定不移地实施泉域内农业灌溉用水水源全部置换为地表水源。

（4）加大地下水资源费征收力度。严格执行物价部门和财政部门制定的地下水资源费征收标准，加大征收力度，提高征收率。对取水单位或者个人拒不缴纳、拖延缴纳地下水资源费的，要依照有关规定进行处罚，确保地下水资源费足额征收。在加大城镇地下水资源费征收力度的同时，积极推进农业用水依法征收地下水资源费的进程。

（5）加快取水计量设施建设工作。企事业单位、供水企业自备井和取用地下水的农业项目、乡镇集中供水工程必须安装计量设施，集中供水工程要求安装总表，集中供水范围内的企事业单位应当单独安装计量设施。供水企业用于应急取水配备的自备井应当单独安装取水计量设施，除应急取水以外，不得擅自启用。

（6）进一步加大节水工作力度。积极推动地下水用户加快节水技术改造，淘汰非节水型用水器具及高耗水生产设备，鼓励优先使用节水型产品名录中的节水型产品。应用微喷水肥一体化技术，通过管道施用肥料，实现水、肥资源同步高效利用，达到既节水又增产的双重目标。同时水肥一体化技术能提高水分的利用率，减少水分的蒸发和入渗。微喷灌技术与传统灌溉相比，节水率达 50％左右。预计亩均节水 200m³，总节水 100 万 m³。没有进行水源置换的井灌，要加快发展喷微灌等高效节水农业，努力提高地下水资源的有效利用率。

（7）加大地下水资源保护力度。依据《济南市水资源管理条例》《济南市名泉保护条例》等法规，加强对施工降排水、人防工程排水管理。在强化管控水量的基础上，加大对水质的保护力度，防止地下水体受到污染。要建立完善的地下水监测体系，加强地下水动态监测，确保监测数据真实、可靠，为地下水生态系统修复提供技术支持。

（8）合理规划地下水布局。进行玉符河、北沙河回灌补源。非汛期宜多水源多地点进行回灌补源。从 2001 年以来的历次回灌资料看，在玉符河回灌补源是切实有效的，对济南保泉和水源地保护具有重大作用。因此要在现有玉符河回灌补源工程的同时，抓紧实施五库联通补源工程、增建渗井补源工程和其他部门补源工程，切实充分利用泉域岩溶地质条件，进行多点联合补源。从回灌补源时间分析，由于济南降水时间分布不均，非汛期降雨量稀少，因此回灌最佳时机宜选择在非汛期 12 月至次年 5 月实施，以弥补降水补给在时间上的分配不均。

20.2.5　主要渔业资源养护

渔业资源养护主要针对济南区域周边的大中型水库，在完成保水抗洪的前提下，适当的开发生态渔业。增殖放流是一项养护资源、恢复资源的有效措施。建立增殖放流站，及时调查了解济南流域水生生物资源的变化情况，科学确定放流品种、放流规格和放流时间。严格按照农业农村部《水生生物增殖放流管理规定》的相关要求，加强监管，禁止外来种、杂交种、转基因种以及其他不符合生态要求的水生生物物种进入济南流域。

合理开发，打造济南流域生态鱼品牌。坚持"生态优先、以养为主"的原则发展生态休闲渔业，加强基础设施建设，从排灌配套、防渗建设、电力配套、道路配套和园林绿化等方面完善池塘基础设施，形成专业化、标准化、规模化和生态化的水产养殖基地。规范作业，适度捕捞。整合现有捕捞渔船，成立合作社，统一管理，规范渔船捕捞行为。打造渔业休闲、观光、娱乐项目。建设风景优美的水岸观赏平台。加大宣传普及渔业资源保护，增强全民生态保护意识；加强渔政管理工作，严厉打击各种破坏渔业资源的违法行为，成立济南渔政执法机构，增加渔政执法人员，实现多部门联合执法的常态化。

20.2.6　水土保持和河岸带景观

由于城市蔓延，济南大面积的山体、绿地和湿地等遭到破坏变为建设用地，改变其自然生态特征，失去生态功能。例如南部山区违法建设和无序旅游开发造成山区森林植被破坏严重，水源地植被覆盖率低，涵养水源等生态功能衰退；全市有 4200 km^2 面积出现了水土流失，景观破碎化严重，有逐渐向破碎化、岛屿化发展的趋势。因此要格外重视济南区域水土保持问题，提升津南河岸带景观。注重空间结构的完整性和生态服务功能的综合性，强调整体景观的连通性，通过生态网络联通，各生态斑块与基质之间相作用，形成一个有序的循环系统、最终融为一个有机整体。因此，在城市扩展过程中，维护区域山水格局和大地机体的连续性、完整性是规划建设的主要目的。济南区域有多个山体、水系、园林等绿色斑块，由于相互间缺乏有机联系，成为环境中的孤岛；要利用河流水系和道路建立上述斑块结构和功能上的联系，既维护和强化济南"山、泉、湖、河、城"整体，将其郊野景观引入城市，并能在空间上形成一串珠式结构。要把维护景观生态过程与格局的连续性作为城市规划的主要内容，注重城市边缘带的土地利用，分析景观生态过程，通过其动态和趋势的模拟来维护景观生态过程，与城市互动发展，形成了"山、泉、湖、河、城"位置和空间上的联系，即景观生态安全格局注意在发展过程中，维护山地、水系的连续性和完整性。

20.3　济南市水生态管理措施与政策

1. 水生态系统监测和信息化管理

我国水环境监测信息管理已初步形成了由国家站、省级站、地市级站及部分区县级站组成的四级水环境监测数据传输与管理平台。水环境监测数据采集能力也随之不断提高，并且在地表水自动监测方面取得了长足的进步，为环境监测信息化建设奠定了坚实的基础。但水环境监测数据审核功能还需进一步强化，水环境监测数据库和业务应用系统相互独立，亟须进行整合，信息管理亟待规范，尚未实现智能化和可视化。

根据济南水生态分区结果，基于水生态功能分区优化调整重点流域水质监测断面，形成与水生态功能分区有效衔接的地表水环境监测网络体系。建立基于水生态功能分区的重点流域水环境监测网络布设原则、水环境监测与评价体系。基于水生态功能分区的重点流域水环境监测网布设原则主要包括代表性、连续性、全面性、多功能性。重点结合流域水环境监测特点，在具体断面选择上，考虑以水生态功能三级、四级分区设置监测断面；在不同水生态功能分区交界处设置断面，代表相应分区的水环境特征等。基于水生态功能分区的水环境监测方法提出了"环境驱动因子"概念，研究构建了水生态功能分区不同等级的不同要素，为水环境监测方法体系的研究在水生态功能分区的角度提出了方向和目标。基于水生态功能分区的流域水环境监测与评价提出了"熵权法"应用，以此方法计算优化整理环境监测数据，计算出断面不同指标的熵和权重。研究构建了以数理统计学为中心的自动化数据处理能力的监测业务化系统，实现断面优化、指标优化及赋分不同，从而对不同水生态功能分区采取不同的监测手段。

随着环境条件与管理需求的变化，当原来布控的监测断面不能够代表所在水体的水生态状况时，根据水环境监测网络动态优化调整方案中确立的动态优化调整方法、要求以及具体工作办法进行优化调整，形成例行机制，以确保水环境监测网的监测数据客观反映地表水环境质量状况，更科学地指导环境管理工作。对水环境监测网络的动态优化调整将有效地整合环境监测资源，减少重复投资和建设，以更合理的断面（点位）布设，最大限度地客观反映地表水环境质量状况，更科学地指导环境管理工作。

建立济南流域水环境监测网络运行管理体系总构架，提出流域水环境监测网采测分离、异地质控、上下游联合监测等新的监测模式，应用到由社会化监测机构采样、地方监测站分析的采测分离新模式。

建立运行维护管理中心、质量控制与保障中心和数据综合应用中心。"三个中心"实现对水质自动站现场运维的远程化管理、远程质控考核管理以及数据的综合应用。运行维护管理中心负责对日常运维工作进行考核、管理与评价；质量控制与保障中心采用系统状态监控、自动质控、实验室比对监测、数据有效性分析等手段对监测数据的质量进行控制与保障；数据综合应用中心负责对现场端上传的基础数据及相关信息进行深入挖掘应用。

2. 水资源管理和调控

济南是典型的资源型缺水城市，水资源供需矛盾突出，可用水资源供需差在 30% 左右。据统计，2009 年、2010 年和 2011 年，济南市实际用水量分别为 16.60 亿 m^3、17.25 亿 m^3 和 17.56 亿 m^3，逐年递增，且都远高于济南市年平均 11.6 亿 m^3 水资源可利用量的水平。所以，济南市每年都要调引 6 亿 m^3 左右的黄河水来补充水资源缺口。水资源短缺已成为制约济南市经济社会发展和人民生活水平提高的主要因素之一。

根据南水北调工程山东省调江水方案，近期济南市的长江水年引水量指标为 1 亿 m^3。结合济南市实际情况，市区、章丘、平阴三个单元的引水指标分别为 7600 万 m^3、1700 万 m^3、700 万 m^3。同时，利用济平干渠连接平阴县田山灌区与玉清湖水库的工程已经完工，该工程主要是在平阴县田山灌区沉沙池与南水北调济平干渠相交处新建连通工程，实现黄河水、长江水等多水源综合调度，以保障济南市区供水要求和水质安全，同时可有效缓解玉清湖沉沙池淤积问题。南水北调工程将为济南新增重要的跨流域战略性客水水源，提高城市供水保证率，为济南市经济社会可持续发展提供可靠的水资源保障。

据统计，济南市城市用水量日供水 108 万 m^3 左右，年供水约 3.93 亿 m^3，其中包括玉清湖、鹊华两大引黄水库供应黄河水 2.76 亿 m^3，卧虎山、锦绣川等山区水库供应地表水 0.43 亿 m^3，自备井及水厂供应地下水 0.74 亿 m^3。济南市续建配套工程市区单元的引水量指标为每年 7600 万 m^3，相当于年供水的 20% 左右，略多于自备井及地下水源地的地下水取水量，足以置换出地下水，或者用于置换出山区水库供水量，返还挤占的农业、生态用水，涵养地下水源补给。同时，实施东湖水库输水管线工程，实现与东联供水管线的连通，实现向东部工矿企业供水，并为市政部门规划的东湖水厂提供可靠水源。这些措施将对保护市区范围内的地下水资源特别是保障泉群喷涌这一独特景观具有十分重要的意义。

根据国务院批复的《南水北调工程总体规划》，南水北调工程的近期供水目标主要是城市生活和工业用水，同时兼顾农业和生态用水。南水北调工程通水后，城市生活和工业挤占的部分地下水和地表水量将被长江水所置换，逐步返还地表水于农业和生态利用。在此基础上，通过实施玉符河、卧虎山水库调水工程，将调引长江水、黄河水到卧虎山水库。该工程主要内容是自济平干渠贾庄分水闸开始，经三级泵站提水至卧虎山水库，共铺设 30km 输水管道，设计输水能力为 30 万 t/d。即使遭遇特大干旱，也可以通过管道应急向卧虎山水库和玉符河输送长江水或黄河水，保证水库不干涸，保持泉群不停喷，保护环境不弱化，实现多水源互联互通、联合调度，为城市生活、生态景观、回灌补源等提供可靠的水源保障。

根据《济南市水网规划》，在济南市现有水利工程体系基础上，以全省水网为依托，以流域区域为单元，以河道渠系为输水载体，以水库湖泊为调蓄中枢，通过完善水系连通工程和相应配套工程，构建"六横连八纵、一环绕泉城"的骨干水网体系，从而实现当地地表水、地下水、黄河水、长江水以及非常规水"五水统筹"和防洪减灾水网、城乡供水水网、水系生态水网"三网联动"，发挥水网在防洪、供水、改善生态方面的综合功能，最大限度地发挥水利工程的综合效益。南水北调东线济南段输水干渠是济南市水网建设中"六横"之一，同时输水干渠与玉清湖、东湖、卧虎山等水库的连通工程，是"一环绕泉城"的组成部分，是实现济南市长江水、黄河水等多水源联合调度、综合利用的重要载体，是济南供水保泉及改善生态环境的重要手段，是济南市现代化水网建设中不可或缺的重要环节。

3. 水生态管理和自然保护区规划

20 世纪 50 年代以来，是济南城市建设的快速发展时期，城市建设用地面积的增加超过 200km²。与此同时产生了诸多问题，由于北部黄河的阻隔，济南中心城的城市建设不断向南扩展，侵蚀南部生态基底；随着地面硬化面积持续增加，以及城市开发建设规模和人口规模的扩大，地下空间开发范围增大，阻隔了泉水入渗和径流通道；违法建设活动侵占山体，无序采伐林木导致水土流失，降低了山体水源涵养能力；违法建设侵占河滩，降低了河流水系下渗能力；市政配套设施的滞后及管理问题影响了地下水水质。数据显示，近 50 年来泉水补给量已减少约 30%，面临着枯水年泉水断流停喷的威胁。城市开发建设与特色资源保护之间的冲突与日俱增，进行全面和系统的水生态管理和自然保护区规划迫在眉睫。

根据济南泉水分布特点，通过综合分析已有研究成果，规划因素包括"区、带、山、河"，泉水即直接补给区、重点渗漏带、山体及河流水系进行生态区划定。其中，直接补给区是济南泉水的重要补给区域和水源涵养区域；重点渗漏带由于其特殊的地形地貌及水文地质条件，是补给区内地下水入渗的重要通道；山体作为水的源头，是水源重要的涵养区域，保泉必先保山；河流水系是雨水汇集最集中的地段，通过拦洪蓄水、调水补源等措施，可减少径流，增加下渗，对泉群喷涌起着至关重要的作用。

　　济南南部山区生态环境品质优良，是城市水源涵养与地下水补给的重要生态敏感区域。为保护城市自然生态格局，凸显泉城地域特色，需贯彻底线思维，优先划定中心城区南部增长边界，一方面以遏制城市建设对南部泉水涵养补给生态敏感区域的侵蚀，从源头保障泉水补给入渗水量和水质；另一方面有利于保护城市自然生态格局。在划定山体生态控制线的基础上，规划人员调取规划管理信息，全面梳理管控范围内的建设用地情况，并结合生态敏感度分析，对未供地用地展开研究，划定中心城区南部增长边界。

　　山地生态控制线以现状山脚线为基础，以林缘线为补充，结合建设现状和管理信息进行局部修正校核，同时山地生态控制线应与土地利用规划、城市规划以及风景名胜区保护范围相衔接，与河流水系生态控制线相协调。河流水系生态控制线的研究范围扩展至南部上游间接补给区，主要划定对象为河道、水库和输水线路。按照相关技术规范与要求，分别划定河道管理线和保护线。河道管理线为两岸堤防之间的水域、沙洲、滩地、行洪区、两岸堤防及护堤地；河道保护线是在管理线外侧划定的河道安全保护区。

　　山体的管控重点为"保持水土、汇集缓冲、涵养下渗"。在山体保护线范围内应重点保护山体自然形态，植树造林、保育植被以提升水源涵养能力。河流水系作为重要的入渗区域和地表水联通纽带，从保泉的角度看，应加强"汇集拦蓄、入渗补给、调水补源"，在河道管理线范围内的各项建设活动应与制定的《济南市名泉保护总体规划》《"济南2049"发展战略规划》《济南市总体规划2040》《济南市城市双修专项规划》《济南市土地利用规划修编》等重要规划项目进行全面衔接融合，作为重要的技术支撑内容。

　　生态保护与修复是破解"城市病"的核心手段，是实现"望得见山、看得见水、记得住乡愁"的重要途径，是一项有关城市规划、建设和管理的综合性工作。济南立足于地域特点编制的《济南保泉生态控制线划定与管控规划》是其独具特色的生态保护规划，同时也是具有创新性的"城市双修"实践案例。在"多规合一"的总体思路指导下，按照事权对应的原则，制定部门协同行动策略，为恢复城市自然生态、彰显城市特色、有序实施城市有机更新提供了强有力的支撑。

　　4. 生态补偿机制

　　济南流域生态补偿主要为济南南部山区，包括市中区的党家庄和十六里河，历城区的仲宫镇、锦绣川乡、柳埠镇和高而乡，长清区的张夏镇、武家庄镇、崮山镇、万德镇和五峰山镇，共 11 个乡镇，总面积 1210.4km^2。这些区域需要进行退耕还林，来保证水源涵养地的水生态安全。

　　随着经济的发展，城市化进程的加快，土地更多地被转为建筑用地，耕地面积逐年减少，土地利用强度不断加大，人口也在逐年增加，人均耕地面积不断下降，2000 年研究区人均耕地为 0.07hm^2，2004 年下降为 0.04hm^2，农户人均耕地由 0.08hm^2 下降到 0.05hm^2，这样单位面积耕地的人口压力是增加的，随着时间的变化，耕地会越来越宝贵，并且国家对于耕地进行补贴，这样使退耕的边际成本会不断上升，因此，农户在比较耕地的收益和退耕收益后，如果耕地的收益高于退耕的收益，退耕的意愿就会变弱，除此之外，耕地对于农户不仅具有主要收入来源的意义，也具有社会保障的意义。因此，进行退耕时，不仅要开辟更多的就业机会，增加农户的收入，也要消除农户的后顾之忧，这样退耕才能顺利进行，因此，退耕的关键是，对农户补贴后，要及时调整产业结构，设法增加农户的收入。

研究区地处山区，多数企业属于资源型，产业发展受到限制，乡镇财政捉襟见肘，村级集体经济"空壳"，负债较重十分普遍。生态环境保护、公共服务设施建设等缺乏财力支撑和资金保障。农药、化肥和地膜的过量使用，造成农业生态环境退化；污水处理设施严重不足，造成部分区域淡水资源污染，特别是承载城市供水功能的卧虎山、锦绣川水质下降，直接威胁市区饮水安全，致使济南市水资源短缺的矛盾突出。

深化生态补偿机制，可以建立稳产高产的无公害商品粮基地。依托济南市，建立以保障城市供给和提供无公害蔬菜为目的的蔬菜生产基地。研究区的园地面积不断增加，并且种类丰富，有苹果、板栗、核桃、柿子和樱桃等，特别是研究区的樱桃，可以提前上市，大大增加了农户的收入，可以建立优质水果基地，针对水果产量不断增加的趋势，要进行深加工，提高果农的收入。研究区的旅游资源丰富，有柳埠、药乡国家森林公园、灵岩寺等景点，积极提高相应景点的配套设施，实现"以一业带多业"的发展模式，增加收入。

积极探索市场化的生态补偿模式，退耕的关键是"补"，资金的来源就要保障，本着谁开发谁保护、谁受益谁补偿的原则，建立完善公平公正、积极有效的生态补偿机制，逐步形成政府主导、社会参与、共建共享的对生态环境保护和经济社会发展的长效支撑。生态补偿中除了有政府的财政拨款外，还要积极探索水权、排污权转让等市场化的补偿机制，逐步实现补偿主体、资金来源、补偿方式的多样化。

5. 各部门参与机制和协调管理措施

济南市水文中心作为济南市河道的行政主管部门，须与济南市城市建设管理局、市公用事业局、市城管局相互配合，从济南水源到城市供水、排水、污水处理及中水回用，实行一条龙管理。济南水文中心要充分发挥好自身的优势，制定水资源规划，负责对城市和自然水资源进行的统一调查、分析、监测，提出可行性规划管理方案。济南市城市建设管理局可以根据济南市水文中心的研究成果，对城市河道进行统一建设管理。

各主管部门根据管控规划的职责与分工，持续推进保泉工作。例如，济南市名泉保护管理办公室组织编制《济南泉水区域影响评价报告》，对分区管控和工程建设提出技术依据；规划主管部门细化审批流程，调整传统指标控制要求，增控专项指标，监督审查规划方案中保泉技术措施的落实情况；水务主管部门针对已确定项目，组织编制《水文地质影响分析》，对项目建设入渗补给功能的影响进行评价，提出保泉促渗技术方案。

根据济南市政府相关工作部署，规划人员配合有关部门对各区的重点渗漏带保护与修复工作进行考核，并将其正式纳入城市经济社会发展综合考核体系中。同时，根据"监督＋鼓励"双向评价原则，确定"重点渗漏带土地未硬化率、小流域地下水渗漏补给量变化率、主动修复措施"三项考评指标，通过多项考核机制确保生态控制线划定与管控的实施效果。

对于水源保护管理和城市污水管理，可以考虑开辟多元化融资渠道，引入而推进水务行业一体化市场化改革，将部分环保产业推向市场，进行公开招商，吸引非公投资，打通民间资本进入供排水等城市基础设施的渠道。

参 考 文 献

蔡佳亮，殷贺，黄艺，2010. 生态功能区划理论研究进展 [J]. 生态学报，30 (11)：3018 - 3027.

蔡其华，2005. 维护健康长江　促进人水和谐——摘自蔡其华同志 2005 年长江水利委员会工作报告 [J]. 人民长江 (3)：1 - 3.

蔡庆华，唐涛，邓红兵，2003. 淡水生态系统服务及其评价指标体系的探讨 [J]. 应用生态学报 (1)：135 - 138.

曹小娟，曾光明，张硕辅，等，2006. 基于 RS 和 GIS 的长沙市生态功能分区 [J]. 应用生态学报 (7)：1269 - 1273.

陈昂，吴森，沈忱，等，2017. 河道生态基流计算方法回顾与评估框架研究 [J]. 水利水电技术，48 (2)：97 - 105.

陈传康，伍光和，李昌文，1993. 综合自然地理学 [M]. 北京：高等教育出版社：1 - 196.

崔瑛，张强，陈晓宏，等，2010. 生态需水理论与方法研究进展 [J]. 湖泊科学，22 (4)：465 - 480.

邓其祥，1990. 棒花鱼生殖习性的观察 [J]. 四川师范学院学报（自然科学版）(3)：200 - 203.

董哲仁，2005. 国外河流健康评估技术 [J]. 水利水电技术 (11)：15 - 19.

董哲仁，2005. 河流健康的内涵 [J]. 中国水利 (4)：15 - 18.

高永年，高俊峰，陈坰烽，等，2012. 太湖流域典型区污染控制单元划分及其水环境载荷评估 [J]. 长江流域资源与环境，21 (3)：335 - 340.

郭凤清，屈寒飞，曾辉，等，2013. 基于 MIKE21 的潖江蓄滞洪区洪水危险性快速预测 [J]. 自然灾害学报，22 (3)：144 - 152.

韩旭，陈东辉，陈亮，等，2007. 青岛市生态功能分区研究 [J]. 青岛大学学报（自然科学版）(2)：62 - 66.

湖北省水生生物研究所鱼类研究室，1976. 长江鱼类 [M]. 北京：科学出版社：1 - 68.

黄艺，蔡佳亮，郑维爽，等，2009. 流域水生态功能分区以及区划方法的研究进展 [J]. 生态学杂志，28 (3)：542 - 548.

蒋红霞，黄晓荣，李文华，2012. 基于物理栖息地模拟的减水河段鱼类生态需水量研究 [J]. 水力发电学报，31 (5)：141 - 147.

李春贵，袁振，2017. 生态阈值研究进展及其应用 [J]. 河北林业科技 (3)：54 - 57.

李建，夏自强，2011. 基于物理栖息地模拟的长江中游生态流量研究 [J]. 水利学报，42 (6)：678 - 684.

李丽娟，郑红星，2000. 海滦河流域河流系统生态环境需水量计算 [J]. 地理学报，55 (4)：495 - 500.

李清清，覃晖，陈广才，等，2012. 长江中游水文情势变化及对鱼类的影响分析 [J]. 人民长江，43 (11)：86 - 89.

李亚平，2012. 基于 SWAT 模型的徒骇河流域生态需水量研究 [D]. 青岛：中国海洋大学.

李永，卢红伟，李克锋，等，2015. 考虑齐口裂腹鱼产卵需求的山区河流生态基流过程确定 [J]. 长江流域资源与环境，24 (5)：809 - 815.

李云生，王东，徐敏，等，2008. 中国流域水污染防治规划方法体系与展望 [C] //中国环境科学学会环境规划专业委员会 2008 年学术年会论文集. 北京：中国环境科学出版社：231 - 239.

刘昌明，门宝辉，宋进喜，2007. 河道内生态需水量估算的生态水力半径法 [J]. 自然科学进展. 17 (1)：42 - 48.

刘静玲，杨志峰，肖芳，等，2005. 河流生态流量量整合计算模型 [J]. 环境科学学报，2005 (4)：436 - 441.

刘晓燕，2009. 黄河环境流研究 [M]. 郑州：黄河水利出版社.

罗祖奎，刘伦沛，李东平，等，2013. 上海大莲湖春季鲫鱼生境选择 [J]. 宁夏大学学报（自然科学版），34（1）：70-74.

孟伟，张远，张楠，等，2013. 流域水生态功能区概念、特点与实施策略 [J]. 环境科学研究，26（5）：465-471.

孟钰，张翔，夏军，等，2016. 水文变异下淮河长吻鮠生境变化与适宜流量组合推荐 [J]. 水利学报，47（5）：626-634.

倪晋仁，崔树彬，李天宏，等，2002. 论河流生态环境需水 [J]. 水利学报（9）：14-19，26.

牛翠娟，娄安如，孙儒泳，等，2007. 基础生态学 [M]. 2版. 北京：高等教育出版社.

庞治国，王世岩，胡明罡，2006. 河流生态系统健康评价及展望 [J]. 中国水利水电科学研究院学报，4（2）：151-155.

平凡，刘强，于海阁，等，2017. BNU-ESM-RCP4.5情景下2018—2060年拒马河河道内生态需水量和麦穗鱼栖息地面积模拟研究 [J]. 湿地科学，15（2）：276-280.

任梅芳，徐宗学，黄子千，等，2017. 北京莲花桥区域暴雨积水模拟研究 [J]. 水力发电学报，36（12）：10-18.

商玲，李宗礼，孙伟，等，2014. 基于HIMS模型的西营河流域河道内生态基流估算 [J]. 水土保持研究，21（1）：100-103.

宋进喜，李怀恩，2004. 渭河生态环境需水量研究 [M]. 北京：中国水利水电出版社.

宋旭燕，吉小盼，杨玖贤，2004. 基于栖息地模拟的重口裂腹鱼繁殖期适宜生态流量分析 [J]. 四川环境，33（6）：27-31.

苏玉，王东伟，文航，等，2010. 太子河流域本溪段水生生物的群落特征及其主要水质影响因子分析 [J]. 生态环境学报，19（8）：1801-1808.

汤婷，任泽，唐涛，等，2016. 基于附石硅藻的三峡水库入库支流氮、磷阈值 [J]. 应用生态学报，27（8）：2670-2678.

唐涛，蔡庆华，刘建康，2002. 河流生态系统健康及其评价 [J]. 应用生态学报，13（9）：1191-1194.

田辉伍，王涵，高天珩，等，2017. 长江上游宜昌鳅鮀早期资源特征及影响因子分析 [J]. 淡水渔业，47（2）：71-78.

王备新，杨莲芳，胡本进，等，2005. 应用底栖动物完整性指数B-IBI评价溪流健康 [J]. 生态学报，25（6）：1481-1490.

王红瑞，曹玲玲，许新宜，等，2011. 基于梯形模糊数的不确定性河道生态需水模型及其应用 [J]. 水利学报，42（6）：657-665.

王煌，周买春，李思颖，等，2015. 基于水文模拟计算山区小水电站减脱水河段生态需水量的水文学方法及静水域生态补水机制 [J]. 水力发电学报，34（3）：29-37.

王惠文，叶明，Gilbert Saporta，2009. 多元线性回归模型的聚类分析方法研究 [J]. 系统仿真学报，21（22）：7048-7050，7056.

王俭，韩婧男，王蕾，等，2013. 基于水生态功能分区的辽河流域控制单元划分 [J]. 气象与环境学报，29（3）：107-111.

王金南，张惠远，蒋洪强，2010. 关于我国环境区划体系的探讨 [J]. 环境保护（10）：29-33.

王俊娜，董哲仁，廖文根，等，2013. 基于水文-生态响应关系的环境水流评估方法——以三峡水库及其坝下河段为例 [J]. 中国科学：技术科学，43（6）：715-726.

王西琴，刘斌，张远，2010. 环境流量界定与管理 [M]. 北京：中国水利水电出版社.

王西琴，刘昌明，杨志峰，2001. 河道最小环境需水量确定方法及其应用研究（Ⅰ）——理论 [J]. 环境科学学报，21（5）：544-547.

王晓南，刘征涛，闫振广，等，2013. 麦穗鱼物种敏感性评价 [J]. 环境科学，34（6）：2329-2334.

王玉新，郑玉珍，王锡荣，等，2012. 大鳞副泥鳅的生物学特性及养殖技术 [J]. 河北渔业（11）：23-

25，43.

邬建国，1991. 耗散结构、等级系统理论与生态系统 [J]. 应用生态学报，2 (2)：181-186.

吴阿娜，杨凯，车越，等，2005. 河流健康状况的表征及其评价 [J]. 水科学进展，16 (4)：602-608.

吴喜军，李怀恩，董颖，等，2011. 基于基流比例法的渭河生态基流计算 [J]. 农业工程学报，27 (10)：154-159.

伍光和，田连恕，胡双熙，等，2002. 自然地理学 [M]. 3 版. 北京：高等教育出版社.

夏军，李天生，2018. 生态水文学的进展与展望 [J]. 中国防汛抗旱，28 (6)：1-5，21.

辛宏杰，2011. 小清河上游段生态恢复技术研究 [D]. 济南：山东大学.

徐建新，党晓菲，肖伟华，2014. 长江上游 (宜宾至重庆段) 梯级开发规划对鱼类的影响及保护措施研究 [J]. 华北水利水电大学学报 (自然科学版)，35 (6)：1-5.

徐志侠，王浩，董增川，等，2005. 河道与湖泊生态需水理论与实践 [M]. 北京：中国水利水电出版社.

徐宗学，顾晓昀，刘麟菲，2018. 渭河流域河流健康调查与评价 [J]. 水资源保护，34 (1)：1-7.

徐宗学，武玮，于松延，2016. 生态基流研究：进展与挑战 [J]. 水力发电学报，35 (4)：1-11.

徐祖信，2003. 河流污染治理规划理论与实践 [M]. 北京：中国环境科学出版社.

许振文，范晓娜，李雪梅，2003. 烟台市生态功能分区及生态安全评价 [J]. 东北水利水电，21 (6)：48-51.

严登华，何岩，邓伟，等，2001. 东辽河流域河流系统生态需水量研究 [J]. 水土保持学报，15 (1)：46-49.

燕乃玲，赵秀华，虞孝感，2006. 长江源区生态功能区划与生态系统管理 [J]. 长江流域资源与环境，15 (5)：598-602.

杨爱民，唐克旺，王浩，等，2008. 中国生态水文分区 [J]. 水利学报，39 (3)：332-338.

杨莲芳，李佑文，戚道光，等，1992. 九华河水生昆虫群落结构和水质生物评价 [J]. 生态学报，12 (1)：8-15.

杨泽凡，2015. 综合物理栖息地与流量脉冲的二松干流生态需水过程研究 [D]. 北京：中国水利水电科学研究院，

易雨君，程曦，周静，2013. 栖息地适宜度评价方法研究进展 [J]. 生态环境学报，22 (5)：887-893.

尹民，杨志峰，崔保山，2005. 中国河流生态水文分区初探 [J]. 环境科学学报，25 (4)：423-428.

英晓明，2006. 基于 IFIM 方法的河流生态环境模拟研究 [D]. 南京：河海大学，2006.

于松延，徐宗学，武玮，2013. 基于多种水文学方法估算渭河关中段生态基流 [J]. 北京师范大学学报 (自然科学版)，49 (2/3)：175-179.

张代青，高军省，2006. 河道内生态环境需水量计算方法的研究现状及其改进探讨 [J]. 水资源与水工程学报，17 (4)：68-73.

张建军，付梅臣，耿玉环，2007. 武安市生态功能分区研究 [J]. 资源与产业，9 (3)：98-102.

赵彦伟，杨志峰，2005. 河流健康：概念、评价方法与方向 [J]. 地理科学，25 (1)：119-124.

郑度，2008. 中国生态地理区域系统研究 [M]. 北京：商务出版社.

周材权，邓其祥，任丽萍，等，1998. 棒花鱼的生物学研究 [J]. 四川师范学院学报 (自然科学版)，19 (3)：71-75.

周华荣，肖笃宁，2006. 塔里木河中下游河流廊道景观生态功能分区研究 [J]. 干旱区研究，23 (1)：16-20.

朱琳，韩美，2016. 降水与人类活动对小清河上游径流量的影响 [J]. 绿色科技 (18)：147-152.

朱英，2008. 河流生态健康评价中生物指标的研究与应用——以苏州河水系为例 [D]. 上海：华东师范大学.

左其亭，陈豪，张永勇，2015. 淮河中上游水生态健康影响因子及其健康评价 [J]. 水利学报，46 (9)：1019-1027.

Abell R, Thieme M L, Revenga C, et al., 2008. Freshwater Ecoregions of the World: A New Map of Biogeographic Units for Freshwater Biodiversity Conservation [J]. BioScience, 58 (5): 403 – 414.

Acreman M C, Dunbar M J, 1999. Defining environmental river flow requirements – a review [J]. Hydrology and Earth System Sciences, 8 (64): 861 – 876.

Allen T F H, Starr T B, 1982. Hierarchy: perspectives for ecological complexity [M]. Chicago: University of Chicago Press.

Allen T F H, Starr T B, 2019. Hierarchy: Perspectives for Ecological Complexity [M]. Chicago: University of Chicago Press.

An K G, Park S S, Shin J Y, 2002. An evaluation of a river health using the index of biological integrity along with relations to chemical and habitat conditions [J]. Environment International, 28 (5): 411 – 420.

Anderson J E, 2006. Arkansas wildlife action plan [M]. Arkansas Game and Fish Commission, Little Rock, Arkansas, USA: 20 – 28.

Araújo F G, Pinto B C T, Teixeira T P, 2009. Longitudinal patterns of fish assemblages in a large tropical river in southeastern Brazil: evaluating environmental influences and some concepts in river ecology [J]. Hydrobiologia, 618 (1): 89 – 107.

Austrian Standards ONORM M 6232, 1997. Guidelines for the Ecological Survey and Evaluation of Flowing Surface Waters [M]. Vienna: Austrian Standards Institute.

Baker M E, King R S, 2010. A new method for detecting and interpreting biodiversity and ecological community thresholds [J]. Methods in Ecology and Evolution, 1 (1): 25 – 37.

Baldigo B P, Kulp M A, Schwartz J S, 2018. Relationships between indicators of acid – base chemistry and fish assemblages in streams of the Great Smoky Mountains National Park [J]. Ecological Indicators, 88: 465 – 484.

Bash J S, Ryan C M, 2002. Stream Restoration and Enhancement Projects: Is Anyone Monitoring? [J]. Environmental Management, 29 (6): 877 – 885.

Bjerring R, Bradshaw E G, Amsinck S L, et al., 2008. Inferring recent changes in the ecological state of 21 Danish candidate reference lakes (EU Water Framework Directive) using palaeolimnology [J]. Journal of Applied Ecology, 45 (6): 1566 – 1575.

Black R W, Moran P W, Frankforter J D, 2011. Response of algal metrics to nutrients and physical factors and identification of nutrient thresholds in agricultural streams [J]. Environmental Monitoring & Assessment, 175 (1 – 4): 397 – 417.

Ter Braak C J F, 1986. Canonical Correspondence Analysis: A New Eigenvector Technique for Multivariate Direct Gradient Analysis [J]. Ecology, 67 (5): 1167 – 1179.

Chen C K, Wu G H, Li C W, 1993. Comprehensive Physical Geography [M]. Beijing: Higher Education Press.

Costanza R, Mageau M, 1999. What is a healthy ecosystem? [J]. Aquatic Ecology, 33 (1): 105 – 115.

Dodds W K, Oakes R M, 2004. A technique for establishing reference nutrient concentrations across watersheds affected by humans [J]. Limnology and Oceanography Methods, 2 (10): 333 – 341.

Fausch K D, Torgersen C E, Baxter C V, et al. 2002. Landscapes to Riverscapes: Bridging the Gap between Research and Conservation of Stream Fishes [J]. BioScience, 52 (6): 483 – 498.

Frissell C A, Liss W J, Warren C E, et al., 1986. A hierarchical framework for stream habitat classification: Viewing streams in a watershed context [J]. Environmental Management, 10 (2): 199 – 214.

Glbson G, Carlson R, Simpson J, 2000. Nutrient criteria technical guidance manual: lakes and reservoirs (EPA – 822 – B – 00 – 001) [R]. Washington DC: Unites States Environment Protection Agency: 12 – 67.

Gippel C J, M. J. Stewardson, 1998. Use of wetted perimeter in defining minimum environmental flows [J]. Regulated Rivers: Research & Management, 14: 53 – 67.

Gordon N D, T. A. McMahon, B. L. Finlayson, 2014. Stream hydrology: An introduction for ecologists [M]. Chichester: John Wiley & Sons Ltd.

Groffman P M, Baron J S, Blett T, et al. 2006. Ecological Thresholds: The Key to Successful Environmental Management or an Important Concept with No Practical Application? [J]. Ecosystems, 9 (1): 1 – 13.

Hemsley – Flint B, 2000. Classification of the biological quality of rivers in England and Wales [M] //Assessing the biological quality of fresh waters: RIVPACS and other techniques. Cumbria: Freshwater Biological Association: 55 – 69.

Higgins J V, Bryer M T, Khoury M L, et al., 2005. A Freshwater Classification Approach for Biodiversity Conservation Planning [J]. Conservation Biology, 19 (2): 432 – 445.

Host G E, Polzer P L, Mladenoff D J, et al., 1996. A Quantitative Approach to Developing Regional Ecosystem Classifications [J]. Ecological Applications, 6 (2): 608 – 618.

Hughes R M, Paulsen S G, Stoddard J L, 2000. EMAP – Surface Waters: a multiassemblage, probability survey of ecological integrity in the U. S. A. [J]. Hydrobiologia, 422 – 423: 429 – 443.

Hughes R M, Larsen D P, 1988. Ecoregions: An Approach to Surface Water Protection [J]. Journal (Water Pollution Control Federation), 60 (4): 486 – 493.

Infante D M, Allan J D, Linke S, et al., 2009. Relationship of fish and macroinvertebrate assemblages to environmental factors: implications for community concordance [J]. Hydrobiologia, 623 (1): 87 – 103.

Schaumburg J, Schranz C, Foerster J, et al., 2004. Ecological classification of macrophytes and phytobenthos for rivers in Germany according to the water framework directive [J]. Limnologica, 34 (4): 283 – 301.

Jowett I G, 1997. Instream flow methods: A comparison of approaches [J]. Regulated Rivers: Research & Management, 13 (2): 115 – 127.

Karr J R, 2011. Assessment of Biotic Integrity Using Fish Communities [J]. Fisheries, 6 (6): 21 – 27.

Karr J R, Chu E W, 2000. Sustaining living rivers [J]. Hydrobiologia, 422 – 423: 1 – 14.

Kennard M J, Pusey B J, Arthington A H, et al., 2006. Development and Application of a Predictive Model of Freshwater Fish Assemblage Composition to Evaluate River Health in Eastern Australia [J]. Hydrobiologia, 572 (1): 33 – 57.

King R S, Baker M E, 2014. Use, misuse, and limitations of Threshold Indicator Taxa Analysis (TITAN) for natural resource management [M] // Application of Threshold Concepts in Natural Resource Decision Making. Springer New York.

Kleynhans C J, 1996. A qualitative procedure for the assessment of the habitat integrity status of the Luvuvhu River (Limpopo system, South Africa) [J]. Journal of Aquatic Ecosystem Health, 5 (1): 41 – 54.

Marchetti M P, Moyle P B, 2001. Effects of Flow Regime on Fish Assemblages in a Regulated California Stream [J]. Ecological Applications, 11 (2): 530 – 539.

Mathews R, Richter B D, 2007. Application of the Indicators of Hydrologic Alteration Software in Environmental Flow Setting [J]. JAWRA Journal of the American Water Resources Association, 43 (6): 1400 – 1413.

Mathuriau C, Silva N M, Lyons J et al., 2011. Fish and Macro – invertebrates as Freshwater Ecosystem Bioindicators in Mexico: Current State and Perspectives [J]. Water Resources in Mexico: Hexagon Series on Human and Environmental Security and Peace, 7: 251 – 261.

Maxwell J R, Adwards C J, Jensen M E, et al., 2001. A hierarchical framework of aquatic ecological units in North America (Nearctic Zone) [R/OL]. [2012 – 08 – 09]. http: //www. treesearch. fs. fed. us/pubs/10240.

Mc Manhon G, Gregonis S M, Waltman S W, et al., 2001. Developing a Spatial Framework of Common Ecological Regions for the Conterminous United States [J]. Environmental Management, 28 (3): 293 – 316.

Mondy C P, Villeneuve B, Archaimbault V, 2012. A new macroinvertebrate – based multimetric index (I2M2) to evaluate ecological quality of French wadeable streams fulfilling the WFD demands: A taxonomical and trait approach [J]. Ecological Indicators, 18: 452 – 467.

Moog O, Schmidt – Kloiber A, Thomas O, et al., 2004. Does the ecoregion approach support the typological demands of the EU 'Water Framework Directive'? [J]. Hydrobiologia, 516 (1 – 3): 21 – 33.

Munné A, Prat N, 2004. Defining River Types in a Mediterranean Area: A Methodology for the Implementation of the EU Water Framework Directive [J]. Environmental Management, 34 (5): 711 – 729.

Norris R H, Thoms M C, 1999. What is river health. Freshwater Biology, 41: 197 – 207.

Olden J D, Kennard M J, 2010. Intercontinental comparison of fish life history strategies along a gradient of hydrologic variability [J]. Community ecology of stream fishes concepts approaches & techniques.

Omernik J M, 1987. Map Supplement: Ecoregions of the Conterminous United States [J]. Annals of the Association of American Geographers, 77 (1): 118 – 125.

O'Neill R V, DeAngelis D L, Waide J B, et al., 1986. A Hierarchical Concept of Ecosystems [M]. Princeton: Princeton University Press.

Pirhalla, D E, 2004. Evaluating Fish – Habitat Relationships for Refining Regional Indexes of Biotic Integrity: Development of a Tolerance Index of Habitat Degradation for Maryland Stream Fishes [J]. Transactions of the American Fisheries Society, 133 (1): 144 – 159.

Poff N L, Matthews J H, 2013. Environmental flows in the Anthropocene: past progress and future prospects [J]. Current Opinion in Environmental Sustainability, 5 (6): 667 – 675.

Poff N L, Richter B D, Arthington A H, et al., 2010. The ecological limits of hydrologic alteration (ELOHA): A new framework for developing regional environmental flow standards. Freshwater Biology, 55 (1): 147 – 170.

Prygiel J, 2002. Management of the diatom monitoring networks in France [J]. Journal of Applied Phycology, 14 (1): 19 – 26.

Qian S S, King R S, Richardson C J, 2003. Two statistical methods for the detection of environmental thresholds [J]. Ecological Modelling, 166 (1 – 2): 87 – 97.

Rathert D, White D, Sifneos J, et al., 1999. Environmental correlates of species richness for native freshwater fish in Oregon, U. S. A. [J]. Journal of Biogeography, 26 (2): 257 – 273.

Raven P J, Holmesn T H N, Naura M, et al., 2000. Using river habitat survey for environmental assessment and catchment planning in the U. K. [J]. Hydrobiologia, 422 – 423: 359 – 367.

Richter B D, Baumgartner J V, Braun D P, et al., 1998. A spatial assessment of hydrologic alteration within a river network [J]. River Research & Applications, 14 (4): 329 – 340.

Richter B, Baumgartner J, Wigngton R, et al., 1997. How much water does a river need? [J]. Freshwater Biology, 37 (1): 231 – 249.

Richter B D, Baumgartner J V, Powell J, et al., 1996. A Method for Assessing Hydrologic Alteration within Ecosystems [J]. Conservation Biology, 10 (4): 1163 – 1174.

Robert C, Peterson J R, 1992. The RCE: a riparian, channel, and environmental inventory for small streams in the agricultural landscape. Freshwater Biology, 27: 295 – 306.

Rolls R J, Arthington A H, 2014. How do low magnitudes of hydrologic alteration impact riverine fish populations and assemblage characteristics? [J]. Ecological Indicators, 39: 179 – 188.

Rohm C M, Giese J W, Bennett C C, 2011. Evaluation of an Aquatic Ecoregion Classification of Streams in Arkansas [J]. Journal of Freshwater Ecology, 4 (1): 127 – 140.

Rott E, Pipp E, Pfister P, 2003. Diatom methods developed for river quality assessment in Austria and a cross – check against numerical trophic indication methods used in Europe [J]. Algological Studies/ Archiv für Hydrobiologie, Supplement Volumes (110): 91 – 115.

Schlosser I J, 1991. Stream Fish Ecology: A Landscape Perspective [J]. BioScience, 41 (10): 704 – 712.

Schofie L D, Davies P E, 1996. Measuring the health of our rivers [J]. Water, 5/6: 39 – 43.

Ofenvironment D, 1993. Measuring the Health of our Rivers [J]. Department of the Environment.

Woznicki S A, Nejadhashemi A P, Ross D M, et al., 2015. Ecohydrological model parameter selection for stream health evaluation [J]. Science of the Total Environment, 511: 341 – 353.

Selig U, Eggert A, Schories D, et al., 2007. Ecological classification of macroalgae and angiosperm communities of inner coastal waters in the southern Baltic Sea [J]. Ecological Indicators, 7: 665 – 678.

Selig U, Eggert A, SchoriesSelig D, et al., 2006. Ecological classification of macroalgae and angiosperm communities of inner coastal waters in the southern Baltic Sea [J]. Ecological Indicators, 7 (3): 665 – 678.

Stalnaker, C B, B. L. Lamb, J. Henriksen, 1994. The instream flow incremental methodology: A primer for IFIM [R]. National Ecology Research Center, International Publication, Fort Collins, Colorado, USA: 99.

Sundermann A, Gerhardt M, Kappes H, et al., 2013. Stressor prioritisation in riverine ecosystems: Which environmental factors shape benthic invertebrate assemblage metrics? [J]. Ecological Indicators, 27: 83 – 96.

Tharme R E, 2003. A global perspective on environmental flow assessment: emerging trends in the development and application of environmental flow methodologies for rivers [J]. River Research and Applications, 19 (5 – 6): 397 – 441.

Tsai W P, Huang S P, Cheng S T, et al., 2017. A data – mining framework for exploring the multi – relation between fish species and water quality through self – organizing map [J]. The Science of the Total Environment, 579: 474 – 483.

Wang P, Shi P J, 1999. The research of regional natural disaster regionalization with the "bottom – up" methods—case study of hunan province [J]. Journal of Natural Disasters, 8 (3): 54 – 60.

Ward J V, 1989. The Four – Dimensional Nature of Lotic Ecosystems [J]. Journal of the North American Benthological Society, 8 (1): 2 – 8.

Warfe D M, Hardie S A, Uytendaal A R, et al., 2014. The ecology of rivers with contrasting flow regimes: identifying indicators for setting environmental flows [J]. Freshwater Biology, 59 (10): 2064 – 2080.

Wasson J G, Chandesris A, Pella H, et al., 2002. Typology and reference conditions for surface water bodies in France – the hydro – ecoregion approach [C] //Symposium "Typology and ecological classification of lakes and rivers".

Tao Y, Qiang Z, Chen Y D, et al., 2008. A spatial assessment of hydrologic alteration caused by dam construction in the middle and lower Yellow River, China [J]. Hydrological Processes, 22 (18): 3829 – 3843.

Yang C E, Cai X M, Herricks E E, 2008. Identification of hydrologic indicators related to fish diversity and abundance: A data mining approach for fish community analysis [J]. Water Resources Research, 44 (4): 1 – 14.

Yi Y J, Wang Z Y, Yang Z F, 2010. Impact of the Gezhouba and Three Gorges Dams on habitat suitability of carps in the Yangtze River [J]. Journal of Hydrology, 387 (3): 283 – 291.

Zhang H，Zimba P V，2017. Analyzing the effects of estuarine freshwater fluxes on fish abundance using artificial neural network ensembles [J]. Ecological Modelling，359：103 - 116.

Zhu D，Chang J B，2007. Annual variations of biotic integrity in the upper Yangtze River using an adapted index of biotic integrity (IBI) [J]. Ecological Indicators，8 (5)：564 - 572.

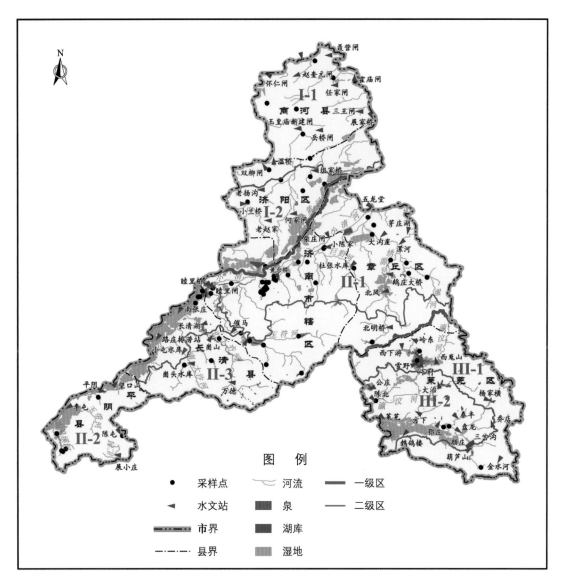

图 例

	采样点		河流		一级区
◀	水文站		泉		二级区
	市界		湖库		
	县界		湿地		

图 6.1　济南市水域示意图

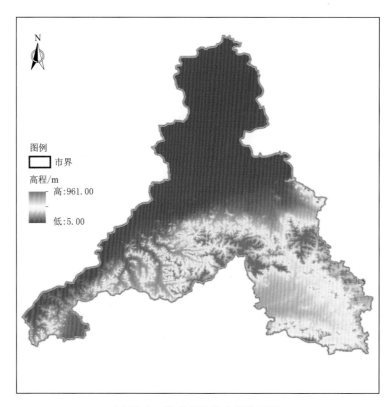

图 13.2　济南市海拔空间分布图

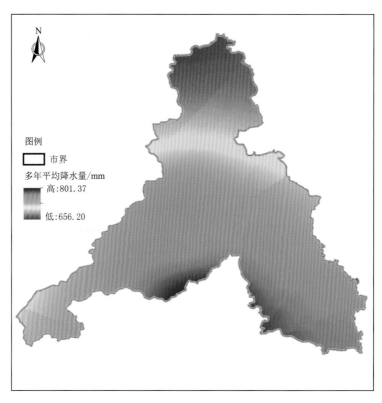

图 13.3　济南市多年平均降水量空间分布图

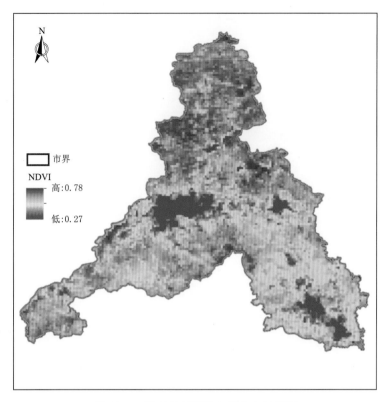

图 13.4　济南市 NDVI 空间分布示意图

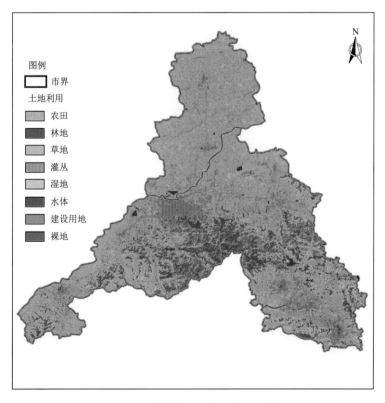

图 13.5　济南市土地利用类型示意图

白云湖

百脉泉

北大沙河

北全福庄

并渡口

菜市新村

陈屯桥

大明湖

东阿水库

杜张水库

垛石街

付家桥

崮云湖水库

华山湖湿地

黄台桥

济西湿地

锦绣川水库

巨野河

莱芜

梁府庄

刘成桥

刘家堡桥

玫瑰湖湿地

明辉路桥

睦里庄

书院泉

太平镇

王家洼

卧虎山水库

吴家铺

五龙堂

西下游

杏林水库

雪野水库

营子闸

宅科

站里桥

张公南临

朱各务水库